工业和信息化普通高等教育“十三五”规划教材立项项目
21世纪高等教育计算机规划教材

办公自动化高级应用案例教程

Office Automation Tutorial

■ 高海波 主编
■ 张诚 冯艳 曾喜良 张波 陈艳丽 副主编

人 民 邮 电 出 版 社
北 京

图书在版编目（CIP）数据

办公自动化高级应用案例教程 / 高海波主编. -- 北京 : 人民邮电出版社, 2017.1（2024.7重印）
21世纪高等教育计算机规划教材
ISBN 978-7-115-44270-3

Ⅰ. ①办… Ⅱ. ①高… Ⅲ. ①办公自动化－应用软件－高等职业教育－教材 Ⅳ. ①TP317.1

中国版本图书馆CIP数据核字(2016)第319473号

内 容 提 要

本书以日常办公中真实案例为主线，系统地讲述了 Office 2010 中 Word 2010、Excel 2010 和 PowerPoint 2010 三大组件的应用。内容主要包括 Office 软件的基本概述；Word 文档的管理、编辑与美化，在文档中使用表格和各种图形对象，长文档编辑，打印文档；Excel 表格数据的输入、编辑、格式化，使用公式和函数计算数据，数据的排序、筛选、分类汇总，对图表、数据透视表、数据透视图的操作；PowerPoint 演示文稿和幻灯片基本操作与美化，在幻灯片中输入文本，插入表格、图形对象、声音、影片，设置幻灯片切换方式和幻灯片动画，设置与控制幻灯片放映，打印与发送幻灯片等知识。本书在附录中以职业场景引入的形式设置了有关办公软件高级应用的 11 个项目实训，以进一步提高学生对知识的实际应用能力。

本书可作为高等院校本专科生的办公自动化高级应用教材，也适合相应层次的企事业单位相关人员使用，还可作为计算机等级考试等社会培训班的培训教材，同时也是广大有志于掌握现代化办公技术，提高办公效率的读者不可多得的自学或参考用书。

◆ 主　　编　高海波
副 主 编　张　诚　冯　艳　曾喜良　张　波　陈艳丽
责任编辑　吴　婷
责任印制　沈　蓉　彭志环

◆ 人民邮电出版社出版发行　　北京市丰台区成寿寺路 11 号
邮编　100164　　电子邮件　315@ptpress.com.cn
网址　https://www.ptpress.com.cn
北京盛通印刷股份有限公司印刷

◆ 开本：787×1092　1/16
印张：18.75　　2017 年 1 月第 1 版
字数：479 千字　　2024 年 7 月北京第 10 次印刷

定价：45.00 元

读者服务热线：（010）81055256　印装质量热线：（010）81055316
反盗版热线：（010）81055315

前言

办公自动化是近年来在国内外迅速兴起的计算机应用的一个重要领域，其中Office系列软件是在实际办公中应用最广的办公软件。随着信息技术的高速发展，无论是政府机关、企事业单位，还是商业服务领域，各行各业的工作都已离不开现代办公自动化技术。可以说办公自动化应用能力是一切办公人员和管理人员应当学习和掌握的基本能力。

在大众创业、万众创新及互联网+的背景下，高校本科教育课程改革与教学方式不断发展，办公自动化应用课程教学结构需做到及时更新和改革，且高等学校各学科专业学生的就业方向涉及各行各业，对应实际岗位的问题可能是前所未见的，对办公自动化应用能力的要求也不尽相同。

有鉴于此，本书本着“学用结合”的原则，注重易学性和实用性，注重任务实施和操作技能的训练，符合高校应用型人才培养的要求，在教学方法、教学内容、教学资源3个方面体现出了自己的特色。

1. 教学方法

本书根据目标导向的分段式递进教学法，每一章按照“学习要点和学习目标——知识讲解——课堂练习——拓展知识——课后习题——项目实训”精心设计和组织教材内容，以激发学生的学习兴趣。通过对来源于实际的办公经典案例的分析，训练学生的动手能力与职业素养，通过课后练习帮助学生强化巩固所学的知识和技能，通过实践实际应用中的项目实训提高学生综合应用能力与计算思维能力。

◎ **学习目标和学习要点**：以列表方式归纳出章节重点和主要的知识点，以帮助学生重点学习这些知识点，并了解其必要性和重要性。

◎ **知识讲解**：深入浅出地讲解理论知识，注重实际训练；理论内容的设计以“必需、够用”为度，强调“应用与实用”，配合经典实例介绍如何在实际工作中灵活运用这些知识点。

◎ **课堂练习**：紧密结合课堂讲解的内容给出操作要求，并提供适当的操作思路以及专业背景知识供学生参考，要求学生独立完成操作，以充分训练学生的动手能力，并提高其独立完成任务的能力。

◎ **拓展知识**：精选出相关提高应用知识，学生可以深入、综合地了解一些高级应用知识。

◎ **课后习题**：结合每章内容给出大量难度适中的上机操作题，学生可通过练习，强化巩固每章所学知识，从而温故而知新。

2. 教学内容

本书的教学目标是循序渐进地帮助学生掌握Office办公软件的相关知识及实际工作中综合应用办公软件的能力，具体包括掌握Word 2010、Excel 2010和PowerPoint 2010的相关操作，以及它们交互使用的方法，提高学生在实际工作中进行具体办公项目处理的技能与素养。全书共由13章和2个附录部分组成，可分为如下几个方面的内容。

◎ 第1章～第4章：主要讲解Office软件和Word 2010的操作，包括Word 2010操作界面的组成、管理文档、编辑文档、美化文档、在文档中使用表格和各种图形对象、长文档编辑、样式的使用、制作页眉页脚、创建目录和索引、打印文档等内容。

◎ 第5章～第8章：主要讲解Excel 2010的操作，包括Excel 2010操作界面的组成、输入表格数据、编辑表格数据、格式化表格数据、使用公式和函数计算数据、常用函数应用、排

列数据、筛选数据、分类汇总数据、图表基本操作、美化图表、创建数据透视表和数据透视图等内容。

◎ 第9章～第12章：主要讲解PowerPoint 2010的操作，包括演示文稿基本操作、幻灯片基本操作、美化演示文稿、输入与设置文本、插入表格和图形对象、插入声音和影片、添加幻灯片切换方式、设置幻灯片动画、设置幻灯片放映、控制幻灯片放映、打印与发送幻灯片等内容。

◎ 第13章：主要讲解Word 2010、Excel 2010和PowerPoint 2010三大组件的数据交互使用的各种操作。

◎ 附录A：结合全国计算机等级考试大纲要求，针对办公领域职场真实工作情境下的11个综合实训项目展开训练并对高级知识进行拓展讲解与分析。

◎ 附录B：以精讲的方式结合具体示例对Excel 2010各类实用的函数进行了讲解与分析。

3. 教学资源

本书提供立体化教学资源，使教师得以方便地获取各种教学资料，丰富教学手段。本书的教学资源包括以下3方面的内容。

（1）配套资源

本书配套资源中包含书中实例涉及的素材与效果文件、各章节课堂案例及课后习题的操作演示视频以及模拟试题库三个方面的内容。模拟试题库中含有丰富的关于Office软件的相关试题，包括填空题、单项选择题、多项选择题、判断题、操作题等多种题型，读者可自行组合出不同的试卷进行测试，及时评价学习效果。

（2）教学资源包

本书配套精心制作的教学资源包，包括PPT课件和教学教案（Word文档格式的备课教案），以便老师顺利开展教学工作。

（3）教学扩展包

教学扩展包中包含方便教学的拓展资源以及定期更新的拓展案例两个方面的内容。其中拓展资源包含Office教学素材和模板、Office常用快捷键及Office精选技巧等。

特别提醒：上述所有教学资源可发电子邮件至作者邮箱ghb66_628@163.com索取。

本书由高海波任主编，负责全书编写思路与各章内容的收集和修改、定稿工作，由张诚、冯艳、曾喜良、张波和陈艳丽任副主编。具体分工如下：第3章~第6章和附录A由高海波编写，第1章、第2章由冯艳负责编写，第7章和附录B由张诚、杨顺编写，第8章由龙仙爱负责编写，第9章、第10章由曾喜良、曾文娟负责编写，第11章、第12章由张波、陈艳丽编写，第13章由冯新、卢花负责编写。参与本书编写的老师还有：邬书跃、彭浩、梁华、李桥、陈晔、郭红宇、陈丹桂、唐佳、王凌风、徐红等，特别是邬书跃教授对本书的编写工作提出了许多宝贵的指导意见，在此表示诚挚的谢意。

本书是作者以及作者所在学校大学计算机基础课程教学团队多年来的教学实践的总结，是根据湖南省教育科学规划"十二五"一般资助课题"GBL与PBL教学模式的计算机公共基础课程探究式教学改革及应用研究"（XJK014BGD046）、湖南省普通高等学校教学改革项目"面向分类分层与模块化教学的计算机公共课程体系改革与实践"（湘教通[2015]291-535）等项目的研究成果编写的。在教材编写过程中，编者得益于同行众多教材的启发，得到了湖南涉外经济学院教务处、信息科学与工程学院领导的精心指导，得到了人民邮电出版社的帮助与支持，在此深表感谢。

虽然编者在编写本书的过程中倾注了大量心血，但恐百密之中仍有疏漏，恳请广大读者及专家批评指正。

编　者

2016年10月

目录

第1章

Office基本概述和Word基本操作

本章将首先对Office 2010各常用组件做一个大概的了解认识，然后将主要对Office 2010的启动与退出、Word 2010操作界面的组成、Word文档的各种基本管理方法进行介绍。通过本章学习，可以知道启动与退出Office 2010各组件的方法，并掌握Word文档的新建、保存、打开、关闭、加密等操作。

学习要点

◎ Office各组件简介
◎ 启动与退出Office 2010
◎ 使用Office 2010帮助系统
◎ Word 2010操作界面组成
◎ 自定义操作界面
◎ 新建文档
◎ 保存文档
◎ 打开与关闭文档
◎ 加密文档

学习目标

◎ 掌握启动与退出Office 2010的方法
◎ 熟悉Word 2010的操作界面组成与自定义操作界面的方法
◎ 掌握Word文档的各种基本操作方法

1.1 Office的基本概述

Office是Microsoft公司开发的办公软件套装，包含当前流行的办公软件。下面将对Office办公软件的知识进行简要介绍。

1.1.1 Office各组件简介

不同版本的Office办公软件包含的组件也各不相同，但其中的几大主要组件是始终存在的，如Word、Excel、PowerPoint、Access等。下面将以Office 2010为例，简要介绍其中的三大组件，即Microsoft Word 2010、Microsoft Excel 2010和Microsoft PowerPoint 2010。

◎ Microsoft Word 2010：简称Word 2010，主要用于文本处理工作，可创建专业水准的文档，更能轻松、高效地组织和编写文档，其主要功能包括：强大的文本输入与编辑功能、各种类型的多媒体图文混排功能、精确的文本校对审阅功能，以及文档打印功能等。

◎ Microsoft Excel 2010：简称Excel 2010，是一个功能强大的电子表格软件，它广泛应用于财务、金融、经济、审计、统计等众多领域。其主要功能包括：数据的输入、统计、分析、计算等。

◎ Microsoft PowerPoint 2010：简称PowerPoint 2010，是一款演示文稿制作与设计软件，演示文稿可简单地理解为可观看的具有动态演示性质的文稿。其主要功能包括：幻灯片的管理和编辑、多媒体对象的编辑、版式与主题风格的设计、切换效果与动画效果的设置，以及演示文稿的放映、打印、发送等。

知识提示

除上述三大组件外，Office办公软件还包括Access数据库管理软件、Outlook邮件收发与管理软件等组件。

1.1.2 启动与退出Office 2010

启动与退出Office 2010是指启动和退出其中的某种组件，由于都是Office 2010的组件，因此其启动和退出方法是完全相同的，下面分别介绍启动和退出的具体操作。

1. 启动Office 2010

启动Office 2010的方式有很多，下面以启动Word 2010为例对常用的几种方法进行介绍。

◎ **通过“开始”菜单启动**：单击桌面左下角的“开始”按钮，在弹出的“开始”菜单中选择【所有程序】→【Microsoft Office】→【Microsoft Wrod 2010】菜单命令，如图1-1所示。

◎ **通过桌面快捷启动图标启动**：双击桌面上相应组件的快捷启动图标可启动相应的组件。创建桌面快捷启动图标的方法为：在“开始”菜单中的【所有程序】→【Microsoft Office】→【Microsoft Word 2010】菜单命令上单击鼠标右键，在弹出的快捷菜单中选择【发送到】→【桌面快捷方式】命令，如图1-2所示。

◎ **双击文档启动**：若电脑中保存有某个组件生成的文档，双击该文档即可启动相应的组件并打开该文档。

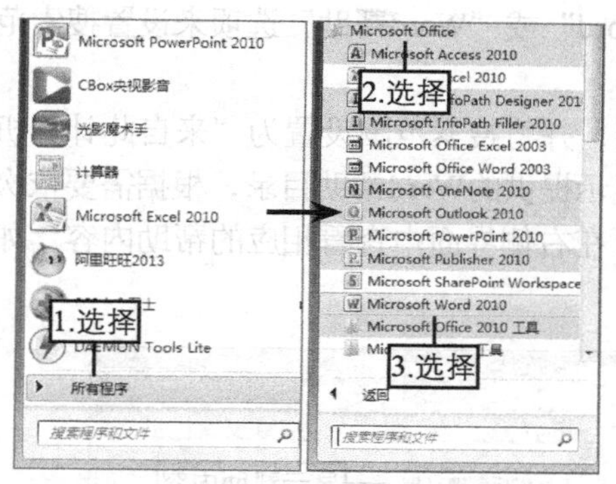

图1-1　利用“开始”菜单启动Word 2010

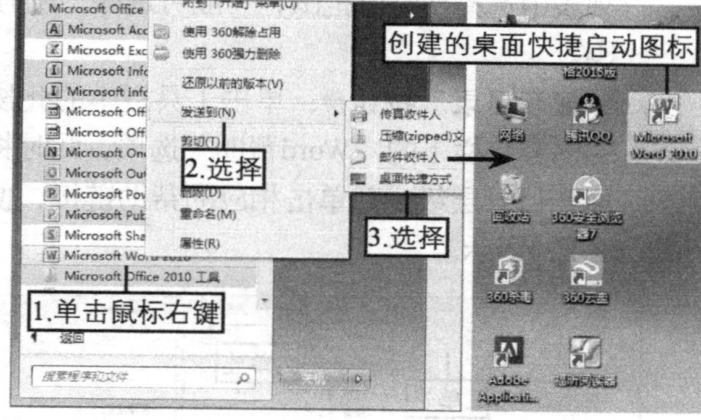

图1-2　创建Word 2010桌面快捷启动图标

2. 退出Office 2010

退出Office 2010某个组件的方法也有多种，下面同样以退出Word 2010为例进行介绍。

◎ 在Word 2010操作界面中选择【文件】→【退出】菜单命令。

◎ 单击标题栏右侧的“关闭”按钮。

◎ 确认Word 2010操作界面为当前活动窗口，然后按【Alt+F4】组合键。

◎ 单击标题栏左端的控制菜单图标，在弹出的下拉列表中选择“关闭”选项，或直接双击该控制菜单图标。

1.1.3 使用Office 2010帮助系统

Office 2010提供了一套帮助系统，以解决在使用Office的过程中遇到的一些无法处理的问题。以Word 2010为例，打开帮助系统的方法为：选择【文件】→【帮助】菜单命令，并在右侧界面中选择“Microsoft Office帮助”选项，此时将打开“Word 帮助”窗口，如图1-3所示，其中部分参数的作用分别如下。

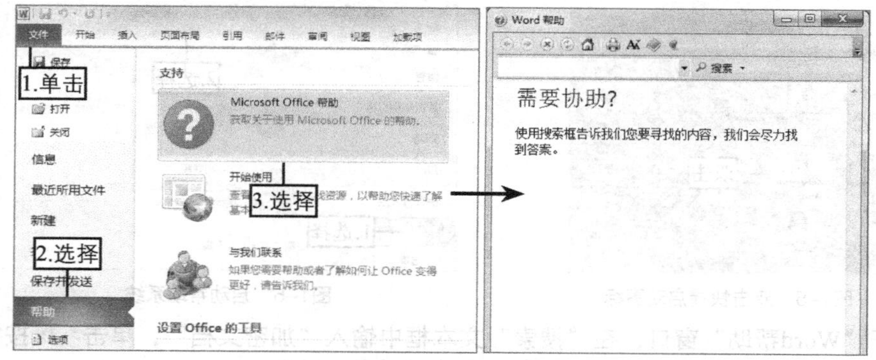

图1-3　打开Word 2010帮助窗口

◎ **“搜索”文本框**：在该文本框中可输入需要搜索的帮助信息，一般情况下输入某种关键字，以便搜索到更多符合需要的结果。如需要搜索关于一些插入表格的方法和技巧，则可输入关键字“插入表格”。

◎ 搜索按钮：在左侧文本框中输入关键字后，便可单击此按钮进行搜索，如果有符合的内容，则将显示到下方的列表框中。单击该按钮右侧的下拉按钮，可在弹出的下拉列表中选择搜索的范围，一般可选择“所有Word”或“Word帮助”选项来设置搜索范围。

◎ “显示目录”按钮：单击工具栏中的此按钮，并将搜索范围设置为“来自此计算机的内容”栏下的“Word帮助”选项，此时将显示提供的Word帮助目录，根据需要依次展开目录层级，并单击相应的帮助链接，便可在右侧界面中查看相应的帮助内容，如图1-4所示。

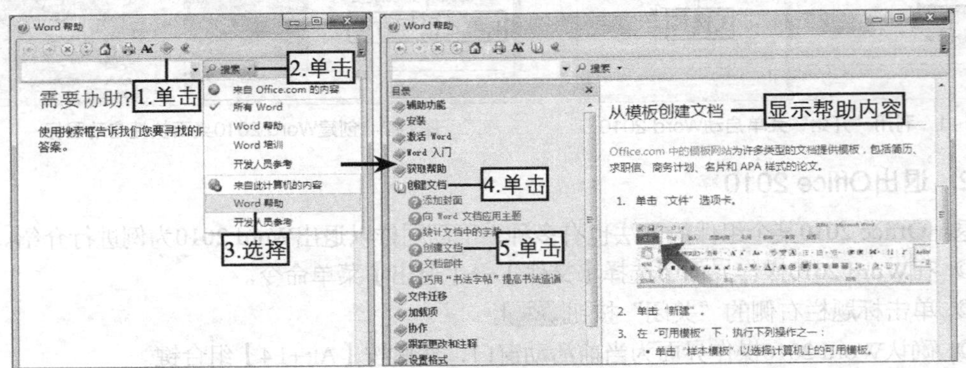

图1-4 通过目录查找帮助内容

1.1.4 课堂案例1——启动并使用Word帮助

通过桌面快捷启动图标启动Word 2010，并利用提供的Word帮助窗口（来自Office.com的内容）查询加密文档的操作，完成后关闭帮助窗口并退出Word 2010。

（1）在桌面上双击“Microsoft Word 2010”桌面快捷启动图标，如图1-5所示。

（2）启动Word 2010，选择【文件】→【帮助】菜单命令，然后在右侧界面中选择“Microsoft Office帮助”选项，如图1-6所示。

图1-5 双击快捷启动图标

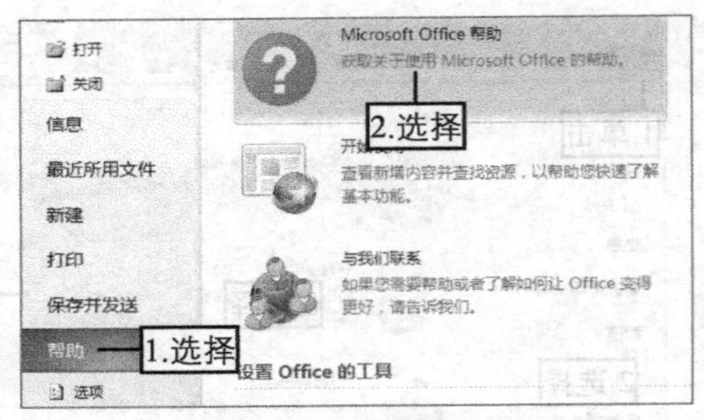

图1-6 启动帮助系统

（3）打开“Word帮助”窗口，在“搜索”文本框中输入“加密文档”，单击搜索按钮右侧的下拉按钮，在弹出的下拉列表中选择“来自Office.com的内容”栏下的“Word帮助”选项，如图1-7所示。

（4）单击搜索按钮，如图1-8所示。

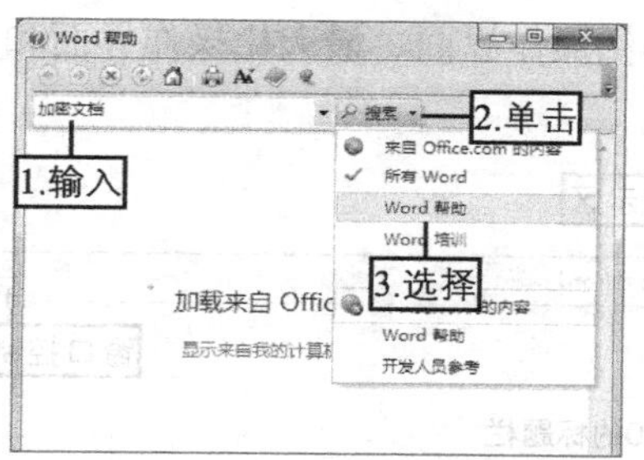

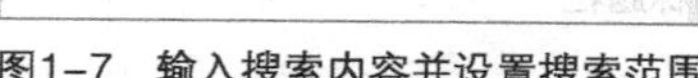

图1-7　输入搜索内容并设置搜索范围

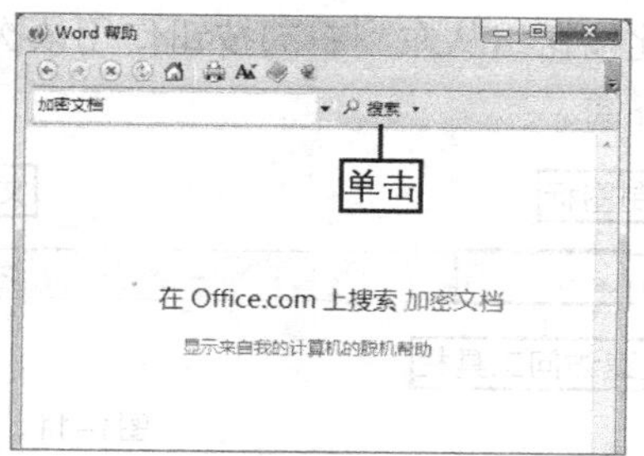

图1-8　开始搜索帮助内容

（5）待搜索完成后，单击下方列表框中的第1条帮助超链接，如图1-9所示。

（6）显示并查看相关的帮助内容，如图1-10所示。完成后依次单击“Word帮助”窗口右上角的“关闭”按钮 和Word 2010操作界面右上角的“关闭”按钮 。

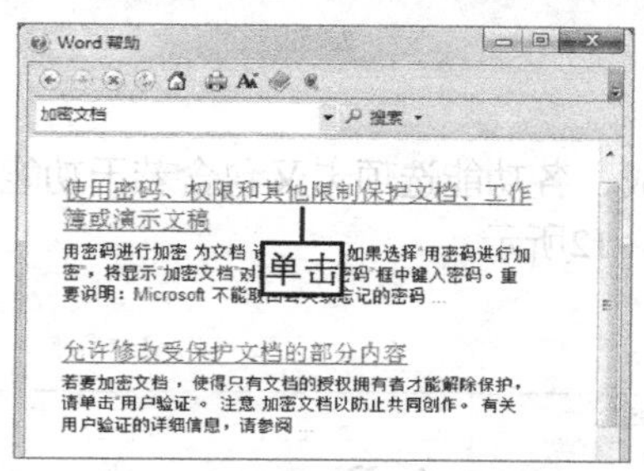

图1-9　选择帮助结果

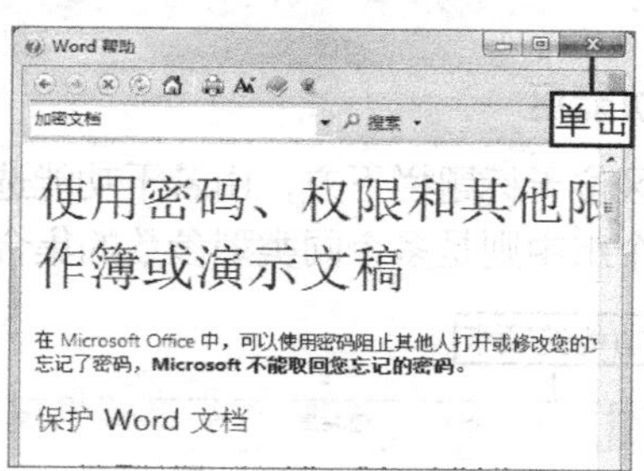

图1-10　查看帮助内容

1.2　设置Word 2010操作界面

操作界面的概念有广义和狭义之分。广义的操作界面是指某样事物面向外界而展示其特点及功用的组成部分的界面；狭义的操作界面是指软件中面向操作者而专门设计的用于操作使用及反馈信息的指令部分，这也是本书所指的操作界面的概念。下面重点介绍Word 2010操作界面的组成和设置方法，以便能更好地使用该软件进行后面的各种文本编辑操作。

1.2.1 Word 2010操作界面组成

Word 2010的操作界面主要包括标题栏、功能区、文档编辑区、状态栏等组成部分。

1. 标题栏

标题栏位于操作界面最上方，从左至右包括窗口控制图标、快速访问工具栏、文档标题显示区和窗口控制按钮组，如图1-11所示。下面分别进行介绍。

◎ **窗口控制图标**：该图标主要用于控制操作界面，单击该图标后，可在弹出的下拉列表中选择相应选项来执行对应操作。

◎ **快速访问工具栏**：该工具栏默认为3个按钮，分别用于保存文档、撤销操作、恢复操作。快速访问工具栏的作用主要是将常用的按钮集中到此，以方便操作。

◎ **文档标题显示区**：该区域主要用于显示当前Word文档的名称。

◎ **窗口控制按钮组**：用于控制操作界面。当操作界面处于非最大化和最小化的状态时，

此按钮组从左到右的按钮作用依次为最小化操作界面、最大化操作界面和关闭操作界面。

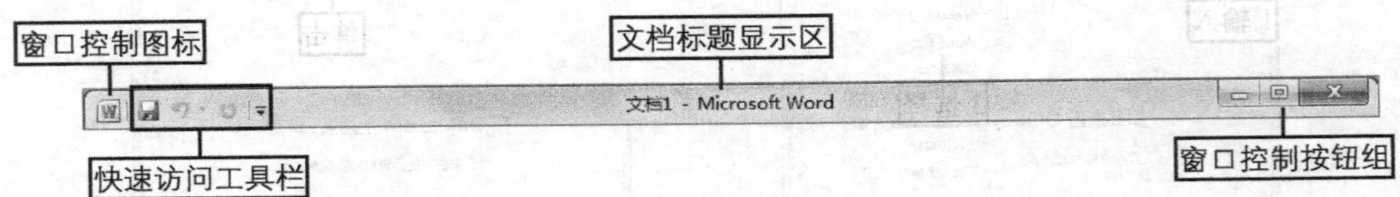

图1-11　Word 2010的标题栏

知识提示

最小化操作界面是指将操作界面缩小为任务按钮并显示在桌面下方的任务栏中，此时单击该按钮可恢复为缩小之前的大小；最大化操作界面是指将操作界面全面覆盖在除任务栏以外的整个桌面区域，当操作界面处于最大化状态时，"最大化"按钮▣将变为"还原"按钮▣，单击该按钮可还原为最大化之前的大小。

2. 功能区

功能区位于标题栏下方，由若干功能选项卡组成，各功能选项卡又包含若干功能组（简称组），每个组中则是多个同类型参数的集合，如图1-12所示。

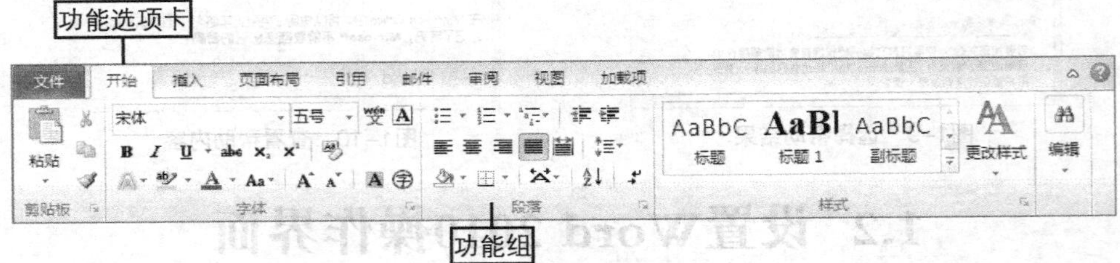

图1-12　Word 2010的功能区

3. 文档编辑区

文档编辑区位于功能区下方，默认显示为空白页面。此区域主要用于对文档内容进行各种编辑操作，是Word 2010最重要的组成部分之一。该区域中闪烁的短竖线为文本插入点，如图1-13所示。

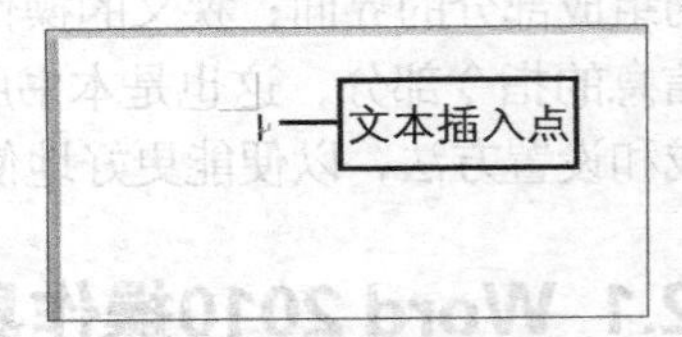

图1-13　文档编辑区与插入点

4. 状态栏

状态栏位于操作界面最下方，主要用于显示当前文档的相关信息和控制文档视图显示状态，如图1-14所示。其中左侧区域可显示当前文档的页数/总页数、字数、当前输入语言/输入状态等信息；偏右的5个按钮用于设置视图模式；最右侧的滑块用于调整视图显示比例。

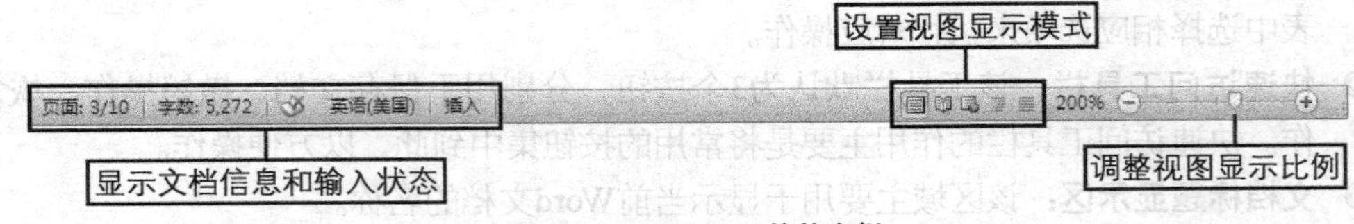

图1-14　Word 2010的状态栏

1.2.2 自定义操作界面

操作界面可根据实际需要进行修改，这主要是指对操作界面某些组成部分的设置，如快速访问工具栏中按钮的设置、功能区参数集合的设置、操作界面主题颜色的设置等，下面分别对公共设置方法进行介绍。

1. 自定义快速访问工具栏

自定义快速访问工具栏主要是指对该工具栏中的按钮进行添加和删除操作，以及调整该工具栏的位置。

◎ **快速添加和删除按钮**：单击快速访问工具栏右侧的下拉按钮，在打开的下拉列表中选择某个按钮对应的选项，当其左侧出现✓标记时，表示该按钮将添加到快速访问工具栏中，如图1-15所示。再次选择该按钮对应的选项，使左侧的✓标记消失，则表示该按钮将从快速访问工具栏中删除。

◎ **添加任意命令按钮**：单击快速访问工具栏右侧的下拉按钮，在打开的下拉列表中选择“其他命令”选项，此时将打开“Word选项”对话框，如图1-16所示。在左侧的列表框中选择某个按钮选项，单击添加(A) >>按钮，将其添加到右侧的列表框中，确认操作后即可将按钮添加到快速访问工具栏中。

◎ **调整位置**：单击快速访问工具栏右侧的下拉按钮，在打开的下拉列表中选择“在功能区下方显示”选项，可将快速访问工具栏调整到功能区下方。

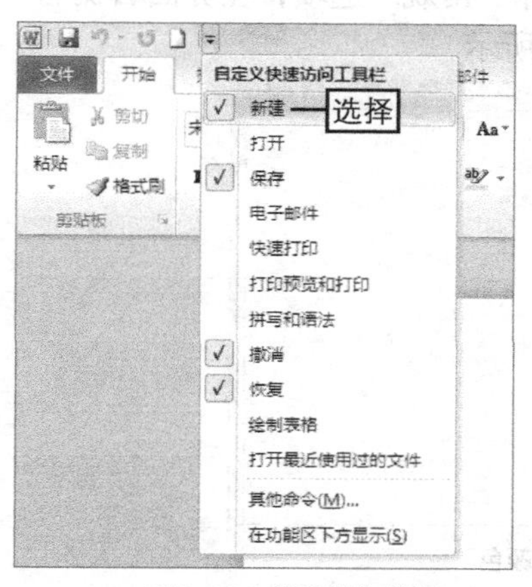

图1-15 快速添加按钮

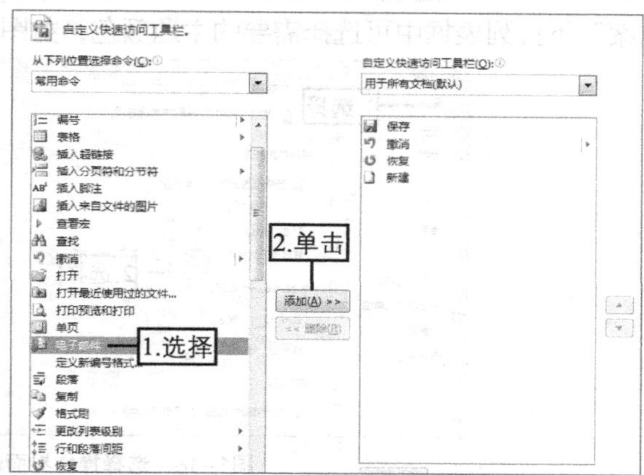

图1-16 添加其他按钮

2. 自定义功能区

在功能区任意位置上单击鼠标右键，在弹出的快捷菜单中选择“自定义功能区”命令，此时将打开如图1-17所示的对话框，根据需要可将左侧列表框中的按钮添加到右侧选择的功能选项卡和组中。另外，其中常用的一些按钮的作用分别如下。

◎ 新建选项卡(W)**按钮**：单击该按钮可在功能区新建功能选项卡。

◎ 新建组(N)**按钮**：单击该按钮可在上方列表框中所选的功能选项卡中新建组。

◎ 重命名(M)...**按钮**：单击该按钮可重命名所选的新建功能选项卡或组。

◎ **“上移”按钮和“下移”按钮**：选择某个功能选项卡或组后，可通过单击这两个按钮调整其在功能区中的位置。

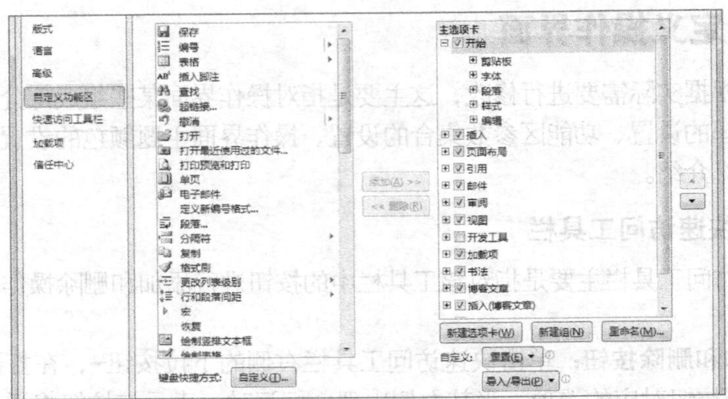

图1-17　设置功能区的对话框

知识提示

在功能区的任意位置上单击鼠标右键，在弹出的快捷菜单中选择“功能区最小化”命令，可将功能区收缩为只显示选项卡名称的状态，此时单击某个选项卡才能展开功能区，单击操作界面其他区域时，功能区又将自动收缩。按相同方法再次选择“功能区最小化”命令，可取消最小化状态。

3. 自定义操作界面主题颜色

Word 2010提供了3种操作界面的主题颜色，其设置方法为：选择【文件】→【选项】菜单命令，打开“Word选项”对话框，在左侧的列表框中选择“常规”选项，在界面右侧的“配色方案”下拉列表框中可选择需要的主题颜色，如图1-18所示。

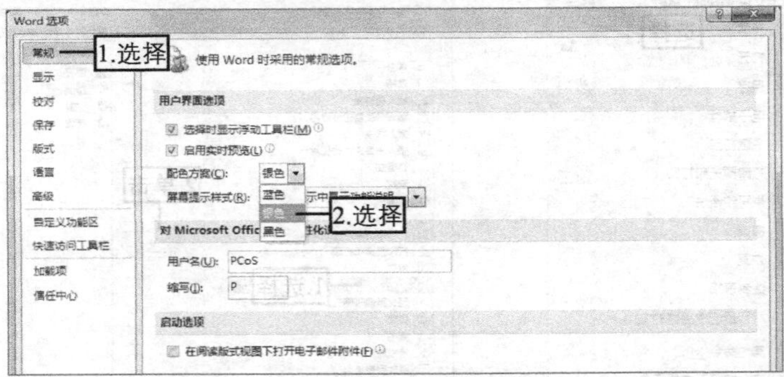

图1-18　选择操作界面的主题颜色

1.2.3 课堂案例2——设置个性化操作界面

将Word 2010操作界面的主题颜色设置为蓝色，并将“新建”按钮和“打开”按钮添加到快速访问工具栏上，最后将“开发工具”功能选项卡显示到功能区中。

（1）启动Word 2010，单击“文件”选项卡，然后单击左侧的 选项 按钮，如图1-19所示。

（2）打开“Word选项”对话框，选择左侧列表框中的“常规”选项，在右侧界面的“配色方案”下拉列表框中选择“蓝色”选项，单击 确定 按钮，如图1-20所示。

（3）单击快速访问工具栏右侧的下拉按钮，在打开的下拉列表中选择“新建”选项，如图1-21所示。

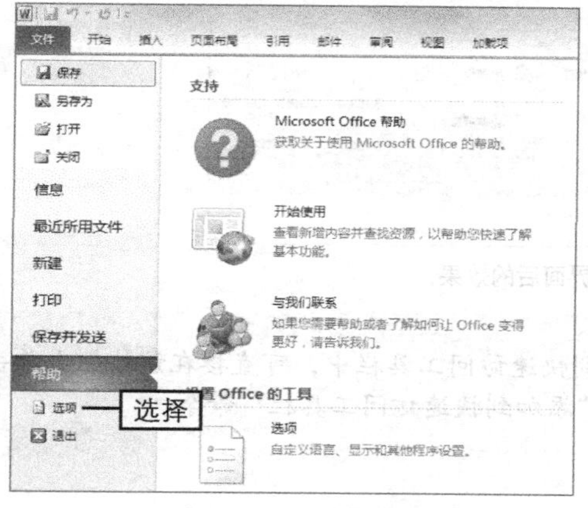

图1-19　设置Word选项

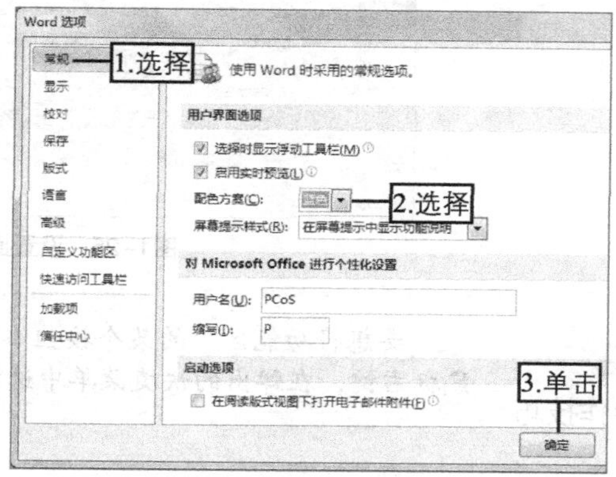

图1-20　选择配色方案

（4）再次单击该下拉按钮，在打开的下拉列表中选择“打开”选项，如图1-22所示。

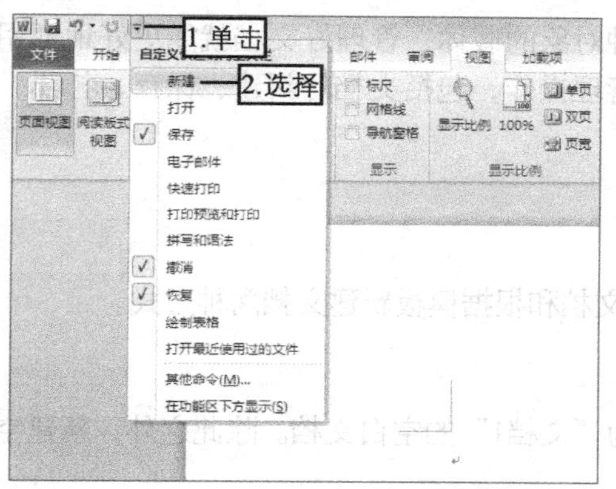

图1-21　添加新建按钮

图1-22　添加打开按钮

（5）在功能区上单击鼠标右键，在弹出的快捷菜单中选择“自定义功能区”命令，如图1-23所示。

（6）打开“Word选项”对话框，在右侧的列表框中单击选中“开发工具”复选框，单击 确定 按钮，如图1-24所示。

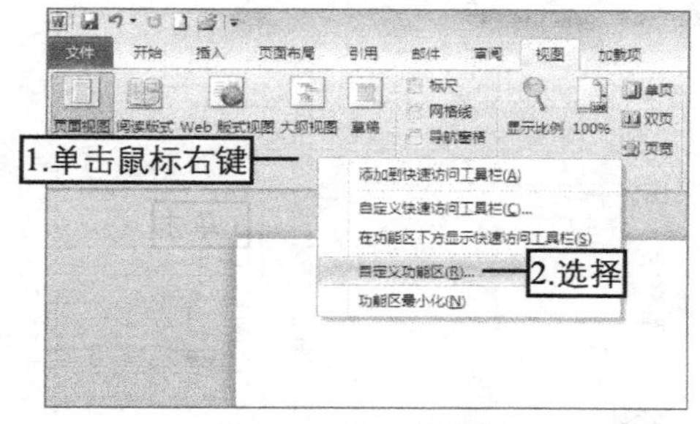

图1-23　自定义功能区

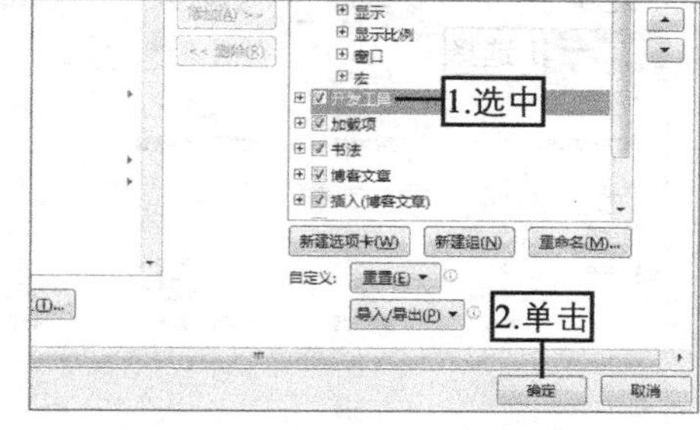

图1-24　添加开发工具功能选项卡

（7）完成操作。观察此时界面的颜色、快速访问工具栏上的按钮、功能区的功能选项卡均发生了变化，如图1-25所示。

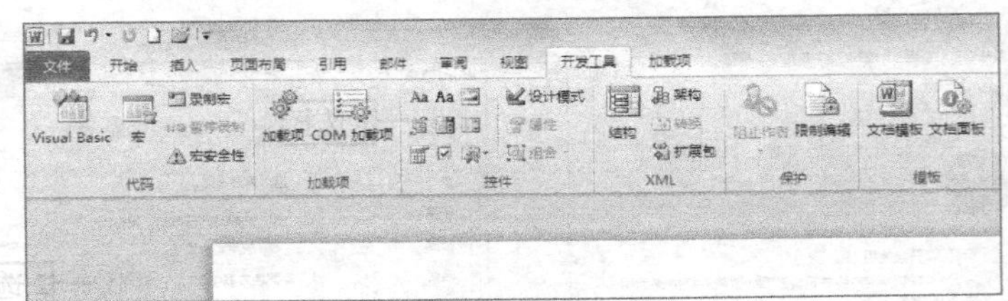

图1-25 设置操作界面后的效果

操作技巧

要想将功能区中的某个按钮添加到快速访问工具栏中，可直接在该按钮上单击鼠标右键，在弹出的快捷菜单中选择“添加到快速访问工具栏”命令。

1.3 管理Word文档

Word文档是文本和其他如表格、图形等各种对象的载体，管理好文档就能更好地利用这些资源。下面将主要讲解Word文档的一些重要管理操作，包括文档的新建、保存、打开、关闭、加密等内容。

1.3.1 新建文档

新建文档根据操作的不同，可分为新建空白文档和根据模板新建文档两种方式。

1. 新建空白文档

启动Word 2010后，软件会自动新建一个名为“文档1”的空白文档。除此之外，新建空白文档还有以下几种方法。

◎ **通过“新建”菜单命令新建：**单击【文件】→【新建】菜单命令，在界面右侧选择“空白文档”选项，然后单击“创建”按钮，或直接双击“空白文档”选项新建文档，如图1-26所示。

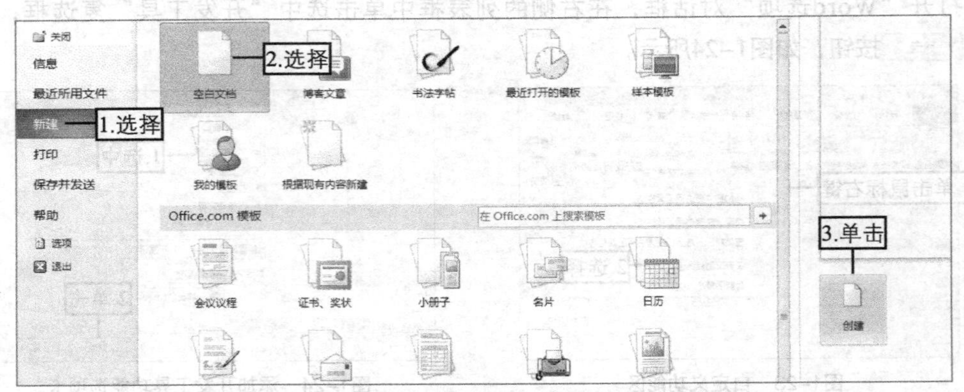

图1-26 新建空白文档

◎ **通过快速访问工具栏新建：**单击快速访问工具栏中的“新建”按钮。

◎ **通过快捷键新建：**直接按【Ctrl+N】组合键。

2. 输入文本

在Word 2010中输入文本的方法很简单，常见的方法有如下几种。

◎ 在文档编辑区中单击鼠标定位插入点，切换到需要的输入法后即可输入文本，所输文本将在文本插入点处开始逐一显示。

◎ 在文档编辑区的空白位置双击鼠标，可将文本插入点定位到此处，然后可从此处开始输入所需文本。

◎ 文本输入后，会根据页面大小自动换行，若需手动换行，可按【Enter】键来实现。

知识提示

Word提供有两种输入状态，即"插入"状态和"改写"状态，"插入"状态是指输入文本后，原插入点右侧的文本会自动右移；"改写"状态则是指输入文本后，原插入点右侧的文本会自动替换为输入的新的文本内容。"插入"状态为默认输入状态，单击状态栏左侧的插入按钮即可切换为"改写"状态，此时插入按钮将变为改写按钮，单击此按钮可重新更改为"插入"状态。

3. 根据模板新建文档

根据模板新建文档是指利用Word 2010提供的某种模板来创建具有一定内容和样式的文档，其具体操作如下。

（1）选择【文件】→【新建】菜单命令，在界面右侧选择"样本模板"选项，如图1-27所示。

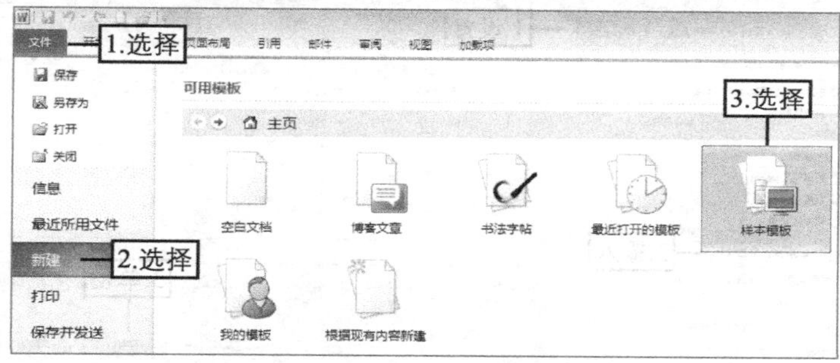

图1-27　选择样本模板

（2）在下方的列表框中选择某种模板，如"基本信函"选项，单击选中"文档"单选项，然后单击"创建"按钮，如图1-28所示。

（3）此时将根据所需模板创建Word文档，其中包含了模板中已设置好的内容和样式，如图1-29所示。

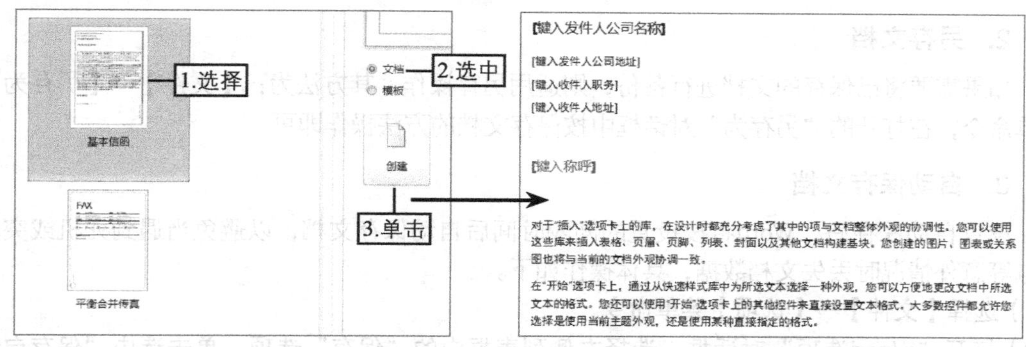

图1-28　选择模板　　图1-29　创建的文档效果

知识提示

如果计算机连接了互联网，则在“【文件】→【新建】菜单命令”后，可在右侧界面的列表框中选择网络提供的各种Word模板来新建文档。

1.3.2 保存文档

保存文档是指将新建的文档、编辑过的文档保存到计算机中，以便以后可以重新打开使用其中的信息。Word 2010中保存文档可分为保存新建的文档、另存文档、自动保存文档几种。

1. 保存新建的文档

保存新建文档的方法主要有以下几种。

◎ **通过“保存”菜单命令保存**：选择【文件】→【保存】菜单命令。

◎ **通过快速访问工具栏保存**：单击快速访问工具栏中的“保存”按钮。

◎ **通过快捷键保存**：按【Ctrl+S】组合键。

执行以上任意操作后，都将打开“另存为”对话框，通过双击右侧列表框中的文件夹来确认上方“路径”下拉列表框的保存位置，在“文件名”下拉列表框中可设置文档保存的名称，完成后单击保存(S)按钮，如图1-30所示。

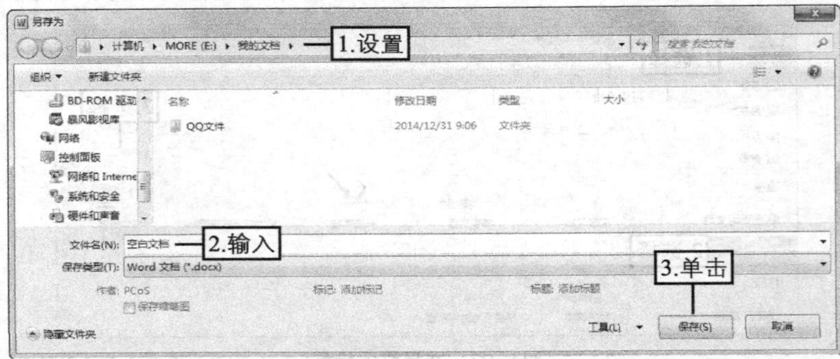

图1-30　保存文档

知识提示

如果文档已经保存过，再执行保存操作后就不会打开“另存为”对话框，而是直接替换之前保存的文档内容。

2. 另存文档

如果需要将已保存的文档进行备份，则适用另存操作，其方法为：【文件】→【另存为】菜单命令，在打开的“另存为”对话框中按保存文档的方法操作即可。

3. 自动保存文档

设置自动保存后，Word将按设置的间隔时间后自动保存文档，以避免当遇到死机或突然断电等意外情况时丢失文档数据，具体操作如下。

（1）选择【文件】→【选项】菜单命令。

（2）打开“Word选项”对话框，选择左侧列表框中的“保存”选项，单击选中“保存自动

恢复信息时间间隔”复选框，并在右侧的数值框中设置自动保存的时间间隔，如“10分钟”，如图1-31所示。完成后确认操作即可。

图1-31 设置自动保存文档的时间间隔

1.3.3 打开与关闭文档

打开文档是指将Word软件生成的文件重新再打开进行浏览和编辑；关闭文档则是关闭当前的Word文档对象但不退出Word。下面分别介绍这两种操作的实现方法。

1. 打开文档

打开文档有以下几种常用方法。

◎ **通过“打开”菜单命令打开**：【文件】→【打开】菜单命令。

◎ **通过快速访问工具栏打开**：单击快速访问工具栏中的“打开”按钮。

◎ **通过快捷键打开**：按【Ctrl+O】组合键。

执行以上任意操作后，都将打开“打开”对话框，在列表框中通过双击文件夹找到需打开的Word文档（也可利用上方的“路径”下拉列表框选择文档所在的位置），选择文档并单击打开(O)按钮，如图1-32所示。

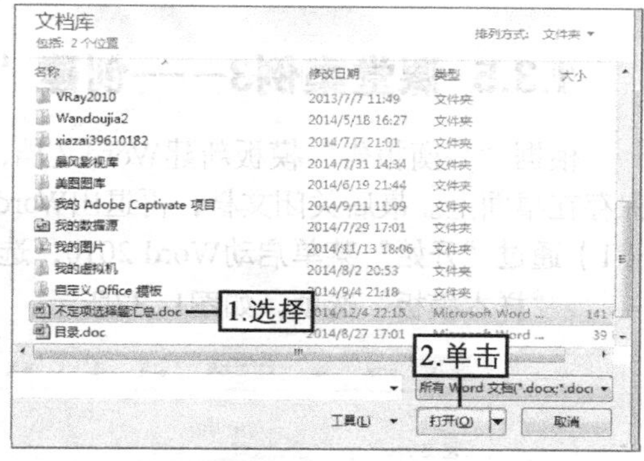

图1-32 选择需打开的Word文档

2. 关闭文档

关闭文档是指在不退出Word 2010的前提下，关闭当前正在编辑的文档，其方法为：选择【文件】→【关闭】菜单命令。

知识提示

按照本章前面介绍的退出Word 2010的方法也可同时实现文档的关闭操作，需要注意的是，当关闭未及时保存的文档时，Word会自动打开提示对话框，询问关闭前是否保存文档。其中单击保存(S)按钮可保存后关闭文档；单击不保存(N)按钮可不保存直接关闭文档；单击取消按钮取消关闭操作。

1.3.4 加密文档

加密文档的目的是防止他人恶意修改或删除重要文档，当打开加密的文档时，必须输入正确的密码才能成功打开文档，此功能对数据的安全性有一定的保护作用。加密文档的具体

操作如下。

(1) 选择【文件】→【信息】菜单命令，单击界面右侧的“保护文档”按钮，在打开的下拉列表中选择“用密码进行加密”选项，如图1-33所示。

(2) 打开“加密文档”对话框，在“密码”文本框中输入打开此文档时需要输入的密码信息，单击确定按钮，如图1-34所示。

(3) 打开“确认密码”对话框，在“重新输入密码”文本框中输入相同的密码信息，单击确定按钮，如图1-35所示。

(4) 此后在打开该加密的文档时，会首先打开“密码”对话框，如图1-36所示。只有输入了正确的密码后，单击确定按钮才能打开文档。

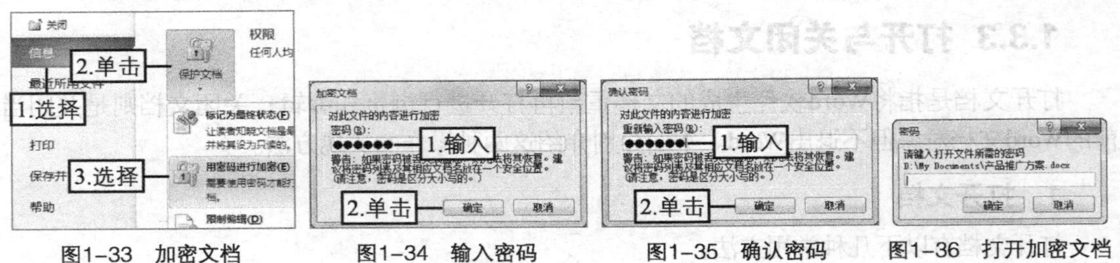

图1-33　加密文档　　图1-34　输入密码　　图1-35　确认密码　　图1-36　打开加密文档

1.3.5 课堂案例3——创建“工作计划”文档

根据“平衡报告”模板新建Word文档，通过“另存为”操作将文档以“工作计划”为名保存在桌面上。最后关闭文档，再退出Word 2010。

(1) 通过“开始”菜单启动Word 2010，选择【文件】→【新建】菜单命令，在界面右侧选择“样本模板”选项，如图1-37所示。

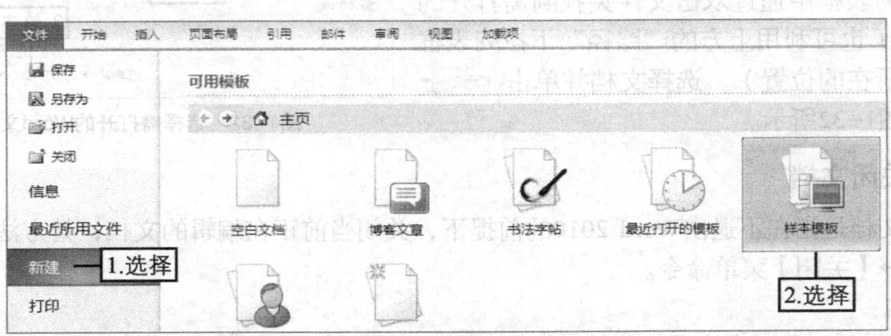

图1-37　选择样本模板

(2) 在下方的列表框中选择“平衡报告”模板选项，单击选中“文档”单选项，然后单击“创建”按钮，如图1-38所示。

(3) 按【Ctrl+S】组合键打开“另存为”对话框，选择左侧列表框中的“桌面”选项，在“文件名”下拉列表框中输入“工作计划”，单击保存(S)按钮，如图1-39所示。

(4) 选择【文件】→【关闭】命令，关闭Word程文档，如图1-40所示。

(5) 单击Word 2010操作界面右上角的“关闭”按钮退出Word程序，如图1-41所示，完成本次课堂案例的练习。

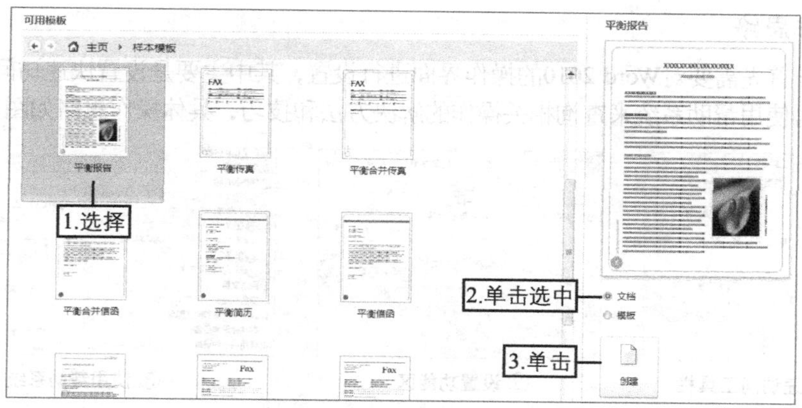

图1-38 选择模板

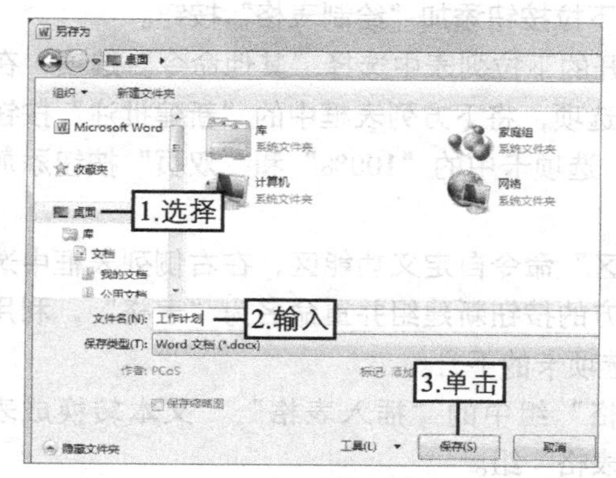

图1-39 保存文档

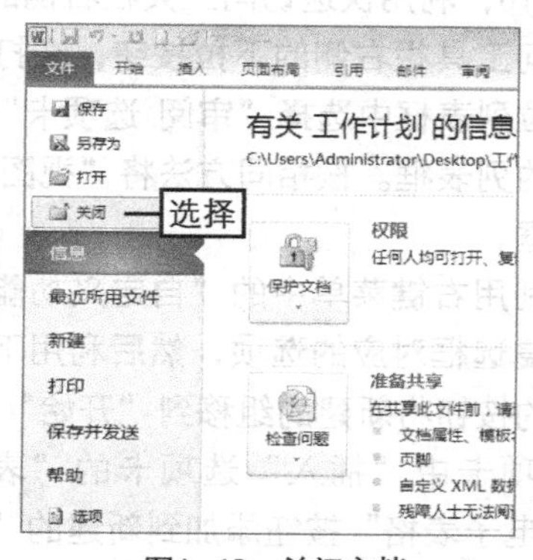

图1-40 关闭文档

图1-41 退出Word

职业素养

工作时应养成妥善保管文档数据的良好习惯，特别是当文档较多时，建议按文档类型、部门、创建时间等依据分门别类地进行存放，这样在日后使用时也能更快地找到相应的文档对象。另外，通过另存或复制粘贴等操作对文档数据进行备份也是应该重点注意的环节，如将文档数据复制到U盘、移动硬盘等移动设备等，这样可以最大限度地保证数据安全。

1.4 课堂练习

本章课堂练习较为简单，主要是针对操作界面介绍、帮助系统的使用，以及Word文档的基本管理方法进行练习，以进一步巩固相关内容。

1.4.1 设置操作界面并使用帮助系统

1. 练习目标

本练习的目标是进一步熟悉Word 2010操作界面的组成，并巩固自定义操作界面和使用帮助系统解决操作问题的能力。其中在设置操作界面时，应遵循个人的使用习惯和实际操作需要，以使用Word提高操作效率为最终目标，不宜将操作界面设置得过于“花枝招展”来体现所谓的“个性化”，这样反而不利于实际操作。

2. 操作思路

本次练习首先需要对Word 2010的操作界面进行设置，其中主要是设置快速访问工具栏和功能区，之后再使用帮助系统来查询相关操作的解决方法和技巧，具体操作思路如图1-42所示。

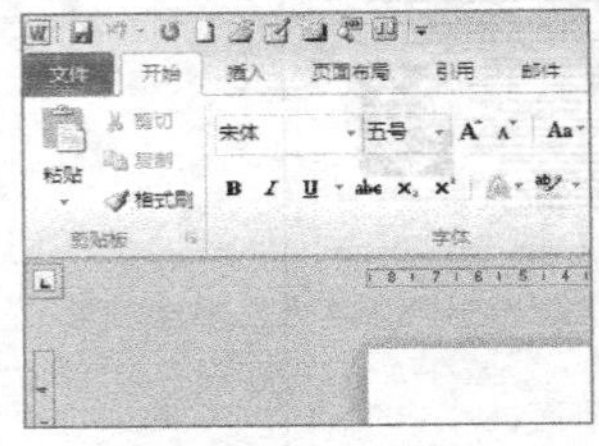

① 设置快速访问工具栏

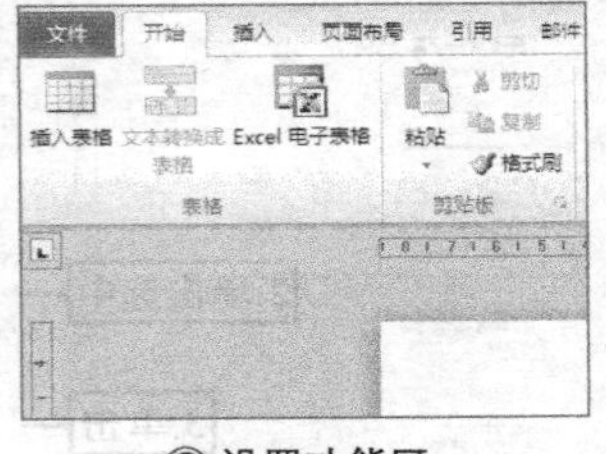

② 设置功能区

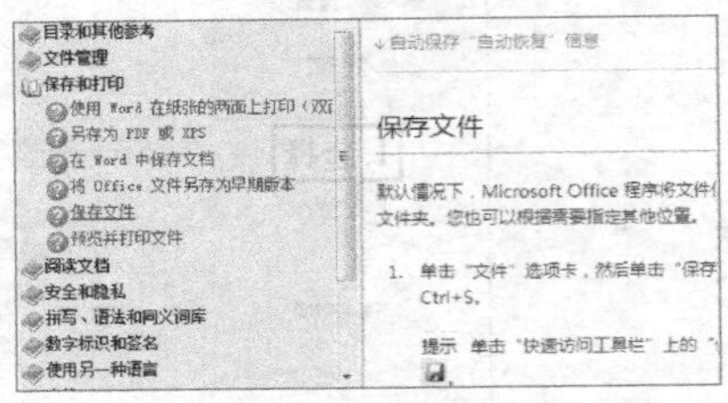

③ 使用帮助系统

图1-42 设置操作界面和使用帮助系统的操作思路

（1）启动Word 2010，利用快速访问工具栏右侧的下拉按钮添加“绘制表格”按钮。

（2）单击快速访问工具栏右侧的下拉按钮，在打开的下拉列表中选择“其他命令”选项，在左上方的下拉列表框中选择“审阅 选项卡”选项，将下方列表框中的“新建批注”按钮添加到右侧的列表框。按相同方法将“视图”选项卡中的“100%”和“双页”按钮添加到右侧列表框。

（3）在功能区上利用右键菜单中的“自定义功能区”命令自定义功能区，在右侧列表框中选择“开始”复选框对应的选项，然后利用下方的按钮新建组并重命名为“表格”，利用列表框右侧的按钮将新建的组移到“开始”选项卡的下方。

（4）将左侧主选项卡中“插入”选项卡的“表格”组中的“插入表格”“文本转换成表格”“Excel电子表格”按钮添加到新建的“表格”组。

（5）启动帮助系统，进入到“来自此计算机的内容”范围下的“Word 帮助”系统，通过目录方式查询保存文件的相关内容。

1.4.2 创建“会议纪要”文档

1. 练习目标

本练习的目标是创建名为“会议纪要”的文档，并在其中输入相应的内容，最后为文档进行加密设置。完成后的参考效果如图1-43所示。

A公司周会会议纪要
一、时间：2015年1月5日（星期一）上午 08:30-09:00
二、地点：A公司会议室
三、参会人员：
四、主持人：
五、会议记录：
六、会议内容：
本纪要主要针对重点工作达成的统一意见、需要协调的事项，以及尚待解决的问题等进行归纳整理，以便于计划管理和计划执行情况检查。
1、工程部：
编制项目管理用表使用说明。
2、经营部：
整理统计资料（合同）。
3、人力资源部
完成人员整合沟通工作。
4、财务部

图1-43 “会议纪要”文档参考效果

2. 操作思路

要完成本次练习，首先应启动Word 2010，然后在自动新建的空白文档中输入文本，接着需要对文档进行保存，最后加密文档，操作思路如图1-44所示。

（1）启动Word 2010，输入相应的文本内容，需要分段时按【Enter】键换行。

（2）按【Ctrl+S】组合键，将文档以“会议纪要”为名保存。

（3）选择【文件】→【信息】菜单命令，通过“保护文档”功能加密文档，密码设置为“123456”。

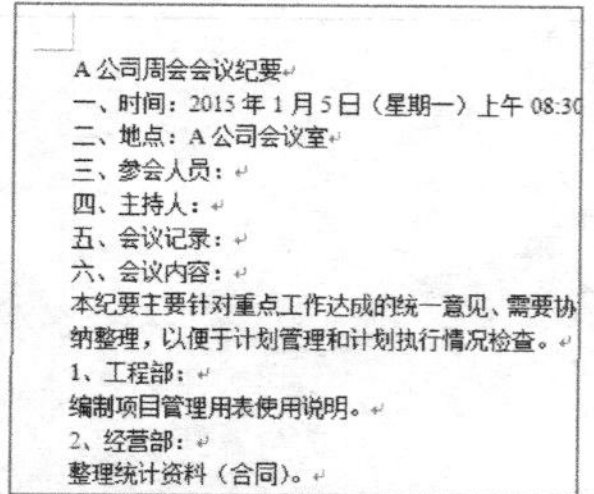

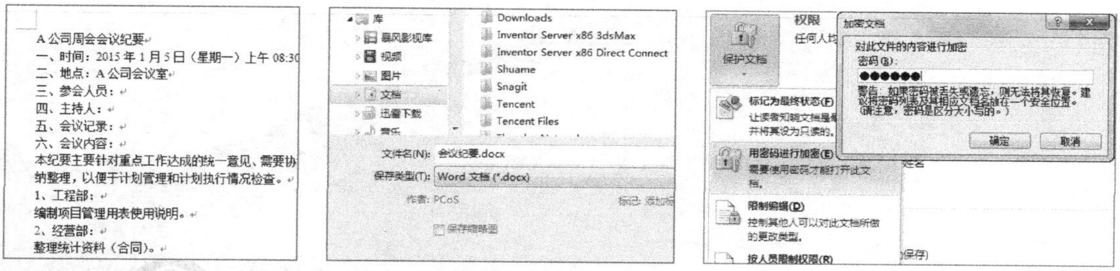

A公司周会会议纪要
一、时间：2015年1月5日（星期一）上午08:30
二、地点：A公司会议室
三、参会人员：
四、主持人：
五、会议记录：
六、会议内容：
本纪要主要针对重点工作达成的统一意见、需要协纳整理，以便于计划管理和计划执行情况检查。
1、工程部：
编制项目管理用表使用说明。
2、经营部：
整理统计资料（合同）。

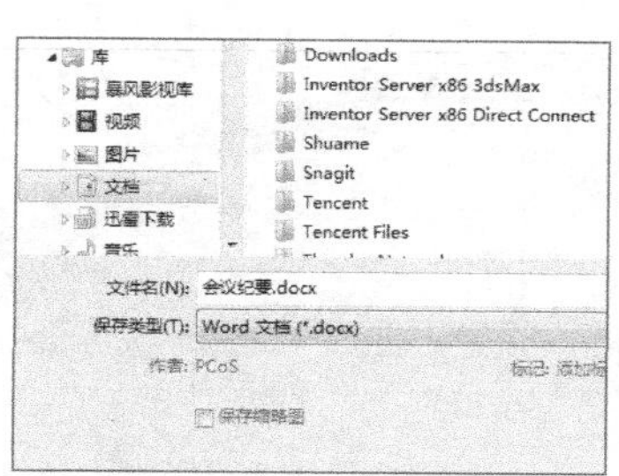

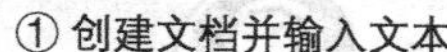
① 创建文档并输入文本　② 保存文档　③ 加密文档

图1-44　“会议纪要”文档的创建思路

1.5 拓展知识

Word文档是目前最常用的办公软件之一，下面介绍两种更为便捷的方式，以更方便地启动此软件进行办公。

◎ **锁定到“开始”菜单**：在Word 2010快捷启动图标或“开始”菜单中该软件的启动命令上单击鼠标右键，在弹出的快捷菜单中选择“附到‘开始’菜单”命令。此后只需单击“开始”按钮，便可在弹出的开始菜单中显示Word 2010的启动命令。

◎ **锁定到任务栏**：在Word 2010快捷启动图标或“开始”菜单中该软件的启动命令上单击鼠标右键，在弹出的快捷菜单中选择“锁定到任务栏”命令，此时Word 2010的快捷启动图标将以按钮的形式添加到任务栏中，单击该按钮即可启动软件。

1.6 课后习题

（1）启动Word 2010，将操作界面的主题颜色设置为“黑色”。

（2）取消快速访问工具栏中的“撤销”和“恢复”按钮，并将此工具栏调整到功能区下方显示。

（3）将功能区最小化，并将“页面布局”选项卡“主题”组中的“主题”按钮添加到快速访问工具栏。

（4）通过“市内报告”模板创建文档，并将其以“工作报告”为名，保存到桌面上，然后再通过另存操作，将此文档重新保存到D盘。

（5）启动Word 2010，打开上一步中保存到桌面上的“工作报告”文档，为其进行加密处理，密码设置为“000000”，然后关闭文档但不退出Word 2010。

（6）在上一步的基础上新建文档，输入如图1-45所示的文本内容，并以快捷键的方式将其保存到默认位置，名称为“行程安排”。

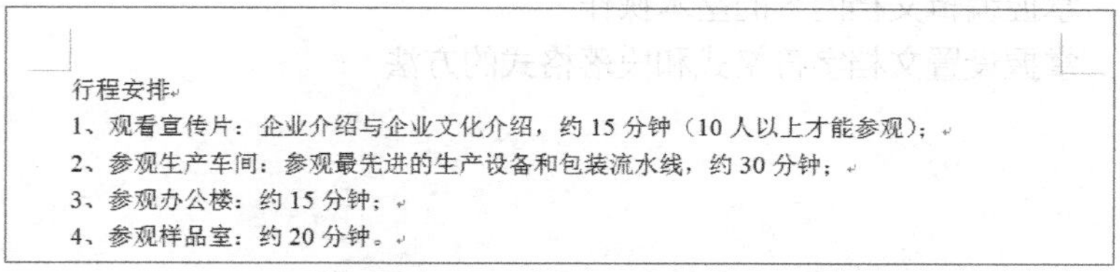

行程安排
1、观看宣传片：企业介绍与企业文化介绍，约15分钟（10人以上才能参观）；
2、参观生产车间：参观最先进的生产设备和包装流水线，约30分钟；
3、参观办公楼：约15分钟；
4、参观样品室：约20分钟。

图1-45　“行程安排”文档参考效果

第2章 编辑与美化Word文档

本章将详细讲解在Word中编辑与美化文档的相关操作。对编辑文档内容和美化设置文档格式的操作进行全面讲解。读者通过学习应能熟练掌握编辑文档内容的各种操作方法，并能快速地对文档格式进行设置。

学习要点

◎ 更改文本
◎ 移动和复制文本
◎ 查找和替换文本
◎ 设置字符格式
◎ 设置段落格式
◎ 设置项目符号和编号

学习目标

◎ 掌握编辑文档内容的基本操作
◎ 掌握设置文档字符格式和段落格式的方法

2.1 编辑文档

创建文档或打开一篇文档后，可在其中对文档内容进行编辑，如更改文本、移动和复制文本、查找和替换文本等。本节将详细讲解编辑Word文档内容的相关操作。

2.1.1 更改文本

对文档内容进行更改主要包括选择文本、修改文本和删除文本等操作，这些操作在制作文档时是常用的更改文档的处理方法。

1. 选择文本

当需要对文档内容进行修改、删除、移动与复制、查找与替换等编辑操作时，必须先选择要编辑的文本。选择文本主要包括选择单个词组、选择整行文本、选择整段文本和全选等多种方式，具体方法介绍如下。

◎ **选择任意文本：**在需要选择文本的开始位置单击后，按住鼠标左键不放并拖曳到文本结束处释放鼠标，选择后的文本呈蓝底黑字的形式，如图2–1所示。

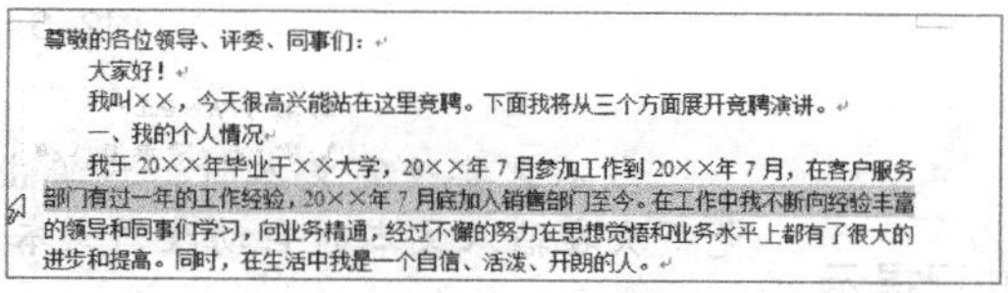

◎ **选择一行文本：**除了用选择任意文本的方法拖曳选择一行文本外，还可将鼠标光标移动到该行左边的空白位置，当鼠标光标变成形状时单击鼠标左键，即可选择整行文本，如图2–2所示。

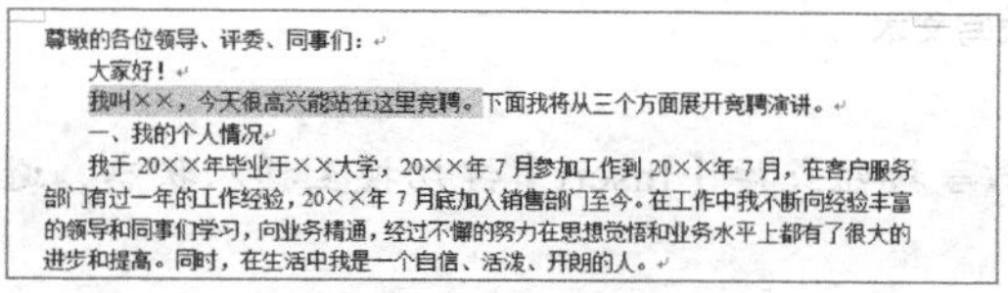

图2–1　选择任意文本

图2–2　选择一行文本

◎ **选择一段文本：**除了用选择任意文本的方法拖曳选择一段文本外，还可将鼠标光标移动到段落左边的空白位置，当鼠标光标变为形状时双击鼠标左键，或在该段文本中任意一点，连续单击3次鼠标左键，即可选择该段文本如图2–3所示。

◎ **选择整篇文档：**在文档中将鼠标光标移动到文档左边的空白位置，鼠标光标变成形状时，用鼠标左键连续单击3次；或将鼠标光标定位到文本的起始位置，按住【Shift】键不放，单击文本末尾位置；或直接按【Ctrl+A】组合键，可选择整篇文档如图2–4所示。

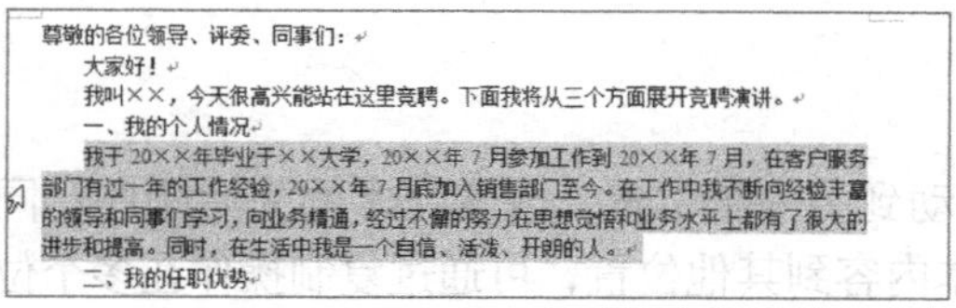

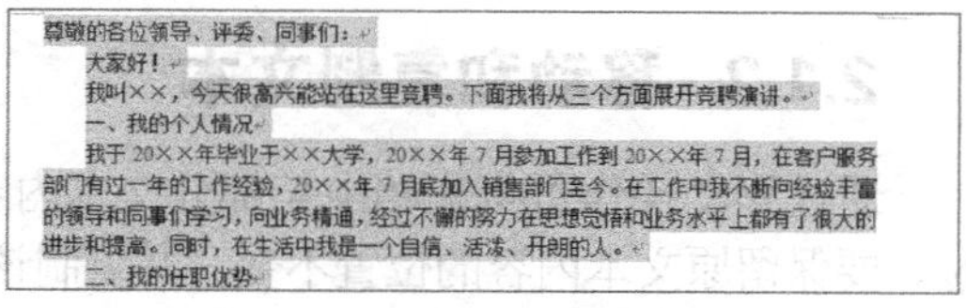

图2–3　选择一段文本

图2–4　选择整篇文档

知识提示

选择部分文本后，按住【Ctrl】键不放，可以继续选择不连续的文本区域。另外，若要取消选择操作，可用鼠标在选择对象以外的任意位置单击即可。

2. 插入和改写文本

在文档中若漏输入了相应的文本，或需修改输入错误的文本，可分别在插入和改写状态下插入并改写相应的文本。

◎ **插入文本：**默认状态下，在状态栏中可看到 插入 按钮，表示当前文档处于插入状态，直接在插入点处输入文本，该处文本后面的内容将随鼠标光标自动向后移动，如图2-5所示。

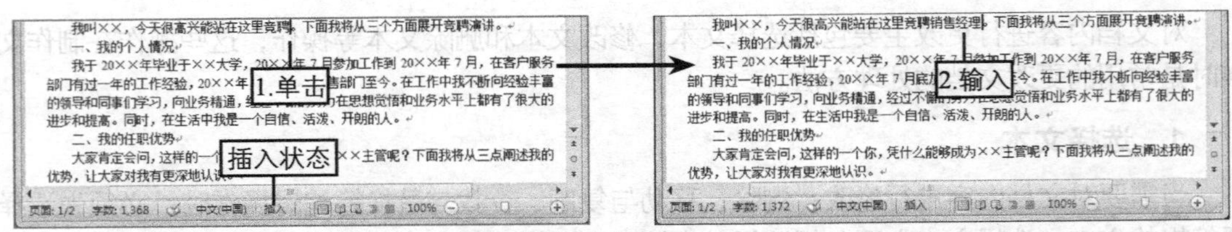

图2-5 插入文本

◎ **改写文本：**在状态栏中单击 插入 按钮切换至改写状态，将文本插入点定位到需修改文本前，输入修改后的文本，此时原来的文本自动由输入的文本替换，如图2-6所示。

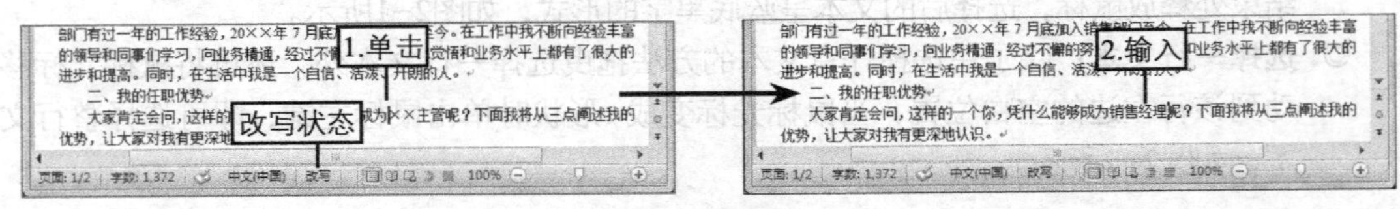

图2-6 改写文本

知识提示

当不需要改写文本时，应单击 改写 按钮或按【Insert】键切换至插入状态，避免下次在输入文本时自动改写文本。

3. 删除文本

如果文档中输入了多余或重复的文本，可使用删除操作将不需要的文本从文档中删除，主要有以下两种方法。

◎ 选择需要删除的文本，按【BackSpace】键可删除选择的文本，若定位文本插入点后，按【BackSpace】键则可删除插入点前面的字符。

◎ 选择需要删除的文本，按【Delete】键也可删除选择的文本，若定位文本插入点后，按【Delete】键则可删除插入点后面的字符。

2.1.2 移动和复制文本

通过移动操作可将文档中某部分文本内容移动到另一个位置，改变文本的先后顺序；同时，要保留原文本内容的位置不变，并复制该文本内容到其他位置，可通过复制操作在多个位置输入相同文本，避免重复输入操作。

1. 移动文本

移动文本是指将选择的文本移动到另一个位置，原位置将不再保留该文本，主要有以下4种方法。

◎ **通过右键菜单**：选择文本后单击鼠标右键，在弹出的快捷菜单中选择“剪切”命令。

◎ **通过按钮**：在【开始】→【剪贴板】组中单击“剪切”按钮。然后定位光标插入点，单击鼠标右键，在弹出的快捷菜单中选择“粘贴”命令。在“开始”选项卡的“剪贴板”组中单击“粘贴”按钮，即可发现原位置的文本在粘贴处显示，如图2-7所示。

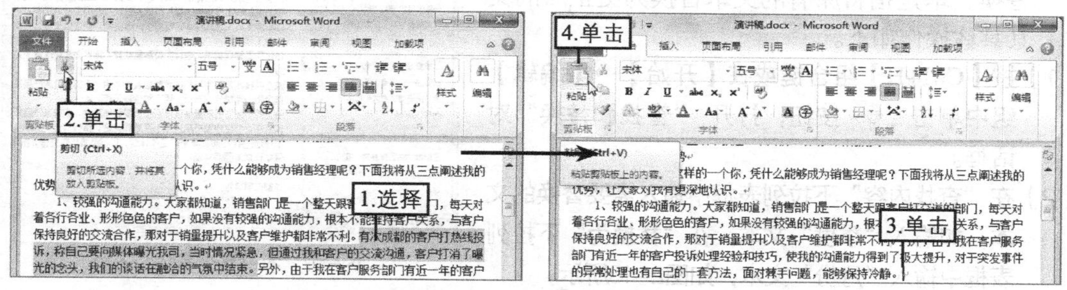

图2-7 剪切并粘贴文本

◎ **通过快捷键**：选择要移动的文本，按【Ctrl+X】组合键，将文本插入点定位到目标位置，按【Ctrl+V】组合键粘贴文本即可。

◎ **通过拖动**：选择文本后，将鼠标移动到选择的文本上，按住鼠标左键部分拖曳选择的文本到需要移动到的位置后释放鼠标即可。

2. 复制文本

选择所需文本后，在【开始】→【剪贴板】组中单击“复制”按钮，或按【Ctrl+C】组合键或者单击鼠标右键，在弹出的快捷菜单中选择“复制”命令，将文本插入点定位到需要粘贴的位置，单击鼠标右键，在弹出的快捷菜单中选择“粘贴选项”命令栏中的“只保留文本”命令，或直接按【Ctrl+V】组合键，即可将复制的文本插入到指定位置，如图2-8所示。

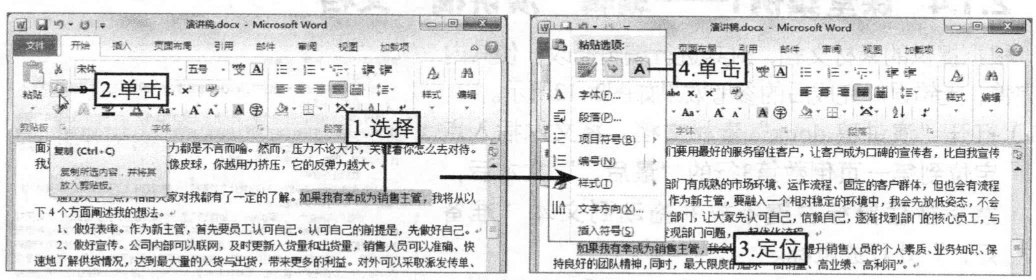

图2-8 复制并粘贴文本

2.1.3 查找和替换文本

在一篇长文档中要查找某个字词，或是将某个字词全部替换为另外的字词，逐个查找并替换将花费大量的时间，且容易出错，此时可使用Word的查找与替换功能，实现快速查找与替换。

1. 查找文本

在【开始】→【编辑】组中单击 查找 按钮，或直接按【Ctrl+F】组合键，在导航窗格中的“导航”文本框中输入需要查找的文本，如输入“季度”文本，按【Enter】键，文档中所有查找到的文本将以黄底黑字显示出来，如图2-9所示。

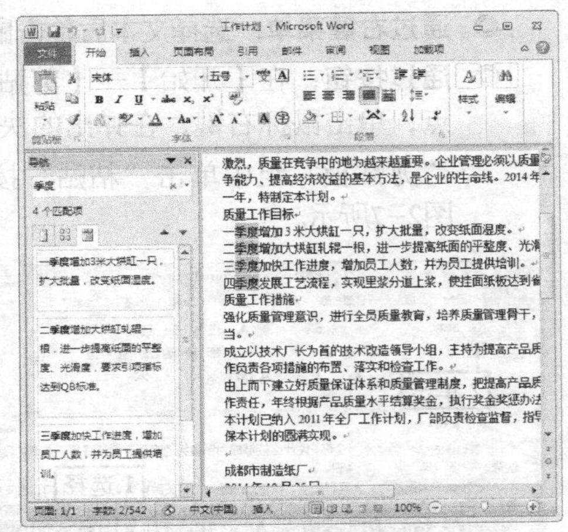

图2-9　突出显示查找的文本

2. 替换文本

替换文本是指将原有的文本替换为更正后的文本，其具体操作如下。

（1）按【Ctrl+H】组合键或在【开始】→【编辑】组中单击 替换 按钮，打开“查找和替换”对话框。

（2）在“查找内容”下拉列表框中输入需要替换的文本，如输入“季度”文本，在“替换为”下拉列表框中输入“月份”文本，如图2-10所示。

（3）单击 替换(R) 按钮，系统自动查找并替换插入点后面的第一个文本。如需替换文档中所有“季度”文本，单击 全部替换(A) 按钮，完成后系统将打开图2-11所示的提示对话框，单击 确定 按钮即可。

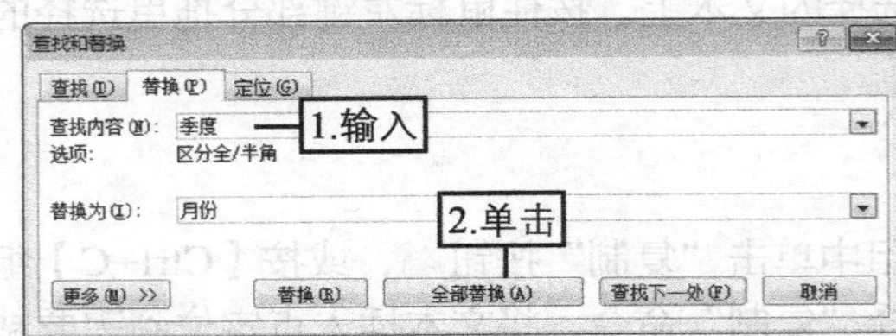

图2-10　替换文本

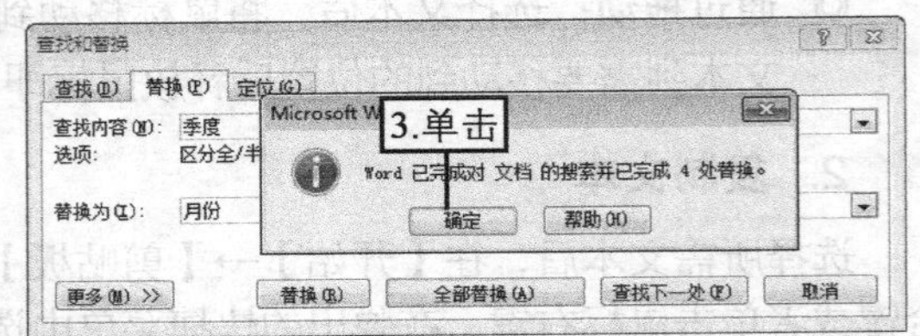

图2-11　完成替换

2.1.4 课堂案例1——编辑“演讲稿”文档

根据提供的素材文档，对其进行编辑修改，使其内容完善、无错误。完成后的参考效果如图2-12所示。

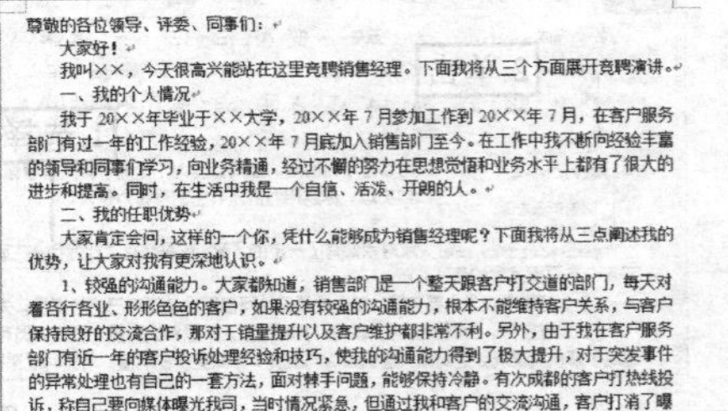

图2-12　“演讲稿”文档参考效果

（1）打开“演讲稿.docx”素材文档，将文本插入点定位到第一页倒数第3行的“最后，”文本后，然后按住鼠标左键不放并拖动到文本“准备好，”处释放鼠标。

（2）选择需要删除的文本，按【Delete】键删除文本插入点后的文本，按【BackSpace】键可删除文本插入点前的文本，如图2-13所示。

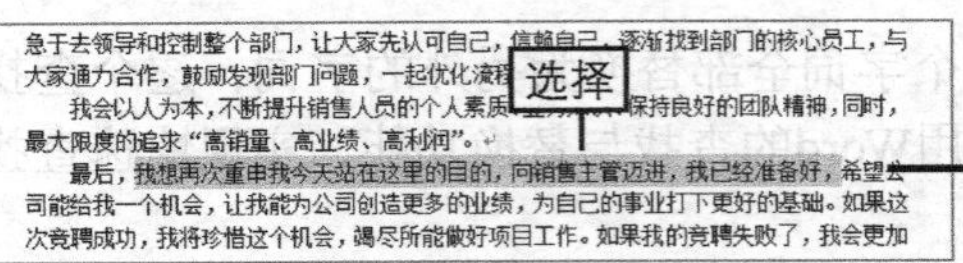

图2-13　删除不需要的文本

（3）将文本插入点定位到文档的开头位置，然后在“开始”选项卡“编辑”组中单击 查找 按钮右侧的下拉按钮，在打开的下拉列表中选择“高级查找”选项。

（4）在打开的“查找和替换”对话框的文本框中输入查找内容，如“主管”，然后单击 查找下一处(F) 按钮，系统将查找文本插入点后第一个符合条件的文本内容，如图2-14所示。

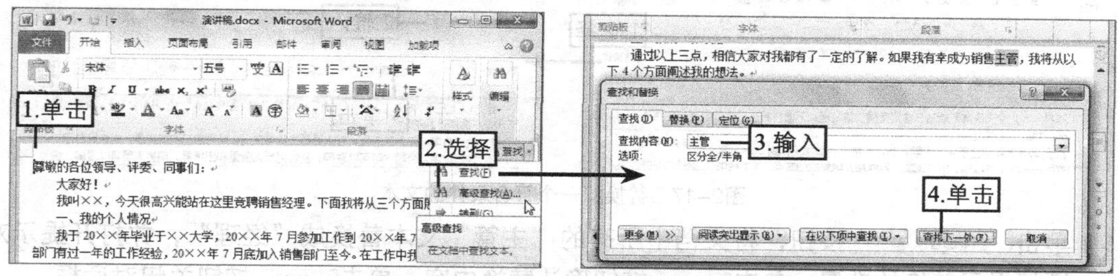

图2-14　查找第一个符合条件的文本

（5）单击 在以下项中查找(I) 按钮，在打开的下拉列表中选择“主文档”选项，系统将自动在文档中查找相应的内容，并在对话框中显示出与查找条件相匹配的总数目，如图2-15所示。

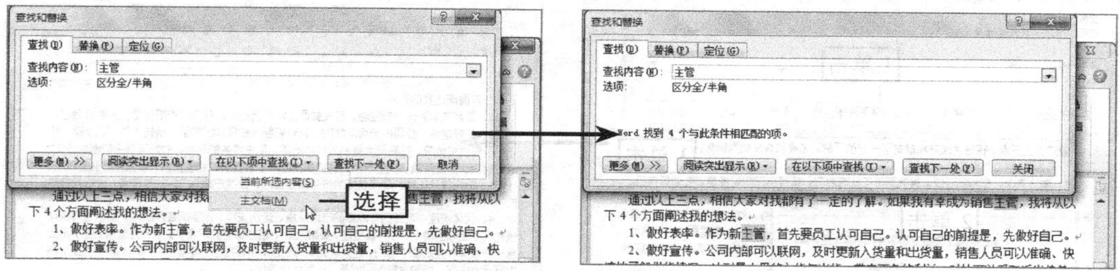

图2-15　查找文档中符合条件的所有文本

（6）单击 阅读突出显示(R) 按钮，在打开的下拉列表中选择“全部突出显示”选项，系统将自动在文档中查找相应的内容，并突出显示，如图2-16所示，完成查找后单击 关闭 按钮，关闭该对话框。

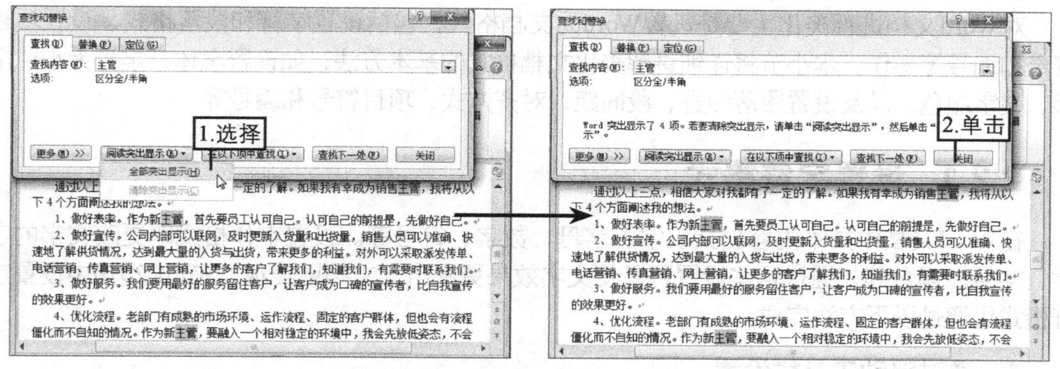

图2-16　突出显示符合查找条件的文本

（7）将文本插入点定位到文档的开始位置，然后在“开始”选项卡的“编辑”组中单击 替换 按钮。

（8）在打开的“查找和替换”对话框的“替换”选项卡的“查找内容”下拉列表框中保持输入的查找内容“主管”，在“替换为”下拉列表框中输入替换后的“经理”文本，然后单击 替换(R) 按钮，Word自动在文本中找到从插入点位置开始第一个符合条件的内容并呈选择状态，再次单击该按钮将其替换为“经理”，如图2-17所示。

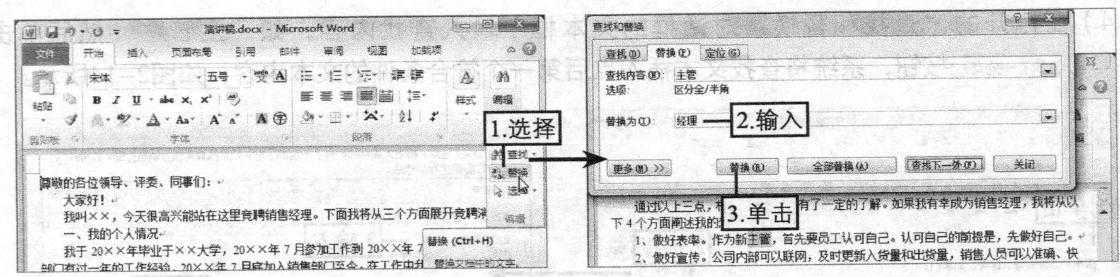

图2-17　替换第一个符合条件的文本

（9）单击 全部替换(A) 按钮，将文档中所有的“主管”文本替换成“经理”，并打开提示对话框提示替换的数量，单击 确定 按钮确认替换内容，单击 关闭 按钮关闭对话框。

（10）返回文档中，可看到替换文本后的效果如图2-18所示。

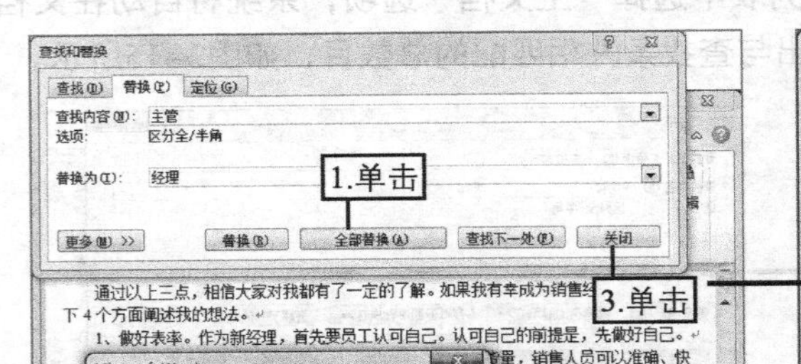

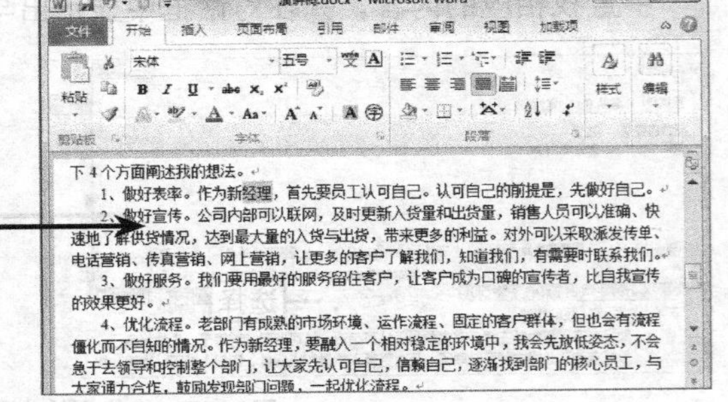

图2-18　替换所有符合条件的文本

2.2 美化文档

对Word文档进行美化主要是设置Word的文档格式，包括设置字符和段落格式、设置项目符号和编号等操作。本小节将详细讲解美化文档格式的基本方法，如设置字体、字号大小、字形、文字颜色，以及设置段落缩进、段间距、对齐方式、项目符号和编号等。

2.2.1 设置字符格式

在Word文档中文本内容包括汉字、字母、数字、符号等。设置字体格式即更改文字的字体、字号、颜色等，通过这些设置可以使文字效果更突出，文档更美观。Word 2010中设置字符格式可通过以下方法完成。

1. 通过浮动工具栏设置

选中一段文本后，将鼠标光标移到被选择文本的右上角，将会出现浮动工具栏。该浮动工具栏最初为半透明状态显示，将鼠标光标指向该工具栏时会清晰地完全显示。其中包含常用的设置选项，单击相应的按钮或进行相应选择即可对文本的字符格式进行设置，如图2-19所示。

其中相关选项含义如下。

◎ **字体**：指文字的外观，如黑体、楷体等字体，不同的字体，其外观也不同。Word 默认的中文字体为“宋体”，英文字体为“Calibri”。

◎ **字号**：指文字的大小，默认为五号。其度量单位有“字号”和“磅”两种，其中字号越大文字越小，最大的字号为“初号”，最小的字号为“八号”；当用“磅”作度量单位时，磅值越大文字越大。

2. 利用功能区设置

在Word 2010默认功能区的【开始】→【字体】组中可直接设置文本的字符格式，包括字体、字号、颜色、字形等字符格式，如图2-20所示。

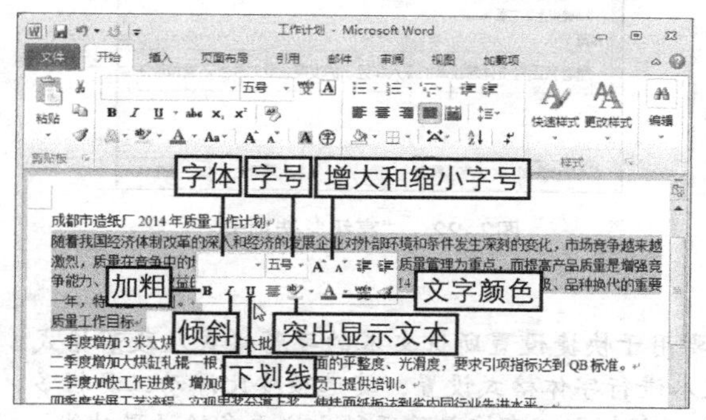

图2-19 浮动工具栏

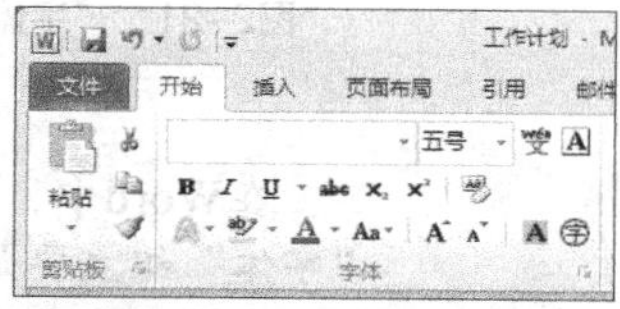

图2-20 “字体”组

选择需要设置字符格式的文本后，在“字体”组中单击相应的按钮或选择相应的选项即可进行相应设置。

在【字体】组中除了有与浮动工具栏中部分相同的格式按钮外，还有以下设置选项。

◎ **文本效果**：单击按钮右边的按钮，在打开的下拉列表中选择需要的文本效果，如阴影、发光、映像等效果。

◎ **下标与上标**：单击按钮将选择的字符设置为下标效果；单击按钮将选择的字符设置为上标效果。

◎ **更改大小写**：在编辑英文文档时，可能需要对其大小写进行转换，单击“字体”组的按钮，在打开的下拉列表中提供了全部大写、全部小写、句首字母大写等转换选项。

◎ **清除格式**：单击按钮将清除所选字符的所有格式，使其恢复到默认的字符格式。

3. 利用“字体”对话框设置

在【开始】→【字体】组中单击其右下角的按钮或按【Ctrl+D】组合键，打开“字体”对话框。在“字体”选项卡中可设置字体格式，如字体、字形、字号、字体颜色、下划线等，还可即时预览设置字体后的效果，如图2-21所示。

在“字体”对话框中单击“高级”选项卡，可以设置字符间距、缩放大、字符位置等，如图2-22所示。

其中设置功能如下。

◎ **字符缩放**：默认字符缩放是100%，表示正常大小，比例大于100%时得到的字符趋于宽扁，小于100%时得到的字符趋于瘦高。

◎ **字符位置**：指字符在文本行的垂直位置，包括“提升”和“降低”两种。

◎ **字符间距**：Word 中的字符间距包括“加宽”或“紧缩”两种，可设置加宽或紧缩的具体值。对于末行文字只有一两个字符时可通过紧缩方法将其调到上一行。

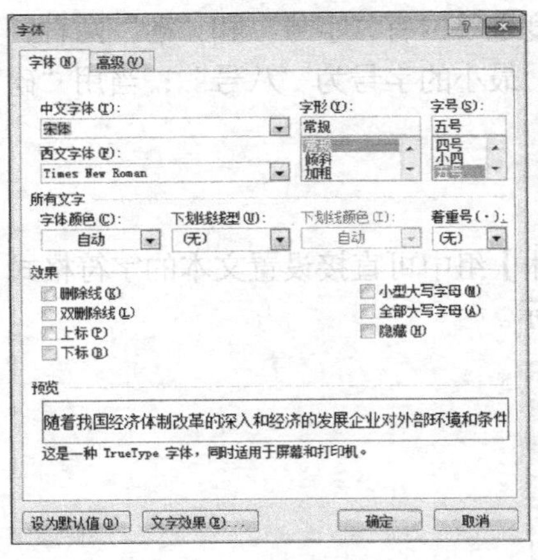

图2-21 “字体”选项卡

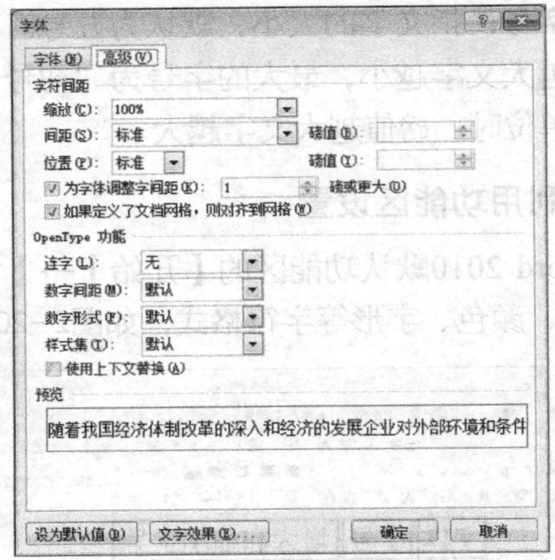

图2-22 “高级”选项卡

知识提示

在Word中，浮动工具栏主要用于快捷设置所选文本的字符格式及段落格式。“字体”组主要是用于对所选文本进行字体格式设置，其选项要比浮动工具栏多，但不能对段落进行设置。“字体”对话框则拥有较之前两种方法更多的设置功能。

2.2.2 设置段落格式

段落是指文字、图形、其他对象的集合。回车符“↵”是段落的结束标记。通过设置段落格式，如设置段落对齐方式、缩进、行间距、段间距等，可以使文档的结构更清晰、层次更分明。

1. 设置段落对齐方式

段落对齐方式主要包括左对齐、居中对齐、右对齐、两端对齐、分散对齐等。其设置方法有以下几种。

◎ 选择要设置的段落，在【开始】→【段落】组中单击相应的对齐按钮，即可设置文档段落的对齐方式，如图2-23所示。

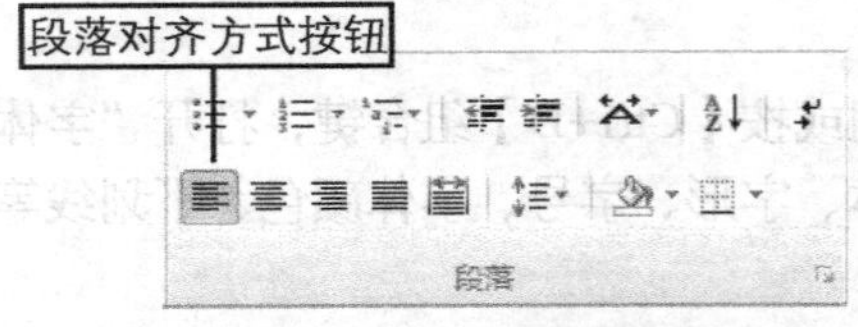

图2-23 设置段落对齐方式

知识提示

单击“底纹”按钮A，可设置选择的文字或段落的背景颜色，单击“边框”按钮田·，可设置选择段落的边框。

◎ 选择要设置的段落，在浮动工具栏中单击相应的对齐按钮，可以设置段落对齐方式。

◎ 选择要设置的段落，单击“段落”组右下方的⊡按钮，打开“段落”对话框，在该对话框中的“对齐方式”下拉列表中进行设置。

2. 设置段落缩进

段落缩进包括左缩进、右缩进、首行缩进、悬挂缩进4种，一般利用标尺和“段落”对话框来设置，其方法分别如下。

◎ **利用标尺设置**：单击滚动条上方的“标尺”按钮在窗口中显示出标尺，然后拖动水平

标尺中的各个缩进滑块，可以直观地调整段落缩进。其中▽为首行缩进滑块，△表示悬挂缩进，□表示右缩进等，如图2-24所示。

◎ **利用对话框设置**：选择要设置的段落，单击“段落”组右下方的按钮，打开“段落”对话框，在该对话框中的“缩进”栏中进行设置。

3. 设置行和段落间距

合适的行距可使文档一目了然，包括设置行间距和段落前后间距，其方法如下。

◎ 选择段落，在【开始】→【段落】组中单击“行和段落间距”按钮，在打开的下拉列表中选择“1.5”选项等行距倍数选项。

◎ 选择段落，打开“段落”对话框，在“间距”栏中的“段前”和“段后”数值框中输入值，在“行距”下拉列表框中选择相应的选项，即可设置行间距，如图2-25所示。

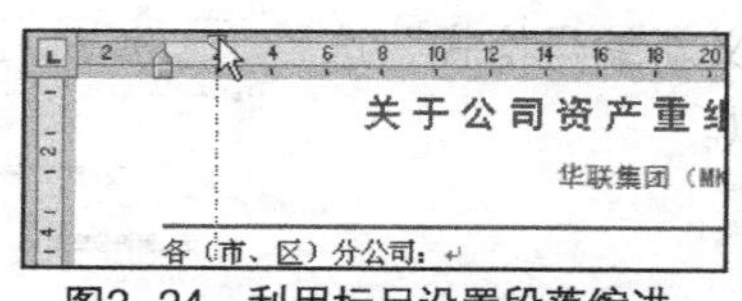

图2-24 利用标尺设置段落缩进

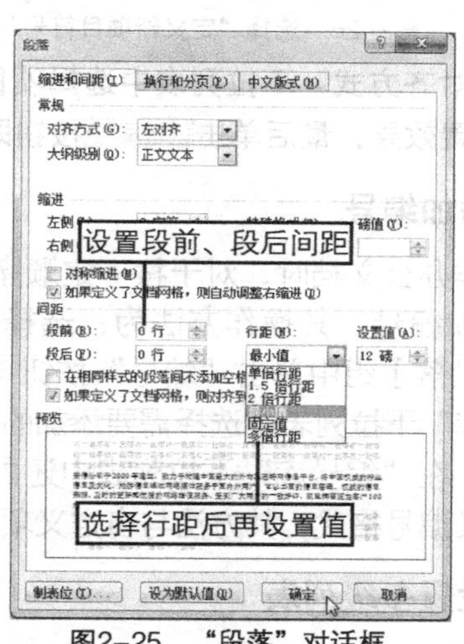

图2-25 “段落”对话框

2.2.3 设置项目符号和编号

使用项目符号与编号功能，可为属于并列关系的段落添加●、★、◆等项目符号，也可添加“1. 2. 3.”或“A. B. C.”等编号，还可组成多级列表，使文档层次分明、条理清晰。

1. 添加项目符号

选择需要添加项目符号的段落，在【开始】→【段落】组中单击“项目符号”按钮右侧的按钮，在打开的下拉列表中选择一种项目符号样式。

2. 自定义项目符号

Word 2010中默认的项目符号样式共7种，如果需自定义项目符号，其具体操作如下。

（1）选择需要添加自定义项目符号的段落，在【开始】→【段落】组中单击“项目符号”按钮右侧的按钮，在打开的下拉列表中选择“定义新项目符号”选项，如图2-26所示，打开“定义新项目符号”对话框。

（2）在“项目符号字符”栏中单击图片(P)...按钮，打开“图片项目符号”对话框，在该对话框中的下拉列表中选择项目符号样式后，单击确定按钮，如图2-27所示，返回“定义新项目符号”对话框。

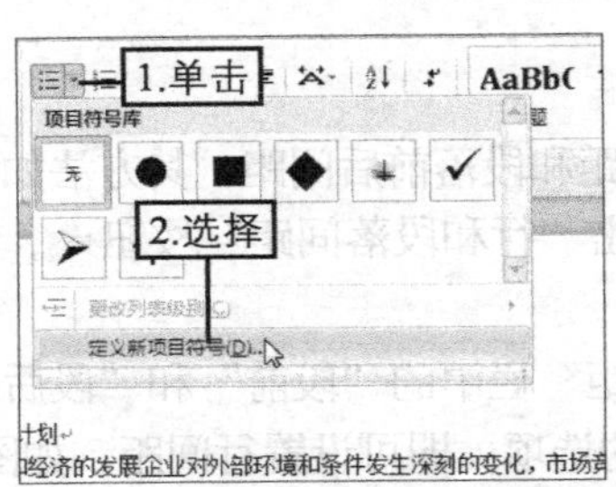

图2-26　选择“定义新项目符号”选项

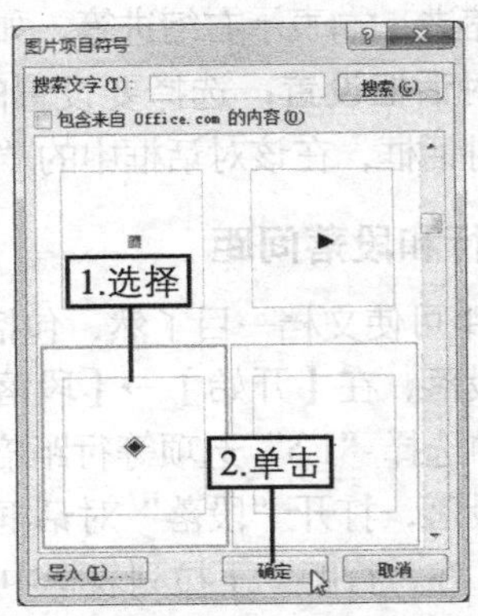

图2-27　自定义项目符号

（3）在“对齐方式”下拉列表中选择项目符号的对齐方式，此时可以在下面的预览窗口中预览设置效果，最后单击确定按钮即可。

3. 添加编号

在制作办公文档时，对于按一定顺序或层次结构排列的项目，可以为其添加编号。其操作方法为：选择要添加编号的文本，在【开始】→【段落】组中单击“编号”按钮右侧的按钮，即可在打开的“编号库”下拉列表中选择需要添加的编号，如图2-28所示。

另外，在“编号库”下拉列表中还可选择“定义新编号格式”选项来自定义编号格式，其方法与自定义项目符号相似。

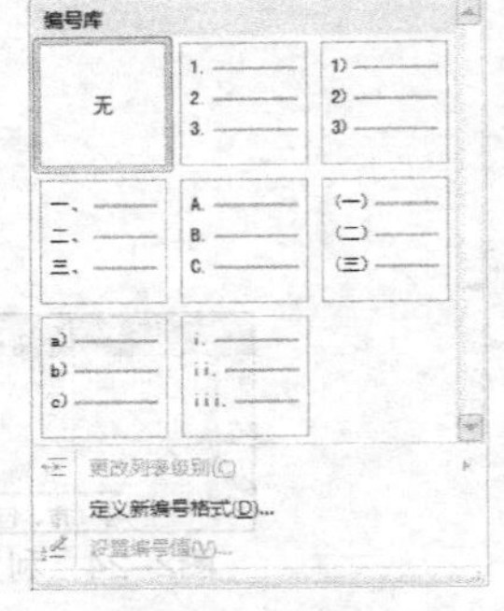

图2-28　添加编号

4. 设置多级列表

多级列表主要用于规章制度等需要各种级别编号的文档，设置多级列表的方法为：选择需要设置的段落，在【开始】→【段落】组中单击“多级列表”按钮，在打开的下拉列表中选择一种编号的样式即可。

操作技巧

对段落设置多级列表后默认各段落标题级别是相同的，看不出级别效果，可以依次在下一级标题编号后面按下【Tab】键，表示下降一级标题。

2.2.4 课堂案例2——美化“招聘启事”文档

本案例要求为提供的素材文档设置字符格式、段落格式，并添加项目符号和编号，使文档结构分明，层次清晰，完成后的参考效果如图2-29所示。

职业素养

在制作招聘启事这类文档时，内容要简明扼要，直接了当地说明需求。常用的招聘启事的内容主要包括：招聘标题、招聘要求、招聘对象的专业及人数，聘用待遇、应聘方式等。

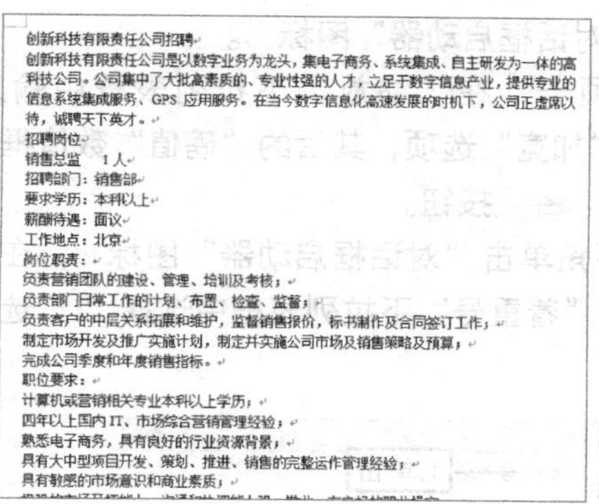

创新科技有限责任公司招聘
创新科技有限责任公司是以数字业务为龙头，集电子商务、系统集成、自主研发为一体的高科技公司。公司集中了大批高素质的、专业性强的人才，立足于数字信息产业，提供专业的信息系统集成服务、GPS 应用服务。在当今数字信息化高速发展的时机下，公司正虚席以待，诚聘天下英才。
招聘岗位
销售总监　1人
招聘部门：销售部
要求学历：本科以上
薪酬待遇：面议
工作地点：北京
岗位职责：
负责营销团队的建设、管理、培训及考核；
负责部门日常工作的计划、布置、检查、监督；
负责客户的中层关系拓展和维护，监督销售报价，标书制作及合同签订工作；
制定市场开发及推广实施计划，制定并实施公司市场及销售策略及预算；
完成公司季度和年度销售指标。
职位要求：
计算机或营销相关专业本科以上学历；
四年以上国内IT、市场综合营销管理经验；
熟悉电子商务，具有良好的行业资源背景；
具有大中型项目开发、策划、推进、销售的完整运作管理经验；
具有敏感的市场意识和商业素质；

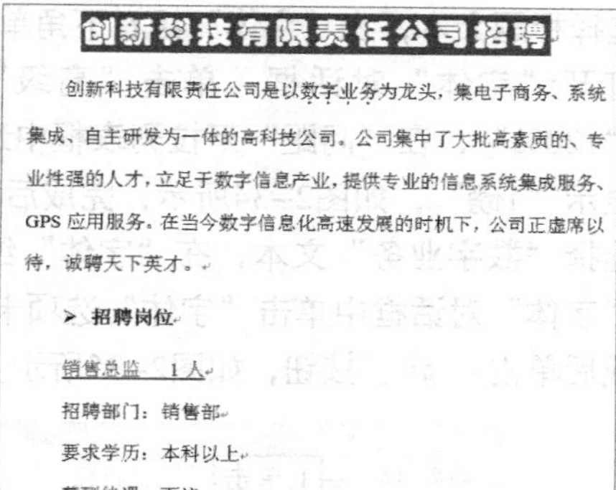

创新科技有限责任公司招聘
创新科技有限责任公司是以数字业务为龙头，集电子商务、系统集成、自主研发为一体的高科技公司。公司集中了大批高素质的、专业性强的人才，立足于数字信息产业，提供专业的信息系统集成服务、GPS 应用服务。在当今数字信息化高速发展的时机下，公司正虚席以待，诚聘天下英才。
➢ 招聘岗位
销售总监　1人
招聘部门：销售部
要求学历：本科以上
薪酬待遇：面议

图2-29　“招聘启事”文档美化前后的效果

（1）打开素材文档“招聘启事.docx”，选择标题文本，将鼠标光标移动到浮动工具栏上，在“字体”下拉列表框中选择“华文琥珀”选项，如图2-30所示。

（2）在“字号”下拉列表框中选择“二号”选项。在【开始】→【段落】组，单击“底纹”按钮**A**，在打开的下拉列表中选择“深红”选项。

（3）选择除标题文本外的文本内容，在“开始”选项卡的“字体”组的“字号”下拉列表框中选择“四号”选项。

（4）选择“招聘岗位”文本，再按住【Ctrl】键，同时选择“应聘方式”文本，在“开始”选项卡的“字体”组中单击“加粗”按钮**B**，如图2-31所示。

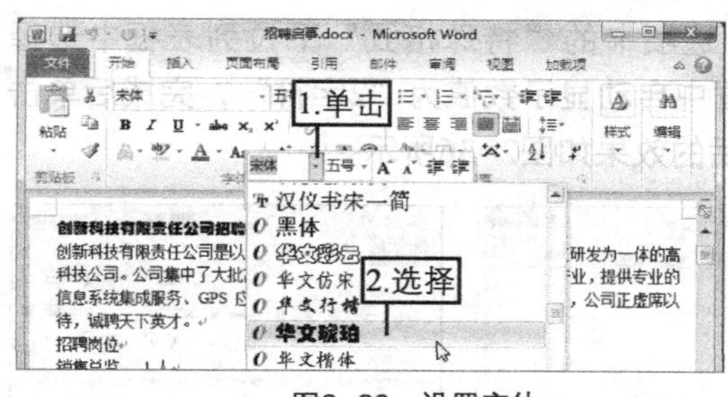

图2-30　设置字体

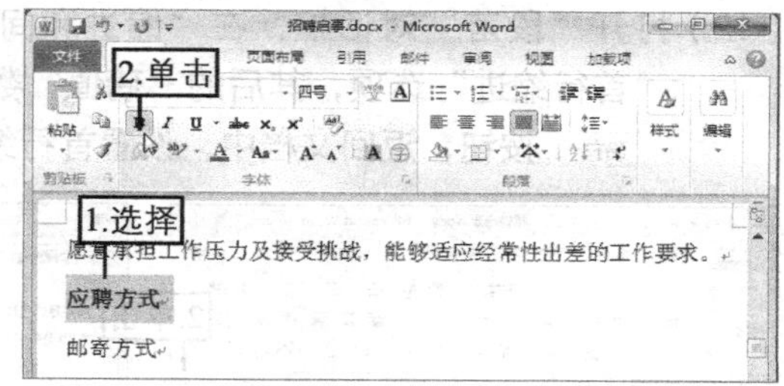

图2-31　设置字形

（5）选择“销售总监　1人”文本，再按住【Ctrl】键，同时选择“销售助理　5人”文本，在“字体”组中单击“下划线”按钮**U**右侧的下拉按钮，在打开的下拉列表框中选择“粗线”选项，如图2-32所示。

（6）在“字体”组中单击“字体颜色”按钮**A**右侧的下拉按钮，在打开的下拉列表中选择“深红”选项，如图2-33所示。

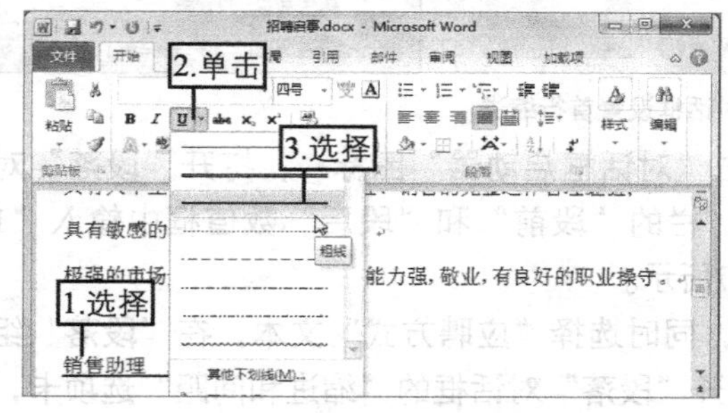

图2-32　设置下划线

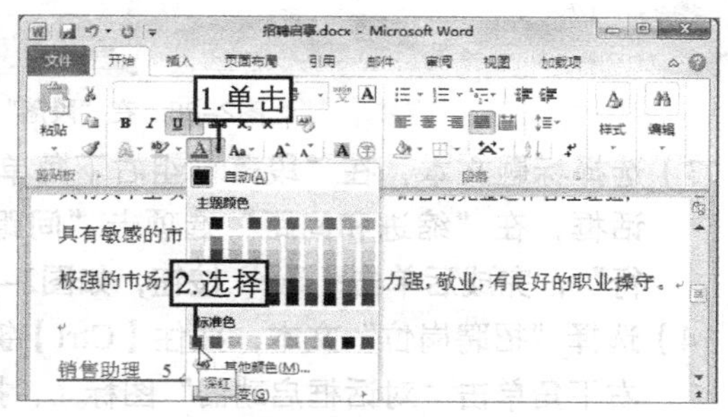

图2-33　设置字体颜色

（7）选择标题文本，在“字体”组右下角单击“对话框启动器”图标。

（8）打开“字体”对话框，单击“高级”选项卡，在“缩放”下拉列表框中输入数据“120%”，在“间距”下拉列表框中选择“加宽”选项，其后的“磅值”数值框中自动显示“1磅”，如图2-34所示，完成后单击确定按钮。

（9）选择“数字业务”文本，在“字体”组右下角单击“对话框启动器”图标，在打开的“字体”对话框中单击“字体”选项卡，在“着重号”下拉列表框中选择“.”选项，完成后单击确定按钮，如图2-35所示。

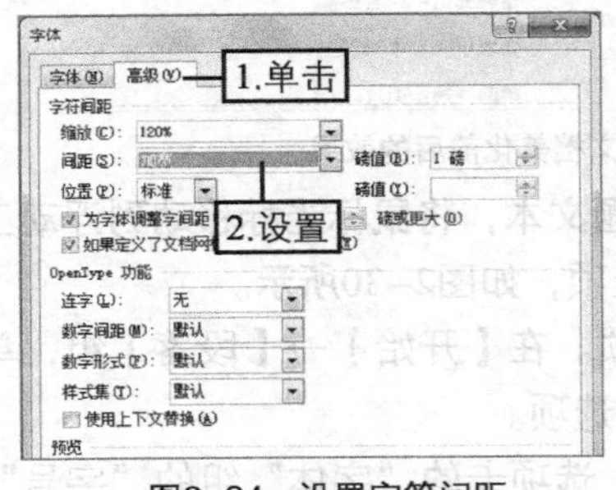

图2-34　设置字符间距

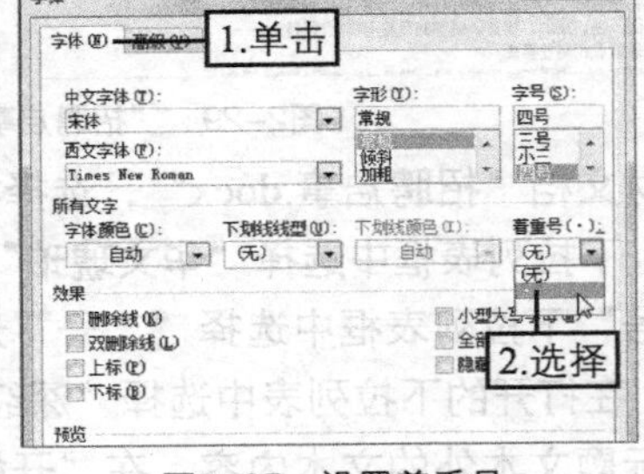

图2-35　设置着重号

（10）选择标题文本，在“段落”组中单击“居中”按钮，选择最后三行文本，在“段落”组中单击“右对齐”按钮。

（11）选择除标题和最后三行之外的文本内容，在“段落”组右下角单击按钮。

（12）打开“段落”对话框，在“缩进和间距”选项卡的“特殊格式”下拉列表框中选择“首行缩进”选项，其后的“磅值”数值框中自动显示数值为“2字符”，完成后单击确定按钮，返回文档中，设置首行缩进后的效果如图2-36所示。

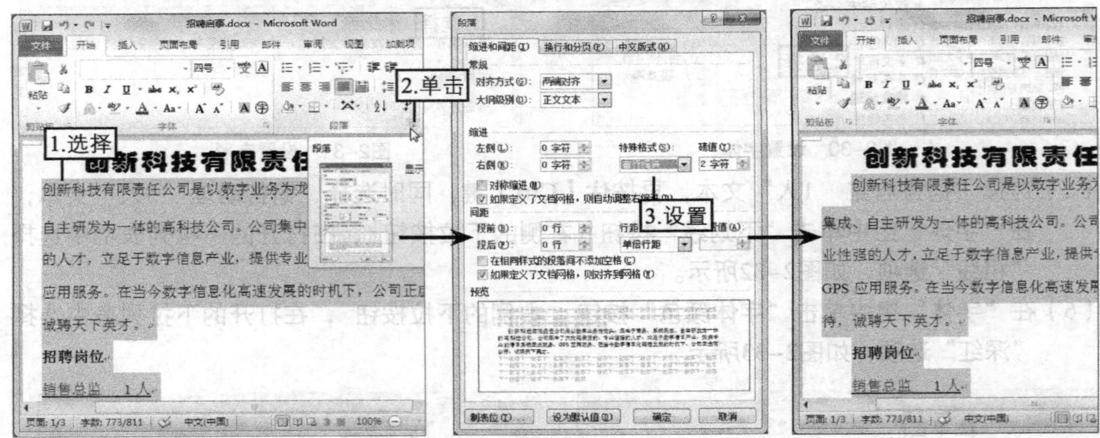

图2-36　在“段落”对话框设置首行缩进

（13）选择标题文本，在“段落”组右下角单击“对话框启动器”图标，打开“段落”对话框，在“缩进和间距”选项卡“间距”栏的“段前”和“段后”数值框中输入“1行”，完成后单击确定按钮，如图2-37所示。

（14）选择“招聘岗位”文本，按住【Ctrl】键，同时选择“应聘方式”文本，在“段落”组右下角单击“对话框启动器”图标，打开“段落”对话框的“缩进和间距”选项卡，

在“行距”下拉列表框中选择“多倍行距”选项，其后“设置值”数值框中自动显示数值为“3”，完成后单击 确定 按钮，如图2-38所示。

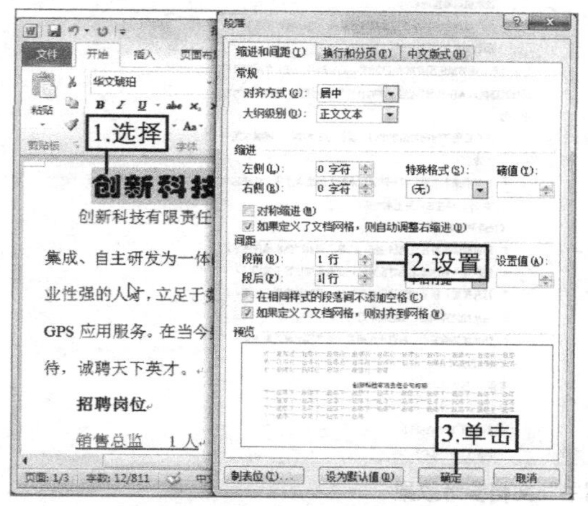

图2-37　设置段间距

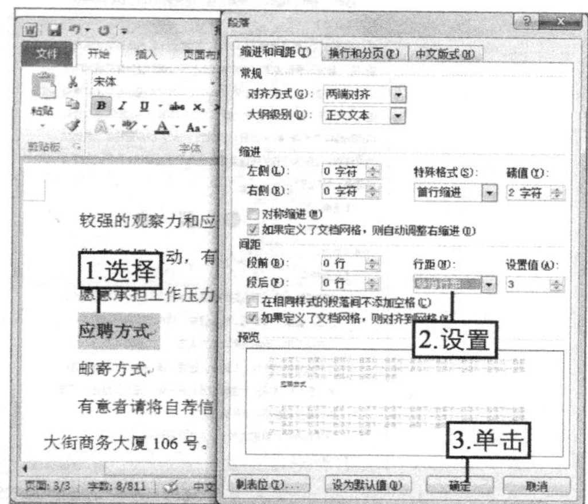

图2-38　设置行间距

（15）选择“招聘岗位”文本，按住【Ctrl】键，同时选择“应聘方式”文本。

（16）在“段落”组中单击“项目符号”按钮右侧的下拉按钮，在打开的下拉列表的“项目符号库”栏中选择“➢”选项，返回文档，设置项目符号后的效果如图2-39所示。

（17）选择第一个“岗位职责：”与“职位要求：”之间的文本内容，在“段落”组中单击“编号”按钮右侧的按钮，在打开的下拉列表的“编号库”栏中选择“1. 2. 2.”选项，如图2-40所示。

（18）用相同的方法在文档中依次设置其他位置的编号样式，完成本案例制作。

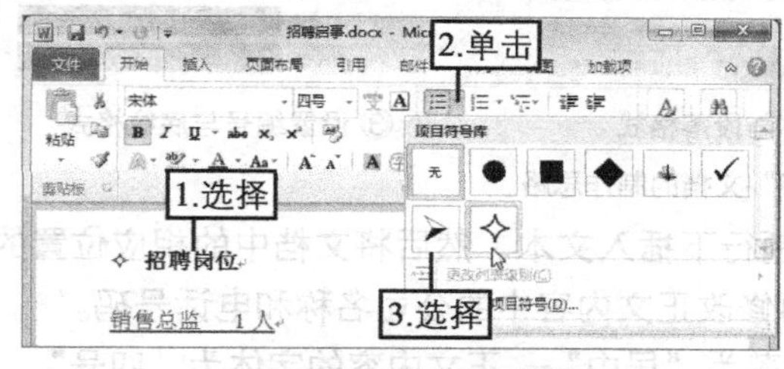

图2-39　设置项目符号

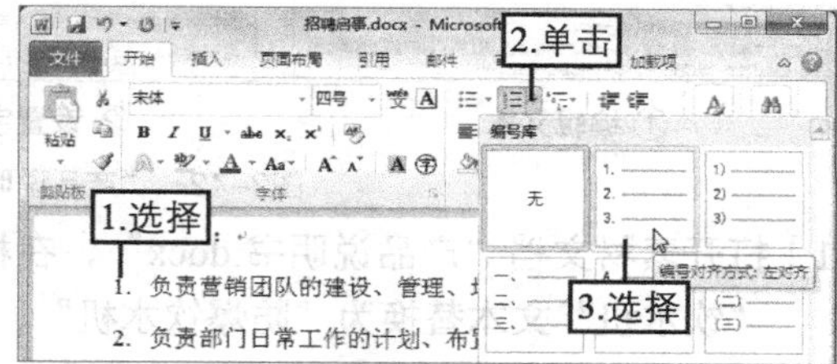

图2-40　设置编号

2.3 课堂练习

本章课堂练习将分别制作“产品说明书”文档和设置“会议记录”文档，综合练习本章学习的知识点，以掌握编辑与美化Word文档的具体操作。

2.3.1 制作“产品说明书”文档

1. 练习目标

本练习的目标是制作产品说明书文档，需要在提供的素材文档中设置相关的文档格式。在制作产品说明书时不仅要介绍产品的优点和作用，还要说明其性质和使用范围等内容，而且语

言要准确、通俗、简明，并突出重点。本练习完成后的参考效果如图2-41所示。

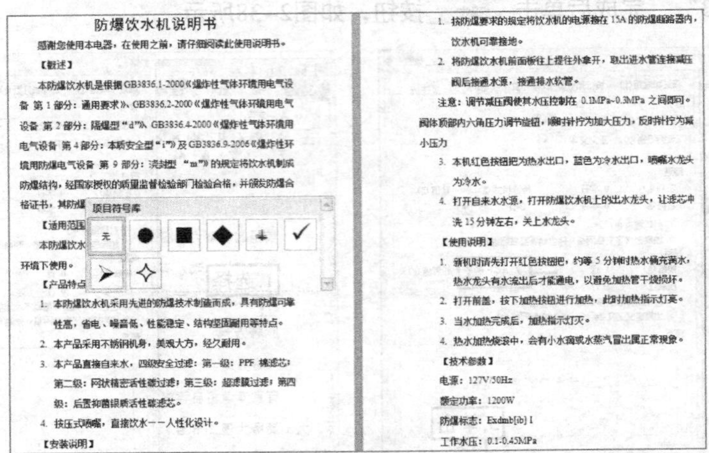

图2-41 “产品说明书”文档参考效果

2. 操作思路

完成本练习需要先在文档中对正文进行编辑，再设置字体与段落格式，然后设置编号与底纹格式等，其操作思路如图2-42所示。

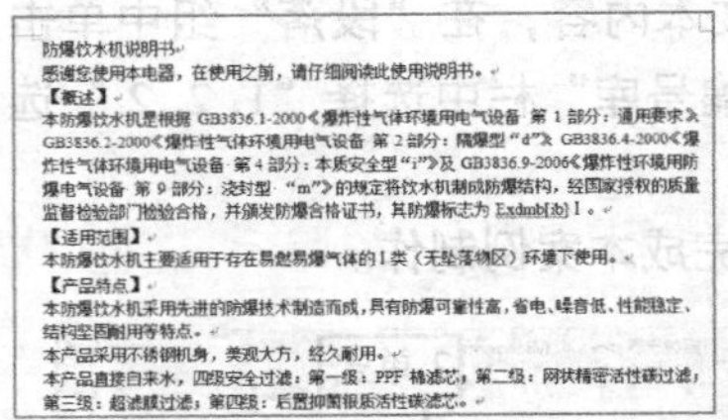

① 编辑文本

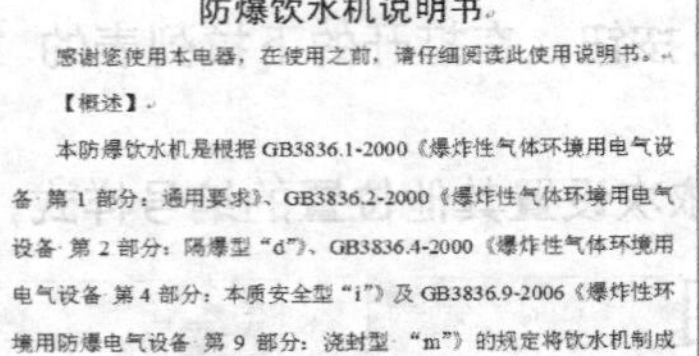

② 设置字体与段落格式

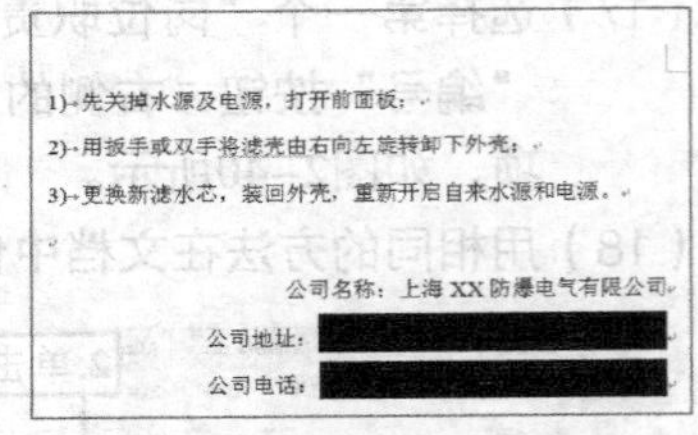

③ 设置编号与底纹格式

图2-42 “产品说明书”文档的制作思路

（1）打开素材文档“产品说明书.docx”，在标题行下插入文本，然后将文档中的相应位置的“饮水机”文本替换为“防爆饮水机”，再修改正文内容中的公司名称和电话号码。

（2）设置标题文本的字体为“黑体，二号”，段落为“居中”，正文内容的字体为“四号”，段落为“首行缩进”，再设置最后3行的段落为“右对齐”。

（3）为相应的文本内容设置编号“1.2.2.”和“1）2）3）”，在“安装说明”文本后设置编号时，可先设置编号“1.2.”，然后用格式刷复制编号“3.4.”。

（4）这里若不想显示公司的详细地址和电话，可选择相应的文本后，在“字体”组中单击“以不同颜色突出显示文本”按钮 右侧的下拉按钮，在打开的下拉列表中选择“黑色”选项为字符设置底纹。

2.3.2 设置“会议记录”文档格式

1. 练习目标

本练习要求对已经录入好的“会议记录”文档进行格式设置，包括设置字符格式、段落格式、添加项目符号和编号等。完成后的参考效果如图2-43所示。

2. 操作思路

根据练习目标要求，本练习的操作思路如图2-44所示。

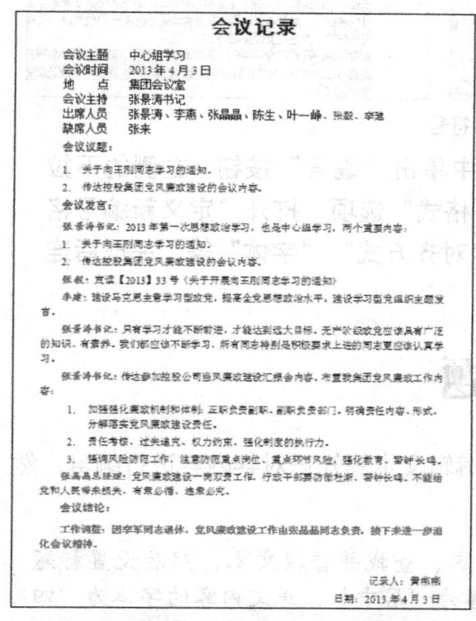

会议记录

会议主题 中心组学习
会议时间 2013年4月3日
地　　点 集团会议室
会议主持 张景涛书记
出席人员 张景涛、李燕、张晶晶、陈生、叶一峰、张毅、李建
缺席人员 张来

会议议题：

1. 关于向王刚同志学习的通知。
2. 传达控股集团党风廉政建设的会议内容。

会议发言：

张景涛书记：2013年第一次思想政治学习，也是中心组学习，两个重要内容：

1. 关于向王刚同志学习的通知。
2. 传达控股集团党风廉政建设的会议内容。

张毅：宣读【2013】33号《关于开展向王刚同志学习的通知》

李建：建设马克思主意学习型政党，提高全党思想政治水平，建设学习型党组织主题发言。

张景涛书记：只有学习才能不断前进，才能达到远大目标。无产阶级政党应该具有广泛的知识、有素养。我们都应该不断学习，所有同志特别是积极要求上进的同志更应该认真学习。

张景涛书记：传达参加控股公司当风廉政建设汇报会内容。布置我集团党风廉政工作内容：

1. 加强强化廉政机制和体制：正职负责副职、副职负责部门，明确责任内容、形式，分解落实党风廉政建设责任。
2. 责任考核、过失追究、权力约束、强化制度的执行力。
3. 强调风险防范工作，注意防范重点岗位、重点环节风险，强化教育、警钟长鸣。

张晶晶总经理：党风廉政建设一岗双责工作，行政干部要防微杜渐、警钟长鸣，不能给党和人民带来损失，有案必循、违案必究。

会议结论：

工作调整：因李军同志退休，党风廉政建设工作由张晶晶同志负责，接下来进一步消化会议精神。

记录人：黄燕燕
日期：2013年4月3日

图2-43 “会议记录”文档最参考效果

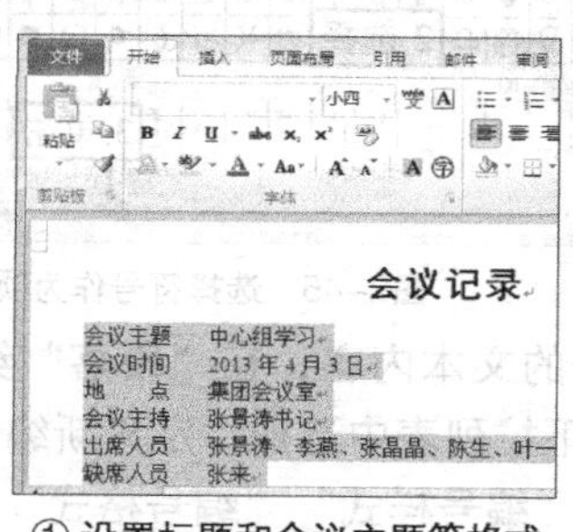

① 设置标题和会议主题等格式

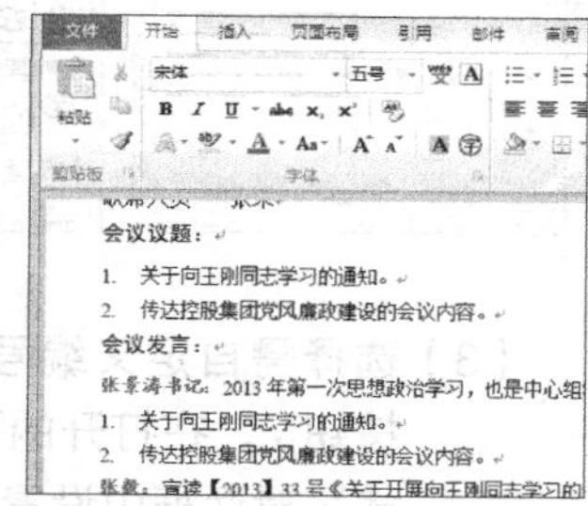

② 设置文档小标题和发言人格式

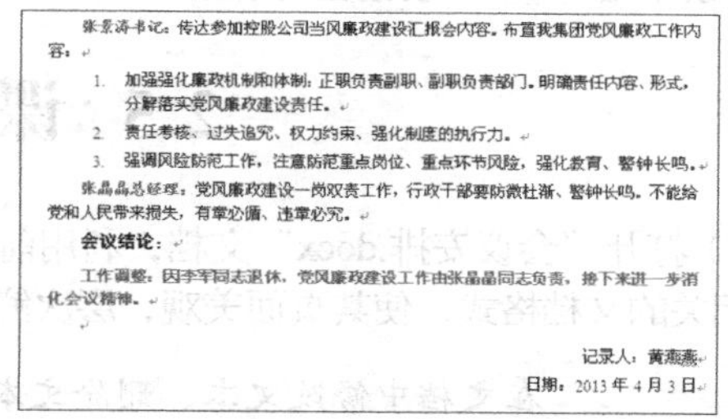

张景涛书记：传达参加控股公司当风廉政建设汇报会内容。布置我集团党风廉政工作内容：

1. 加强强化廉政机制和体制：正职负责副职、副职负责部门，明确责任内容、形式，分解落实党风廉政建设责任。
2. 责任考核、过失追究、权力约束、强化制度的执行力。
3. 强调风险防范工作，注意防范重点岗位、重点环节风险，强化教育、警钟长鸣。

张晶晶总经理：党风廉政建设一岗双责工作，行政干部要防微杜渐、警钟长鸣，不能给党和人民带来损失，有案必循、违案必究。

会议结论：

工作调整：因李军同志退休，党风廉政建设工作由张晶晶同志负责，接下来进一步消化会议精神。

记录人：黄燕燕
日期：2013年4月3日

③ 添加段落编号和设置落款右对齐

图2-44 设置“会议记录”文档格式的操作思

（1）打开“会议记录”素材文档，将文档大标题设置为“黑体、20号、加粗，居中对齐”。

（2）将除落款外的所有正文段落设置为“首行缩进2字符”，文档最前面的“会议主题”等6行文本设置为“小四”。

（3）将“会议议题”等小标题设置为“黑体、小四，1.5倍行距”，然后将“会议结论”下的文本加粗并设置为红色。

（4）为文档中的部分项目段落添加数字编号，再将发言人对应的文本设置为“红色，加粗”，然后将落款设置为右对齐，保存文档。

2.4 拓展知识

当Word中默认的项目符号与编号不能满足用户需求时，可自定义项目符号与编号。自定义项目符号与编号的具体操作如下。

（1）选择需自定义项目符号的文本内容，在“段落”组中单击“项目符号”按钮☰右侧的下拉按钮▾，在打开的下拉列表中选择“定义新项目符号”选项，打开“定义新项目符号”对话框，单击[符号(S)...]按钮，打开“符号”对话框，可在其中选择一个符号作为项目符号，完成后连续单击[确定]按钮，应用设置后的效果如图2-45所示。

（2）若在“定义新项目符号”对话框中单击[图片(P)...]按钮，打开“图片项目符号”对话框中可选择一种图片作为项目符号，完成后连续单击[确定]按钮应用设置。

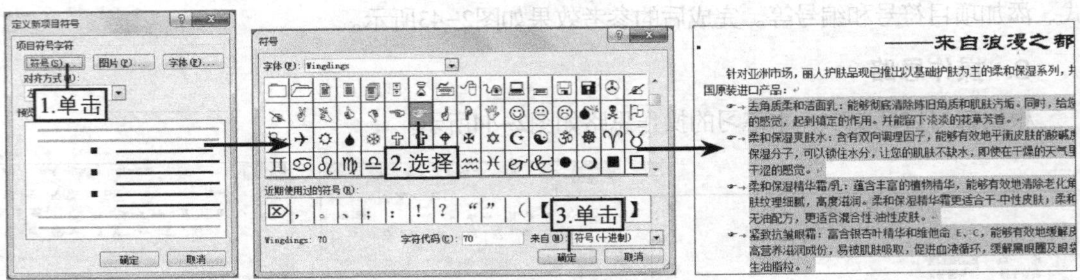

图2-45　选择符号作为项目符号

（3）选择需自定义编号的文本内容，在“段落”组中单击“编号”按钮右侧的下拉按钮，在打开的下拉列表中选择“定义新编号格式”选项，打开“定义新编号格式”对话框中设置“编号样式”“编号格式”“对齐方式”“字体”等，完成后连续单击 确定 按钮应用设置。

2.5 课后习题

（1）打开“会议安排.docx”文档，利用前面讲解的编辑文本等知识对其内容进行编辑，然后设置相关的文档格式，使其页面美观，层次鲜明。

知识提示

在文档中修改文本、删除文本、移动文本、查找并替换文本，然后设置标题文本的字体为“方正准圆简体，二号”，段落为“居中”，正文内容的字体为“四号”，并为“会议目的”行设置边框与底纹，最后在“发言人”文本前添加编号“1. 2. 3.”。处理后的效果如图2-46所示。

（2）创建“厂房招租.docx”文档，输入文本内容，并根据需要设置文档格式，将其美化为如图2-47所示的效果。

知识提示

设置标题文本的字体为“汉仪粗宋简，二号”，段落为“居中”，正文内容字体为“四号”，正文内容段落格式为“首行缩进”，最后三行段落格式为“右对齐”。然后选择相应的文本内容设置项目符号“✓”。

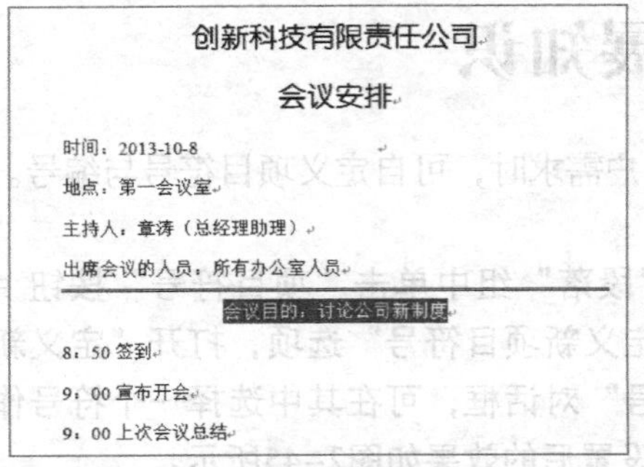

创新科技有限责任公司

会议安排

时间：2013-10-8

地点：第一会议室

主持人：章涛（总经理助理）

出席会议的人员：所有办公室人员

会议目的：讨论公司新制度

8：50 签到

9：00 宣布开会

9：00 上次会议总结

图2-46　“会议安排”文档效果

厂房招租

现有厂房独栋单一层，位于成都市金牛区交大路365号，总占地面积约2500平方米，最小可分租约1000平方米，厂房形象良好，交通便利，环境优美！

✓ 厂房长宽：40*63米

✓ 层高：7.5米

✓ 网柱：8*20米

✓ 配电：80kva

厂房空地面积十分大，适合做组装、加工、机械、物流、电子等各种行业。请有意者与李先生联系，价格面议。

图2-47　“厂房招租”文档效果

第3章 使用表格和各种图形对象

本章将讲解如何在Word文档中插入各种对象以丰富文档的知识，主要包括添加表格与各种图形对象。通过相关知识点的学习和案例的制作，可以对表格和各种图形对象有深刻的了解，并掌握如何插入并编辑表格、图片、剪贴画、形状、SmartArt、文本框和艺术字的方法。

学习要点

◎ 插入与编辑表格
◎ 插入与编辑图片和剪贴画
◎ 插入与编辑各种形状
◎ 插入与编辑SmartArt
◎ 插入与编辑文本框
◎ 插入与编辑艺术字

学习目标

◎ 掌握插入与编辑表格的方法
◎ 掌握图片和剪贴画的插入与设置方法
◎ 了解形状的插入与编辑操作
◎ 熟悉SmartArt的使用方法
◎ 熟悉插入与设置文本框的操作
◎ 了解艺术字的使用方法

3.1 插入与编辑表格

表格是一种可视化的交流模式，是一种组织整理数据的手段，由多条在水平方向和垂直方向平行的直线构成，其中直线交叉形成了单元格，水平方向的一排单元格称为行，垂直方向的一排单元格称为列。表格是文本编辑过程中非常有效的工具，可以将杂乱无章的信息管理得井井有条，从而提高文档内容的可读性。本节将重点介绍在Word中使用表格的各种方法。

3.1.1 在文档中插入表格

在Word文档中将文本插入点定位到需要插入表格的位置后，便可利用多种方法插入所需的表格。

1. 插入表格

根据插入表格的行列数和个人的操作习惯，可使用以下两种方法来实现表格的插入操作。

◎ **快速插入表格**：在【插入】→【表格】中单击“表格”按钮，在打开的下拉列表中将鼠标光标移至“插入表格”栏的某个单元格上，此时成黄色边框显示的单元格为将要插入的单元格，单击鼠标即可完成插入操作，如图3-1所示。

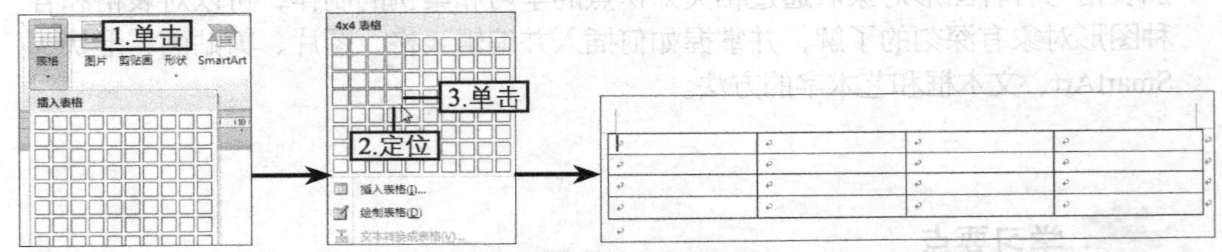

图3-1 快速插入表格的过程

◎ **通过对话框插入表格**：在【插入】→【表格】组中单击“表格”下拉按钮，在打开的下拉列表中选择“插入表格”选项，此时将打开“插入表格”对话框，在其中设置表格尺寸和单元格宽度后，单击 确定 按钮即可，如图3-2所示。

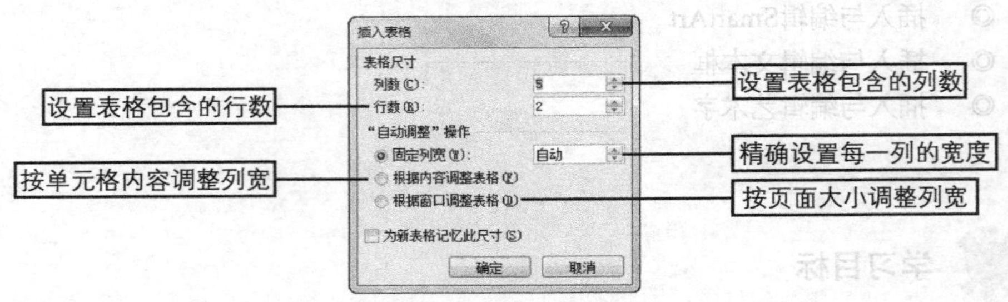

图3-2 “插入表格”对话框

2. 绘制表格

对于一些结构不规则的表格，可以通过绘制表格的方法进行创建，其具体操作如下。

（1）在【插入】→【表格】组中单击“表格”按钮，在打开的下拉列表中选择“绘制表格”选项。

（2）此时鼠标光标将变为形状，在文档编辑区拖曳鼠标即可绘制表格外边框。

（3）在外边框内拖曳鼠标即可绘制行线和列线。

（4）表格绘制完成后，按【Esc】键退出绘制状态即可，整个过程如图3-3所示。

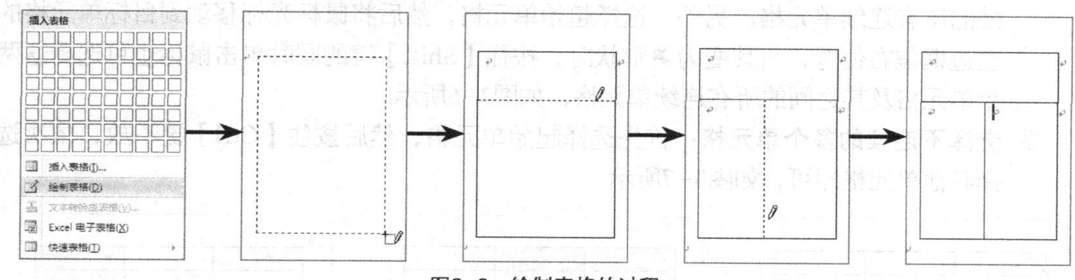

图3-3　绘制表格的过程

知识提示

绘制表格时，功能区会出现“表格工具 设计”选项卡，在其中的“绘图边框”组中提供了相应的参数，用于对绘制表格进行相应控制，如图3-4所示。

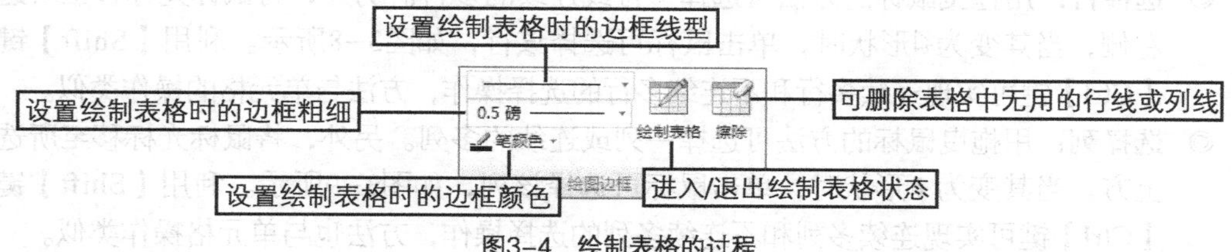

图3-4　绘制表格的过程

3.1.2 输入表格内容

创建表格后，便可在其中输入需要的内容了。通常在相应的单元格中单击鼠标，将文本插入点定位到其中后，即可输入文本。除此以外，还可选择使用以下方法来定位单元格。

◎ **使用方向键定位**：利用键盘上的【↑】、【↓】、【←】、【→】键可将文本插入点从当前单元格按相应方向定位到相邻的单元格。

◎ **使用【Tab】键定位**：按【Tab】键可将文本插入点从当前单元格向右定位到相邻的单元格中，当单元格处于最右侧时，会自动定位到下一行最左侧的单元格。

◎ **使用【Shift+Tab】组合键定位**：按【Shift+Tab】组合键可将插入点从当前单元格向左定位到相邻的单元格中，当单元格处于最左侧时，会自动定位到上一行最右侧的单元格。

3.1.3 调整表格结构

表格创建后，可根据实际需要对其现有的结构进行调整，这其中将涉及到表格的选择和布局等操作，下面分别介绍。

1. 选择表格

选择表格主要包括选择单元格、行、列，以及整个表格等情况，具体方法如下。

◎ **选择单个单元格**：将鼠标光标移动到所选单元格的左边框偏右位置，当其变为↗形状

时，单击鼠标即可选择该单元格，如图3-5所示。

◎ **选择连续的多个单元格**：在表格中拖曳鼠标即可选择拖曳起始位置处和释放鼠标位置处的所有连续单元格。另外，选择起始单元格，然后将鼠标光标移动到目标单元格的左边框偏右位置，当其变为↗形状时，按住【Shift】键的同时单击鼠标也可选择这两个单元格及其之间的所有连续单元格，如图3-6所示。

◎ **选择不连续的多个单元格**：首先选择起始单元格，然后按住【Ctrl】键不放，依次选择其他单元格即可，如图3-7所示。

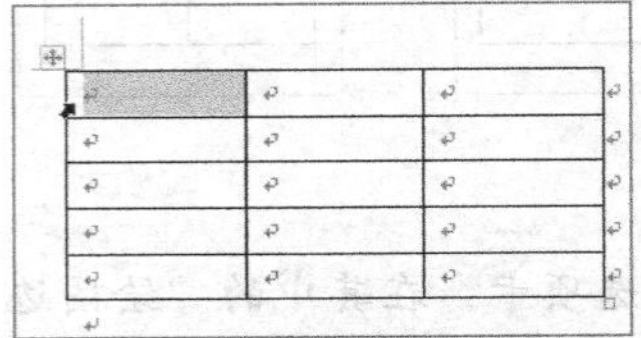

图3-5　选择单个单元格

图3-6　选择连续的单元格

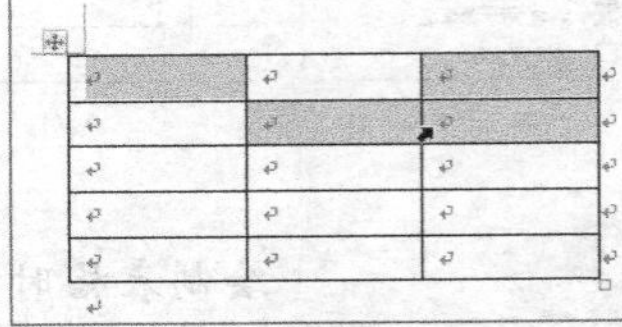

图3-7　选择不连续的单元格

◎ **选择行**：用拖曳鼠标的方法可选择一行或连续的多行。另外，将鼠标光标移至所选行左侧，当其变为↗形状时，单击鼠标可选择该行，如图3-8所示。利用【Shift】键和【Ctrl】键可实现连续多行和不连续多行的选择操作，方法与单元格的操作类似。

◎ **选择列**：用拖曳鼠标的方法可选择一列或连续的多列。另外，将鼠标光标移至所选列上方，当其变为⬇形状时，单击鼠标可选择该列，如图3-9所示。利用【Shift】键和【Ctrl】键可实现连续多列和不连续多列的选择操作，方法也与单元格操作类似。

◎ **选择整个表格**：按住【Ctrl】键不放，利用选择单个单元格、单行或单列的方法即可选择整个表格。另外，将鼠标光标移至表格区域，此时表格左上角将出现⊞图标，单击该图标也可选择整个表格，如图3-10所示。

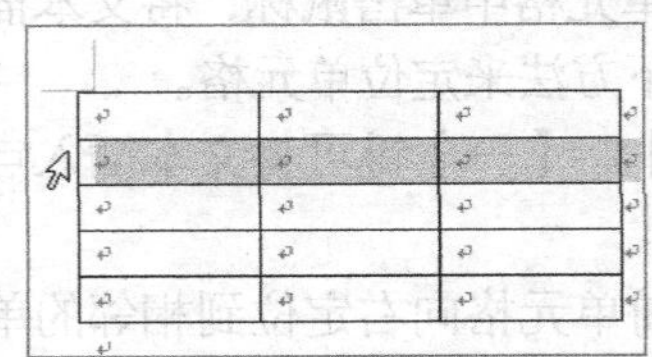

图3-8　选中单行

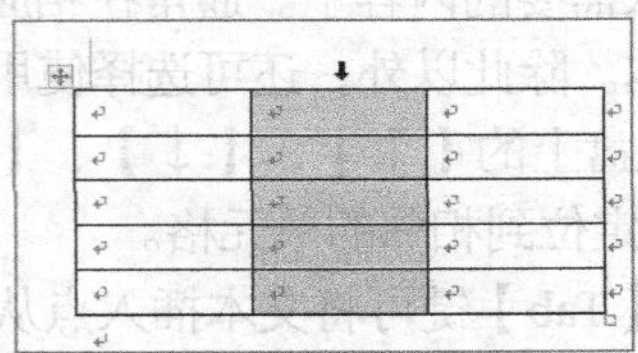

图3-9　选中单列

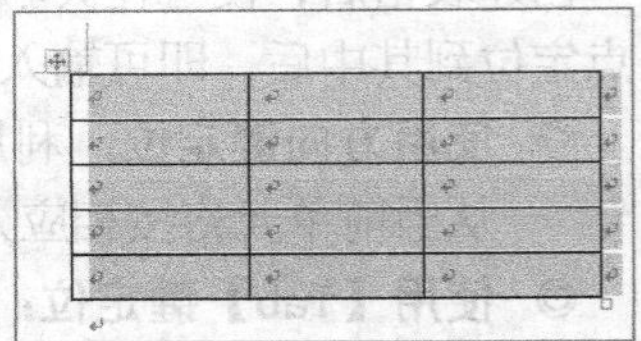

图3-10　选中整个表格

2. 布局表格

布局表格主要包括插入、删除、合并和拆分表格中的各种元素，其方法为：选择表格中的单元格、行或列，在"表格工具 布局"选项卡中利用"行和列"组与"合并"组中的相关参数进行设置即可，如图3-11所示。其中各参数的作用分别如下。

◎ **"删除"按钮**⊠：单击该按钮，可在打开的下拉列表中执行删除单元格、行、列或表格的操作，其中当删除单元格时，会打开"删除单元格"对话框，要求设置单元格删除后剩余单元格的调整方式，如右侧单元格左移、下方单元格上移等。

图3-11　布局表格的各种参数

◎ **"在上方插入"按钮**▦：单击该按钮，可在所选行的上方插入新行，新行的数量与所选择的行数一致。

◎ **“在下方插入”按钮**：单击该按钮，可在所选行的下方插入新行，新行的数量与所选择的行数一致。

◎ **“在左侧插入”按钮**：单击该按钮，可在所选列的左侧插入新列，新列的数量与所选择的列数一致。

◎ **“在右侧插入”按钮**：单击该按钮，可在所选列的右侧插入新列，新列的数量与所选择的列数一致。

◎ **“合并单元格”按钮**：单击该按钮，可将所选的多个连续的单元格合并为一个新的单元格。

◎ **“拆分单元格”按钮**：单击该按钮，将打开“拆分单元格”对话框，在其中可设置拆分后的列数和行数，单击 确定 按钮后即可将所选的单元格按设置的尺寸拆分。

◎ **“拆分表格”按钮**：单击该按钮，可在所选单元格处将表格拆分为两个独立的表格。需要注意的是，Word只允许对表格进行上下拆分，而不能进行左右拆分。

3.1.4 美化表格

美化表格主要是针对表格本身的格式进行设置，对于表格中的文本而言，可按设置文本和段落格式的方法，在表格中选择相应文本或段落后进行设置即可。下面分别介绍应用表格样式、设置单元格对齐方式、设置单元格边框和底纹的方法。

1. 应用表格样式

表格样式是表格格式的集合，包括表格边框、底纹格式，表格中的文本段落格式、表格中单元格的对齐方式等。应用Word预设的表格样式可以快速美化表格，其方法为：将文本插入点定位到单元格中，也可选择单元格、行、列或整个表格，然后在【表格工具 设计】→【表格样式】组的“样式”下拉列表框中选择某个样式选项即可，如图3-12所示。

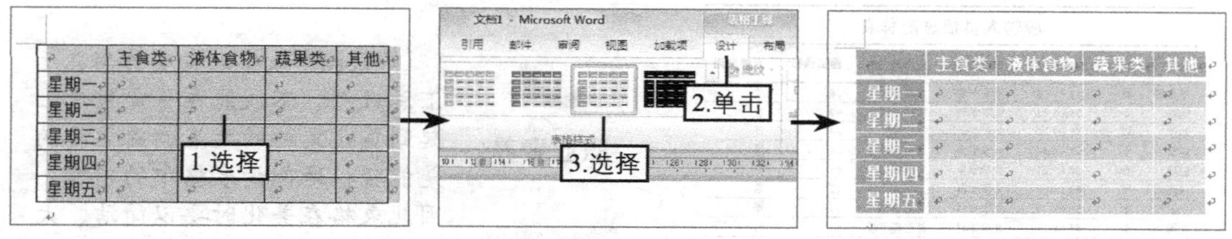

图3-12 应用表格样式的过程

2. 设置单元格对齐方式

单元格对齐方式是指单元格中文本的对齐方式，其设置方法为：选择需设置对齐方式的单元格，在【表格工具 布局】→【对齐方式】组中单击相应按钮即可，如图3-13所示。

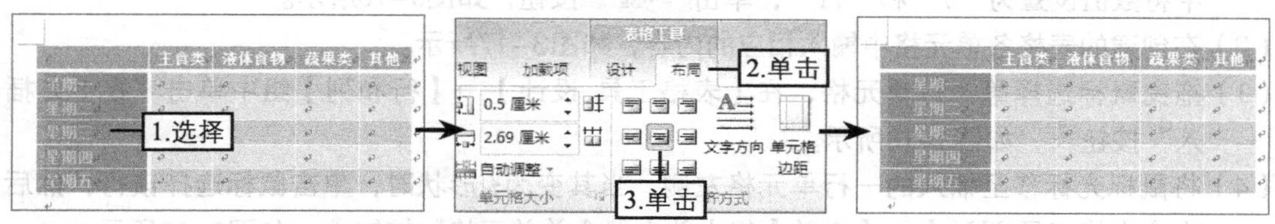

图3-13 设置表格对齐方式的过程

选择单元格后，在其上单击鼠标右键，在弹出的快捷菜单中选择“单元格对齐方式”命令，在弹出的子菜单中单击相应的按钮也可设置单元格的对齐方式。

3. 设置表格行高和列宽

设置表格行高和列宽的常用方法有以下两种。

◎ **拖曳鼠标设置**：将鼠标光标移至行线或列线上，当其变为÷形状或⫲形状时，拖曳鼠标即可调整行高或列宽。

◎ **精确设置**：选择需调整行高或列宽所在的行或列，在【表格工具 布局】→【“单元格大小】组的“高度”数值框或“宽度”数值框中即可设置精确的行高或列宽值，如图3-14所示。

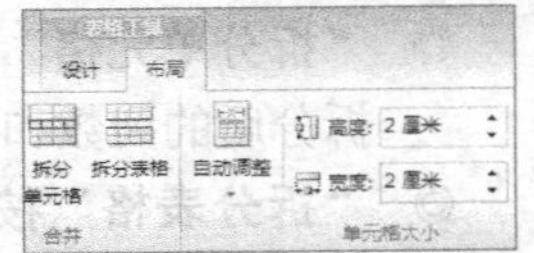

图3-14 精确调整行高和列宽

4. 设置单元格边框和底纹

设置单元格边框和底纹的方法分别如下。

◎ **设置单元格边框**：选择需设置边框的单元格，在【表格工具 设计】→【表格样式】组中单击边框按钮右侧的下拉按钮，在打开的下拉列表中选择相应的边框样式。

◎ **设置单元格底纹**：选中需设置底纹的单元格，在【表格工具 设计】→【表格样式】组中单击底纹按钮右侧的下拉按钮，在打开的下拉列表中选择所需的底纹颜色。

3.1.5 课堂案例1——使用表格汇总应聘人员信息

本案例将在空白文档中创建表格，并通过对表格的各种操作来汇总公司的应聘人员信息，使相关负责人可以更有效地使用这些数据。完成后的参考效果如图3-15所示。

应聘人员信息汇总表

姓名	性别	出生年月	学历学位	应聘职位	面试成绩	直接录用
陈少华	男	86.03.26	大学专科	文案专员	88	是
田蓉	女	88.06.13	大学本科	行政主管	90	是
喻刚	男	86.03.20	大学专科	行政主管	84	是
汪雷	女	82.09.30	大学专科	总经理助理	85	是
白静	女	86.03.21	大学专科	文案专员	68	否
钱百何	男	83.11.04	大学本科	总经理助理	72	否
杨丽华	女	86.03.24	大学专科	文案专员	88	是
沈圆	女	85.10.29	大学本科	总经理助理	65	否
林杰	男	84.08.25	大学本科	行政主管	85	是
伍林	男	86.03.22	大学本科	行政主管	70	否

图3-15 “应聘人员信息”文档中的表格效果

职业素养

Word中表格的主要作用在于汇总数据，不仅能在一定程度上起到美化文档的效果，更重要的是能轻松地阅读表格中的内容。因此表格在美化时要以简洁、大方、美观为前提，一般情况下颜色不宜使用得过多。

（1）启动Word 2010，在【插入】→【表格】组中单击“表格”按钮，在弹出的下拉列表中选择“插入表格”选项。打开“插入表格”对话框，分别在“列数”和“行数”数值框中将数值设置为“7”和“11”，单击确定按钮，如图3-16所示。

（2）在创建的表格各单元格中输入相应的内容，如图3-17所示。

（3）拖曳鼠标选择第一行单元格，在【表格工具 设计】→【行和列】组中单击“在上方插入”按钮，如图3-18所示。

（4）将鼠标光标移至插入的一行单元格左侧，当其变为↗形状时，单击鼠标选择该行，然后在【表格工具 设计】→【合并】组中单击“合并单元格”按钮，如图3-19所示。

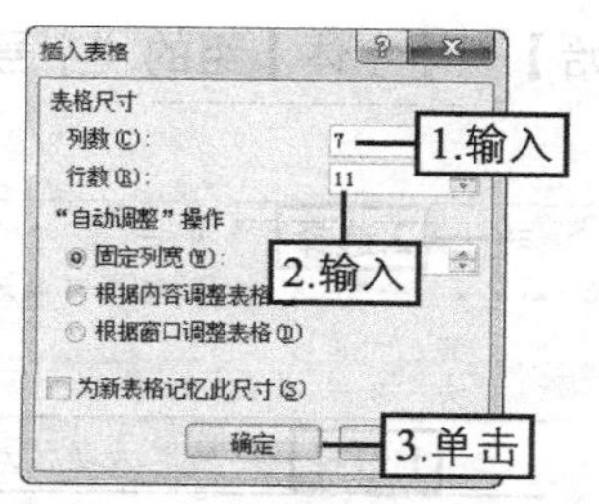

图3-16 设置表格尺寸

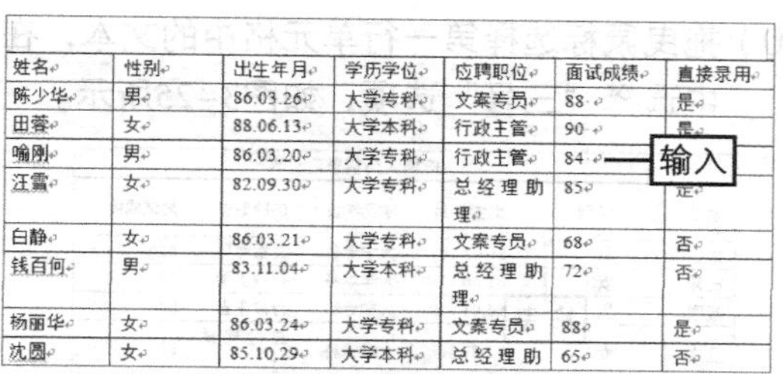

姓名	性别	出生年月	学历学位	应聘职位	面试成绩	直接录用
陈少华	男	86.03.26	大学专科	文案专员	88	是
田蓉	女	88.06.13	大学本科	行政主管	90	是
喻刚	男	86.03.20	大学专科	行政主管	84	
汪雪	女	82.09.30	大学专科	总经理助理	85	是
白静	女	86.03.21	大学专科	文案专员	68	否
钱百何	男	83.11.04	大学本科	总经理助理	72	否
杨丽华	女	86.03.24	大学专科	文案专员	88	是
沈圆	女	85.10.29	大学本科	总经理助	65	否

图3-17 输入表格内容

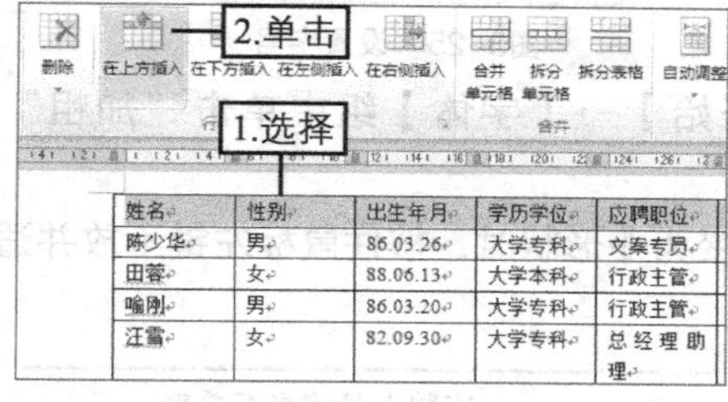

图3-18 插入行

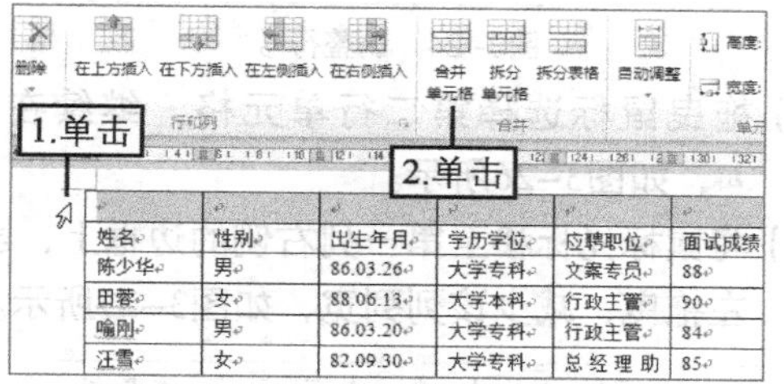

图3-19 合并单元格

（5）在合并的单元格中输入“应聘人员信息汇总表”，然后单击⊞图标选择整个表格，如图3-20所示。

（6）在【表格工具 设计】→【表格样式】组的“样式”下拉列表框中选择“列表型3”选项，如图3-21所示。

应聘人员信息汇总表					
	性别	出生年月	学历学位	应聘职位	面试成绩
	男	86.03.26	大学专科	文案专员	88
田蓉	女	88.06.13	大学本科	行政主管	90
喻刚	男	86.03.20	大学专科	行政主管	84
汪雪	女	82.09.30	大学专科	总经理助理	85
白静	女	86.03.21	大学专科	文案专员	68
钱百何	男	83.11.04	大学本科	总经理助理	72
杨丽华	女	86.03.24	大学专科	文案专员	88
沈圆	女	85.10.29	大学本科	总经理助	65

1.输入 2.单击

图3-20 输入表格标题

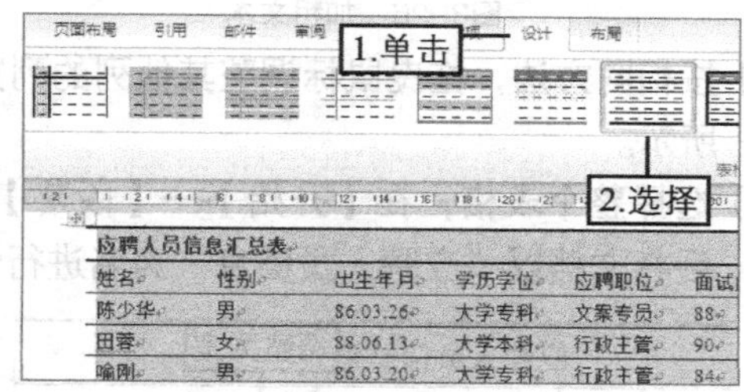

图3-21 应用表格样式

（7）选择第一行合并的单元格，在【表格工具 布局】→【对齐方式】组中单击“水平居中”按钮⊟，如图3-22所示。

（8）拖曳鼠标选择除第一行以外的所有行，在【表格工具 布局】→【对齐方式】组中单击“中部两端对齐”按钮⊟，如图3-23所示。

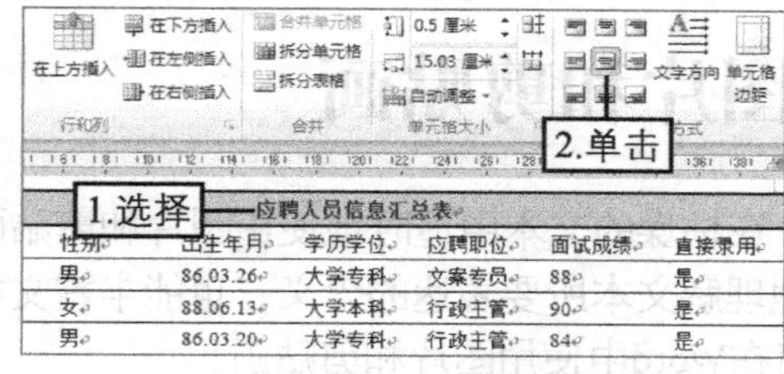

图3-22 设置单元格对齐方式

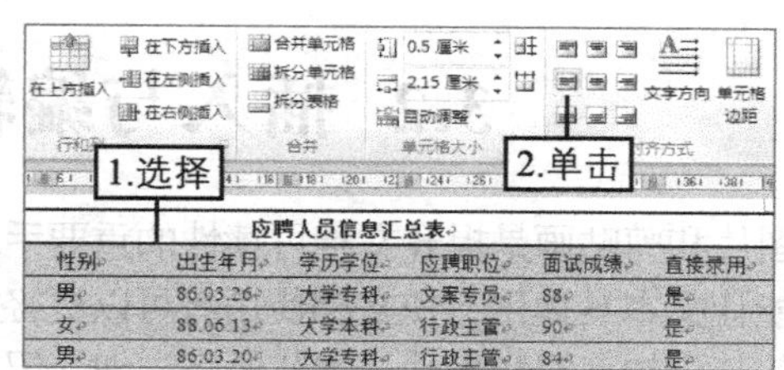

图3-23 设置单元格对齐方式

（9）将鼠标光标移至第二行下方的边框上，当其变为÷形状时，按住鼠标左键不放并适当向下拖曳，增加该行行高，如图3-24所示。

（10）拖曳鼠标选择第一行单元格中的文本，在【开始】→【字体】组的“字号”下拉列表框中选择“三号”选项，如图3-25所示。

应聘人员信息汇总表					
姓名	性别	出生年月	学历学位	应聘职位	面试成绩
陈少华	男	86.03.26	大学专科	文案专员	88
田蓉	女	88.06.13	大学本科	行政主管	90
喻刚	男	86.03.20	大学专科	行政主管	84
汪雪	女	82.09.30	大学专科	总经理助理	85
白静	女	86.03.21	大学专科	文案专员	68
钱百何	男	83.11.04	大学本科	总经理助理	72

拖曳

图3-24　调整行号

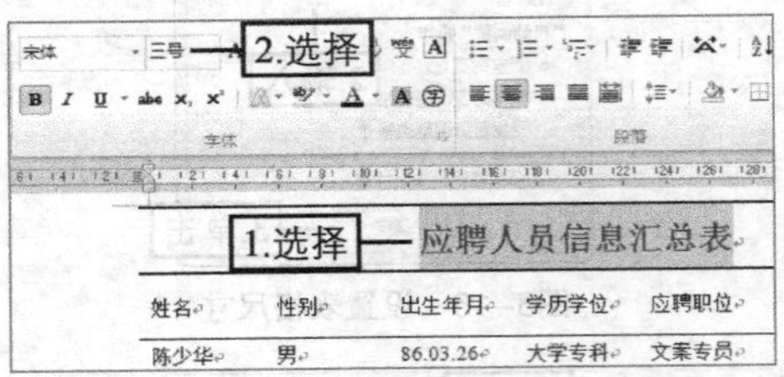

图3-25　设置字号

（11）拖曳鼠标选择第二行单元格，继续在【开始】→【字体】组中单击“加粗”按钮 B，如图3-26所示。

（12）将鼠标光标移至第一列右侧的边框上，当其变为⟺形状时，按住鼠标左键不放并适当向左拖曳，减少该列列宽，如图3-27所示。

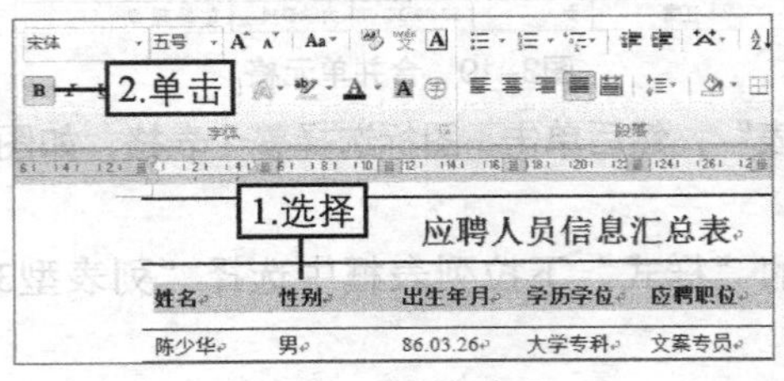

图3-26　加粗文本

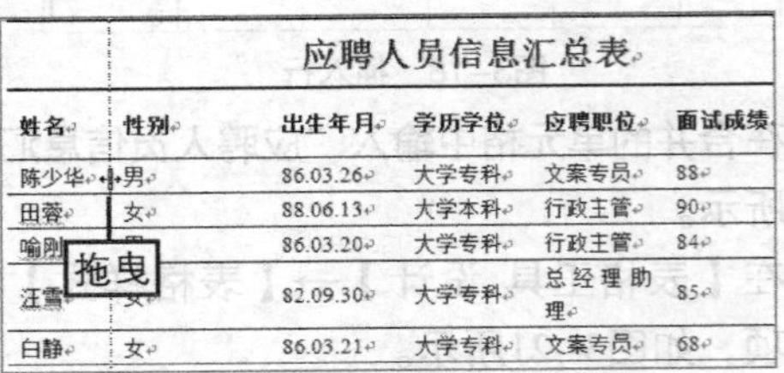

图3-27　调整列宽

（13）按相同方法，拖曳鼠标调整其他列的列宽，使每一行中的文本均呈一排显示，如图3-28所示。

（14）选择整个表格，在【开始】→【段落】组中单击“居中”按钮，如图3-29所示。最后将文档以“应聘人员信息”为名进行保存即可。

应聘人员信息汇					
性别	出生年月	学历学位	应聘职位	面试成绩	直接录用
男	86.03.26	大学专科	文案专员	88	是
女	88.06.13	大学本科	行政主管	90	是
男	86.03.20	大学专科	行政主管	84	是
女	82.09.30	大学专科	总经理助理	85	是
女	86.03.21	大学专科	文案专员	68	否
男	83.11.04	大学本科	总经理助理	72	否

调整列宽

图3-28　调整列宽

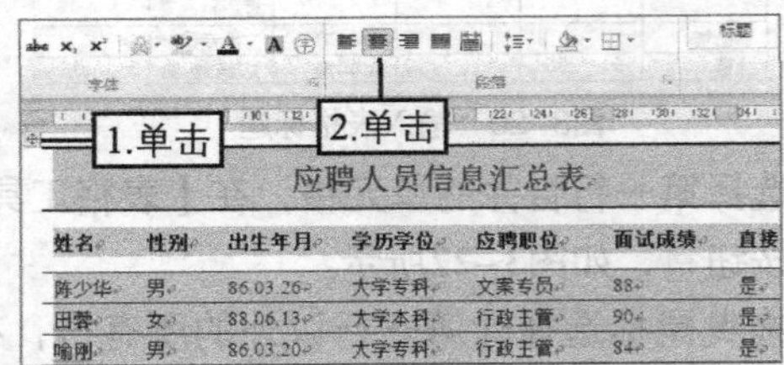

图3-29　设置对齐方式

3.2　插入与编辑图片和剪贴画

图片和剪贴画是提升文档可读性的重要手段，在枯燥的文本中适时地使用图片和剪贴画，不仅能让文本具体化，使文档使用者可以更轻松地理解文本所要表达的含义，也能丰富文档本身，使其更加美观和生动。本节便将详细介绍如何在Word中使用图片和剪贴画。

3.2.1 插入图片和剪贴画

在Word中插入图片和剪贴画的方法分别如下。

◎ **插入图片**：将文本插入点定位到需插入图片的位置，在【插入】→【插图】组中单击“图片”按钮，打开“插入图片”对话框，在其中选择需插入的图片后，单击插入(S)按钮即可，如图3-30所示。

◎ **插入剪贴画**：将文本插入点定位到需插入剪贴画的位置，在【插入】→【插图】组中单击“剪贴画”按钮，打开“剪贴画”任务窗格。在“结果类型”下拉列表框中选中剪贴画类型对应复选框，在“搜索文字”文本框中输入描述剪贴画的关键字和词组，单击搜索按钮，稍后所有符合条件的剪贴画都将显示在下方的列表框中，单击所需的剪贴画即可插入到文档中，如图3-31所示。

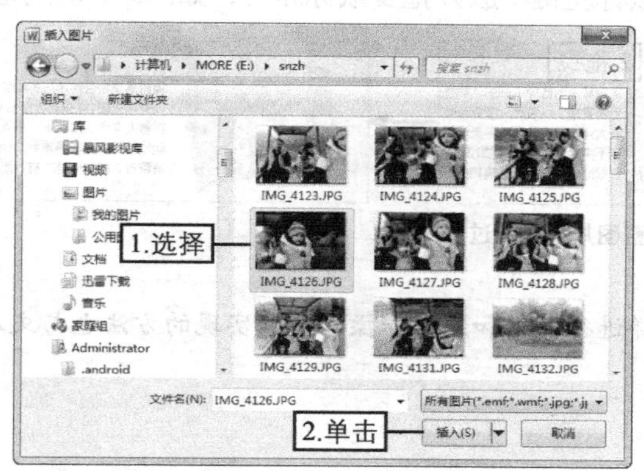

图3-30 插入图片

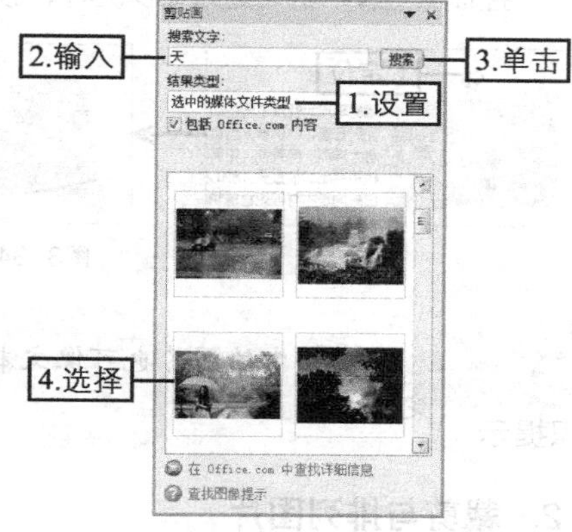

图3-31 插入剪贴画

知识提示

剪贴画是Office办公软件提供的具有图片性质的对象，它包括插图、照片、视频、音频等类型。

3.2.2 调整图片和剪贴画

图片和剪贴画具有相似的性质，因此二者的调整方法也是相同的，下面以图片为例，具体介绍各种调整方法。

1. 调整图片大小、位置和角度

将图片插入到文档中后，单击选择图片，此时利用图片上出现的各种控制点便可实现对图片的基本调整。

◎ **调整大小**：将鼠标光标定位到图片边框上出现的8个控制点之一，当其变为双向箭头形状时，按住鼠标左键不放并拖曳鼠标即可调整图片大小，如图3-32所示。其中四个角上的控制点可等比例同时调整图片的高度和宽度，不至于使图片变形；四条边中间的控制点可单独调整图片的高度或宽度，但图片会出现变形效果。

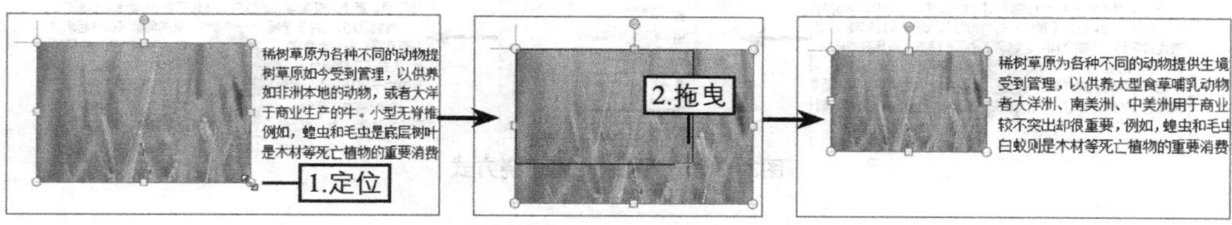

图3-32 调整图片大小的过程

◎ **调整位置**：选择图片后，将鼠标光标定位到图片上，按住鼠标左键不放并拖曳到文档中的其他位置，释放鼠标即可调整图片位置，如图3-33所示。

图3-33 调整图片位置的过程

◎ **调整角度**：调整角度即旋转图片，选择图片后将鼠标光标定位到图片上方出现的绿色控制点上，当其变为形状时，按住鼠标左键不放并拖曳鼠标即可，如图3-34所示。

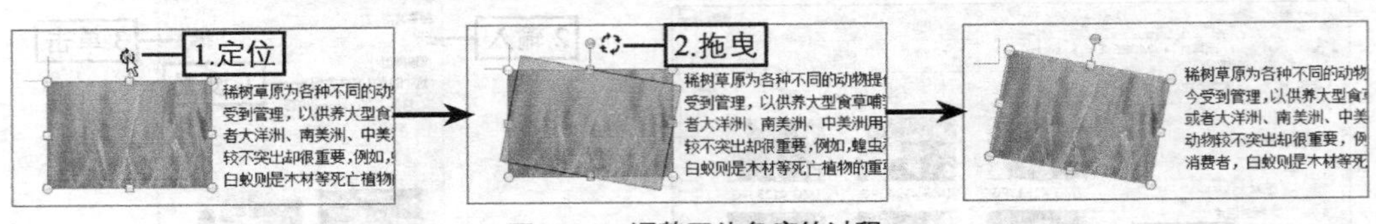

图3-34 调整图片角度的过程

知识提示

文档中的图片也可像文本一样进行剪切和复制等操作，且实现的方法也与文本完全相同。

2. 裁剪与排列图片

图片插入到文档中以后，可根据需要对图片进行裁剪和排列，使其能更好地配合文本所要表达的内容。

◎ **裁剪图片**：选择图片，在【图片工具 格式】→【大小】组中单击“裁剪”按钮，将鼠标光标定位到图片上出现的裁剪边框线上，按住鼠标左键不放并拖曳鼠标，释放鼠标后按【Enter】键或单击文档其他位置即可完成裁剪，如图3-35所示。

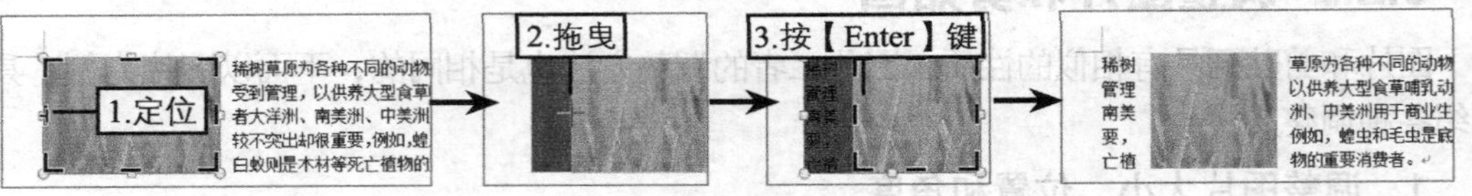

图3-35 裁剪图片的过程

◎ **排列图片**：排列图片是指设置图片周围文本的环绕方式。选择图片，在【图片工具 格式】→【排列】组中单击“自动换行”按钮，在弹出的下拉列表中选择所需环绕方式对应的选项即可，如图3-36所示即为应用“紧密型环绕”的效果。

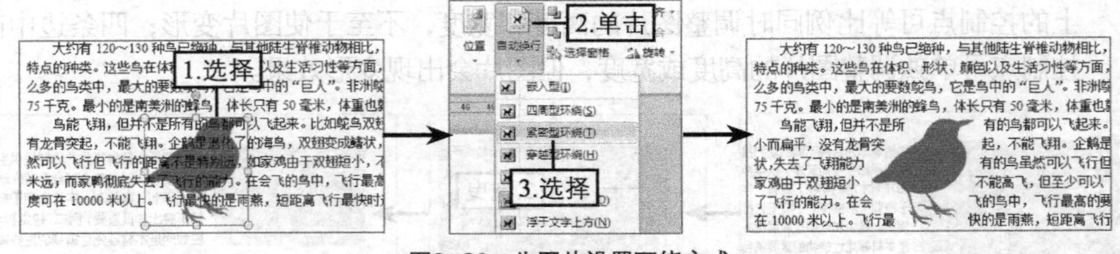

图3-36 为图片设置环绕方式

3.2.3 美化图片和剪贴画

Word 2010提供了强大的美化图片和剪贴画的功能，选中图片和剪贴画后，在【图片工具 格式】→【调整】组和【图片工具 格式】→【图片样式】组中即可进行各种美化操作，如图3-37所示。其中部分参数的作用分别如下。

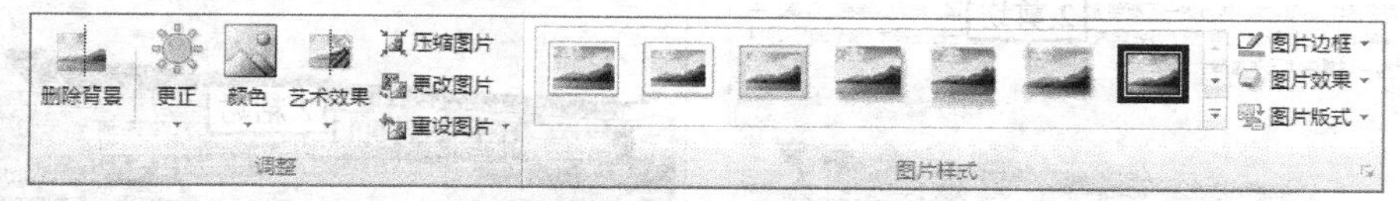

图3-37　美化图片和剪贴画的各种参数

◎ **“更正”按钮**：单击该按钮后，可在打开的下拉列表中选择Word预设的各种锐化和柔化，以及亮度和对比度效果。

◎ **“颜色”按钮**：单击该按钮后，可在打开的下拉列表中设置不同的饱和度和色调。

◎ **“艺术效果”按钮**：单击该按钮后，可在打开的下拉列表中选择Word预设的不同艺术效果。

◎ **“样式”下拉列表框**：在该下拉列表框中可快速为图片应用某种已设置好的图片样式。

◎ 图片边框 **下拉按钮**：单击该按钮后，可在打开的下拉列表中设置图片边框的颜色、粗细、边框样式。

◎ 图片效果 **下拉按钮**：单击该按钮后，可在打开的下拉列表中设置图片的各种效果，如阴影效果、发光效果等。

3.2.4 课堂案例2——使用图片丰富“公司基本情况”文档

本案例将在“公司基本情况”文档中插入图片来丰富文档内容，其中将主要涉及图片的插入、位置的移动、大小的调整、基本的美化设置操作。完成后的参考效果如图3-38所示。

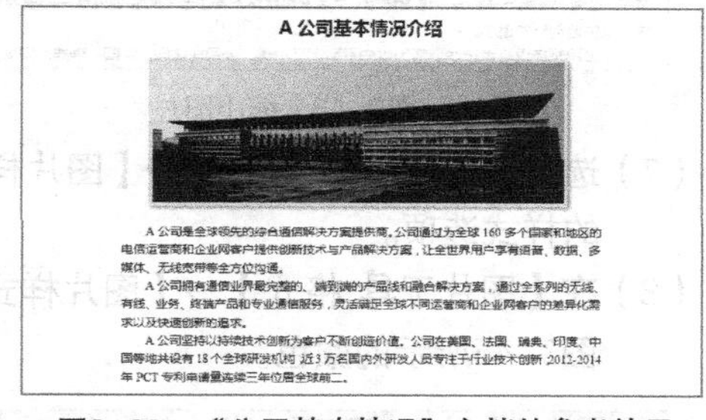
A公司基本情况介绍

A公司是全球领先的综合通信解决方案提供商。公司通过为全球160多个国家和地区的电信运营商和企业网客户提供创新技术与产品解决方案，让全世界用户享有语音、数据、多媒体、无线宽带等全方位沟通。

A公司拥有通信业界最完整的、端到端的产品线和融合解决方案，通过全系列的无线、有线、业务、终端产品和专业通信服务，灵活满足全球不同运营商和企业网客户的差异化需求以及快速创新的追求。

A公司坚持以持续技术创新为客户不断创造价值。公司在美国、法国、瑞典、印度、中国等地共设有18个全球研发机构，近3万名国内外研发人员专注于行业技术创新 2012-2014年PCT专利申请量连续三年位居全球前二。

图3-38　“公司基本情况”文档的参考效果

（1）打开提供的素材文档，将文本插入点定位到最后面的段落标记处，然后在【插入】→【插图】组中单击“图片”按钮，如图3-39所示。

（2）打开“插入图片”对话框，在其中选择提供的“公司全景.jpg”图片选项，单击 插入(S) 按钮，如图3-40所示。

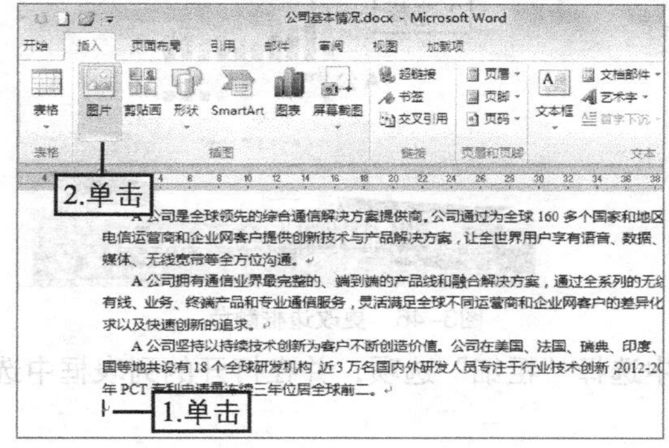

图3-39　定位文本插入点

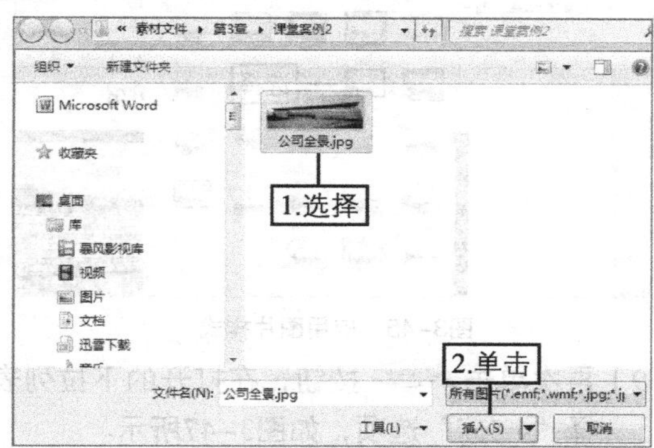

图3-40　选择图片并插入

（3）选择插入图片所在的段落，按【Ctrl+X】组合键剪切，如图3-41所示。

（4）将文本插入点定位到第1段的“A公司”文本左侧，按【Ctrl+V】组合键粘贴图片，如图3-42所示。

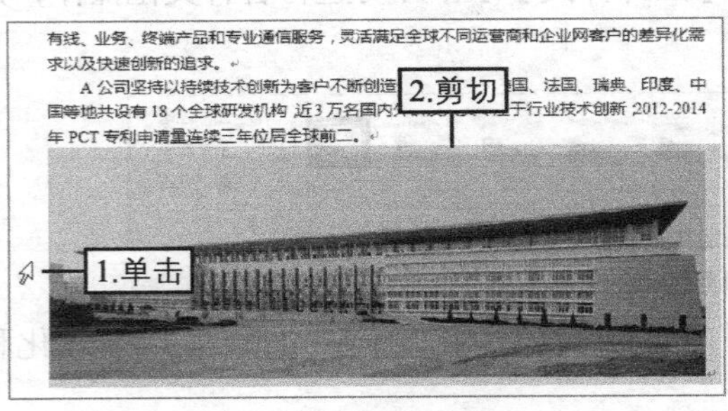

图3-41　选择并剪切图片

图3-42　粘贴图片

（5）选择图片，向左下方拖曳右上角的控制点，适当缩小图片尺寸，如图3-43所示。

（6）保持图片的选择状态，在【开始】→【段落】组中单击“居中”按钮，如图3-44所示。

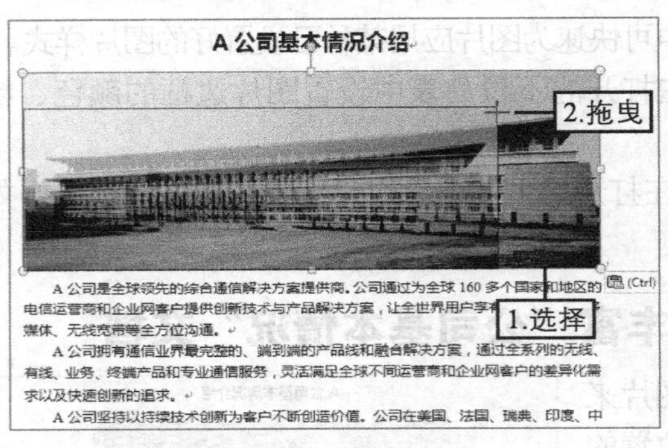

图3-43　缩小图片

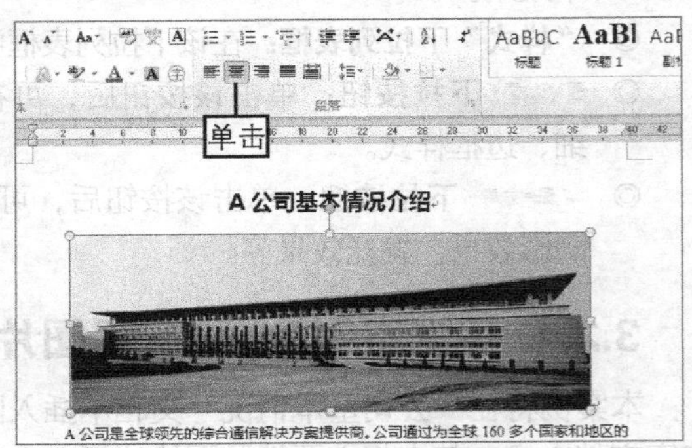

图3-44　设置图片对齐方式

（7）选择【图片工具 格式】→【图片样式】组，在“样式”下拉列表框中选择如图3-45所示的样式选项。

（8）在【图片工具 格式】→【图片样式】组中单击图片边框按钮，在打开的下拉列表中选择如图3-46所示的颜色。

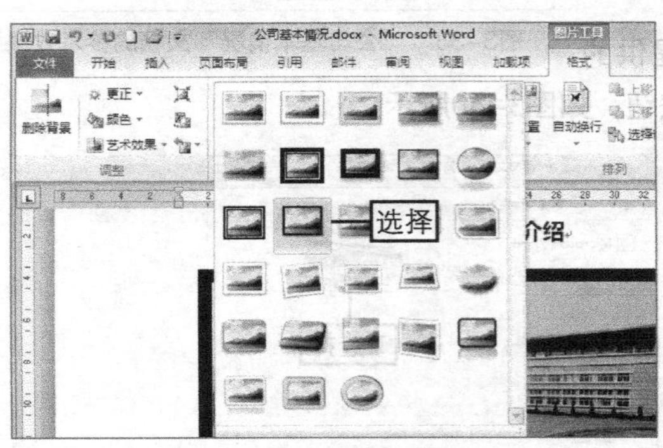

图3-45　应用图片样式

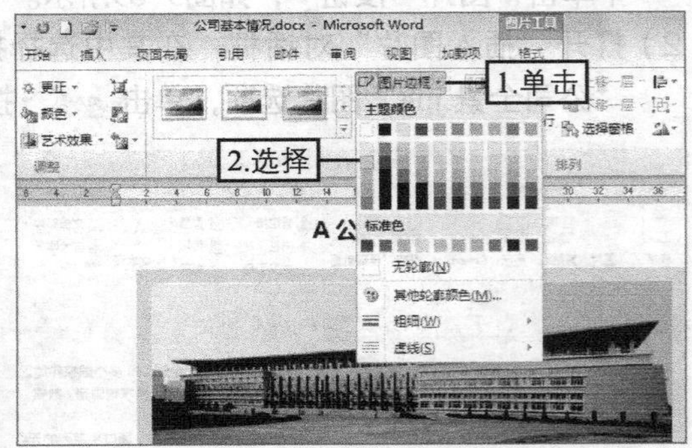

图3-46　更改边框颜色

（9）再次单击图片边框按钮，在打开的下拉列表中选择“粗细”选项，并在打开的列表框中选择“4.5磅”选项，如图3-47所示。

（10）在【图片工具 格式】→【调整】组中单击“更正”按钮，在打开的下拉列表中选择如图3-48所示亮度和对比度效果。

（11）按【Ctrl+S】组合键将文档以“公司基本情况”为名保存在桌面上即可完成本例的操作。

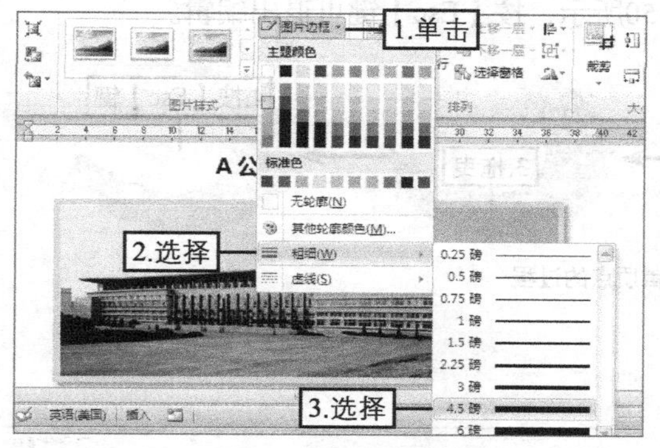

图3-47 设置边框粗细

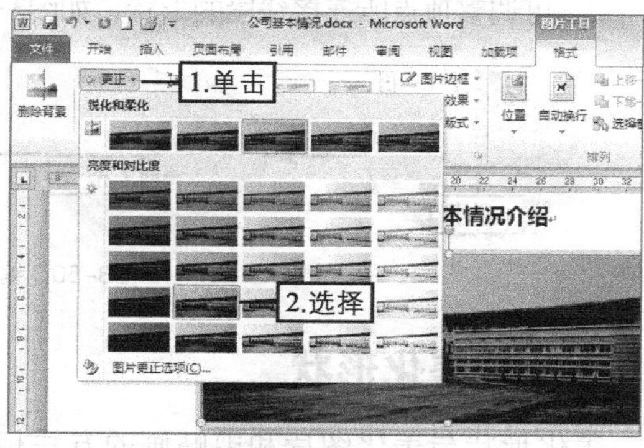

图3-48 设置图片亮度和对比度

3.3 插入与编辑各种形状

形状不同于图片或剪贴画，它具有一些独特的性质和特点。Word 2010提供了大量的形状，编辑文档时合理地使用这些形状，不仅能提高效率，而且能提升文档的质量。本节将对形状的使用进行详细讲解。

3.3.1 插入形状

在【插入】→【插图】组中单击“形状”按钮，在打开的下拉列表中选择某种形状对应的选项，此时可执行以下任意一种操作完成形状的插入。

◎ **单击鼠标**：单击鼠标将插入默认尺寸的形状。

◎ **拖曳鼠标**：在文档编辑区中拖曳鼠标，至适当大小释放鼠标即可插入任意大小的形状。

3.3.2 调整形状

选择插入的形状，可按调整图片的方法对其大小、位置、角度进行调整。除此以外，还可根据需要改变形状或编辑形状顶点。

◎ **更改形状**：选择形状后，在【绘图工具 格式】→【插入形状】组中单击“编辑形状”按钮，在打开的下拉列表中选择“更改形状”选项，在打开的列表框中选择需更改形状对应的选项即可，如图3-49所示。

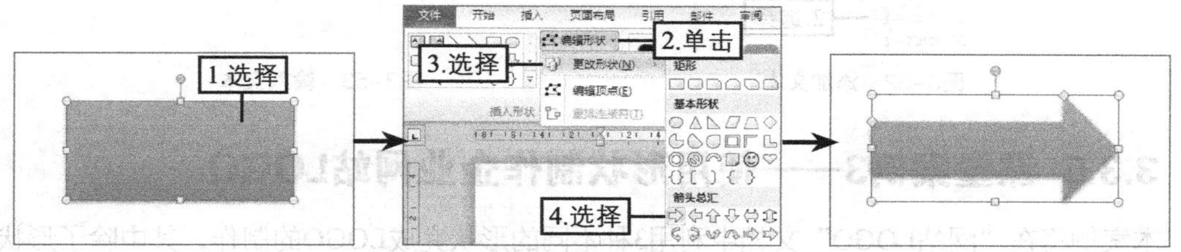

图3-49 更改形状的过程

◎ **编辑形状顶点**：选择形状后，在【绘图工具 格式】→【插入形状】组中单击编辑形状按钮，在打开的下拉列表中选择“编辑顶点”选项，此时形状边框上将显示多个黑色顶点，选择某个顶点后，拖曳顶点本身可调整顶点位置；拖曳顶点两侧的白色控制点可调整顶点所连接线段的形状，如图3-50所示，按【Esc】键可退出编辑。

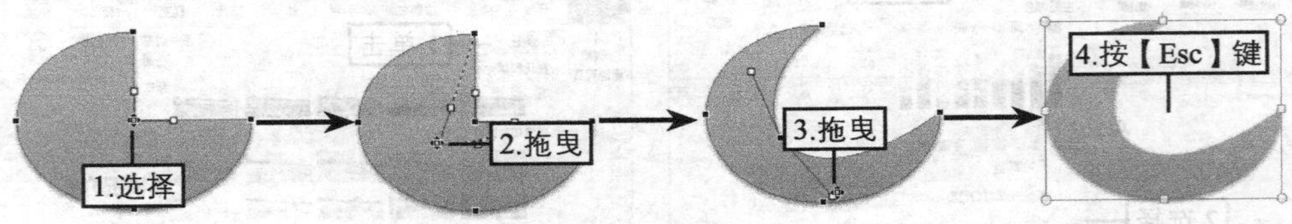

图3-50 编辑顶点的过程

3.3.3 美化形状

美化形状与美化图片和剪贴画的方法相似，选择形状后，在【绘图工具 格式】→【形状样式】组中即可进行各种美化操作，如图3-51所示。其中部分参数的作用分别如下。

图3-51 美化形状的各种参数

◎ **“样式”下拉列表框**：在该下拉列表框中可快速为形状应用某种已设置好的样式效果。

◎ 形状填充 **按钮**：单击该按钮后，可在打开的下拉列表中设置形状的填充颜色，包括渐变填充、纹理填充、图片填充等多种效果可供选择。

◎ 形状轮廓 **按钮**：单击该按钮后，可在打开的下拉列表中设置形状边框的颜色、粗细和边框样式。

◎ 形状效果 **按钮**：单击该按钮后，可在打开的下拉列表中设置形状的各种效果，如阴影效果、发光效果等。

3.3.4 为形状添加文本

除线条和公式类型的形状外，其他形状都可进行文本的添加，其具体操作如下。

（1）选择形状，在其上单击鼠标右键，在弹出的快捷菜单中选择“添加文字”命令，如图3-52所示。

（2）此时形状中将出现文本插入点，输入需要的内容即可，如图3-53所示。

图3-52 添加文本

图3-53 输入文本

3.3.5 课堂案例3——使用形状制作企业网站LOGO

本案例将在“网站LOGO”文档中利用3种不同的形状完成LOGO的制作，其中除了形状的

插入、设置、美化外，还将涉及形状的复制等操作。完成后的参考效果如图3-54所示。

（1）打开素材文档“企业网站LOGO.docx”，在【插入】→【插图】组中单击“形状”按钮，在打开的下拉列表中选择“基本形状”栏下的“平行四边形”选项，如图3-55所示。

（2）在文档编辑区中单击鼠标插入形状，拖曳右侧中间的控制点，适当减小形状宽度，如图3-56所示。

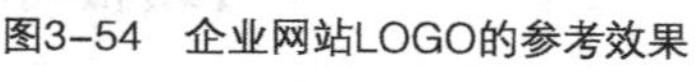

图3-54　企业网站LOGO的参考效果

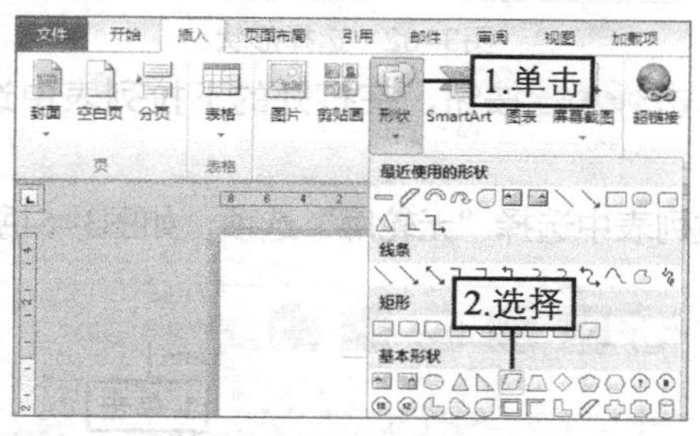

图3-55　选择形状

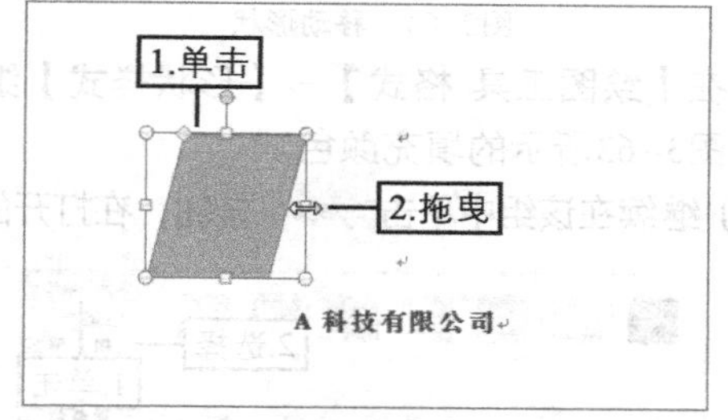

图3-56　插入并调整形状

（3）保持形状的选择状态，在【绘图工具 格式】→【形状样式】组的“样式”下拉列表框中选择如图3-57所示的样式选项。

（4）继续在“形状样式”组中单击形状填充按钮，在打开的下拉列表中选择如图3-58所示的填充颜色。

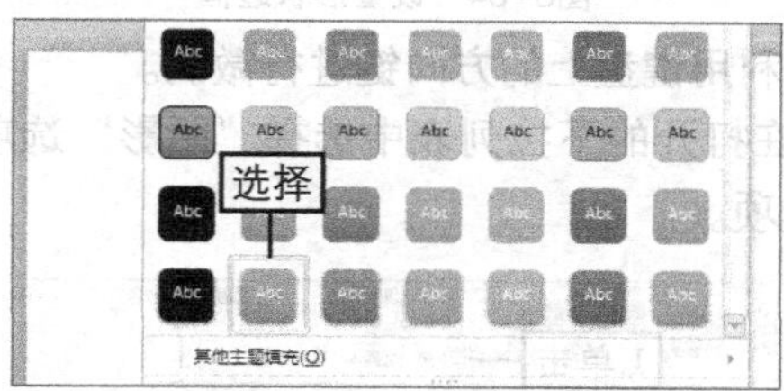

图3-57　设置样式

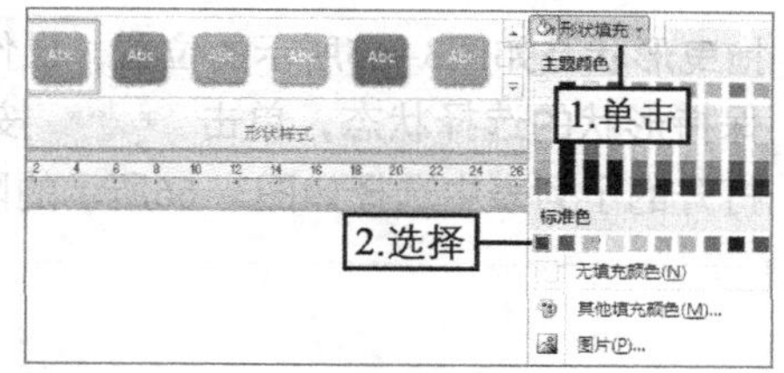

图3-58　填充形状

（5）再次单击形状填充按钮，在打开的下拉列表中选择“渐变”选项，在弹出的列表框中选择如图3-59所示的渐变效果。

（6）按住【Ctrl+Shift】组合键不放，向右拖曳鼠标，水平复制形状，如图3-60所示。

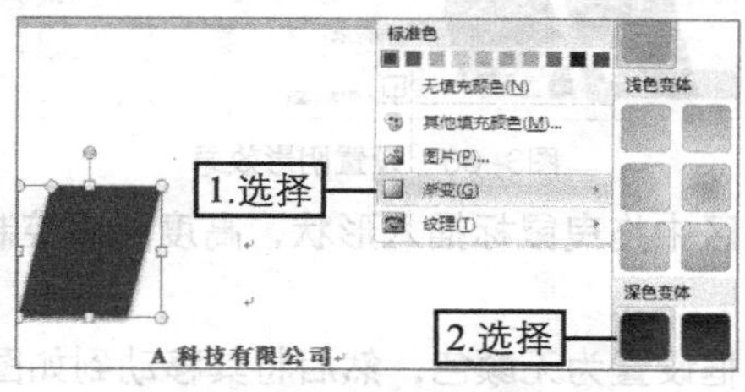

图3-59　设置渐变效果

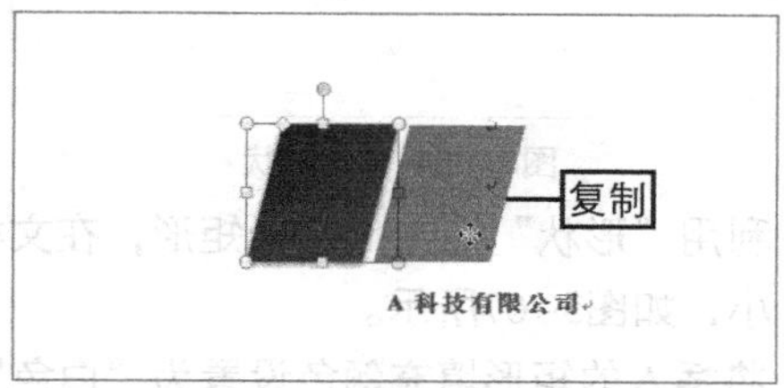

图3-60　复制形状

（7）按住【Shift】键不放，单击加选左侧的形状，然后将两个形状同时向右拖曳到文本上方，如图3-61所示。

（8）在【插入】→【插图】组中单击“形状”按钮，在打开的下拉列表中选择“基本形

状”栏下的“空心弧”选项，如图3-62所示。

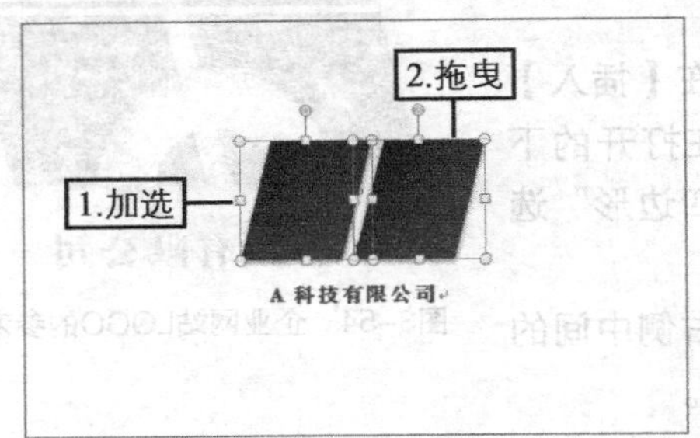

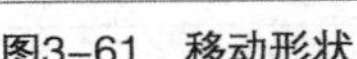

图3-61 移动形状

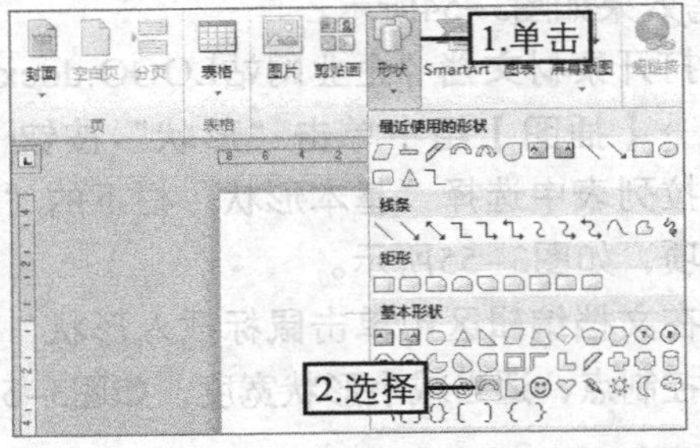

图3-62 选择形状

（9）在【绘图工具 格式】→【形状样式】组中单击形状填充按钮，在打开的下拉列表中选择如图3-63所示的填充颜色。

（10）继续在该组中单击形状轮廓按钮，在打开的下拉列表中选择“无轮廓”选项，如图3-64所示。

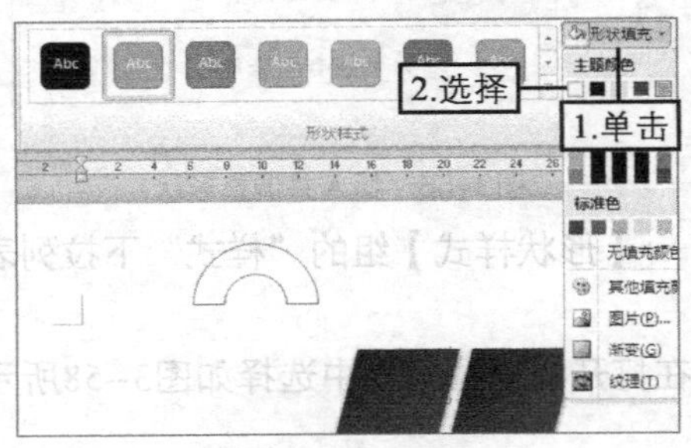

图3-63 填充形状

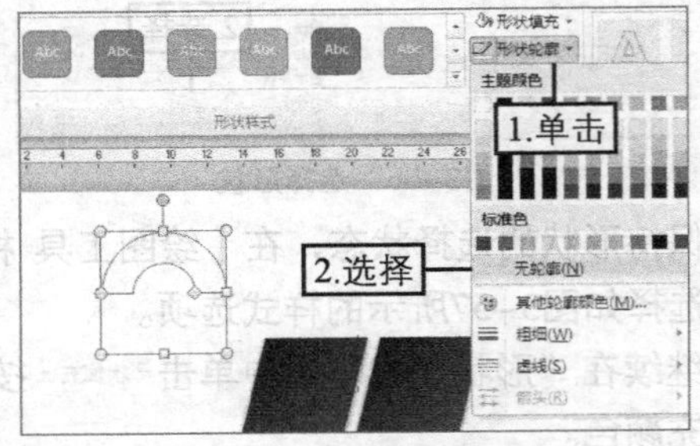

图3-64 设置形状边框

（11）拖曳形状至如图3-65所示的位置，操作时可利用键盘上的方向键进行微调。

（12）保持形状的选择状态，单击形状效果按钮，在打开的下拉列表中选择“阴影”选项，在打开的子列表中选择如图3-66所示的阴影选项。

图3-65 移动形状

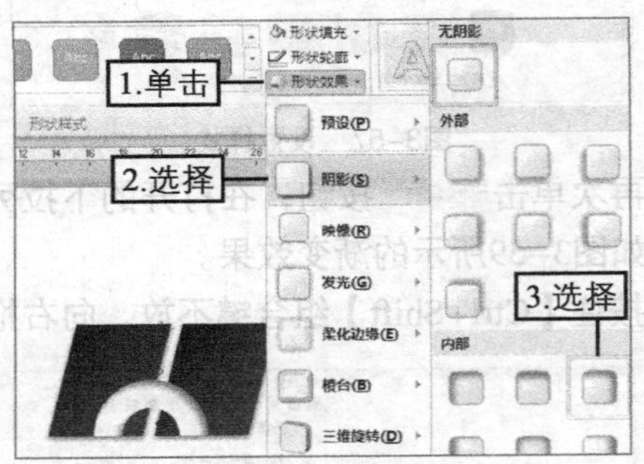

图3-66 设置阴影效果

（13）利用“形状”按钮选择矩形，在文档编辑区中拖曳鼠标插入形状，高度尽量控制得较小，如图3-67所示。

（14）将插入的矩形填充颜色设置为“白色”，边框设置为无颜色，然后将其移动到如图3-68所示的位置。

（15）按住【Ctrl+Shift】组合键不放，向下拖曳鼠标，垂直复制形状，如图3-69所示。

（16）按相同方法再次复制形状，完成后保存文档即可完成本例的操作，如图3-70所示。

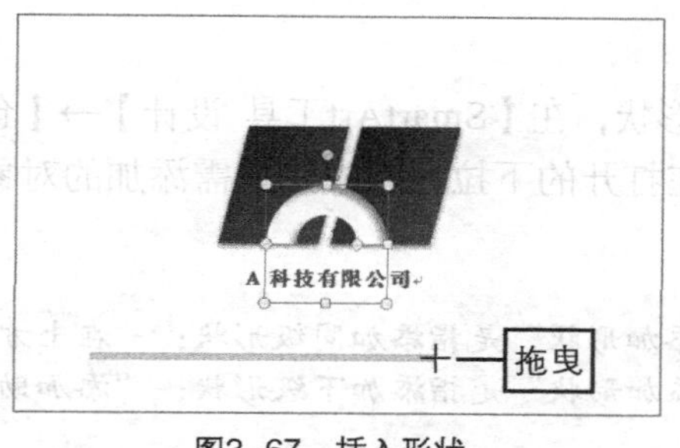

图3-67 插入形状

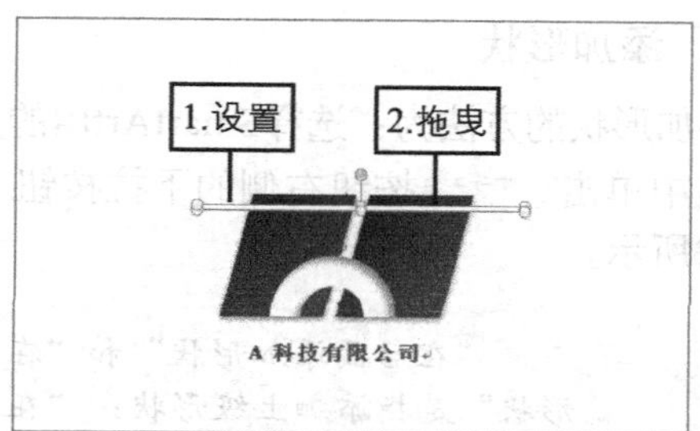

图3-68 设置并移动形状

图3-69 复制形状

图3-70 复制形状

3.4 插入与编辑SmartArt

SmartArt是一种具有设计师水准的图形对象，它具有合理的布局、统一的主题、层次分明的结构等优点，是有效提高文档专业性和编辑效率的实用工具。本节将重点讲解SmartArt的插入、调整、文本输入和美化等操作。

3.4.1 插入SmartArt

在Word文档中可轻松利用向导对话框插入所需的SmartArt，其具体操作如下。

（1）在【插入】→【插图】组中单击“SmartArt”按钮，打开“选择SmartArt图形”对话框，在左侧的列表框中选择某种类型选项，如“流程”，在右侧的列表框中选择具体的SmartArt，单击 确定 按钮，如图3-71所示。

（2）此时即可在当前文本插入点的位置插入选择的SmartArt，如图3-72所示。

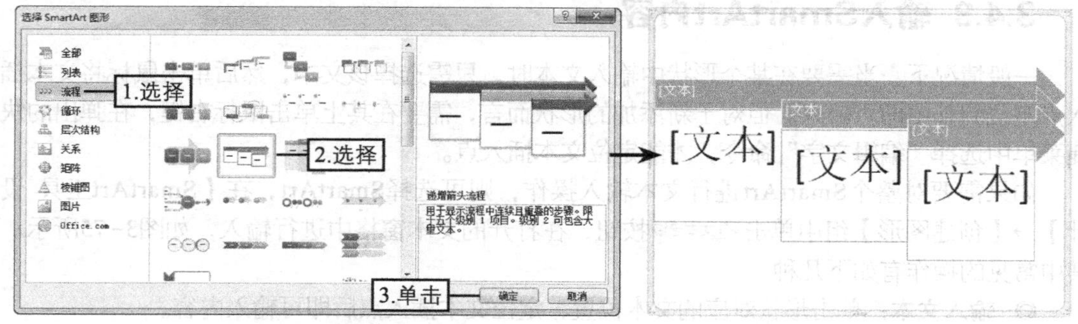

图3-71 选择SmartArt　　图3-72 插入的SmartArt

3.4.2 调整SmartArt结构

SmartArt具有特定的层级结构，这些结构通过对应的形状有机地组合在一起，能够更加准确且清晰地表达内容。为方便使用，SmartArt允许对其结构进行调整。

1．添加形状

添加形状的方法为：选择SmartArt中的某个形状，在【SmartArt工具 设计】→【创建图形】组中单击添加形状按钮右侧的下拉按钮▾，在打开的下拉列表中选择需添加的对象，如图3-73所示。

知识提示　“在后面添加形状”和“在前面添加形状”是指添加同级形状；“在上方添加形状”是指添加上级形状；“在下方添加形状”是指添加下级形状；“添加助理”是指在上级和下级之间添加形状。

2．调整形状

调整形状是指更改当前形状的级别或位置，其方法为：选择SmartArt中的某个形状后，在【SmartArt工具 设计】→【创建图形】组中利用如图3-74所示的几种按钮进行调整即可。各按钮的作用分别如下。

◎ 升级按钮：将形状提升一个级别。

◎ 降级按钮：将形状下降一个级别。

◎ 上移按钮：在同级别中将形状向前移动一个位置。

◎ 下移按钮：在同级别中将形状向后移动一个位置。

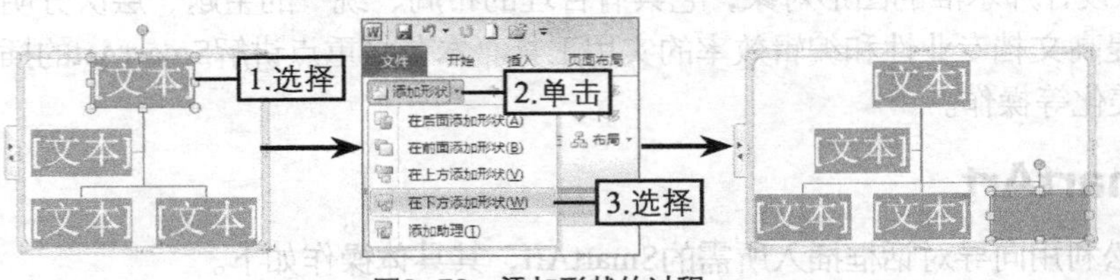

图3-73　添加形状的过程

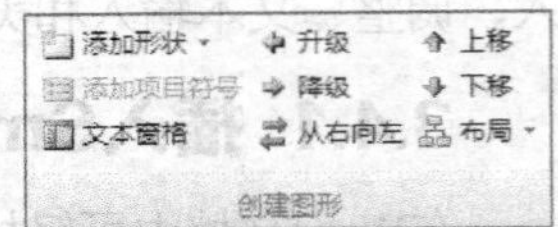

图3-74　调整形状的按钮

3．删除形状

删除形状的方法很简单，只需选择形状后按【Delete】键即可。

3.4.3 输入SmartArt内容

一般情况下，当需要在某个形状中输入文本时，只需选择该文本，然后单击鼠标将文本插入点定位到其中即可输入。但对于新添加的形状而言，需要在其上单击鼠标右键，在弹出的快捷菜单中选择“编辑文字”命令，才能定位文本插入点。

如果需要对整个SmartArt进行文本输入操作，则可选择SmartArt，在【SmartArt工具 设计】→【创建图形】组中单击文本窗格按钮，在打开的文本窗格中进行输入，如图3-75所示。其中常见的操作有如下几种。

◎ **输入文本**：单击形状对应的文本位置，定位文本插入点后即可输入内容。

◎ **增加同级形状**：在当前插入点位置按【Enter】键可增加同级形状并输入文本。

◎ **增加下级形状**：在当前文本插入点位置按【Tab】键可将当前形状更改为下级形状，并输入文本。

◎ **增加上级形状**：在当前文本插入点位置按【Shift+Tab】组合键可将当前形状更改为上级形状，并输入文本。

◎ **删除形状**：利用【Delete】键或【BackSpace】键可删除当前插入点所在项目中的文本，同时删除对应的形状。

3.4.4 美化SmartArt

SmartArt相对于普通的图片、形状而言要复杂一些，因此美化的操作也更多，下面重点介绍常见的美化SmartArt的方法。

1. 美化SmartArt布局

美化SmartArt布局包括设置悬挂方式和更改SmartArt类型两种操作，实现方法分别如下。

◎ **设置悬挂方式**：此操作主要针对SmartArt中某个形状包含下级形状时，这些下级形状的布局方式。选择任意上级形状，在【SmartArt工具 设计】→【创建图形】组中单击布局按钮，在打开的下拉列表中选择需要的悬挂方式对应的选项即可，如图3-76所示。

◎ **更改SmartArt类型**：选择SmartArt，在【SmartArt工具 设计】→【布局】组的“类型”下拉列表框中即可选择所需的其他SmartArt类型，如图3-77所示。若在其中选择“其他布局”选项，在可在打开的对话框中选择更多的SmartArt类型。

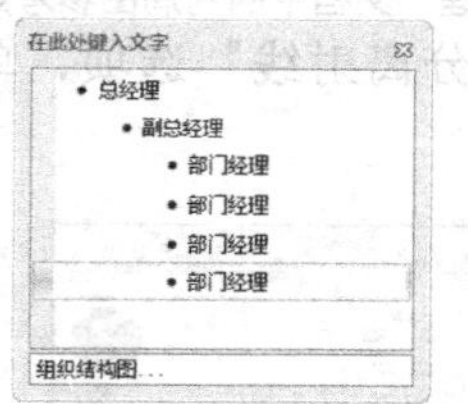

图3-75 在文本窗格中输入文本

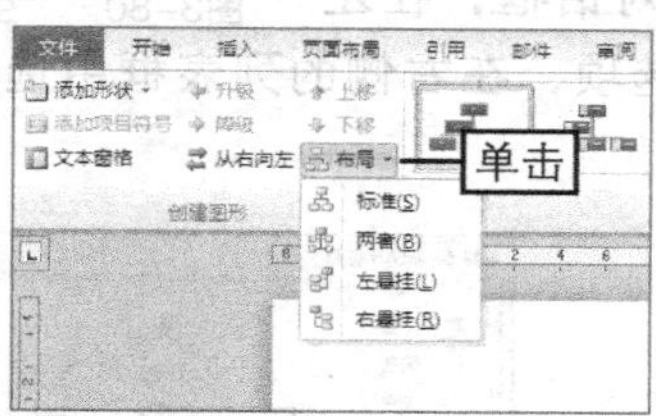

图3-76 设置SmartArt悬挂方式

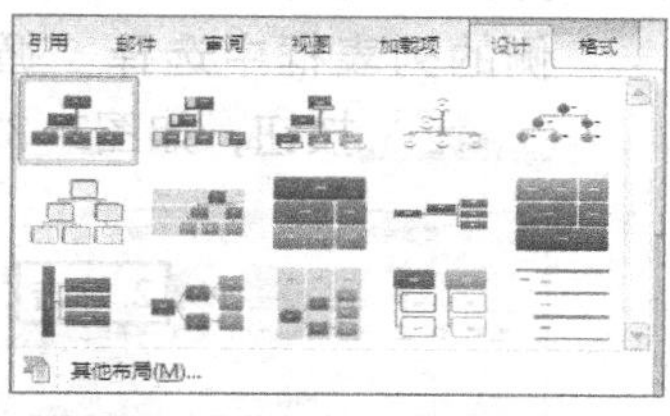

图3-77 选择其他SmartArt类型

2. 美化SmartArt样式

SmartArt样式主要包括主题颜色和主题形状样式两种，设置方法为：选择SmartArt，在【SmartArt工具 设计】→【SmartArt样式】组中进行设置即可，如图3-78所示。其中部分参数的作用分别如下。

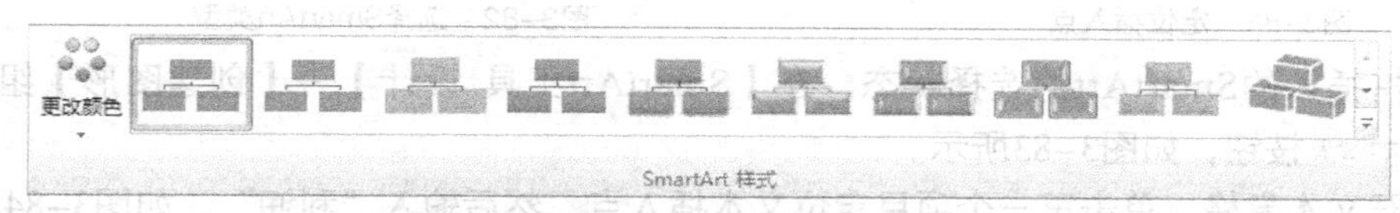

图3-78 设置SmartArt样式的相关参数

◎ **“更改颜色”按钮**：单击该按钮后，可在打开的下拉列表中选择Word预设的某种主题颜色以应用到SmartArt。

◎ **“样式”下拉列表框**：在该下拉列表框中可选择Word预设的某种主题形状样式以应用到SmartArt，包括建议的匹配样式和三维样式等可供选择。

3. 美化单个形状

SmartArt中的单个形状相当于前面讲解的形状对象，因此其设置方法也与其相同。选择某个形状后，在【SmartArt工具 格式】→【形状】组和【SmartArt工具 格式】→【形状样式】组中即可进行设置，如图3-79所示。

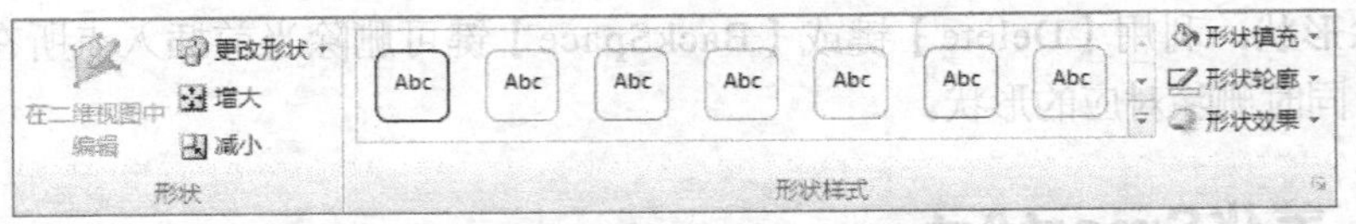

图3-79　设置SmartArt中单个形状的相关参数

3.4.5 课堂案例4——使用SmartArt制作利润图

本案例将在“生产管理”文档中利用SmartArt快速制作出利润图，其中将重点涉及SmartArt的插入、文本的输入、格式的设置等操作。完成后的参考效果如图3-80所示。

图3-80　“生产管理”文档中的利润图参考效果

（1）打开素材文档“生产管理.docx”，将文本插入点定位到最后的段落标记处，然后在【插入】→【插图】组中单击“SmartArt”按钮，如图3-81所示。

（2）打开“选择SmartArt图形”对话框，在左侧的列表框中选择“循环”选项，在右侧的列表框中选择“分离射线”选项，单击确定按钮，如图3-82所示。

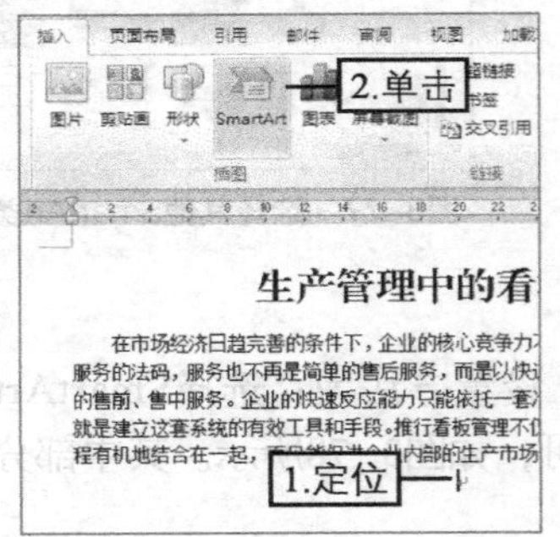

图3-81　定位插入点

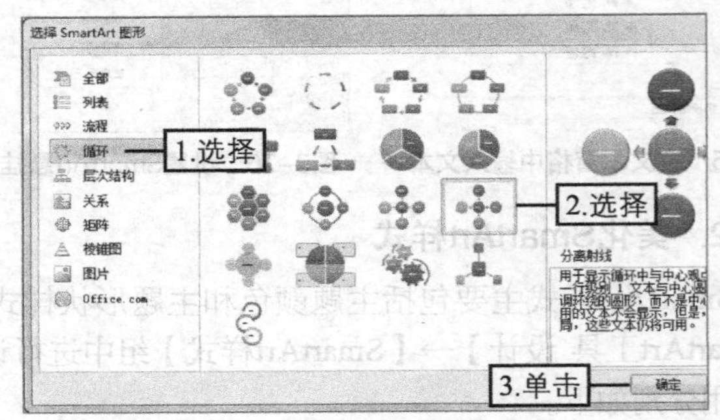

图3-82　选择SmartArt类型

（3）保持插入的SmartArt的选择状态，在【SmartArt工具 设计】→【创建图形】组中单击文本窗格按钮，如图3-83所示。

（4）打开文本窗格，单击第一个项目定位文本插入点，然后输入“利润”，如图3-84所示。

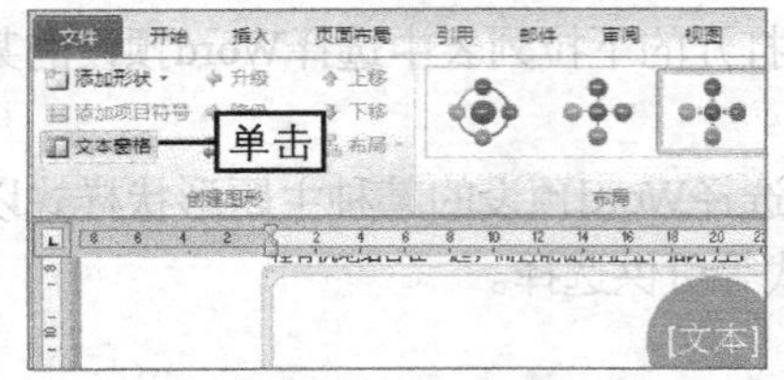

图3-83　打开文本窗格

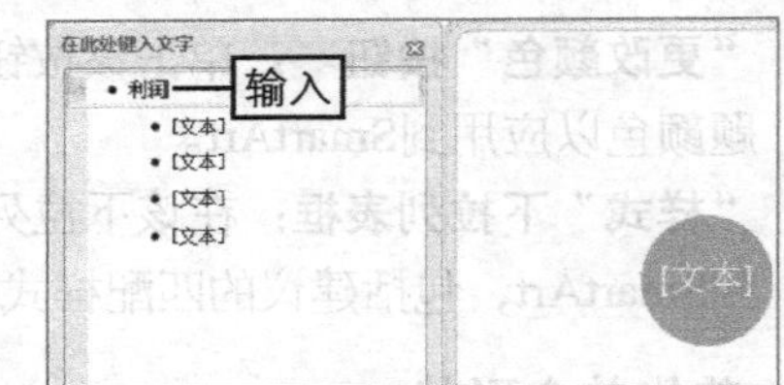

图3-84　输入文本

（5）单击第二个项目定位文本插入点，然后输入“订单管理”，如图3-85所示。

（6）按相同方法继续输入其他项目的文本内容，如图3-86所示。

（7）在当前文本插入点处按【Enter】键创建同级形状，继续输入文本，完成后单击“关闭”

按钮⊠关闭文本窗格，如图3-87所示。

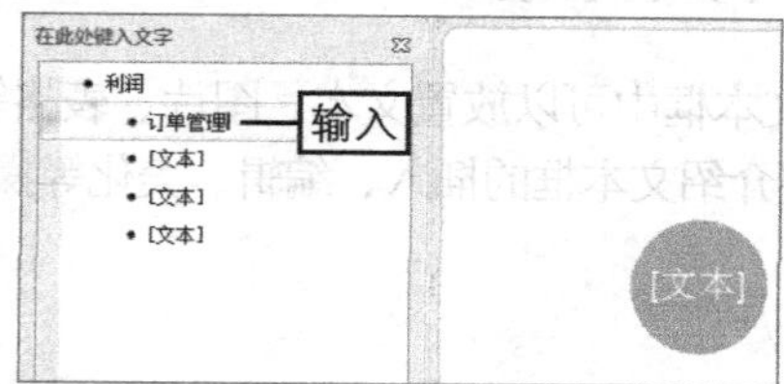

图3-85　输入文本

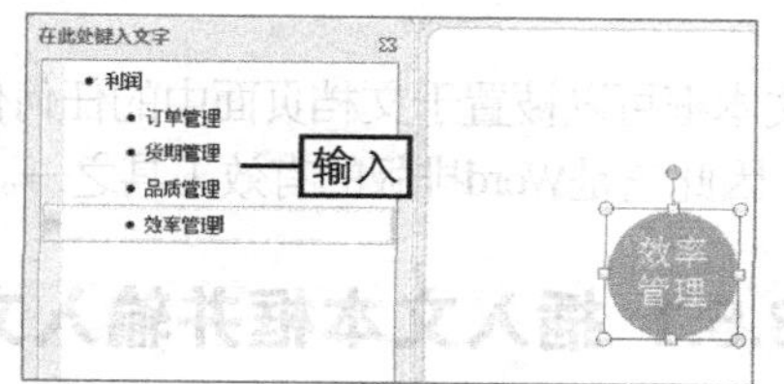

图3-86　输入文本

（8）选择整个SmartArt，在【SmartArt工具 设计】→【SmartArt样式】组中单击“更改颜色”按钮，在打开的下拉列表中选择如图3-88所示颜色选项。

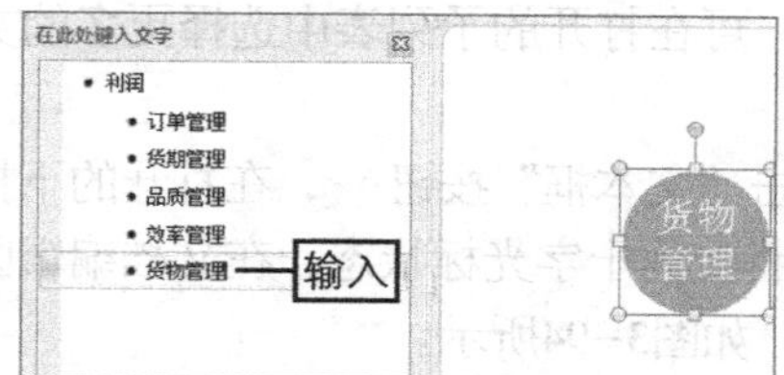

图3-87　输入同级文本

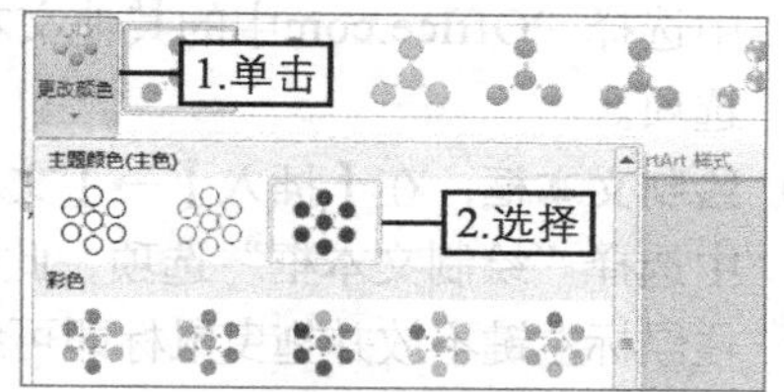

图3-88　设置主题颜色

（9）继续在“SmartArt样式”组的“样式”下拉列表框中选择如图3-89所示的主题样式。

（10）选择【开始】→【字体】组，在“字体”下拉列表框中选择“微软雅黑”选项，单击“增大字号”按钮将字号设置为“9+”，单击“加粗”按钮加粗字体，如图3-90所示。

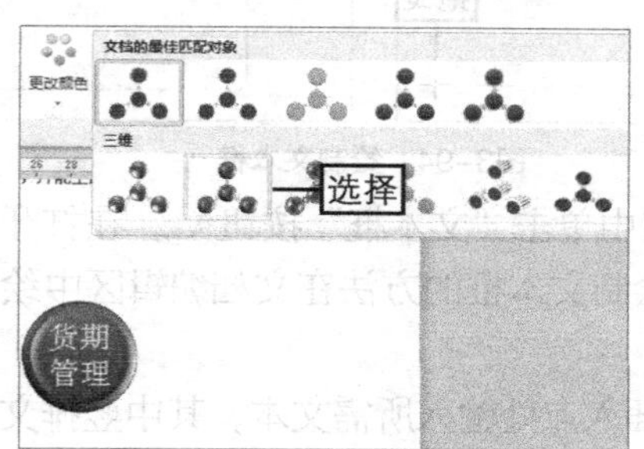

图3-89　设置主题样式

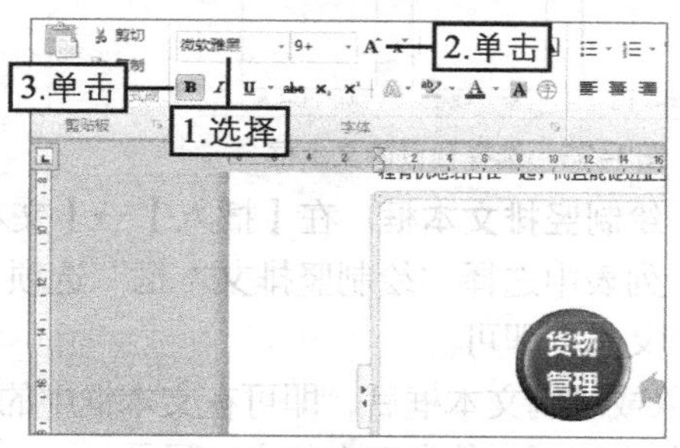

图3-90　设置文本格式

（11）选择“利润”文本所在的形状，单击“缩小字体”按钮将字号设置为“20”，如图3-91所示。

（12）保持“利润”形状的选择状态，在【SmartArt工具 格式】→【形状样式】组的“样式”下拉列表框中选择如图3-92所示的样式选项，最后保存文档即可。

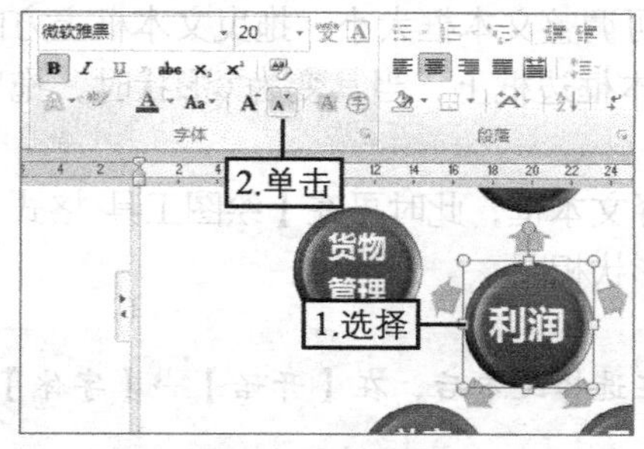

图3-91　设置形状字号

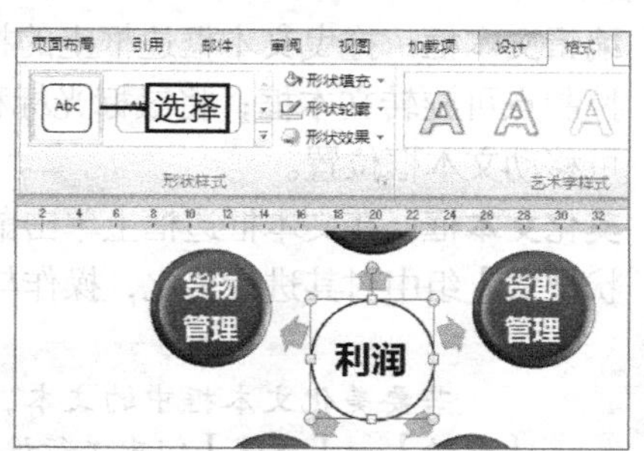

图3-92　设置形状样式

3.5 插入与编辑文本框

文本框可以被置于文档页面中的任何位置，而且文本框中可以放置文本、图片、表格等各种对象，因此它是Word排版的有效工具之一。本节将主要介绍文本框的插入、编辑、美化等操作。

3.5.1 插入文本框并输入文本

在Word 2010中插入文本框的方法有如下几种。

- ◎ **插入预设的文本框**：在【插入】→【文本】组中单击“文本框”下拉按钮，在打开的下拉列表中即可选择所需样式的预设文本框，如图3−93所示。若在打开的下拉列表中选择“Office.com中的其他文本框”命令，可在打开的子列表中选择更多的文本框选项。
- ◎ **绘制文本框**：在【插入】→【文本】组中单击“文本框”按钮，在打开的下拉列表中选择“绘制文本框”选项，此时鼠标光标将变为十字光标状态，在文档编辑区中按住鼠标左键不放并拖曳鼠标即可绘制文本框，如图3−94所示。

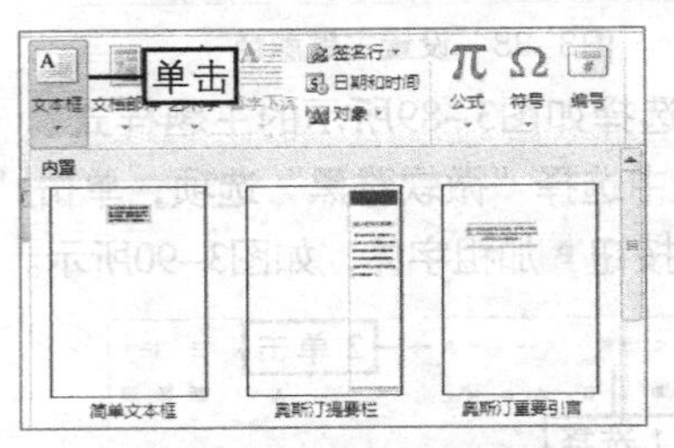

图3−93　选择预设的文本框

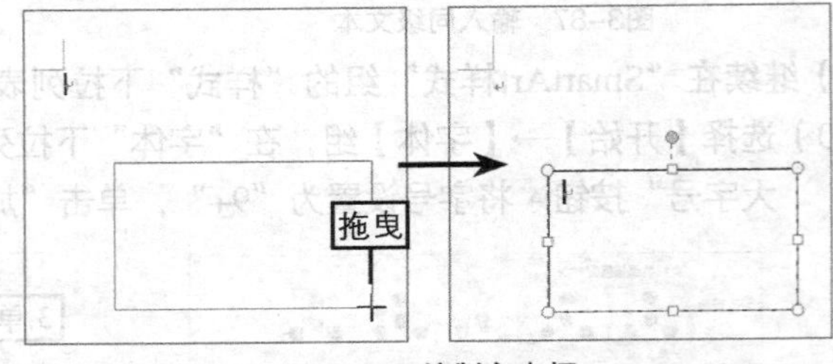

图3−94　绘制文本框

- ◎ **绘制竖排文本框**：在【插入】→【文本】组中单击“文本框”按钮，在打开的下拉列表中选择“绘制竖排文本框”选项，按绘制文本框的方法在文档编辑区中绘制竖排文本框即可。

插入或绘制文本框后，即可在文本框中的文本插入点处输入所需文本，其中竖排文本框的文本按从上至下、从左至右的方向显示。

3.5.2 编辑与美化文本框

文本框具有与形状相同的特性，因此其编辑和美化操作与形状的编辑和美化操作也相同。分别介绍如下。

- ◎ **编辑文本框**：拖曳文本框边框上的控制点可调整文本框大小；拖曳文本框上方的绿色控制点可旋转文本框；将鼠标光标移至文本框边框上，当其变为形状时，拖曳鼠标可移动文本框位置。
- ◎ **美化文本框**：在文本框边框上单击鼠标选择文本框，此时可在【绘图工具 格式】【形状样式】组中对其进行美化，操作与美化形状相同。

知识提示

若要美化文本框中的文本，只需在选择文本后，在【开始】→【字体】组和【开始】→【段落】组中进行设置。

3.5.3 课堂案例5——使用文本框制作海报标题

本案例将使用文本框完成海报标题的制作，其中将涉及文本框的绘制、编辑、美化，以及文本的美化操作。完成后的参考效果如图3-95所示。

图3-95 "海报"文档的参考效果

(1) 打开素材文档"海报.docx"，在"插入"选项卡"文本"组中单击"文本框"下拉按钮，在打开的下拉列表中选择"绘制文本框"选项，如图3-96所示。

(2) 在文档中的图片上拖曳鼠标绘制文本框，如图3-97所示。

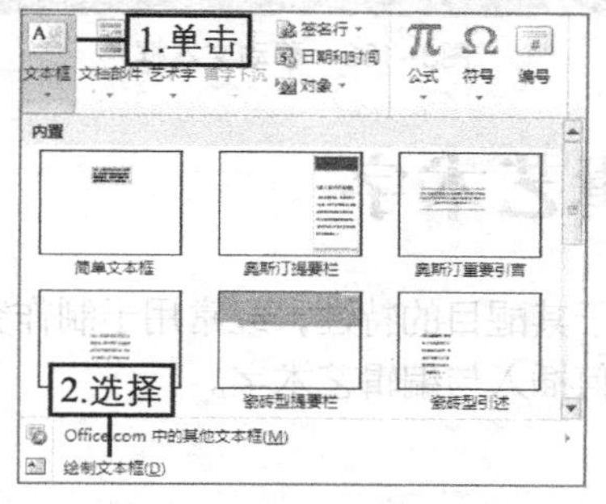

图3-96 通过绘制创建文本框

图3-97 绘制文本框

(3) 释放鼠标，在文本框中输入相应的文本内容，如图3-98所示。

(4) 选择输入的文本，在【开始】→【字体】组中将字体设置为"华文行楷"、字号设置为"一号"、颜色设置为"白色"，如图3-99所示。

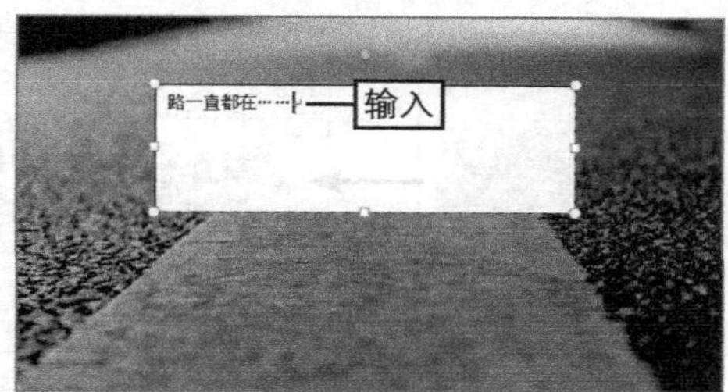

图3-98 输入文本

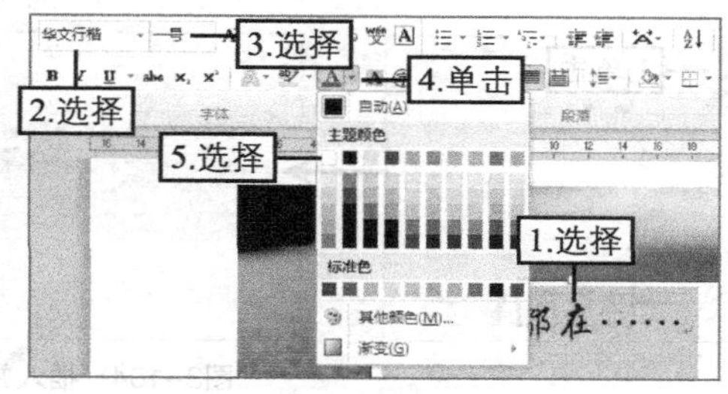

图3-99 设置文本格式

(5) 单击文本框边框将其选中，在【绘图工具 格式】→【形状样式】组中单击形状填充按钮，在打开的下拉列表中选择"无填充颜色"选项，如图3-100所示。

(6) 继续在"形状样式"组中单击形状轮廓按钮，在打开的下拉列表中选择"无轮廓"选项，如图3-101所示。

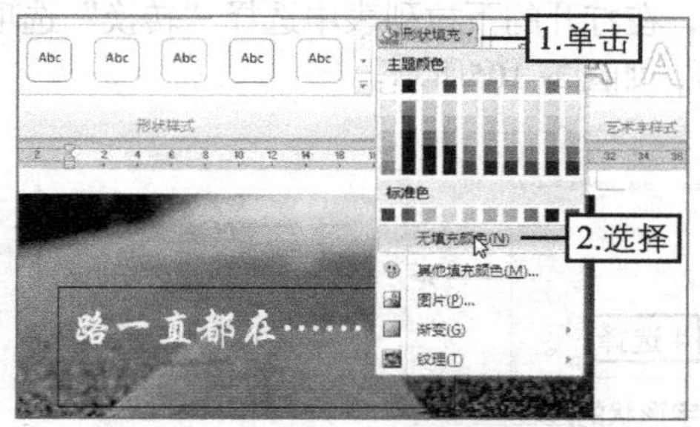

图3-100 取消文本框填充颜色

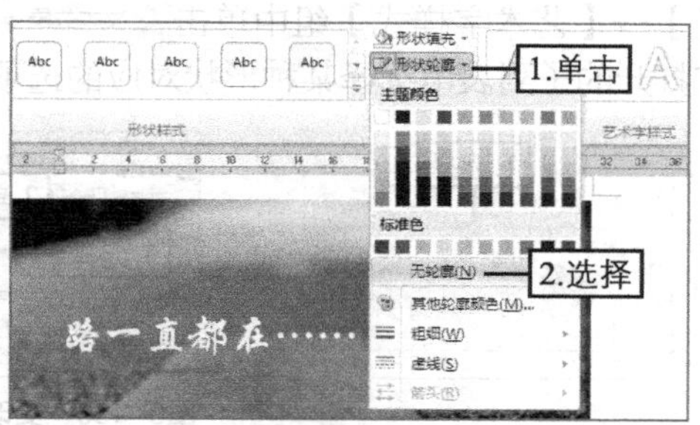

图3-101 取消文本框边框颜色

（7）拖曳文本框右下角的控制点，将文本框大小调整到刚好能完整显示文本的效果，如图3-102所示。

（8）在文本框边框上拖曳鼠标，将其移动到如图3-103所示的位置，保存文档即可。

图3-102　调整文本框大小

图3-103　移动文本框

3.6　插入与编辑艺术字

艺术字可以看做是预设了文本格式的文本框，由于其醒目的特性，经常用于制作突出的标题、关键词等易于吸引眼球的文本对象。下面介绍如何插入与编辑艺术字。

3.6.1　插入艺术字并输入文本

在Word 2010中可以方便快捷地插入艺术字，其方法为：选择【插入】→【文本】组，单击“艺术字”按钮，在弹出的下拉列表中选择所需的艺术字样式，然后在文档编辑区中输入插入的艺术字的内容即可，如图3-104所示。

图3-104　插入并输入艺术字的过程

3.6.2　编辑与美化艺术字

由于艺术字相当于预设了文本格式的文本框，因此其编辑与美化操作与文本框完全相同。这里重点介绍更改艺术字形状的方法，此方法文本框也同样适用：选择艺术字，在【绘图工具格式】→【艺术字样式】组中单击 文本效果 按钮，在打开的下拉列表中选择“转换”选项，再在打开的子列表中选择某种形状对应的选项即可，如图3-105所示。

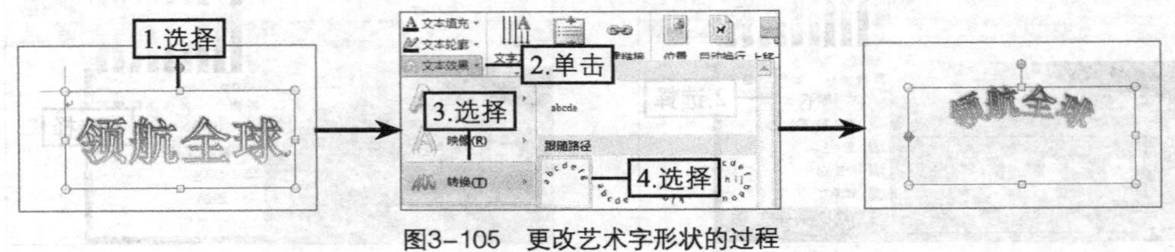

图3-105　更改艺术字形状的过程

3.6.3 课堂案例6——使用艺术字制作促销关键词

本案例将使用艺术字制作文档中的促销关键词，其中将重点练习艺术字的插入、输入、编辑、美化等操作。完成后的参考效果如图3-106所示。

图3-106 “促销策划”文档的参考效果

（1）打开素材文档“促销策划.docx”，在【插入】→【文本】组中单击“艺术字”按钮，在打开的下拉列表中选择如图3-107所示的样式选项。

（2）在创建的艺术字中输入文本内容，如图3-108所示。

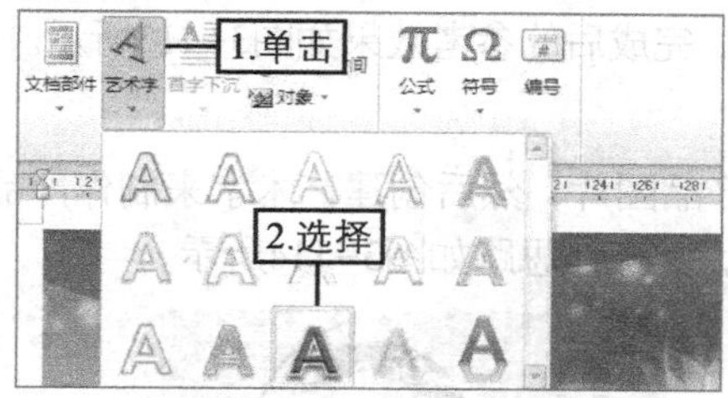

图3-107 选择艺术字样式

图3-108 输入艺术字内容

（3）选择艺术字文本，在【开始】→【字体】组中将字体设置为“方正小标宋简体”、字号设置为“60”，如图3-109所示。

（4）选择艺术字，在【绘图工具 格式】→【艺术字样式】组中单击 文本效果 按钮，在打开的下拉列表中选择“转换”选项，再在打开的子列表中选择如图3-110所示的选项。

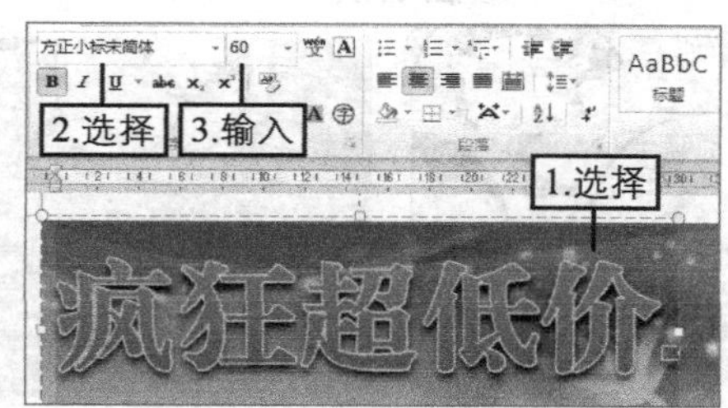

图3-109 设置艺术字文本格式

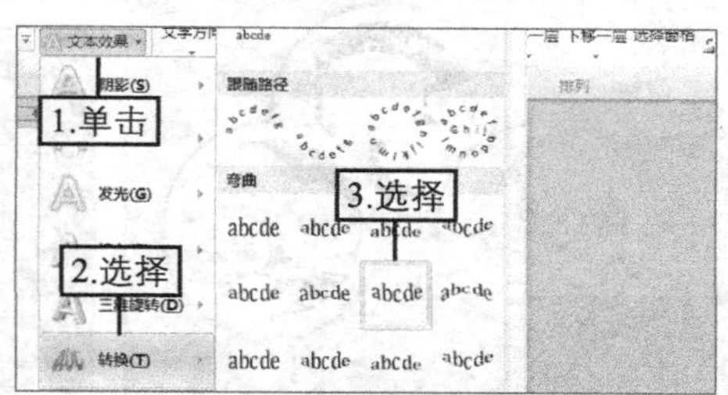

图3-110 设置艺术字形状

（5）选择艺术字，在其边框上拖曳鼠标，将其移动到如图3-111所示的位置。

（6）保持艺术字的选择状态，在【绘图工具 格式】→【艺术字样式】组中单击 文本效果 下拉按钮，在打开的下拉列表中选择“发光”选项，再在打开的子列表中选择如图3-112所示的选项。最后保存文档完成操作。

图3-111 移动艺术字

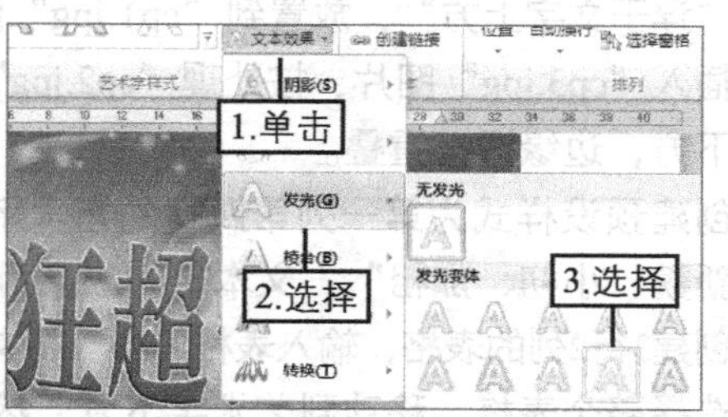

图3-112 设置艺术字发光效果

3.7 课 堂 练 习

本次课堂练习将分别制作年终产品宣传单和员工手册封面，通过这两个练习进一步巩固本章介绍到的表格、图片、剪贴画、形状、SmartArt、文本框、艺术字等对象的使用方法。

3.7.1 制作年终产品宣传单

1. 练习目标

本练习的目标是制作产品宣传单，其中重点介绍产品促销信息、产品图片、产品特点等内容。制作时将重点涉及图片、艺术字、表格的使用。完成后的参考效果如图3-113所示。

2. 操作思路

完成本次练习需要先在文档中插入并美化3幅产品图片，然后创建艺术字来制作产品特点标题，最后使用表格来显示具体的产品特点信息等，其操作思路如图3-114所示。

图3-113 “年终产品宣传单”文档的参考效果

① 插入图片

② 创建艺术字

③ 插入表格

图3-114 “年终产品宣传单”文档的制作思路

（1）打开素材文档“年终产品宣传单.docx”，插入“cp1.jpg”图片，缩小高度和宽度，应用“金属椭圆”样式，将环绕方式设置为“紧密型”，放置到促销信息文本上。

（2）插入“cp2.jpg”图片，缩小为与前一幅图片相同大小，应用相同样式，环绕方式设置为“浮于文字上方”，放置到“cp1.jpg”图片右下方，适当重叠。

（3）插入“cp3.jpg”图片，按处理“cp2.jpg”图片的方法进行设置，放置到“cp1.jpg”图片左下方，边缘适当重叠。

（4）创建预设样式为第一列第四行的艺术字，文本为“产品特点”，设置字体格式为“华文新魏、小初、加粗”，文本转换效果为“下弯弧”，放置在“cp3.jpg”图片下方。

（5）创建3行2列的表格，输入表格内容。将文本格式设置为“华文楷体、小四、加粗、白色”。

（6）选择整个表格，移动到艺术字下方，然后单击【表格工具 设计】→【表格样式】组中的“边框”按钮在打开的下拉列表中，选择“边框和底纹”选项，在打开的对话框中将边框颜

色设置为“白色”，最后保存文档。

3.7.2 制作员工手册封面文档

1. 练习目标

本练习的目标是制作员工手册封面，其中涉及的重点操作主要包括文本框的使用、剪贴画的搜索与插入、SmartArt的应用、形状的绘制。完成后的参考效果如图3-115所示。

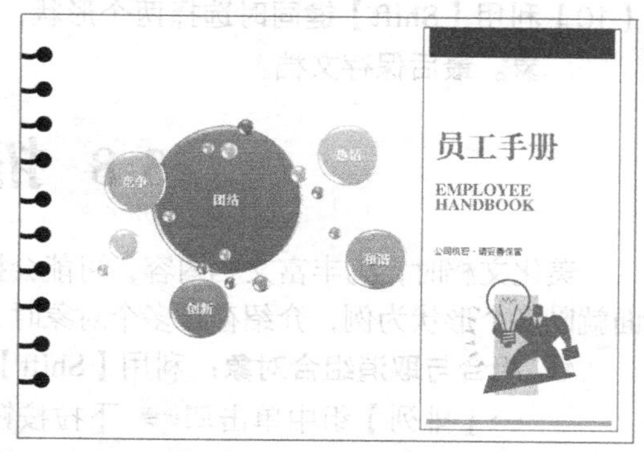

图3-115 “员工手册封面”文档的参考效果

2. 操作思路

完成本练习需要先在文档中插入文本框输入手册封面的文字，然后插入剪贴画和SmartArt装饰封面，最后绘制形状制作装订栏，其操作思路如图3-116所示。

① 插入文本框和剪贴画

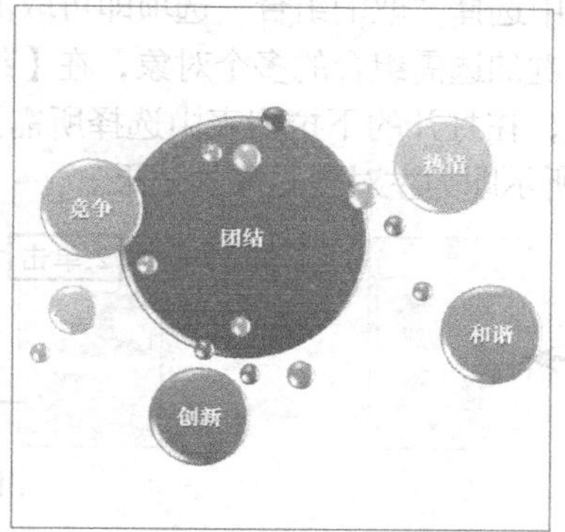

② 创建SmartArt

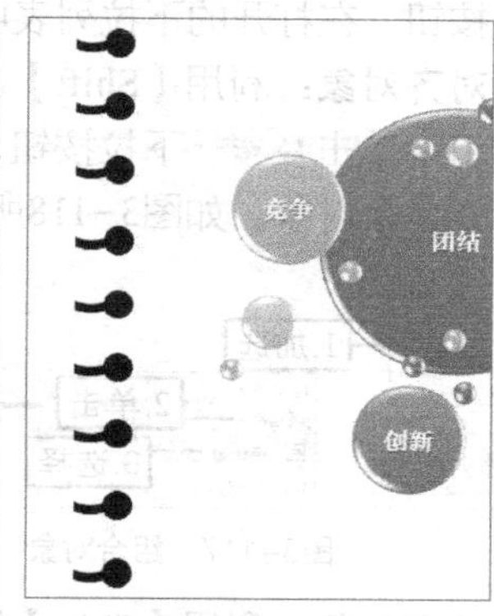

③ 绘制形状

图3-116 “员工手册封面”文档的制作思路

（1）打开素材文档“员工手册封面.docx”，插入“奥斯汀提要栏”样式的文本框，在蓝色文本区域输入“员工手册”，按【Enter】键换行输入两段该文本的英文单词。在灰色文本区域输入“公司机密 · 请妥善保管”文本。

（2）将“员工手册”文本格式设置为“方正小标宋简体、小初、加粗”；将英文单词所在的两段文本格式设置为“方正小标宋简体、20”，行距设置为“固定值-18磅”。

（3）打开“剪贴画”窗格，选中所有类型对应的复选框，单击撤销“包括Office.com内容”复选框，在无关键字的情况下搜索剪贴画，然后将“businessman”剪贴画插入到文档。

（4）将剪贴画设置为“浮于文字上方”，适当缩小尺寸，将颜色设置为“蓝色 强调文字颜色1 浅色”样式，放置与文本框中下方的空白区域。

（5）插入“关系-循环关系”样式的SmartArt，利用文本窗格输入文本，其中需要利用【Enter】键创建两个同级形状。

（6）将SmartArt设置为“浮于文字上方”，适当缩小尺寸，放置与文本框右侧。

（7）将文本格式设置为“华文中宋、16”，将颜色设置为“强调文字颜色1”栏下的第四种样式，将SmartArt样式设置为“三维”栏下的第一种样式。

（8）利用【Shift】键绘制椭圆，即绘制出正圆形状，适当缩小尺寸，应用“彩色填充-黑色，深色1”样式。

（9）创建空心弧形状，应用与正圆相同的样式，旋转空心弧，并增加其宽度，然后与正圆放置在一起，并置于文档左边界。

（10）利用【Shift】键同时选择两个形状，并利用【Ctrl+Shift】组合键向下垂直复制多个对象。最后保存文档。

3.8 拓展知识

美化文档时，为丰富文档内容，可能会插入多个图片、剪贴画、文本框、形状等对象，下面就以多个形状为例，介绍存在多个对象时，如何对其进行分布、叠放、组合、对齐等操作。

◎ **组合与取消组合对象**：利用【Shift】键加选需组合的多个对象，在【绘图工具 格式】→【排列】组中单击组合下拉按钮，在打开的下拉列表中选择“组合”选项即可将多个对象组合为一个对象，如图3-117所示。选中组合的对象，再次单击组合下拉按钮，在打开的下拉列表中选择“取消组合”选项即可取消组合该对象。

◎ **对齐对象**：利用【Shift】键加选需组合的多个对象，在【绘图工具 格式】→【排列】组中单击对齐下拉按钮，在打开的下拉列表中选择所需方向对应的选项即可快速对齐多个对象。如图3-118所示即为左对齐对象的效果。

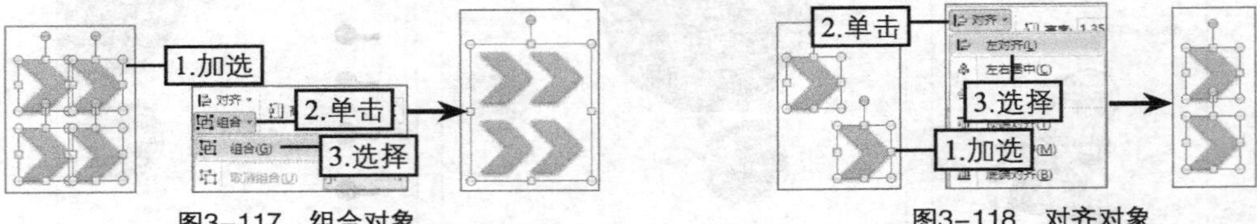

图3-117 组合对象　　图3-118 对齐对象

◎ **分布对象**：利用【Shift】键加选需组合的多个对象，在【绘图工具 格式】→【排列】组中单击对齐下拉按钮，在打开的下拉列表中选择“横向分布”或“纵向分布”选项，即可快速使多个对象之间的间隔相同，达到平均分布的效果。如图3-119所示即为横向分布多个对象的过程。

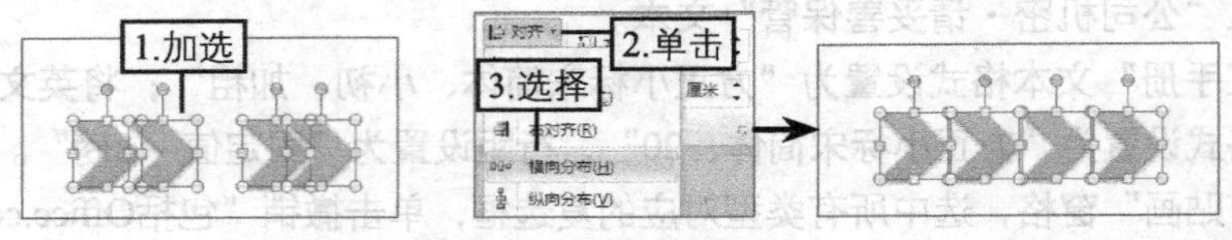

图3-119 横向分布对象

◎ **调整对象叠放次序**：默认状态下，后插入的对象将叠放在先插入的对象上方，根据需要，可随时调整对象的叠放次序，其方法为：选择对象，在其上单击鼠标右键，在弹出的快捷菜单中选择“置于顶层”命令或“置于底层”命令，如图3-120所示，可将对象快速置于所有对象之上或所有对象之下；选择这两个命令下的子命令，即“上移一层”或

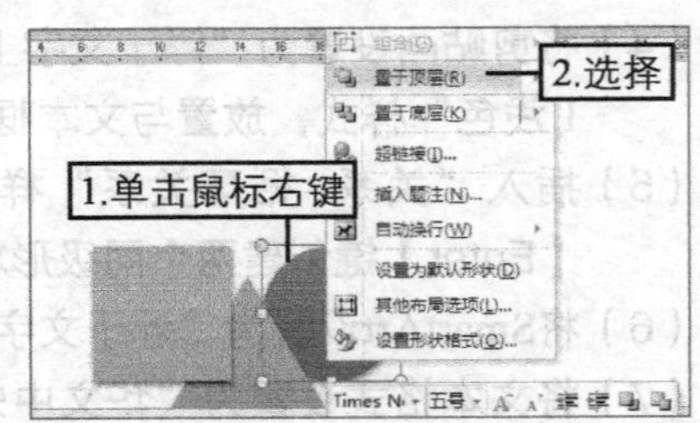

图3-120 将对象置于顶层

"下移一层"命令，则可逐步调整对象的叠放次序。

3.9 课后习题

（1）新建文档，利用表格、图片、艺术字等对象制作花卉展相关内容，完成的参考效果如图3-121所示。

知识提示 插入6行3列的表格，在其中依次插入素材图片并输入对应的花卉名称。为表格应用"中等深浅网格1-强调文字颜色6"样式，文本格式为"华文楷体、加粗"，表格内容居中对齐，通过调整图片大小和裁剪图片等方式适当调整图片。插入艺术字，样式为第四行第二列对应的效果，放置在文档上方，将表格下移。

（2）新建文档，用SmartArt和文本框制作管理层结构图，完成的参考效果如图3-122所示。

知识提示 插入"组织结构图"样式的SmartArt，设置字体为"华文中宋"，将颜色设置为"彩色"栏的第四种效果，样式设置为"三维"栏的第五种效果。绘制竖排文本框，将边框和填充颜色均设置为"无"，字体格式为"方正小标宋简体、四号"。

图3-121 "温室花卉展"文档参考效果

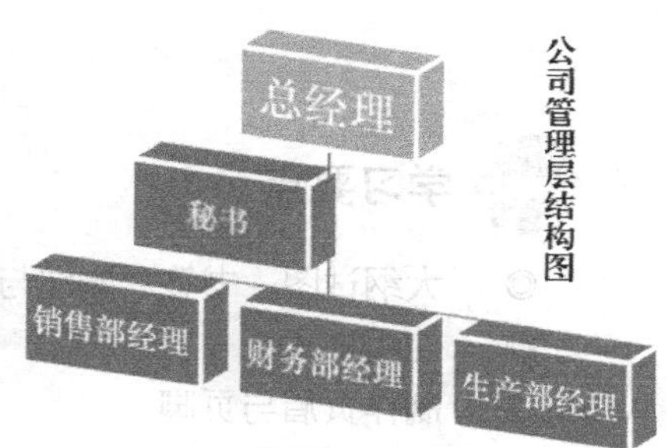

图3-122 "管理层结构图"文档参考效果

第4章

编辑长篇Word文档

本章将主要介绍在编辑长篇Word文档时的各种操作方法和使用技巧，主要包括大纲视图、书签、脚注、尾注、样式、页眉、页脚、目录、索引、文档打印等内容。通过学习，可以轻松应付长篇文档的查看、修改、打印等各种实际操作。

学习要点

- ◎ 大纲试图、书签、脚注与尾注的使用
- ◎ 使用样式
- ◎ 制作页眉与页脚
- ◎ 创建目录和索引
- ◎ 打印文档

学习目标

- ◎ 掌握大纲视图的使用方法
- ◎ 了解书签、脚注、尾注的应用
- ◎ 熟悉样式的编辑操作
- ◎ 掌握页眉与页脚的制作方法
- ◎ 了解目录、索引的插入操作
- ◎ 掌握打印文档的方法

4.1 长文档常用编辑操作

由于Word文档可能存在篇幅很长的情况，为了提高办公效率，Word 2010提供了一些特别的功能，以帮助用户处理这些长文档。本节将重点介绍大纲视图、书签、脚注、尾注等功能的使用方法。

4.1.1 使用大纲视图查看与编辑文档

大纲视图的特点是显示了文档所有级别的标题，使文档大纲结构清晰地显示出来。使用大纲视图来查看与编辑长篇文档，不仅思路清晰，而且能避免在编辑过程中出错。

1. 切换到大纲视图

使用大纲视图查看文档首先需要切换到该视图中，其方法为：在【视图】→【文档视图】组中单击“大纲视图”按钮，此时即可在大纲视图模式下查看文档，如图4-1所示即为默认的页面视图与大纲视图显示内容的对比效果。

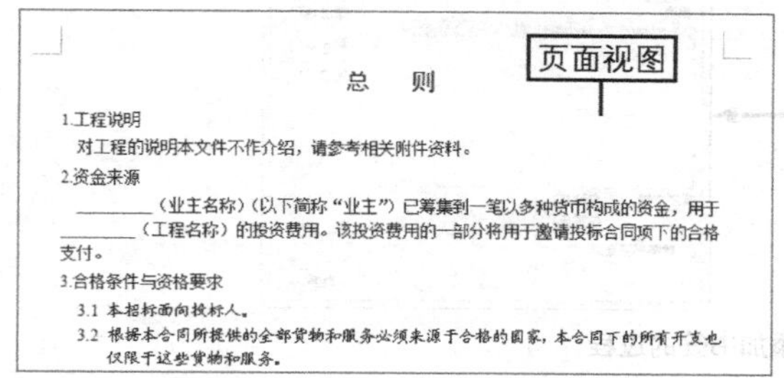

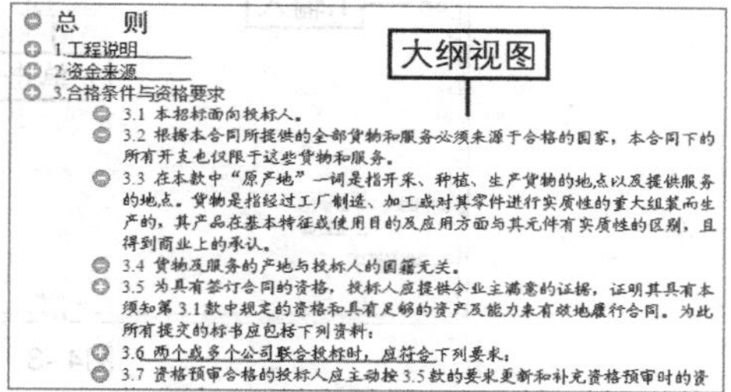

图4-1　页面视图与大纲视图的对比效果

2. 利用大纲视图组织文档

进入大纲视图模式后，功能区会自动显示“大纲”选项卡，如图4-2所示，利用其中的各参数便能轻松对长篇文档进行查看和编辑操作，使用方法为：将文本插入点定位到标题段落中，单击相应按钮或设置参数即可。部分参数的作用分别如下。

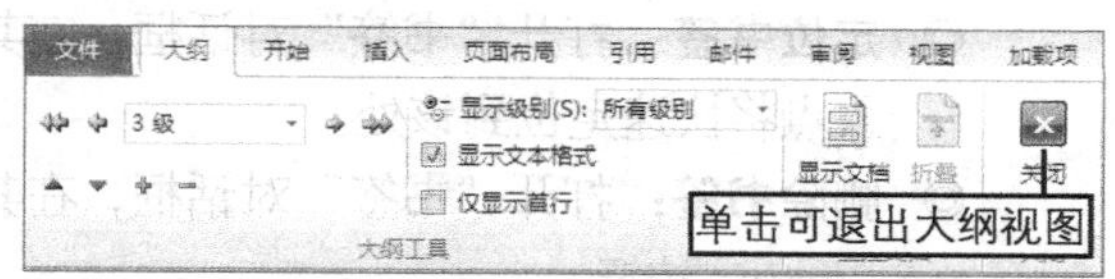

图4-2　“大纲”选项卡中的各种参数

- ◎ **“提升到标题1”按钮**：单击该按钮，将标题段落提升为大纲结构下的“标题1”级别。
- ◎ **“升级”按钮**：单击该按钮，将标题段落提升为大纲结构下的上一级级别。
- ◎ **“大纲级别”下拉列表框**：单击右侧的下拉按钮，可在下拉列表中将标题段落设置为大纲结构下的任意级别。
- ◎ **“降级”按钮**：单击该按钮，将标题段落提升为大纲结构下的下一级级别。
- ◎ **“降级为正文”按钮**：单击该按钮，将标题段落降级为大纲结构下的正文级别。
- ◎ **“上移”按钮**：将标题段落上移一个段落。
- ◎ **“下移”按钮**：单击该按钮，将标题段落下移一个段落。

◎ **“展开”按钮**：单击该按钮，展开标题段落包含的下级标题段落。

◎ **“折叠”按钮**：单击该按钮，将标题段落包含的下级标题段落折叠隐藏。

◎ **“显示级别”下拉列表框**：单击右侧的下拉按钮，可在下拉列表中设置大纲视图当前显示的标题级别。

4.1.2 创建书签

书签是一种用于记录文档位置而插入的特殊符号，通过它能够方便地在长文档中定位需要的内容。

1. 添加书签

使用书签定位首先需要在文档中添加书签，其方法为：将文本插入点定位到需插入书签的位置，在【插入】→【链接】组中单击“书签”按钮，打开“书签”对话框，在“书签名”文本框中输入书签的名称，单击添加(A)按钮即可，如图4-3所示。

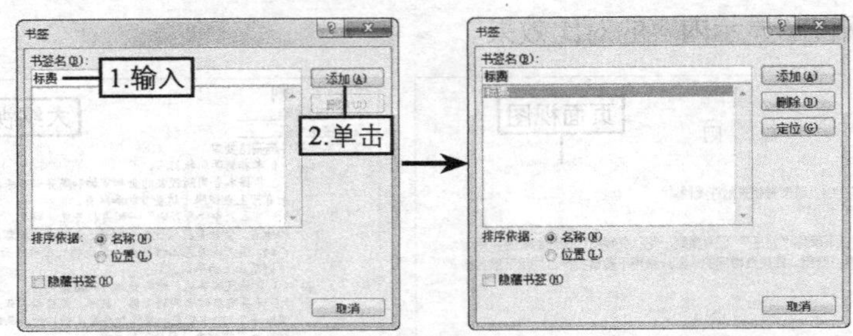

图4-3　添加书签的过程

2. 使用与编辑书签

添加书签后，便可在打开文档后，快速定位书签，或对已有书签进行其他编辑操作。

◎ **定位书签**：打开“书签”对话框，在其中的列表框中双击需定位的书签选项，文本插入点将快速定位到该处。

◎ **删除书签**：打开“书签”对话框，在其中的列表框中选择某个书签选项，单击右侧的删除(D)按钮。

4.1.3 插入脚注与尾注

脚注与尾注均用于对文档中的一些文本进行解释、延伸、批注，其中脚注一般位于每一页的下方，尾注位于文档结尾。当文档中存在一些不易理解或需要注明引用出处的内容时，便可利用脚注和尾注功能来轻松实现。

1. 插入脚注

在Word 2010中插入脚注的具体操作如下。

（1）选择需插入脚注的文本内容，如这里选择“联营体”文本，在组中单击“插入脚注”按钮AB¹，如图4-4所示。

（2）此时文本插入点将自动跳转到本页最下方，输入需要的脚注内容即可，如图4-5所示。

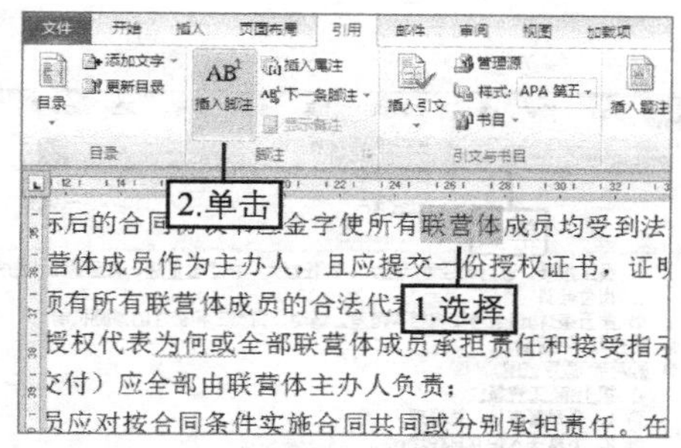

图4-4 选择需插入脚注的文本

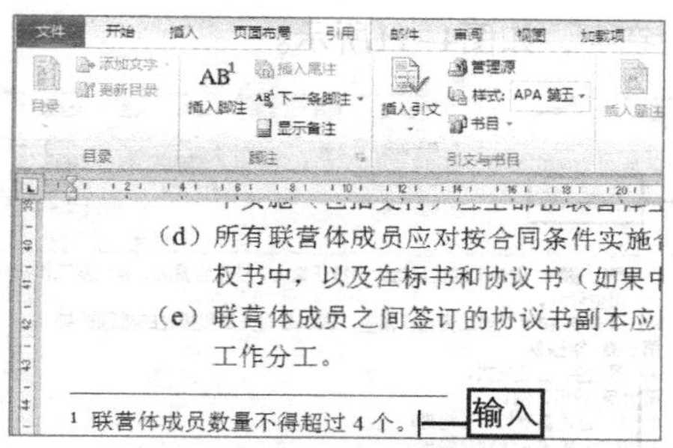

图4-5 输入脚注内容

2. 插入尾注

插入尾注的方法与脚注类似，不同的是尾注将显示在文档结尾，其方法为：选择需插入尾注的文本内容，在组中单击 插入尾注 按钮，在文本插入点处输入需要的尾注内容即可。

4.1.4 课堂案例1——编辑“工资制度”文档

利用大纲视图查看并调整文档中错误的标题结构，然后在“第四章”所在段落插入书签以便快速定位，最后创建尾注表明此文档引用的文件。完成后的参考效果如图4-6所示。

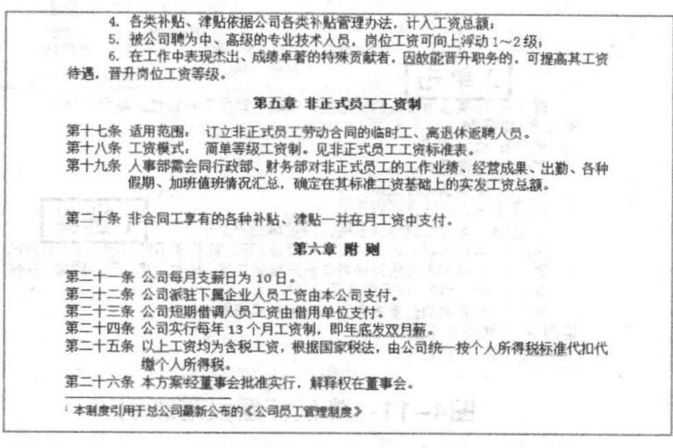

4. 各类补贴、津贴依据公司各类补贴管理办法，计入工资总额；
5. 被公司聘为中、高级的专业技术人员，岗位工资可向上浮动1~2级；
6. 在工作中表现杰出、成绩卓著的特殊贡献者，因故能晋升职务的，可提高其工资待遇，晋升岗位工资等级。

第五章 非正式员工工资制

第十七条 适用范围： 订立非正式员工劳动合同的临时工、离退休返聘人员。
第十八条 工资模式： 简单等级工资制。见非正式员工工资标准表。
第十九条 人事部需会同行政部、财务部对非正式员工的工作业绩、经营成果、出勤、各种假期、加班值班情况汇总，确定在其标准工资基础上的实发工资总额。

第二十条 非合同工享有的各种补贴、津贴一并在月工资中支付。

第六章 附 则

第二十一条 公司每月支薪日为10日。
第二十二条 公司派驻下属企业人员工资由本公司支付。
第二十三条 公司短期借调人员工资由借用单位支付。
第二十四条 公司实行每年13个月工资制，即年底发双月薪。
第二十五条 以上工资均为含税工资，根据国家税法，由公司统一按个人所得税标准代扣代缴个人所得税。
第二十六条 本方案经董事会批准实行，解释权在董事会。

[1] 本制度引用于总公司最新公布的《公司员工管理制度》

图4-6 “工资制度”文档的参考效果

（1）打开素材文档“工资制度.docx”，在【视图】→【文档视图】组中单击“大纲视图”按钮，如图4-7所示。

（2）进入大纲视图模式，在【大纲】→【大纲工具】组的“显示级别”下拉列表框中选择“2级”选项，如图4-8所示。

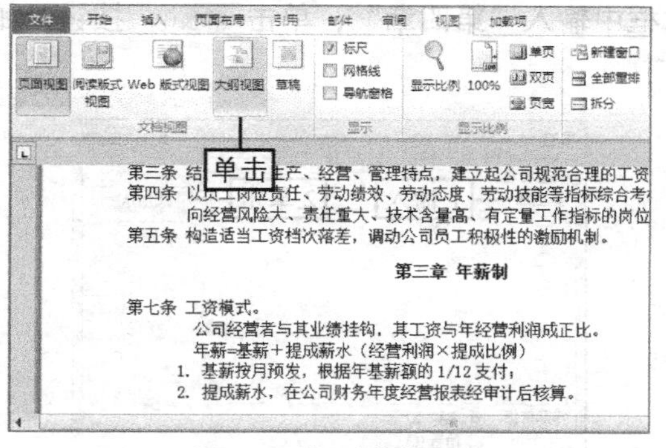

图4-7 进入大纲视图

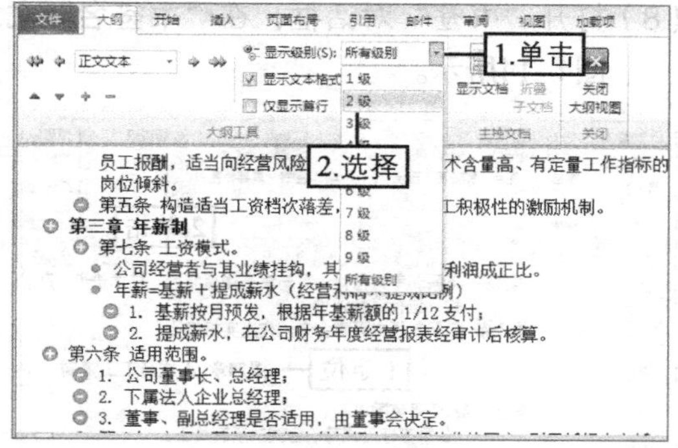

图4-8 调整显示级别

（3）将文本插入点定位到“第六条”标题段落中，单击【大纲】→【大纲工具】组中的上移”按钮，如图4-9所示。

（4）保持该段落的选择状态，单击【大纲】→【大纲工具】组中的“降级”按钮，如图4-10所示。

（5）选中“第七条”标题段落下的3个段落，单击【大纲】→【大纲工具】组中的“降级”按

钮 ，如图4-11所示。

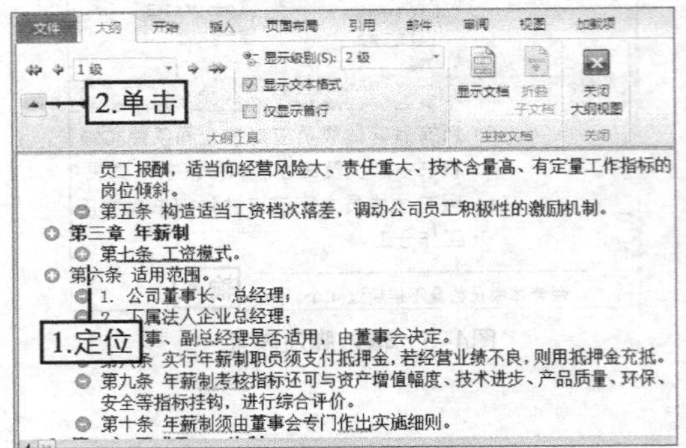

图4-9 上移标题段落位置

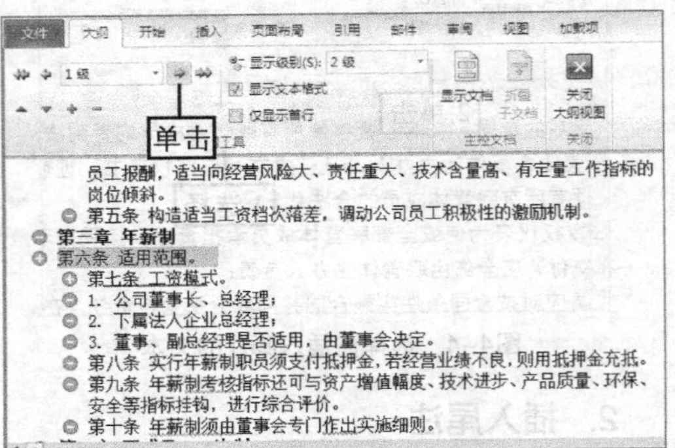

图4-10 降低标题段落级别

（6）保持所选段落的选择状态，单击“大纲工具”组中的“上移”按钮 ，然后单击【大纲】→【关闭】组中的“关闭大纲视图”按钮 ，如图4-12所示。

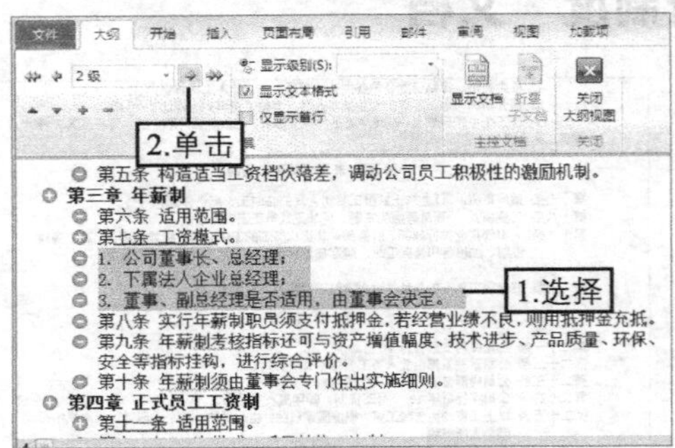

图4-11 降低标题段落级别

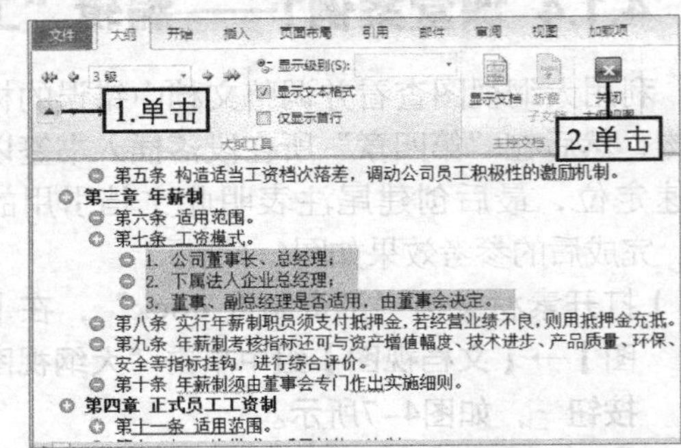

图4-12 上移标题段落位置

（7）将文本插入点定位到“第四章”文本左侧，在【插入】→【链接】组中单击“书签”按钮 ，如图4-13所示。

（8）打开“书签”对话框，在“书签名”文本框中输入“第四章”，单击 添加(A) 按钮，如图4-14所示。

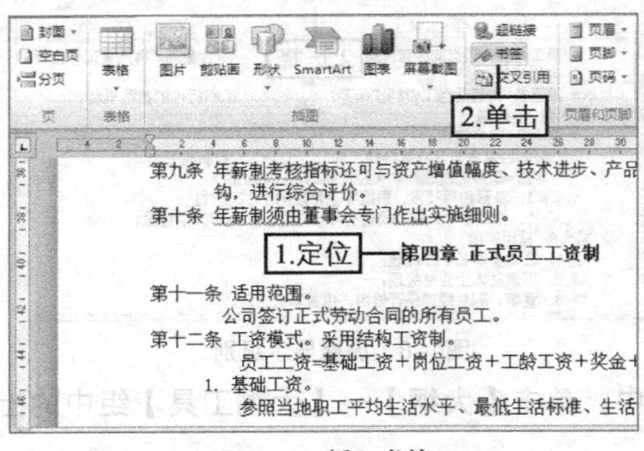

图4-13 插入书签

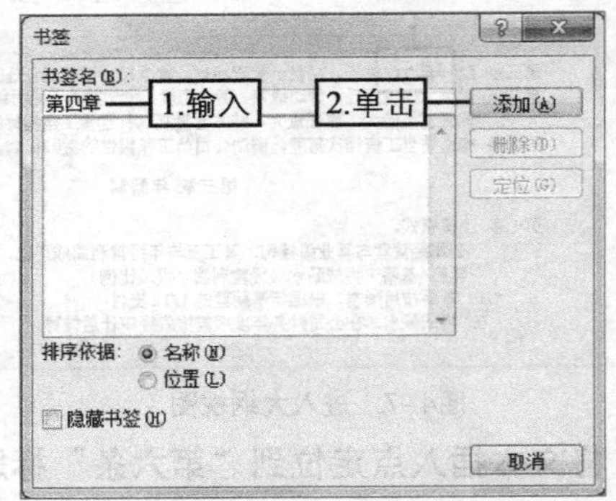

图4-14 添加书签

（9）拖曳鼠标选择文档最后的“本方案”文本，在【引用】→【脚注】组中单击 插入尾注 按钮，如图4-15所示。

（10）直接在文本插入点处输入尾注内容，完成后保存文档完成本例的操作，如图4-16所示。

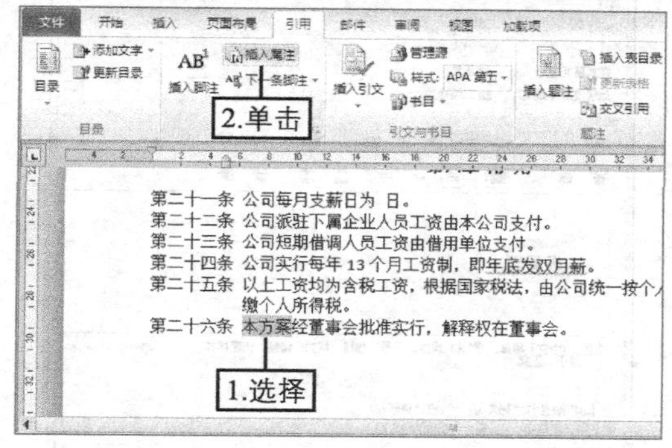

图4-15　插入尾注

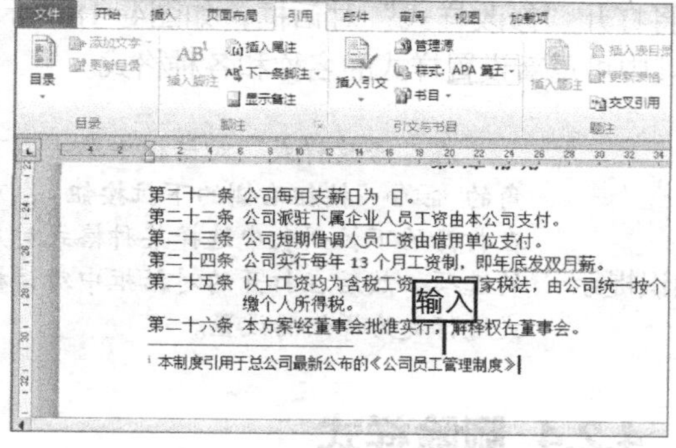

图4-16　输入尾注内容

4.2 使用样式

样式是指多种格式的集合，如字体格式、段落格式、表格格式、图片格式等。长篇文档中往往会要求统一不同标题的格式，如果重复相同设置，不仅浪费时间，也可能人为出错。此时若借助样式这一功能，便能轻松地统一不同对象的格式。本节就将详细介绍样式的创建、应用、修改、删除等操作。

4.2.1 创建样式

根据实际工作的需要，可以随时创建符合要求的样式，其具体操作如下。

（1）在文档中为文本或段落设置需要的格式。

（2）在【开始】→【样式】组中单击“样式”下拉列表框右侧的下拉按钮 ▾，在打开的下拉列表中选择“将所选内容保存为新快速样式”选项。

（3）打开“根据格式设置创建新样式”对话框，在“名称”文本框中输入样式的名称，单击 确定 按钮，如图4-17所示。

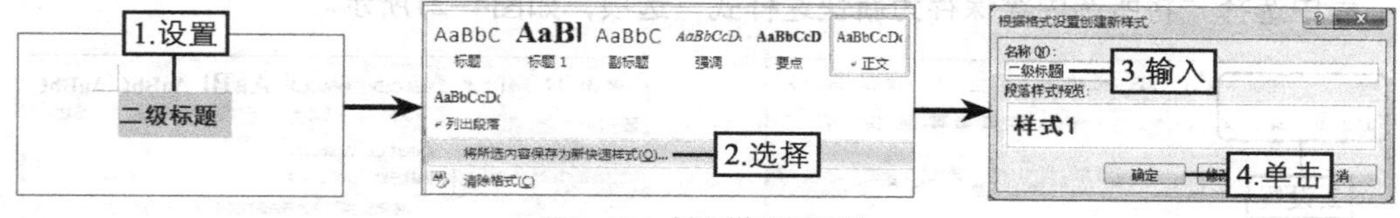

图4-17　创建样式的过程

4.2.2 应用样式

应用样式的方法很简单，首先将文本插入点定位到要设置样式的段落中或选择要设置样式的字符或词组，在“开始”选项卡“样式”组中单击“样式”下拉列表框右侧的下拉按钮，在打开的下拉列表中选择需要应用的样式对应的选项即可。

4.2.3 修改样式

修改样式是指对已有样式的格式重新进行设置，其方法为：在【开始】→【样式】组中单击“样式”列表框右侧的下拉按钮 ▾，在打开的下拉列表中需进行修改的样式选项上单击鼠标

右键，在弹出的快捷菜单中选择“修改”命令，此时将打开“修改样式”对话框，如图4-18所示，在其中可重新设置样式的名称和各种格式。

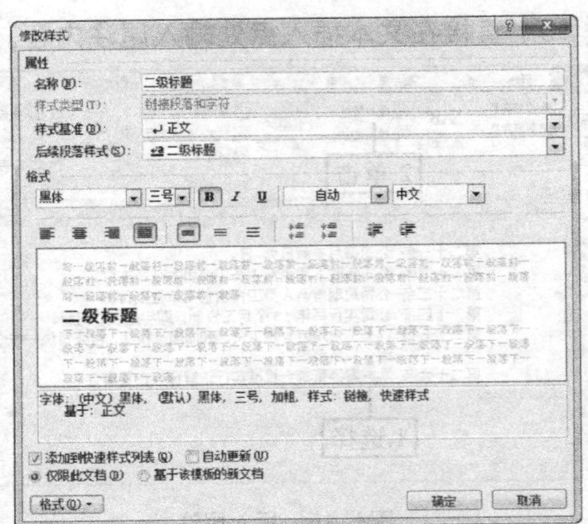

图4-18 修改样式

知识提示

在“修改样式”对话框中单击左下角的 格式(O)▾ 按钮右侧的下拉按钮▾，可在打开的下拉列表中选择某种格式对应的选项，然后在打开的对话框中对该格式进行更为详细的设置。

4.2.4 删除样式

删除样式的方法与修改类似，只需在“样式”下拉列表框中需删除的样式选项上单击鼠标右键，在弹出的快捷菜单中选择“从快速样式库中删除”命令即可。

4.2.5 课堂案例2——使用样式美化“考核制度”文档

创建“制度标题”样式并应用于文档中的所有标题，根据应用后的情况重新设置该样式的段前段后距离。完成后的参考效果如图4-19所示。

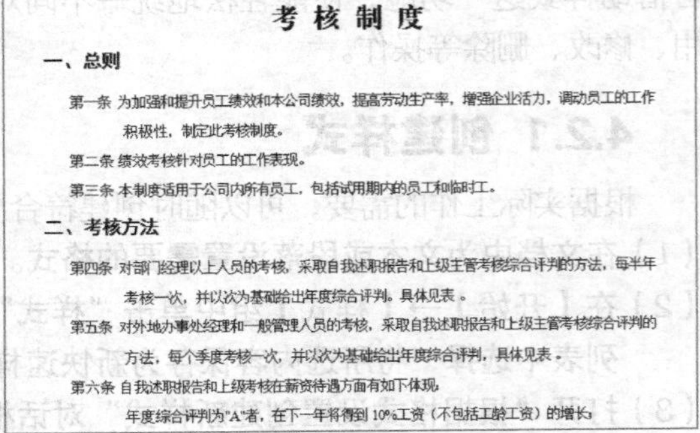

图4-19 “考核制度”文档的参考效果

（1）打开素材文档“考核制度.docx”，选择标题下的第一段文本，将文本格式设置为“黑体、三号、加粗”，如图4-20所示。

（2）保持文本段落的选择状态，在【开始】→【样式】组中单击“样式”下拉列表框右侧的下拉按钮▾，在打开的下拉列表中选择“将所选内容保存为新快速样式”选项，如图4-21所示。

图4-20 设置文本格式

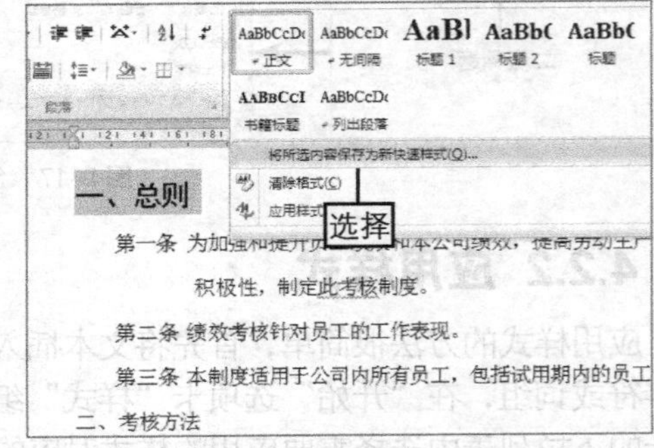

图4-21 保存样式

（3）打开“根据格式设置创建新样式”对话框，在“名称”文本框中输入“制度标题”，单击 确定 按钮，如图4-22所示。

（4）将文本插入点定位到“二、考核方法”段落，在【开始】→【样式】组的“样式”下拉

列表框中选择“制度标题”选项，为该段落应用此样式，如图4-23所示。

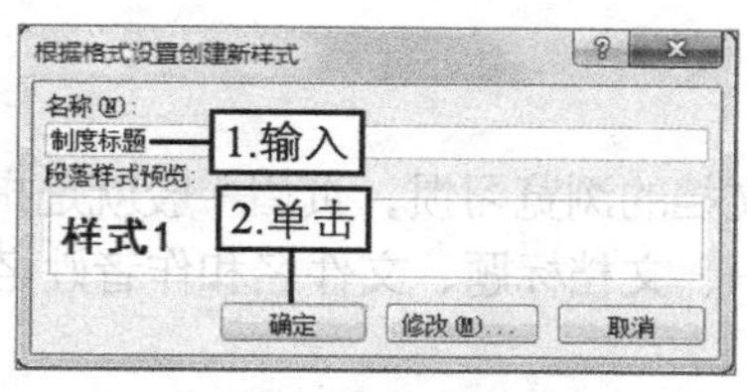

图4-22 设置样式名称

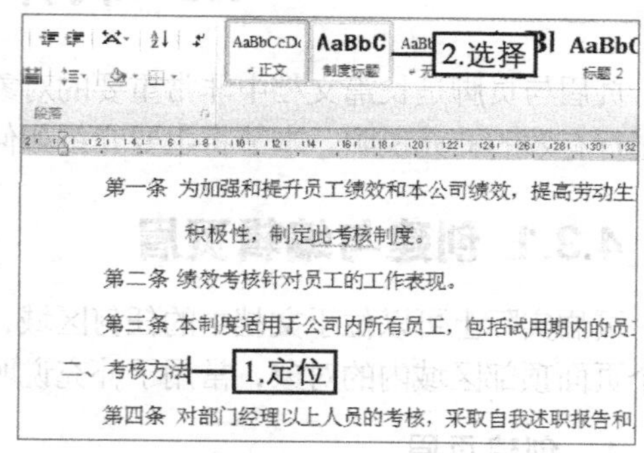

图4-23 应用样式

（5）按相同方法为“三、考核时间”和“四、绩效考核面谈”段落应用“制度标题”样式，如图4-24所示。

（6）在【开始】→【样式】组“样式”下拉列表框的“制度标题”选项上单击鼠标右键，在弹出的快捷菜单中选择“修改”命令，如图4-25所示。

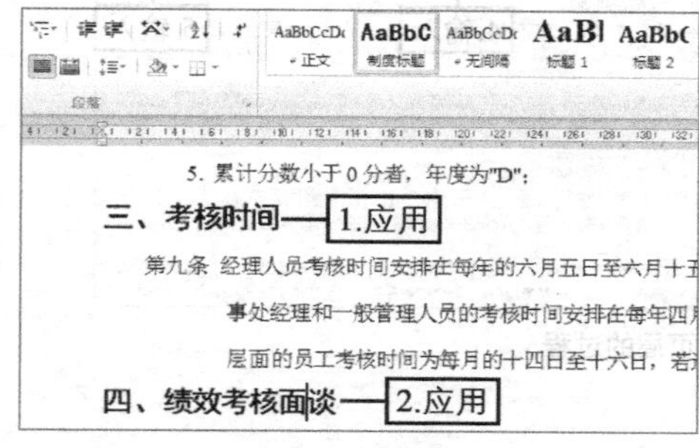

图4-24 应用样式

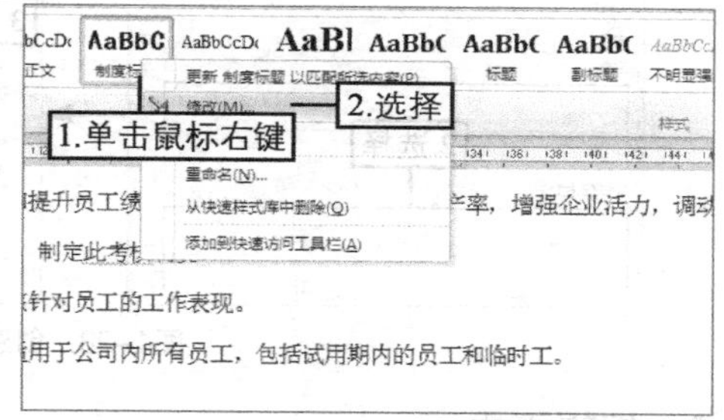

图4-25 修改样式

（7）打开“修改样式”对话框，单击左下角的 格式(O) 按钮，在打开的下拉列表中选择“段落”选项，如图4-26所示。

（8）在打开的对话框中将段前和段后的间距均设置为“0.5行”，单击 确定 按钮，如图4-27所示。此时文档中应用了该样式的段落将自动更新格式，保存文档即可完成本例的操作。

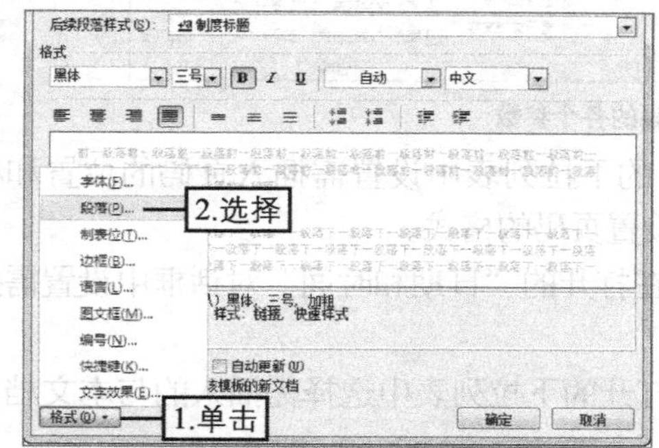

图4-26 设置段落格式

图4-27 设置段前段后距离

4.3 制作页眉与页脚

页眉与页脚是长篇文档中非常重要的对象，它不仅能起到统一文档的作用，还能对文档信息进行有效的补充说明。本节将主要介绍如何在文档中制作页眉与页脚。

4.3.1 创建与编辑页眉

页眉实际上可以位于文档中的任何区域，但根据文档的浏览习惯，页眉一般就是指文档中每个页面顶部区域内的对象，常用于补充说明公司标识、文档标题、文件名和作者姓名等。

1. 创建页眉

在Word 2010中创建页眉的方法为：在【插入】→【页眉和页脚】组中单击“页眉”按钮，在打开的下拉列表中选择某种预设的页眉样式选项，然后在文档中按所选的页眉样式输入所需的内容即可，如图4-28所示。

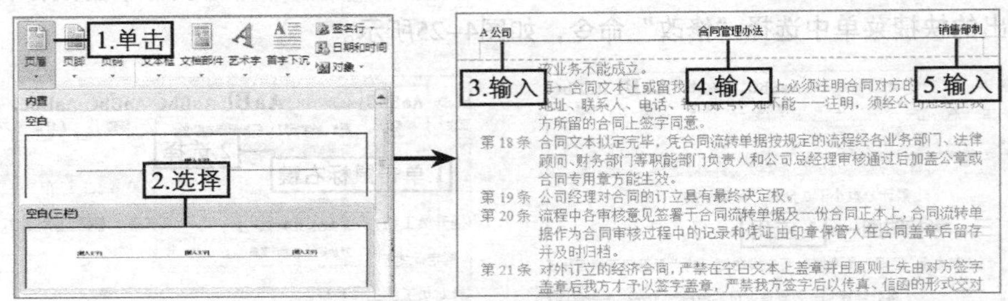

图4-28 创建预设页眉的过程

2. 编辑页眉

若需要自行设置页眉的内容和格式，则可在【插入】→【页眉和页脚】组中单击“页眉”按钮，在打开的下拉列表中选择“编辑页眉”选项，此时将进入页眉编辑状态，利用功能区的“页眉和页脚工具 设计”选项卡便可对页眉内容进行编辑，如图4-29所示。其中部分参数的作用分别如下。

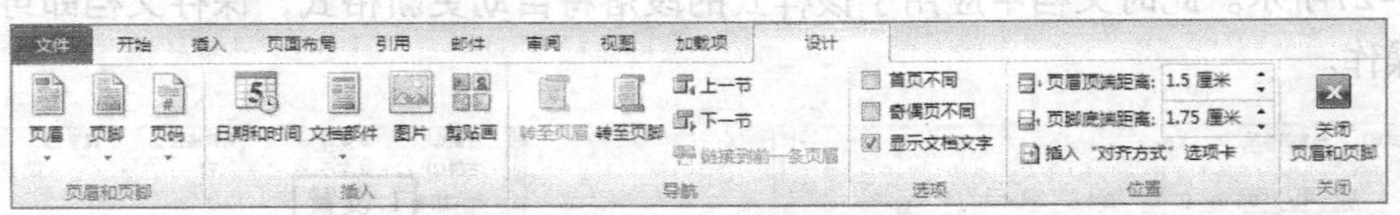

图4-29 用于页眉编辑的各个参数

- ◎ **“页码”按钮**：单击该按钮，可在打开的下拉列表中设置需插入页码的位置和格式，也可选择“设置页码格式”选项自行设置页码的格式。
- ◎ **“日期和时间”按钮**：单击该按钮，可在打开的“日期和时间”对话框中设置需插入日期和时间的显示格式。
- ◎ **“文档部件”按钮**：单击该按钮，可在打开的下拉列表中选择需插入的与本文档相关的信息，如标题、单位、发布日期等。
- ◎ **“图片”按钮**：单击该按钮，可在打开的对话框中选择页眉中使用的图片。
- ◎ **“剪贴画”按钮**：单击该按钮，可在打开的任务窗格中选择页眉中使用的剪贴画。

◎ **“首页不同”复选框**：单击选中该复选框，可使文档第一页不显示页眉页脚。

◎ **“奇偶页不同”复选框**：单击选中该复选框，可单独设置文档奇数页和偶数页的页眉页脚。

◎ **“关闭页眉和页脚”按钮**：单击该按钮可退出页眉页脚编辑状态。

4.3.2 创建与编辑页脚

页脚一般位于文档中每个页面的底部区域，也用于显示文档的附加信息，如日期、公司标识、文件名、作者名等，但最常见的是在页脚中显示页码。创建页脚的方法为：在【插入】→【页眉和页脚】组中单击“页脚”按钮，在打开的下拉列表中选择某种预设的页脚样式选项，然后在文档中按所选的页脚样式输入所需的内容即可，操作与创建页眉相似。

知识提示

编辑页脚也可按编辑页眉的方法，利用“页眉和页脚工具 设计”选项卡中的参数来实现。需要注意的是，页眉和页脚区域可像文档编辑区一样，创建各种文本、图片、图形等内容，操作不受任何限制。

4.3.3 课堂案例3——为“合同管理办法”添加页眉页脚

创建奇偶页不同的页眉页脚，奇数页页眉在右侧输入文档名称、页脚在左侧插入页码；偶数页页眉在左侧输入公司名称、页脚在右侧插入页码。完成后的参考效果如图4-30所示。

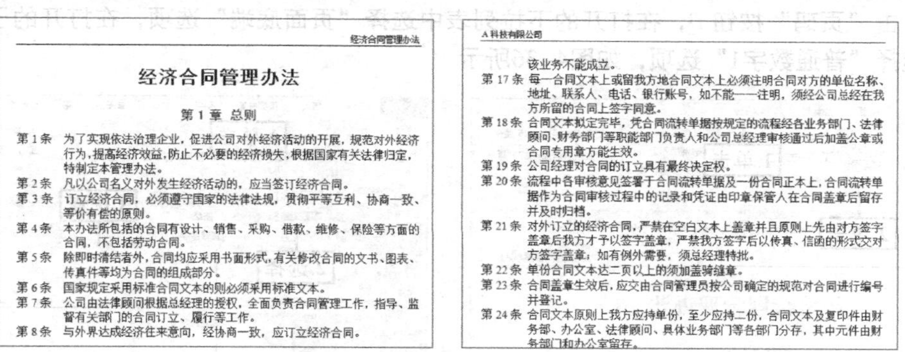

经济合同管理办法

经济合同管理办法

第1章 总则

第1条 为了实现依法治理企业，促进公司对外经济活动的开展，规范对外经济行为，提高经济效益，防止不必要的经济损失，根据国家有关法律归定，特制定本管理办法。

第2条 凡以公司名义对外发生经济活动的，应当签订经济合同。

第3条 订立经济合同，必须遵守国家的法律法规，贯彻平等互利、协商一致、等价有偿的原则。

第4条 本办法所包括的合同有设计、销售、采购、借款、维修、保险等方面的合同，不包括劳动合同。

第5条 除即时清结者外，合同均应采用书面形式，有关修改合同的文书、图表、传真件等均为合同的组成部分。

第6条 国家规定采用标准合同文本的则必须采用标准文本。

第7条 公司由法律顾问根据总经理的授权，全面负责合同管理工作，指导、监督有关部门的合同订立、履行等工作。

第8条 与外界达成经济往来意向，经协商一致，应订立经济合同。

A科技有限公司

该业务不能成立。

第17条 每一合同文本上或留我方地合同文本上必须注明合同对方的单位名称、地址、联系人、电话、银行账号，如不能一一注明，须经公司总经在我方所留的合同上签字同意。

第18条 合同文本拟定完毕，凭合同流转单据按规定的流程经各业务部门、法律顾问、财务部门等职能部门负责人和公司总经理审核通过后加盖公章或合同专用章方能生效。

第19条 公司经理对合同的订立具有最终决定权。

第20条 流程中各审核意见签署于合同流转单据及一份合同正本上，合同流转单据作为合同审核过程中的记录和凭证由印章保管人在合同盖章后留存并及时归档。

第21条 对外订立的经济合同，严禁在空白文本上盖章并且原则上先由对方签字盖章后我方才予以签字盖章，严禁我方签字后以传真、信函的形式交对方签字盖章；如有例外需要，须总经理特批。

第22条 单份合同文本达二页以上的须加盖骑缝章。

第23条 合同盖章生效后，应交由合同管理员按公司确定的规范对合同进行编号并登记。

第24条 合同文本原则上我方应持单份，至少应持二份，合同文本及复印件由财务部、办公室、法律顾问、具体业务部门等各部门分存，其中元件由财务部门和办公室留存。

图4-30 “合同管理办法”文档的参考效果

（1）打开素材文档“合同管理办法.docx”，在【插入】→【页眉和页脚】组中单击“页眉”下拉按钮，在打开的下拉列表中选择“编辑页眉”选项，如图4-31所示。

（2）在【页眉和页脚工具 设计】→【选项】组中单击选中“奇偶页不同”复选框，如图4-32所示。

（3）在【页眉和页脚工具 设计】→【插入】组中单击“文档部件”按钮，在打开的下拉列表中选择“文档属性”选项，在打开的列表中选择“标题”选项，如图4-33所示。

（4）保持插入对象的选择状态，在【开始】→【段落】组中单击“文本右对齐”按钮，如图4-34所示。

（5）在【页眉和页脚工具 设计】→【导航】组中单击“转至页脚”按钮，以便将文本插入点定位到页脚区域，如图4-35所示。

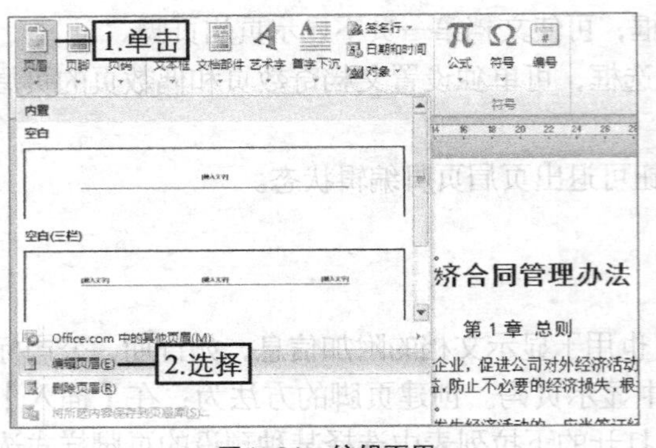

图4-31　编辑页眉

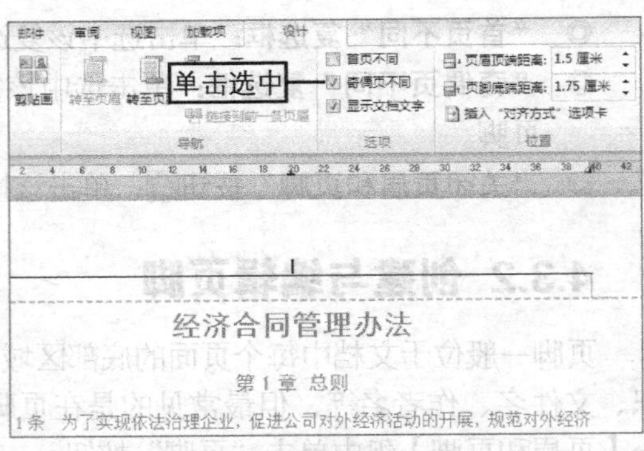

图4-32　设置奇偶页不同

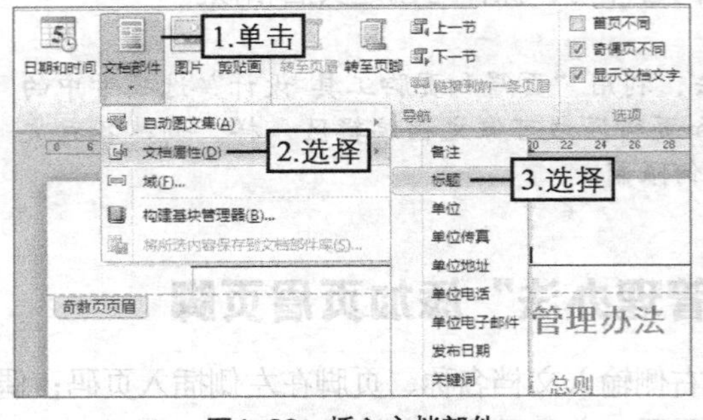

图4-33　插入文档部件

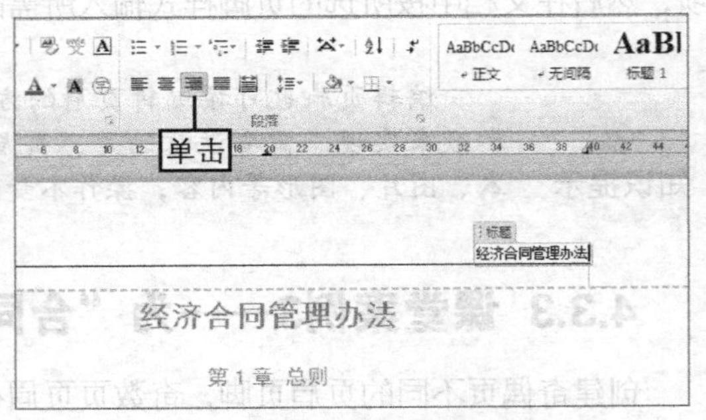

图4-34　设置对齐方式

（6）单击“页码”按钮，在打开的下拉列表中选择“页面底端”选项，在打开的子列表中选择“普通数字1”选项，如图4-36所示。

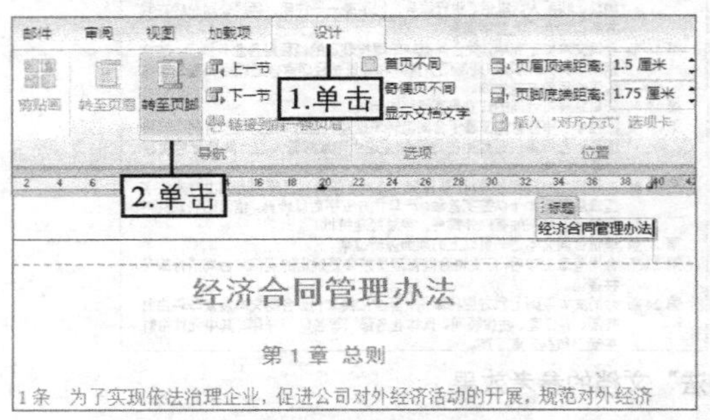

图4-35　跳转到页脚

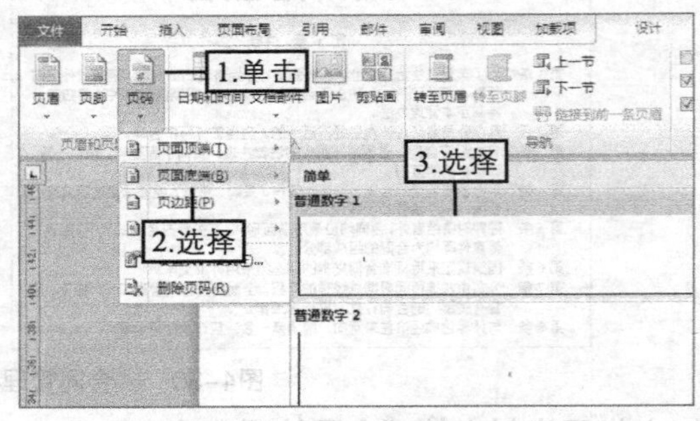

图4-36　选择页码样式

（7）拖曳鼠标选择插入的页码，在【开始】→【字体】组中单击“加粗”按钮，如图4-37所示。

（8）在第2页的页眉区域单击鼠标定位文本插入点，输入“A科技有限公司”，将其对齐方式设置为“文本左对齐”，如图4-38所示。

（9）单击“页眉和页脚”组中的“页码”按钮，在打开的下拉列表中选择“页面底端”选项，在弹出的子列表中选择“普通数字3”选项，然后将插入的页码加粗，如图4-39所示。

（10）单击【页眉和页脚工具 设计】→【关闭】组中单击“关闭页眉和页脚”按钮，如图4-40所示。最后保存文档。

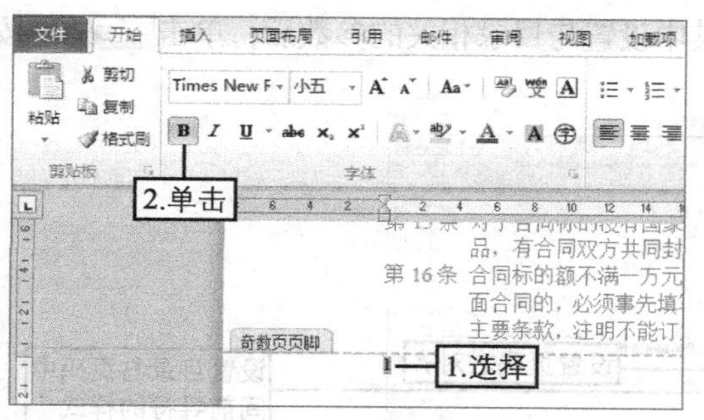

图4-37 加粗页码

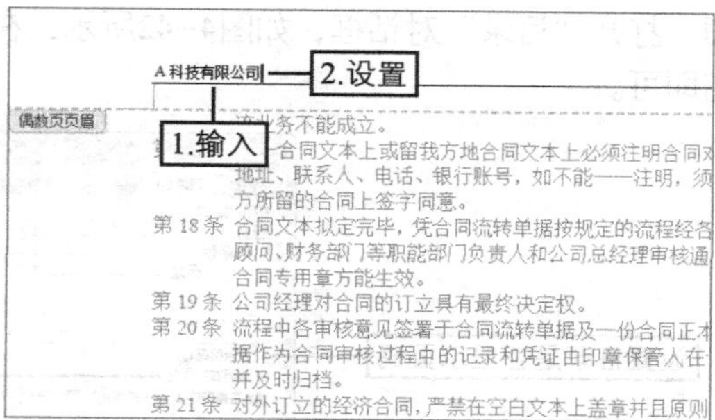

图4-38 输入公司名称

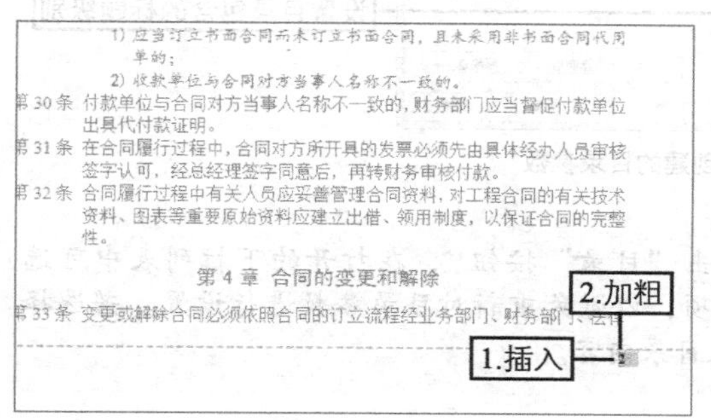

图4-39 插入页码

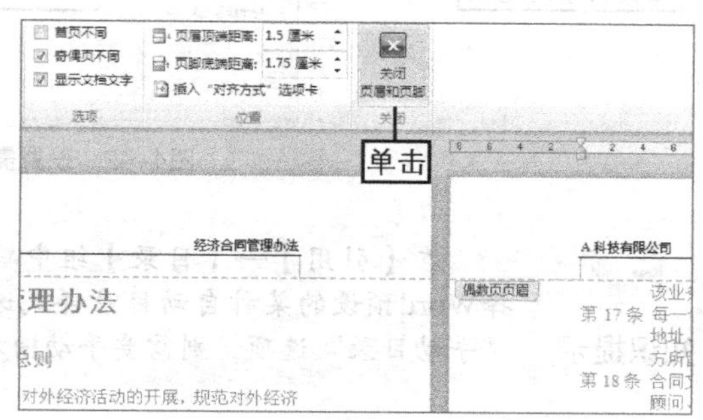

图4-40 退出页眉页脚编辑状态

4.4 创建目录和索引

目录和索引均是按照一定的次序编排而成的对象，是指导阅读、检索图书的工具，通过它们不仅可以了解整个文档的结构，还能快速定位到相应的位置。本节将重点介绍目录和索引的创建方法。

4.4.1 创建目录

目录主要是指书籍正文前所载的目次，是揭示和报道图书的工具，其功能主要包括检索、报道、导读等。在Word 2010中创建目录需要先为标题设置大纲级别，这样在创建目录时才能引用这些标题，进而创建出包含不同级别的目录内容。

1. 设置大纲级别

设置大纲级别是指为所选段落设置不同的标题级别，其方法为：选择需设置大纲级别的段落，在【开始】→【段落】组中单击“展开”按钮，打开“段落”对话框，在“缩进和间距”选项卡的“大纲级别”下拉列表框中即可设置所需的级别，如图4-41所示。

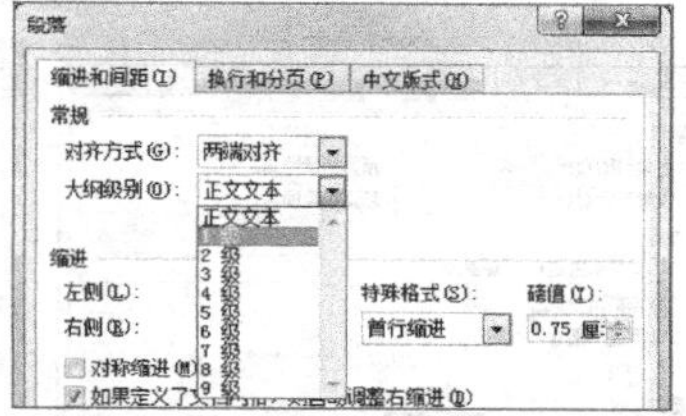

图4-41 设置不同的大纲级别

2. 创建目录

设置了大纲级别后，便可创建目录，其方法为：将文本插入点定位到需插入目录的位置，在【引用】→【目录】组中单击“目录”按钮，在打开的下拉列表中选择“插入目录”选

项，打开“目录”对话框，如图4-42所示，在其中设置与目录相关的参数后，单击[确定]按钮即可。

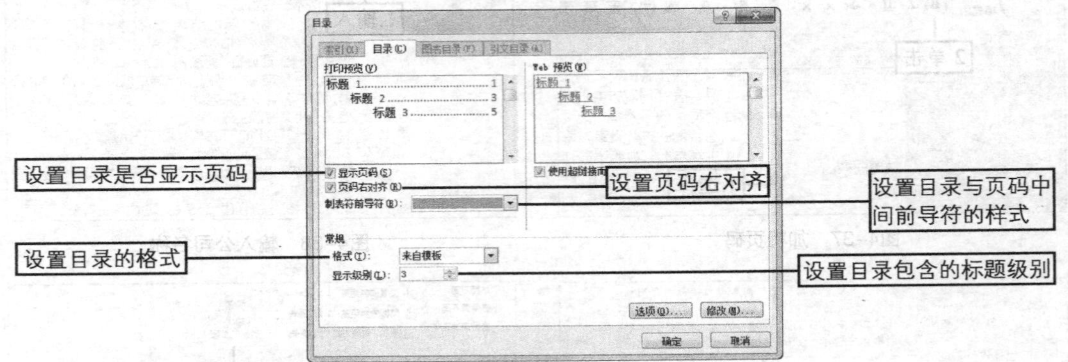

图4-42　设置需创建的目录参数

知识提示

在【引用】→【目录】组中单击“目录”按钮，在打开的下拉列表中可选择Word预设的某种自动目录样式选项，以避免重新对目录参数进行设置。若选择“手动目录”选项，则需要手动输入目录内容。

4.4.2 创建索引

索引的组成单位是索引款目，款目一般包括索引词、说明、注释语、出处等内容，它不需像目录那样只能通过大纲标题来显示和引导文档，而是能利用各种特定的信息创建索引款目，使文档使用者可以通过这些特定信息快速查阅文档内容。创建索引的具体操作如下。

（1）选择需创建为索引款目的文本，在【引用】→【索引】组中单击“标记索引项”按钮，打开“标记索引项”对话框，单击[标记(M)]按钮将其添加为索引标记，如图4-43所示。

（2）保持对话框的打开状态，继续选择其他文本，利用[标记(M)]按钮添加索引标记。直到所有标记添加完成后，再关闭“标记索引项”对话框。

（3）将文本插入点定位到需创建索引的位置，在【引用】→【索引】组中单击[插入索引]按钮，打开“索引”对话框，在其中按设置目录参数的方法设置索引参数，如图4-44所示，完成后单击[确定]按钮即可。

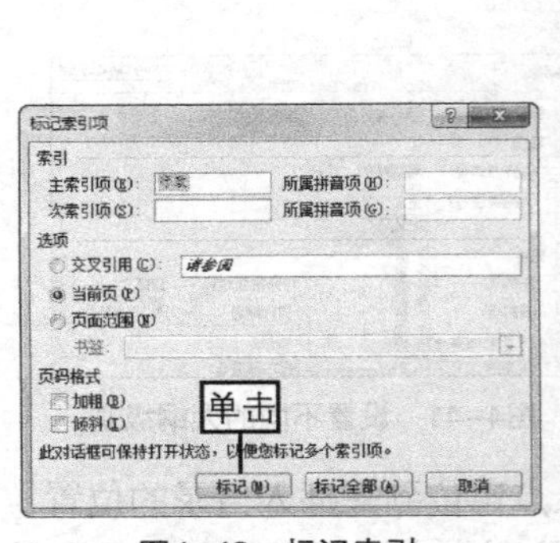

图4-43　标记索引

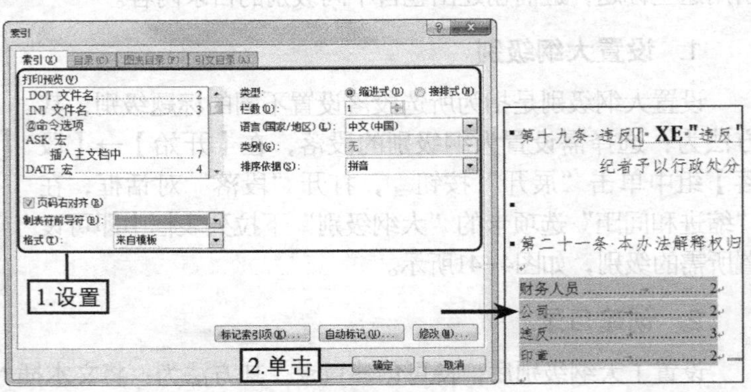

图4-44　创建索引

4.4.3 课堂案例4——为“项目评估报告”文档创建目录

将文档中的一级标题和二级标题段落分别设置为大纲级别中的“1级”和“2级”，然后创建包含这两级标题的目录。完成后的参考效果如图4-45所示。

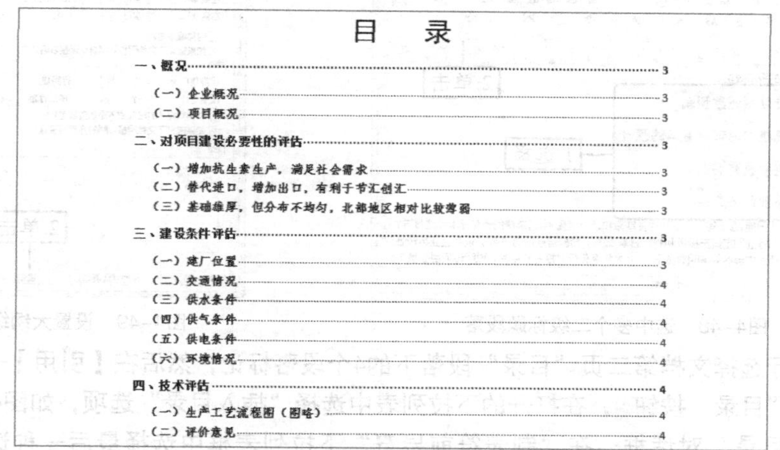

目　录

一、概况……3
（一）企业概况……3
（二）项目概况……3
二、对项目建设必要性的评估……3
（一）增加抗生素生产，满足社会需求……3
（二）替代进口，增加出口，有利于节汇创汇……3
（三）基础雄厚，但分布不均匀，北部地区相对比较薄弱……3
三、建设条件评估……3
（一）建厂位置……3
（二）交通情况……4
（三）供水条件……4
（四）供气条件……4
（五）供电条件……4
（六）环境情况……4
四、技术评估……4
（一）生产工艺流程图（图略）……4
（二）评价意见……4

图4-45　“项目评估报告”文档目录的参考效果

（1）打开素材文档“项目评估报告.docx”，利用【Ctrl】键同时选择样式为“一、，二、，三、，……”的一级标题段落，单击【开始】→【段落】组中的“展开”按钮，如图4-46所示。

（2）打开“段落”对话框，在“缩进和间距”选项卡的“大纲级别”下拉列表框中选择“1级”选项，单击 确定 按钮，如图4-47所示。

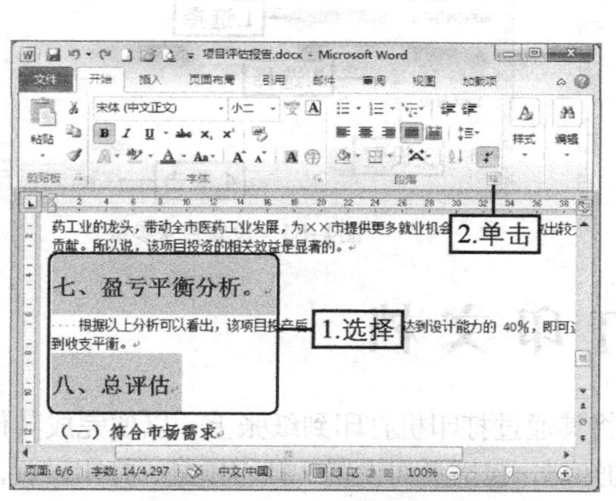

图4-46　选中多个一级标题段落

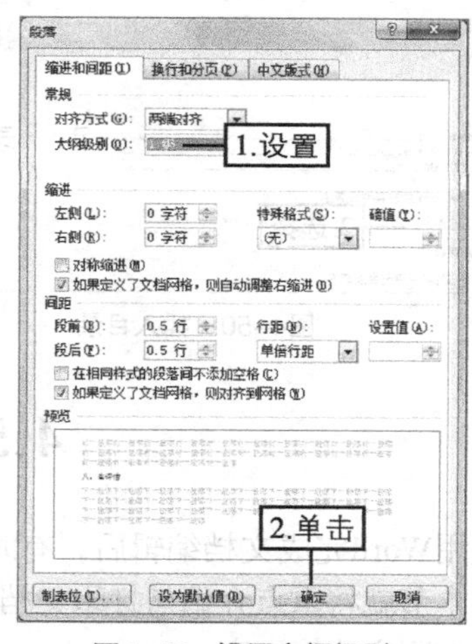

图4-47　设置大纲级别

（3）利用【Ctrl】键同时选择样式为“（一），（二），（三），……”的二级标题段落，单击【开始】→【段落】组中的“展开”按钮，如图4-48所示。

（4）打开“段落”对话框，在“缩进和间距”选项卡的“大纲级别”下拉列表框中选择“2级”选项，单击 确定 按钮，如图4-49所示。

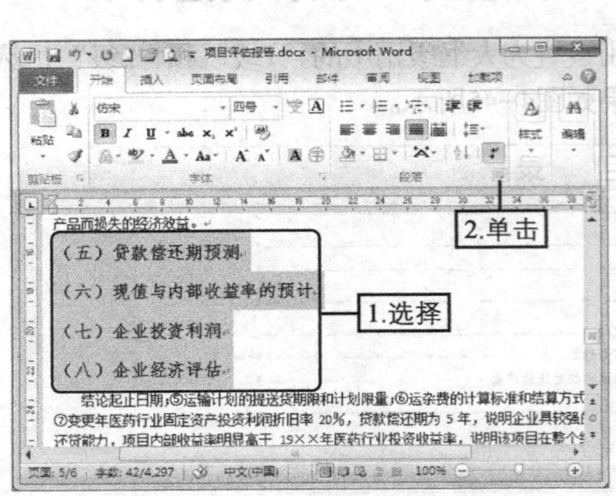

图4-48　选中多个二级标题段落

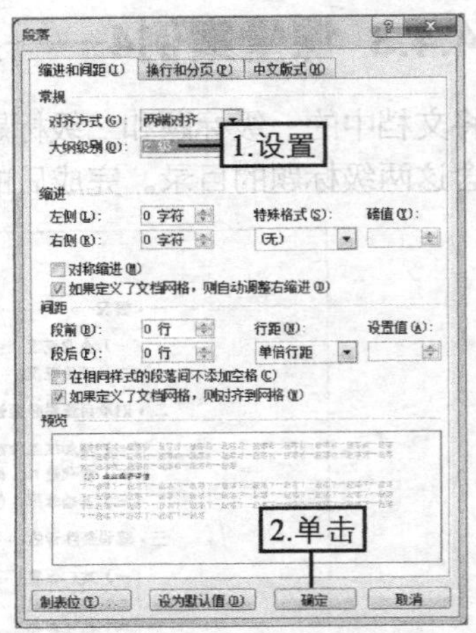

图4-49　设置大纲级别

（5）拖曳鼠标选择文档第二页“目录”段落下的4个段落标记，然后在【引用】→【目录】组中单击“目录”按钮，在打开的下拉列表中选择“插入目录”选项，如图4-50所示。

（6）打开“目录”对话框，在“制表符前导符”下拉列表框中选择最后一种选项，在“格式”下拉列表框中选择“正式”选项，将“显示级别”数值框中的数值设置为“2”，单击 确定 按钮即可，如图4-51所示，最后保存文档。

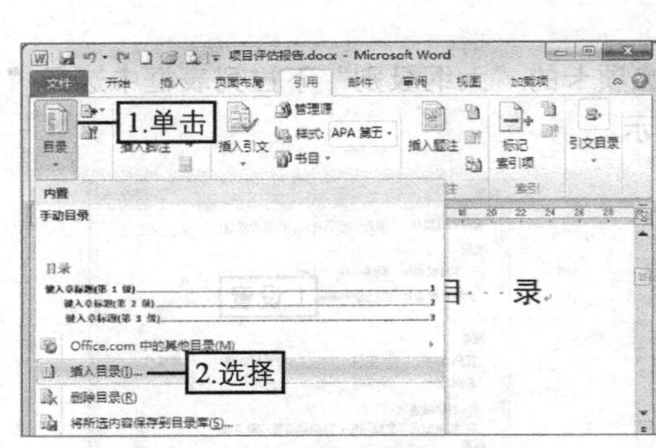

图4-50　插入目录

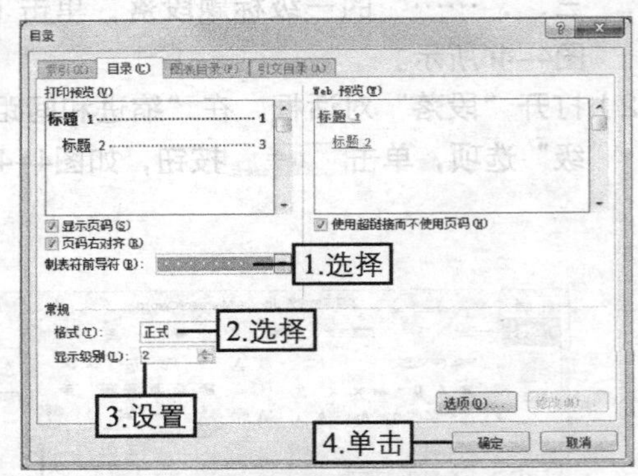

图4-51　设置目录参数

4.5 打印文档

使用Word完成文档编辑后，有时需要将其通过打印机打印到纸张上，以便完成其他后续工作。本节就将重点介绍与打印文档相关的知识，包括页面设置、打印预览、打印设置，以及具体的打印方法等内容。

4.5.1 页面设置

页面设置主要是针对文档的纸张大小、页边距、纸张方向等属性的设置操作，其方法为：打开需进行页面设置的文档，在【页面布局】→【页面设置】组中利用相应的按钮进行设置即可，如图4-52所示。

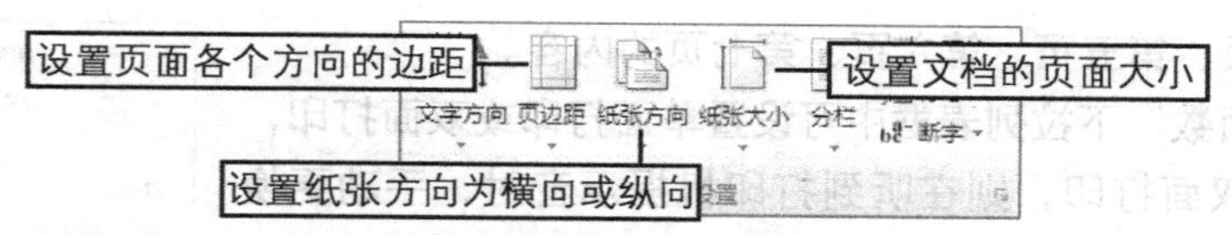

图4-52　页面设置的各种参数

知识提示

页面设置会直接影响文档中的内容，因此一般是首先设置页面的各种参数后，再对文档内容进行制作和编辑。

4.5.2 预览并打印文档

打印文档之前，应对文档内容进行预览，通过预览效果来对文档中不妥的地方进行调整，直到预览效果符合需要后，再按需要设置打印份数、打印范围等参数，并最终执行打印工作。

1. 打印预览

打印预览是指在计算机中预先查看打印的效果，此功能可以避免在不预览的情况下，打印出不符合需求的文档，从而浪费纸张的情形。预览文档的方法为：选择【文件】→【打印】菜单命令，在右侧的界面中即可显示文档的打印效果，如图4-53所示。利用界面底部的参数可辅助预览文档内容，各参数的作用分别如下。

第二章 印章的领取和保管

第三条 公司各类印章由各级和各岗位专人依职权领取并保管。
第四条 印章必须由各保管人妥善保管，不得转借他人。
第五条 公司建立印章管理卡，专人领取和归还印章情况在卡上予以记录。
第六条 印章持有情况纳入员工离职时移交工作的一部分，如员工持有公司印章地，须办理归还印章手续后方可办理离职手续。

第三章 印章的使用

第七条 公司各级人员需使用印章须按要求填写印章使用单，将其与所需印的文件一并逐级上报，经公司有关人员审核。
第八条 经有关人员审核，并最终由具有该印章使用决定权的人员批准后方可交印章保管人盖章。
第九条 印章保管人应对文件内容和印章使用单上载明的签署情况予以核对，经

1 共2页　100%

图4-53　文档的预览效果

◎ **“页数”栏**：在其中的文本框中直接输入需预览内容所在的页数，按【Enter】键或单击其他空白区域即可跳转至该页面。也可通过单击该栏两侧的“上一页”按钮◀和“下一页”按钮▶逐页预览文档内容。

◎ **“显示比例”栏**：单击该栏左侧的“显示比例”按钮100%，可在打开的对话框中快速设置需要显示的预览比例；拖曳该栏中的滑块可直观调整预览比例；单击该栏右侧的“缩放到页面”按钮，可快速将预览比例调整为显示整页文档的比例。

操作技巧

预览过程中若发现文档内容有问题，可单击其他功能选项卡对有问题的地方进行调整；若发现文档的页面参数有问题，则可直接在预览界面中单击左侧的“页面设置”超链接，在打开的“页面设置”对话框中对页面参数进行修改。

2. 打印文档

预览无误后，便可进行打印设置并打印文档了，其具体操作如下。

（1）将打印机按照说明书正确连接到计算机上，并安装打印机附赠的驱动程序，使计算机能识别打印机，然后将打印纸张按正确指示放入打印机送纸口。

（2）打开需打印的文档，选择【文件】→【打印】菜单命令，在右侧的“份数”数值框中设置打印份数，在“打印机”下拉列表框中选择连接的打印机。

（3）在“设置”栏的下拉列表框中设置文档的对应范围，在“页数”文本框中可手动输入打印的页数，如“1-5”表示打印第一页至第五页的内容；“1,3,5-7”则表示打印第一

页、第三页、第五页、第六页、第七页的内容。

（4）在“打印面数”下拉列表框中可设置单面打印或双面打印，若设置为双面打印，则在听到打印机提示音时，手动更换页面。

（5）在“调整”下拉列表框中可设置打印顺序，其中“1,2,3 1,2,3 1,2,3”表示按文档顺序打印，“1,1,1 2,2,2 3,3,3”表示按页面顺序打印。

（6）完成设置后，单击“打印”按钮即可，如图4–54所示。

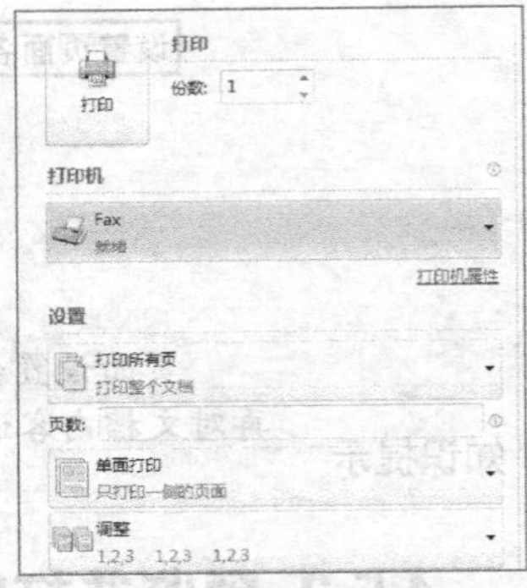

图4–54 文档的打印设置参数

4.5.3 课堂案例5——设置并打印“印章管理办法”文档

预览“印章管理办法.docx”文档，然后通过设置页边距将文档内容调整为1页，并将文档打印3份。完成后的参考效果如图4–55所示。

印章管理办法

第一章 总则

第一条 印章是公司经营管理活动中行使职权的重要凭证和工具，印章的管理，关系到公司正常的经营管理活动的开展，甚至影响到公司的生存和发展，为防止不必要事件的发生，维护公司的利益，制定本办法。

第二条 公司总经理授权由办公室全面负责公司的印章管理工作，发放、回收印章，监督印章的保管和使用。

第二章 印章的领取和保管

第三条 公司各类印章由各级和各岗位专人依职权领取并保管。

第四条 印章必须由各保管人妥善保管，不得转借他人。

第五条 公司建立印章管理卡，专人领取和归还印章情况在卡上予以记录。

第六条 印章持有情况纳入员工离职移交工作的一部分，如员工持有公司印章，须办理归还印章

图4–55 “印章管理办法”文档的参考效果

（1）打开素材文档“印章管理办法.docx”，选择【文件】→【打印】菜单命令，如图4–56所示。

（2）预览右侧的文档内容，通过拖曳右下方的滑块，将显示比例调整为“100%”的显示状态，如图4–57所示。

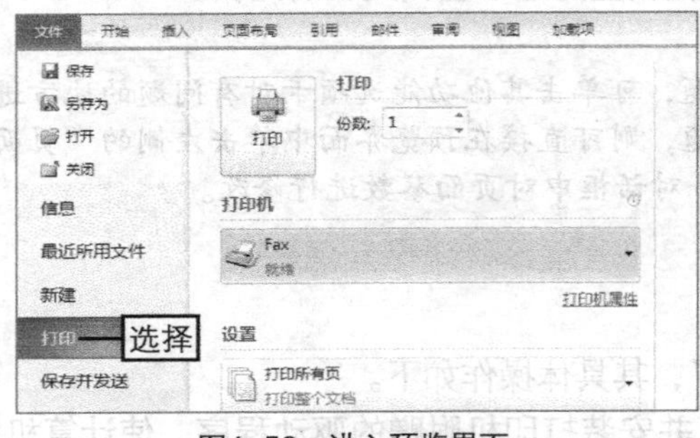

图4–56 进入预览界面

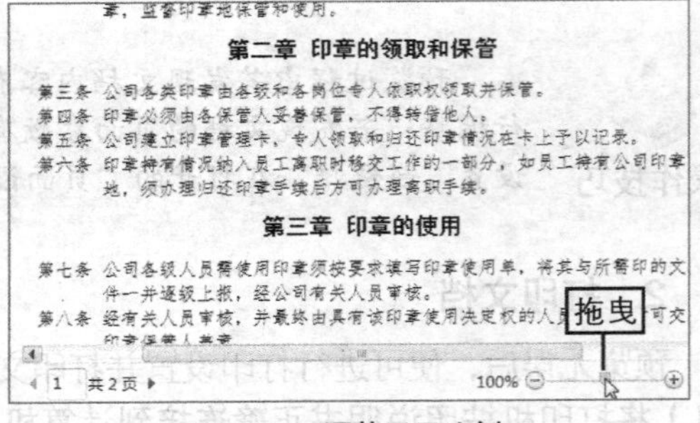

图4–57 调整显示比例

（3）单击左侧的“下一页”按钮，查看第2页的内容，然后单击“页面设置”超链接，如图4–58所示。

（4）打开“页面设置”对话框的“页边距”选项卡，将“上”“下”页边距均设置为“1厘米”；“左”“右”页边距均设置为“1.5厘米”，单击确定按钮，如图4–59所示。

（5）返回打印预览的界面，在“份数”数值框中将数值设置为“3”，单击“打印”按钮，如图4-60所示。打印完成后保存文档。

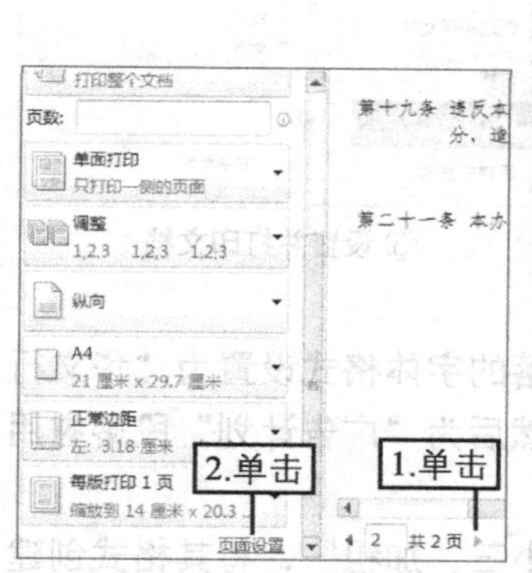

图4-58 预览下一页

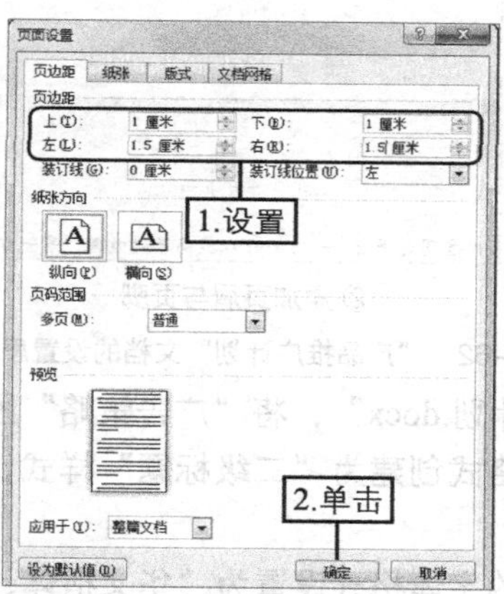

图4-59 设置页边距

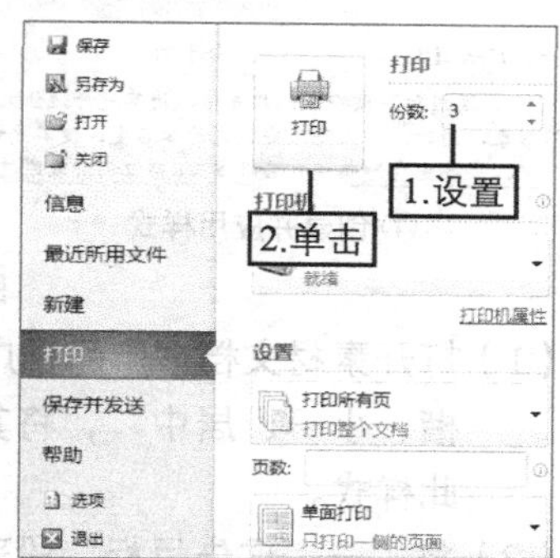

图4-60 设置打印份数

4.6 课堂练习

本次课堂练习将分别对“产品推广计划”文档和“投标书”文档进行和编辑，然后将其打印出来。通过这两个练习，进一步巩固本章所学知识。

4.6.1 设置并打印“产品推广计划”文档

1. 练习目标

本练习的目标是打印“产品推广计划”文档，同时需要在打印之前，为文档内容进行一定的设置。本练习完成后的参考效果如图4-61所示。

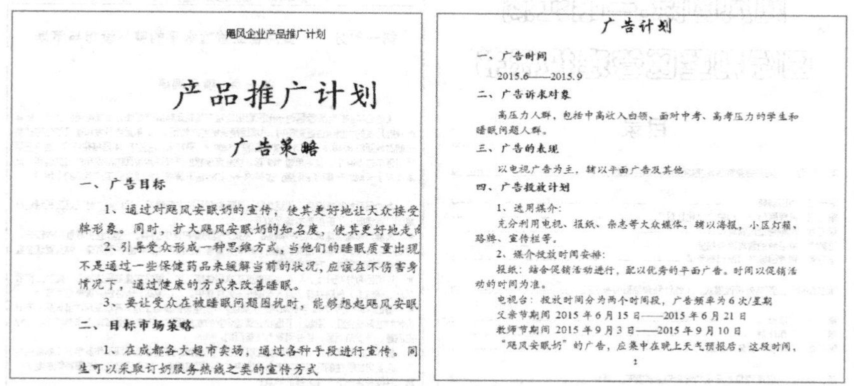

飓风企业产品推广计划

产品推广计划

广告策略

一、广告目标

1、通过对飓风安眠奶的宣传，使其更好地让大众接受
牌形象。同时，扩大飓风安眠奶的知名度，使其更好地走
2、引导受众形成一种思维方式，当他们的睡眠质量出现
不是通过一些保健药品来缓解当前的状况，应该在不伤害身
情况下，通过健康的方式来改善睡眠。
3、要让受众在被睡眠问题困扰时，能够想起飓风安眠

二、目标市场策略

1、在成都各大超市卖场，通过各种手段进行宣传。同
生可以采取订奶服务热线之类的宣传方式

广告计划

一、广告时间

2015.6——2015.9

二、广告诉求对象

高压力人群，包括中高收入白领、面对中考、高考压力的学生和睡眠问题人群。

三、广告的表现

以电视广告为主，辅以平面广告及其他

四、广告投放计划

1、选用媒介：
充分利用电视、报纸、杂志等大众媒体，辅以海报，小区灯箱、路牌、宣传栏等。
2、媒介投放时间安排：
报纸：结合促销活动进行，配以优秀的平面广告。时间以促销活动的时间为准。
电视台：投放时间分为两个时间段，广告频率为6次/星期
父亲节期间 2015年6月15日——2015年6月21日
教师节期间 2015年9月3日——2015年9月10日
“飓风安眠奶”的广告，应集中在晚上天气预报后，这段时间，

2

图4-61 “产品推广计划”文档的参考效果

2. 操作思路

完成本练习需要先为文档中的标题段落创建和应用样式，然后为文档添加页眉页脚，最后预览并打印文档，其操作思路如图4-62所示。

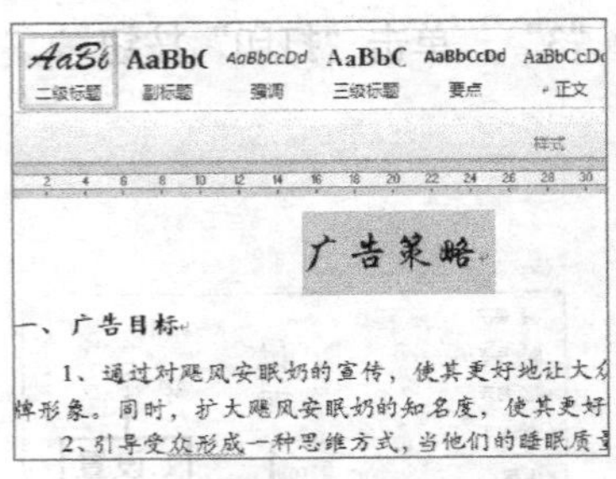

① 创建并应用样式

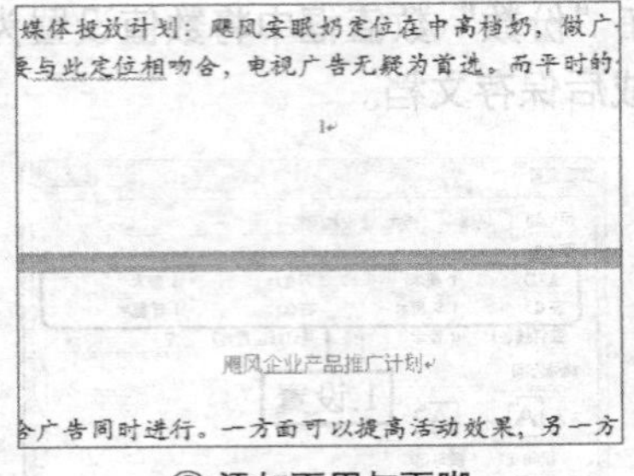

② 添加页眉与页脚

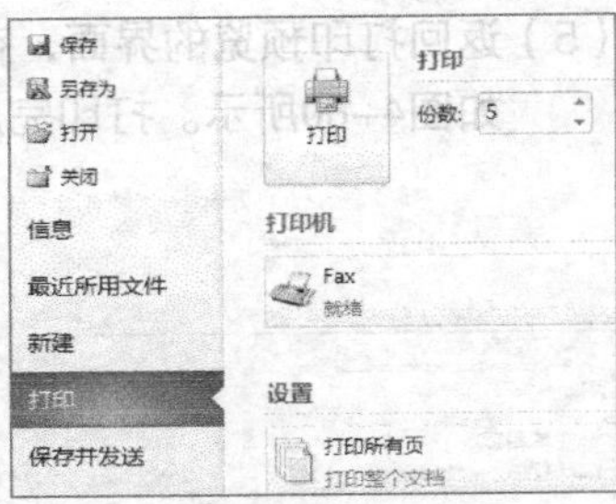

③ 设置并打印文档

图4-62　“产品推广计划”文档的设置思路

（1）打开素材文档“产品推广计划.docx”，将“广告策略”段落的字体格式设置为“华文行楷、小一、居中”，将其格式创建为“二级标题”样式，然后为“广告计划”段落应用此样式。

（2）将“一、广告目标”段落的字体格式设置为“华文楷体、小三、加粗”，将其格式创建为“三级标题”样式，然后为所有具有这类编号的段落应用此样式。

（3）进入页眉页脚编辑状态，在页眉区域输入“飓风企业产品推广计划”，将其设置为居中对齐。然后在页脚区域中插入“页面底端-普通数字2”样式的页码，将其加粗显示。

（4）退出页眉页脚编辑状态，逐页预览文档内容，确认无误后将打印份数设置为“5”，并将其打印出来。

4.6.2 编辑并打印“投标书”文档

1. 练习目标

本练习的目标是对“投标书”文档进行编辑，然后打印此文档。本练习完成后的参考效果如图4-63所示。

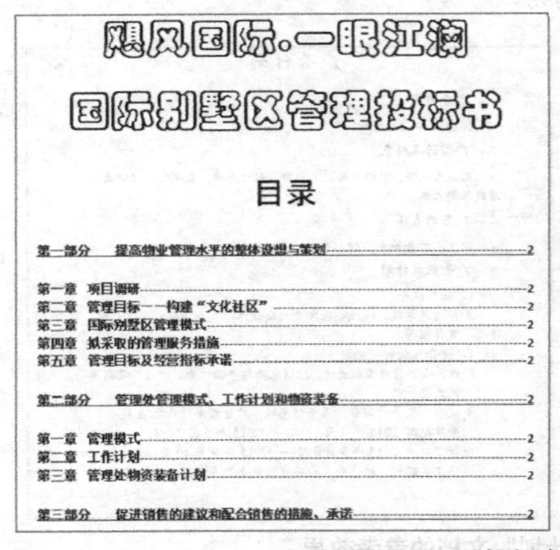

飓风国际。一眼江润

国际别墅区管理投标书

目录

第一部分　提高物业管理水平的整体设想与策划……2

第一章　项目调研……2
第二章　管理目标——构建“文化社区”……2
第三章　国际别墅区管理模式……2
第四章　拟采取的管理服务措施……2
第五章　管理目标及经营指标承诺……2

第二部分　管理处管理模式、工作计划和物资装备……2

第一章　管理模式……2
第二章　工作计划……2
第三章　管理处物资装备计划……2

第三部分　促进销售的建议和配合销售的措施、承诺……2

飓风国际、一眼江澜国际别墅区管理投标书

第一部分　提高物业管理水平的整体设想与策划

第一章　项目调研

【建设中的国际别墅区位于市区彩田南路与莲花北路的交汇处，有线电视台以北：毗邻市政府开发的大型居住区彩田村。该项目是长城地产集团2001年重点开发和建设的住宅楼盘。一期占地面积8058.8平方米，建筑面积95262.40平方米。由三座34层搭楼组成，地下三层规划停车位349个，住宅单位789套。物业管理权的选择采用集团内部议标的方式运作，此举体现了长城地产集团深化国企改革的决心和促进下属物业管理企业走向市场的作用。】

为使日后的管理服务工作更加贴近国际别墅区的实际情况，我们数次赴现场及长城地产集团总部调研，了解的基本情况如下：

- 大厦为超高层建筑，容积率较高，主推户型为面积适中的中小户型，业主数量相对较多，由此引发装修、停车、治安、消防、环境等管理项目所产生的问题多而复杂。物业管理企业采用何种管理方式，方可应付自如？
- 该项目为分期开发，从入伙期直至正常居住期，物业管理实施与周边施工（配套工程收尾及二期施工）长期并存，且入伙期业主入住集中、入住率高、入住快，管理压力较大。
- 盛世家园作为2001年长城地产（集团）开发建设的重点工程，首次采用内部议标的方式选聘物业管理企业，引起了下属物业管理企业的高度重视，未来物业管理工作必须以实现业主满意、开发商满意、社会满意为终极目的。
- 据我们的研究分析，未来的业主以白领阶层的首次置业者及来深工作多年的工薪阶层为主。完全借助以往的运作模式来为这些中、青年家庭服务，能否满足他们的服务需求呢？让我们共同关注一下入住人群的特点：

图4-63　“投标书”文档的参考效果

2. 操作思路

完成本实训首先需要在大纲视图中调整文档内容的顺序，然后插入目录和书签，最后设置页眉格式并打印文档，其操作思路如图4-64所示。

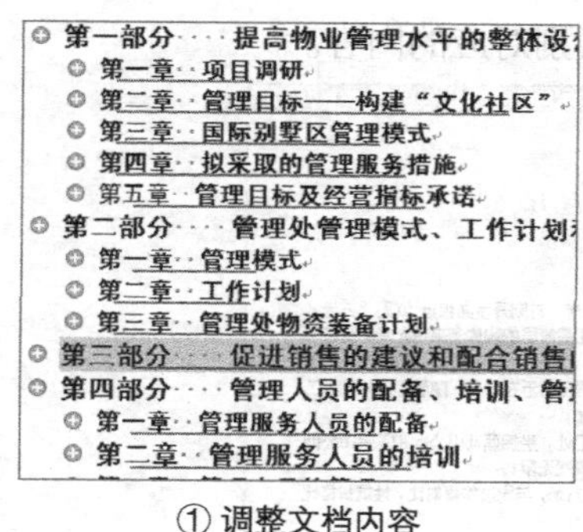

① 调整文档内容

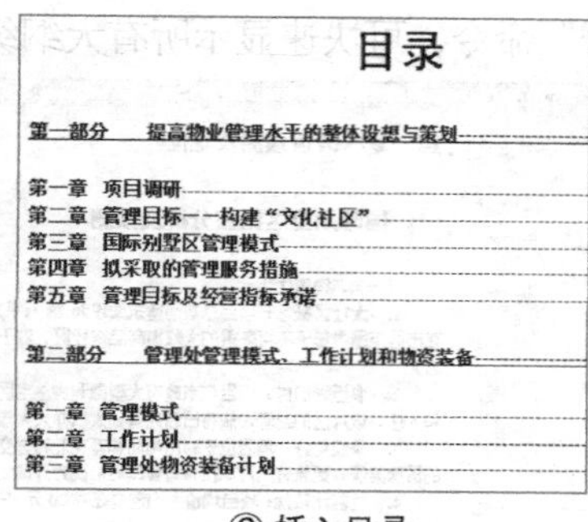

② 插入目录

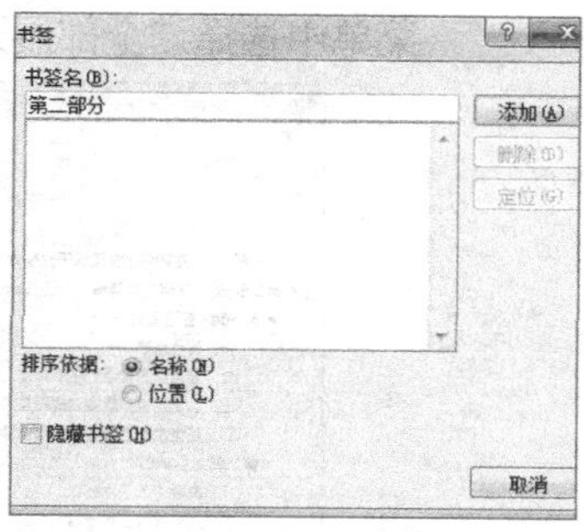

③ 插入书签

图4-64　“投标书”文档的编辑思路

（1）打开素材文档“投标书.docx”，进入大纲视图，显示2级大纲标题，然后调整不正确的大纲内容。

（2）退出大纲视图，在第一页“目录”段落下方插入目录，要求显示目录页码，且右对齐，格式为“流行”，显示级别为“2”，前导符样式为“-----”。

（3）将文本插入点定位到“第二部分”文本左侧，插入书签，名称为“第二部分”。

（4）进入页眉页脚编辑状态，将页眉文本的字体格式设置为“黑体、五号”，并添加“外侧框线”样式的边框。

（5）预览文档，确认无误后，将文档前8页内容打印3份，要求按页面顺序进行打印。

职业素养　办公人员要具备较强的耐心和责任心，这样在编辑长文档时，就不会因为工作量的增加而犯错。同时要养成先查看或编辑大纲结构，然后使用逐步细化的方式来处理长篇文档，这样制作出来的文件，才具备层次清晰，结构严谨，内容准确等特点。

4.7 拓展知识

编辑长文档时，如何快速定位文档和在有问题的位置进行批示，也是经常遇到的问题。如果都是以书签定位，效率不仅很低，大量的书签也难以管理。对文档内容进行格式设置来提醒批示位置则可能导致文档内容发生变化。为解决这两个问题，下面将介绍两种非常适用的工具，即导航窗格和批注的使用方法。

4.7.1 导航窗格的应用

导航窗格可以看做一个微型的大纲视图，在【视图】→【显示】组中单击选中“导航窗格”复选框即可使其显示在文档编辑区左侧，如图4-65所示。导航窗格的用法主要有以下几种。

◎ **显示导航内容**：要想在导航窗格中显示各级标题的内容，需要先将各级标题设置为相应的大纲级别，即利用“段落”对话框中的“大纲级别”下拉列表框进行设置。否则即便打开导航窗格，文档中如果不存在某个级别的大纲内容，也无法使用。

◎ **定位文档**：在导航窗格中选择某个级别对应的标题选项，即可快速将文本插入点定位到文档编辑区中段落所在的位置。

◎ **快速展开所有内容**：在导航窗格中某个标题段落选项上单击鼠标右键，在弹出的快捷

菜单中选择“全部展开”命令，可快速显示所有大纲级别对应的内容。

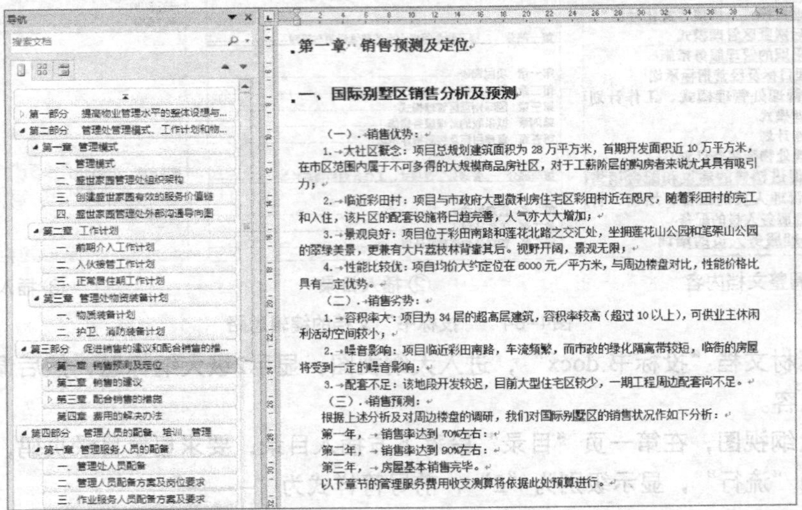

图4-65　文档中的导航窗格

◎ **升级或降级大纲级别**：在导航窗格中某个标题段落选项上单击鼠标右键，在弹出的快捷菜单中选择“升级”或“降级”命令，可将对应的标题段落进行升级或降级处理。

4.7.2 创建与使用批注

批注可以在不影响内容本身的情况下，将需要批示的问题显示在文档中，方便工作中他人对文档进行修订、批示等情形。批注的使用主要涉及到新建、编辑、删除等操作。

◎ **新建批注**：选择需进行批注的文本对象，在【审阅】→【批注】组中单击“新建批注”按钮，此时所选文本处将创建批注，且批注文本框自动显示在文档编辑区右侧，直接在其中输入需要批注的内容即可，如图4-66所示。

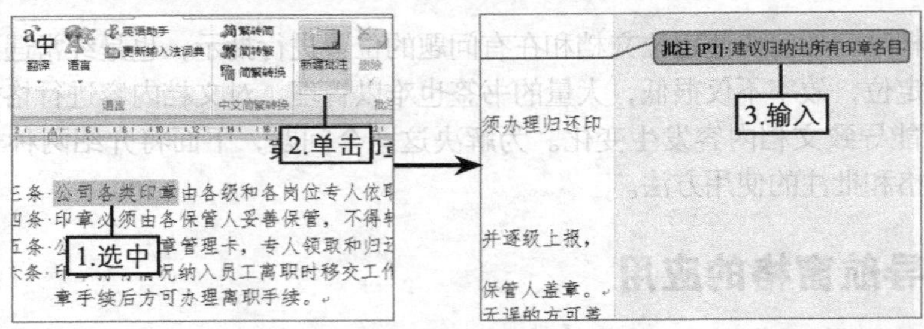

图4-66　新建批注

◎ **编辑批注**：直接按编辑普通文本框内容的方法，在批注文本框中对批注内容进行修改或删除。

◎ **删除批注**：在批注文本框上单击鼠标右键，在弹出的快捷菜单中选择“删除批注”命令即可。

◎ **隐藏与显示批注**：在【审阅】→【修订】组中单击“显示标记”按钮，在打开的下拉列表中选择“批注”选项，若该选项左侧出现✓标记，则批注将显示在文档中，若该标记消失，则批注将隐藏起来。

4.8 课后习题

（1）打开“市场调查报告.docx”文档，通过应用样式、添加页眉页脚来完善文档内容，然后将其按文档顺序打印4份出来。

知识提示

为“前言”和“市场分析”段落应用“标题1”样式，然后将样式修改为“黑体、居中，无缩进”。为编号为“一、，二、，三、，……”样式的段落应用“标题”样式，然后将样式修改为“黑体、四号、左对齐、无缩进”。为文档添加页眉“市场调查报告”，并在页脚中间添加页码，最后预览并打印文档。处理后的效果如图4-67所示。

市场分析

一、乳品市场现状及其发展

中国乳制品市场正处在一个重要的转型期：从过去的营养滋补品转变为日常消费品；消费者从过去的老、少、病、弱等特殊群体扩大为所有消费者；市场从城市扩展到城郊和乡村；产品也从简单的全脂奶粉和隔日消费的巴式消毒奶进步到各种功能奶粉和各种保质期的液体奶,酸奶以及含乳饮料。连续几年奔走在快车道上之后，中国整个乳业市场麻烦不断。去年我国乳业市场整体上虽然能够保持 30%左右的增长速度，但本省部分地区供大于求的苗头已经显现，乳品毛利率急速下降已经危及一些企业的生存发展。无论是淡季还是旺季，价格战硝烟几乎弥漫整个乳制品市场，尤其是个别品牌的常温奶最高降幅甚至高达 50%左右，售价直逼甚至跌破成本底线。

随着时局的不断变迁，乳业市场已进入市场细分阶段，面对产品同质化和消费者需求的差异化，各企业制定不同的新产品策略，研制不同功能的奶制品，晚上奶成了当前市场的一个卖点。

图4-67 “市场调查报告”文档的参考效果

（2）打开“工程招标说明.docx”文档，利用大纲视图检查文档结构是否有误，完成后在其中创建索引，最后将前5页文档按页面顺序打印5份。

知识提示

创建索引时，首先为编号为“1.，2.，3.，……”样式的段落标记索引项，然后创建索引，要求索引页码右对齐，前导符样式为“-----”，格式为“现代”，栏数为“1”，排序依据为“拼音”。处理后的效果如图4-68所示。

总　则

1.工程说明

对工程的说明本文件不作介绍，请参考相关附件资料。

2.资金来源

________（业主名称）（以下简称“业主”）已筹集到一笔以多种货币构成的资金，用于________（工程名称）的投资费用。该投资费用的一部分将用于邀请投标合同项下的合格支付。

3.合格条件与资格要求

3.1 本招标面向投标人。

3.2 根据本合同所提供的全部货物和服务必须来源于合格的国家，本合同下的所有开支也仅限于这些货物和服务。

3.3 在本款中“原产地”一词是指开采、种植、生产货物的地点以及提供服务的地点。货物是指经过工厂制造、加工或对其零件进行实质性的重大组装而生产的，其产品在基本特征或使用目的及应用方面与其元件有实质性的区别，且得到商业上的承认。

3.4 货物及服务的产地与投标人的国籍无关。

3.5 为具有签订合同的资格，投标人应提供令业主满意的证据，证明其具有本须知第 3.1 款中规定的资格和具有足够的资产及能力来有效地履行合同。为此所有提交的标书应包括下列资料：

（a）公司、商行、股份公司或联营体各成员的机构组成或法律地位、注册地点、主要营业地点的原始文件的副本；

（b）投标人（或联营体各方）在过去五年和现在正在进行的与本合同工程相似的经验和合同履行情况；

（c）按第四章表ⅳ的格式提供完成合同所需的主要施工机具与设备；

（d）按第四章表ⅴ的格式提供拟在现场或不在现场进行管理，或实施合同的主要人员资格和经历；

（e）按第四章表ⅵ的格式提供拟定的分包金额超过投标价格 10%的分包内容与分包人名单；

（f）投标人（或联营体各方）的财务状况，包括最近三年的损益表，资金平衡和审计报告，以及今后两年内的财务预测和投标人（或联营体的授权代表）给予向其开户行了解资信的授权书；

（g）有关目前涉及投标人的诉讼案的资料。

索引

1

1.工程说明 ---------- 1
10.投标的语言 ---------- 3
11.组成投标书的文件 ---------- 3
12.投标价格 ---------- 3
13.投标货币与支付货币 ---------- 4
14.投标书的有效期 ---------- 4
15.投标保证金 ---------- 5
16.投标条件的变动 ---------- 5
17.标前会议 ---------- 6
18.投标书的形式和签署 ---------- 6
19.投标书的密封与标志 ---------- 7

2

2.资金来源 ---------- 1
20.投标书的递交地点和时间 ---------- 7
21.迟到的投标书 ---------- 7
22.投标书的修改与撤回 ---------- 7
23.开标 ---------- 8
24.过程保密 ---------- 8
25.投标书的澄清 ---------- 8
26.投标书合格性的确定 ---------- 8
27.错误的修正 ---------- 8
28.换算为单一的货币 ---------- 9
29.投标书的评价与比较 ---------- 9

图4-68 “工程招标说明”文档的参考效果

第5章

输入与编辑Excel数据

本章将主要介绍Excel 2010的基础知识，包括认识Excel 2010的操作界面，工作簿、工作表、单元格的基本操作，输入、编辑、格式化Excel表格数据等内容。通过相关知识点的学习和若干案例的制作，熟悉Excel 2010操作界面各组成部分及作用，并掌握工作簿、工作表、单元格的操作以及表格数据的输入与编辑。

学习要点

- ◎ Excel 2010基本操作
- ◎ 输入Excel表格数据
- ◎ 编辑Excel表格数据
- ◎ 格式化Excel表格数据

学习目标

- ◎ 熟悉Excel 2010的操作界面
- ◎ 熟悉工作簿、工作表、单元格的基本操作
- ◎ 掌握数据的输入、填充等方法
- ◎ 了解特殊数据的输入方法
- ◎ 掌握数据的修改、删除、移动、复制、查找、替换等操作
- ◎ 了解各种设置数据格式的方法

5.1 Excel 2010基本操作

Excel 2010作为Office 2010的组件之一，是目前最受欢迎的表格制作、编辑、管理软件之一，本节将首先对其操作界面的组成进行介绍，然后详细讲解工作簿、工作表、单元格的基本操作方法。

5.1.1 认识Excel 2010操作界面

利用“开始”菜单启动Excel 2010后，便可打开其操作界面，如图5-1所示。该界面主要由标题栏、功能区、编辑栏、编辑区、状态栏等部分组成。其中标题栏、功能区、状态栏的作用与Word 2010的对应组成部分相似，这里重点介绍Excel 2010特有的编辑栏和编辑区。

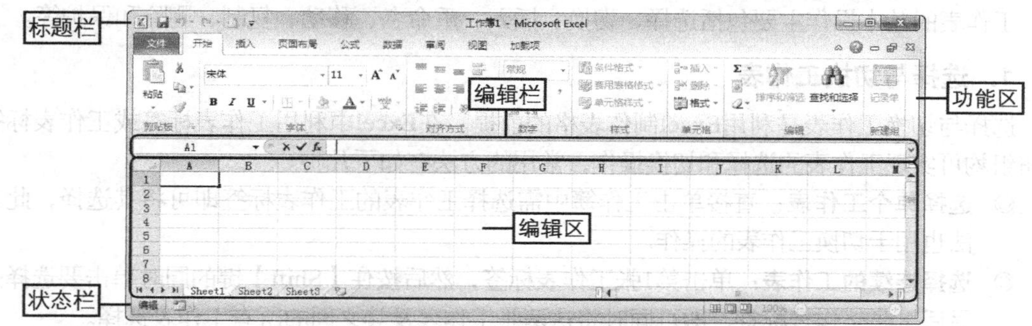

图5-1 Excel 2010的操作界面

1. 编辑栏

编辑栏由名称框、编辑按钮、编辑框3部分组成，如图5-2所示，主要用于显示和编辑当前活动单元格中的数据或公式。

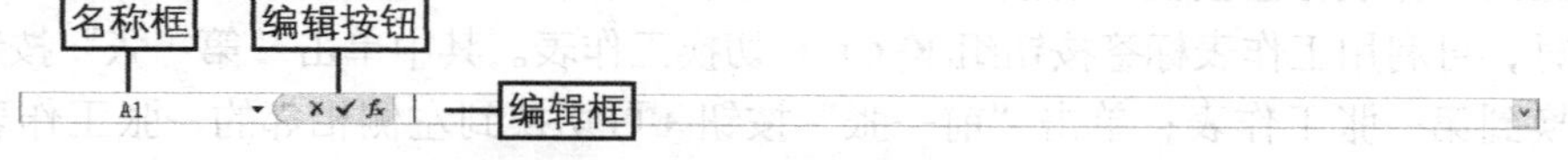

图5-2 编辑栏的组成部分

◎ **名称框**：其中将显示当前单元格的地址，也可在该下拉列表框中通过选择定义的单元格或单元格区域名称，来快速选择对应的单元格或单元格区域。

◎ **编辑按钮**：将文本插入点定位到编辑区或双击某个活动单元格时，将激活编辑按钮，其中“取消”按钮×用于取消输入内容；“输入”按钮✓用于确认输入内容；“插入函数”按钮*fx*用于打开“插入函数”对话框，并通过该对话框向当前单元格中插入需要的函数。

◎ **编辑框**：选择单元格或单元格区域后，将文本插入点定位到其中，可输入、修改、删除所选对象中的数据，包括普通数据、公式、函数等。

2. 编辑区

编辑区是Excel最重要的区域之一。构成整个编辑区的主要元素包括：列标、行号、单元格、水平滚动条、垂直滚动条、工作表标签、工作表标签按钮组。其中列标和行号用于确定当

前单元格的位置，如A1单元格即表示该单元格位于第A列第1行；工作表标签则是用来显示和管理工作表的对象；工作表标签按钮组用于切换工作表；水平/垂直滚动条用于查看工作区中未显示的内容。

5.1.2 工作簿基本操作

工作簿是用来储存并处理输入数据的文件。在默认情况下，一个工作簿由3个工作表组成，工作簿的新建、打开、保存、关闭等操作与Word文档的相应操作相同，这里不再重复讲解。

5.1.3 工作表基本操作

工作簿中的每一张表格就称为工作表，每个工作表都有唯一的名称并显示在工作表标签上。工作表的基本操作主要包括选择、切换、插入、重命名、移动、复制、删除和保护等。

1. 选择与切换工作表

选择与切换工作表是利用Excel制作表格的前提。在Excel中利用工作表标签或工作表标签按钮组均可实现工作表的选择和切换操作，常用的方法有如下几种。

◎ **选择单个工作表**：直接单击工作簿中需选择工作表的工作表标签即可将其选择，此方法也用于切换工作表的操作。

◎ **选择连续的工作表**：单击第1张工作表标签，然后按住【Shift】键的同时单击要选择的最后一张工作表标签，即可同时将这两张工作表及其之间的所有工作表选择。

◎ **选择不连续的工作表**：首先选择第1张工作表标签，然后按住【Ctrl】键不放，再依次单击其他工作表标签，即可同时选择这些工作表。

◎ **选择所有工作表**：在任意一个工作表标签上单击鼠标右键，在弹出的快捷菜单中选择“选定全部工作表”命令即可选择此工作簿中的所有工作表。

◎ **通过工作表标签按钮组切换工作表**：当Excel操作界面无法完全显示所有工作表标签时，可利用工作表标签按钮组切换工作表。其中单击“第一张”按钮可切换到第一张工作表；单击“前一张”按钮可切换到左侧相邻的一张工作表；单击“后一张”按钮可切换到右侧相邻的一张工作表；单击“最后一张”按钮可切换到最后一张工作表。

◎ **利用鼠标右键切换工作表**：在工作表标签按钮组中的任意按钮上单击鼠标右键，在弹出的快捷菜单中选择需切换的工作表名称对应的命令即可切换到相应的工作表。

操作技巧

按【Ctrl+PageUp】组合键可切换到当前工作表的前一张工作表，按【Ctrl+PageDown】组合键可切换到当前工作表的下一张工作表。

2. 插入与重命名工作表

插入与重命名工作表是想要增加工作表时需要涉及到的操作，在Excel中实现插入与重命名工作表的方法非常简单，其中常用的方法如下。

◎ **插入工作表**：在【开始】→【单元格】组中单击“插入”按钮下方的下拉按钮，

在打开的下拉列表中选择“插入工作表”选项，即可在当前工作表之前插入一张空白工作表，如图5-3所示。

知识提示

若想根据某种模板插入工作表，则可在该工作表的标签上单击鼠标右键，在弹出的快捷菜单中选择“插入”命令，打开“插入”对话框，单击“电子表格方案”选项卡，在其中选择某种模板选项后，单击 确定 按钮即可在所选工作表前面插入新的工作表。

◎ **重命名工作表**：在需重命名工作表的标签上单击鼠标右键，在弹出的快捷菜单中选择“重命名”命令，接着输入需要的名称，然后按【Enter】键或单击工作区中任意一个单元格即可，如图5-4所示。

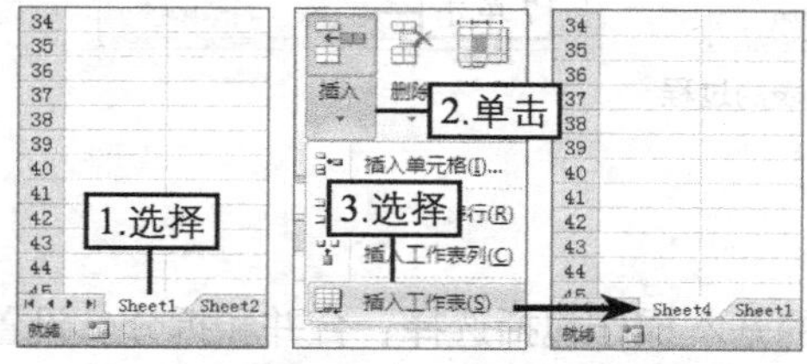

图5-3　插入工作表的过程

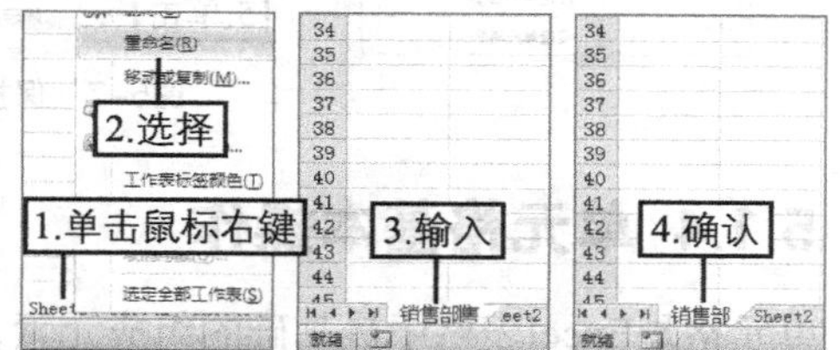

图5-4　重命名工作表的过程

3. 移动与复制工作表

工作簿中的工作表位置并不是固定不变的，根据实际工作的需要，可将工作表进行移动或复制操作，以提高办公效率。

◎ **通过对话框移动或复制工作表**：选择需移动或复制的工作表，在【开始】→【单元格】组中单击“格式”按钮，在打开的下拉列表中选择“移动或复制工作表”选项，并在打开的“移动或复制工作表”对话框中设置移动或复制后的位置，单击 确定 按钮即可，如图5-5所示。

◎ **通过拖曳鼠标移动或复制工作表**：在需移动或复制的工作表标签上按住鼠标左键不放，拖曳鼠标让出现的下三角形移至需要的目标位置后，释放鼠标即可移动工作表，如图5-6所示。在拖动的过程中按住【Ctrl】键不放即可实现工作表的复制操作。

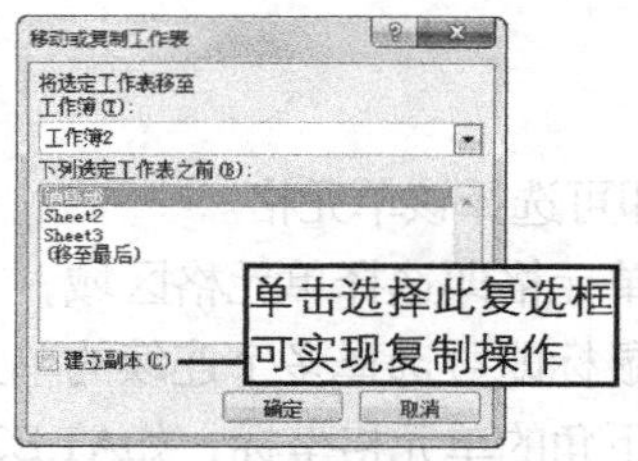

图5-5　移动与复制工作表

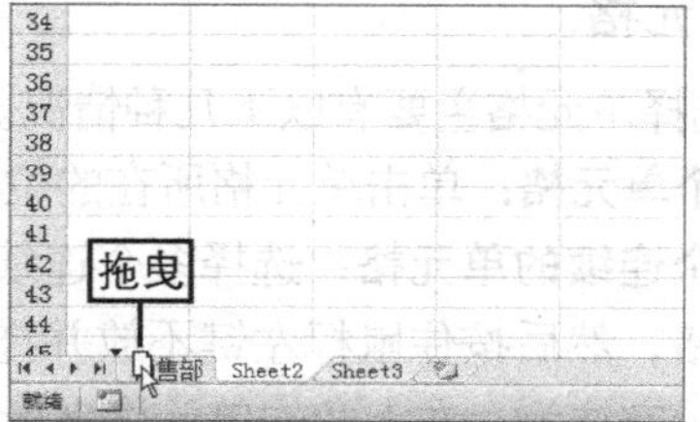

图5-6　拖曳鼠标移动工作表

4. 删除与保护工作表

删除与保护工作表的方法分别如下。

◎ **删除工作表**：切换到需删除的工作表，在【开始】→【单元格】组中单击“删除”按钮下方的下拉按钮，在打开的下拉列表中选择“删除工作表”选项。

◎ **保护工作表**：切换到需设置保护的工作表，在【开始】→【单元格】组中单击“格式”

按钮，在打开的下拉列表中选择“保护工作表”选项。在打开的对话框的文本框中输入保护密码，在“允许此工作表的所有用户进行”列表框中设置允许用户的操作，单击 确定 按钮。在打开的对话框中重复输入密码，单击 确定 按钮即可，如图5-7所示。

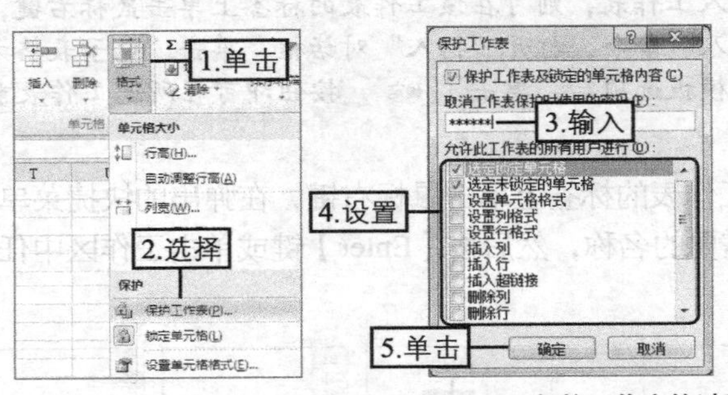

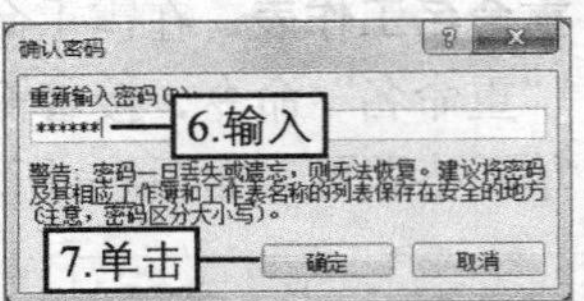

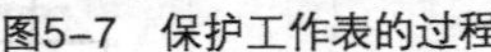
图5-7　保护工作表的过程

5.1.4 单元格基本操作

单元格是Excel表格中最基础的组成元素，它的基本操作包括选择、合并和拆分、设置行和列、插入、删除等。

1. 单元格简介

单元格就是Excel操作界面中由横线和竖线分隔成的小格子，它是组成Excel表格最基本的部分，也是Excel中存储数据最小的单位，Excel对数据的各种操作都是在其中完成的。图5-8所示即为工作簿、工作表、单元格之间的关系。

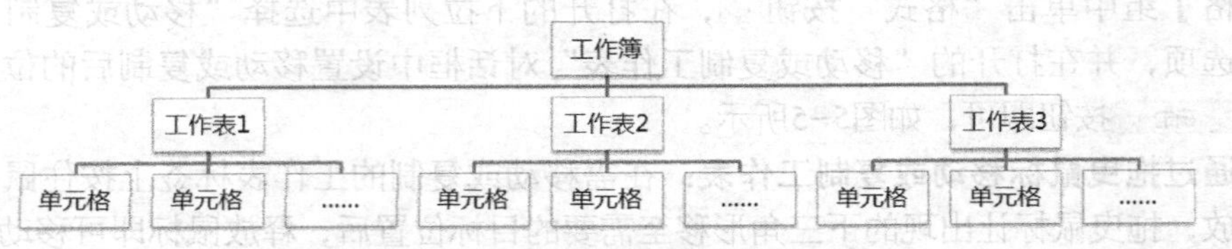

图5-8　工作簿、工作表、单元格之间的关系

2. 选择单元格

在Excel中选择单元格主要有以下几种情况。

◎ **选择单个单元格**：单击单元格所在的位置即可选择该单元格。

◎ **选择多个连续的单元格**：选择多个连续的单元格即选择单元格区域，方法为：选择一个单元格，然后按住鼠标左键不放并拖曳鼠标即可选择多个连续的单元格。单元格区域的表示方法为：左上角的单元格坐标:右下角的单元格坐标，如A1:E2。

◎ **选择不连续的单元格**：按住【Ctrl】键不放，依次选择所需的单元格或单元格区域。

◎ **选择整行**：单击行号即可选择对应的整行单元格。

◎ **选择整列**：单击列标即可选择对应的整列单元格。

◎ **选择整个工作表的单元格**：单击工作表左上角行号与列标交叉处的“全选”按钮。

3. 合并和拆分单元格

在编辑表格的过程中，为了使表格结构看起来更美观、层次更清晰，有时需要对某些单元

格区域进行合并或拆分操作。

◎ **合并单元格**：合并单元格就是将多个单元格合并成一个单元格，方法为：选择需要合并的多个单元格，在【开始】→【对齐方式】组中单击合并后居中按钮。

◎ **拆分单元格**：拆分单元格时，只能对合并的单元格进行拆分，其方法与合并单元格相似，选择需拆分的单元格后，单击合并后居中按钮即可。

4. 设置单元格行和列

设置单元格的行和列是指根据单元格中的内容调整单元格的行高或列宽，常用的方法有如下几种。

◎ **直观调整行高和列宽**：拖曳行号与行号之间的分隔线可调整行高；拖曳列标与列标之间的分隔线可调整列宽。图5-9所示即为调整行高的示意图。

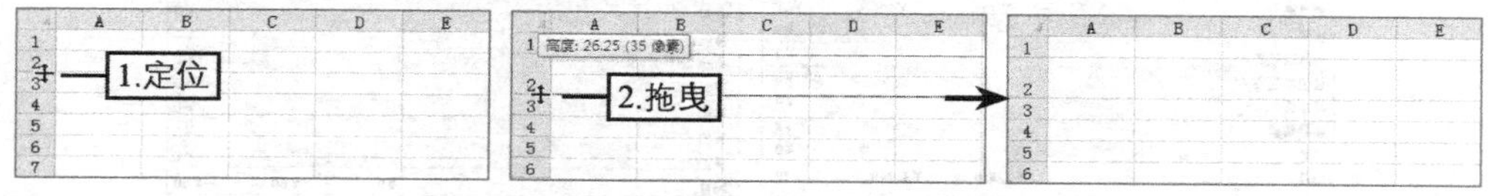

图5-9 拖曳鼠标调整行高的过程

◎ **精确调整行高和列宽**：选择需调整行高的行或需调整列宽的列（可选择多行或多列），在【开始】→【单元格】组中单击“格式”按钮，在打开的下拉列表中选择“行高”选项或“列宽”选项，在打开的对话框的文本框中输入精确的数值，单击确定按钮即可。图5-10所示即为精确调整列宽的示意图。

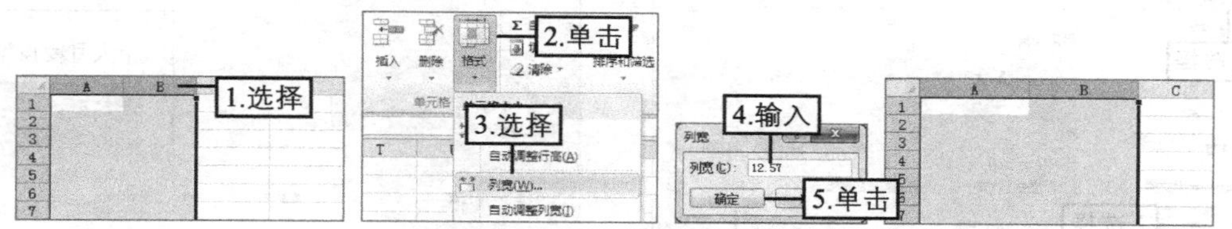

图5-10 精确调整列宽的过程

5. 插入单元格、行、列

选择某个单元格、行、列，直接单击【开始】→【单元格】组中的“插入”按钮即可在所选对象左侧或上方插入相应的单元格、行、列。若单击“插入”按钮下方的下拉按钮，在弹出的下拉列表中选择“插入单元格”选项，则可在打开的对话框中选择插入的对象或位置，如图5-11所示。

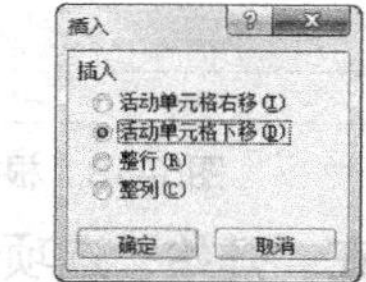

图5-11 选择需插入的对象

6. 删除单元格、行、列

删除单元格、行、列的方法为：选择某个单元格、行、列，直接单击【开始】→【单元格】组中的“删除”按钮即可删除所选对象。若单击“删除”按钮下方的下拉按钮，在打开的下拉列表中选择“删除单元格”选项，则可在打开的对话框中设置删除后其他单元格的移动方向或删除的对象。

5.1.5 课堂案例1——创建并管理“个人收支预算”表格

根据模板创建“个人月预算”表格，复制并重命名其中的工作表，然后对复制后的工作表中的单元格进行调整，最后将此表格以“个人收支预算”为名另存。完成后的参考效果如图5-12所示。

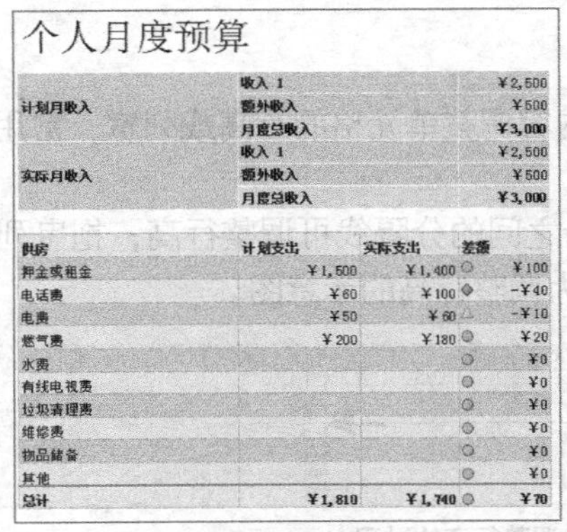

个人月度预算

计划月收入	收入 1	¥2,500
	额外收入	¥500
	月度总收入	¥3,000
实际月收入	收入 1	¥2,500
	额外收入	¥500
	月度总收入	¥3,000

供房	计划支出	实际支出	差额
押金或租金	¥1,500	¥1,400	¥100
电话费	¥60	¥100	-¥40
电费	¥50	¥60	-¥10
燃气费	¥200	¥180	¥20
水费			¥0
有线电视费			¥0
垃圾清理费			¥0
维修费			¥0
物品储备			¥0
其他			¥0
总计	¥1,810	¥1,740	¥70

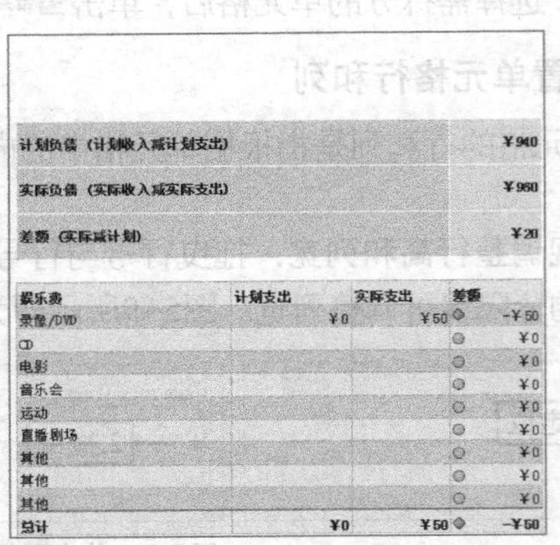

计划负债（计划收入减计划支出）	¥940
实际负债（实际收入减实际支出）	¥960
差额（实际减计划）	¥20

娱乐费	计划支出	实际支出	差额
录像/DVD	¥0	¥50	-¥50
CD			¥0
电影			¥0
音乐会			¥0
运动			¥0
直播剧场			¥0
其他			¥0
其他			¥0
其他			¥0
总计	¥0	¥50	-¥50

图5-12 “个人收支预算”表格的参考效果

（1）启动Excel 2010，选择【文件】→【新建】菜单命令，然后在右侧界面中选择“样本模板”选项，如图5-13所示。

（2）在显示的界面中选择“个人月预算”选项，单击“创建”按钮，如图5-14所示。

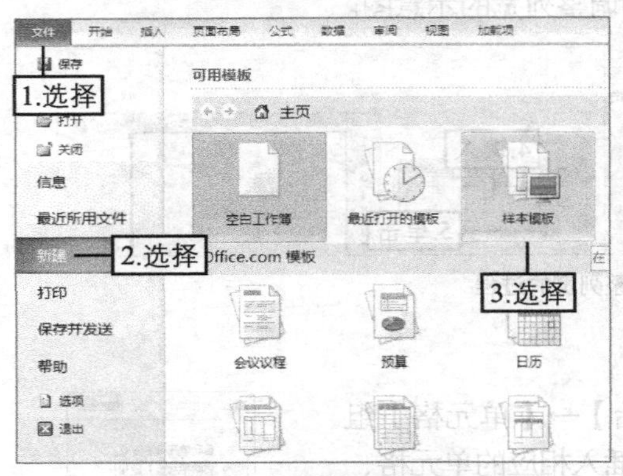

图5-13 根据模板新建表格

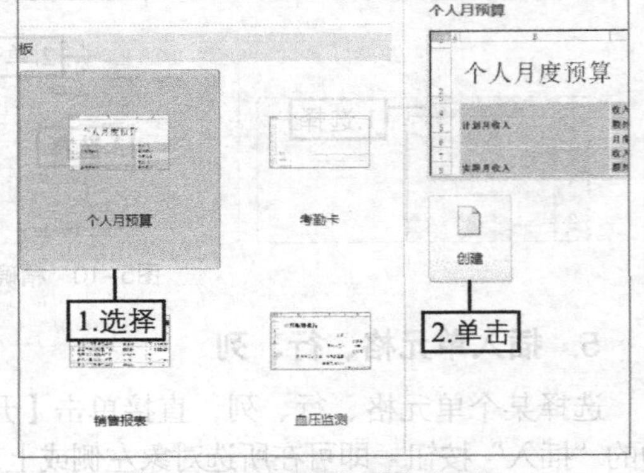

图5-14 选择模板并创建表格

（3）在“开始”选项卡“单元格”组中单击“格式”下拉按钮，在打开的下拉列表中选择“移动或复制工作表”选项，如图5-15所示。

（4）打开“移动或复制工作表”对话框，在下方的列表框中选择“（移至最后）”选项，单击选择“建立副本”复选框，单击 确定 按钮，如图5-16所示。

（5）在复制的工作表对应的标签上单击鼠标右键，在弹出的快捷菜单中选择“重命名”命令，如图5-17所示。

（6）输入“个人收支预算”，按【Enter】键确认，如图5-18所示。

（7）拖曳A列右侧的分隔线，当浮动框显示为“宽度：4.00”时释放鼠标，如图5-19所示。

（8）选择第一行，按住【Ctrl】键同时选择第三行，如图5-20所示。

（9）单击“开始”选项卡“单元格”组中的“删除”按钮删除行，如图5-21所示。

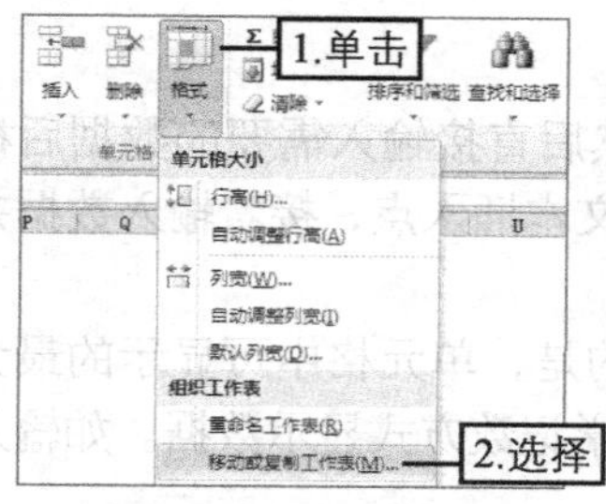

图5-15　复制工作表

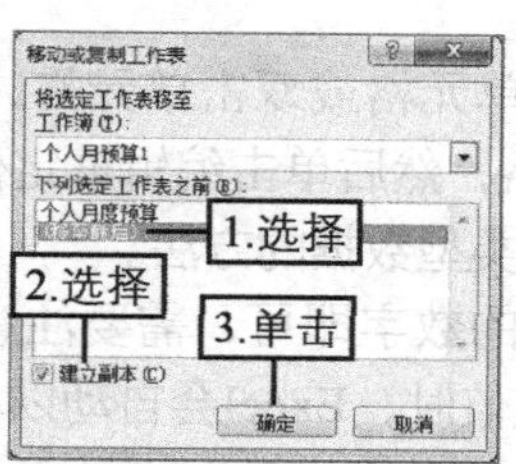

图5-16　设置复制参数

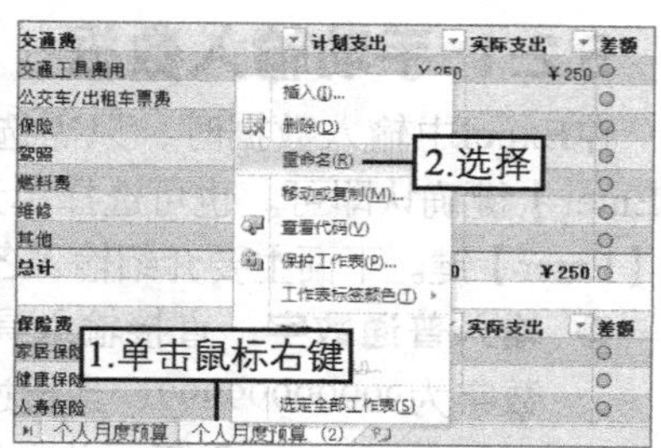

图5-17　重命名工作表

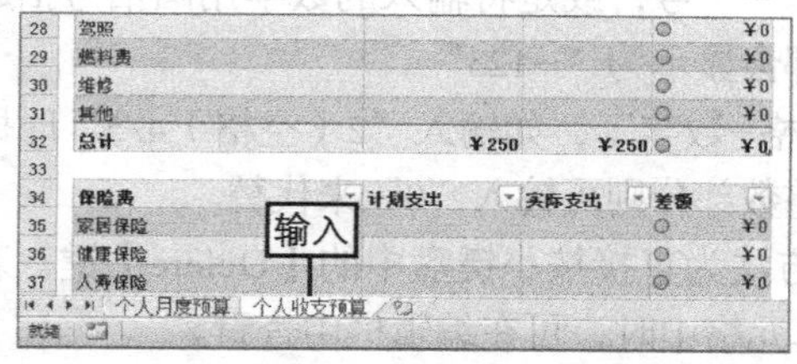

图5-18　输入并确认名称

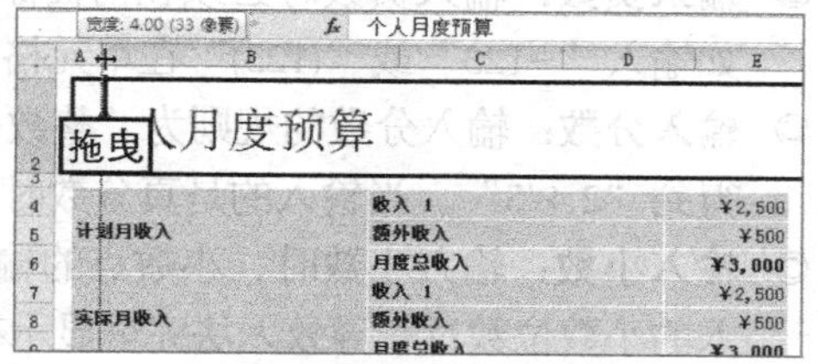

图5-19　调整列宽

（10）选择B1单元格，单击【开始】→【对齐方式】组中的 合并后居中 按钮将其拆分，如图5-22所示。

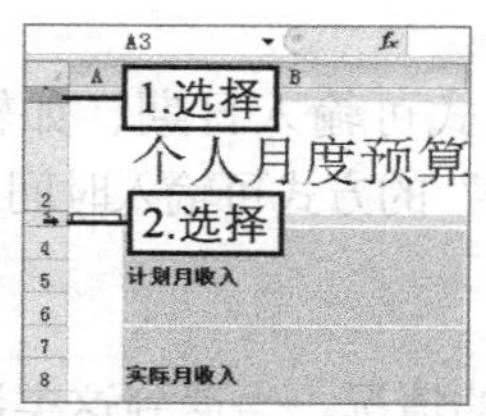

图5-20　选择多行

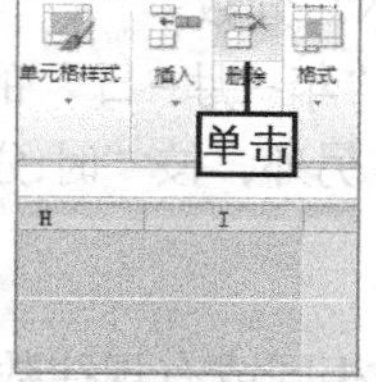

图5-21　删除行

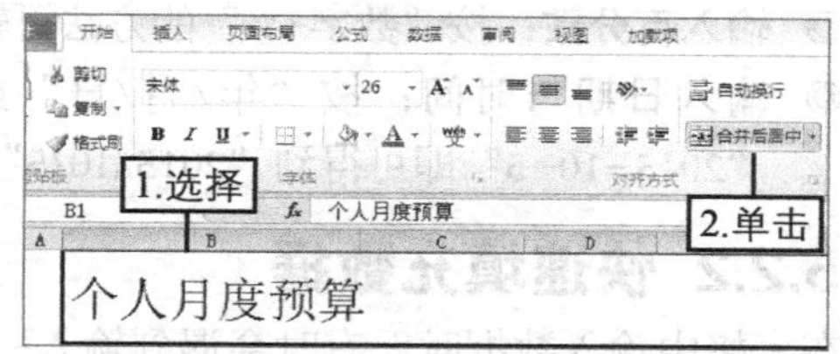

图5-22　拆分单元格

（11）选择【文件】→【另存为】菜单命令，如图5-23所示。

（12）打开“另存为”对话框，将文件名设置为“个人收支预算”，单击 保存(S) 按钮完成操作，如图5-24所示。

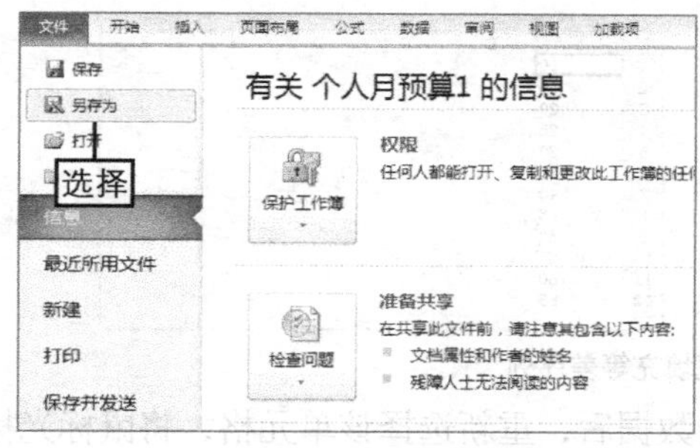

图5-23　另存表格

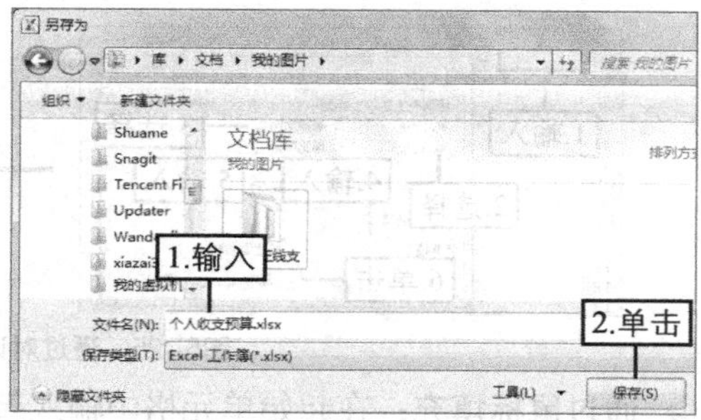

图5-24　设置保存名称

5.2　输入Excel表格数据

在Excel中输入表格数据有许多方法，本节将重点介绍手动输入数据、快速填充数据，以及输入特殊数据的操作。

5.2.1 手动输入数据

在Excel中输入数据时，只需选择单元格或双击单元格，然后直接输入需要的数据后按【Enter】键确认即可。也可选择单元格，然后单击编辑框定位文本插入点，接着输入数据并按【Enter】键。下面主要介绍输入各种类型数据的方法。

◎ **输入普通数字**：直接输入具体的数字即可，需要注意的是，单元格中可显示的最大数字为99999999999，当超过该值时，Excel会自动以科学记数方式显示数据。如输入"100000000000"后，单元格中将数据显示为"1E+11"。

◎ **输入负数**：输入负数时必须在前面添加"−"号，或是将输入的数字用圆括号括起。如输入"−123"或"(123)"在单元格中都会显示为"−123"。

◎ **输入分数**：输入分数的规则为"整数+空格+数字"，如输入"2（空格）4/5"时即可得到"2 4/5"。当输入的是真分数时，整数部分则可输入"0"来代替。

◎ **输入小数**：输入小数时，小数点的输入方法为直接按小键盘中的【Delete】键。若输入的小数位数过长导致无法完全显示在单元格中时，可在编辑栏中查看。

◎ **输入中文文本**：切换到中文输入法后即可在选择的单元格中输入文本。默认情况下，Excel中输入的中文文本都将呈左对齐方式显示在单元格中。当文本超过单元格宽度时，将自动延伸到右侧单元格中显示。

◎ **输入百分数**：按"数字+%"的方法可输入百分数。

◎ **输入日期与时间**：按"年/月/日"或"年−月−日"的方式可输入日期，如输入"2015−10−5"即可得到"2015/10/5"。另外，按"时:分:秒"的方式可输入时间。

5.2.2 快速填充数据

在表格中输入数据时，有时会遇到输入一些相同或有规律数据的情况，当遇到这类数据时，可利用Excel提供的快速填充数据功能快速输入多个数据，以提高工作效率。

◎ **通过对话框填充**：选择起始单元格并输入起始数据，在【开始】→【编辑】组中单击 填充 按钮，在打开的下拉列表中选择"系列"选项，打开"序列"对话框。在其中设置填充方向、填充类型、终止值后单击 确定 按钮，如图5−25所示。

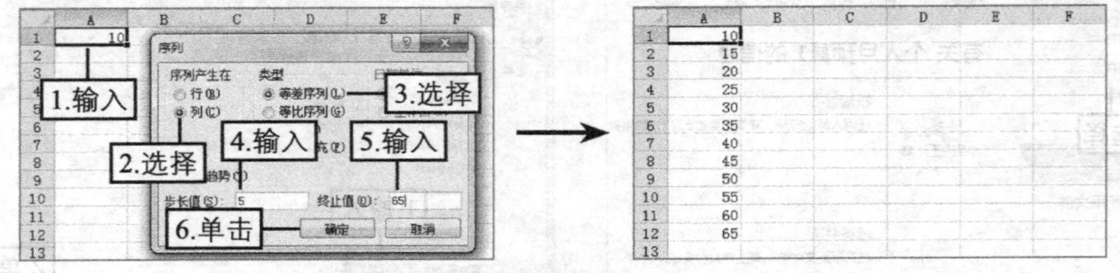

图5−25 通过对话框填充等差序列

◎ **通过鼠标填充**：在起始单元格中输入起始数据后，重新选择该单元格，将鼠标光标移至该单元格右下角的填充柄上，使其变为+形状。按住鼠标左键不放并拖曳鼠标，到目标单元格后释放鼠标即可。如图5−26所示为填充递增序列的效果。

操作技巧

利用拖曳鼠标的方法快速填充数据时，按住【Ctrl】键的同时进行拖曳可改变填充规则。如将填充相同数据改变为填充递增序列；将递增或递减序列填充为重复的序列等。

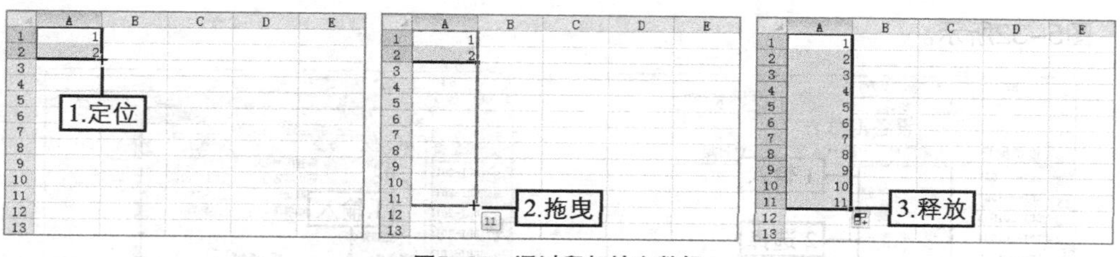

图5-26 通过鼠标填充数据

5.2.3 输入特殊数据

对于一些无法通过键盘快速输入的特殊数据，可利用Excel提供的“符号”功能插入特殊符号，其方法为：选择需输入特殊数据的单元格，在【插入】→【符号】组中单击“符号”按钮Ω，打开“符号”对话框，如图5-27所示，在“符号”选项卡或“特殊字符”选项卡中选择需插入的符号选项，单击 插入(I) 按钮可将其插入到当前单元格中，同时对话框处于打开状态，可继续在其他单元格中按相同方法进行插入操作，完成后单击 关闭 按钮关闭对话框即可。

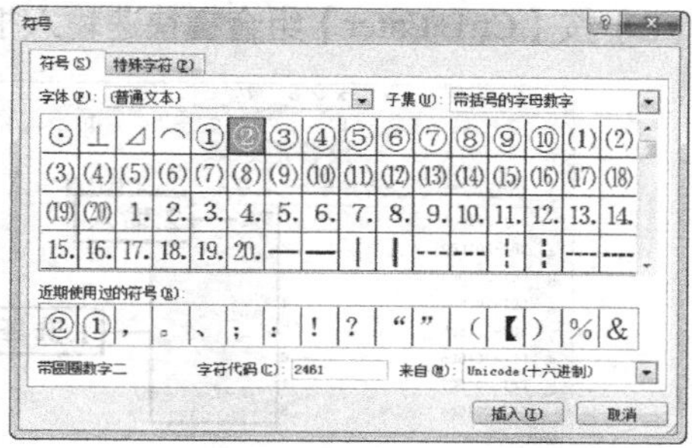

图5-27 插入特殊符号

5.2.4 课堂案例2——输入设备汇总表数据

在设备汇总表中通过手动输入、填充数据等方法，完善表格内容。完成后的参考效果如图5-28所示。

设备汇总表

设备编号	入库序号	汇总人	汇总日期
DBJ-201501	1	罗杰	2015/1/21
DBJ-201502	2	罗杰	2015/1/21
DBJ-201503	3	罗杰	2015/1/21
DBJ-201504	4	罗杰	2015/1/21
DBJ-201505	5	罗杰	2015/1/21
DBJ-201506	6	罗杰	2015/1/21
DBJ-201507	7	罗杰	2015/1/21
DBJ-201508	8	罗杰	2015/1/21

图5-28 设备汇总表的参考效果

（1）打开素材文件“设备汇总表.xlsx”，在A3单元格中输入“DBJ-201501”，按【Enter】键确认输入后重新选择该单元格，然后将鼠标光标放在其右下角的填充柄上，如图5-29所示。

（2）向下拖曳填充柄至A10单元格，如图5-30所示。

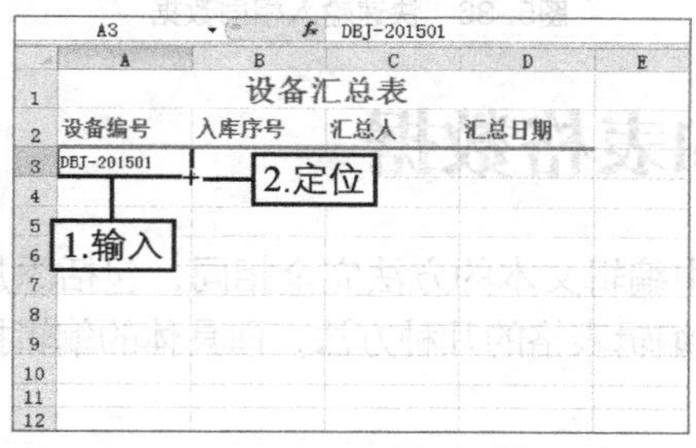

图5-29 输入数据

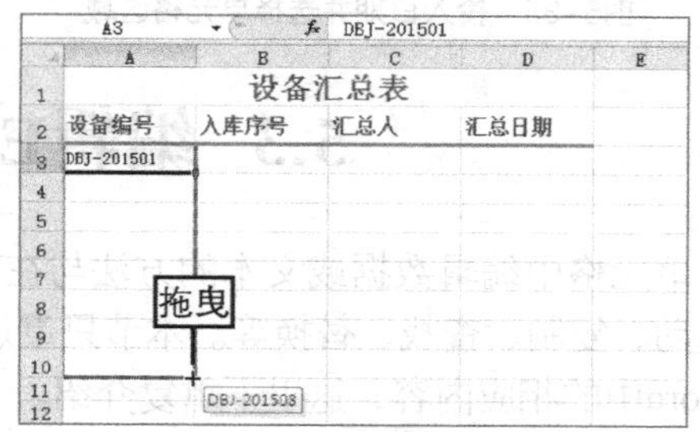

图5-30 拖动填充柄

（3）释放鼠标完成填充。在B3单元格中输入“1”，然后选择B3:B10单元格区域，如图5-31所示。

（4）在【开始】→【编辑】组中单击 填充 下拉按钮，在打开的下拉列表中选择“系列”选项，打开“序列”对话框，在“步长值”文本框中输入“1”，单击 确定 按钮，如

图5-32所示。

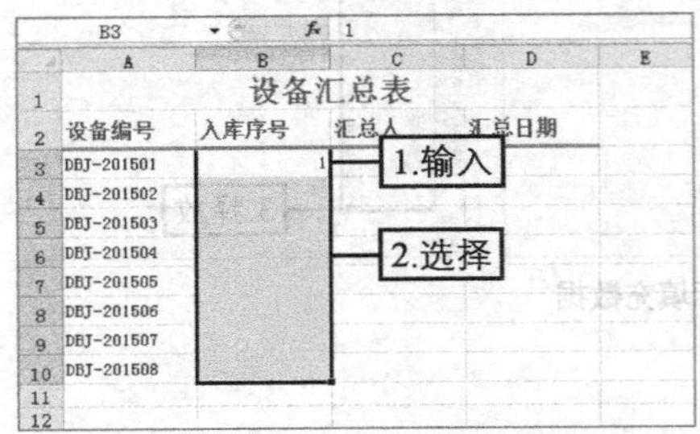

图5-31　输入数据并选择单元格区域

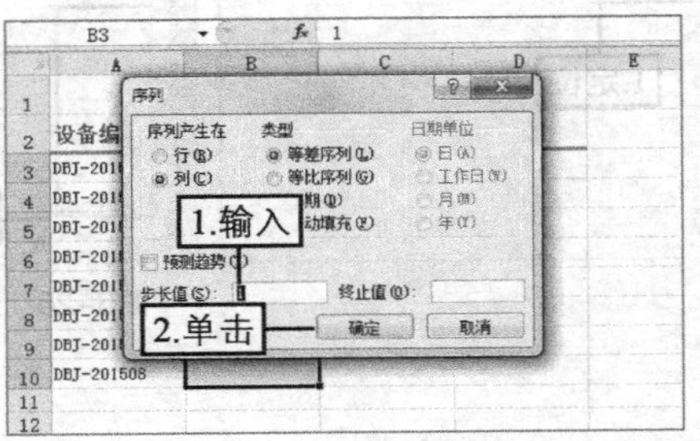

图5-32　设置序列填充参数

（5）选择C3:C10单元格区域，在C3单元格中输入“罗杰”，如图5-33所示。

（6）按【Ctrl+Enter】组合键快速输入相同的数据，如图5-34所示。

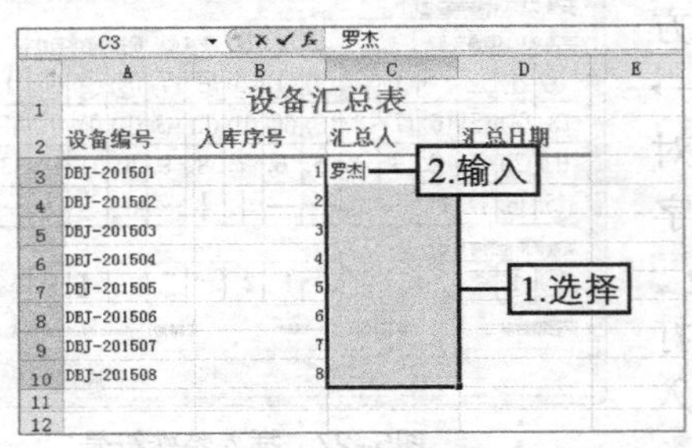

图5-33　输入中文并选择单元格区域

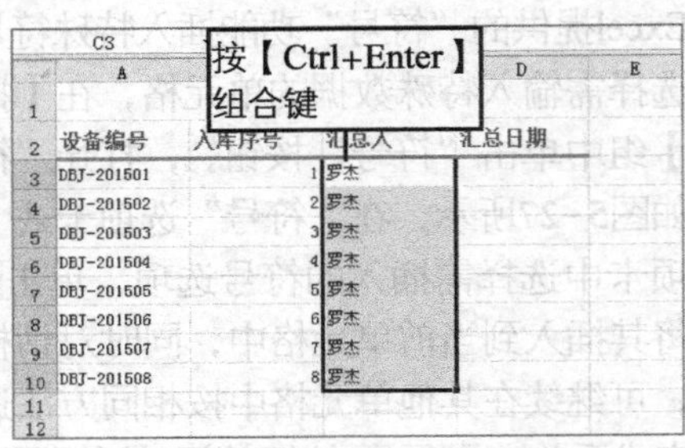

图5-34　快速输入相同数据

（7）选择D3:D10单元格区域，在D3单元格中输入“2015-1-21”，如图5-35所示。

（8）按【Ctrl+Enter】组合键快速输入相同的数据，如图5-36所示。最后保存表格完成操作。

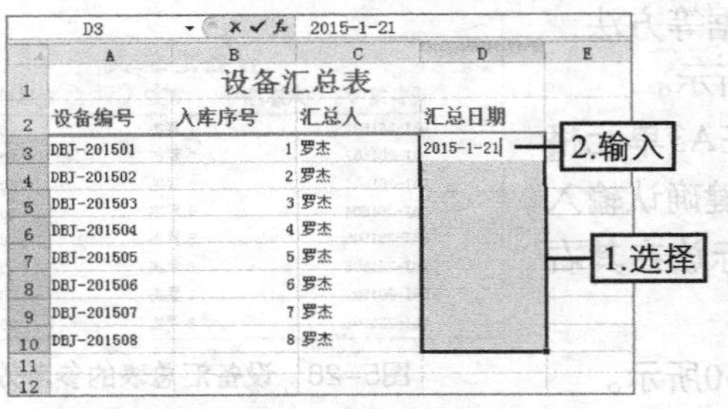

图5-35　输入日期并选择单元格区域

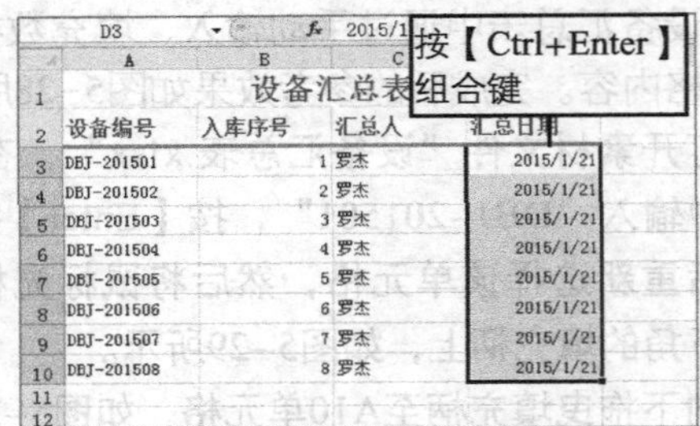

图5-36　快速输入相同数据

5.3　编辑Excel表格数据

在单元格中编辑数据或文本的方法与在Word中编辑文本的方法完全相同，包括添加、修改、移动、复制、查找、替换等。本节只重点介绍编辑表格的几种方法，而具体的编辑操作可参考Word中的相应内容，这里不重复介绍。

5.3.1　编辑数据的常用方法

输入单元格中的数据可根据实际情况随时更改，而且可供选择的方法也较多。最常用的编辑单元格数据的方法有如下几种。

◎ **在编辑栏中编辑**：选择需编辑的单元格，在编辑栏的编辑框中进行编辑。

◎ **覆盖编辑**：选择单元格，输入数据后按【Enter】键可覆盖该单元格中原有的内容。

◎ **在单元格中编辑**：双击单元格定位文本插入点，然后在其中进行编辑。

◎ **利用快捷键编辑**：按【F2】键，直接在单元格中进行编辑。

5.3.2 课堂案例3——修改员工档案表数据

将员工档案表中的标题、项目进行修改，然后利用查找替换操作修改“性别”项目下的内容。修改前后的员工档案表对比效果如图5-37所示。

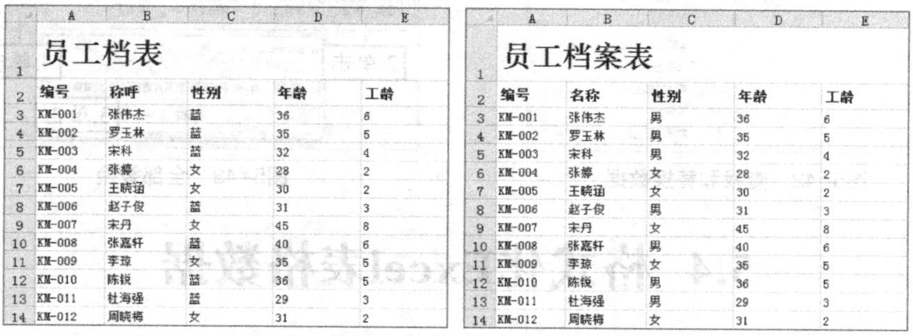

	A	B	C	D	E
1	员工档表				
2	编号	称呼	性别	年龄	工龄
3	KM-001	张伟杰	藍	36	6
4	KM-002	罗玉林	藍	35	5
5	KM-003	宋科	藍	32	4
6	KM-004	张婷	女	28	2
7	KM-005	王晓涵	女	30	2
8	KM-006	赵子俊	藍	31	3
9	KM-007	宋丹	女	45	8
10	KM-008	张嘉轩	藍	40	6
11	KM-009	李琼	女	35	5
12	KM-010	陈锐	藍	36	5
13	KM-011	杜海强	藍	29	3
14	KM-012	周晓梅	女	31	2

	A	B	C	D	E
1	员工档案表				
2	编号	名称	性别	年龄	工龄
3	KM-001	张伟杰	男	36	6
4	KM-002	罗玉林	男	35	5
5	KM-003	宋科	男	32	4
6	KM-004	张婷	女	28	2
7	KM-005	王晓涵	女	30	2
8	KM-006	赵子俊	男	31	3
9	KM-007	宋丹	女	45	8
10	KM-008	张嘉轩	男	40	6
11	KM-009	李琼	女	35	5
12	KM-010	陈锐	男	36	5
13	KM-011	杜海强	男	29	3
14	KM-012	周晓梅	女	31	2

图5-37　员工档案表修改前后的对比效果

（1）打开素材文件“员工档案表.xlsx”，选择A1单元格，在编辑框的“档”文本右侧单击鼠标定位文本插入点，如图5-38所示。

（2）输入“案”，按【Enter】键确认输入，如图5-39所示。

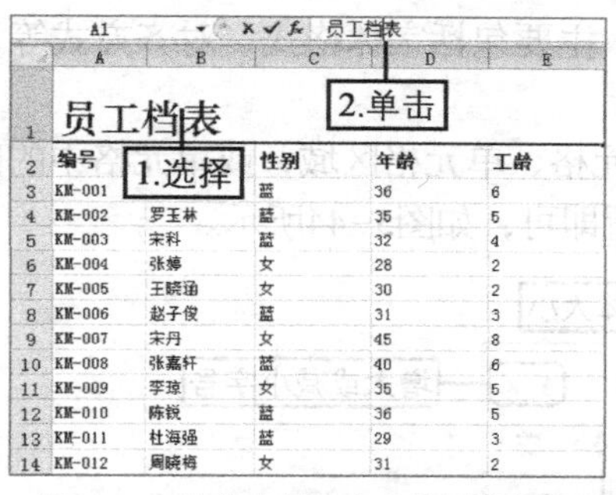

图5-38　将文本插入点定位到编辑框

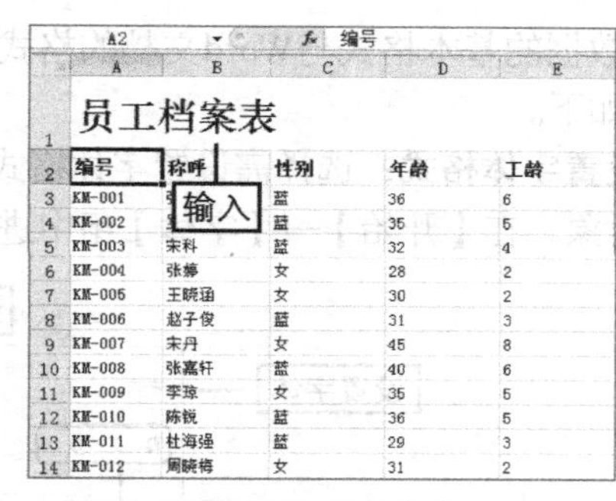

图5-39　添加文本

（3）选择B2单元格，如图5-40所示。

（4）输入“名称”，按【Enter】键覆盖单元格中的原有内容，如图5-41所示。

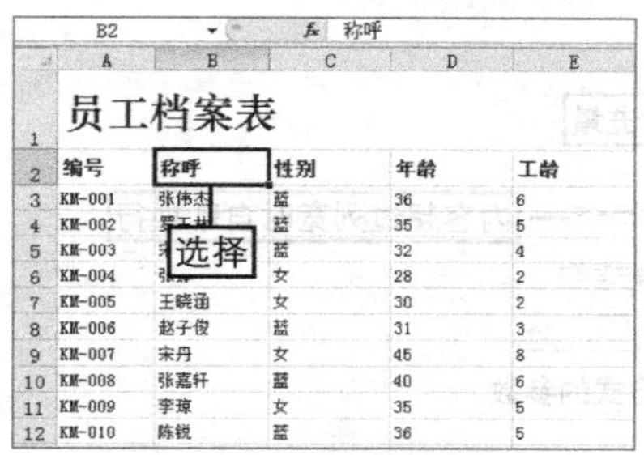

图5-40　选择单元格

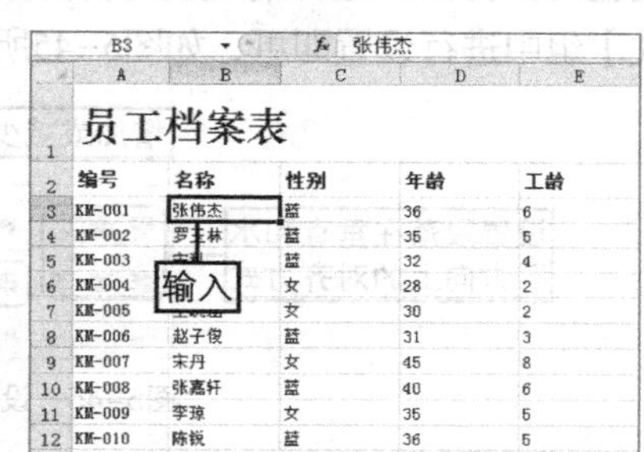

图5-41　修改文本

（5）在【开始】→【编辑】组中单击“查找和替换”按钮，在打开的下拉列表中选择“替换”选项，如图5-42所示。

（6）打开“查找和替换”对话框的“替换”选项卡，分别在“查找内容”下拉列表框和“替换为”下拉列表框中输入“蓝”和“男”，单击 全部替换(A) 按钮，在打开提示对话框中单击 确定 按钮，如图5-43所示。最后单击 关闭 按钮并保存文档。

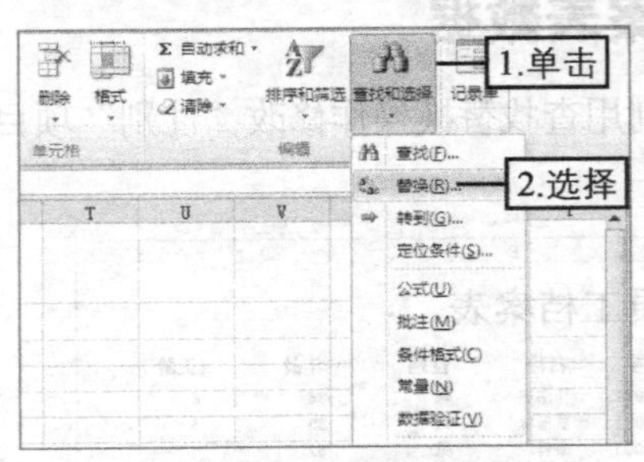

图5-42　查找和替换数据

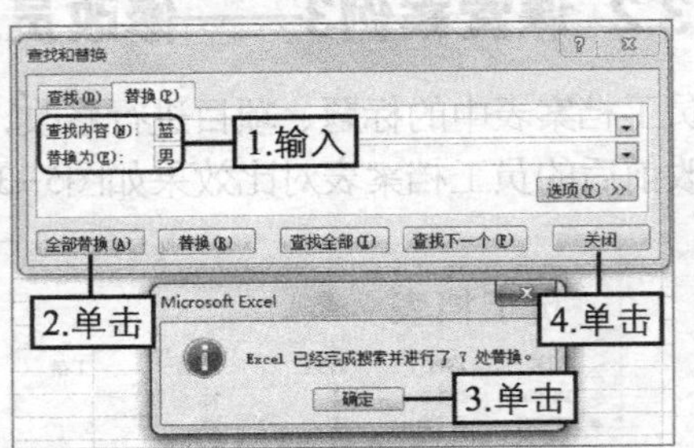

图5-43　全部替换

5.4　格式化Excel表格数据

Excel数据由于具有一定的特殊性，因此其格式化操作也有一些特有的方式，本节就将重点介绍格式化Excel表格数据的各种方法，使制作的表格更加美观和专业。

5.4.1　设置基本格式

表格数据的基本格式与Word文档的格式类似，主要包括字体格式、对齐方式等，其设置方法分别如下。

◎ **设置字体格式**：选择需设置字体格式的单元格、单元格区域，或单元格中的部分数据对象，在【开始】→【字体】组中进行设置即可，如图5-44所示。

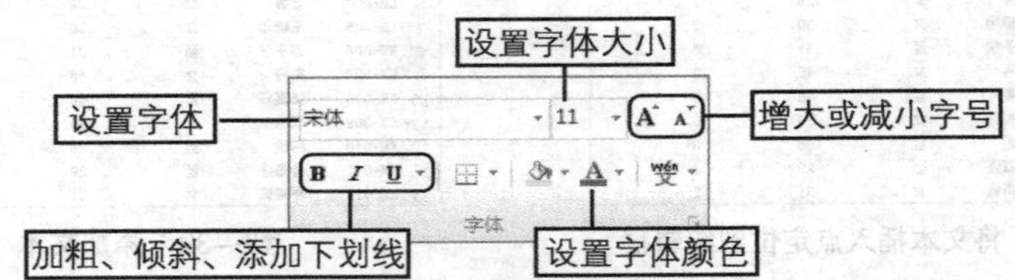

图5-44　设置字体格式的参数

◎ **设置对齐方式**：选择需设置对齐方式的单元格、单元格区域，在【开始】→【对齐方式】组中进行设置即可，如图5-45所示。

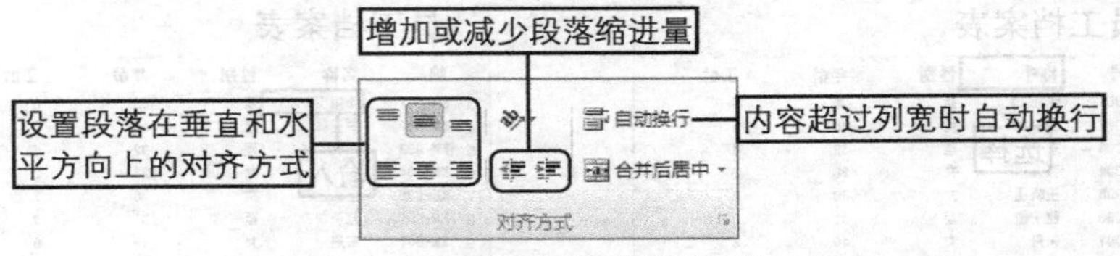

图5-45　设置对齐方式的参数

5.4.2 设置数据格式

数据格式是指数据类型，如货币型、日期型、会计专用型等，在Excel中设置数据格式的方法为：选择需设置数据格式的单元格、单元格区域，在【开始】→【数字】组中进行设置即可，如图5-46所示。

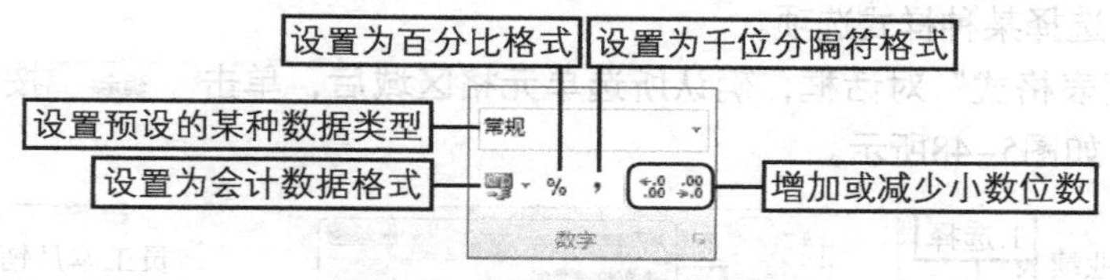

图5-46 设置数据格式的参数

知识提示

单击“字体”组、“对齐方式”组或“数字”组右下角的“展开”按钮，可在打开的对话框中单击相应的选项卡，并进行更丰富的设置。此方法适合在功能组的参数无法满足设置需求时使用。

5.4.3 设置单元格边框和填充颜色

除了利用【开始】→【字体】组的“边框”按钮和“填充颜色”按钮设置单元格的边框和底纹外，还可利用“设置单元格格式”对话框进行设置。

1. 设置边框

利用“设置单元格格式”对话框设置单元格边框的方法为：选择单元格或单元格区域，单击“字体”组右下角的“展开”按钮，打开“设置单元格格式”对话框，单击“边框”选项卡，在其中设置边框样式、颜色、位置后，单击确定按钮，如图5-47所示。

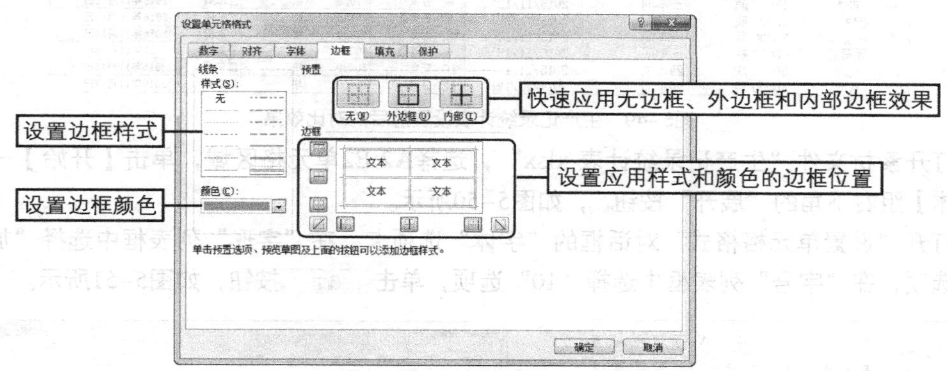

图5-47 设置单元格边框

2. 设置填充颜色

设置填充颜色的方法更简单，只需在打开的“设置单元格格式”对话框中单击“填充”选项卡，在其中设置颜色后单击确定按钮即可。

5.4.4 自动套用格式

Excel预设有大量的表格样式，这些样式不仅美观而且专业，是提高格式化表格数据的有效工具。自动套用表格格式的具体操作如下。

（1）选择单元格区域，在【开始】→【样式】组中单击“套用表格格式”按钮，在打开的下拉列表中选择某种样式选项。

（2）打开“套用表格式”对话框，确认所选单元格区域后，单击 确定 按钮即可应用所选表格样式，如图5-48所示。

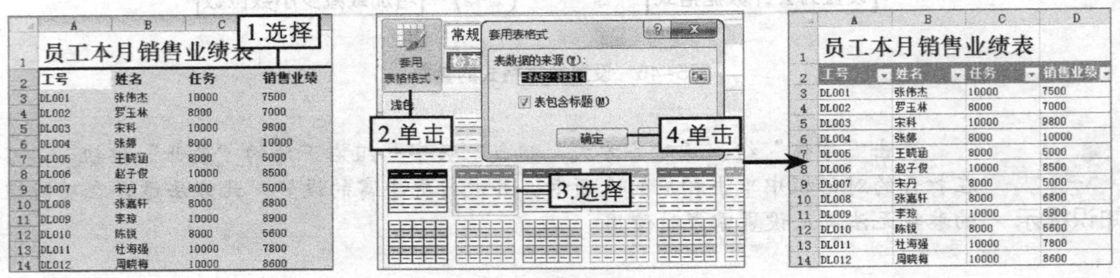

图5-48 设置单元格边框

5.4.5 课堂案例4——设置生产记录统计表

通过为表格数据进行字体、对齐方式、数据格式、边框、填充颜色等设置，美化生产记录统计表。设置前后的对比效果如图5-49所示。

生产记录统计表

名 称	生产数量	单 位	生产车间	生产日期
洗衣粉	20000	包	一车间	2015/11/10
沐浴露	15000	瓶	一车间	2015/11/10
洗发水	15000	瓶	三车间	2015/11/11
香水	17000	瓶	三车间	2015/11/12
护手霜	25000	瓶	二车间	2015/11/13
洗面奶	10000	瓶	一车间	2015/11/14
保湿霜	8000	瓶	三车间	2015/11/15
肥皂	30000	块	四车间	2015/11/16
香皂	40000	块	四车间	2015/11/17

生产记录统计表

名 称	生产数量	单 位	生产车间	生产日期
洗衣粉	20000	包	一车间	2015年11月10日
沐浴露	15000	瓶	一车间	2015年11月10日
洗发水	15000	瓶	三车间	2015年11月11日
香水	17000	瓶	三车间	2015年11月12日
护手霜	25000	瓶	二车间	2015年11月13日
洗面奶	10000	瓶	一车间	2015年11月14日
保湿霜	8000	瓶	三车间	2015年11月15日
肥皂	30000	块	四车间	2015年11月16日
香皂	40000	块	四车间	2015年11月17日

图5-49 生产记录统计表设置前后的对比效果

（1）打开素材文件“生产记录统计表.xlsx”，选择A2:E2单元格区域，单击【开始】→【字体】组右下角的“展开”按钮，如图5-50所示。

（2）打开“设置单元格格式”对话框的“字体”选项卡，在“字形”列表框中选择“加粗”选项，在“字号”列表框中选择“10”选项，单击 确定 按钮，如图5-51所示。

图5-50 选择单元格区域

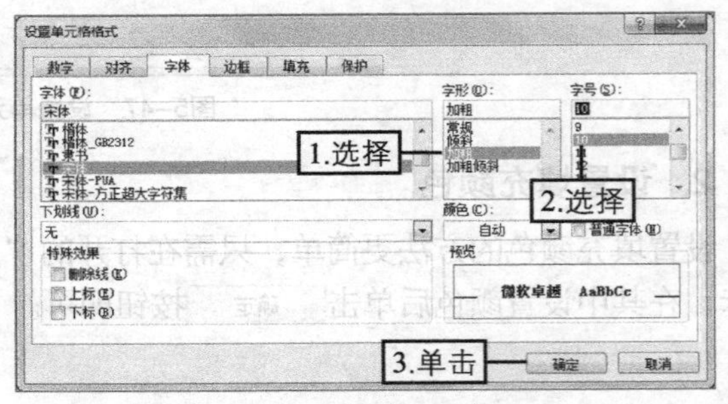

图5-51 设置字形、字号

（3）选择A3:E11单元格区域，在【开始】→【字体】组中单击两次“减小字号”按钮，然后单击“对齐方式”组中的“文本左对齐”按钮，如图5-52所示。

（4）选择E3:E11单元格区域，单击“数字”组右下角的“展开”按钮，如图5-53所示。

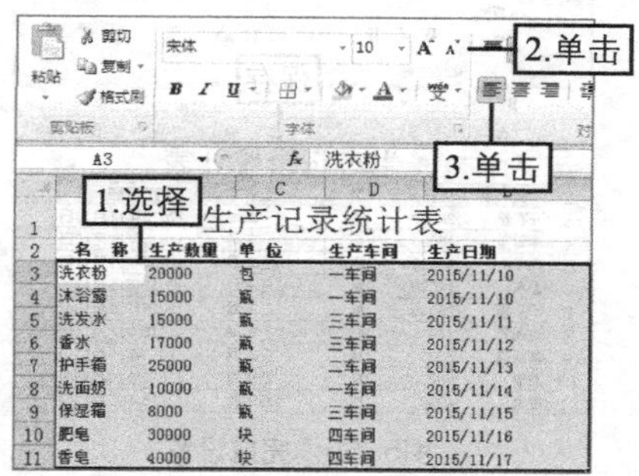

图5-52 设置字号、对齐方式

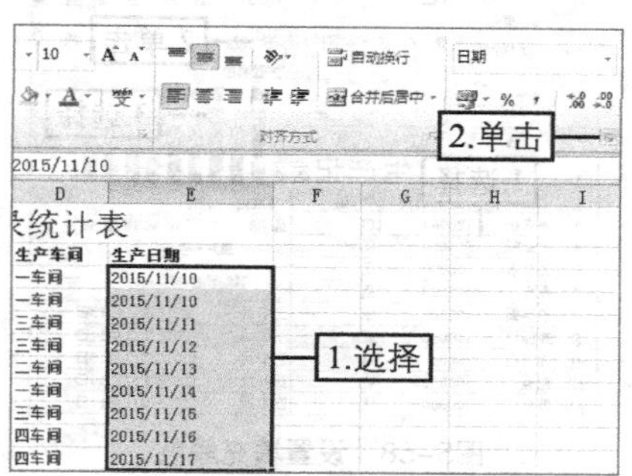

图5-53 选择单元格区域

（5）打开“设置单元格格式”对话框的“数字”选项卡，在“类型”列表框中选择“2001年3月14日”选项，单击 确定 按钮，如图5-54所示。

（6）选择A1:E11单元格区域，单击【开始】→【字体】组右下角的“展开”按钮，如图5-55所示。

（7）打开“设置单元格格式”对话框，单击“边框”选项卡，在“颜色”下拉列表框中选择“深蓝，文字2”选项，依次单击“外边框”按钮和“内部”按钮，然后单击 确定 按钮，如图5-56所示。

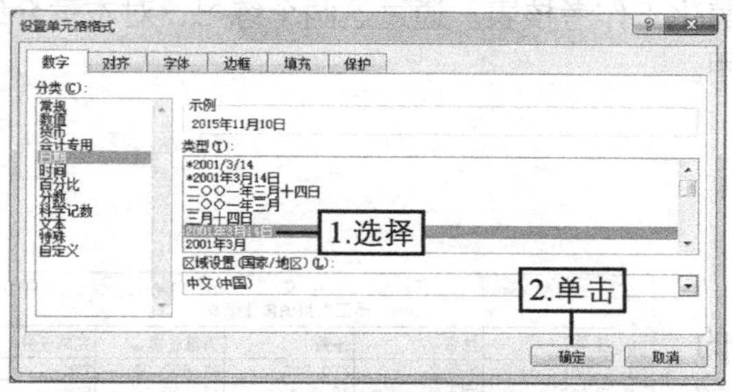

图5-54 设置数据类型

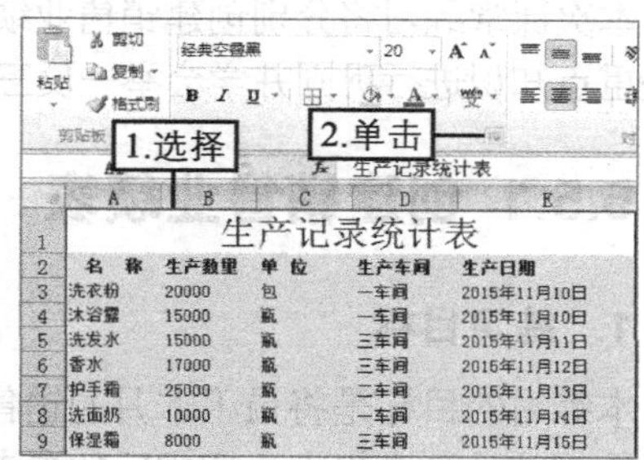

图5-55 选择单元格区域

（8）选择A2:E2单元格区域，单击“开始”选项卡“字体”组中“填充颜色”按钮右侧的下拉按钮，在打开的下拉列表中选择如图5-57所示的颜色选项。

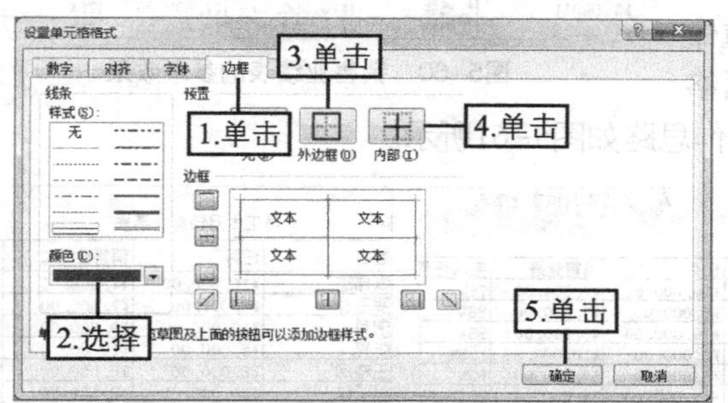

图5-56 设置边框

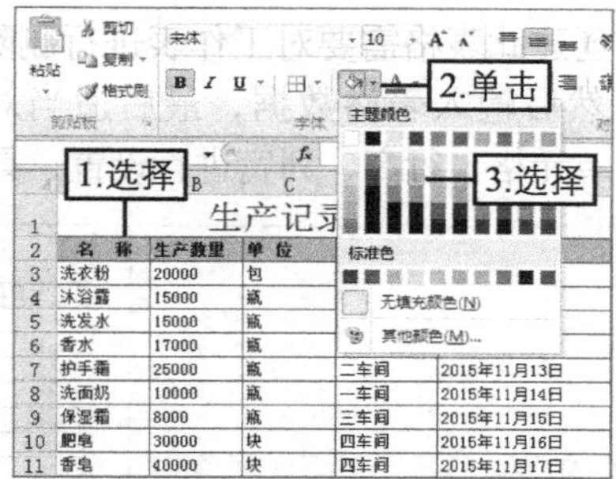

图5-57 设置填充颜色

（9）利用【Ctrl】键同时选择A4:E4、A6:E6、A8:E8、A10:E01单元格区域，再次单击“填充颜色”按钮右侧的下拉按钮，在打开的下拉列表中选择如图5-58所示的颜色选项。

（10）完成操作，如图5-59所示，按【Ctrl+S】组合键保存表格即可。

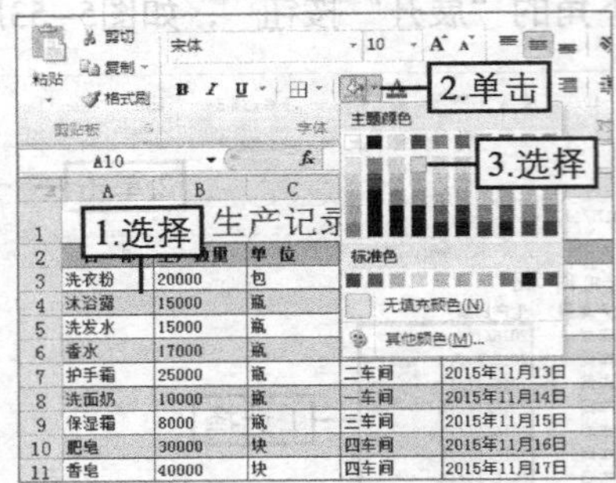

图5-58 设置填充颜色

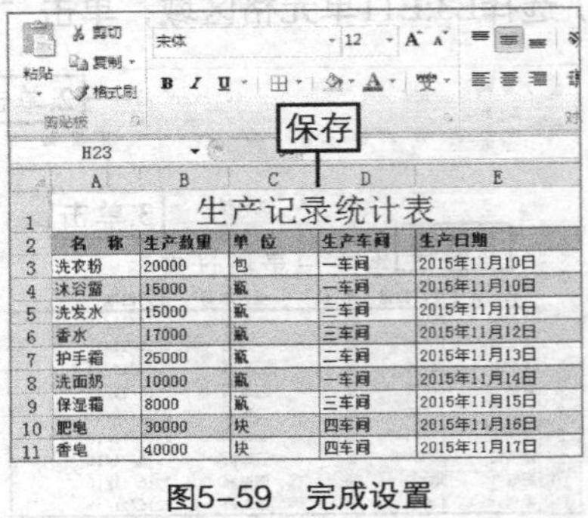

	A	B	C	D	E
1	生产记录统计表				
2	名　称	生产数量	单 位	生产车间	生产日期
3	洗衣粉	20000	包	一车间	2015年11月10日
4	沐浴露	15000	瓶	一车间	2015年11月10日
5	洗发水	15000	瓶	三车间	2015年11月11日
6	香水	17000	瓶	三车间	2015年11月12日
7	护手霜	25000	瓶	二车间	2015年11月13日
8	洗面奶	10000	瓶	一车间	2015年11月14日
9	保湿霜	8000	瓶	三车间	2015年11月15日
10	肥皂	30000	块	四车间	2015年11月16日
11	香皂	40000	块	四车间	2015年11月17日

图5-59 完成设置

职业素养

Excel表格数据的关键在于准确，包括内容准确、数据格式准确等，而不在于如何将表格设置得漂亮，所有对表格进行的格式化操作，大都是针对如何提高数据可读性和专业性而言。实际操作时切忌将表格设置得“五花八门”，浪费时间，又降低了表格数据的可读性和专业性。

5.5 课堂练习

本次课堂练习将分别创建销售业绩表和美化工作考核表。通过这两个练习，对本章介绍的一些重点知识进行巩固并学会举一反三地应用。

5.5.1 创建销售业绩表

1. 练习目标

本练习的目标是将员工本月的销售业绩的相关数据统计到表格中。完成后的参考效果如图5-60所示。

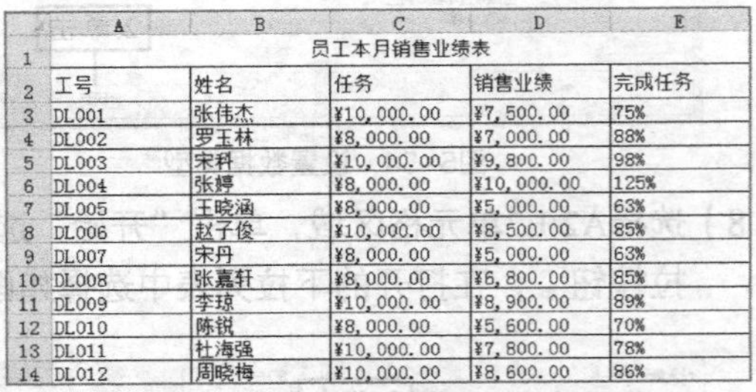

	A	B	C	D	E
1	员工本月销售业绩表				
2	工号	姓名	任务	销售业绩	完成任务
3	DL001	张伟杰	¥10,000.00	¥7,500.00	75%
4	DL002	罗玉林	¥8,000.00	¥7,000.00	88%
5	DL003	宋科	¥10,000.00	¥9,800.00	98%
6	DL004	张婷	¥8,000.00	¥10,000.00	125%
7	DL005	王晓涵	¥8,000.00	¥5,000.00	63%
8	DL006	赵子俊	¥10,000.00	¥8,500.00	85%
9	DL007	宋丹	¥8,000.00	¥5,000.00	63%
10	DL008	张嘉轩	¥8,000.00	¥6,800.00	85%
11	DL009	李琼	¥10,000.00	¥8,900.00	89%
12	DL010	陈锐	¥8,000.00	¥5,600.00	70%
13	DL011	杜海强	¥10,000.00	¥7,800.00	78%
14	DL012	周晓梅	¥10,000.00	¥8,600.00	86%

图5-60 销售业绩表的参考效果

2. 操作思路

创建此表格需要对工作表进行删除和重命名，然后输入表格数据，最后适当对数据格式、单元格、行高、列宽进行设置，具体操作思路如图5-61所示。

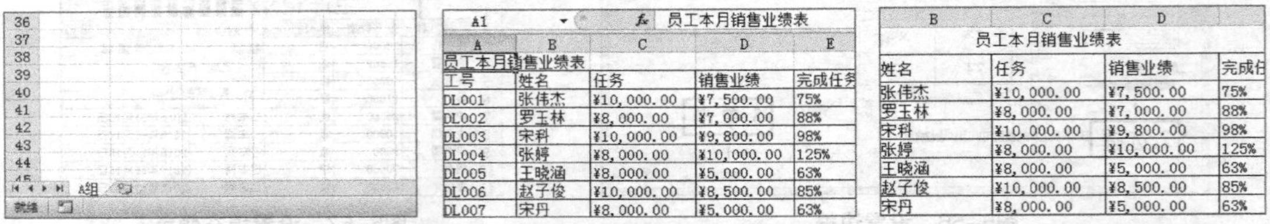

① 管理工作表　　② 输入数据并设置数据格式　　③ 设置单元格、行、列

图5-61 工作考核表的美化思路

（1）启动Excel，删除多余的两个工作表，并将剩余工作表重命名为“A组”，然后将工作簿以“销售业绩表”为名进行保存。

（2）输入表格标题、项目，通过拖曳填充柄填充工号，然后手动输入其他数据。

（3）将任务和销售业绩设置为货币型数据，将完成任务设置为百分比型数据。

（4）合并并居中A1:E1单元格区域，将A2:E14单元格区域设置为“文本左对齐”，利用功能组中的按钮为A1:E1单元格区域添加所有边框，最后适当调整A列至3列的列宽以及第一行和第二行的行高。

5.5.2 美化工作考核表

1. 练习目标

本练习的目标是将工作考核表进行适当格式化设置，包括标题、项目、各条记录的美化，使表格数据不仅美观，而且更加清晰明了。本练习完成后的参考效果如图5-62所示。

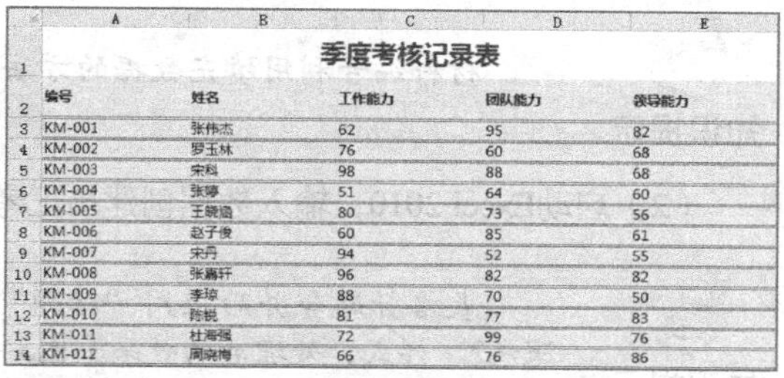

	A	B	C	D	E
1	季度考核记录表				
2	编号	姓名	工作能力	团队能力	领导能力
3	KM-001	张伟杰	62	95	82
4	KM-002	罗玉林	76	60	68
5	KM-003	宋科	98	88	68
6	KM-004	张婷	51	64	60
7	KM-005	王晓涵	80	73	56
8	KM-006	赵子俊	60	85	61
9	KM-007	宋丹	94	52	55
10	KM-008	张嘉轩	96	82	82
11	KM-009	李琼	88	70	50
12	KM-010	陈锐	81	77	83
13	KM-011	杜海强	72	99	76
14	KM-012	周晓梅	66	76	86

图5-62　工作考核表的美化效果

2. 操作思路

完成本练习需要先为表格标题应用样式，然后适当更改格式，并继续为项目和各条记录应用样式，接着为表格数据添加边框，最后适当调整行高和列宽，具体操作思路如图5-63所示。

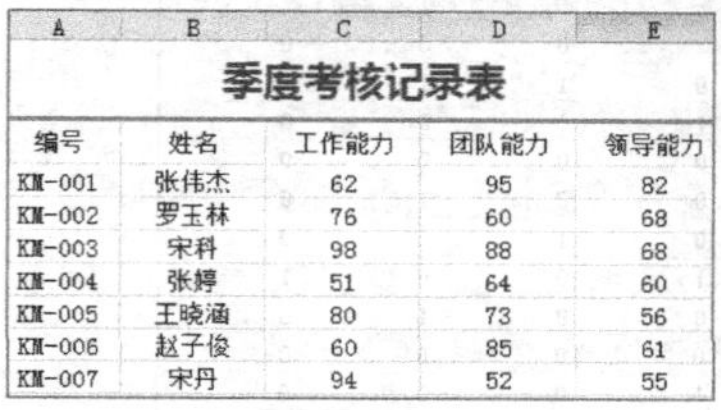

A	B	C	D	E
季度考核记录表				
编号	姓名	工作能力	团队能力	领导能力
KM-001	张伟杰	62	95	82
KM-002	罗玉林	76	60	68
KM-003	宋科	98	88	68
KM-004	张婷	51	64	60
KM-005	王晓涵	80	73	56
KM-006	赵子俊	60	85	61
KM-007	宋丹	94	52	55

① 美化标题

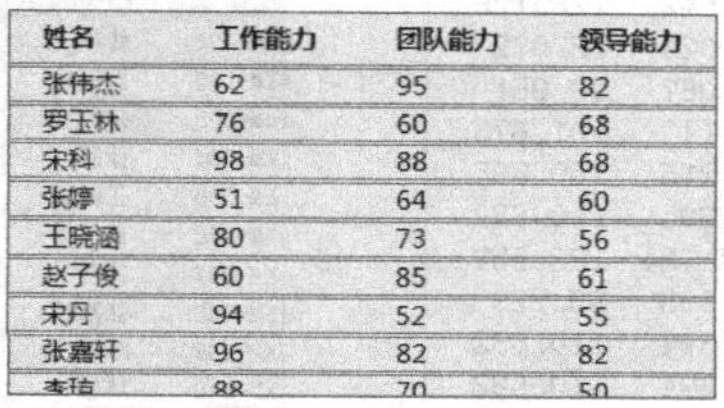

姓名	工作能力	团队能力	领导能力
张伟杰	62	95	82
罗玉林	76	60	68
宋科	98	88	68
张婷	51	64	60
王晓涵	80	73	56
赵子俊	60	85	61
宋丹	94	52	55
张嘉轩	96	82	82
李琼	88	70	50

② 美化项目和各条记录

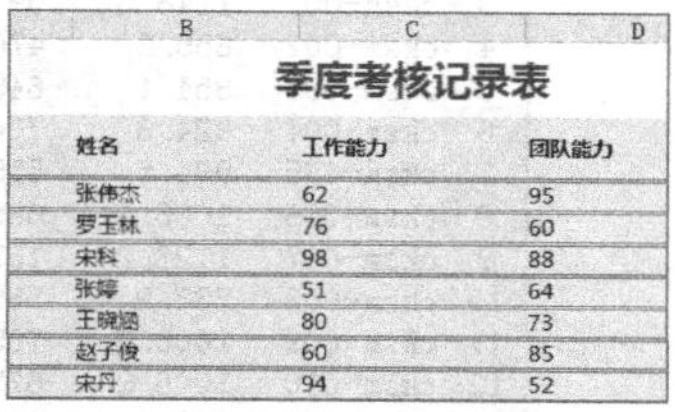

B	C	D
季度考核记录表		
姓名	工作能力	团队能力
张伟杰	62	95
罗玉林	76	60
宋科	98	88
张婷	51	64
王晓涵	80	73
赵子俊	60	85
宋丹	94	52

③ 调整列宽和行高

图5-63　工作考核表的美化思路

（1）打开素材文件“工作考核表.xlsx”，为A1单元格应用“标题1”样式，然后将格式设置为“微软雅黑、18、居中对齐”。

（2）为A2:E14单元格区域应用“20%-强调文字颜色1”样式，然后将格式设置为“微软雅黑、10、文本左对齐”。加粗A2:E2单元格区域。

（3）为A2:E14单元格区域添加边框，其中边框颜色为“蓝色”，样式为“双线”，应用位置为水平中央边框和下边框。

（4）同时选择A列至E列，拖曳鼠标增加列宽，然后适当增加第二行的行高，保存设置。

5.6 拓展知识

为增强工作表中数据的安全性，可通过锁定单元格使他人无法对其中的数据进行非法修改，其具体操作如下。

（1）选择所有单元格，打开“设置单元格格式”对话框，单击“保护”选项卡，撤销选择“锁定”复选框并确认设置。

（2）重新选择需锁定的单元格区域，单击【开始】→【单元格】组中的“格式”按钮，在打开的下拉列表中选择“锁定单元格”选项。

（3）启用保护工作表功能，在“保护工作表”对话框的“允许此工作表的所有用户进行”列表框中撤销选择“选定锁定单元格”复选框即可。

5.7 课后习题

（1）启动Excel 2010，在其中输入相应数据创建材料耗用表。

知识提示

材料编号利用填充数据的方法输入。创建后的表格效果如图5-64所示。

（2）启动Excel 2010，输入数据创建员工考勤表，并利用提供的样式快速美化数据。

知识提示

表格标题合并后应用“标题”单元格样式；表格项目和记录套用“表样式中等深浅2”样式，处理后的效果如图5-65所示。

	A	B	C	D
1	材料耗用表			
2	材料编号	使用量	耗用量	损耗量
3	cksm-001	1146.6	997.542	126.126
4	cksm-002	655.2	470.024	72.072
5	cksm-003	854.1	643.067	93.951
6	cksm-004	924.3	704.141	101.673
7	cksm-005	994.5	555.215	109.395
8	cksm-006	1006.2	685.394	110.682
9	cksm-007	1123.2	1077.184	123.552
10	cksm-008	783.9	581.993	86.229
11	cksm-009	1006.2	785.394	110.682
12	cksm-010	1006.2	675.394	110.682
13	cksm-011	643.5	359.845	70.785
14	cksm-012	760.5	461.635	83.655

图5-64 材料耗用表的参考效果

员工月度考勤表

编号	姓名	迟到	早退	事假	病假
KM-001	张伟杰	2	0	0	0
KM-002	罗玉林	0	1	1	1
KM-003	宋科	1	0	0	0
KM-004	张婷	0	0	0	0
KM-005	王晓涵	0	0	1	0
KM-006	赵子俊	0	1	0	0
KM-007	宋丹	1	0	0	1
KM-008	张嘉轩	0	0	1	0
KM-009	李琼	0	0	0	0
KM-010	陈锐	1	0	0	0
KM-011	杜海强	0	1	1	1
KM-012	周晓梅	0	0	0	0

图5-65 员工考勤表的参考效果

第6章 计算Excel表格数据

Excel的公式和函数功能非常强大，它不仅简化了数据的计算工作，而且可以保证计算结果的准确。掌握并合理利用公式与函数计算数据，可以极大地提高工作效率。本章将主要介绍输入公式、编辑公式、输入函数、插入函数、嵌套函数等内容，以及几种常用函数的用法。

学习要点

◎ 公式的输入与编辑

◎ 函数的输入与插入

◎ 函数的嵌套

◎ 常见函数的使用

学习目标

◎ 了解Excel中的公式和函数

◎ 掌握单元格引用的含义

◎ 掌握公式的输入与编辑方法

◎ 掌握函数的输入与插入方法

◎ 了解嵌套函数的使用

◎ 熟悉常用函数的应用方法

6.1 使用公式计算数据

Excel除了可以输入并编辑数据外，其更强大且更受青睐的功能便在于对表格数据的计算，而实现这一功能的有效工具便是公式。本节首先将简要介绍公式的一些基本概念，然后将重点讲解公式的使用方法。

6.1.1 认识Excel公式

在Excel中，公式遵循一个特定的语法或次序：最前面是等号“=”，后面是参与计算的元素和运算符。每个元素可以是常量数值、单元格，或引用单元格区域、标志、名称等，如图6−1所示。

◎ **运算符：**Excel中的运算符与数学上的运算符类似，不同的运算符代表着不同的运算，如+（加）、−（减）、×（乘）、/（除）等。

◎ **常量数值或字符串：**数值或任意字符串实际上都是常量的一种类型，这类数据是不会发生变化的，如1.2、销售额、KM等。

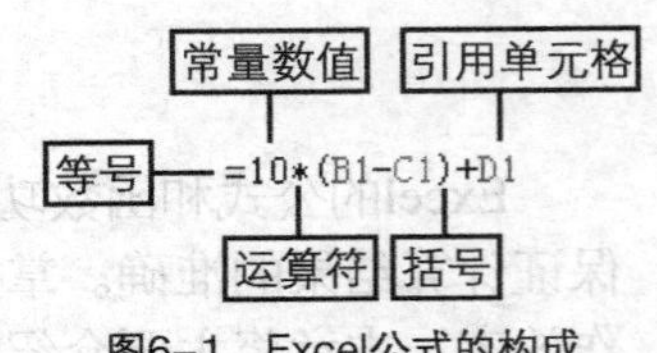

图6−1　Excel公式的构成

◎ **引用单元格：**即指定要进行运算的区域，它们可以是单元格区域、命名的单元格、同一工作簿内其他工作表中的单元格或其他工作簿中某张工作表上的单元格等。这类对象与常量刚好相反，将根据公式不同的位置发生变化。

◎ **括号：**主要用于控制公式中各表达式被处理的先后次序，出现括号后，Excel将先进行括号中的运算，这与数学上的小括号法则是相同的。

知识提示

输入公式时，应在英文状态下输入，这样才能保证运算符、括号、引号、逗号等各种对象均是英文状态下的，这样的公式才能被Excel正确识别。

6.1.2 单元格引用

在Excel中，一个引用地址代表工作表上的一个或一组单元格。单元格引用的作用在于标识工作表上的单元格或单元格区域，并指明公式中所使用的数据的地址。在编辑公式时需要对单元格地址进行引用。Excel中的引用分为相对引用、绝对引用、混合引用，它们具有不同的含义。

◎ **相对引用：**Excel 2010中默认情况下使用的都是相对引用，在相对引用中，被引用单元格的位置与公式所在单元格的位置相关联，当公式所在单元格的位置改变时，其引用的单元格的位置也会发生相应变化。如C1单元格中的公式为“=A1+B1”，若将C1单元格的公式复制到C2单元格中，则公式内容便更改为“=A2+B2”，如图6−2所示。

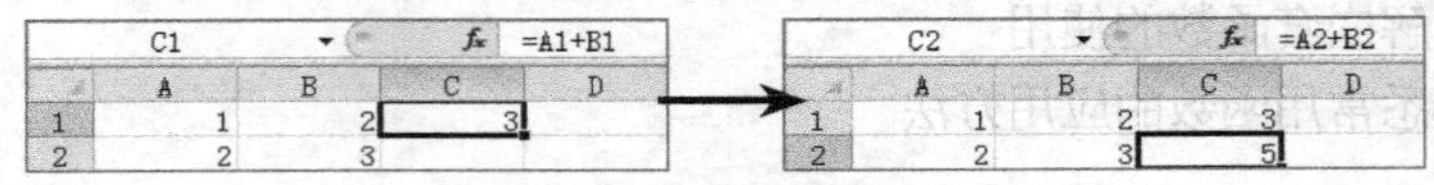

图6−2　相对引用的公式

◎ **绝对引用**：绝对引用与相对引用相反，无论公式所在单元格的位置如何改变，其公式内容是不会发生改变的。绝对引用的方法为：选择需进行绝对引用单元格编辑框中的公式内容，按【F4】键将公式转换为绝对引用即可，也可直接在单元格地址左侧手动输入“$”进行转换。如C1单元格中的公式为“=A1+B1”，选择公式内容后按【F4】键，即可将公式转变为“=$A$1+$B$1”，此时若将C1单元格的公式复制到C2单元格中，公式内容同样为“=$A$1+$B$1”，如图6-3所示。

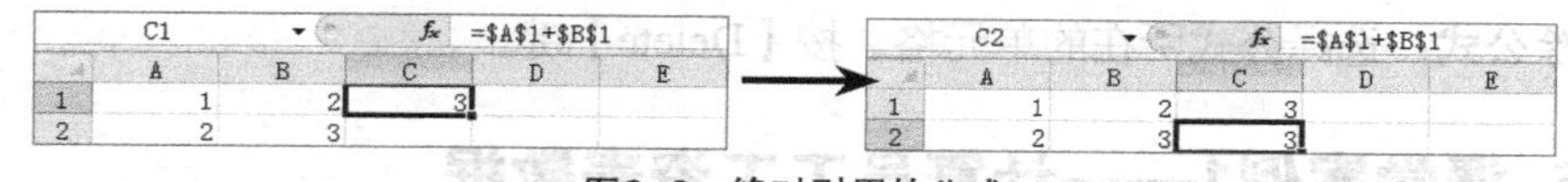

图6-3 绝对引用的公式

◎ **混合引用**：混合引用是指一个单元格地址的引用中，同时存在相对引用与绝对引用。如果公式所在单元格的位置改变，则公式中相对引用地址也会随之改变，而绝对引用地址保持不变。如C1单元格中的公式为“=A1+$B1”，若将C1单元格的公式复制到D1单元格中，则公式内容更改为“=B1+$B1”，这是因为本次公式的复制操作在同一行行号不变，列标则根据引用类型发生或不发生变化，如图6-4所示。

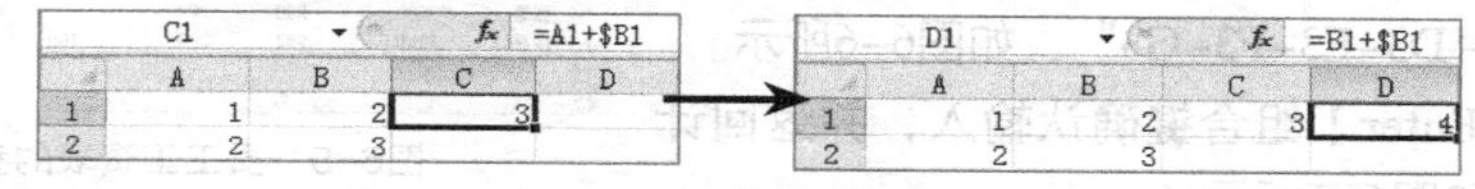

图6-4 混合引用的公式

◎ **引用同一工作簿中不同工作表的单元格**：如果要引用同一工作簿中其他工作表的单元格或单元格区域，可在公式输入状态下，单击需引用对象所在的工作表标签，拖曳鼠标选择目标对象，按【Enter】键即可。其格式为：工作表名称！单元格地址，例如，“=A!B2+B!B2”表示将计算A工作表中B2单元格与B工作表中B2单元格之和。

知识提示

Excel还允许引用不同工作簿中的单元格，其方法与引用同一工作簿中不同工作表的单元格相似，只是需要同时打开相应的工作簿即可。

6.1.3 输入公式

在Excel中输入公式的方法与输入普通数据的方法类似，其方法为：选择要输入公式的单元格，在编辑框中输入“=”，进入公式输入状态，然后在英文状态下逐次输入公式所需的内容，完成后按【Enter】键或单击编辑框左侧的“输入”按钮✓即可。需要注意的是，如果需要输入的是某个单元格或单元格区域的地址，则可直接使用鼠标单击该单元格或拖曳选择该单元格区域。

操作技巧

完成公式的输入后，按【Ctrl+Enter】组合键可确认输入且同时保持公式所在单元格的选择状态，此操作对输入普通数据时同样适用。

6.1.4 编辑公式

编辑公式主要包括修改公式、移动公式、复制公式、删除公式等操作，其方法分别如下。

◎ **修改公式**：将文本插入点定位到编辑框的公式中，按修改数据的方法修改公式内容，完成后按【Enter】键或【Ctrl+Enter】组合键确认修改。

◎ **移动公式**：选择公式所在的单元格，拖曳该单元格的边框至目标单元格。移动公式后，公式内容不会发生改变，这与复制公式不一样。

◎ **复制公式**：选择公式所在的单元格，按【Ctrl+C】组合键，选择目标单元格，按【Ctrl+V】组合键。

◎ **删除公式**：选择公式所在的单元格，按【Delete】键。

6.1.5 课堂案例1——计算员工工资表数据

利用公式计算每位员工的工资数据，然后计算所有员工的工资总和与平均工资数据。完成后的参考效果如图6-5所示。

	A	B	C	D	E	F	G	H
1			2015年1月份工资表					
2	姓名	基本工资	提成	生活补贴	迟到	事假	旷工	总计
3	姚姚	3000	661	300	10		50	3901
4	刘宋	3000	783	300				4083
5	胡魄	3000	1252	300		50	50	4452
6	吴明	3000	600	300				3900
7	贾铭	3000	833	300	20			4113
8	蔡一涛	3000	1200	300			100	4400
9	李波	3000	468	300				3768
10	尉黎	3000	700	300	50			3950
11	袁二妃	3000	1000	300				4300
12	张蓁	3000	980	300				4280
13	黄惠	3000	987	300	100			4187
14							总工资	45334
15							平均工资	4121.273

图6-5 员工工资表的参考效果

（1）打开素材文件“员工工资表.xlsx”，选择H3单元格，在编辑框中输入公式内容“=B3+C3+D3-E3-F3-G3”，如图6-6所示。

（2）按【Ctrl+Enter】组合键确认输入，并返回计算结果，如图6-7所示。

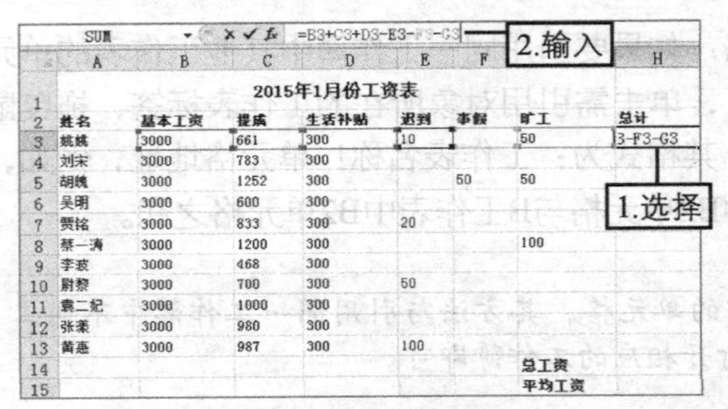

	A	B	C	D	E	F	G	H
1			2015年1月份工资表					
2	姓名	基本工资	提成	生活补贴	迟到	事假	旷工	总计
3	姚姚	3000	661	300	10		50	3-F3-G3
4	刘宋	3000	783	300				
5	胡魄	3000	1252	300		50	50	
6	吴明	3000	600	300				
7	贾铭	3000	833	300	20			
8	蔡一涛	3000	1200	300			100	
9	李波	3000	468	300				
10	尉黎	3000	700	300	50			
11	袁二妃	3000	1000	300				
12	张蓁	3000	980	300				
13	黄惠	3000	987	300	100			
14							总工资	
15							平均工资	

图6-6 输入公式

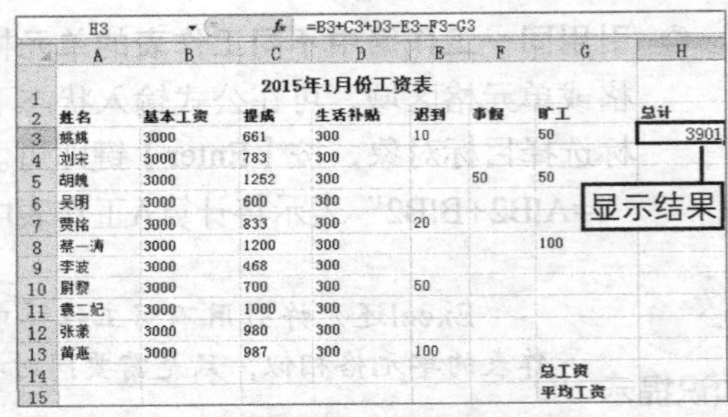

	A	B	C	D	E	F	G	H
1			2015年1月份工资表					
2	姓名	基本工资	提成	生活补贴	迟到	事假	旷工	总计
3	姚姚	3000	661	300	10		50	3901
4	刘宋	3000	783	300				
5	胡魄	3000	1252	300		50	50	
6	吴明	3000	600	300				
7	贾铭	3000	833	300	20			
8	蔡一涛	3000	1200	300			100	
9	李波	3000	468	300				
10	尉黎	3000	700	300	50			
11	袁二妃	3000	1000	300				
12	张蓁	3000	980	300				
13	黄惠	3000	987	300	100			
14							总工资	
15							平均工资	

图6-7 查看计算结果

（3）向下拖曳H3单元格的填充柄至H13单元格，如图6-8所示。

（4）释放鼠标完成公式的填充，根据相对引用的原理，即可快速计算出其他员工的工资数据，如图6-9所示。

（5）选择H14单元格，在编辑框中输入公式内容“=H3+H4+H5+H6+H7+H8+H9+H10+H11+H12+H13”，如图6-10所示。

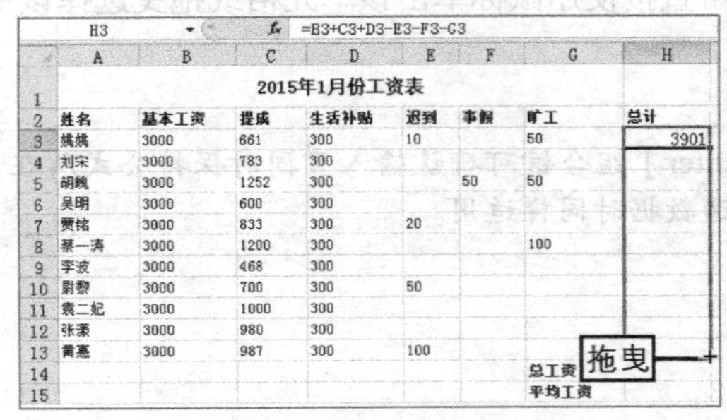

	A	B	C	D	E	F	G	H
1			2015年1月份工资表					
2	姓名	基本工资	提成	生活补贴	迟到	事假	旷工	总计
3	姚姚	3000	661	300	10		50	3901
4	刘宋	3000	783	300				
5	胡魄	3000	1252	300		50	50	
6	吴明	3000	600	300				
7	贾铭	3000	833	300	20			
8	蔡一涛	3000	1200	300			100	
9	李波	3000	468	300				
10	尉黎	3000	700	300	50			
11	袁二妃	3000	1000	300				
12	张蓁	3000	980	300				
13	黄惠	3000	987	300	100			
14							总工资	
15							平均工资	

图6-8 拖动填充柄

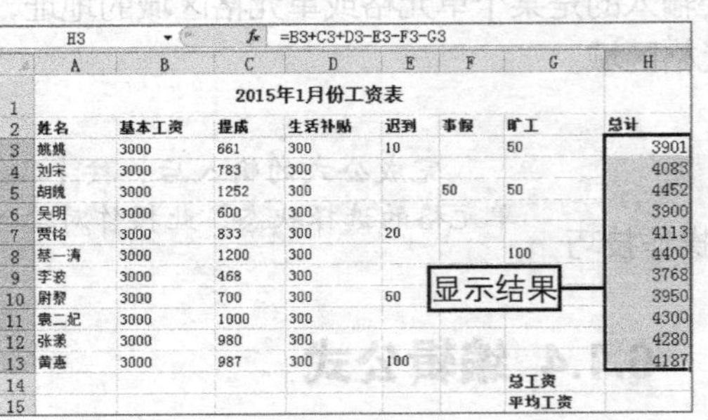

	A	B	C	D	E	F	G	H
1			2015年1月份工资表					
2	姓名	基本工资	提成	生活补贴	迟到	事假	旷工	总计
3	姚姚	3000	661	300	10		50	3901
4	刘宋	3000	783	300				4083
5	胡魄	3000	1252	300		50	50	4452
6	吴明	3000	600	300				3900
7	贾铭	3000	833	300	20			4113
8	蔡一涛	3000	1200	300			100	4400
9	李波	3000	468	300				3768
10	尉黎	3000	700	300	50			3950
11	袁二妃	3000	1000	300				4300
12	张蓁	3000	980	300				4280
13	黄惠	3000	987	300	100			4187
14							总工资	
15							平均工资	

图6-9 填充公式

（6）按【Ctrl+Enter】组合键确认输入，并返回计算结果，如图6-11所示。

图6-10 输入公式内容

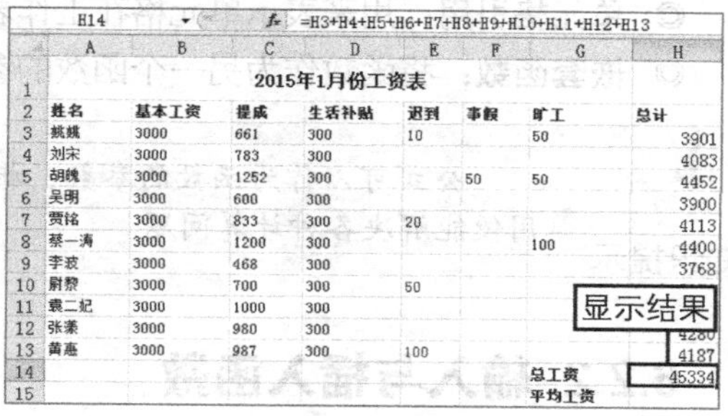

图6-11 确认输入

（7）选择H14单元格，在编辑框中输入公式内容“=H14/11”，如图6-12所示。

（8）按【Ctrl+Enter】组合键确认输入，保存文档即可，如图6-13所示。

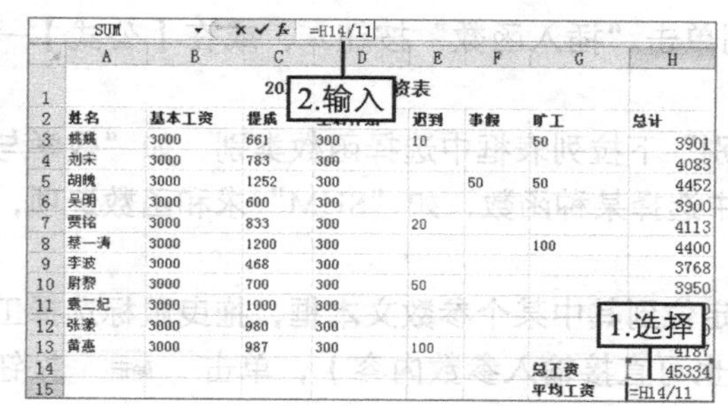

图6-12 输入公式内容

图6-13 查看计算结果

职业素养 与人工计算相比，利用公式计算效率更高，且出错较低。但正因为如此，操作时一定要养成仔细编辑公式内容的良好习惯，只有正确的公式，才能返回正确的结果，最终才能得到正确的数据。

6.2 使用函数计算数据

Excel中将一组特定功能的公式组合在一起，便形成了函数。利用公式可以计算数据，而利用函数则可以简化公式，并完成各种复杂数据的处理。本节将介绍函数的使用方法。

6.2.1 认识Excel函数

函数是Excel中一些预定好的公式，可以通过设置参数来执行计算操作，其参数可以是数字、文本、单元格引用或其他的公式、函数等。在描述函数时会涉及到语法结构，其语法结构为：“=函数名(参数1,参数2,…)”。图6-14所示即为函数的语法结构，下面简要说明几种不同函数参数的作用。

◎ **常量**：即不进行计算，不发生改变的值，如数字、文本。

◎ **逻辑值**：用于判断数据真假的值，即TURE（真值）或FALSE（假值）。

◎ **数组**：用于建立可生成多个结果或可对在行和列中排列的

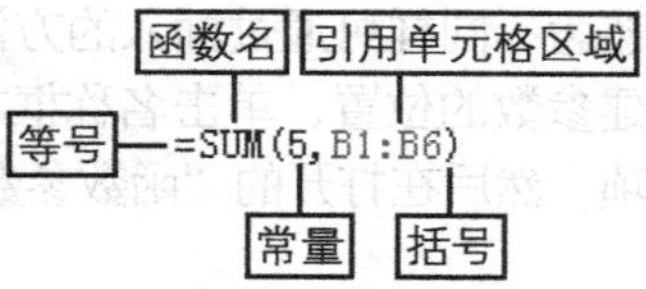

函数名 引用单元格区域
等号 =SUM(5,B1:B6)
常量 括号

图6-14 函数的语法结构

一组参数进行计算的单个公式。

◎ **单元格引用**：用来表示单元格在工作表中所处位置的坐标集。

◎ **嵌套函数**：将函数作为另一个函数的参数使用。

知识提示

公式可以作为函数的参数，相反，函数也能是公式的组成部分，二者相结合使用便能解决各种计算问题。

6.2.2 输入与插入函数

如果能记住某个函数的语法结构，便可像公式一样直接在编辑框中输入函数内容，确认后便能返回计算结果。如果不能记住所用函数的语法结构，便可通过插入函数的方法使用该函数，其具体操作如下。

（1）选择需插入函数的单元格，在编辑框左侧单击“插入函数”按钮fx，或在【公式】→【函数库】组中单击“插入函数”按钮fx。

（2）打开“插入函数”对话框，在“或选择类别”下拉列表框中选择函数类别，如“数学与三角函数”选项，在“选择函数”列表框中选择某种函数，如“SUM”求和函数选项，单击 确定 按钮，如图6–15所示。

（3）打开“函数参数”对话框，将文本插入点定位到其中某个参数文本框，拖曳鼠标选择工作表中参与计算的单元格或单元格区域（也可直接输入参数内容），单击 确定 按钮即可插入函数，如图6–16所示。

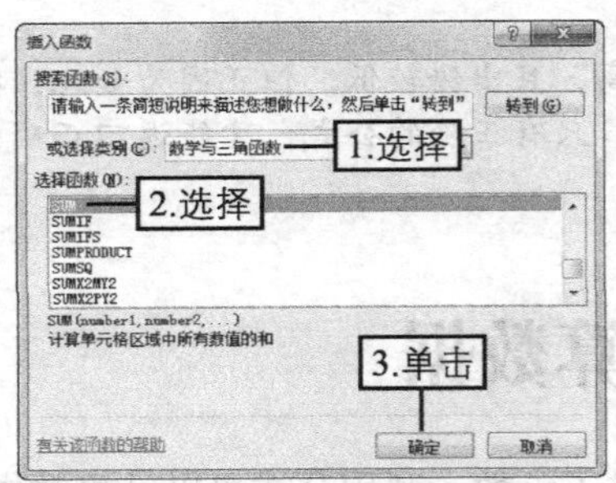

图6–15 选择函数

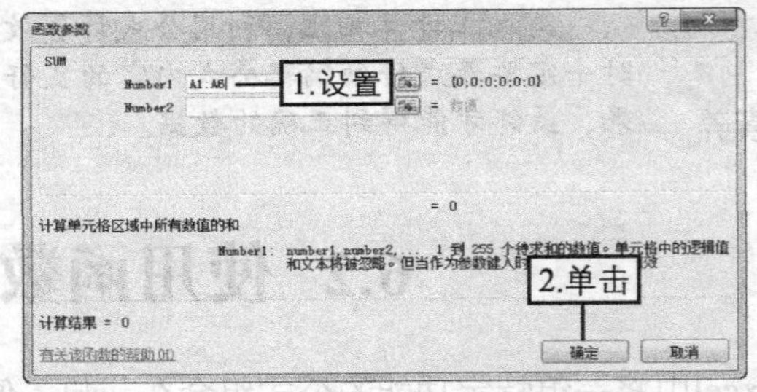

图6–16 设置函数参数

6.2.3 使用嵌套函数

嵌套函数指将某个函数作为另一个函数的参数使用的情形。如“=SUM(5,B1:B6)”是普通的求和函数，如果将参数“5”更改为又一个求和函数，如“=SUM(SUM(A1:A6),B1:B6)”，则该函数就称为嵌套函数了。

嵌套函数可通过直接输入的方法创建，但这要求对函数语法格式非常熟悉，如果不是太熟悉，同样可通过插入的方法完成，其方法为：将文本插入点定位到编辑框的函数中某个需创建参数的位置，单击名称框右侧的下拉按钮▾，在打开的下拉列表中选择需插入的嵌套函数选项，然后在打开的“函数参数”对话框中设置嵌套函数的参数，并确认设置，如图6–17所示。

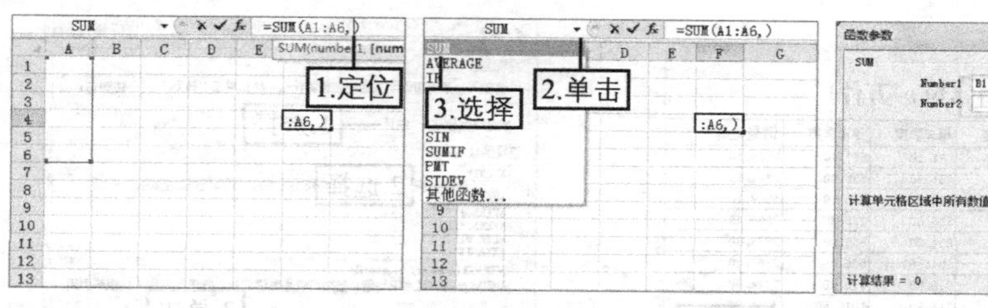

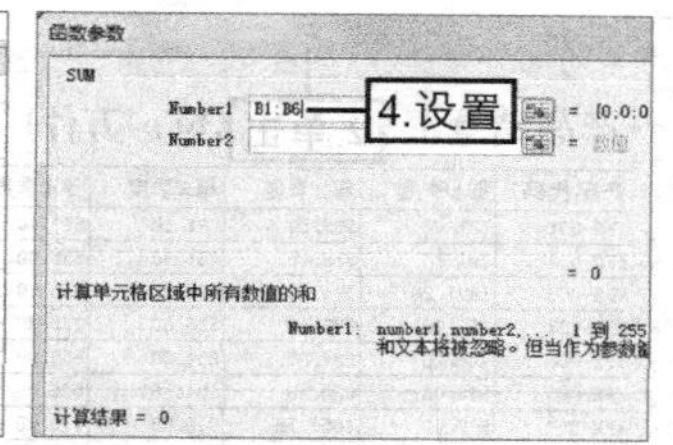

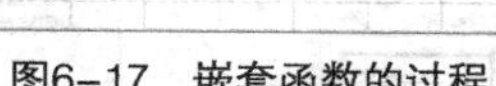
图6-17　嵌套函数的过程

6.2.4 课堂案例2——计算销量汇总表数据

通过输入的方式，利用求和函数SUM计算各产品的销量总和数据，然后以插入的方式利用求平均值函数AVERAGE计算所有产品的平均销量。完成后的参考效果如图6-18所示。

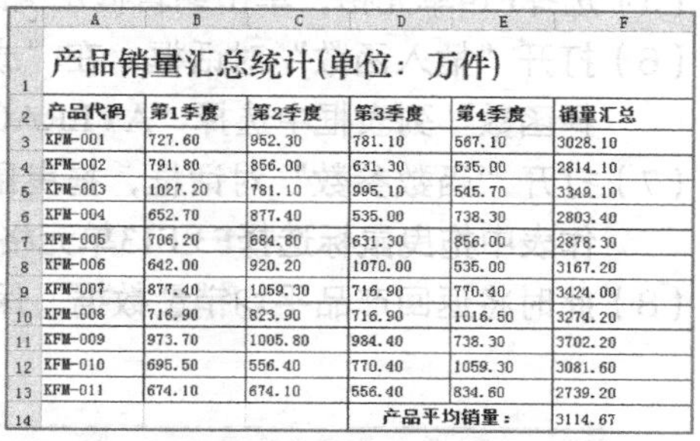

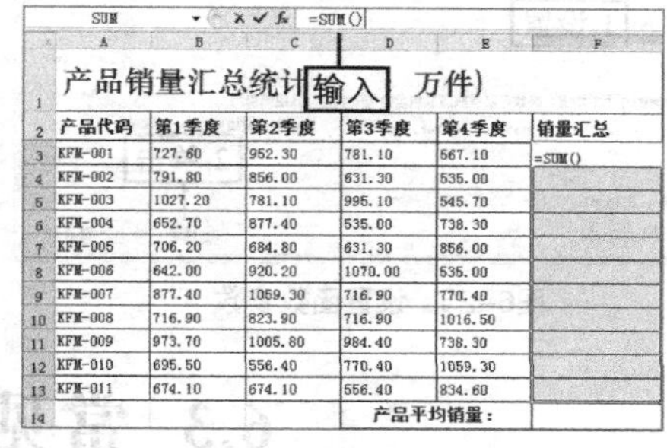

产品销量汇总统计(单位：万件)					
产品代码	第1季度	第2季度	第3季度	第4季度	销量汇总
KFM-001	727.60	952.30	781.10	567.10	3028.10
KFM-002	791.80	856.00	631.30	535.00	2814.10
KFM-003	1027.20	781.10	995.10	545.70	3349.10
KFM-004	652.70	877.40	535.00	738.30	2803.40
KFM-005	706.20	684.80	631.30	856.00	2878.30
KFM-006	642.00	920.20	1070.00	535.00	3167.20
KFM-007	877.40	1059.30	716.90	770.40	3424.00
KFM-008	716.90	823.90	716.90	1016.50	3274.20
KFM-009	973.70	1005.80	984.40	738.30	3702.20
KFM-010	695.50	556.40	770.40	1059.30	3081.60
KFM-011	674.10	674.10	556.40	834.60	2739.20
				产品平均销量：	3114.67

图6-18　销量汇总表的参考效果

（1）打开素材文件“销量汇总表.xlsx”，选择F3:F13单元格区域，在编辑框中单击鼠标定位文本插入点，如图6-19所示。

（2）切换到大写英文状态，输入“=SUM()”，如图6-20所示。

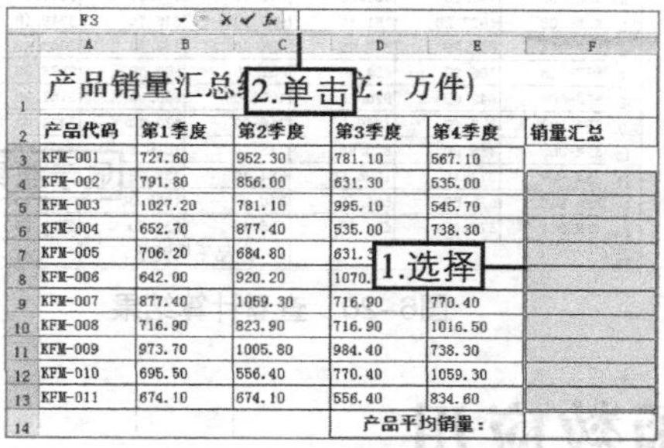

图6-19　选择单元格区域

图6-20　输入函数名

（3）在输入的括号中单击鼠标定位文本插入点，然后拖曳鼠标选择B3:E3单元格区域，如图6-21所示。

（4）按【Ctrl+Enter】组合键完成函数的输入，根据相对引用原理，同时返回其他产品的销量汇总结果，如图6-22所示。

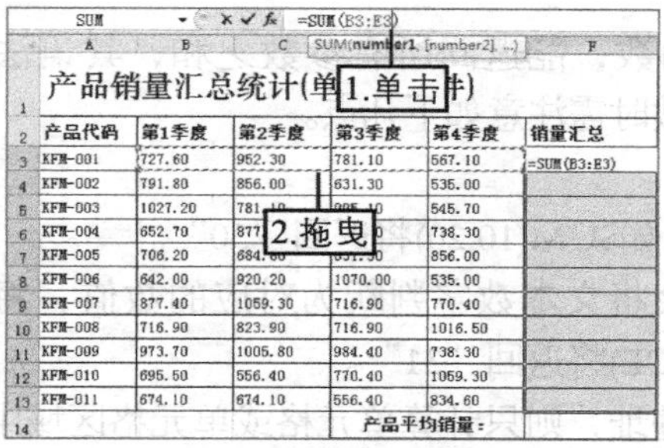

图6-21　选择函数参数

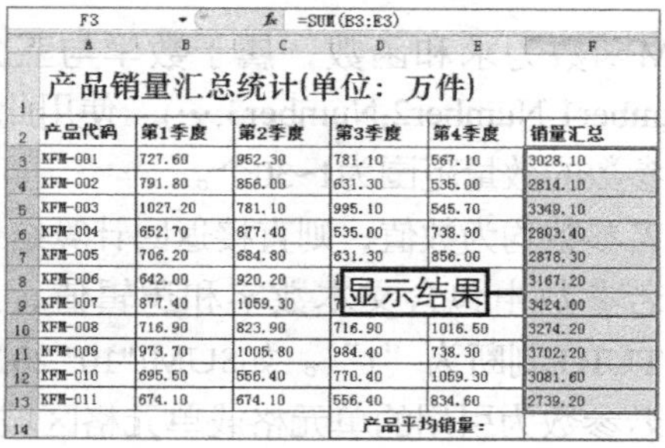

图6-22　确认输入

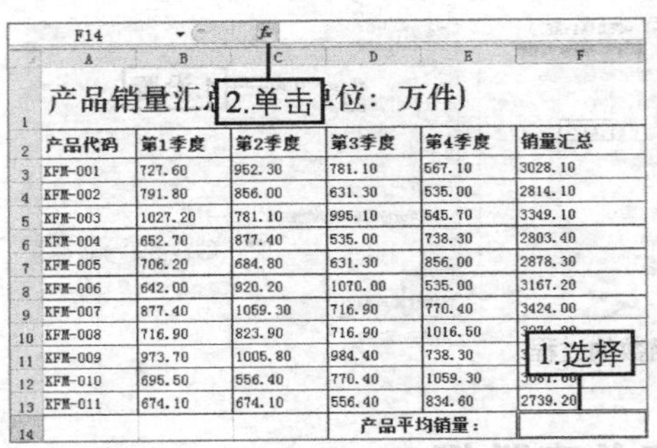

产品销量汇总…单位：万件)					
产品代码	第1季度	第2季度	第3季度	第4季度	销量汇总
KFM-001	727.60	952.30	781.10	567.10	3028.10
KFM-002	791.80	856.00	631.30	535.00	2814.10
KFM-003	1027.20	781.10	995.10	545.70	3349.10
KFM-004	652.70	877.40	535.00	738.30	2803.40
KFM-005	706.20	684.80	631.30	856.00	2878.30
KFM-006	642.00	920.20	1070.00	535.00	3167.20
KFM-007	877.40	1059.30	716.90	770.40	3424.00
KFM-008	716.90	823.90	716.90	1016.50	[illegible]
KFM-009	973.70	1005.80	984.40	738.30	[illegible]
KFM-010	695.50	556.40	770.40	1059.30	[illegible]
KFM-011	674.10	674.10	556.40	834.60	2739.20
			产品平均销量：		

图6-23　插入函数

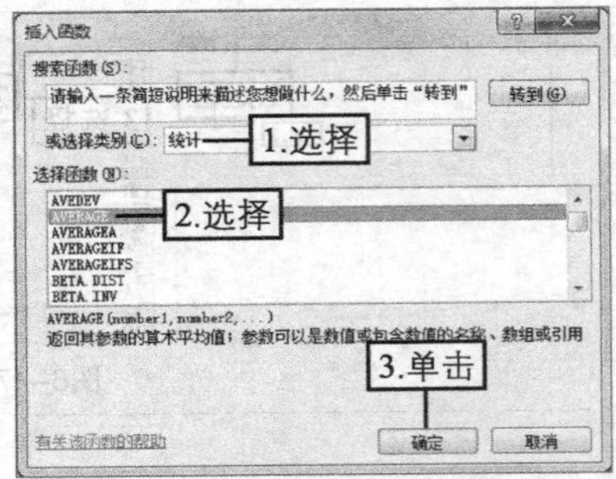

图6-24　选择函数

（5）选择F14单元格，单击编辑框左侧的"插入函数"按钮fx，如图6-23所示。

（6）打开"插入函数"对话框，在"或选择类别"下拉列表框中选择"统计"选项，在"选择函数"列表框中选择"AVERAGE"选项，单击 确定 按钮，如图6-24所示。

（7）打开"函数参数"对话框，拖曳鼠标选择"Number1"文本框中原有的数据，然后在工作表中拖曳鼠标选择F3:F13单元格区域，单击 确定 按钮，如图6-25所示。

（8）此时将返回产品平均销量数据，保存表格即可，如图6-26所示。

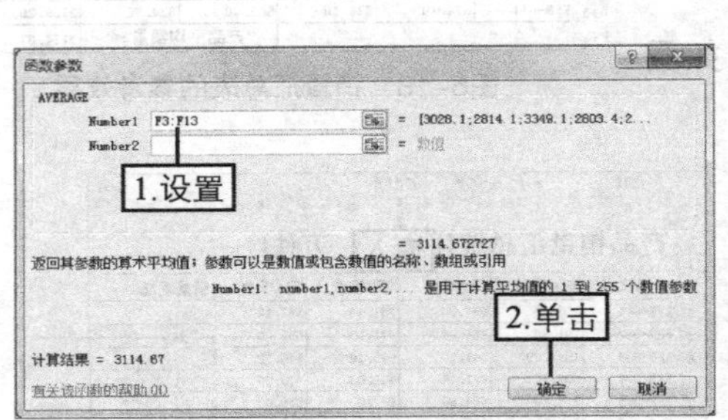

图6-25　设置函数参数

F14　fx　=AVERAGE(F3:F13)

产品销量汇总统计(单位：万件)					
产品代码	第1季度	第2季度	第3季度	第4季度	销量汇总
KFM-001	727.60	952.30	781.10	567.10	3028.10
KFM-002	791.80	856.00	631.30	535.00	2814.10
KFM-003	1027.20	781.10	995.10	545.70	3349.10
KFM-004	652.70	877.40	535.00	738.30	2803.40
KFM-005	706.20	684.80	631.30	856.00	2878.30
KFM-006	642.00	920.20	1070.00	535.00	3167.20
KFM-007	877.40	1059.30	716.90	770.40	3424.00
KFM-008	716.90	823.90	716.90	1016.50	[illegible]
KFM-009	973.70	1005.80	984.40	738.30	[illegible]
KFM-010	695.50	556.40	770.40	1059.30	[illegible]
KFM-011	674.10	674.10	556.40	834.60	2739.20
			产品平均销量：		3114.67

显示结果

图6-26　查看计算结果

6.3　常见函数应用

Excel提供有多种函数，每个函数的功能、语法结构、参数的含义各不相同，下面重点介绍几种常用函数的使用方法，其他函数的应用参见附录B。

6.3.1　SUM函数

SUM函数为求和函数，属于数学与三角函数，能返回所有参数之和，其语法格式为SUM(Number1,Number2,Number3,…)。使用此函数时需注意如下几点。

◎ 参数的数量范围为1~30个。

◎ 若参数均为数值，则直接返回计算结果，如SUM(10,20)将返回"30"。

◎ 若参数中包含文本数字和逻辑值，则会将文本数字判断为对应的数值，将逻辑值TURE判断为"1"。如SUM("10",20,TRUE)将返回"31"。

◎ 若参数为引用的单元格或单元格区域的地址，则只计算单元格或单元格区域中为数字的参数，其他如空白单元格、文本、逻辑值和错误值都将被忽略。

6.3.2 AVERAGE函数

AVERAGE函数为求平均值函数，属于统计函数，能返回所有参数的算术平均值，其语法格式为AVERAGE(Number1,Number2,Number3,…)。此函数的使用方法与SUM函数完全相同。

6.3.3 MAX/MIN函数

MAX函数为最大值函数、MIN函数为最小值函数，均属于统计函数，能分别返回所有参数的最大值或最小值，其语法格式为MAX(Number1,Number2,Number3,…)或MIN(Number1,Number2,Number3,…)。使用此函数时需注意的地方与SUM函数完全相同。

6.3.4 COUNT函数

COUNT函数为计数函数，属于统计函数，能返回包含数字的单元格以及参数列表中数字的个数，其语法格式为COUNT(value1, value2, …)。使用此函数时需注意以下几点。

◎ 如果参数为数字、日期或代表数字的文本（如用引号引起的数字，如 "1"），则将被计算在内。

◎ 逻辑值和直接输入到参数列表中代表数字的文本将被计算在内。

◎ 如果参数为错误值或不能转换为数字的文本，不会被计算在内。

◎ 如果参数为数组或引用，则只计算数组或引用中数字的个数。不会计算数组或引用中的空单元格、逻辑值、文本、错误值。

6.3.5 IF函数

IF函数为判断函数，属于逻辑函数，能对第一参数进行判断，并根据判断结果，返回不同的值，其语法格式为IF(Logical_test,Value_if_true,Value_if_false)。使用此函数时需注意如下几点。

◎ Logical_test为IF函数的第一参数，作用是IF函数判断的参照条件。

◎ Value_if_true为IF函数的第二参数，表示当IF函数判断Logical_test成立时返回的值。

◎ Value_if_false为IF函数的第三参数，表示当IF函数判断Logical_test不成立时返回的值。

◎ 第二参数可以省略，此时若应该返回第二参数的值时，则返回“0”。

◎ 第三参数可以省略，此时若应该返回第三参数的值，则有两种情况：一是若第三参数前面的“,”一起省略，则将返回TRUE；二是若“,”未省略，则将返回“0”。

6.3.6 INT函数

INT函数为取整函数，属于数学函数与三角函数，能返回指定的数字取整后小于或等于它的整数，其格式为INT(number)。使用此函数时需注意如下几点。

◎ 此函数只会返回小于或等于它的整数。如INT(2.9)则将返回“2”；INT(−8.6)则将返回“−9”。

◎ 此函数的参数可以为单元格引用。即INT(A3)，根据A3单元格的数据进行取整。

6.3.7 课堂案例3——计算销量统计表数据

利用多种函数计算销量统计表中的数据，包括统计数量、最高/最低销售数量、销售总价、销售平均价、销售情况等。完成后的参考效果如图6-27所示。

	A	B	C	D	E
1	A品牌服装销量统计表				
2	类别	单价（元）	数量（件）	总价（元）	销售情况
3	牛仔裤	¥268.00	20	5,360.00	优
4	T恤	¥188.00	23	4,324.00	优
5	衬衣	¥168.00	25	4,200.00	良
6	外套	¥398.00	10	3,980.00	良
7	鞋子	¥218.00	20	4,360.00	优
8	休闲裤	¥258.00	15	3,870.00	差
9	统计商品数量	最高销售数量	最低销售数量	销售总价	销售平均价
10	6	25	10	¥26,094.00	¥4,349.00

图6-27 销量统计表的参考效果

（1）打开素材文件“销量统计表.xlsx”，选择A10单元格，在编辑框中输入函数“=COUNT(C3:C8)”，按【Ctrl+Enter】组合键，如图6-28所示。

（2）选择B10单元格，在编辑框中输入函数“=MAX(C3:C8)”，按【Ctrl+Enter】组合键，如图6-29所示。

图6-28 计算商品数量

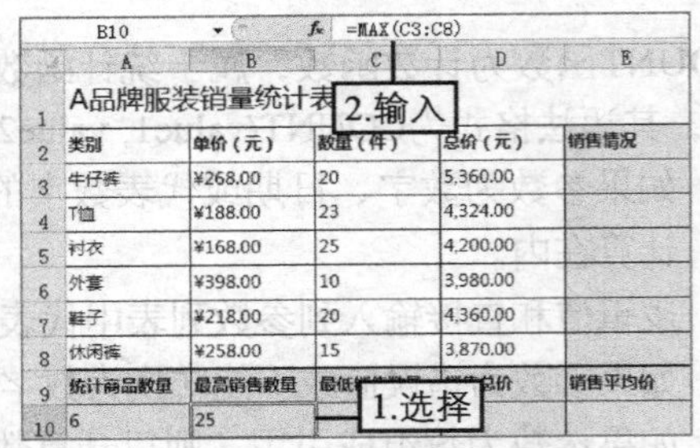

图6-29 返回销量最高的数值

（3）选择C10单元格，在编辑框中输入函数“=MIN(C3:C8)”，按【Ctrl+Enter】组合键，如图6-30所示。

（4）选择D10单元格，在编辑框中输入函数“=SUM(D3:D8)”，按【Ctrl+Enter】组合键，如图6-31所示。

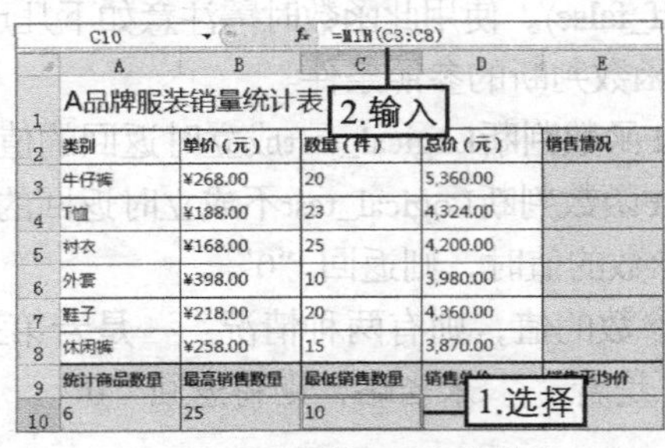

图6-30 返回销量最低的数值

图6-31 计算所有商品销售总价

（5）选择E10单元格，在编辑框中输入函数“=AVERAGE(D3:D8)”，按【Ctrl+Enter】组合键，如图6-32所示。

（6）选择E3:E8单元格区域，在编辑框左侧单击“插入函数”按钮*fx*，如图6-33所示。

（7）打开“插入函数”对话框，在“或选择类别”下拉列表框中选择“逻辑”选项，在“选择函数”列表框中选择“IF”选项，单击 确定 按钮，如图6-34所示。

（8）打开“函数参数”对话框，在“Logical_test”文本框中输入“D3<3900”，在“Value_if_true”文本框中输入“差”，如图6-35所示。

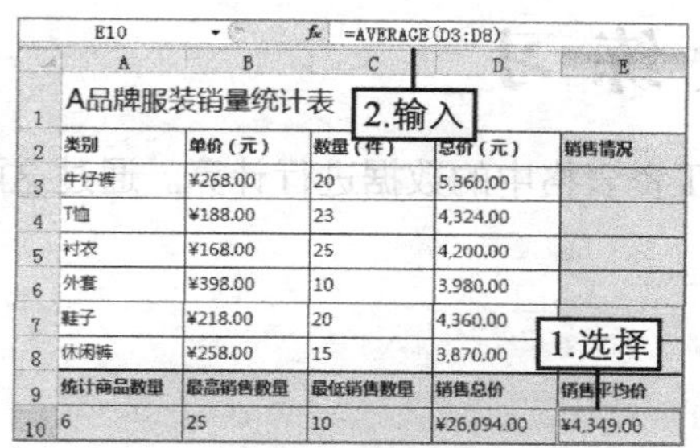

图6-32　计算所有商品销售平均价

图6-33　插入函数

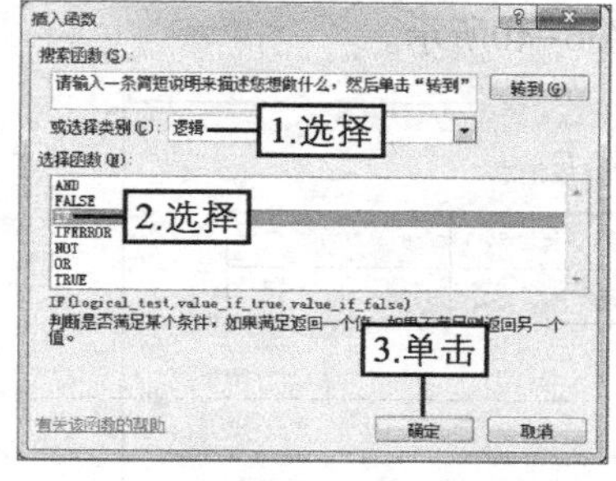

图6-34　选择函数

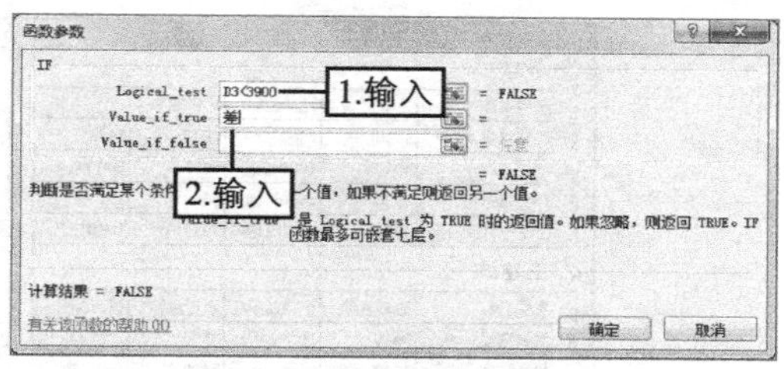

图6-35　设置函数参数

（9）将文本插入点定位到“Value_if_false”文本框中，单击名称框右侧的下拉按钮，在打开的下拉列表中选择“IF”选项，如图6-36所示。

（10）打开“函数参数”对话框，分别在“Logical_test”“Value_if_true”“Value_if_false”文本框中输入“D3>=4300”“优”“良”，单击确定按钮，如图6-37所示。

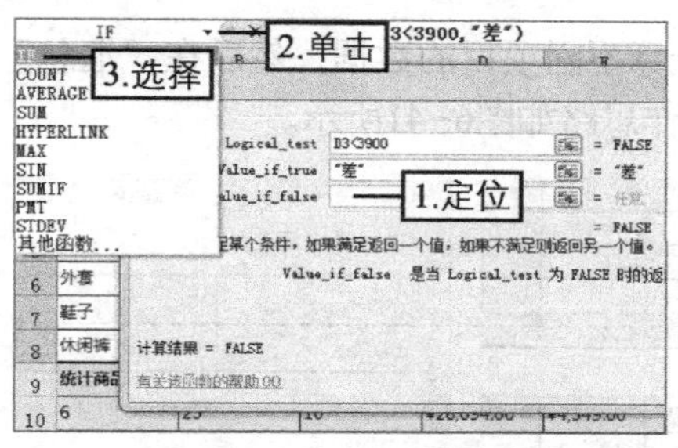

图6-36　嵌套函数

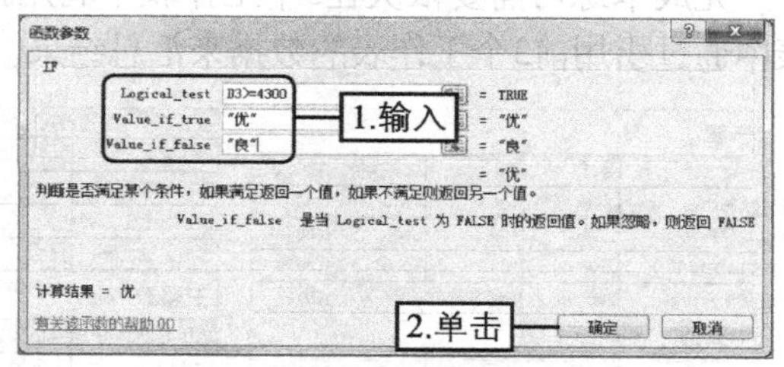

图6-37　设置函数参数

（11）此时将只计算出一个商品的销售情况，保持单元格区域的选择状态，在编辑框的函数最后单击鼠标定位文本插入点，如图6-38所示。

（12）按【Ctrl+Enter】组合键返回其他商品的销售情况，如图6-39所示。保存文档即可。

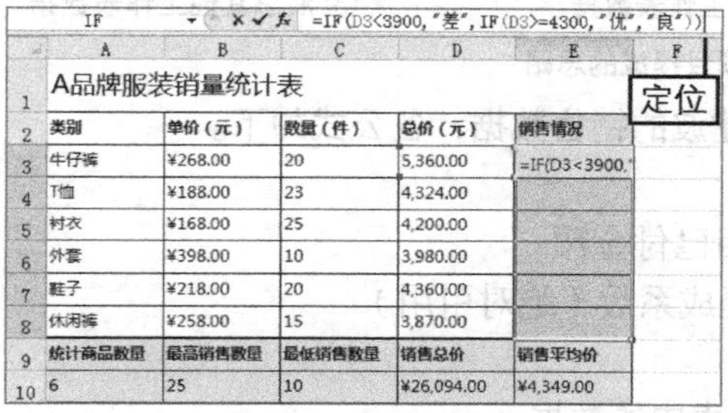

图6-38　定位插入点

图6-39　快速返回其他商品销售情况

6.4 课堂练习

本次课堂练习将分别对项目提成表格和实发工资表格中的数据进行计算。通过这两个练习，进一步掌握对公式与函数的使用技能。

6.4.1 计算员工项目提成数据

1. 练习目标

本练习的目标是计算两名员工的销售数据，其中将主要涉及公式的应用、填充，以及引用不同工作表中的单元格等操作。完成后的参考效果如图6-40所示。

	A	B	C	D	E
1	李慧				
2	项目名称	签单金额	已付金额	未付金额	提成奖金
3	网站建设	6800	2000	4800	340
4	软件开发	12000	4000	8000	600
5	FLASH制作	2000	1000	1000	100
6	签单总额合计：	20800	项目提成总额合计：		1040
7	王建波				
8	项目名称	签单金额	已付金额	未付金额	提成奖金
9	网站建设	5000	1500	3500	250
10	软件开发	8000	2400	5600	400
11	FLASH制作	3000	2000	1000	150
12	签单总额合计：	16000	项目提成总额合计：		800
13	备注				
14	项目提成系数				0.05

	A	B	C
1	项目提成汇总		
2	李慧	2615	
3	王建波	2400	
4			
5			
6			
7			
8			
9			
10			
11			
12			
13			
14			
15			

图6-40 项目提成表的参考效果

2. 操作思路

完成本练习需要依次在3个工作表中利用公式计算不同项目的数据，然后在“汇总”工作表中通过引用前3个工作表的数据来汇总结果。其操作思路如图6-41所示。

李慧				
项目名称	签单金额	已付金额	未付金额	提成奖金
网站建设	6800	2000	4800	340
软件开发	12000	4000	8000	600
FLASH制作	2000	1000	1000	100
签单总额合计：	20800	项目提成总额合计：		1040
王建波				
项目名称	签单金额	已付金额	未付金额	提成奖金
网站建设	5000	1500	3500	250
软件开发	8000	2400	5600	400
FLASH制作	3000	2000	1000	150
签单总额合计：	16000	项目提成总额合计：		800
备注				
项目提成系数				0.05

① 计算各项目数据

项目名称	签单金额	已付金额	未付金额	提成奖
网站建设	5000	3000	2000	250
软件开发	6000	2000	4000	300
FLASH制作	500	500	0	25
签单总额合计：	11500	项目提成总额合计：		575
王建波				
项目名称	签单金额	已付金额	未付金额	提成奖
网站建设	9000	3000	6000	450
软件开发	7000	3000	4000	350
FLASH制作	3000	1000	2000	150
签单总额合计：	19000	项目提成总额合计：		950
备注				
项目提成系数				0.05

7月 8月 9月 汇总

② 计算其他工作表数据

	A	B	C
1	项目提成汇总		
2	李慧	2615	
3	王建波	2400	
4			
5			
6			
7			
8			
9			
10			
11			
12			
13			
14			
15			
16			

③ 汇总其他工作表数据

图6-41 计算员工项目提成的思路

（1）在“7月”工作表中利用公式计算李慧和王建波的销售数据，各公式如下。

◎ 签单总额合计=各项目签单金额之和

◎ 各项目未付金额=各项目签单金额-各项目已付金额

◎ 各项目提成奖金=各项目签单金额*项目提成系数（绝对引用）

◎ 项目提成总额合计=各项目提成奖金之和

（2）按相同方法分别计算“8月”和“9月”工作表中的数据。

（3）在“汇总”工作表中，通过引用同一工作簿的不同工作表中单元格的方法计算两位员工的所有提成。

6.4.2 计算员工实发工资数据

1. 练习目标

本练习的目标是利用公式与函数计算员工工资的相关数据，其中将主要涉及函数与嵌套函数的使用。完成后的参考效果如图6-42所示。

B15 =IF(AVERAGE(C3:G6)>B14,"高于",IF(AVERAGE(C3:G6)=B14,"等于","低于"))

	A	B	C	D	E	F	G
1	员工实发工资表						
2	姓名	职务	基本工资	绩效奖金	交通津贴	应扣罚金	实发工资
3	郭小月	销售专员	¥4,000.0	¥0.0	¥100.0	¥10.0	¥4,090.0
4	王珏	销售专员	¥4,000.0	¥200.0	¥50.0	¥50.0	¥4,200.0
5	杨科	销售专员	¥4,000.0	¥300.0	¥0.0	¥0.0	¥4,300.0
6	张余杰	销售专员	¥4,000.0	¥300.0	¥100.0	¥20.0	¥4,380.0
7	李立	客服人员	¥4,200.0	¥200.0	¥0.0	¥30.0	¥4,370.0
8	赵明	客服人员	¥4,200.0	¥300.0	¥50.0	¥0.0	¥4,550.0
9	汪阳	行政助理	¥4,500.0	¥100.0	¥50.0	¥0.0	¥4,650.0
10	饶小娟	行政主管	¥5,500.0	¥300.0	¥50.0	¥50.0	¥5,800.0
11	余小慧	销售主管	¥5,500.0	¥600.0	¥50.0	¥100.0	¥6,050.0
12	周涛	总经理	¥6,500.0	¥500.0	¥50.0	¥50.0	¥7,000.0
13	实发工资总额	¥49,390.0					
14	平均实发工资	¥4,939.0					
15	销售专员平均工资	低于	员工平均工资				

图6-42 实发工资表的参考效果

2. 操作思路

完成本练习首先应计算各员工的实发工资数据，然后利用函数统计实发工资总额和平均工资，最后判断销售专员平均工资与所有员工工资数据。其操作思路如图6-43所示。

绩效奖金	交通津贴	应扣罚金	实发工资
¥0.0	¥100.0	¥10.0	¥4,090.0
¥200.0	¥50.0	¥50.0	¥4,200.0
¥300.0	¥0.0	¥0.0	¥4,300.0
¥300.0	¥100.0	¥20.0	¥4,380.0
¥200.0	¥0.0	¥30.0	¥4,370.0
¥300.0	¥50.0	¥0.0	¥4,550.0
¥100.0	¥50.0	¥0.0	¥4,650.0
¥300.0	¥50.0	¥50.0	¥5,800.0
¥600.0	¥50.0	¥100.0	¥6,050.0
¥500.0	¥50.0	¥50.0	¥7,000.0

① 计算员工实发工资

4	王珏	销售专员	¥4,000.0
5	杨科	销售专员	¥4,000.0
6	张余杰	销售专员	¥4,000.0
7	李立	客服人员	¥4,200.0
8	赵明	客服人员	¥4,200.0
9	汪阳	行政助理	¥4,500.0
10	饶小娟	行政主管	¥5,500.0
11	余小慧	销售主管	¥5,500.0
12	周涛	总经理	¥6,500.0
13	实发工资总额	¥49,390.0	
14	平均实发工资	¥4,939.0	

② 统计实发工资

6	张余杰	销售专员	¥4,000.0
7	李立	客服人员	¥4,200.0
8	赵明	客服人员	¥4,200.0
9	汪阳	行政助理	¥4,500.0
10	饶小娟	行政主管	¥5,500.0
11	余小慧	销售主管	¥5,500.0
12	周涛	总经理	¥6,500.0
13	实发工资总额	¥49,390.0	
14	平均实发工资	¥4,939.0	
15	销售专员平均工资	低于	员工平均工

③ 判断工资数据

图6-43 计算员工实发工资的思路

（1）利用求和函数与公式计算每位员工的实发工资。实发工资=基本工资+绩效奖金+交通津贴-应扣罚金。

（2）使用SUM函数计算实发工资总额。

（3）使用AVERAGE函数计算平均实发工资。

（4）使用IF函数判断销售专员的平均工资是高于、等于，还是低于员工平均工资，其中销售专员平均工资应使用AVERAGE函数嵌套。

6.5 拓展知识

公式与函数是Excel中使用频率非常高的对象之一，为更好地运用它们讲解实际问题，下面补充介绍一些实用的操作和技巧，以提高公式与函数的应用水平。

6.5.1 了解不同函数的基本用法

Excel中自带了许多不同类型的函数，并且每个函数的参数都是不同的，在使用函数计算单元格中的数据时，若想快速查阅该函数的参数功能，可先在编辑栏中输入需插入的函数名称，如“=SUMIF”，然后按【Ctrl+A】组合键，此时Excel会自动打开该函数的“函数参数”对话框，将文本插入点定位到其中不同的参数文本框时，便可在对话框下方查看该参数的作用和用法，如图6-44所示。

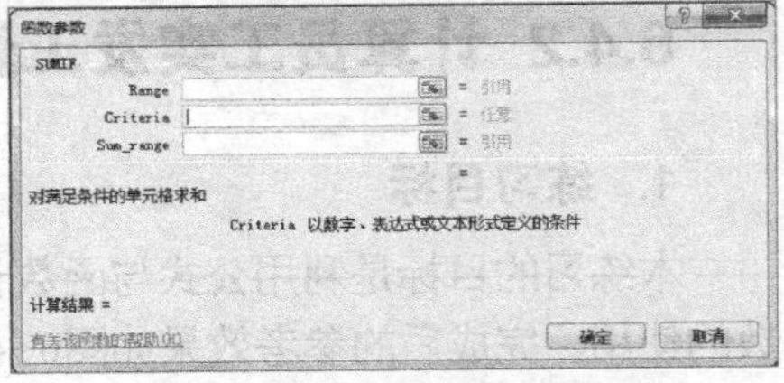

图6-44　查看函数参数的用法

6.5.2 搜索需要的函数

如果对系统提供的函数不是很熟悉，如何使用合适的函数计算数据就显得非常困难，此时可按以下方法尝试寻找所需函数：打开“插入函数”对话框，在“搜索函数”文本框中输入所需函数的功能，如直接输入“查找”两个字，然后单击 转到(G) 按钮，在“选择函数”列表框中就会列出多个用于查找的函数，如图6-45所示。选择某个函数选项，在对话框的最下面就会显示该函数的具体功能。用户还可单击“有关该函数的帮助”超链接来查看更详细的描述。

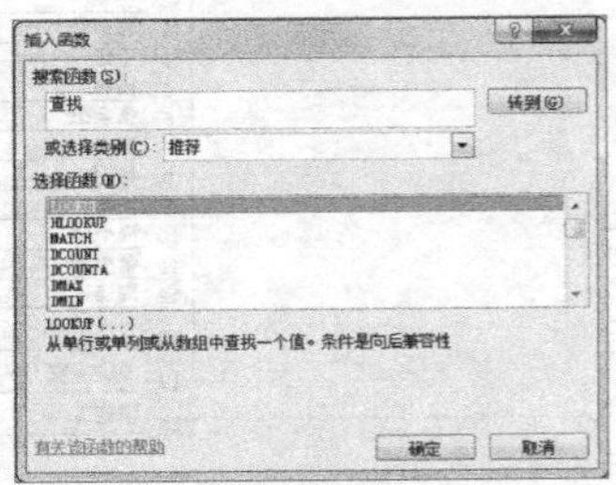

图6-45　查找合适的函数

6.6 课后习题

（1）在产品库存表中利用公式计算每种产品的本月库存量，然后利用合适的函数计算所有产品平均库存量、最小库存量、最大库存量。

知识提示

产品本月库存量=上月库存-本月销量+本月进货。表格最终效果如图6-46所示。

（2）在培训成绩表中分别计算各员工的培训成绩总分，然后利用函数进行等级判断，标准为大于85分者，等级为“优秀”，等于或低于85分者，等级为“一般”。

知识提示

利用SUM函数计算成绩总分；利用IF函数进行等级判断，其中判断条件为AVERAGE函数嵌套。表格最终效果如图6-47所示。

产品库存表（单位：件）

产品编号	产品类别	上月库存	本月销量	本月进货	本月库存
BN201501	竹地板	4,900	3,400	6,100	7,600
BN201502	竹地板	5,200	4,800	5,200	5,600
BN201503	竹地板	6,100	4,800	5,200	6,500
BN201504	软木地板	3,900	5,000	5,300	4,200
BN201505	实木地板	5,200	5,200	3,900	3,900
BN201506	复合地板	6,100	4,900	3,900	5,100
BN201507	软木地板	4,900	3,400	6,100	7,600
BN201508	软木地板	5,200	4,800	5,200	5,600
BN201509	复合地板	4,300	3,400	6,100	7,000
BN201510	复合地板	4,800	5,200	3,400	3,000
BN201511	软木地板	5,000	4,800	5,300	5,500
BN201512	实木地板	4,300	3,400	6,100	7,000
BN201513	实木地板	6,100	4,800	5,200	6,500
BN201514	竹地板	5,000	5,000	5,000	5,000
BN201515	复合地板	5,200	5,200	3,900	3,900
BN201516	软木地板	5,000	5,000	5,000	5,000
平均库存	最小库存	最大库存			
5,563	3,000	7,600			

图6-46　产品库存表的参考效果

员工培训成绩表

姓名	理论	团队	思维	创新	操作	总分	等级
姚姚	80.00	99.00	85.00	91.00	87.00	442.00	优秀
吴明	91.00	85.00	65.00	86.00	90.00	417.00	一般
蔡小凤	75.00	90.00	86.00	95.00	77.00	423.00	一般
尉黎	88.00	76.00	73.00	78.00	85.00	400.00	一般
刘宋	95.00	90.00	81.00	91.00	84.00	441.00	优秀
黄莺	86.00	88.00	79.00	80.00	92.00	425.00	一般
王爽	71.00	80.00	82.00	89.00	86.00	408.00	一般

图6-47　培训成绩表的参考效果

第7章 统计Excel表格数据

Excel的特点除了体现在数据计算的方面外，数据的管理也是其非常显著的特点。通过前面的学习可以知道，表格一般由标题、项目（也称表头、字段）、若干条记录组成，对于这种表格的数据，便可使用Excel中的排序、筛选、分类汇总等功能进行管理，以便更好地对数据进行使用和分析。本章就将针对这些功能的实现方法做重点讲解。

学习要点

- ◎ 排列数据
- ◎ 筛选数据
- ◎ 分类汇总数据

学习目标

- ◎ 掌握数据的简单排序、关键字排序
- ◎ 了解按行排列数据的方法
- ◎ 掌握简单筛选、自定义条件筛选数据的操作
- ◎ 了解高级筛选的方法
- ◎ 熟悉分类汇总数据方法

7.1 排列数据

排列数据即数据的排序，此操作在实际工作中使用得非常普遍，如通过从高到低的降序排列查看产品销量；通过从低到高的升序排列整理订单编号等。下面将对Excel中的几种常用的排序功能进行讲解，主要包括简单排序、关键字排序、按行排序等内容。

7.1.1 简单排序

简单排序是指以表格中的某一个项目下的数据为排列依据，对所有记录的顺序进行调整。其方法为：选择作为排序依据的项目或其下任意包含数据的单元格，在【数据】→【排序和筛选】组中单击"升序"按钮或"降序"按钮，如图7-1所示即为以"理论"项目下的数据为排列依据，对表格中的所有记录进行降序排列的效果。

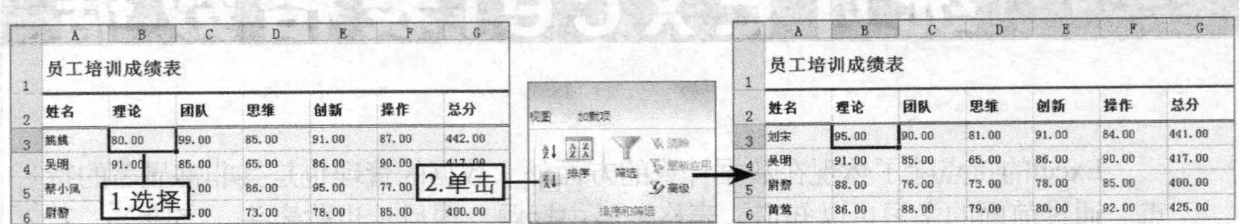

图7-1 降序排列数据的操作过程

7.1.2 关键字排序

简单排序虽然快捷，但一旦出现相同的排序依据时，其整理出的结果就不一定准确，此时便可利用关键字排序解决问题。利用关键字排序的原理为：设置主要关键字和若干次要关键字为排序依据，当主要关键字的排序依据存在相同数据时，便按次要关键字作为排序依据，以此类推。使用关键字排序的具体操作如下。

（1）选择任意包含数据的单元格或单元格区域，在【数据】→【排序和筛选】组中单击"排序"按钮。

（2）打开"排序"对话框，在"主要关键字"下拉列表框中选择排序参照的项目，如"理论"选项，在"排序依据"下拉列表框中选择"数值"选项，表示按数值大小排序，在"次序"下拉列表框中选择排序方法，如"降序"选项，如图7-2所示。

（3）单击"添加条件"按钮，继续设置次要关键字的项目、排序依据、排序方法，如"思维、数值、降序"，表示当主要关键字的数值相同时，按次要关键字排序，单击"确定"按钮即可，如图7-3所示。

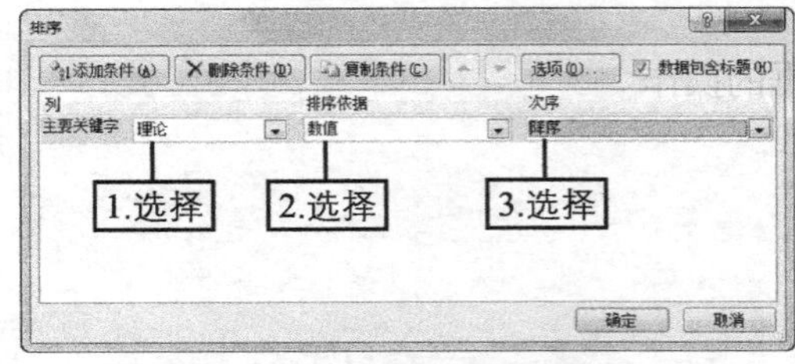

图7-2 设置主要关键字

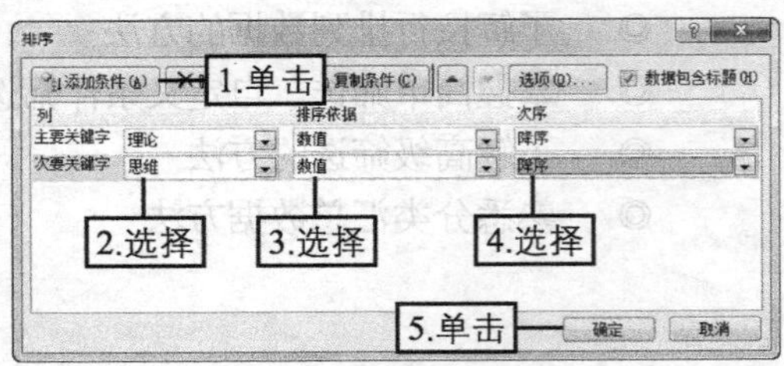

图7-3 设置次要关键字

知识提示　根据实际排序需要，可多次单击[添加条件(A)]按钮设置多个排序依据，单击[删除条件(D)]按钮则可将当前设置的排序依据删除。

7.1.3 按行排序

无论是简单排序还是关键字排序，调整顺序的对象都是表格中的各条记录，如果需要调整的对象是表格项目，则可利用按行排序来实现，其具体操作如下。

(1) 选择任意包含数据的单元格或单元格区域，如图7-4所示。

(2) 打开"排序"对话框，单击[选项(O)...]按钮，打开"排序选项"对话框，单击选择"按行排序"单选项，然后单击[确定]按钮，如图7-5所示。

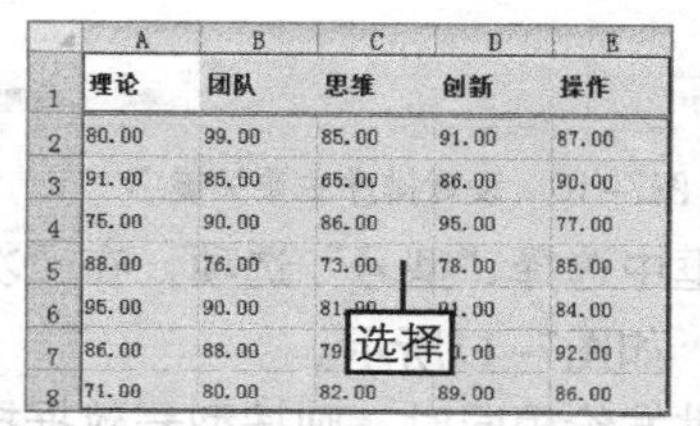

图7-4　选择单元格区域

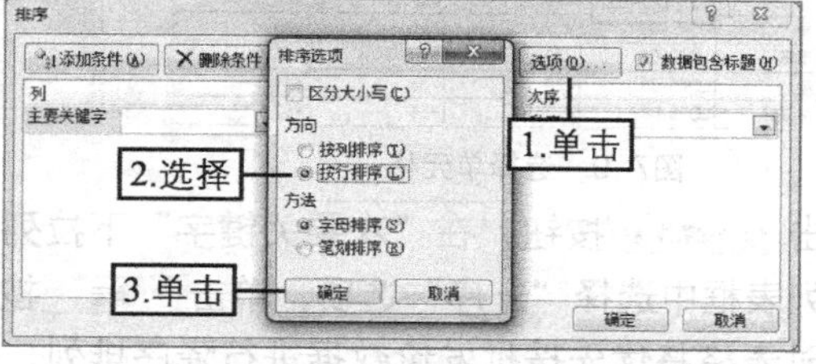

图7-5　设置按行排序

(3) 在"排序"对话框中设置排序依据、排序方法，如"行2、数值、降序"，表示根据第2行的数据，将项目进行降序排列，单击[确定]按钮，如图7-6所示。

(4) 此时表格中的单元格区域将按设置进行重新排列，如图7-7所示。

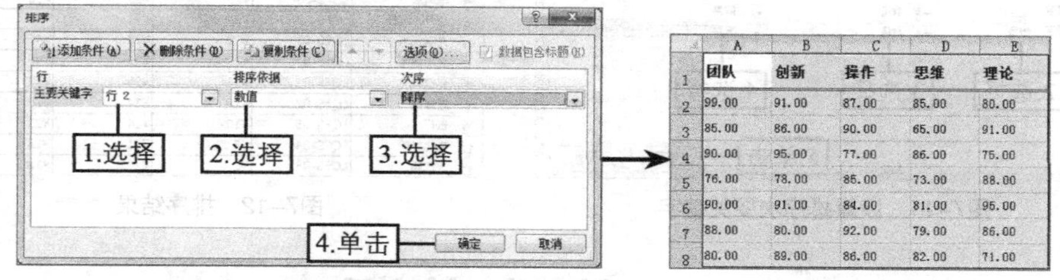

图7-6　设置排序依据　　图7-7　排序结果

7.1.4 课堂案例1——整理产品报价表数据

将产品报价表数据按批发价降序排列，其中批发价相同的数据记录按型号升序排列。排序前后的表格对比效果如图7-8所示。

A科技公司产品报价明细（排序前）

产品名	型号	批发价	出厂价	零售价
充电风扇	LQFS-01	¥20	¥28	¥46
电蚊拍	LQFS-02	¥10	¥14	¥23
灭蚊器	LQFS-03	¥5	¥7	¥12
充电电筒	LQFS-04	¥8	¥11	¥18
台灯	LQFS-05	¥10	¥14	¥23
电风扇	LQFS-06	¥25	¥35	¥58
充电香薰	LQFS-07	¥20	¥28	¥46
驱蚊器	LQFS-08	¥18	¥25	¥41

A科技公司产品报价明细（排序后）

产品名	型号	批发价	出厂价	零售价
电风扇	LQFS-06	¥25	¥35	¥58
空气加湿器	LQFS-09	¥22	¥31	¥51
充电风扇	LQFS-01	¥20	¥28	¥46
充电香薰	LQFS-07	¥20	¥28	¥46
驱蚊器	LQFS-08	¥18	¥25	¥41
电蚊拍	LQFS-02	¥10	¥14	¥23
台灯	LQFS-05	¥10	¥14	¥23
充电电筒	LQFS-04	¥8	¥11	¥18

图7-8　"产品报价表"排序前后的对比效果

（1）打开素材文件“产品报价表.xlsx”，选择B4单元格，在【数据】→【排序和筛选】组中单击“排序”按钮，如图7-9所示。

（2）打开“排序”对话框，在“主要关键字”下拉列表框中选择“批发价”选项，在“次序”下拉列表框中选择“降序”选项，如图7-10所示。

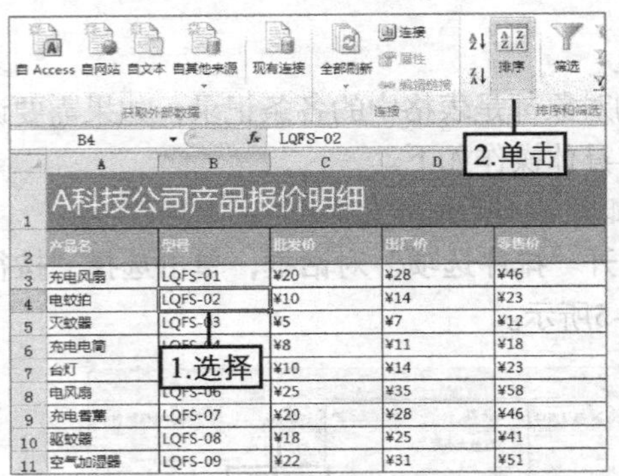

图7-9 选择单元格

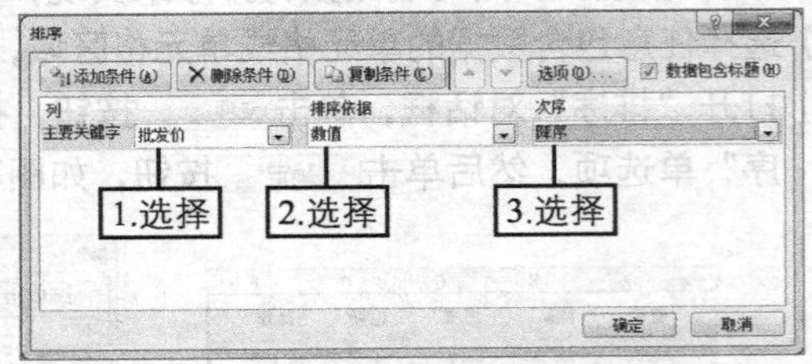

图7-10 设置排序主要关键字

（3）单击添加条件(A)按钮，在“次要关键字”下拉列表框中选择“型号”选项，在“次序”下拉列表框中选择“升序”选项，单击确定按钮，如图7-11所示。

（4）此时表格将优先按批发价数据进行降序排列，当批发价相同时，则按型号数据排列，如图7-12所示。

图7-11 设置排序次要关键字　　图7-12 排序结果

7.2 筛选数据

筛选数据是指将符合条件的记录显示在表格中，将其他记录暂时隐藏的操作。本节将介绍如何使用Excel的各种筛选功能完成对数据的筛选。

7.2.1 简单筛选

简单排序可以手动设置需要筛选出的数据和需要暂时隐藏的数据，此操作简单易行，适合在数据量不大的表格中使用。如果数据量很大，简单筛选需要的工作量就更大，就越显得不适用。对数据进行简单筛选的方法为：选择任意含有数据的单元格，在【数据】→【排序和筛选】组中单击“筛选”按钮，此时表格所有项目的右侧将出现筛选下拉按钮，单击该按钮，可在打开的下拉列表中单击选择或撤销选择数据对应的复选框，实现数据的筛选和隐藏操作，完成后单击确定按钮即可，如图7-13所示。

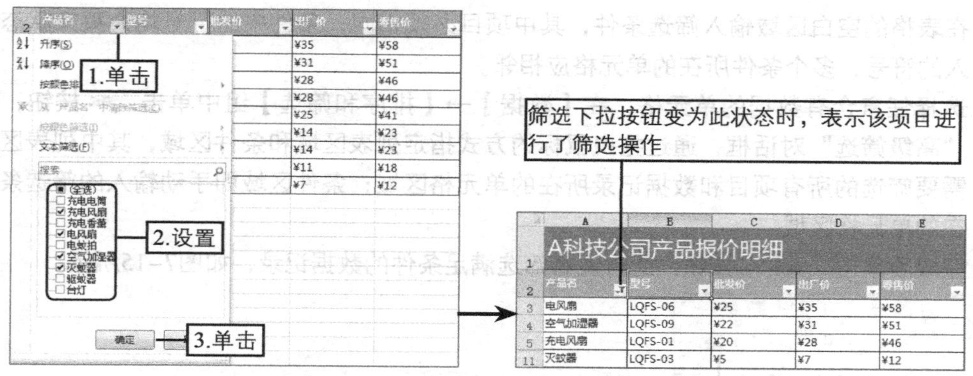

图7-13　手动设置需要筛选或隐藏的数据

知识提示

筛选数据后，可通过单击【数据】→【排序和筛选】组中的“筛选”按钮或清除按钮清除筛选状态，显示表格中的全部数据。

7.2.2 自定义条件筛选

自定义条件筛选可以直接使用Excel提供的筛选条件或自行设置筛选条件，使满足条件的数据显示，不满足条件的数据隐藏，此功能可以有效提高工作效率，其方法为：单击“筛选”按钮进入筛选状态，单击项目（此项目下的记录为数据）右侧的筛选下拉按钮，在打开的下拉列表中选择“数字筛选”选项，在打开的子列表中选择相应的筛选条件对应的选项，打开“自定义自动筛选方式”对话框，在其中进行设置即可。图7-14所示即为显示批发价大于18的数据记录的操作过程。

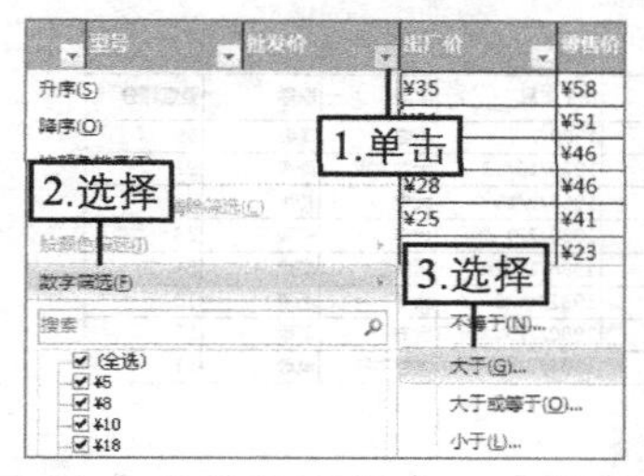

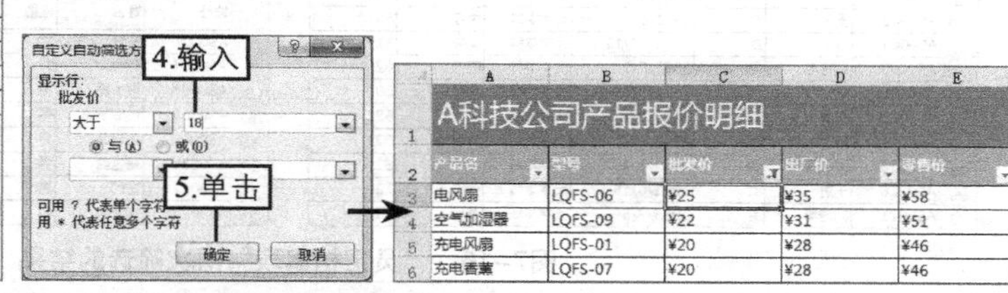

图7-14　自定义筛选的操作过程

操作技巧

“自定义自动筛选方式”对话框中包含4个下拉列表框和2个单选项，左侧两个下拉列表框可设置筛选条件，右侧两个下拉列表框可设置条件数据；“与”单选项表示数据必须同时满足上下两侧下拉列表框中设置的条件；“或”单选项表示数据只要满足上下两侧下拉列表框中设置的条件之一即可。

7.2.3 高级筛选

简单筛选和自定义筛选只能针对一个项目进行筛选操作，要想对两个或多个项目同时设置筛选条件来筛选数据，便可使用高级筛选的功能，其具体操作如下。

（1）在表格的空白区域输入筛选条件，其中项目必须相同，条件中的符号均为英文状态下输入的符号，多个条件所在的单元格应相邻。

（2）选择任意含有数据的单元格，在【数据】→【排序和筛选】组中单击 高级 按钮，打开“高级筛选”对话框，通过拖曳鼠标的方式指定列表区域和条件区域，其中列表区域为需要筛选的所有项目和数据记录所在的单元格区域；条件区域即手动输入的筛选条件所在的单元格区域。

（3）完成后单击 确定 按钮，此时便将筛选满足条件的数据记录，如图7-15所示。

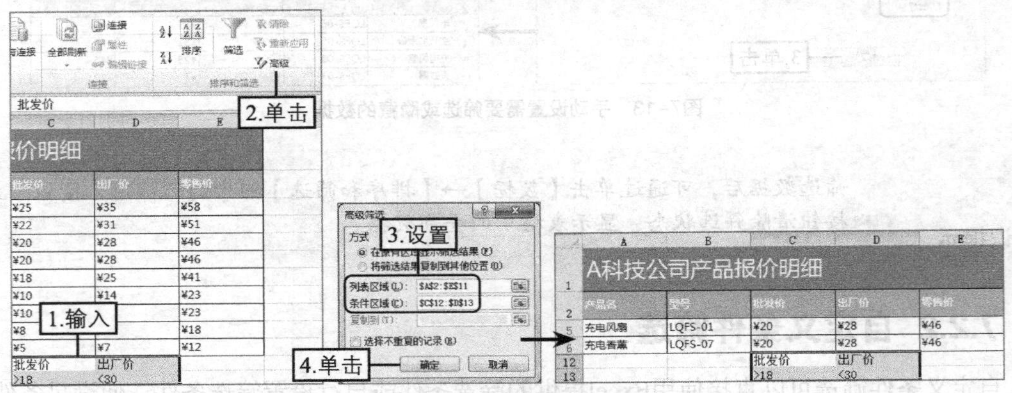

图7-15　高级筛选的操作过程

7.2.4 课堂案例2——筛选员工档案表数据

在员工档案表中筛选出所有学历为“大学本科”的数据记录，然后清除筛选，并重新筛选出业绩评分小于60或大于85的数据记录。两次筛选结果的效果如图7-16所示。

	员工档案表						
2	编号	姓名	性别	出生年月	学历	职称	业绩评分
4	AS0002	王进	女	1981/6/15	大学本科	中级	60
6	AS0004	任小义	女	1975/10/12	大学本科	高级	91
7	AS0005	刘诗琦	男	1983/7/5	大学本科	高级	62
8	AS0006	袁中星	男	1972/9/1	大学本科	高级	60
15	AS0013	陈娟	女	1982/5/1	大学本科	中级	69
16	AS0014	杨丽	女	1982/5/2	大学本科	中级	82
18	AS0016	陈玲玉	女	1982/5/4	大学本科	中级	81
20	AS0018	王进	女	1981/6/15	大学本科	中级	72
23	AS0021	刘诗琦	男	1983/7/5	大学本科	高级	51

	A	B	C	D	E	F	G
1	员工档案表						
2	编号	姓名	性别	出生年月	学历	职称	业绩评分
3	AS0001	左代	男	1980/7/5	大专	高级	55
6	AS0004	任小义	女	1975/10/12	大学本科	高级	91
9	AS0007	邢小勤	男	1968/9/18	大专	初级	52
10	AS0008	代敏浩	男	1980/7/9	大专	初级	88
11	AS0009	陈晓龙	男	1986/10/10	研究生	高级	54
13	AS0011	董弦韵	男	1982/4/29	大专	高级	53
19	AS0017	左代	男	1980/7/5	大专	高级	56
23	AS0021	刘诗琦	男	1983/7/5	大学本科	高级	51

图7-16　“员工档案表”两次筛选的结果

（1）打开素材文件“员工档案表.xlsx”，选择E2单元格，在【数据】→【排序和筛选】组中单击“筛选”按钮，如图7-17所示。

（2）单击“学历”项目右侧的筛选下拉按钮，在弹出的界面中首先撤销选择“(全选)”复选框，然后单击选择“大学本科”复选框，单击 确定 按钮，如图7-18所示。

（3）此时将筛选出所有学历为大学本科的数据记录，单击【数据】→【排序和筛选】组中的 清除 按钮，如图7-19所示。

（4）清除筛选数据后，单击“业绩评分”项目右侧的筛选下拉按钮，在打开的下拉列表中选择“数字筛选”选项，在打开的子列表中选择“自定义筛选”选项，如图7-20所示。

（5）打开“自定义自动筛选方式”对话框，在左上方的下拉列表框中选择“小于”选项，在右侧的下拉列表框中输入“60”，单击选择“或”单选项。在右下方的下拉列表框中选择“大于”选项，在右侧的下拉列表框中输入“85”，单击 确定 按钮，如图7-21所示。

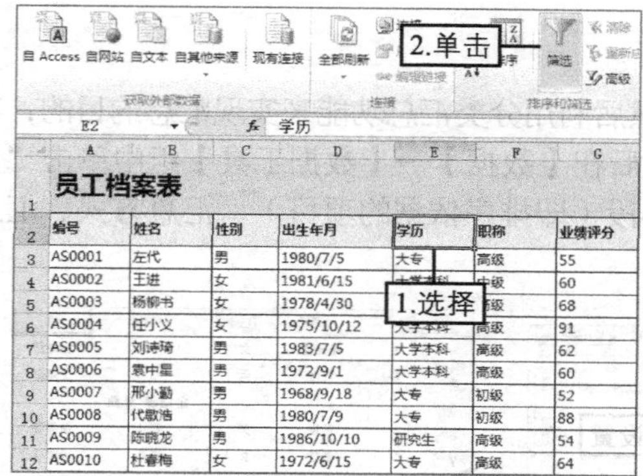

图7-17　选择单元格

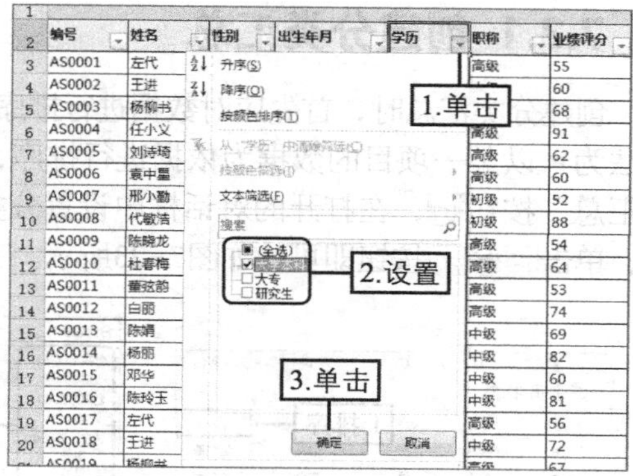

图7-18　简单筛选

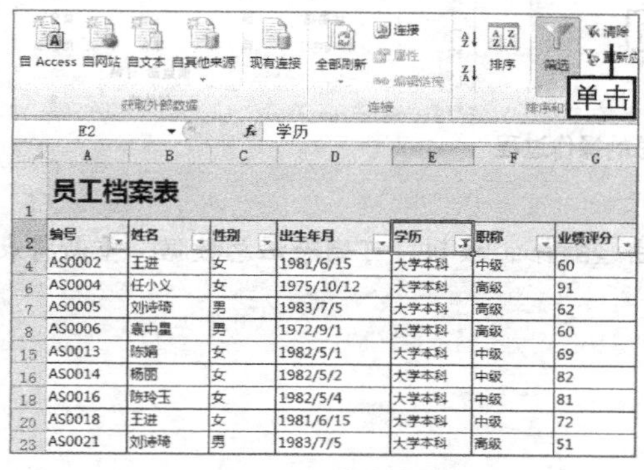

图7-19　清除筛选

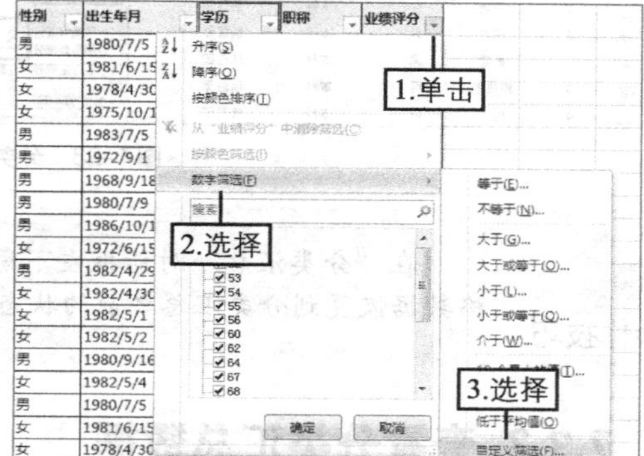

图7-20　自定义筛选

（6）完成筛选，效果如图7-22所示，保存表格即可完成本例操作。

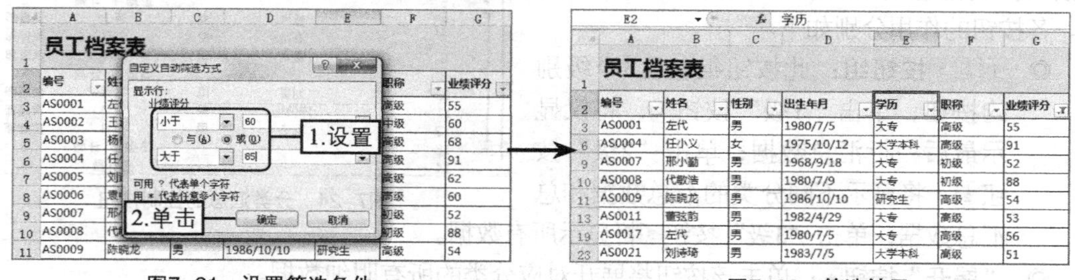

图7-21　设置筛选条件　　图7-22　筛选结果

职业素养

实际工作中对数据进行筛选往往都是需要根据筛选结果来评判或查看与工作相关的问题，因此筛选结果正确与否就显得非常重要。办公人员要确保该结果的正确性，首先要保证数据记录的输入和计算正确无误，其次要保证筛选条件的设置正确，这样才能获得正确的筛选结果，进而为公司提供可靠且有利的数据支持。

7.3　分类汇总数据

分类汇总是指将数据记录按某一类型进行分类显示，并按一定的计算方法汇总同类数据的操作，其原理是利用排序功能按某一项目下的数据进行排序，以便将相同的数据显示在一起，进而利用各种计算方法汇总出同类数据的结果。

7.3.1 创建分类汇总

创建分类汇总时，首先应对数据进行排序，然后利用分类汇总功能来实现汇总的目的，其方法为：以某一项目的数据为依据进行排序，然后在【数据】→【数据工具】组中单击“分类汇总”按钮，在打开的对话框中设置分类字段（即排序依据的项目）、汇总方式、汇总项，单击 确定 按钮即可，如图7-23所示。

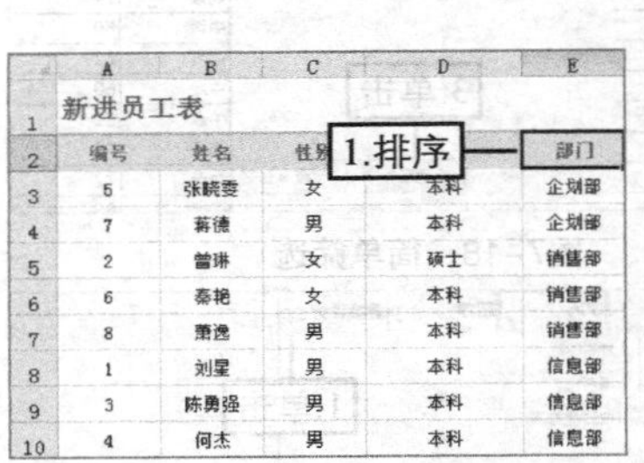

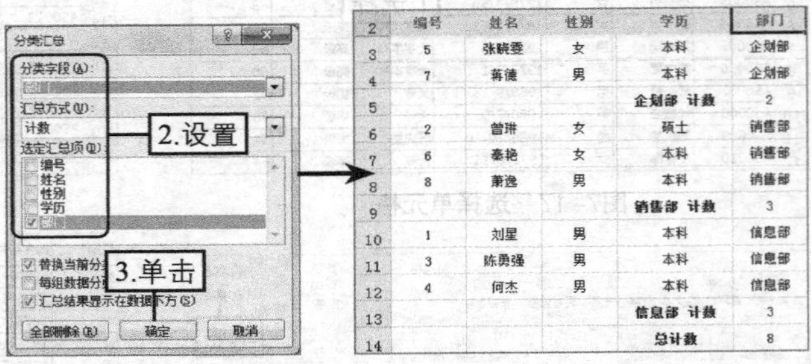

图7-23　分类汇总的操作过程

操作技巧

在“分类汇总”对话框左下角单击 全部删除(R) 按钮，可删除汇总数据，重新将表格数据恢复到分类汇总之前的状态。

7.3.2 查看分类汇总数据

对数据进行分类汇总后，可利用左侧显示的按钮控制汇总数据的显示状态，如图7-24所示。各按钮的作用分别如下。

	A	B	C	D	E
1	新进员工表				
2	编号	姓名	性别	学历	部门
5				企划部 计数	2
6	2	曾琳	女	硕士	销售部
7	6	秦艳	女	本科	销售部
8	8	萧逸	男	本科	销售部
9				销售部 计数	3
10	1	刘星	男	本科	信息部
11	3	陈勇强	男	本科	信息部
12	4	何杰	男	本科	信息部
13				信息部 计数	3
14				总计数	8

图7-24　分类汇总的控制按钮

◎ **123按钮组**：此按钮组包含3个级别的按钮，单击“1级”按钮1，将仅显示最后一行汇总数据；单击“2级”按钮2，将显示不同分类的汇总数据和总汇总数据；单击“3级”按钮3将显示所有数据。

◎ **“展开”按钮+**：单击该按钮将展开对应分类的所有明细数据。

◎ **“收缩”按钮-**：单击该按钮将收缩对应分类的所有明细数据，仅显示汇总数据。

知识提示

123按钮组可快速实现汇总数据的显示状态，“展开”按钮+和“收缩”按钮-则可根据需要手动控制汇总数据的显示状态，二者综合使用便能很好地查看汇总数据。

7.3.3 课堂案例3——分类汇总客服管理表

将客服管理表以客户性质为依据进行分类汇总，要求汇总出实际购买量和转化率的平均值，然后显示新客户的明细汇总数据，以及VIP客户和老客户的汇总数据。表格分类汇总前后的对比效果如图7-25所示。

	A	B	C	D	E	F
1	××公司客户服务管理表					
2	客户名称	客户代码	客户性质	意向购买量	实际购买量	转化率
3	张伟杰	YC2012001	新客户	399	273	68%
4	罗玉林	YC2012002	VIP客户	546	234	43%
5	宋科	YC2012003	老客户	700	282	40%
6	张婷	YC2012004	新客户	357	288	81%
7	王晓涵	YC2012005	老客户	385	183	48%
8	赵子俊	YC2012006	新客户	644	213	33%
9	宋丹	YC2012007	VIP客户	455	285	63%
10	张嘉轩	YC2012008	老客户	385	183	48%
11	李琼	YC2012009	老客户	504	201	40%
12	陈锐	YC2012010	新客户	588	237	40%
13	杜海强	YC2012011	VIP客户	497	150	30%
14	周晓梅	YC2012012	老客户	406	165	41%

	A	B	C	D	E	F
1	××公司客户服务管理表					
2	客户名称	客户代码	客户性质	意向购买量	实际购买量	转化率
9			VIP客户 平均值		220.5	46%
21			老客户 平均值		205.3636364	38%
22	张伟杰	YC2012001	新客户	399	273	68%
23	张婷	YC2012004	新客户	357	288	81%
24	赵子俊	YC2012006	新客户	644	213	33%
25	陈锐	YC2012010	新客户	588	237	40%
26	周羽	YC2012014	新客户	693	216	31%
27	林晓华	YC2012017	新客户	637	171	27%
28	宋万	YC2012020	新客户	469	282	60%
29	张晓伟	YC2012025	新客户	371	267	72%
30			新客户 平均值		243.375	52%
31			总计平均值		221.16	44%

图7-25 “客服管理表”分类汇总前后的对比结果

（1）打开素材文件“客服管理表.xlsx”，选择C2单元格，在【数据】→【排序和筛选】组中单击“升序”按钮，如图7-26所示。

（2）继续在【数据】→【数据工具】组中单击“分类汇总”按钮，打开“分类汇总”对话框。在“分类字段”下拉列表框中选择“客户性质”选项，在“汇总方式”下拉列表框中选择“平均值”选项，在“选定汇总项”列表框中单击选择“实际购买量”和“转化率”复选框，单击 确定 按钮，如图7-27所示。

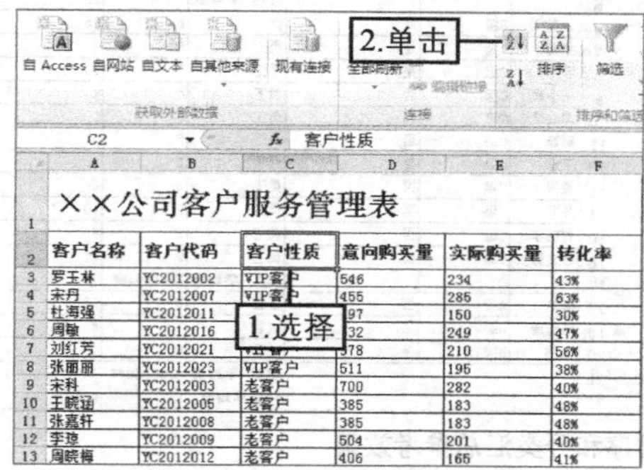

图7-26 按客户性质排序数据

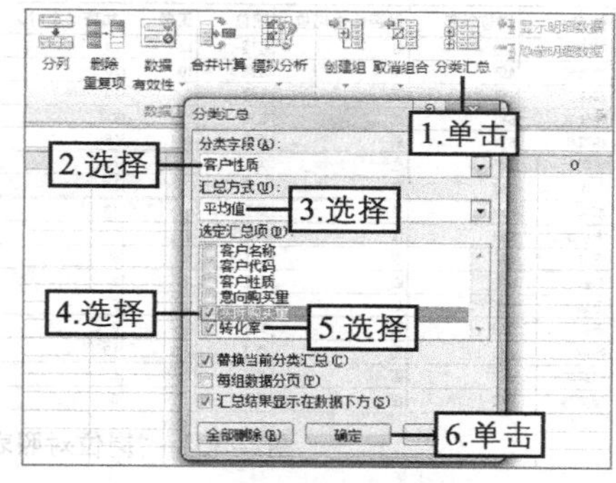

图7-27 分类汇总数据

（3）在分类汇总状态下，单击左上方的“2级”按钮，如图7-28所示。

（4）此时将仅显示各分类数据的汇总结果和总计汇总数据，单击“新客户 平均值”数据所在行对应的“展开”按钮，显示新客户的明细数据，如图7-29所示。保存表格即可。

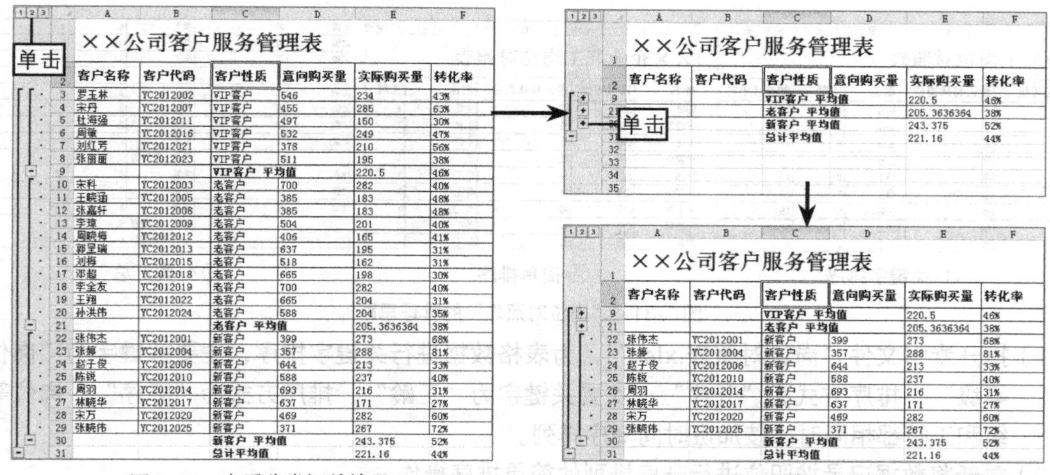

图7-28 查看分类汇总效果

图7-29 显示2级汇总数据与新客户明细数据

7.4 课 堂 练 习

本次课堂练习将分别对“岗位对照表”和“绩效考核表”进行数据管理，综合运用排序、筛选、分类汇总等方法来查看与分析数据，以进一步巩固和加深这些操作的使用方法。

7.4.1 排列并汇总岗位对照表数据

1. 练习目标

本练习的目标是通过排序和分类汇总来管理“岗位对照表”，以便查看不同岗位等级、职位的员工对应的工龄和加班数据。本练习完成后的参考效果如图7-30所示。

××企业职工岗位对照表

	A	B	C	D	E	F
2	姓名	岗位等级	是否特殊岗位	职位	工龄	加班（小时）
3	邓丽红	A级	否	经理	12	18
4	罗鸦亮	A级	是	经理	10	20
5	郭凯	A级	否	主管	8	12
6	陈佳倩	B级	是	主管	7	8
7	杨雪华	B级	是	员工	6	15
8	张明	B级	是	员工	5	18
9	洪伟	B级	是	主管	5	16
10	李萍	C级	是	员工	5	13
11	朱小军	C级	否	员工	4	4
12	冯淑琴	C级	否	员工	3	5
13	彭静	C级	否	员工	3	4
14	王超	C级	是	员工	3	0
15	谭桦	C级	否	员工	3	0
16	张丽	C级	否	员工	2	10
17	付晓宇	C级	否	员工	2	8
18	邹文静	C级	否	员工	2	0

××企业职工岗位对照表

	A	B	C	D	E	F
2	姓名	岗位等级	是否特殊岗位	职位	工龄	加班（小时）
3	邓丽红	A级	否	经理	12	18
4	罗鸦亮	A级	是	经理	10	20
5				经理 平均值	11	19
6	杨雪华	B级	是	员工	6	15
7	张明	B级	是	员工	5	18
8	李萍	C级	是	员工	5	13
9	朱小军	C级	否	员工	4	4
10	冯淑琴	C级	否	员工	3	5
11	彭静	C级	否	员工	3	4
12	王超	C级	是	员工	3	0
13	谭桦	C级	否	员工	3	0
14	张丽	C级	否	员工	2	10
15	付晓宇	C级	否	员工	2	8
16	邹文静	C级	否	员工	2	0
17				员工 平均值	3.4545455	7
18	郭凯	A级	否	主管	8	12
19	陈佳倩	B级	是	主管	7	8
20	洪伟	B级	是	主管	5	16
21				主管 平均值	6.6666667	12
22				总计平均值	5	9.4375

图7-30 “岗位对照表”的排序和分类汇总参考效果

2. 操作思路

完成本练习需要利用到关键字排序、简单排序、分类汇总、查看汇总数据、清除分类汇总等操作，其中关键字排序将涉及3个关键字的添加。其中最重要的环节主要是数据的排序和分类汇总，操作思路如图7-31所示。

企业职工岗位对照表

岗位等级	是否特殊岗位	职位	工龄	加班（小时）
A级	否	经理	12	18
A级	是	经理	10	20
A级	否	主管	8	12
B级	是	主管	7	8
B级	是	员工	6	15
B级	是	员工	5	18
B级	是	主管	5	16
C级	是	员工	5	13
C级	否	员工	4	4

① 关键字排序

××企业职工岗位对照表

姓名	岗位等级	是否特殊岗位	职位	工龄
郭凯	A级	否	主管	8
陈佳倩	B级	是	主管	7
洪伟	B级	是	主管	5
杨雪华	B级	是	员工	6
张明	B级	是	员工	5
李萍	C级	是	员工	5
朱小军	C级	否	员工	4
冯淑琴	C级	否	员工	3
彭静	C级	否	员工	3

② 简单排序

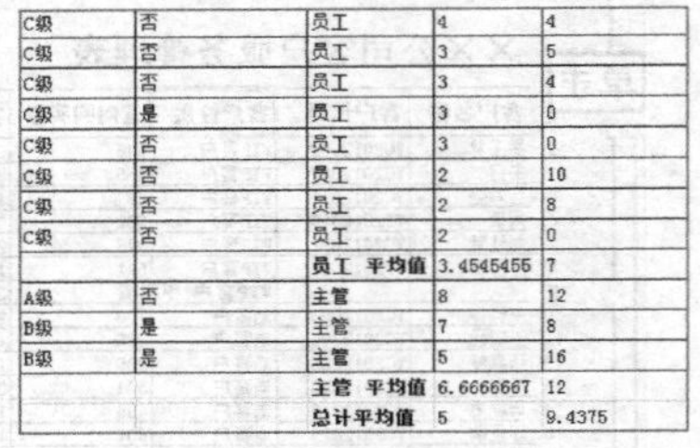

C级	否	员工	4	4
C级	否	员工	3	5
C级	否	员工	3	4
C级	是	员工	3	0
C级	否	员工	3	0
C级	否	员工	2	10
C级	否	员工	2	8
C级	否	员工	2	0
		员工 平均值	3.4545455	7
A级	否	主管	8	12
B级	是	主管	7	8
B级	是	主管	5	16
		主管 平均值	6.6666667	12
		总计平均值	5	9.4375

③ 分类汇总

图7-31 “岗位对照表”的管理思路

（1）打开素材文件“岗位对照表.xlsx”，为表格数据进行关键字排序，主要关键字为“岗位等级”、排序方式为“升序”；次要关键字为“工龄”、排序方式为“降序”；岗位等级和工龄都相同时，按加班时间降序排列。

（2）重新将数据记录按职位进行升序排列的简单排序操作。

（3）对数据记录进行分类汇总，分类依据为“职位”、汇总方式为“平均值”、汇总项包括工龄和加班时间。

（4）从高到低逐级查看汇总数据，然后切换到“2级”汇总数据状态，利用“展开”按钮+依次展开各类别的明细数据。

（5）清除分类汇总数据，保存表格数据。

7.4.2 统计绩效考核表

1. 练习目标

本练习的目标是通过排序和筛选操作，查看并统计与各业务员相关的销售与绩效成绩。本练习完成后的参考效果如图7-32所示。

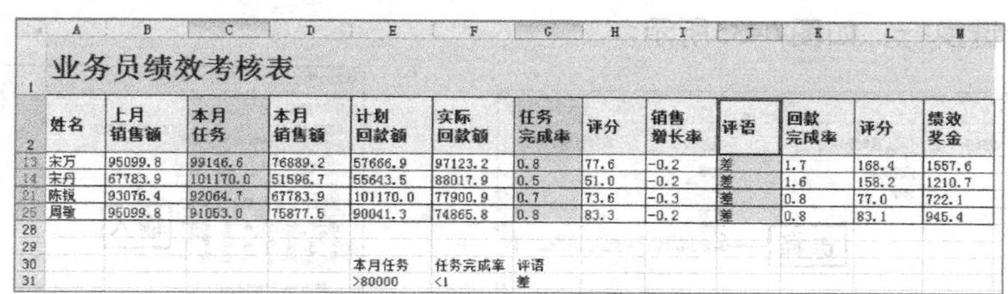

	A	B	C	D	E	F	G	H	I	J	K	L	M
1	业务员绩效考核表												
2	姓名	上月销售额	本月任务	本月销售额	计划回款额	实际回款额	任务完成率	评分	销售增长率	评语	回款完成率	评分	绩效奖金
13	宋万	95099.8	99146.6	76889.2	57666.9	97123.2	0.8	77.6	-0.2	差	1.7	168.4	1557.6
14	宋丹	67783.9	101170.0	51596.7	55643.5	88017.9	0.5	51.0	-0.2	差	1.6	158.2	1210.7
21	陈锐	93076.4	92064.7	67783.9	101170.0	77900.9	0.7	73.6	-0.3	差	0.8	77.0	722.1
25	周敏	95099.8	91053.0	75877.5	90041.3	74865.8	0.8	83.3	-0.2	差	0.8	83.1	945.4
28													
29													
30					本月任务	任务完成率	评语						
31					>80000	<1	差						

图7-32　“绩效考核表”筛选统计后的参考效果

2. 操作思路

完成本练习需要先利用排序功能中的“笔画排序”对数据记录进行排列，然后依次使用简单筛选、自定义筛选、高级筛选来筛选统计表格数据，具体操作思路如图7-33所示。

（1）打开素材文件“绩效考核表.xlsx”，选择任意包含数据的单元格，打开“排序”对话框，利用 选项(O)... 按钮设置为“笔画排序”方式，然后设置关键字为“姓名”、排序方式为“升序”，对数据记录进行排列。

2	姓名	上月销售额	本月任务	本月销售额
3	王晓涵	73854.1	54631.8	85994.5
4	王超	53620.1	83971.1	58678.6
5	王翔	97123.2	99146.6	95099.8
6	邓超	70819.0	64748.8	83971.1
7	刘红芳	59690.3	95099.8	84982.8
8	刘梅	91053.0	77900.9	93076.4
9	孙洪伟	77900.9	53620.1	63737.1
10	杜海强	58678.6	51596.7	61713.7
11	李全友	88017.9	56655.2	89029.6
12	李琼	76889.2	59690.3	70819.0
13	宋万	95099.8	99146.6	76889.2

① 按笔画排序

评分	销售增长率	评语	回款完成率
157.4	0.2	优秀	1.2
69.9	0.1	优秀	1.2
129.7	0.2	优秀	0.9
89.4	0.4	优秀	0.9
119.5	0.0	良好	1.1
119.6	0.1	优秀	1.6
157.1	0.0	良好	1.4
125.3	0.2	优秀	0.7
108.3	0.2	优秀	1.2
74.2	0.2	优秀	0.6
120.0	0.0	良好	1.1

② 简单筛选

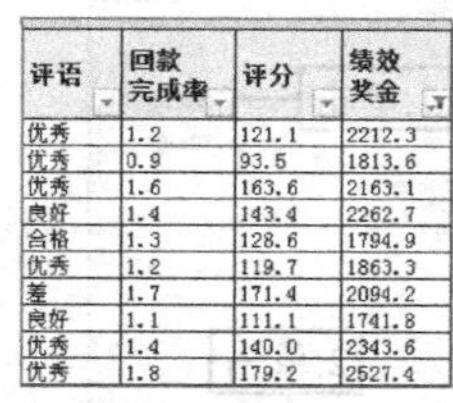

评语	回款完成率	评分	绩效奖金
优秀	1.2	121.1	2212.3
优秀	0.9	93.5	1813.6
优秀	1.6	163.6	2163.1
良好	1.4	143.4	2262.7
合格	1.3	128.6	1794.9
优秀	1.2	119.7	1863.3
差	1.7	171.4	2094.2
良好	1.1	111.1	1741.8
优秀	1.4	140.0	2343.6
优秀	1.8	179.2	2527.4

③ 自定义筛选

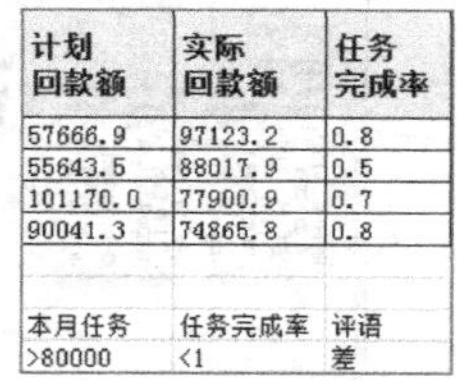

计划回款额	实际回款额	任务完成率
57666.9	97123.2	0.8
55643.5	88017.9	0.5
101170.0	77900.9	0.7
90041.3	74865.8	0.8
本月任务	任务完成率	评语
>80000	<1	差

④ 高级筛选

图7-33　“绩效考核表”的统计思路

（2）进入筛选状态，以评语为筛选依据，快速筛选出所有评语为“优秀”和“良好”的数据记录。

（3）退出筛选状态，然后重新筛选，要求筛选出绩效奖金最高的前10个记录（利用“10个最大的值”命令来完成）。

（4）退出筛选状态，手动输入3个筛选条件，依次为“本月任务”“>80000”“任务完成率”“<1”“评语”“差”。此3个筛选条件为同时满足要求的“逻辑与”关系，若要实现以上3个筛选条件以“逻辑或”关系进行数据筛选，思考如何设置实现以及得到的结果有什么变化。

（5）对数据记录进行高级筛选，列表区域为表格的项目和所有数据记录区域，条件区域为手动输入的条件区域。统计完成后保存表格。

7.5 拓展知识

本章主要对数据排序、筛选、分类汇总的操作进行讲解，为了满足日常工作的需要，下面将介绍两种非常适用的排序方法和技巧，即自定义排序和巧用按行排序的操作。

7.5.1 自定义排序

自定义排序可以根据实际情况手动创建排序顺序，然后按该顺序对数据记录进行排列，适用于公司对部门、产品、职位等为关键字进行排序的情况，其具体操作如下。

（1）选择任意包含数据的单元格，打开“排序”对话框，在“次序”下拉列表框中选择“自定义序列”选项，如图7-34所示。

（2）打开“自定义序列”对话框，在“输入序列”列表框中输入序列内容，各项目之间按【Enter】键换行，如图7-35所示。

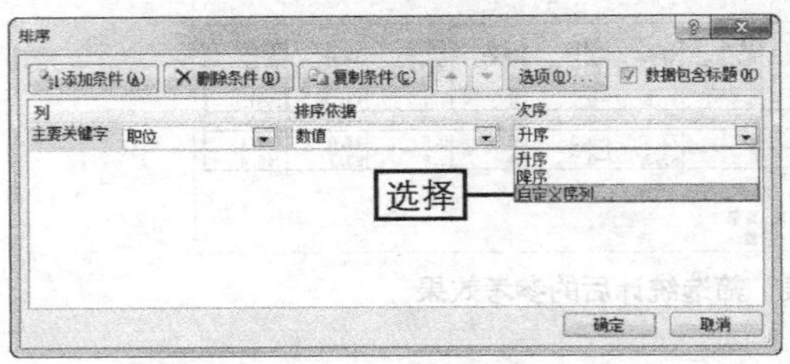

图7-34 自定义序列

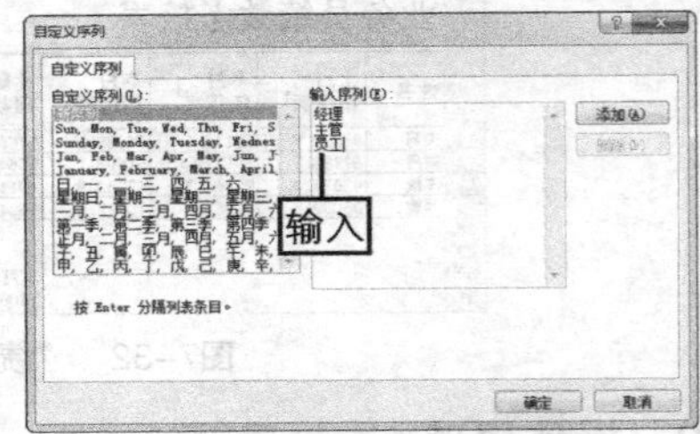

图7-35 输入序列内容

（3）单击 添加(A) 按钮将输入的序列添加到左侧的“自定义序列”列表框中，单击 确定 按钮完成添加，如图7-36所示。

（4）返回“排序”对话框，设置关键字和排序依据后，在“次序”下拉列表框中选择自定义的序列，单击 确定 按钮即可，如图7-37所示。

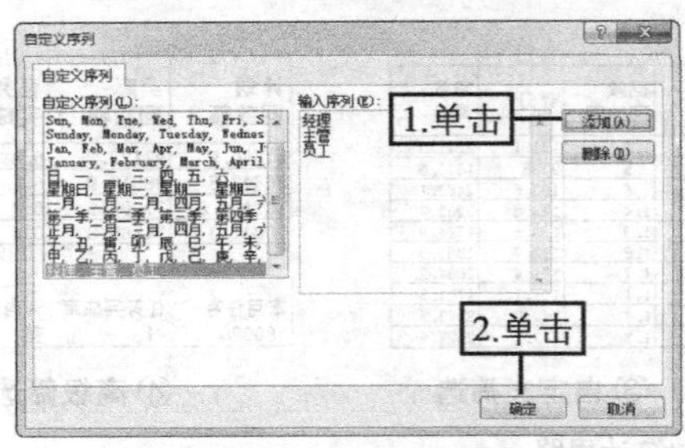

图7-36 添加序列

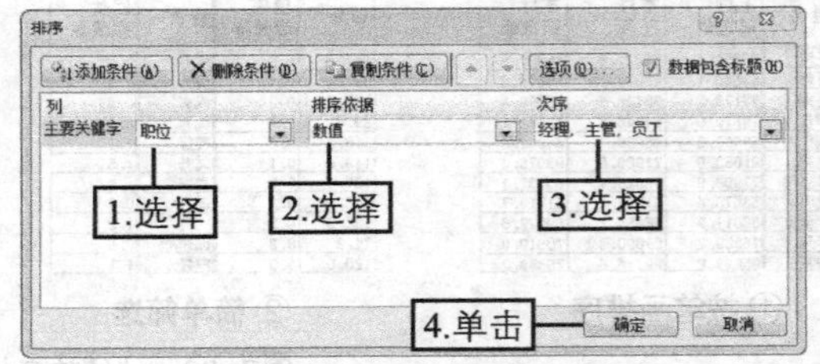

图7-37 以该序列排序

7.5.2 按行排序的使用技巧

在不使用自定义排序的前提下，按行排序只能按升序或降序的方式改变项目的位置，可能造成总计性项目的位置排列到前面，出现不合理的情况。若使用自定义排序，则每种表格都需要自定义一种排列顺序，未免也太过麻烦。实际上只要掌握按行排序的原理，便可轻松解决这个问题，让项目按自己需要的顺序进行排列。

巧用按行排序的具体操作如下。

（1）在数据记录下方相邻的行中输入数字，其大小代表项目排序后的顺序，如图7-38所示。

(2) 选择任意项目，打开“排序”对话框，单击 选项(O)... 按钮打开“排序选项”对话框，单击选择“按行排序”单选项，单击 确定 按钮，如图7-39所示。

2	姓名	岗位等级	是否特殊岗位	职位	工龄	加班（小时）
3	邓丽红	A级	否	经理	12	18
4	罗鸡亮	A级	是	经理	10	20
5	郭凯	A级	否	主管	8	12
6	陈佳倩	B级	是	主管	7	8
7	洪伟	B级	是	主管	5	16
8	杨雪华	B级	是	员工	6	15
9	张明	B级	是	员工	5	18
10	李萍	C级	是	员工	5	13
11	朱小军	C级	否	员工	4	4
12	冯淑琴	C级	否	员工	3	5
13	彭静	C级	否	员工	3	4
14	王超	C级	是	员工	3	0
15	谭桦	C级	否	员工	3	0
16	张丽	C级	否	员工	2	10
17	付晓宇	C级	否	员工	2	8
18	邹文静	C级	否	员工	2	0
19	1	5	3	2	6	4

图7-38 输入数字设置顺序

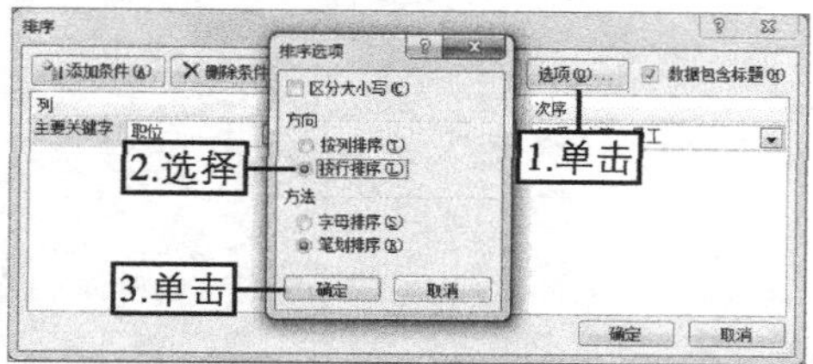

图7-39 按行排序

(3) 将主要关键字设置为输入数字所在的行，将次序设置为“升序”，单击 确定 按钮，如图7-40所示。

(4) 完成排序后，可将数字删除，如图7-41所示。

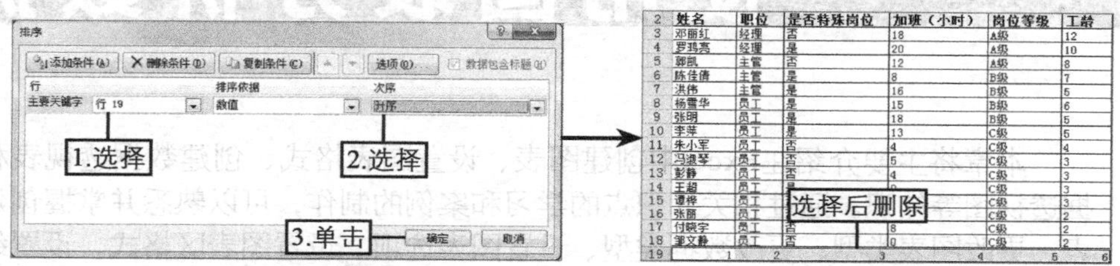

2	姓名	职位	是否特殊岗位	加班（小时）	岗位等级	工龄
3	邓丽红	经理	否	18	A级	12
4	罗鸡亮	经理	是	20	A级	10
5	郭凯	主管	否	12	A级	8
6	陈佳倩	主管	是	8	B级	7
7	洪伟	主管	是	16	B级	5
8	杨雪华	员工	是	15	B级	6
9	张明	员工	是	18	B级	5
10	李萍	员工	是	13	C级	5
11	朱小军	员工	否	4	C级	4
12	冯淑琴	员工	否	5	C级	3
13	彭静	员工	否	4	C级	3
14	王超	员工	[illegible]	[illegible]	C级	3
15	谭桦	员工	[illegible]	[illegible]	C级	3
16	张丽	员工	[illegible]	[illegible]	C级	2
17	付晓宇	员工	否	8	C级	2
18	邹文静	员工	否	0	C级	2
19	1	2	3	4	5	6

图7-40 设置关键字和排序方式　　图7-41 删除数字

7.6 课后习题

（1）打开“工资汇总表.xlsx”工作簿，筛选出工资总和大于40000且小于45000，同时月最高工资大于4600的所有数据记录。然后重新显示所有数据，以排名为依据进行升序排列。

知识提示 工资总和大于40000且小于45000需设置为两个独立的条件，因此高级筛选的条件为3个，筛选后需清除筛选状态，然后进行排序。排序后的参考效果如图7-42所示。

（2）打开“出差统计表.xlsx”工作簿，统计出各部门和全公司各项费用的最高金额。

知识提示 对部门进行排序，然后以“部门”为分类依据、“最大值”为汇总方式、除“姓名”以外的各项目为汇总项，对数据进行分类汇总，参考效果如图7-43所示。

××公司本年度工资汇总表

姓名	工资总和	月平均工资	月最高工资	月最低工资	排名
邹文静	46269	3855.75	4531.5	2623.5	1
罗鸿亮	46078.2	3839.85	4722.3	2528.1	2
彭静	45744.3	3812.025	4674.6	2623.5	3
张明	45267.3	3772.275	4722.3	2528.1	4
谭桦	43740.9	3645.075	4770	2432.7	5
朱小军	43740.9	3645.075	4579.2	2862	6
付晓宇	43740.9	3645.075	4722.3	2385	6
郭凯	43311.6	3609.3	4674.6	2718.9	8
冯淑琴	41308.2	3442.35	4340.7	2480.4	9
张丽	41117.4	3426.45	4531.5	2480.4	10
王超	41022	3418.5	4770	2480.4	11
杨雪华	41022	3418.5	4436.1	2575.8	12
洪伟	40831.2	3402.6	4722.3	2385	13
陈佳倩	40735.2	3394.6	4770	2432.7	14
邓丽红	39924.9	3327.075	4770	2385	15
李萍	39686.4	3307.2	4531.5	2385	16

图7-42 “工资汇总表”排序后的参考效果

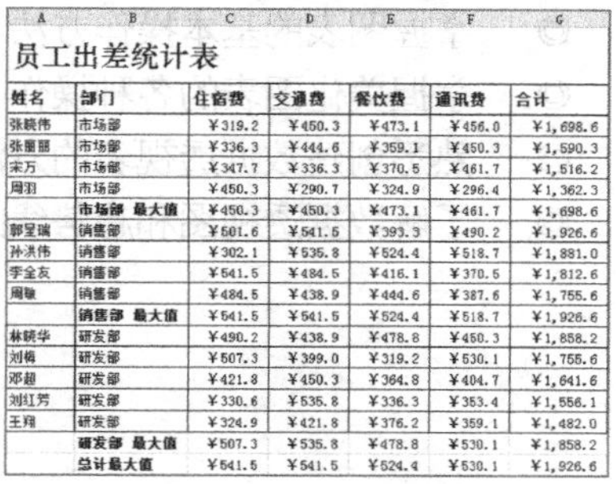

员工出差统计表

姓名	部门	住宿费	交通费	餐饮费	通讯费	合计
张晓伟	市场部	¥319.2	¥450.3	¥473.1	¥456.0	¥1,698.6
张丽丽	市场部	¥336.3	¥444.6	¥359.1	¥450.3	¥1,590.3
宋万	市场部	¥347.7	¥336.3	¥370.5	¥461.7	¥1,516.2
周羽	市场部	¥450.3	¥290.7	¥324.9	¥296.4	¥1,362.3
	市场部 最大值	¥450.3	¥450.3	¥473.1	¥461.7	¥1,698.6
郭呈瑞	销售部	¥501.6	¥541.5	¥393.3	¥490.2	¥1,926.6
孙洪伟	销售部	¥302.1	¥535.8	¥524.4	¥518.7	¥1,881.0
李全友	销售部	¥541.5	¥484.5	¥416.1	¥370.5	¥1,812.6
周敏	销售部	¥484.5	¥438.9	¥444.6	¥387.6	¥1,755.6
	销售部 最大值	¥541.5	¥541.5	¥524.4	¥518.7	¥1,926.6
林晓华	研发部	¥490.2	¥438.9	¥478.8	¥450.3	¥1,858.2
刘梅	研发部	¥507.3	¥399.0	¥319.2	¥530.1	¥1,755.6
邓超	研发部	¥421.8	¥450.3	¥364.8	¥404.7	¥1,641.6
刘红芳	研发部	¥330.6	¥535.8	¥336.3	¥353.4	¥1,556.1
王翔	研发部	¥324.9	¥421.8	¥376.2	¥359.1	¥1,482.0
	研发部 最大值	¥507.3	¥535.8	¥478.8	¥530.1	¥1,858.2
	总计最大值	¥541.5	¥541.5	¥524.4	¥530.1	¥1,926.6

图7-43 “出差统计表”分类汇总后的参考效果

第8章 使用图表分析数据

本章将主要介绍在Excel中创建图表、设置图表格式、创建数据透视表和数据透视图等知识。通过相关知识点的学习和案例的制作，可以熟悉并掌握创建图表、更改图表类型、更改数据类型、设置图表选项、设置图表区格式、设置绘图区格式、设置数据系列格式、创建数据透视表、利用数据透视表分析数据、创建数据透视图的方法。

学习要点

◎ 图表基本操作
◎ 美化图表
◎ 创建数据透视表和数据透视图

学习目标

◎ 掌握图表的基本操作方法
◎ 掌握美化图表的各种操作
◎ 熟悉创建数据透视表的方法
◎ 了解数据透视图和趋势线的使用方法

8.1 图表基本操作

为了使表格中的数据看起来更直观，可将数据以图表的形式显示。Excel中的图表与表格数据直接关联，可随数据的变化而变化，是分析数据的有利工具。下面将对图表的一些基本操作进行介绍，包括图表的组成与类型，图表的创建、更改等内容。

8.1.1 认识Excel图表

在创建与使用图表分析数据之前，应对图表的组成和类型有一定程度的熟悉，这样才能更好地使用图表为数据服务。

1. Excel图表的组成

下面以三维柱形图为例介绍图表的组成，如图8-1所示，其他类型的图表组成与之相似。

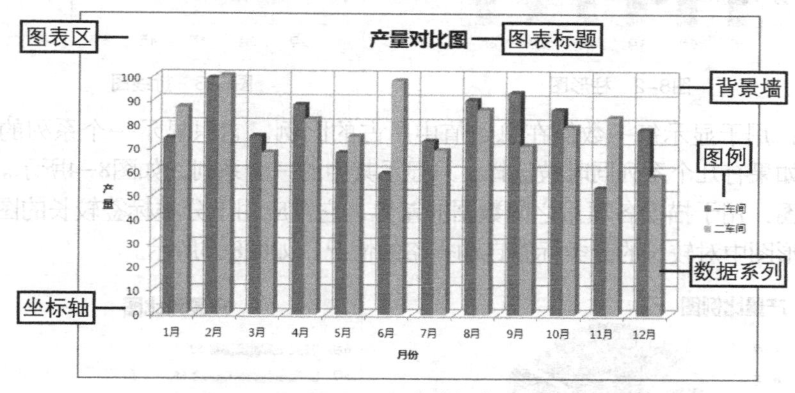

图8-1　图表的组成

- ◎ **图表区**：即整个图表对象，在图表中的空白区域单击鼠标可选择图表区，此时可按照调整图形的方法移动或缩放图表。
- ◎ **图表标题**：即图表名称，用来说明图表中数据要反映的内容，可根据需要显示或删除此组成部分。
- ◎ **数据系列**：即图表中的图形部分，数据系列将表格数据以图形化显示，是图表最直观反映数据的组成部分。数据系列中每一种图形对应一组数据。
- ◎ **图例**：用显示数据系列对应的样式和名称，可根据需要显示或删除该组成部分。
- ◎ **坐标轴**：包括垂直轴、垂直轴标题、垂直轴网格线、水平轴、水平轴标题、水平轴网格线。主要用于辅助显示数据系列，以便更好地理解数据系列反映的内容。
- ◎ **背景墙**：包括背面墙、侧面墙、基底，一般出现在三维类型的图表中，可使图表显得得更为立体。

知识提示

图表区中除图表标题和图例以外的整个对象区域，统称为绘图区。在坐标轴数据之间的空白区域单击鼠标可选择该区域，此时也可对绘图区的大小和位置进行调整，数据系列、坐标轴、背景墙将统一改变。

2. Excel图表的类型

Excel提供了多达11种类型的图表，以满足对不同环境下分析数据的需求。下面重点介绍几种常用的图表类型，包括柱形图、折线图、饼图、条形图、面积图和散点图。

◎ **柱形图**：用于显示一段时间内数据的变化，或描绘各项目之间数据的对比变化，它强调一段时间内类别数据值的变化，如图8-2所示。

◎ **折线图**：用于显示等时间间隔数据的变化趋势，它强调的是数据的时间性和变动率，如图8-3所示。

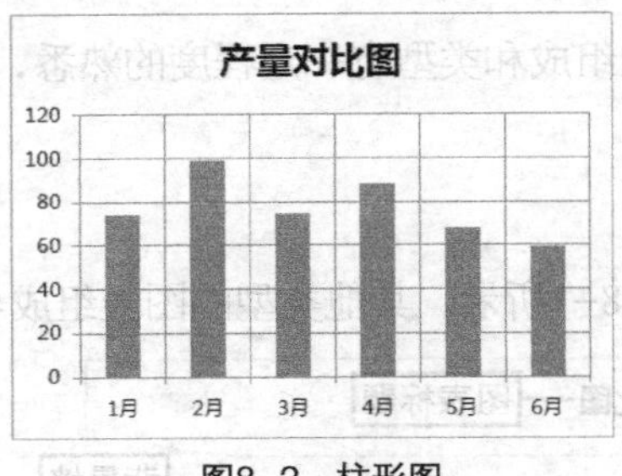

图8-2　柱形图

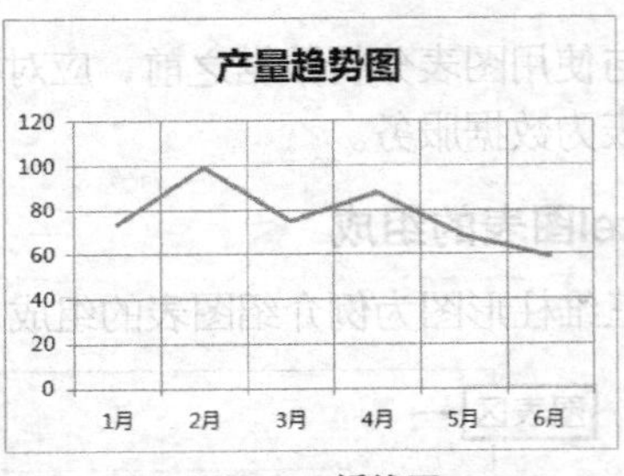

图8-3　折线图

◎ **饼图**：用于显示每一数值在总数值中所占的比例。它只显示一个系列的数据比例关系，如果有几个系列同时被选择，只显示其中的一个系列，如图8-4所示。

◎ **条形图**：用于描绘各项目之间数据的差异，它常应用于分类标签较长的图表，以免出现柱形图中对较长的分类标签自动省略的情况，如图8-5所示。

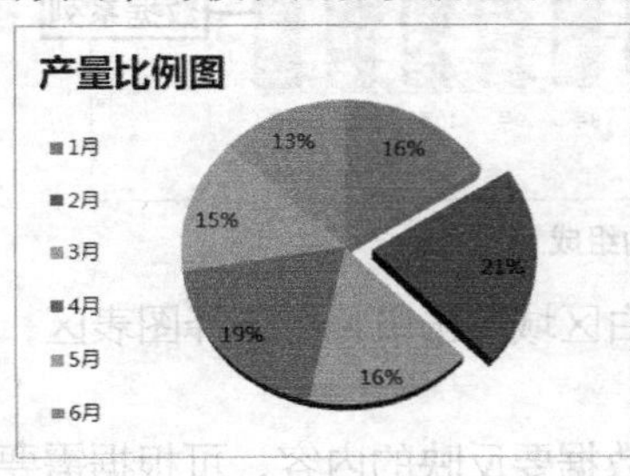

图8-4　饼图

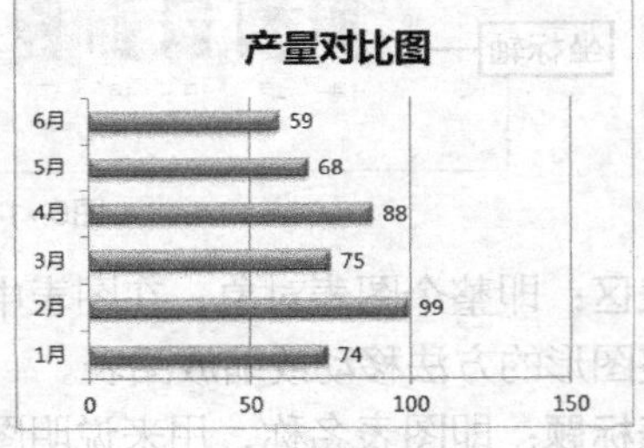

图8-5　条形图

◎ **面积图**：用于强调数据随时间而变化的程度，可直观地显示数据的起伏变化，如图8-6所示。

◎ **散点图**：也称XY图，可以显示单个或多个数据系列的数据在时间间隔条件下的变化趋势，常用于比较成对的数据，如图8-7所示。

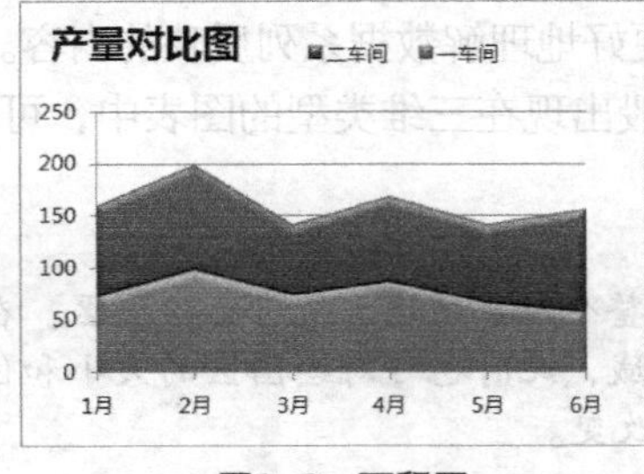

图8-6　面积图

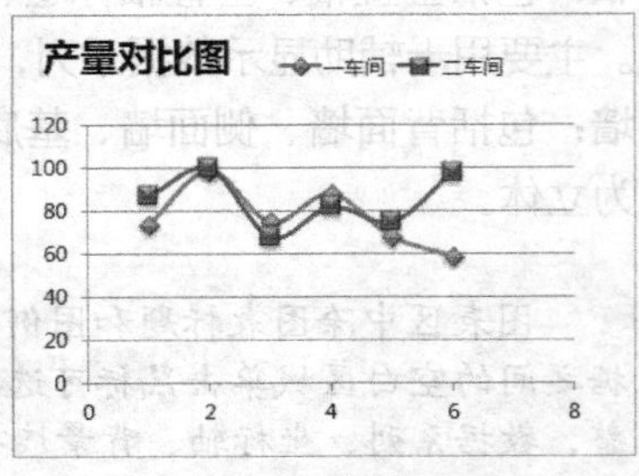

图8-7　散点图

8.1.2 创建图表

创建图表的方法为：选择需创建图表的单元格区域，在【插入】→【图表】组中单击相应的图表类型按钮，在打开的下拉列表中选择具体的图表类型选项即可，如图8-8所示。

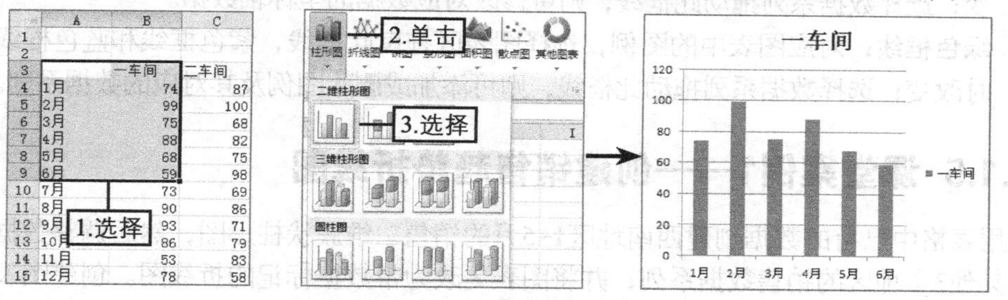

图8-8　创建图表的过程

操作技巧

单击相应的图表类型按钮，在打开的下拉列表中选择“所有图表类型”选项，或单击“图表”组右下角的“展开”按钮，可打开“插入图表”对话框，在其中选择更多图表类型进行创建。

8.1.3 更改图表类型

图表创建后可根据需要随时改变其类型，方法为如下两种。

◎ 选择图表，在【图表工具 设计】→【类型】组中单击“更改图表类型”按钮。

◎ 在图表上单击鼠标右键，在打开的快捷列表中选择“更改图表类型”选项。

执行以上任意操作后，都将打开“更改图表类型”对话框，在其中选择需要的类型后，单击确定按钮即可，如图8-9所示。

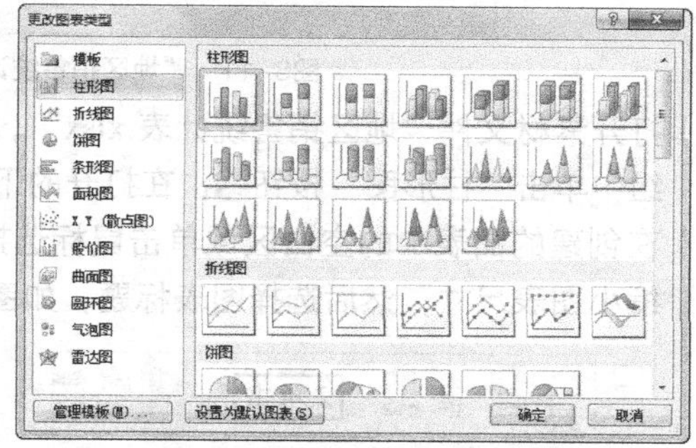

图8-9　选择其他图表类型

8.1.4 更改图表数据

更改图表数据是指调整图表中数据系列的内容，其方法为：选择图表区，拖曳表格中的蓝色框线即可，如图8-10所示。各种颜色框线的作用分别如下。

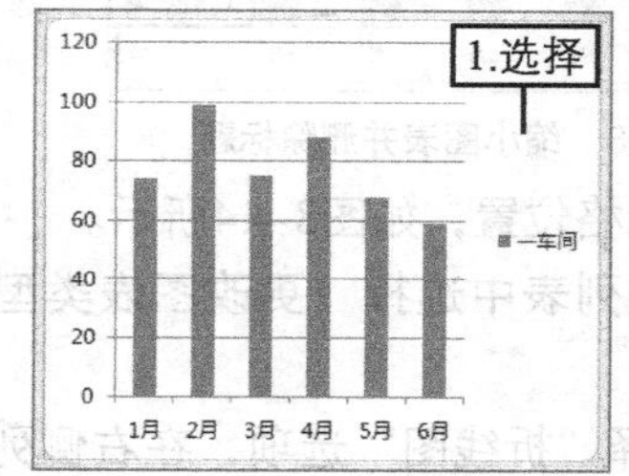

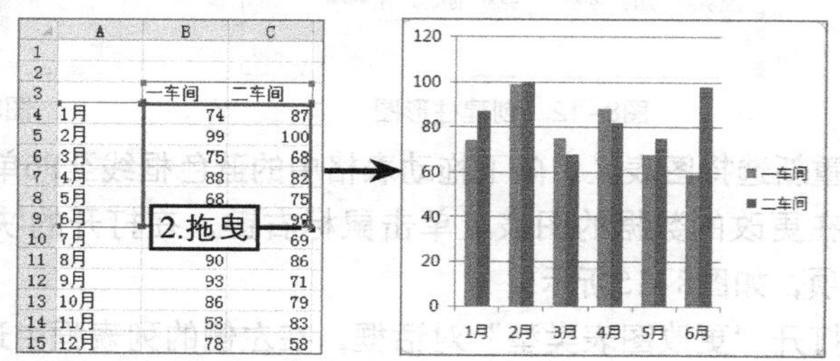

图8-10　更改图表数据的过程

◎ **蓝色框线**：对应图表中的数据系列，选择图表区拖曳此框线，紫色框线和绿色框线也将同时改变；选择数据系列拖动此框线，则可修改对应数据的数据系列。

◎ **紫色框线**：对应图表中的坐标轴数据，选择图表区拖曳此框线，蓝色框线也将同时改变；选择数据系列拖动此框线，则可修改对应数据的坐标轴数据。

◎ **绿色框线**：对应图表中的图例，选择图表区拖曳此框线，紫色框线和蓝色框线也将同时改变；选择数据系列拖动此框线，则可添加或删除图例及其对应的数据系列。

8.1.5 课堂案例1——创建销售趋势折线图

利用表格中已有的数据创建西南地区1~5月的销售二维簇状柱形图，然后调整数据，以同时显示其他3个地区的销售数据系列，并将图表更改为带数据标记的折线图。创建图表后的表格效果如图8-11所示。

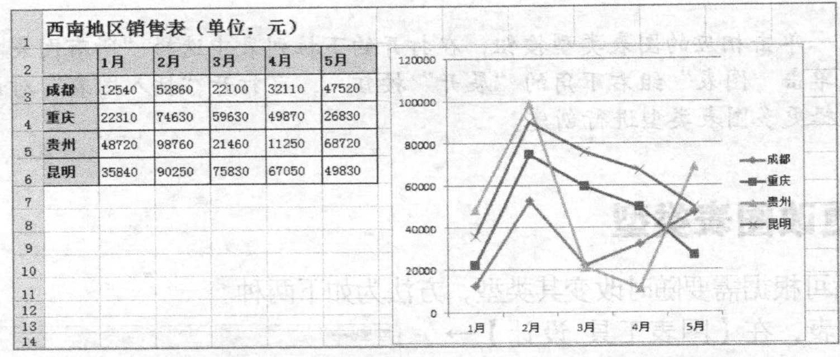

图8-11 “地区销售统计表”中折线图的参考效果

（1）打开素材文件“地区销售统计表.xlsx”，选择A2:F3单元格区域，在【插入】→【图表】组中单击“柱形图”按钮，在打开的下拉列表中选择图8-12所示的图表类型。

（2）在创建的图表中的空白区域单击鼠标选择图表区，向左上方拖曳右下角的控制点，适当缩小图表尺寸，然后选择图表标题，如图8-13所示，按【Delete】键删除。

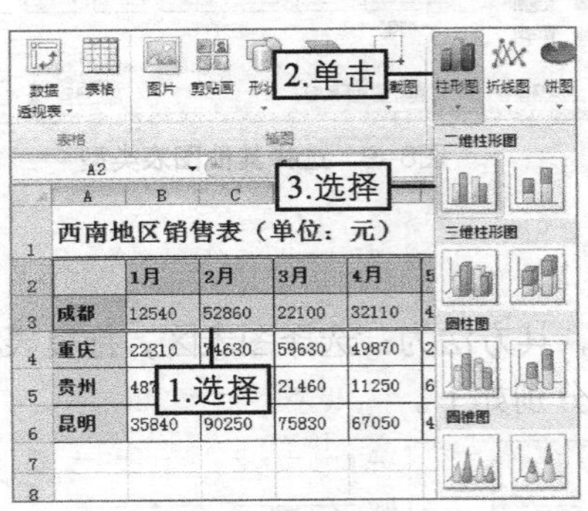

图8-12 创建柱形图

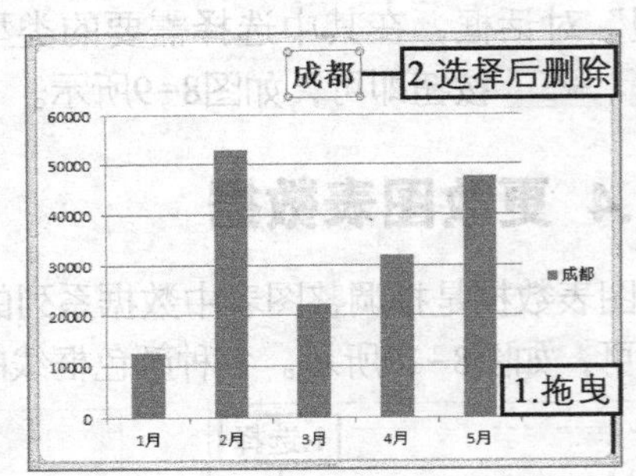

图8-13 缩小图表并删除标题

（3）重新选择图表区，向下拖动表格中的蓝色框线至F6单元格位置，如图8-14所示。

（4）在更改的数据的图表上单击鼠标右键，在打开的快捷列表中选择“更改图表类型”选项，如图8-15所示。

（5）打开“更改图表类型”对话框，在左侧的列表框中选择“折线图”选项，在右侧列表框中选择图8-16所示的图表类型，单击 确定 按钮。

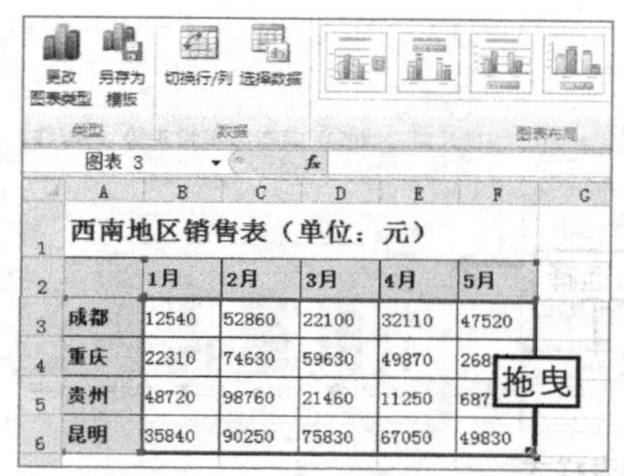

	西南地区销售表（单位：元）				
	1月	2月	3月	4月	5月
成都	12540	52860	22100	32110	47520
重庆	22310	74630	59630	49870	268
贵州	48720	98760	21460	11250	687
昆明	35840	90250	75830	67050	49830

图8-14　调整表格数据

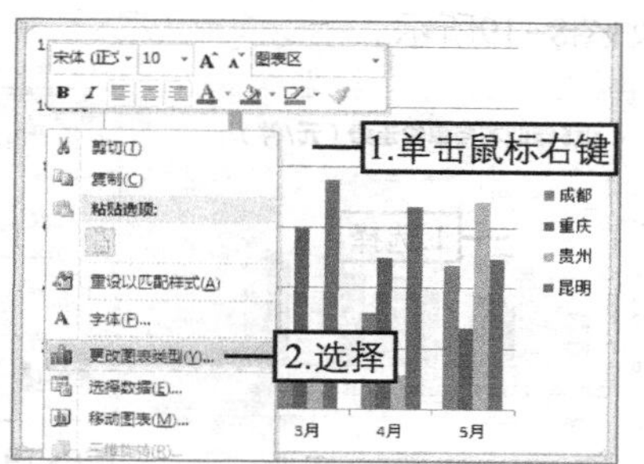

图8-15　更改图表类型

（6）在图表区上拖曳鼠标，将图表移至表格数据右侧完成操作，如图8-17所示。

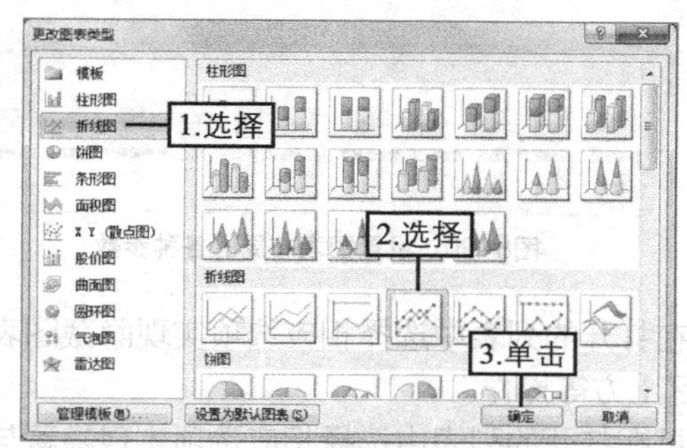

图8-16　选择图表类型

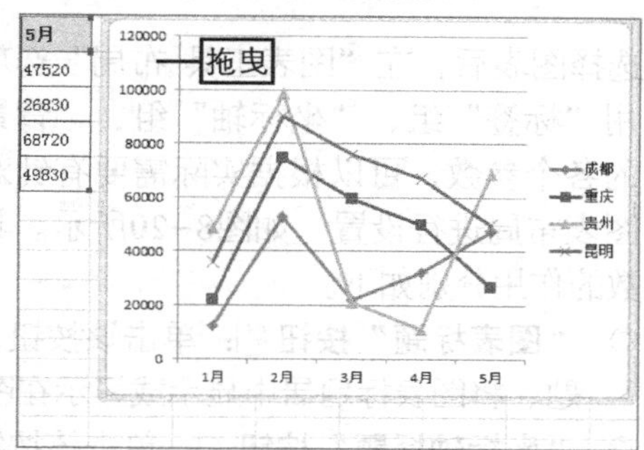

图8-17　移动图表

8.2　美化图表

图表创建后，其默认的格式难免与预想的效果有些出入，此时可根据需要对图表进行美化操作。本节将详细介绍图表美化的各种方法。

8.2.1 应用图表布局

Excel提供了一些预设的图表布局，其应用方法为：选择图表，在【图表工具 设计】→【图表布局】组的下拉列表框中选择所需的布局选项即可，如图8-18所示。

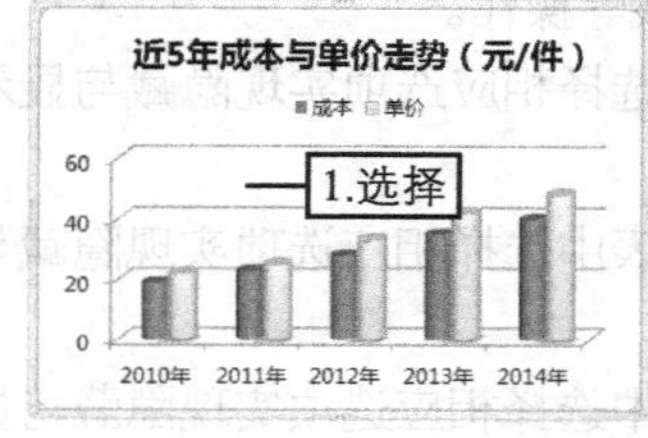

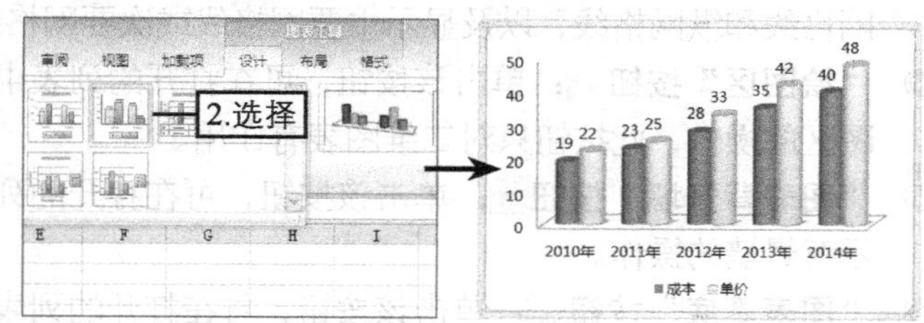

图8-18　快速应用图表布局

8.2.2 应用图表样式

使用预设的图表样式可以快速对图表中的所有文本格式、数据系列等进行美化，其方法为：选择图表，在【图表工具 设计】→【图表样式】组的下拉列表框中选择所需的样式选项即可，如图8-19所示。

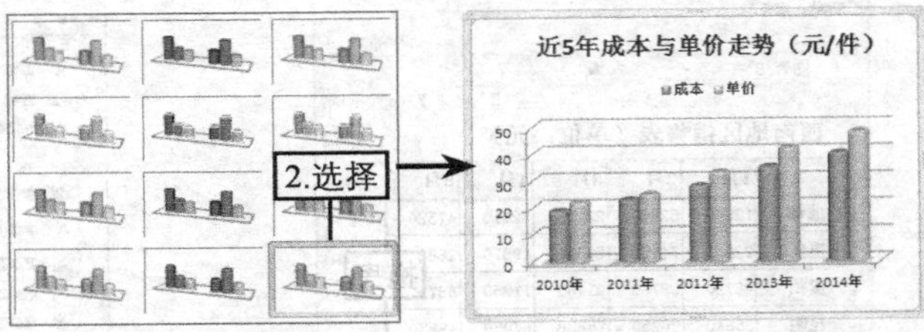

图8-19 快速应用图表样式

8.2.3 设置图表布局

选择图表后，在“图表工具 布局”选项卡中利用“标签”组、“坐标轴”组、“背景”组中的各个参数，可以根据实际需要有针对性地对图表布局进行设置，如图8-20所示。其中各参数的作用分别如下。

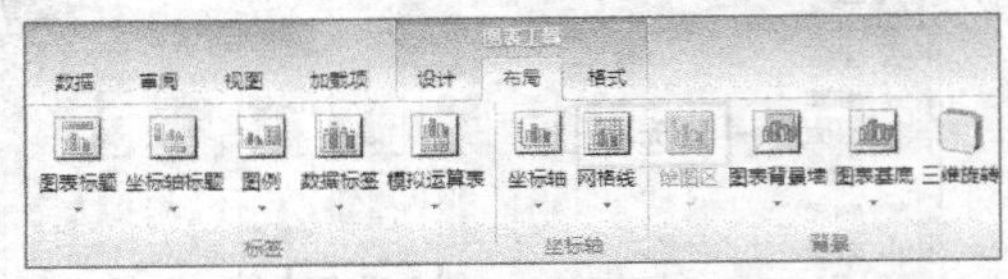

图8-20 设置图表布局的各种参数

◎ **“图表标题”按钮**：单击该按钮，可在打开的列表中选择相应选项实现隐藏图表标题、将图表标题居中显示或显示在图表区上方等操作。

◎ **“坐标轴标题”按钮**：单击该按钮，可在打开的列表中选择相应选项实现隐藏与显示横坐标轴标题和纵坐标轴标题等操作。

◎ **“图例”按钮**：单击该按钮，可在打开的列表中选择相应选项实现隐藏图例或将图例显示在指定位置的等操作。

◎ **“数据标签”按钮**：单击该按钮，可在打开的列表中选择相应选项实现在数据系列上隐藏与显示数据标签的操作。

◎ **“模拟运算表”按钮**：单击该按钮，可在打开的列表中选择相应选项实现在图表下方隐藏与显示模拟运算表的操作。

◎ **“坐标轴”按钮**：单击该按钮，可在打开的列表中选择相应选项实现隐藏与显示横坐标轴和纵坐标轴，以及设置不同单位的坐标轴等操作。

◎ **“网格线”按钮**：单击该按钮，可在打开的列表中选择相应选项实现隐藏与显示横网格线和纵网格线，以及显示主要网格线或次要网格线等操作。

◎ **“绘图区”按钮**：单击该按钮，可在打开的列表中选择相应选项实现隐藏与显示绘图区的操作，此按钮只对二维图表有作用。

◎ **“图表背景墙”按钮**：单击该按钮，可在打开的列表中选择相应选项实现隐藏与显示背景墙的操作。

◎ **“图表基底”按钮**：单击该按钮，可在打开的列表中选择相应选项实现隐藏与显示基底的操作。

8.2.4 设置图表格式

设置图表格式是指对图表中选择的某一对象的格式进行设置，其方法为：在图表中选择需设置格式的对象，或在“图表工具 布局”选项卡或【图表工具 格式】→【当前所选内容】组

的“对象”下拉列表框中选择需设置格式的对象后，按设置文本、图形格式的方法，设置其字体、边框颜色、填充颜色等格式，如图8-21所示。

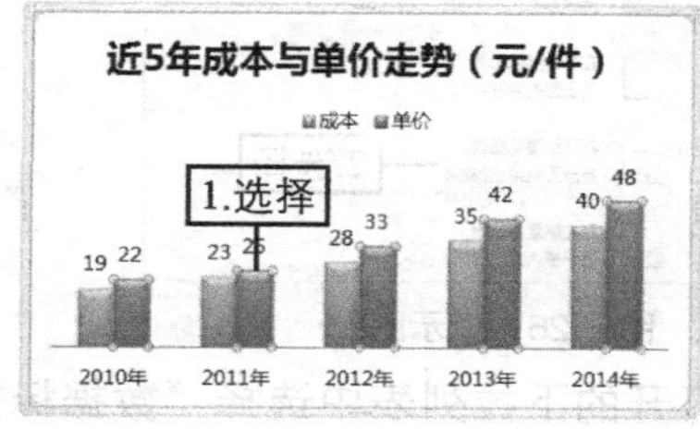

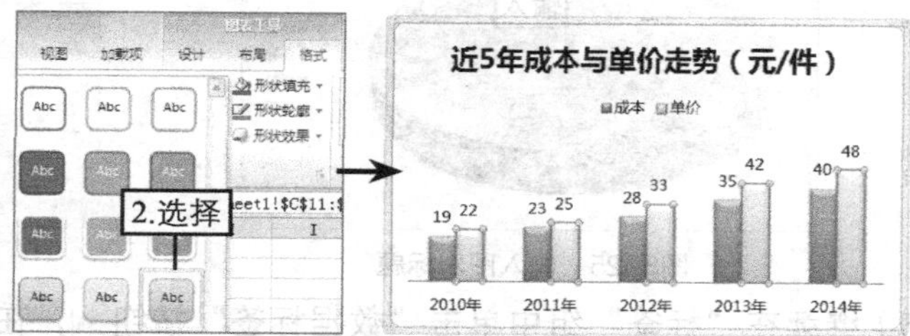

图8-21 设置数据系列格式

操作技巧

在某个数据系列上单击鼠标可同时选择代表同类数据的所有数据系列，再次单击鼠标则可单独选择该数据系列，从而可对其格式进行单独设置。

8.2.5 课堂案例2——美化企业内部考核题型分布图

将表格中已创建的图表进行美化设置，主要包括样式、图表标题、图例、数据标签、字体等设置。图表美化前后的对比效果如图8-22所示。

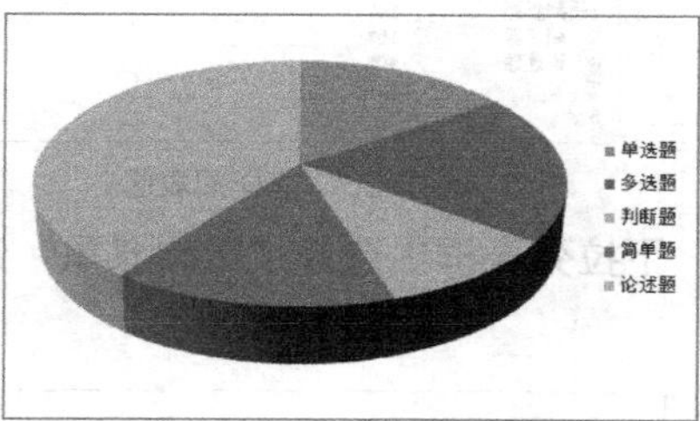

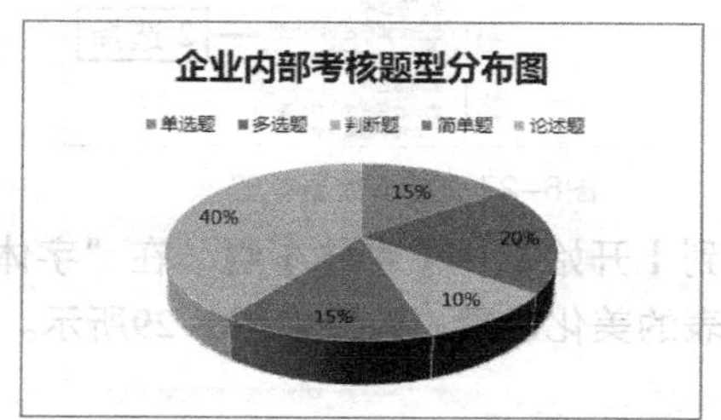

图8-22 “题型分布表”中饼图美化前后的对比效果

（1）打开素材文件“题型分布表.xlsx”，选择图表，在【图表工具 设计】→【图表样式】组的下拉列表框中选择如图8-23所示的样式选项。

（2）单击【图表工具 布局】→【标签】组中单击“图表标题”按钮，在打开的下拉列表中选择“图表上方”选项，如图8-24所示。

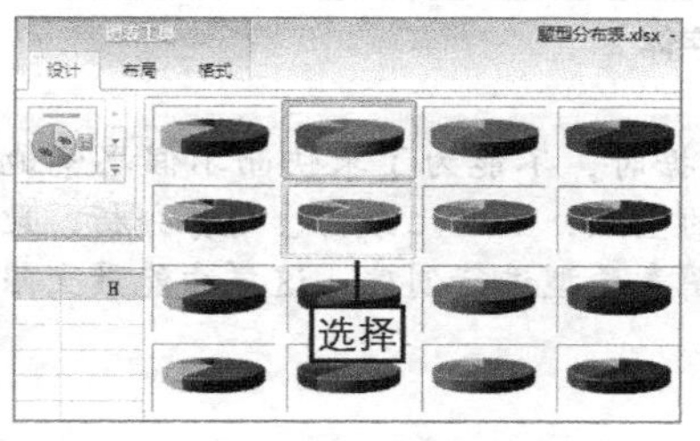

图8-23 选择图表样式

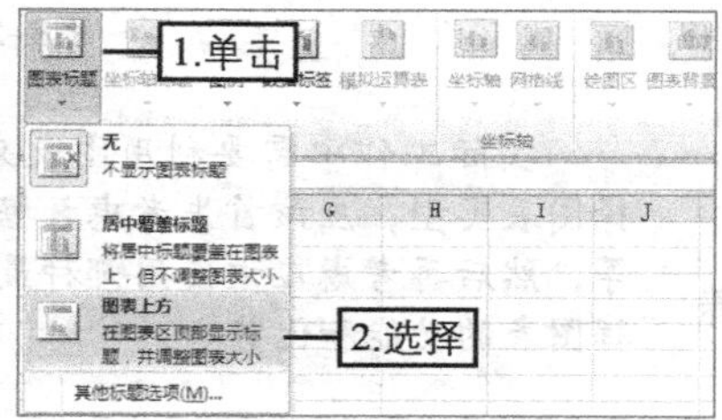

图8-24 显示图表标题

（3）拖曳鼠标选择图表中添加的图表标题内容，输入“企业内部考核题型分布图”，如图8-25所示。

（4）在【图表工具 布局】→【标签】组中单击“图例”按钮，在打开的下拉列表中选择“在顶部显示图例”选项，如图8-26所示。

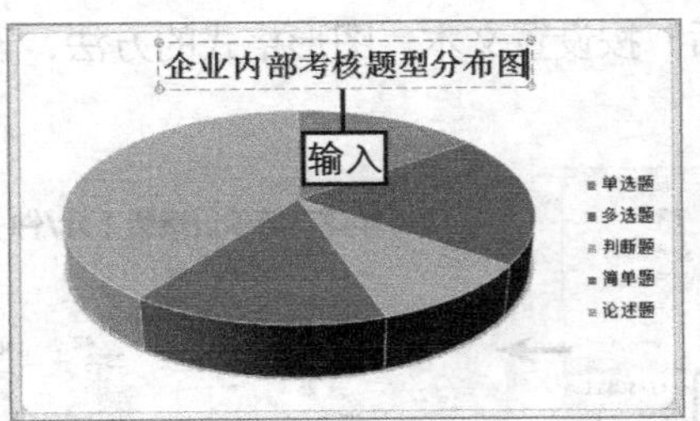

图8-25　输入图表标题

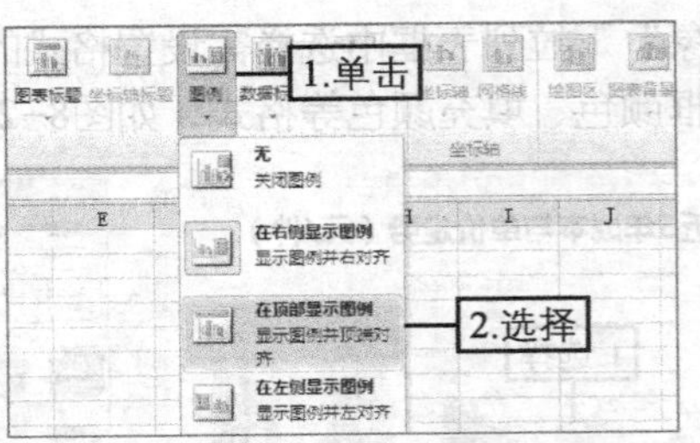

图8-26　显示图例

（5）继续在“标签”组中单击“数据标签”按钮，在打开的下拉列表中选择“数据标签内”选项，如图8-27所示。

（6）在【图表工具 布局】→【当前所选内容】组的“对象”下拉列表框中选择“图表区”选项，如图8-28所示。

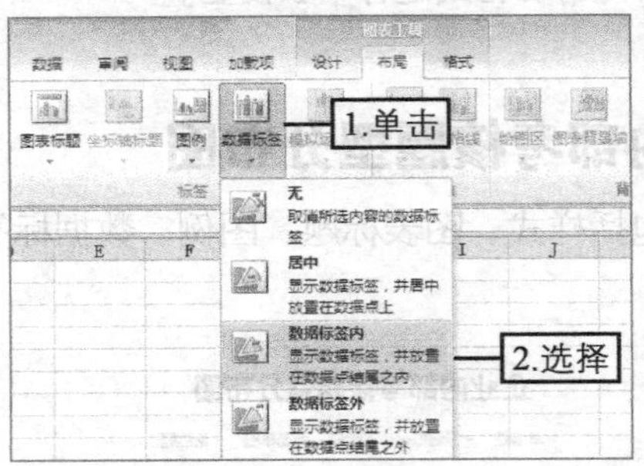

图8-27　显示数据标签

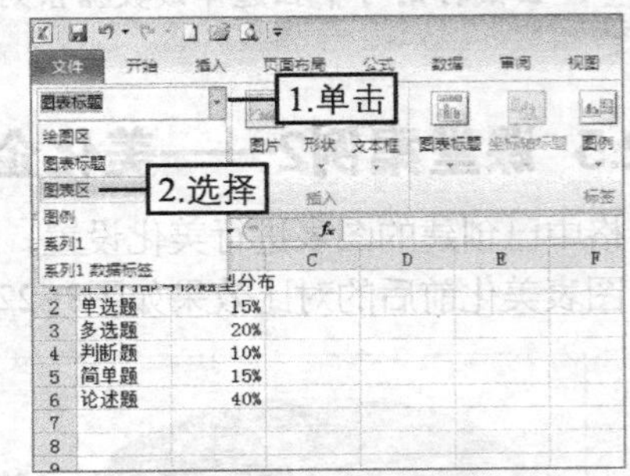

图8-28　选择图表区

（7）切换到【开始】→【字体】组，在“字体”下拉列表框中选择“微软雅黑”选项，完成对图表的美化设置，效果如图8-29所示。

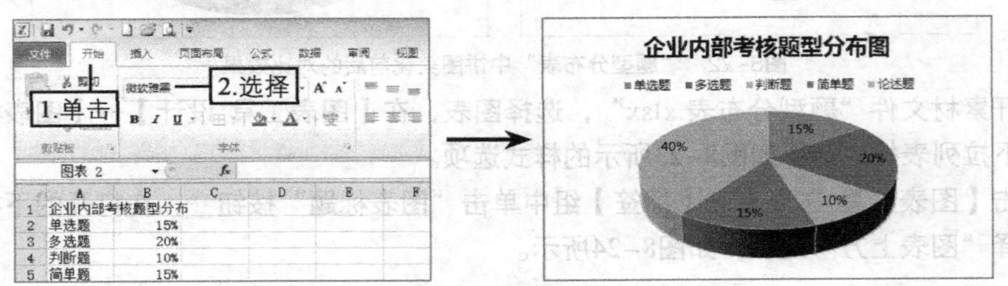

图8-29　设置字体

职业素养

实际工作中需要利用图表来分析数据时，不能为了求快而不假思索地胡乱选择图表类型，应该首先考虑数据要分析的重点，如对比分析、趋势分析、比例分析等，然后再考虑应该使用哪种最恰当的图表类型进行创建，这样才能最大限度地发挥图表的功能和优势。

8.3　创建数据透视表和数据透视图

数据透视表是一种使用范围很广的分析性报告工具，它能对大量数据进行快速汇总和建立交叉列表，可以汇总、分析、浏览、提供摘要数据，同时还可以快速合并和比较分析大量的数

据。而数据透视图则是图表化的数据透视表，它同样可以像数据透视表那样对数据进行分析，通过字段的设置同步显示对应的图表化对象。

8.3.1 创建数据透视表

创建数据透视表的方法为：在【插入】→【表格】组中单击“插入数据透视表”按钮，打开“创建数据透视表”对话框，在其中设置相应参数后单击 确定 按钮即可，如图8-30所示。

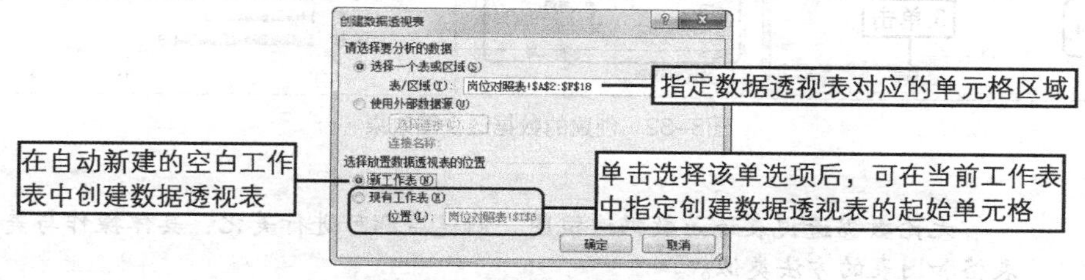

图8-30　设置数据透视表参数

8.3.2 利用数据透视表分析数据

数据透视表创建后只是一个显示空白内容的对象，要想使用它对数据进行分析，就需要在“数据透视表字段列表”窗格中通过字段的添加和设置来实现，如图8-31所示。下面介绍在该窗格中常见的几种操作方法。

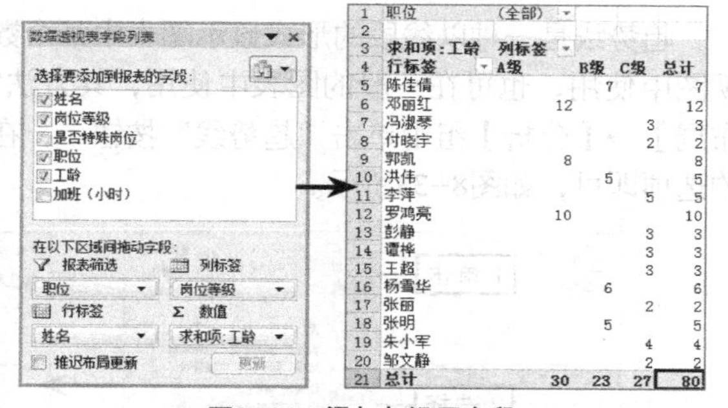

	职位	(全部)			
2					
3	求和项:工龄	列标签			
4	行标签	A级	B级	C级	总计
5	陈佳倩		7		7
6	邓丽红	12			12
7	冯淑琴			3	3
8	付晓宇			2	2
9	郭凯	8			8
10	洪伟		5		5
11	李萍			5	5
12	罗鸿亮	10			10
13	彭静			3	3
14	谭桦			3	3
15	王超			3	3
16	杨雪华		6		6
17	张丽			2	2
18	张明		5		5
19	朱小军			4	4
20	邹文静			2	2
21	总计	30	23	27	80

图8-31　添加与设置字段

◎ **添加字段**：将某个字段复选框拖曳到下方的列表框中即可，其中“报表筛选”列表框用来筛选数据透视表；“列标签”列表框将控制数据透视表的项目内容；“行标签”列表框将控制数据透视表的数据记录内容；“数值”列表框将控制各明细数据。

◎ **删除字段**：将已添加的字段从相应列表框中拖曳到窗格外部，或单击列表框中该字段右侧的按钮，在打开的下拉列表中选择“删除字段”选项。

◎ **设置字段**：单击列表框中该字段右侧的按钮，在打开的列表中选择“字段设置”选项或“值字段设置”选项，在打开的对话框中可设置字段名称、汇总方式等。

知识提示

添加了字段的数据透视表中，可通过各字段右侧的下拉按钮对对应的数据进行排序和筛选，其方法与表格中数据的排序和筛选操作相同。

8.3.3 创建数据透视图

创建数据透视图时，会自动创建数据透视表，其方法为：在【插入】→【表格】组中单击“插入数据透视表”按钮下方的按钮，在打开的下拉列表中选择“数据透视图”选项，在打开的对话框中设置数据区域和创建位置，单击 确定 按钮，然后在“数据透视表字段列表”

中添加并设置字段即可，如图8-32所示。

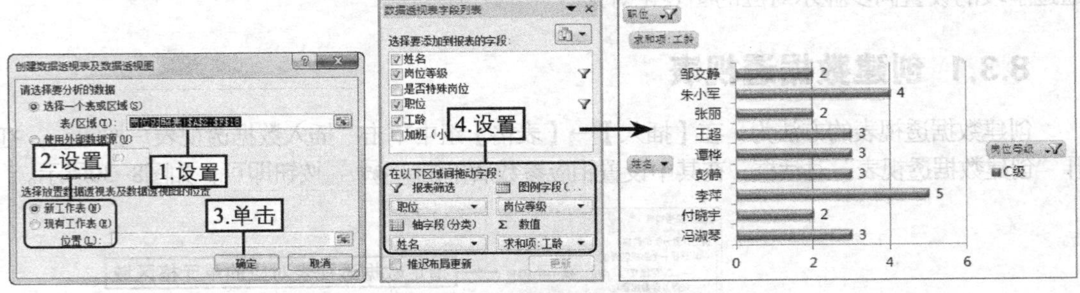

图8-32　创建的数据透视图效果

知识提示

无论数据透视表还是数据透视图，创建后都可进行美化，具体操作与美化普通表格和图表的方法类似。

8.3.4 添加趋势线分析数据

趋势线是一种以线段的形式显示图表中某个数据系列变化趋势的对象，它不仅可在数据透视图中使用，也可在一般的图表中使用，其方法为：选择数据透视图，在【数据透视图工具布局】→【分析】组中单击“趋势线”按钮，在打开的下拉列表中选择某种趋势线类型对应的选项即可，如图8-33所示。

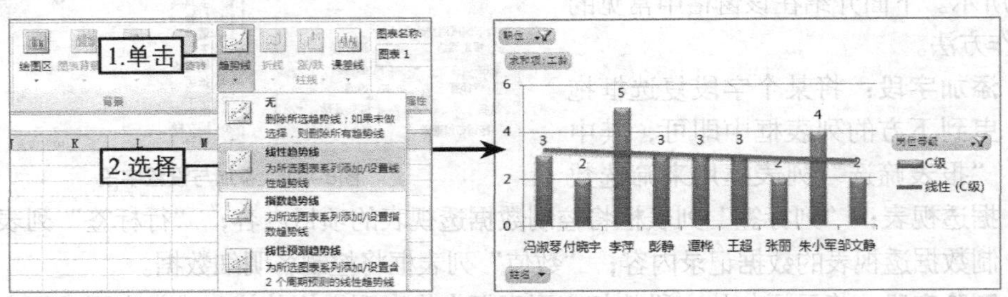

图8-33　在数据透视图中添加趋势线

操作技巧

在添加的趋势线上双击鼠标，可在打开的对话框中更改趋势线的类型、设置趋势线的计算方式、是否显示公式，以及设置趋势线格式等。

8.3.5 课堂案例3——创建产品产量趋势图

根据产品产量表创建数据透视图，在数据透视表中筛选出负责人为“孙伟”的各月份产品有效产量，然后在数据透视图中筛选孙伟负责的上半年产品有效产量，并添加趋势线查看产量趋势。产品产量表和产量趋势图的效果如图8-34所示。

（1）打开素材文件“产品产量表.xlsx”，选择A3单元格，在【插入】→【表格】组中单击“数据透视表”按钮下方的按钮，在打开的下拉列表中选择“数据透视图”选项，如图8-35所示。

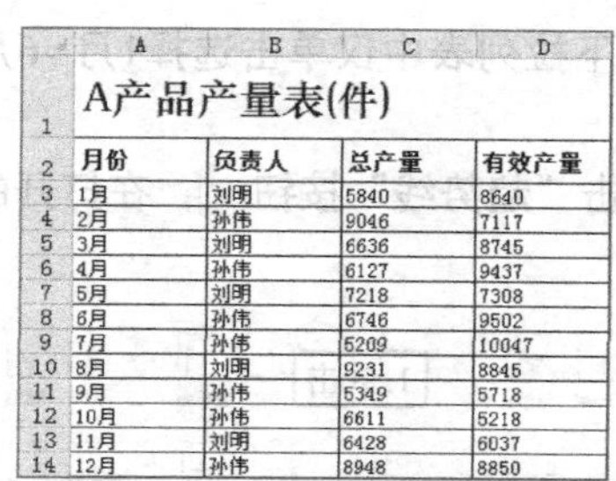

月份	负责人	总产量	有效产量
1月	刘明	5840	8640
2月	孙伟	9046	7117
3月	刘明	6636	8745
4月	孙伟	6127	9437
5月	刘明	7218	7308
6月	孙伟	6746	9502
7月	孙伟	5209	10047
8月	刘明	9231	8845
9月	孙伟	5349	5718
10月	孙伟	6611	5218
11月	刘明	6428	6037
12月	孙伟	8948	8850

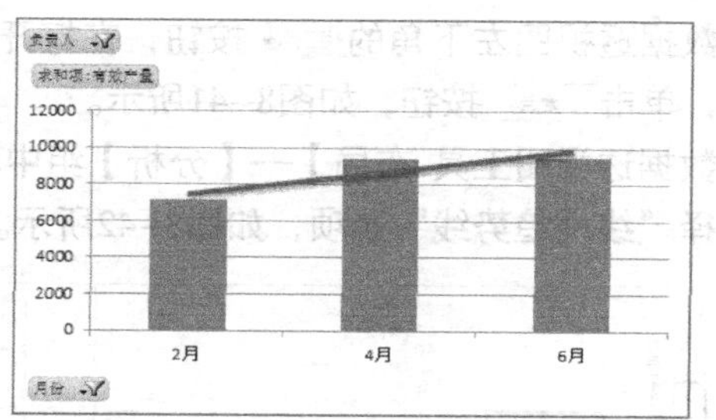

图8-34　产品产量表和产量趋势图的参考效果

（2）打开“创建数据透视表及数据透视图”对话框，默认其中的数据区域和创建位置，单击 确定 按钮，如图8-36所示。

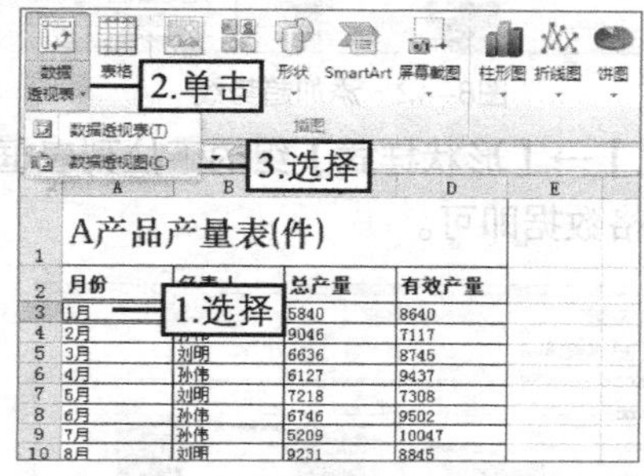

图8-35　创建数据透视图

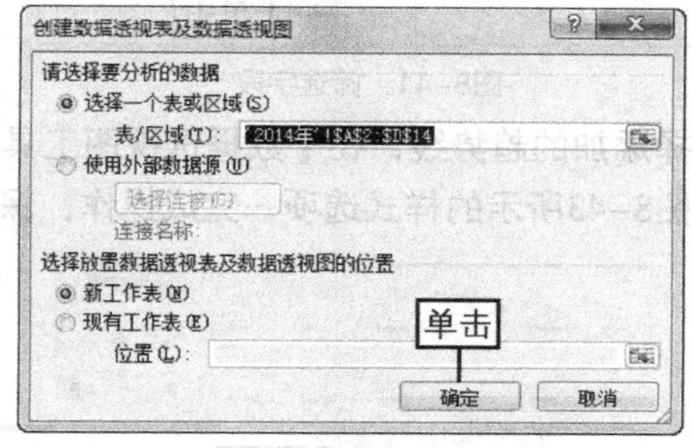

图8-36　设置数据区域和创建位置

（3）同时创建空白的数据透视表和数据透视图，在“数据透视表字段列表”窗格中依次将“负责人”字段、“月份”字段、“有效产量”字段添加到“报表筛选”列表框、“轴字段（分类）”列表框、“数值”列表框中，如图8-37所示。

（4）在数据透视表的“负责人”字段右侧单击按钮 ▾，在打开的下拉列表中选择“孙伟”选项，单击 确定 按钮，如图8-38所示。

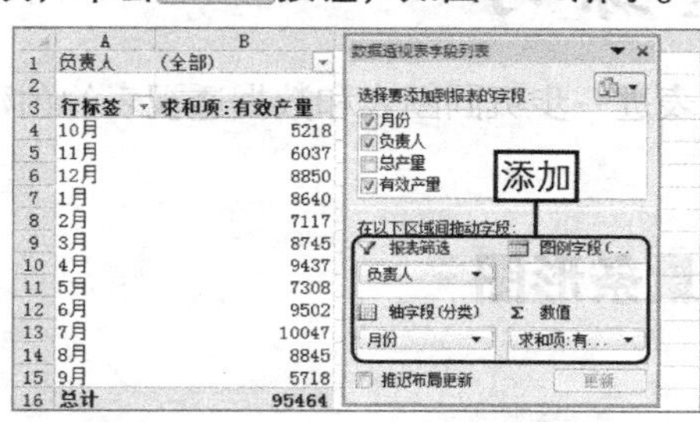

图8-37　添加字段

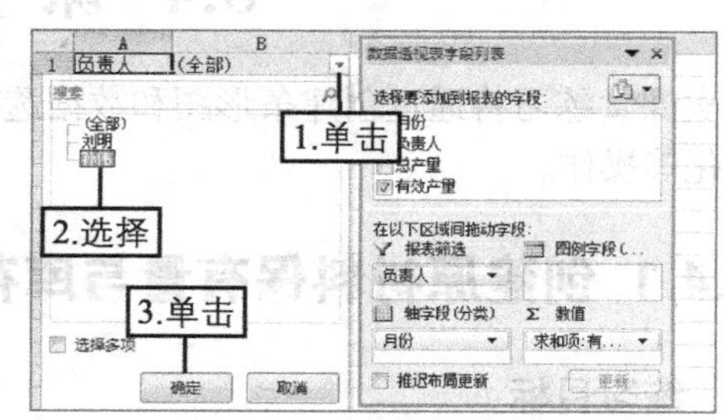

图8-38　筛选字段

（5）此时数据透视表中将只显示由孙伟负责的各月份产品的有效产量数据，如图8-39所示。

（6）在数据透视图中选择图例和图表标题，按【Delete】键将其删除，如图8-40所示。

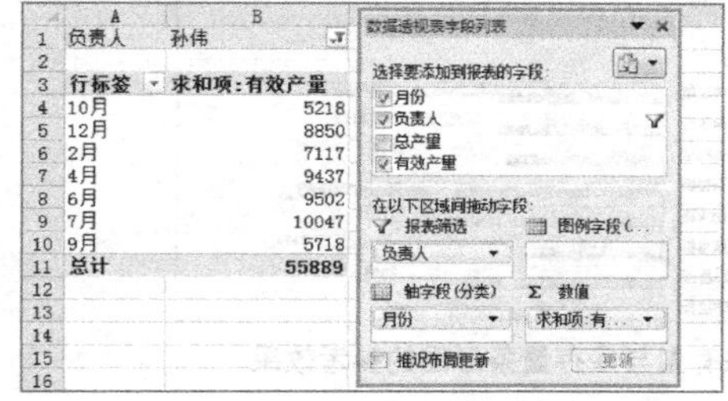

图8-39　筛选结果

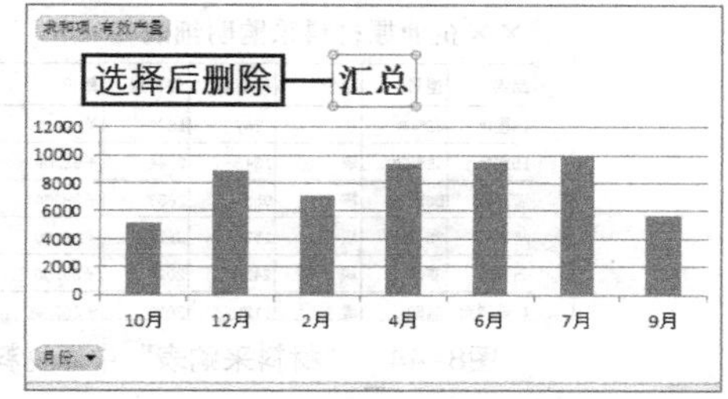

图8-40　删除图例和图表标题

（7）单击数据透视图左下角的 月份 按钮，在打开的下拉列表中仅单击选择1月~6月对应的复选框，单击 确定 按钮，如图8-41所示。

（8）在【数据透视图工具 布局】→【分析】组中单击“趋势线”按钮，在打开的下拉列表中选择“线性趋势线”选项，如图8-42所示。

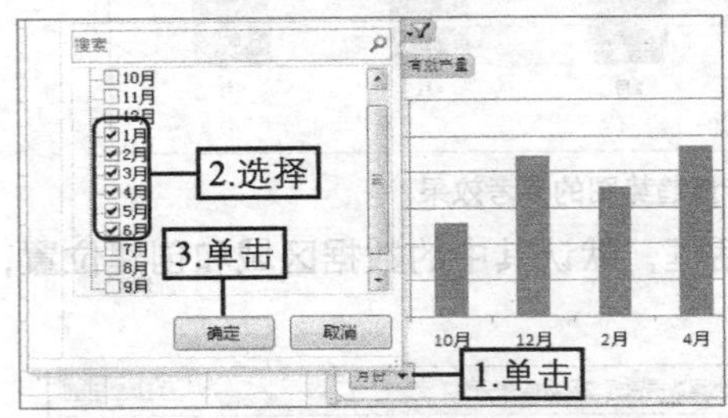

图8-41　筛选字段　　　　图8-42　添加趋势线

（9）选择添加的趋势线，在【数据透视图工具 格式】→【形状样式】组的下拉列表框中选择如图8-43所示的样式选项，完成操作，保存表格数据即可。

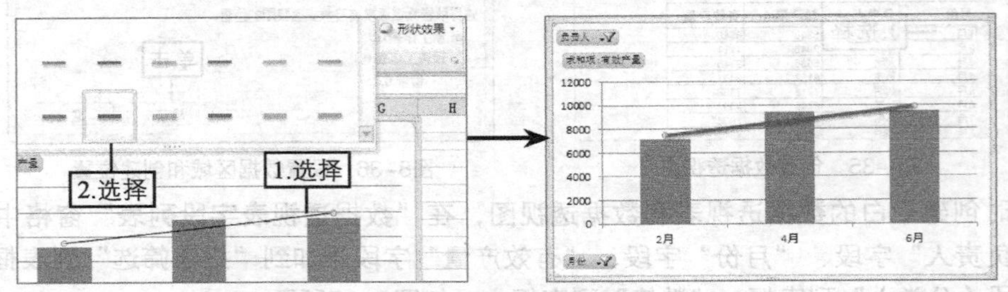

图8-43　设置趋势线格式

8.4 课堂练习

本次课堂练习将通过创建条形图和数据透视表进一步巩固图表和数据透视表的创建、设置、美化等操作。

8.4.1 创建原材料保有量与库存量条形图

1. 练习目标

本练习的目标是利用已有数据创建原材料保有量与库存量的条形图，以通过图表查看库存量与保有量的实际数据，从而决定采购量的多少。本练习完成后的参考效果如图8-44所示。

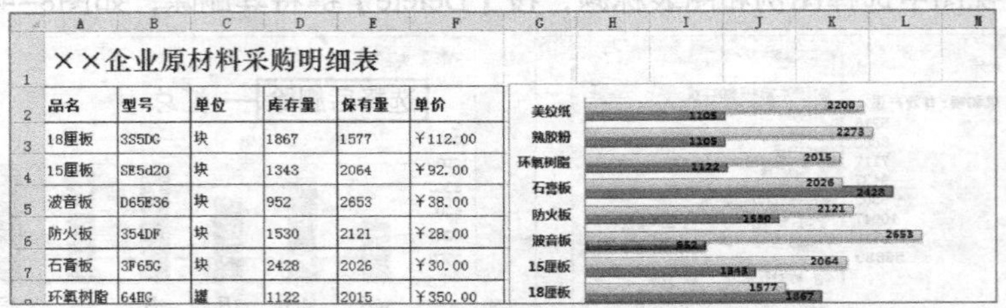

××企业原材料采购明细表

品名	型号	单位	库存量	保有量	单价
18厘板	3S5DG	块	1867	1577	￥112.00
15厘板	SE5d20	块	1343	2064	￥92.00
波音板	D65E36	块	952	2653	￥38.00
防火板	354DF	块	1530	2121	￥28.00
石膏板	3F65G	块	2428	2026	￥30.00
环氧树脂	64HG	罐	1122	2015	￥350.00

图8-44　“材料采购表”中原材料保有量与库存量条形图的参考效果

2. 操作思路

本练习的操作思路主要包括图表数据区域的选择、图表布局的应用以及图表的美化等，如图8-45所示。

品名	型号	单位	库存量	保有量
18厘板	3S5DG	块	1867	1577
15厘板	SE5d20	块	1343	2064
波音板	D65E36	块	952	2653
防火板	354DF	块	1530	2121
石膏板	3F65G	块	2428	2026
环氧树脂	64HG	罐	1122	2015
熟胶粉	T326TN	包	1105	2273
美纹纸	WER236	卷	1105	2200

① 选择数据区域

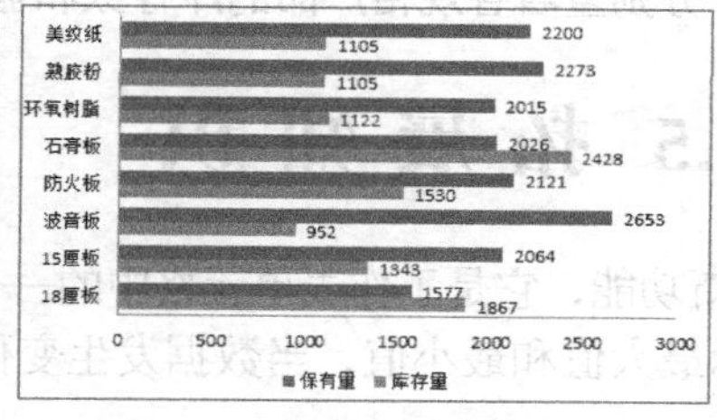

② 创建条形图

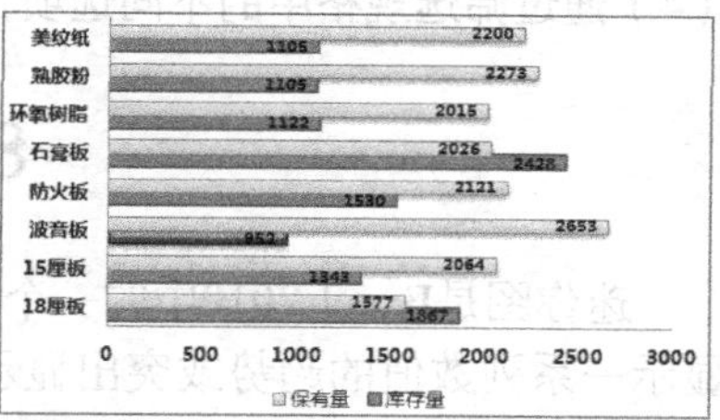

③ 美化图表

图8-45　原材料库存量与保有量条形图的创建思路

（1）打开素材文件“材料采购表.xlsx”，利用【Ctrl】键选择不连续的两个单元格区域，包括品名、库存量、保有量3个项目，然后创建二维簇状条形图。

（2）为图表应用“布局4”效果。

（3）美化图表。设置图表字体为“微软雅黑”，除图例外所有字体加粗显示，数据标签字号调整为“8”，并显示在数据系列内部。保有量和库存量的数据系列分别应用“形状样式”格式的第4种和第2种样式，将库存量最低的数据系列应用“形状样式”格式第3列最后一种样式以突出显示。

8.4.2 创建库存盘点数据透视表

1. 练习目标

本练习的目标是通过创建的数据透视表灵活查看不同规格产品的月末库存数和月末盘点数的差异，其参考效果如图8-46所示。

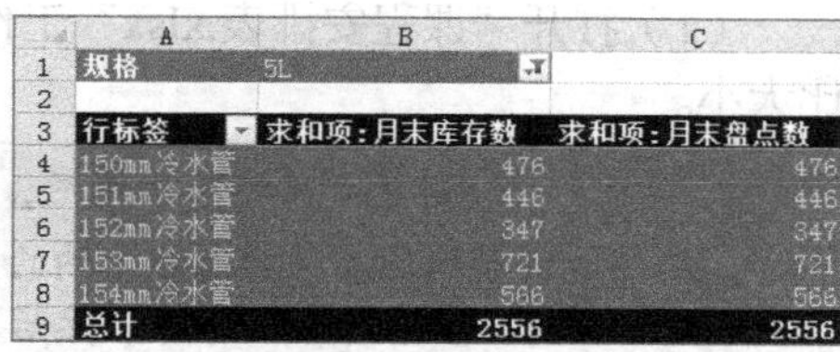

	A	B	C
1	规格	5L	
2			
3	行标签	求和项:月末库存数	求和项:月末盘点数
4	150mm冷水管	476	476
5	151mm冷水管	446	446
6	152mm冷水管	347	347
7	153mm冷水管	721	721
8	154mm冷水管	566	566
9	总计	2556	2556

图8-46　“库存盘点表”中创建的数据透视表的参考效果

2. 操作思路

完成本练习首先应创建数据透视表，然后添加字段，并通过筛选字段来达到分析数据的目的，其操作思路如图8-47所示。

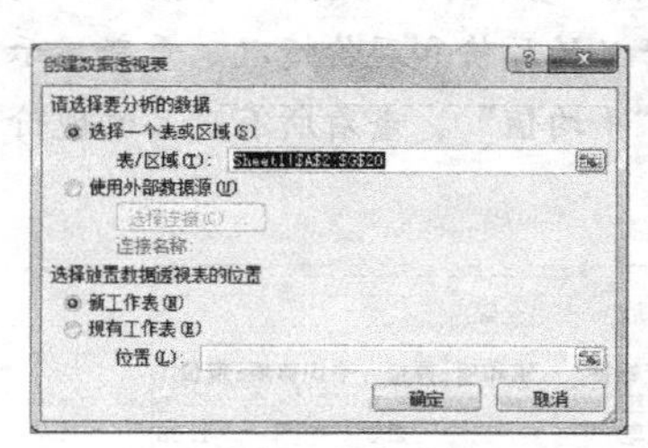

① 创建数据透视表

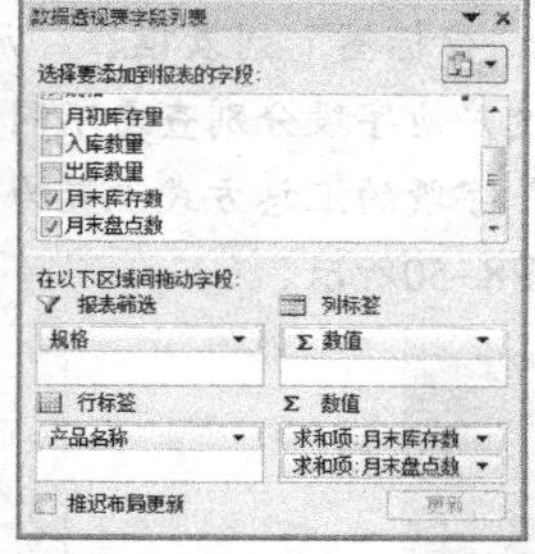

② 添加字段

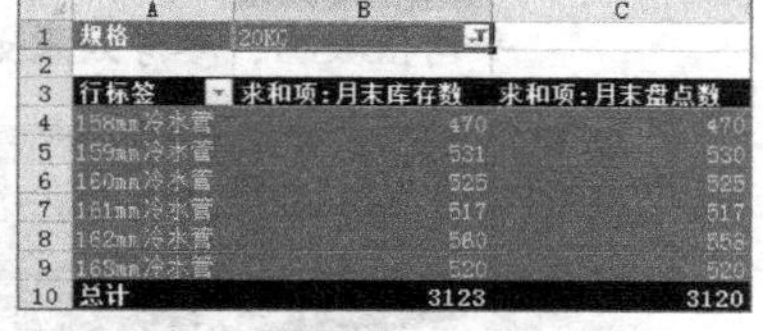

	A	B	C
1	规格	20KG	
2			
3	行标签	求和项:月末库存数	求和项:月末盘点数
4	158mm冷水管	470	470
5	159mm冷水管	531	530
6	160mm冷水管	525	525
7	161mm冷水管	517	517
8	162mm冷水管	560	558
9	163mm冷水管	520	520
10	总计	3123	3120

③ 筛选字段

图8-47　“库存盘点表”中数据透视表的创建与使用思路

（1）打开素材文件“库存盘点表.xlsx”，选择A2:G20单元格区域，创建数据透视表，位置为新工作表。

（2）将“规格”字段添加到“报表筛选”列表框、“产品名称”字段添加到“行标签”列表框、“月末库存数”字段和“月末盘点数”字段添加到“数值”列表框。
（3）为数据透视表应用倒数第二行第五种样式。
（4）通过筛选规格中的不同选项，分别查看各规格产品的库存数和盘点数是否一致。

8.5 拓展知识

迷你图是Excel 2010中的一个新功能，它是工作表单元格中的一个微型图表，可以直观地显示一系列数值的趋势或突出显示最大值和最小值，当数据发生变化时，迷你图也会同步改变。使用迷你图的具体操作如下。

（1）选择保存迷你图的单元格，在【插入】→【迷你图】组中单击某种类型的迷你图对应的按钮。
（2）打开“创建迷你图”对话框，在“数据范围”文本框中指定参与创建迷你图的数据区域。
（3）确定后拖动填充柄，按填充数据的方法将迷你图填充到其他数据记录上即可，如图8-48所示。

第1季度	第2季度	第3季度	第4季度	各季度销量趋势
727.60	952.30	781.10	567.10	
791.80	856.00	631.30	535.00	
1027.20	781.10	995.10	545.70	
652.70	877.40	535.00	738.30	
706.20	684.80	631.30	856.00	
642.00	920.20	1070.00	535.00	
877.40	1059.30	716.90	770.40	
716.90	823.90	716.90	1016.50	
973.70	1005.80	984.40	738.30	
695.50	556.40	770.40	1059.30	
674.10	674.10	556.40	834.60	
770.40	535.00	909.50	995.10	
535.00	1059.30	770.40	952.30	

图8-48　迷你图在单元格中的显示效果

8.6 课后习题

（1）打开“课程安排表.xlsx”工作簿，在其中创建饼图以查看各培训课程所占据的百分比大小。

知识提示

创建分离型三维饼图，应用“布局1”效果后修改图表标题内容。将饼图的大小调整到图表区中所能容纳的最大尺寸，为饼图应用“样式42”的效果。为所有文本应用“微软雅黑”字体，然后单独将数据标签字体加粗，并手动拖动各数据标签到对应的数据系列内部。最后为图表区填充“白色，背景1，深色50%”的颜色。设置后的参考效果如图8-49所示。

（2）打开“超市统计表.xlsx”工作簿，创建数据透视表分析所有不同产地和所有产品的价格。

知识提示

在新工作表中创建数据透视表，将“产地”字段添加到“报表筛选”列表框、“商品名称”字段添加到“行标签”列表框、“原价”字段和“现价”字段添加到“数值”列表框。通过筛选产地字段分别查看不同产品的原价和现价情况。重新显示所有产品信息，将“现价”字段的汇总方式设置为“平均值”，查看所有产品的现价平均值数据，参考效果如图8-50所示。

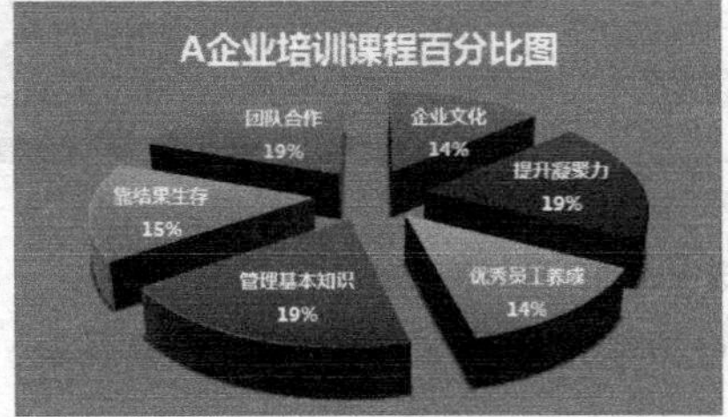

图8-49　培训课程百分比图的参考效果

	A	B	C
1	产地	(全部)	
2			
3	行标签	求和项:原价	平均值项:现价
4	抽纸	3.8	2
5	肥皂	2.5	1.65
6	沐浴露	20.5	18.3
7	沐浴乳	23.3	20
8	双人牙刷	9.8	6.5
9	洗发水	19.8	19
10	洗手液	19.8	15
11	香皂	1.5	1
12	牙膏	3.5	2
13	总计	104.5	9.494444444

图8-50　超市统计表中数据透视表的参考效果

第9章 管理与编辑幻灯片

PowerPoint 2010是Office 2010中又一个重要的组件，该组件生成的文件叫做演示文稿，而演示文稿是由若干张幻灯片组成的，通过对幻灯片进行编辑便可创建出形象生动、图文并茂，且具有动态效果的对象，是企业和公司越来越重视的必备办公软件。本章将首先对PowerPoint 2010的操作界面进行介绍，然后重点讲解幻灯片的基本操作和美化演示文稿的方法。

学习要点

- ◎ 认识PowerPoint 2010的操作界面
- ◎ 演示文稿的基本操作
- ◎ 幻灯片的基本操作
- ◎ 演示文稿的美化

学习目标

- ◎ 了解PowerPoint 2010操作界面的组成和作用
- ◎ 了解演示文稿的创建、保存、打开、关闭操作
- ◎ 掌握幻灯片的添加、应用版式、选择、移动、复制、删除等操作
- ◎ 熟悉设置演示文稿主题、幻灯片背景、幻灯片母版的方法

9.1 演示文稿基本操作

掌握演示文稿的操作可以更好地管理制作出的各种幻灯片文件，下面将首先来认识PowerPoint 2010操作界面的组成，并学习演示文稿的各种基本管理操作。

9.1.1 认识PowerPoint 2010操作界面

按启动Word 2010或Excel 2010的方法即可启动PowerPoint 2010，其操作界面的总体布局也与二者相似，主要包括标题栏、功能区、“幻灯片/大纲”窗格、幻灯片编辑区、备注区、状态栏等，如图9-1所示。下面主要对其特有的一些组成部分进行讲解。

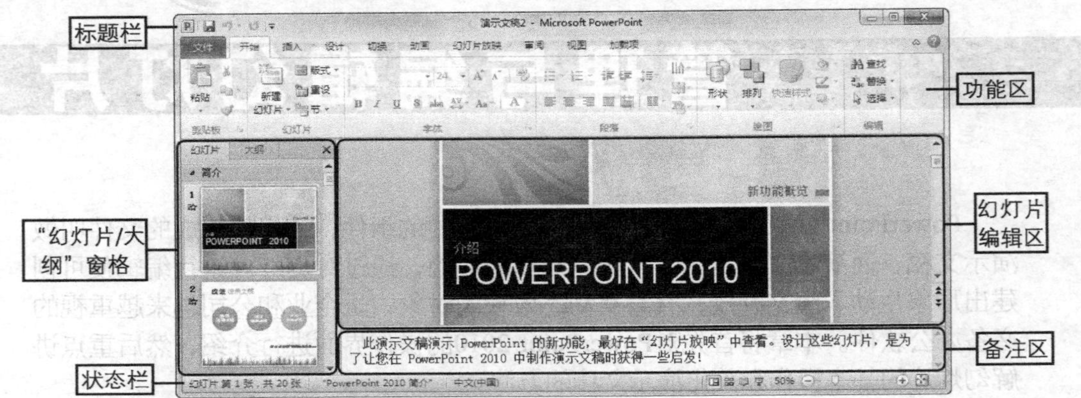

图9-1 PowerPoint 2010的操作界面组成

1. “幻灯片/大纲”窗格

“幻灯片/大纲”窗格主要用于显示演示文稿中幻灯片的数量和详细内容，通过它可以更加方便地掌握演示文稿的结构。PowerPoint默认显示的是“幻灯片”窗格，其中显示了整个演示文稿中幻灯片的编号和缩略图，在其中可对幻灯片进行管理；单击“大纲”选项卡则可切换至“大纲”窗格，在其中可以查看演示文稿中各张幻灯片的详细内容，并能编辑内容。图9-2所示分别为“幻灯片”窗格和“大纲”窗格的显示效果。

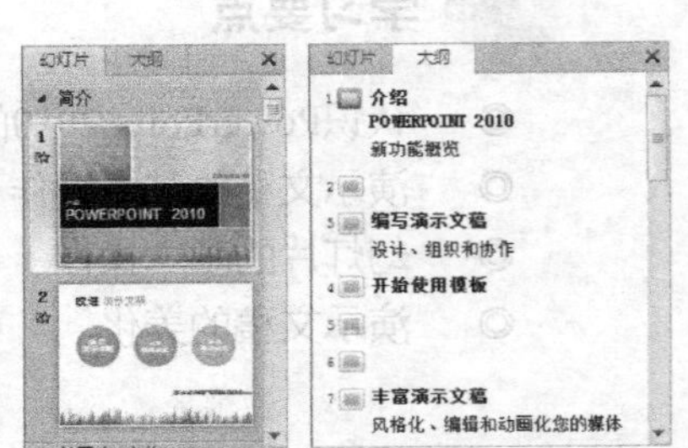

图9-2 “幻灯片/大纲”窗格的显示内容

2. 幻灯片编辑区

幻灯片编辑区是制作演示文稿的主要操作平台，在其中可以实现添加文本、插入图形图像、添加动画效果等各种操作。在“幻灯片”窗格或“大纲”窗格中选择任意一张幻灯片缩略图后，该幻灯片的内容便将显示在幻灯片编辑区中。

3. 备注区

备注区主要用于对当前幻灯片的作用、特征、内容等进行补充说明。添加备注的方法很简单，在幻灯片编辑区中显示需添加备注的幻灯片，然后在备注区中输入备注内容即可。拖曳幻

灯片编辑区和备注区之间的分隔线，可控制备注区的大小，如图9-3所示。

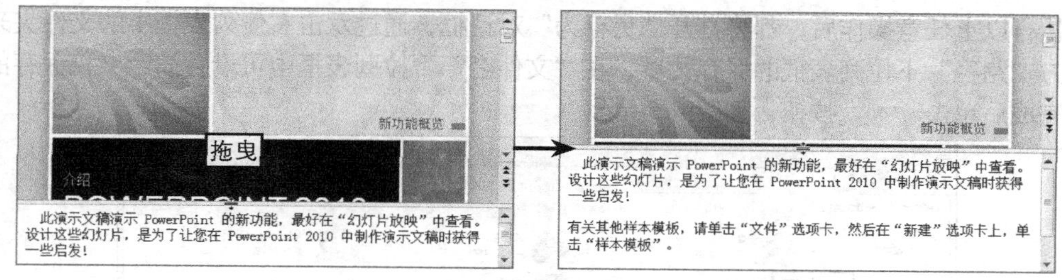

图9-3　调整备注区大小

9.1.2 管理演示文稿

演示文稿相当于Word中的文档或Excel中的工作簿这一概念。其新建、打开、保存、关闭等操作均与Word文档或Excel工作簿的相应操作相同，下面简要进行介绍。

1. 新建空白演示文稿

启动PowerPoint 2010后，会自动新建一个名为“演示文稿1”的空白演示文稿。除此之外，可通过以下任意操作手动新建空白演示文稿。

◎ **通过“新建”菜单新建**：选择【文件】→【新建】菜单命令，在界面右侧选择“空白演示文稿”选项，然后单击“创建”按钮，或直接双击“空白文档”选项。

◎ **通过快速访问工具栏新建**：单击快速访问工具栏中的“新建”按钮。

◎ **通过快捷键新建**：按【Ctrl+N】组合键。

2. 通过模板创建演示文稿

为提高工作效率，可根据PowerPoint提供的模板来新建演示文稿，其方法为：选择【文件】→【新建】命令，在界面右侧选择“样本模板”选项，在下方的列表框中选择某种模板，如“培训”选项，单击“创建”按钮即可，如图9-4所示。

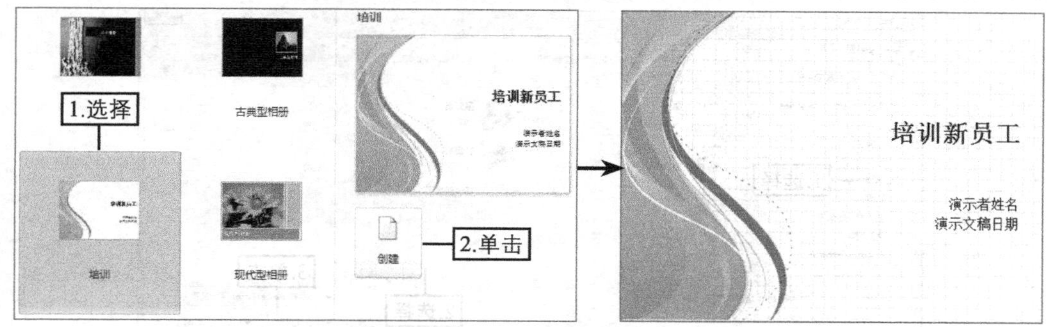

图9-4　根据“培训”模板创建演示文稿

3. 保存演示文稿

保存新建的演示文稿的方法主要有以下几种。

◎ **通过“文件”菜单保存**：选择【文件】→【保存】菜单命令。

◎ **通过快速访问工具栏保存**：单击快速访问工具栏中的“保存”按钮。

◎ **通过快捷键保存：**按【Ctrl+S】组合键。

执行以上任意操作后，都将打开“另存为”对话框，通过双击右侧列表框中的文件夹来设置上方“路径”下拉列表框的保存位置，在“文件名”下拉列表框中可设置演示文稿保存的名称，完成后单击 保存(S) 按钮，如图9–5所示。

图9–5　设置演示文稿的保存位置和名称

知识提示

如果演示文稿已经保存过，再执行保存操作后就不会打开“另存为”对话框，而是直接替换之前保存的内容。另外，选择【文件】→【另存为】菜单命令，在打开的“另存为”对话框中可对演示文稿进行另存为操作。

4. 打开演示文稿

打开演示文稿有以下几种常用方法。

◎ **通过“文件”选项卡打开：**选择【文件】→【打开】菜单命令。

◎ **通过快速访问工具栏打开：**单击快速访问工具栏中的“打开”按钮。

◎ **通过快捷键打开：**按【Ctrl+O】组合键。

执行以上任意操作后，都将打开“打开”对话框，在其中找到演示文稿的保存位置，双击该演示文稿或选择演示文稿后单击 打开(O) 按钮即可，如图9–6所示。

图9–6　选择并打开演示文稿

5. 关闭演示文稿

关闭演示文稿是指在不退出PowerPoint 2010的前提下，关闭当前正在编辑的对象。其方法为：选择【文件】→【关闭】菜单命令。

9.1.3 课堂案例1——创建宣传手册样本演示文稿

根据“宣传手册”模板新建演示文稿，然后将其以“宣传手册样本”为名保存在桌面上。

（1）启动PowerPoint 2010，选择【文件】→【关闭】菜单命令，如图9-7所示。

（2）选择【文件】→【新建】菜单命令，在界面右侧选择“样本模板”选项，如图9-8所示。

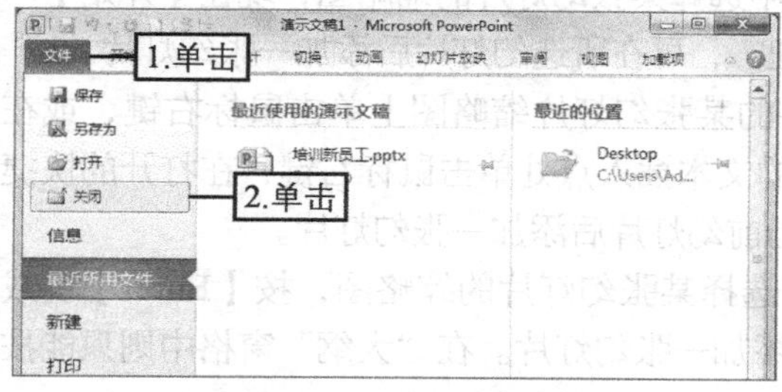

图9-7 关闭演示文稿

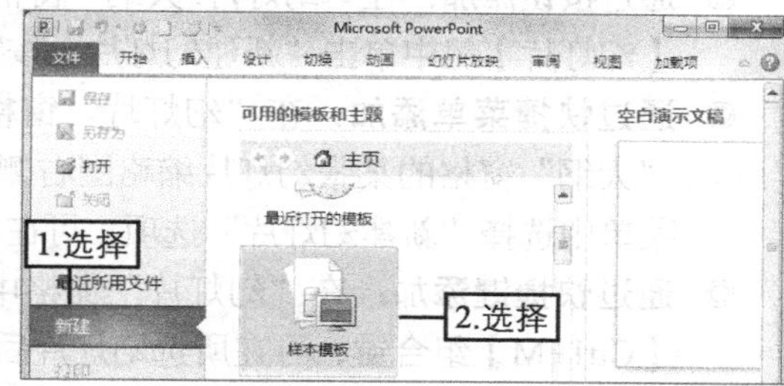

图9-8 新建演示文稿

（3）在界面中间的列表框中选择“宣传手册”选项，单击“创建”按钮，如图9-9所示。

（4）创建演示文稿后，在快速访问工具栏中单击“保存”按钮，如图9-10所示。

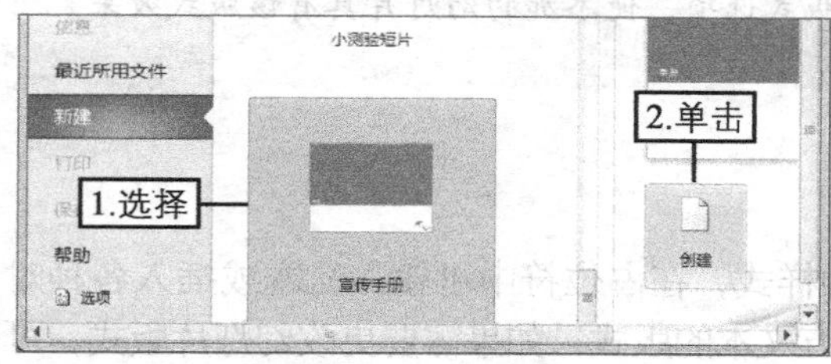

图9-9 选择模板

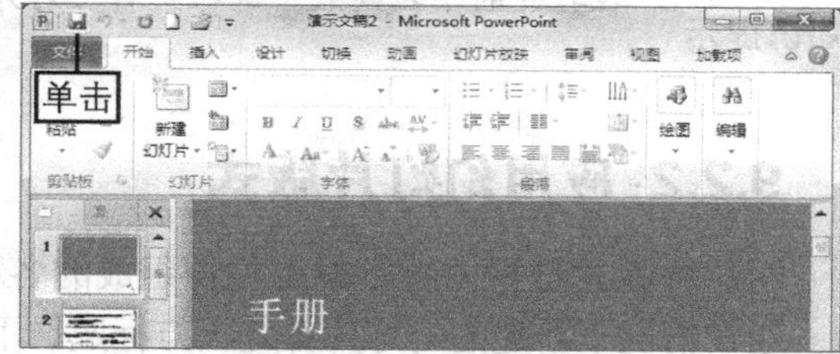

图9-10 保存演示文稿

（5）打开“另存为”对话框，在左侧列表框中选择“桌面”选项，在“文件名”下拉列表框中输入“宣传手册样本.pptx”，单击 保存(S) 按钮完成操作，如图9-11所示。

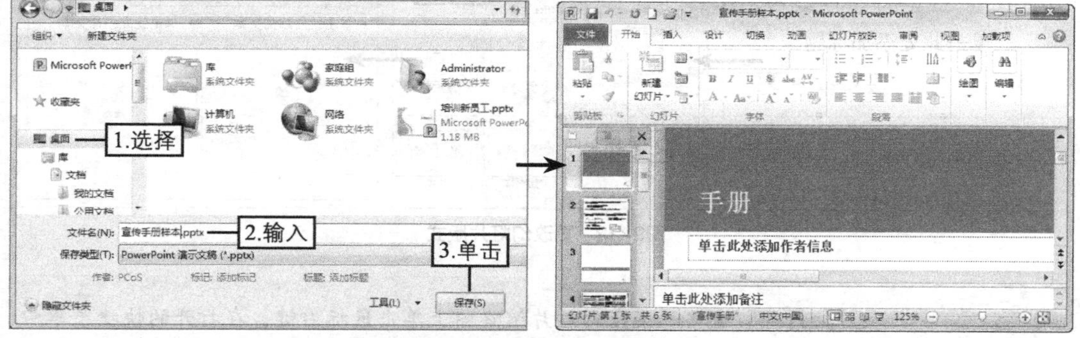

图9-11 设置保存位置和名称

9.2 幻灯片的基本操作

一个完整的演示文稿通常都是由多张幻灯片组成的。在制作演示文稿的过程中不可避免地需要对幻灯片进行操作，如添加幻灯片、应用幻灯片版式、选择幻灯片、移动和复制幻灯片，

以及删除幻灯片等，通过这些操作来确定演示文稿的整体框架，然后再陆续在幻灯片中添加需要的内容。下面就对幻灯片的各种基本操作进行详细介绍。

9.2.1 添加幻灯片

添加幻灯片的常用方法有以下几种。

◎ **通过按钮添加**：在“幻灯片/大纲”窗格中选择某张幻灯片的缩略图，现在【开始】→【幻灯片】组中单击“新建幻灯片”按钮，可在所选幻灯片后添加一张幻灯片。

◎ **通过快捷菜单添加**：在“幻灯片”窗格的某张幻灯片缩略图上单击鼠标右键，或在“大纲”窗格的某张幻灯片缩略图右侧的文本插入点处单击鼠标右键，在打开的快捷菜单中选择“新建幻灯片”选项，可在当前幻灯片后添加一张幻灯片。

◎ **通过快捷键添加**：在“幻灯片”窗格中选择某张幻灯片的缩略图，按【Enter】键或【Ctrl+M】组合键，可在所选幻灯片后添加一张幻灯片。在“大纲”窗格中则只能按【Ctrl+M】组合键来添加幻灯片。

知识提示

在“开始”选项卡“幻灯片”组中单击“新建幻灯片”按钮下方的按钮，可在打开的下拉列表中选择某种幻灯片版式选项，使添加的幻灯片具有该版式效果。

9.2.2 应用幻灯片版式

幻灯片版式是指由特定的占位符组成的各种样式，在占位符中可输入文本或插入各种对象。通常情况下新建的幻灯片都是上方标题、下方文本的版式，如果需要更改幻灯片版式，可选择需更改版式的幻灯片，在【开始】→【幻灯片】组中单击版式按钮，在打开的下拉列表中选择需要的版式选项即可，如图9-12所示。

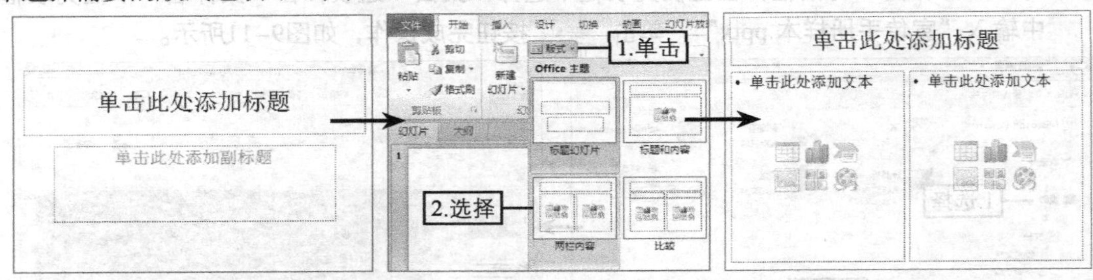

图9-12 更改幻灯片版式

操作技巧

在“幻灯片”窗格的某张幻灯片缩略图上单击鼠标右键，在打开的快捷菜单中选择“版式”选项，在打开的子菜单中选择某种命令也可更改当前幻灯片的版式。

9.2.3 选择幻灯片

在“幻灯片/大纲”窗格中单击某个幻灯片缩略图可选择该张幻灯片，除此以外，还可通过以下几种方法来选择幻灯片。

◎ **选择连续的多张幻灯片**：选择第一张幻灯片后，按住【Shift】键不放选择最后一张幻灯片，此时可同时选择这两张幻灯片及其之间相邻的所有幻灯片。

◎ **选择不连续的多张幻灯片**：选择第一张幻灯片后，按住【Ctrl】键不放，依次单击其他需选择的幻灯片缩略图即可。

◎ **选择所有幻灯片**：在"幻灯片/大纲"窗格中单击鼠标激活该区域，按【Ctrl+A】组合键即可。如果当前激活的区域是幻灯片编辑区，则此操作将选择当前幻灯片中的所有对象。

9.2.4 移动幻灯片

移动幻灯片即更改幻灯片在演示文稿中的位置，其方法为：在"幻灯片/大纲"窗格中，拖曳某张幻灯片缩略图，当蓝色插入线出现在所需的目标位置时，释放鼠标即可，如图9-13所示。

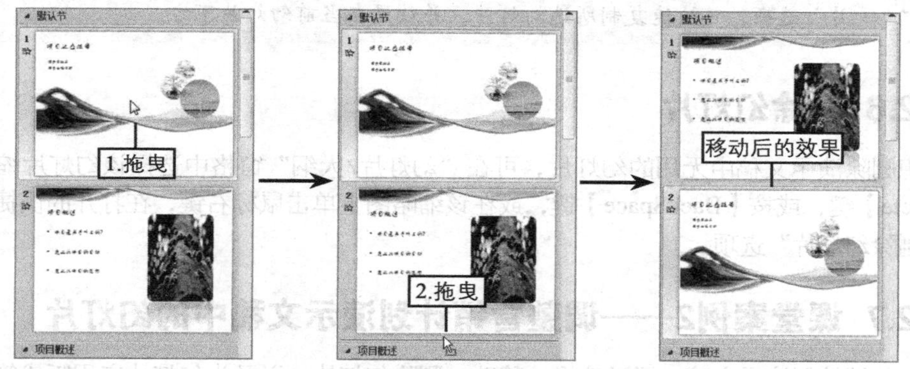

图9-13 移动幻灯片的过程

如果演示文稿中的幻灯片数量较多，通过拖曳的方法移动幻灯片就显得不太方便，此时可采用以下任意一种操作来完成幻灯片的移动。

◎ **通过按钮移动**：在"幻灯片/大纲"窗格中选择某张幻灯片的缩略图，在【开始】→【幻灯片】组中单击剪切按钮，选择目标幻灯片缩略图，在【开始】→【幻灯片】组中单击"粘贴"按钮，幻灯片将移动到所选幻灯片下方。

◎ **通过快捷菜单移动**：在"幻灯片/大纲"窗格中的某张幻灯片缩略图上单击鼠标右键，在打开的快捷菜单中选择"剪切"选项，在目标幻灯片缩略图单击鼠标右键，在打开的快捷菜单中单击"粘贴选项"栏中的"保留源格式"按钮，幻灯片将移动到所选幻灯片下方。

◎ **通过快捷键移动**：在"幻灯片/大纲"窗格中选择某张幻灯片的缩略图，按【Ctrl+X】组合键，选择目标幻灯片缩略图，按【Ctrl+V】组合键，幻灯片将移动到所选幻灯片下方。

9.2.5 复制幻灯片

复制幻灯片与移动幻灯片的操作类似，其方法有如下几种。

◎ **通过按钮移动**：在"幻灯片/大纲"窗格中选择某张幻灯片的缩略图，在【开始】→

【幻灯片】组中单击复制按钮，选择目标幻灯片缩略图，在【开始】→【幻灯片】组中单击“粘贴”按钮，幻灯片将复制到所选幻灯片下方。

◎ **通过快捷菜单移动**：在“幻灯片/大纲”窗格中的某张幻灯片缩略图上单击鼠标右键，在打开的快捷菜单中选择“复制”选项，在目标幻灯片缩略图单击鼠标右键，在打开的快捷菜单中单击“粘贴选项”栏中的“保留源格式”按钮，幻灯片将复制到所选幻灯片下方。

◎ **通过快捷键移动**：在“幻灯片/大纲”窗格中选择某张幻灯片的缩略图，按【Ctrl+C】组合键，选择目标幻灯片缩略图，按【Ctrl+V】组合键，幻灯片将复制到所选幻灯片下方。

操作技巧

选择某张幻灯片缩略图后，在“开始”选项卡“幻灯片”组中单击复制按钮右侧的按钮，在打开的下拉列表中选择第二个“复制”选项，或按【Ctrl+D】组合键，或在该幻灯片缩略图上单击鼠标右键，在打开的快捷菜单中选择“复制幻灯片”选项，可快速复制所选幻灯片，并放置在当前幻灯片下方。

9.2.6 删除幻灯片

要想删除演示文稿中无用的幻灯片，可在“幻灯片/大纲”窗格中选择该幻灯片缩略图，按【Delete】键，或按【BackSpace】键，或在该缩略图上单击鼠标右键，在打开的快捷菜单中选择“删除幻灯片”选项。

9.2.7 课堂案例2——调整营销计划演示文稿中的幻灯片

打开营销计划演示文稿，通过选择、移动、删除幻灯片，以及为幻灯片应用版式等操作，调整该演示文稿的幻灯片结构，完成后的部分幻灯片效果如图9-14所示。

图9-14 营销计划演示文稿中部分幻灯片的参考效果

（1）双击素材文件“营销计划.pptx”，启动PowerPoint 2010并打开该演示文稿，将幻灯片2拖曳到幻灯片1上方，如图9-15所示。

（2）选择幻灯片3，在【开始】→【幻灯片】组单击版式按钮，在打开的下拉列表中选择“标题和文本”选项，如图9-16所示。

（3）选择幻灯片11，如图9-17所示，按【Delete】键将其删除。

（4）保持幻灯片10的选择状态，按住【Ctrl】键的同时，依次选择幻灯片7和幻灯片8，如图9-18所示。

图9-15 移动幻灯片

图9-16 应用幻灯片版式

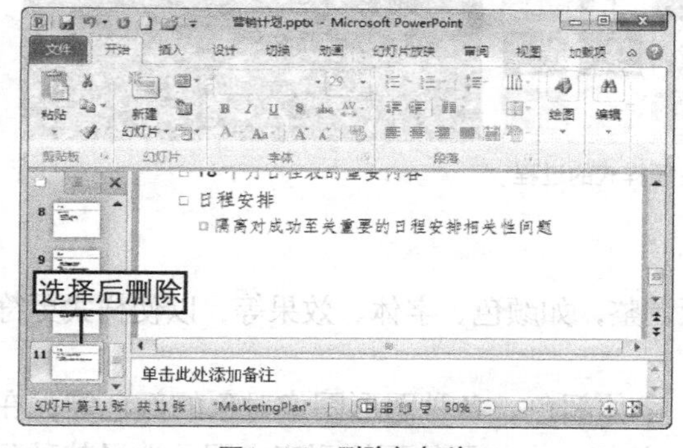

图9-17 删除幻灯片

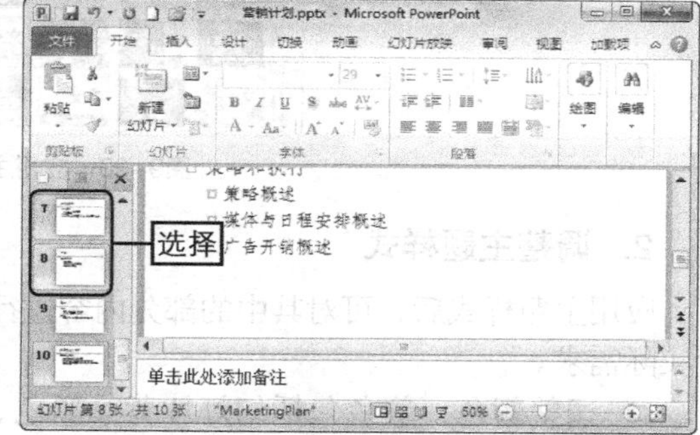

图9-18 选择不连续的多张幻灯片

（5）在【开始】→【幻灯片】组中单击版式按钮，在打开的下拉列表中选择“标题和两栏内容”选项，完成操作，效果如图9-19所示。

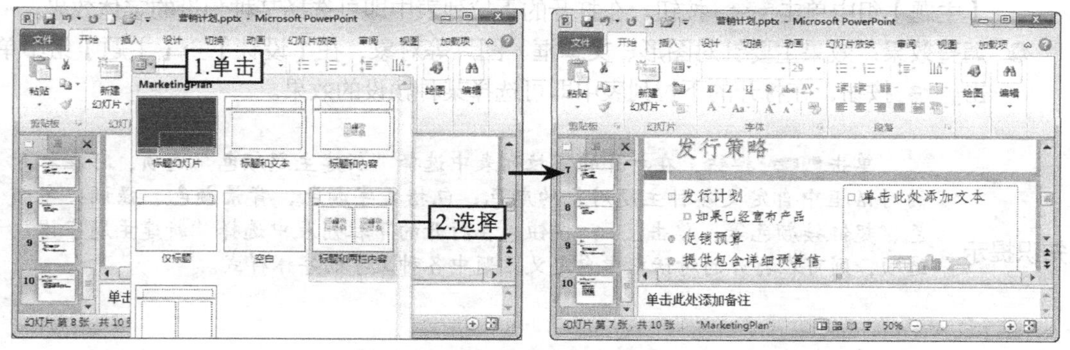

图9-19 应用幻灯片版式

9.3 美化演示文稿

美化演示文稿是指对演示文稿整体的格式和效果进行统一设置，使所有幻灯片都具有相同的样式。这样不仅可以提高效率，而且也能专注于幻灯片内容的输入。

9.3.1 设置演示文稿主题效果

为演示文稿设置主题效果后，可使每张幻灯片自动应用背景颜色、字体、形状效果等样式。添加新的幻灯片时，新幻灯片也会自动应用效果。即应用了主题后，再手动美化幻灯片。

1. 应用主题样式

应用主题样式的方法为：打开演示文稿，在【设计】→【主题】组的“样式”下拉列表框中选择所需的主题样式即可，如图9-20所示。

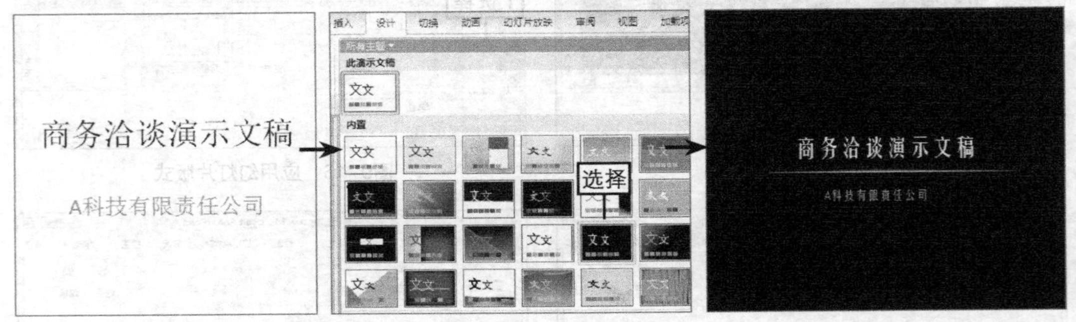

图9-20 应用主题样式的过程

2. 调整主题样式

应用主题样式后，可对其中的部分内容进行调整，如颜色、字体、效果等，以使样式更符合实际需求。

◎ **调整颜色**：颜色包括幻灯片背景颜色、字体颜色、各种图形图像对象的颜色等，在“设计”选项卡“主题”组中单击颜色按钮，在打开的下拉列表中即可选择某种预设的颜色效果。

◎ **调整字体**：颜色包括中文字体、英文字体、标题字体、正文字体等，在【设计】→【主题】组中单击字体按钮，在打开的下拉列表中即可选择某种预设的字体效果。

◎ **调整效果**：效果主要针对图形、文本框、图片等对象，在【设计】→【主题】组中单击效果按钮，在打开的下拉列表中即可选择某种预设的效果。

知识提示

单击颜色按钮，在打开的下拉列表中选择“新建主题颜色”选项，可在打开的对话框中自定义各种主题对象的颜色，包括文字颜色、背景颜色、强调文字颜色、超链接颜色等；单击字体按钮，在打开的下拉列表中选择“新建主题字体”选项，则可在打开的对话框中自定义主题中各种文字的字体样式。

9.3.2 设置幻灯片背景

幻灯片背景是指幻灯片中除占位符、文本框、图形图像等各种对象以外的区域，在PowerPoint中可根据实际需求，随时对幻灯片背景进行设置，具体包括直接应用背景样式和自定义背景等操作。

1. 应用背景样式

PowerPoint提供了多个背景样式供用户快速使用，其方法为：选择需应用背景样式的幻灯片，在【设计】→【背景】组中单击背景样式按钮，在打开的下拉列表中选择需要使用的样式选项，如图9-21所示。

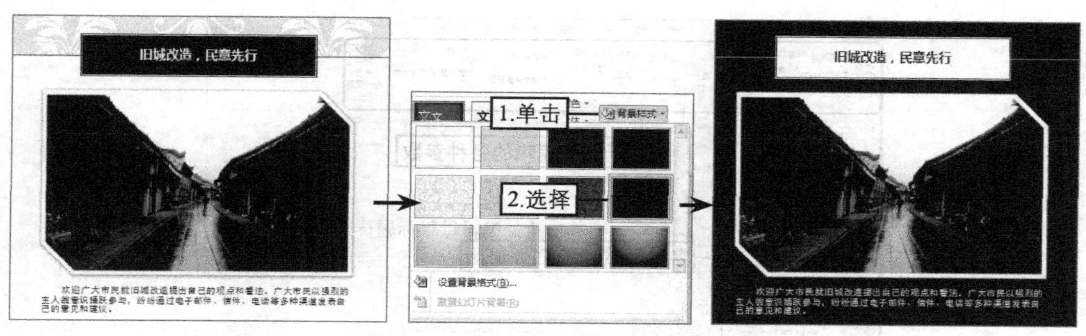

图9-21　更改幻灯片背景样式的过程

2. 自定义幻灯片背景

除应用背景样式外，还可自行设计幻灯片背景，并可选择应用于当前幻灯片或演示文稿中的所有幻灯片。在【设计】→【背景】组中单击背景样式按钮，在打开的下拉列表中选择“设置背景格式”选项，可打开“设置背景格式”对话框，如图9-22所示，在其中即可根据需要自行设置幻灯片背景。

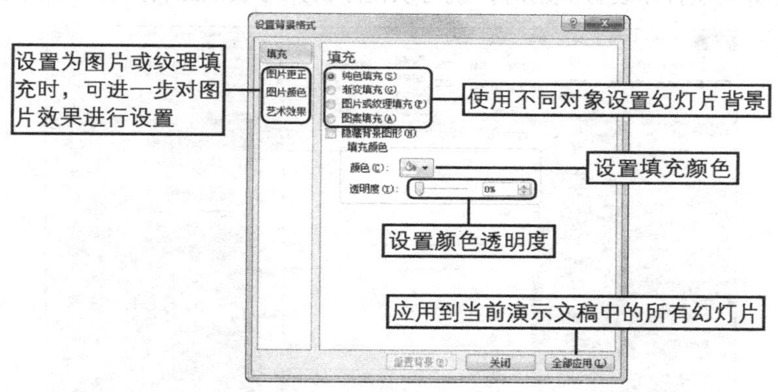

图9-22　设置幻灯片背景

9.3.3 设置幻灯片母版

幻灯片母版的作用是统一和存储幻灯片的模板信息，在对模板信息进行加工之后，可快速生成相同样式的幻灯片，从而减少重复设置，提高工作效率。幻灯片母版的功能和Word中的模板有些相似之处，通常情况下，如果要将同一背景、标志、标题文本及主要文本格式运用到整篇文稿的每张幻灯片中，就可以使用PowerPoint的幻灯片母版功能。

1. 查看母版的类型

PowerPoint 2010中的母版有3种类型，它们分别是幻灯片母版、讲义母版、备注母版，其作用和视图各不相同。

◎ **幻灯片母版**：在【视图】→【母版视图】组中单击“幻灯片母版”按钮即可进入幻灯片母版状态，如图9-23所示。此时在左侧的“幻灯片”窗格中将显示当前主题的演示文稿中包含的各种版式幻灯片，选择某个幻灯片后，便可对其内容和格式进行编辑，当在普通视图中插入该版式的幻灯片后，便能自动应用设置的内容和格式。

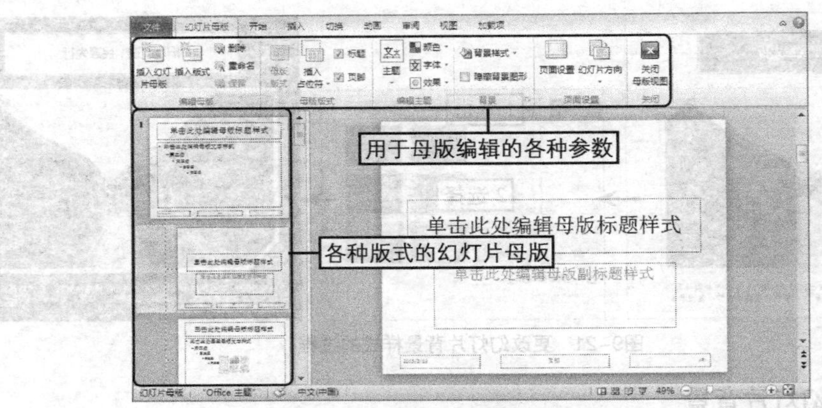

图9-23 幻灯片母版视图

◎ **讲义母版**：在【视图】→【母版视图】组中中单击“讲义母版”按钮即可进入讲义母版状态，如图9-24所示。在讲义母版中可查看一页纸张里显示的多张幻灯片，也可设置页眉和页脚的内容并调整其位置，以及改变幻灯片的放置方向等。当需要将幻灯片作为讲义稿打印装订成册时，就可以使用讲义母版视图将其打印出来。

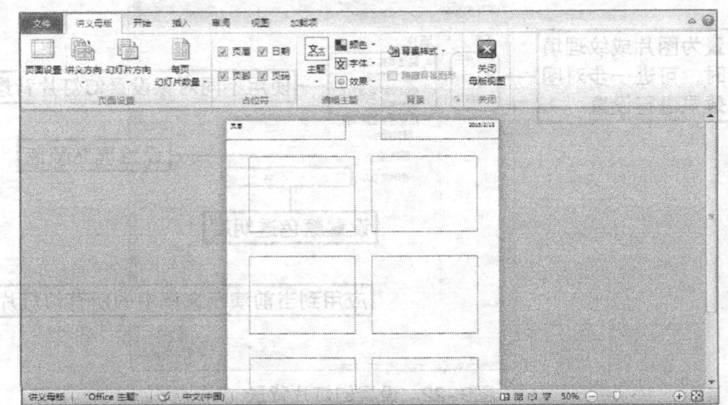

图9-24 讲义母版视图

◎ **备注母版**：在【视图】→【母版视图】组中单击“备注母版”按钮即可进入备注母版状态，如图9-25所示。通常需要查看幻灯片内容时，需要将幻灯片和备注显示在同一页面中，就可以在备注母版视图中进行查看。

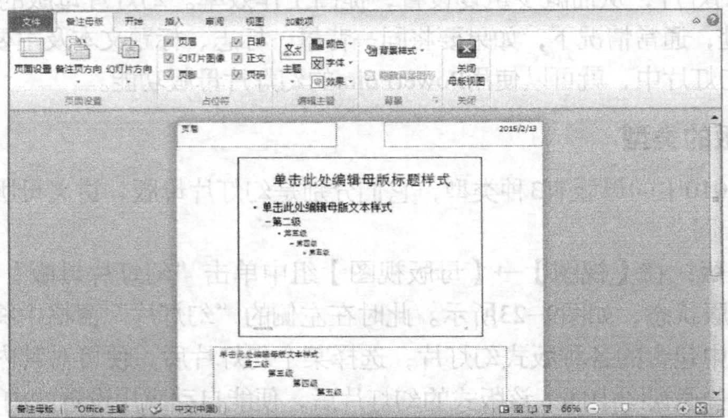

图9-25 备注母版视图

2. 编辑母版

编辑幻灯片母版的方法与编辑普通幻灯片的方法相同，首先进入到所需的母版视图中，对母版的内容和格式进行设置后，单击相应母版选项卡中的“关闭母版视图”按钮，即可退出母版编辑状态，完成对母版的编辑操作。

9.3.4 课堂案例3——美化公司简介演示文稿

为公司简介演示文稿设置主题样式，然后调整所有幻灯片的背景效果，最后在幻灯片母版中为所有幻灯片添加公司名称和日期，完成后的部分幻灯片效果如图9-26所示。

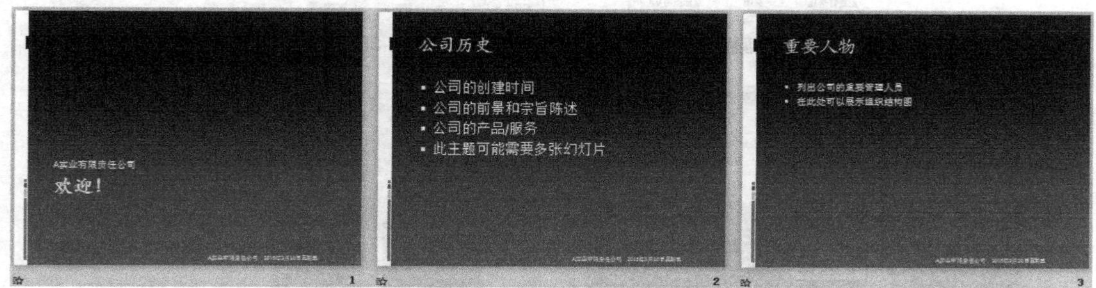

图9-26　公司简介演示文稿中部分幻灯片的参考效果

（1）打开素材文件“公司简介.pptx”，在“设计”选项卡“主题”组的“样式”下拉列表框中选择“内置”栏中的“穿越”主题样式选项，如图9-27所示。

（2）继续在【设计】→【背景】组中单击背景样式按钮，在打开的下拉列表中选择“设置背景格式”选项，如图9-28所示。

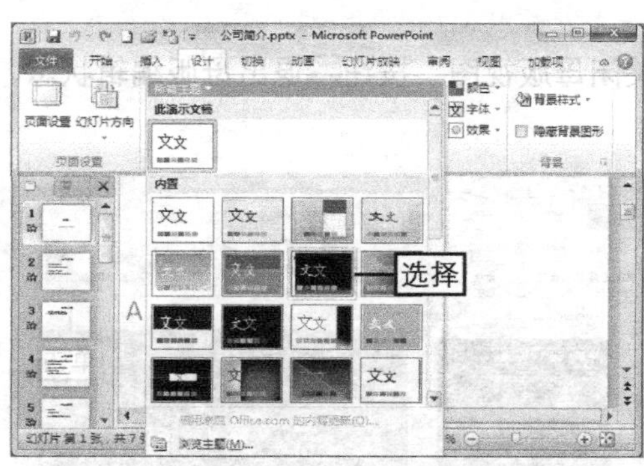

图9-27　应用主题样式

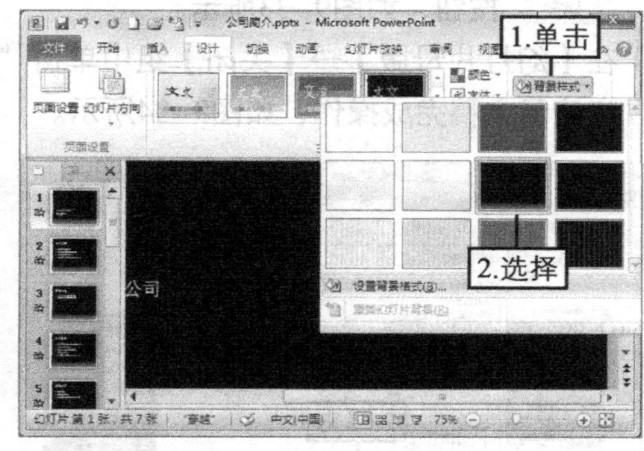

图9-28　设置幻灯片背景

（3）打开“设置背景格式”对话框，单击“预设颜色”按钮，在打开的下拉列表中选择“暮霭沉沉”颜色选项，依次单击全部应用(L)按钮和关闭按钮。如图9-29所示。

（4）在【视图】→【母版视图】组中单击“幻灯片母版”按钮，如图9-30所示。

（5）在“幻灯片”窗格中选择幻灯片1，在右侧幻灯片编辑区下方的“页脚”占位符中单击鼠标定位插入点，输入公司名称，如图9-31所示。

（6）继续在右下角的“日期”占位符中单击鼠标定位文本插入点，然后在【插入】→【文本】组中单击“日期和时间”按钮，如图9-32所示。

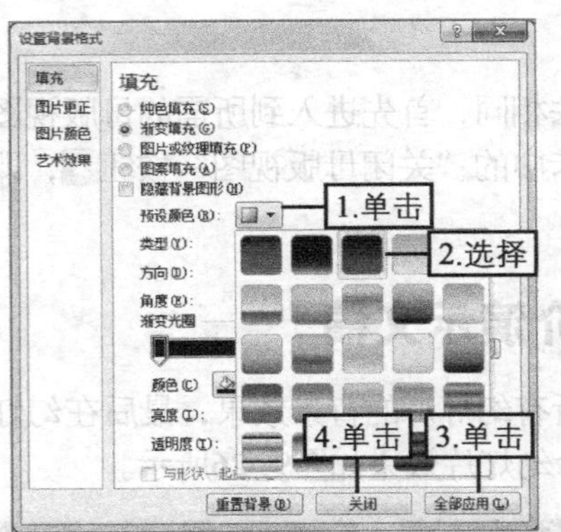

图9-29 设置背景颜色

图9-30 设置幻灯片母版

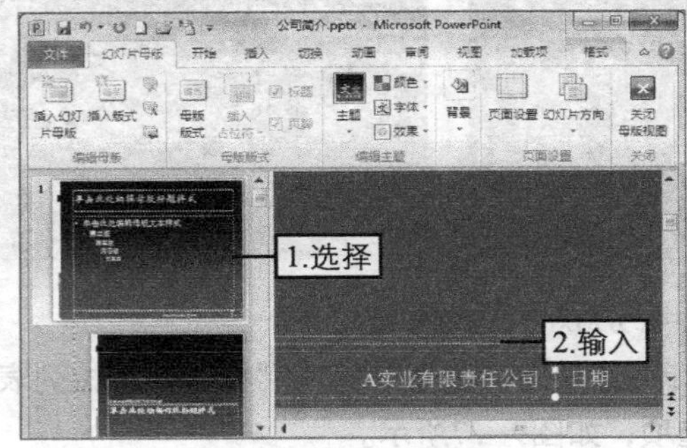

图9-31 输入公司名称

图9-32 插入日期和时间

（7）打开“日期和时间”对话框，在“可用格式”列表框中选择第三种格式选项，单击 确定 按钮，如图9-33所示。

（8）在【幻灯片母版】→【关闭】组中单击“关闭母版视图”按钮退出母版编辑状态，保存演示文稿完成操作，如图9-34所示。

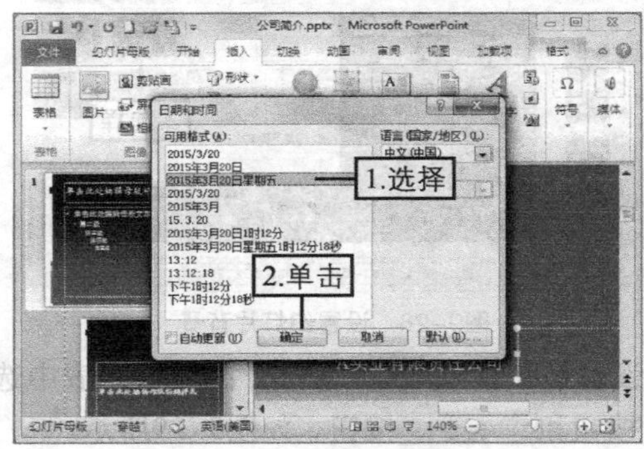

图9-33 选择日期格式

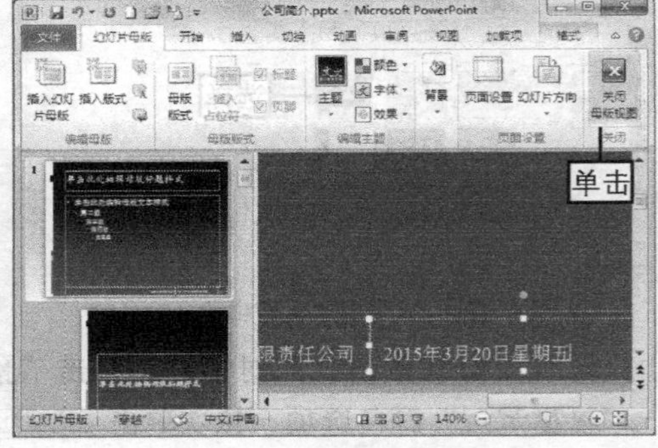

图9-34 退出母版编辑状态

职业素养

在商务活动中，制作演示文稿通常是为了追求简洁明朗的表达效果，以便有效辅助沟通。换句话说，演示文稿只是辅助演讲者说明某个问题的工具，因此其特性就是简明扼要。如果在其中书写长篇文字报告，绘制复杂表格，不仅制作过程痛苦，而且演讲者和观众也很难看懂具体的内容。

9.4 课堂练习

本次课堂练习将通过创建古典型相册演示文稿和美化赏罚制度演示文稿为例，熟悉并掌握演示文稿的操作、幻灯片的基本管理操作，以及演示文稿的各种美化设置等内容。

9.4.1 创建并调整古典型相册演示文稿

1. 练习目标

本练习的目标是通过模板创建古典型相册演示文稿，然后通过对幻灯片的删除、复制、添加，以及幻灯片版式的更改等操作调整演示文稿内容，最后保存演示文稿。本练习完成后的部分参考效果如图9-35所示。

图9-35　古典型相册演示文稿的部分参考效果

2. 操作思路

本练习的操作思路主要包括演示文稿的创建、幻灯片及版式的管理、演示文稿的保存等，具体操作思路如图9-36所示。

① 根据模板新建演示文稿

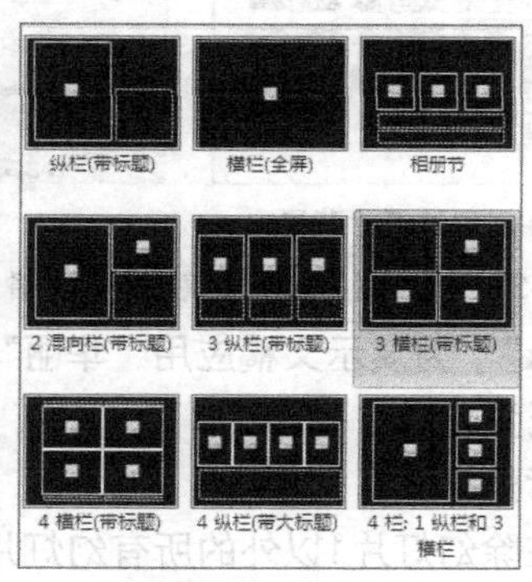

② 调整幻灯片及版式

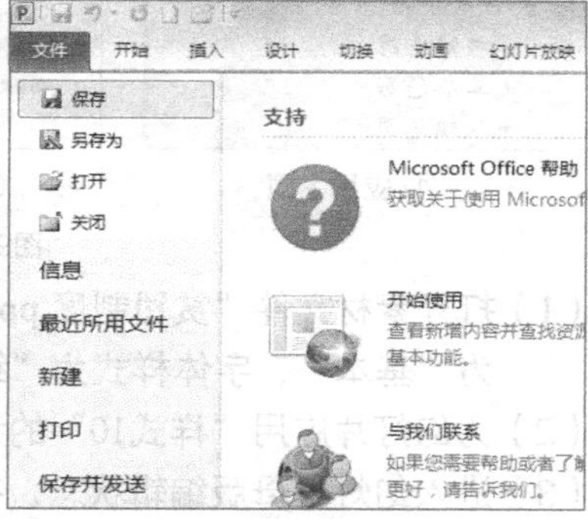

③ 保存演示文稿

图9-36　古典型相册演示文稿的创建思路

（1）启动PowerPoint 2010，选择【文件】→【新建】选项，创建“古典型相册”样本模板的演示文稿。

（2）按【Ctrl】键的同时选择幻灯片4和幻灯片7，将其删除。

（3）按【Shift】键的同时选择幻灯片2~幻灯片5，利用快捷键复制所选4张幻灯片。

（4）在幻灯片9后面新建一张版式为“2混向栏（带标题）”的幻灯片。

（5）将幻灯片9的版式更改为“3横栏（带标题）”版式。

（6）将演示文稿以“古典型相册”为名保存在桌面。

9.4.2 美化赏罚制度演示文稿

1. 练习目标

本练习的目标是通过应用并设置主题样式、应用幻灯片背景格式、编辑幻灯片母版等操作，美化提供的赏罚制度演示文稿，完成后的部分参考效果如图9-37所示。

图9-37　赏罚制度演示文稿的参考效果

2. 操作思路

本练习首先需要为演示文稿应用并设置主题样式，然后为所有幻灯片应用幻灯片背景格式，最后在幻灯片母版状态下编辑页脚内容，具体操作思路如图9-38所示。

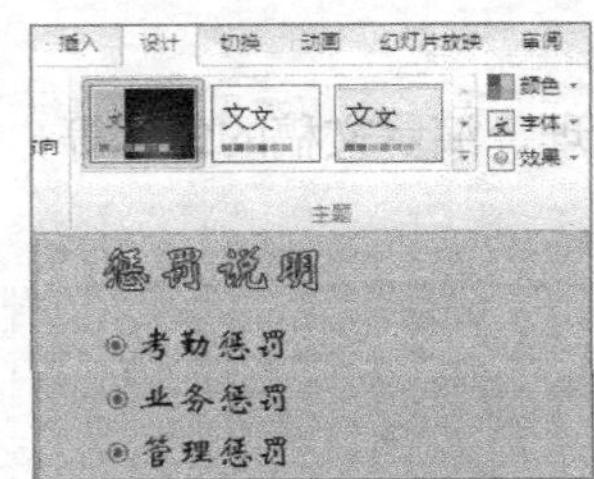

① 应用主题

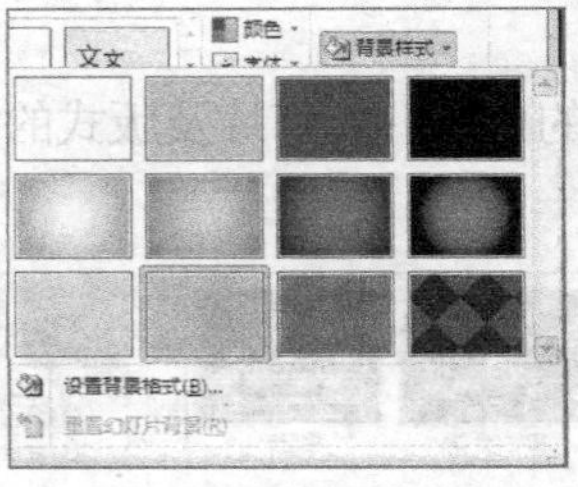

② 应用幻灯片背景

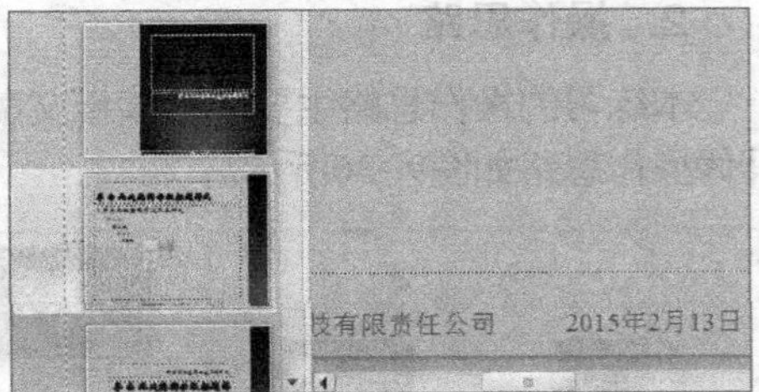

③ 编辑幻灯片母版

图9-38　赏罚制度演示文稿的操作思路

（1）打开素材文件“赏罚制度.pptx”，为演示文稿应用“华丽”主题样式，然后更改颜色样式为“基本”、字体样式为“纸张”。

（2）为幻灯片应用“样式10”的背景格式。

（3）进入幻灯片母版编辑状态，在除幻灯片1以外的所有幻灯片底部添加公司名称和日期，其中公司名称为“A科技有限责任公司”，日期格式为“2015年1月1日”。

9.5 拓展知识

自定义幻灯片背景时有许多可选操作进行设置，下面重点介绍进行渐变填充的方法。利用“设置背景格式”选项打开“设置背景格式”对话框后，单击选择“渐变填充”单选项，便可利用其中的参数进行渐变设置，如图9-39所示。其中部分参数的作用分别如下。

◎ **“预设颜色”按钮**：设置渐变样式。

◎ **“类型”下拉列表框**：设置渐变方式，包括线性、射线、矩形等类型。

◎ **“方向”按钮**：设置渐变颜色的方向。

◎ **“角度”数值框**：设置渐变颜色的显示角度。

◎ **“渐变光圈”栏**：单击选择某个光圈后，可利用下方的各种参数设置该光圈的颜色、位置、亮度、透明度；直接拖动滑块可快速改变光圈设置；利用光圈栏右侧的两个按钮可实现光圈的添加和删除等操作。

图9-39　渐变填充的参数

9.6 课后习题

（1）创建都市相册演示文稿，调整其中的幻灯片和版式，为其应用“时装设计”主题样式，最后保存演示文稿。

知识提示　调整幻灯片的步骤包括：同时删除幻灯片3、5、7、9、13、14；将幻灯片8移到幻灯片3前面；将幻灯片2的版式调整为“图片和标题”样式；在幻灯片8后面新建“相册封面”版式的幻灯片。创建并设置后的参考效果如图9-40所示。

图9-40　都市相册演示文稿的部分参考效果

（2）打开素材文件“投标方案.pptx”演示文稿，为其样式和内容进行美化设置。设置后的部分参考效果如图9-41所示。

图9-41　投标方案演示文稿的部分参考效果

知识提示　应用“角度”主题，然后将字体样式更改为“暗香扑鼻”。在所有幻灯片中显示编号，其方法为：进入幻灯片母版，插入“日期和时间”，在对话框中单击选择“幻灯片编号”复选框，应用于所有幻灯片。最后为所有幻灯片背景设置渐变颜色，类型设置为“线性”、角度设置为“145°”，渐变光圈从左至右设置为“红色、橙色、黄色”。

第10章

在幻灯片中使用各种对象

本章将主要讲解在幻灯片中输入、添加、设置各种对象的方法，包括输入与设置文本、插入各种图形对象、插入声音和影片等知识。通过相关知识点的学习和3个课堂案例的制作，可以掌握输入与设置文本格式的方法，以及如何在幻灯片中插入表格、图片、剪贴画、SmartArt、图表、声音、影片等对象。

学习要点

◎ 输入与设置文本
◎ 插入表格和图形对象
◎ 插入声音和影片

学习目标

◎ 掌握在幻灯片中输入文本、设置文本格式的方法
◎ 熟悉在幻灯片中插入与设置各种图形对象的操作
◎ 了解声音和影片在幻灯片中的应用

10.1 输入与设置文本

制作和编辑幻灯片的操作中离不开文本的输入与编辑。实际上在幻灯片中选择、改写、移动、复制文本的方法与在Word文档中的操作基本相同，下面主要介绍在幻灯片中输入文本和设置文本格式的内容。

10.1.1 输入文本

在幻灯片中输入文本的方法与Word中输入文本的方法不太一样，主要包括在占位符中输入文本、通过文本框输入文本和通过“大纲”窗格输入文本几种方式。

1. 在占位符中输入文本

在幻灯片中常常会看到包含“单击此处添加标题”和“单击此处添加文本”等文字的虚线框，它们被称为“占位符”，如图10-1所示。这些占位符可以分为以下两种。

◎ **文本占位符**：用于放置标题、副标题、各级正文等文本内容，在幻灯片中表现为“单击此处添加文本”或“单击此处添加标题”等，通过文本占位符输入文本时只需单击文本占位符，即可将文本插入点定位在其中，直接输入文本即可，如图10-2所示。

◎ **项目占位符**：这类占位符不仅可以输入文本，还能插入表格、图表、SmartArt、图片、剪贴画、影片等各种对象。

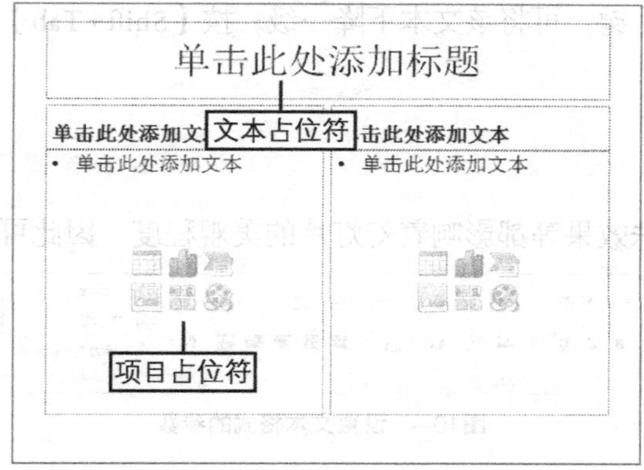

图10-1 占位符

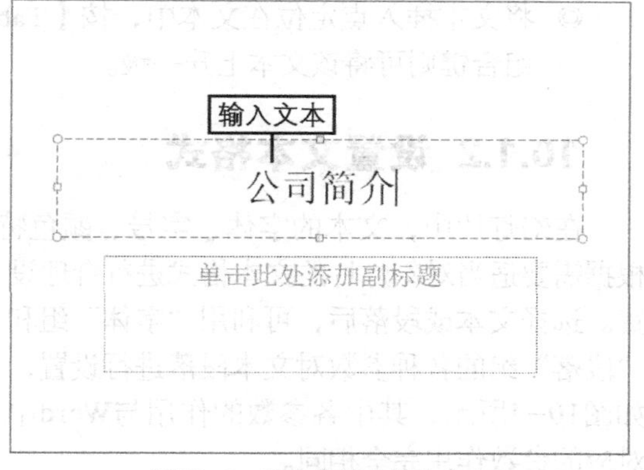

图10-2 在占位符中输入文本

2. 通过文本框输入文本

除占位符外，还可通过创建文本框在幻灯片任意位置输入文本，其方法为：在【插入】→【文本】组中单击“文本框”按钮，在幻灯片中单击鼠标创建文本框，在其中输入文本即可，如图10-3所示。

知识提示

占位符可以看作是一种特殊的文本框，它与文本框的不同之处首先在于占位符中往往会显示提示信息，如“单击此处添加文本”等。单击鼠标后这些信息将隐藏，而文本插入点将在其中显示。另外，占位符中的各级文本格式会根据母版中设置的格式而自动显示，这是文本框不具备的功能。

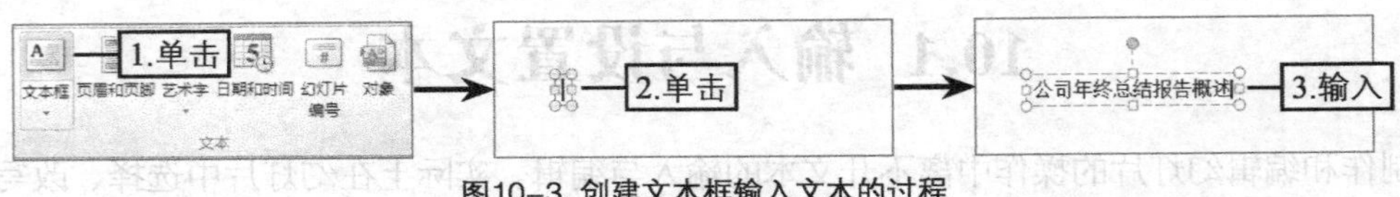

图10-3 创建文本框输入文本的过程

操作技巧

单击“文本框”按钮后，在幻灯片中拖曳鼠标也可创建文本框。通过单击鼠标创建的文本框，其大小可以自动随内容而调整；拖曳鼠标创建的文本框不具备此功能。

3. 通过“大纲”窗格输入文本

在“大纲”窗格中也可输入文本，而且通过这种方式输入文本不但能预览到所有文本内容，还能方便地创建各种级别的文本。在“大纲”窗格中输入和调整文本的方法有如下几种。

◎ 将文本插入点定位到某张幻灯片缩略图的右侧，输入文本，此时输入的文本通常是标题级别。

◎ 在输入文本时，按【Shift+Enter】组合键可实现文本的换行操作。

◎ 输入完标题文本后，根据当前幻灯片版式的情况，按【Ctrl+Enter】组合键可创建副标题、正文，或新建幻灯片。

◎ 将文本插入点定位在非标题级别的文本中，按【Enter】键可换行（副标题）或创建同级别文本段落。

◎ 将文本插入点定位在文本中，按【Tab】键，可将该文本下降一级；按【Shift+Tab】组合键则可将该文本上升一级。

10.1.2 设置文本格式

在幻灯片中，文本的字体、字号、颜色特殊效果等都影响着幻灯片的美观程度，因此可根据需要适当对幻灯片的文本格式进行合理设置。选择文本或段落后，可利用“字体”组和“段落”组的各种参数对文本段落进行设置，如图10-4所示，其中各参数的作用与Word中对应的参数作用完全相同。

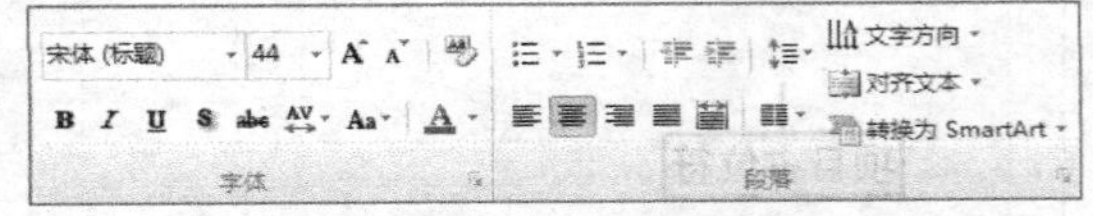

图10-4 设置文本格式的参数

操作技巧

若“字体”组和“段落”组中的参数无法满足设置需求，则可单击对应组右下角的“展开”按钮，或在所选的文本上单击鼠标右键，在打开的快捷菜单中选择“字体”或“段落”命令，在打开的“字体”对话框或“段落”对话框中进行更加丰富的设置。

10.1.3 课堂案例1——输入公司简介演示文稿内容

在公司简介演示文稿的幻灯片中通过不同的输入方法，完成文本的输入和设置操作，完成后的部分幻灯片效果如图10-5所示。

（1）打开素材文件“公司简介.pptx”演示文稿，单击“大纲”选项卡进入“大纲”窗格，

在幻灯片1的缩略图右侧单击鼠标定位文本插入点，输入标题“A科技公司”，按【Ctrl+Enter】组合键，输入副标题“公司简介更改方案”，如图10-6所示。

图10-5 公司简介演示文稿中部分幻灯片的参考效果

（2）选择输入的标题文本，在【开始】→【字体】组的“字体”下拉列表框中选择“华文中宋”选项，在“字号”下拉列表框中选择“72”选项，分别单击“加粗”按钮和“文字阴影”按钮，如图10-7所示。

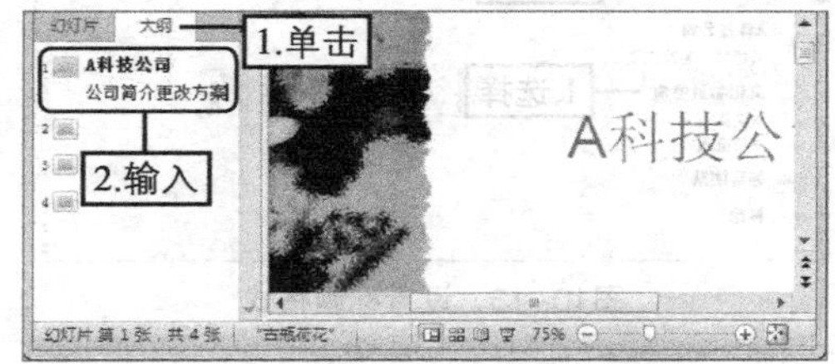

图10-6 输入标题和副标题

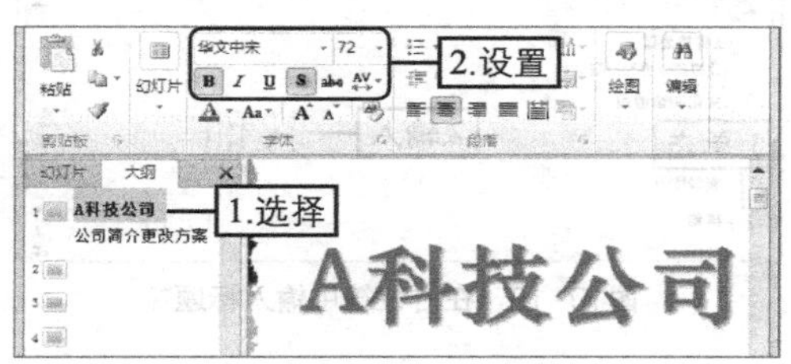

图10-7 设置标题格式

（3）选择副标题文本，单击“段落”组中的“文本右对齐”按钮，如图10-8所示。

（4）在幻灯片2的缩略图右侧单击鼠标定位文本插入点，输入标题“文化和价值观”，按【Ctrl+Enter】组合键，输入正文“文化”，再按【Enter】键输入正文的另一段落文本“价值观”，如图10-9所示。

图10-8 设置副标题格式

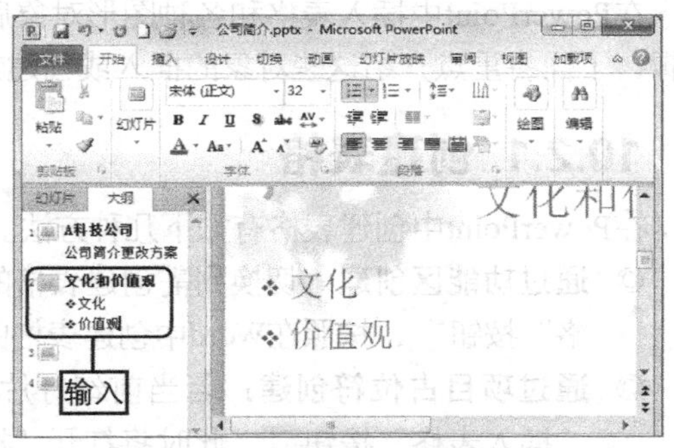

图10-9 输入标题和正文

（5）按相同方法在幻灯片3中输入标题“领导团队”，然后在【插入】→【文本】组中单击“文本框”按钮，如图10-10所示。

（6）在幻灯片3中单击鼠标创建文本框，输入文本内容后，适当拖动文本框右下角的控制点调整其宽度和高度，如图10-11所示。

（7）在“大纲”窗格中单击幻灯片4缩略图，在右侧的文本占位符中单击鼠标定位文本插入点，输入内容“其他”，如图10-12所示。

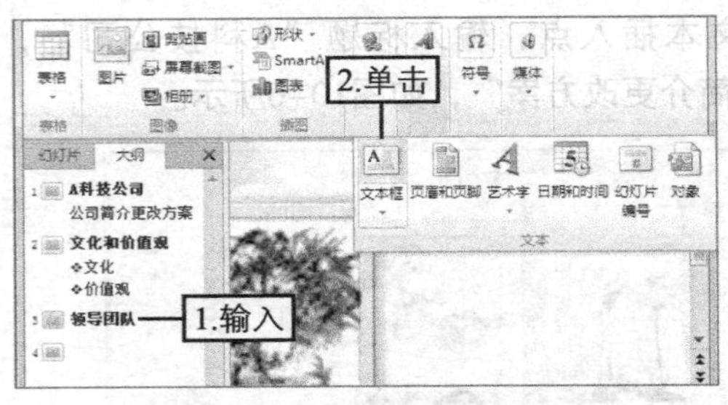

图10-10　输入标题并插入文本框

图10-11　输入内容

（8）将幻灯片2~4的标题文本格式设置为“黑体、44、加粗”，完成操作，如图10-13所示。

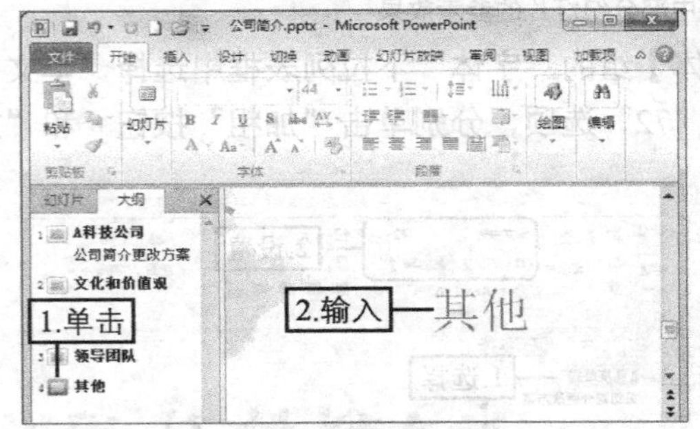

图10-12　在占位符中输入标题

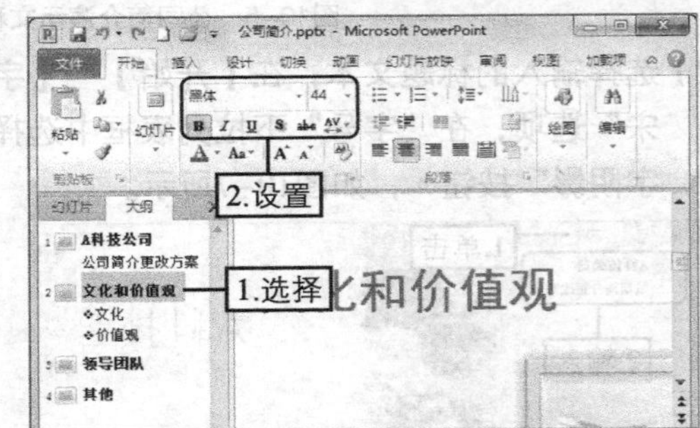

图10-13　设置标题格式

10.2　插入表格和图形对象

在幻灯片中使用文本虽然能够简洁、清晰地表达各种内容，但会略显枯燥，很难引起观众的共鸣。如果在幻灯片中增加一些图形元素，如表格、图片、剪贴画、SmartArt、图表等对象，就能使幻灯片更加生动形象，从而提高观众的兴趣。

在PowerPoint中插入表格和各种图形对象后，可按照在Word中的编辑操作对这些对象进行编辑，下面将重点介绍这些对象的插入或创建方法。

10.2.1 创建表格

在PowerPoint中创建表格有如下几种方法。

◎ **通过功能区创建**：切换到需创建表格的幻灯片，利用【插入】→【表格】组中的“表格”按钮，按照在Word中创建表格的方法进行创建即可。

◎ **通过项目占位符创建**：若当前幻灯片中包含有项目占位符，则可单击该占位符中的“插入表格”按钮，此时将打开“插入表格”对话框，在其中设置表格列数和行数后，单击 确定 按钮即可，如图10-14所示。

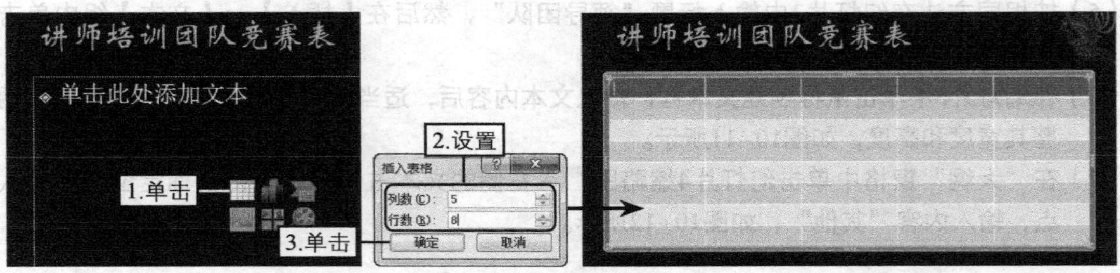

图10-14　创建表格的方法

10.2.2 插入图片和剪贴画

PowerPoint中可插入外部图片和内置的剪贴画，适当使用这些对象可以将有些文本描述的内容图像化，从而让观众更容易理解文本表达的含义。

1. 插入图片

在PowerPoint中插入图片的方法有如下几种。

◎ **通过功能区创建**：切换到需插入图片的幻灯片，单击【插入】→【图像】组中的“图片”按钮，在打开的“插入图片”对话框中选择图片并插入即可。

◎ **通过项目占位符创建**：若幻灯片中包含有项目占位符，则可单击该占位符中的“插入来自文件的图片”按钮，在打开的“插入图片”对话框中选择图片插入即可。

2. 插入剪贴画

在PowerPoint中插入剪贴画的方法有如下几种。

◎ **通过功能区创建**：切换到需插入剪贴画的幻灯片，单击【插入】→【图像】组中的“剪贴画”按钮，在打开的“剪贴画”任务窗格中搜索需要的剪贴画并插入即可，方法与在Word中插入剪贴画完全相同。

◎ **通过项目占位符创建**：若幻灯片中包含有项目占位符，则可单击该占位符中的“剪贴画”按钮，按上述方法插入即可。

10.2.3 插入SmartArt

在PowerPoint中插入SmartArt的方法为：单击【插入】→【插图】组中的“SmartArt”按钮，或在项目占位符中单击“插入SmartArt图形”按钮，都将打开“选择SmartArt图形”对话框，按在Word中插入SmartArt的方法，选择所需类型插入，然后根据需要输入所需文本内容即可。

10.2.4 插入图表

在PowerPoint中可以插入图表，同时利用Excel对表格数据进行编辑，已达到修改图表的目的。其具体操作如下。

（1）在【插入】→【插图】组中单击“图表”按钮，或在项目占位符中单击“插入图表”按钮，在打开的对话框中选择图表类型后确认设置，此时将自动打开Excel 2010，输入数据并拖曳蓝色框线确认图表的数据区域，如图10-15所示。

（2）修改数据区域中的数据内容，完成后关闭Excel，如图10-16所示。

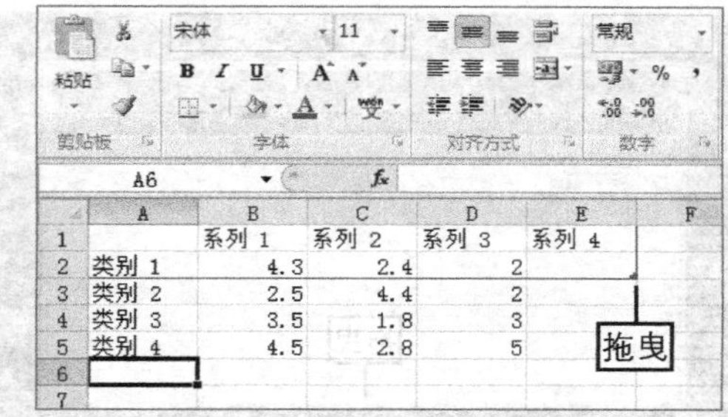

图10-15 确认数据区域

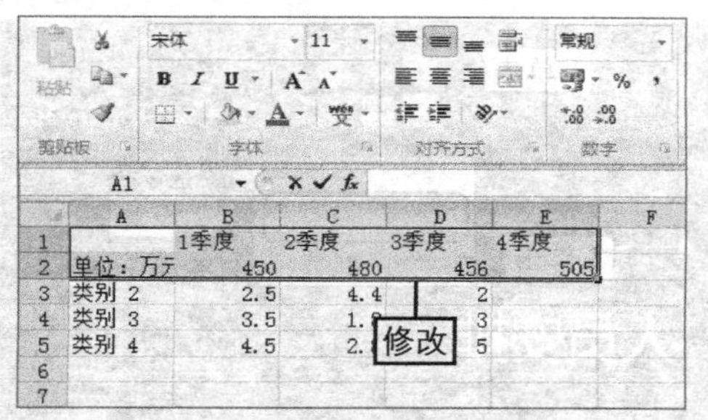

图10-16 修改数据

（3）此时PowerPoint中将显示对应的图表效果，如图10-17所示。

（4）利用功能区中“图表工具”选项卡的参数可对图表样式、布局、格式等进行设置，如果需要重新调整图表数据，可选择图表后，在【图表工具 设计】→【数据】组中单击“编辑数据”按钮，或在图表上单击鼠标右键，在打开的快捷菜单中选择“编辑数据”命令，如图10-18所示。此时将再次启动Excel，按相同方法编辑数据即可。

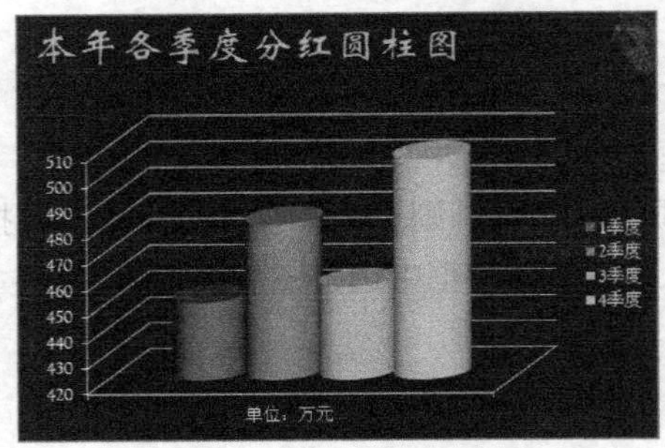

图10-17 创建的图表

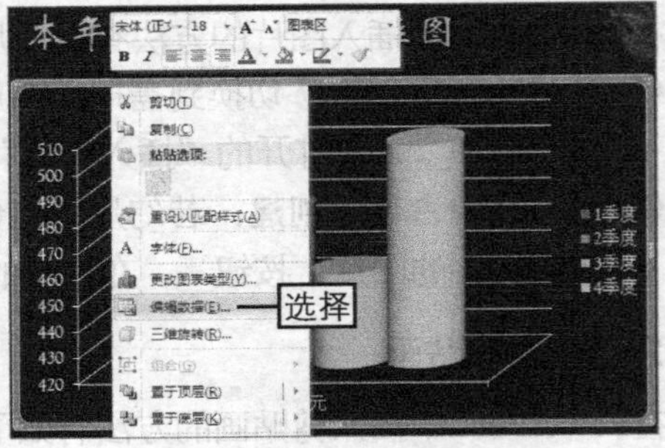

图10-18 重新编辑图表数据

10.2.5 课堂案例2——丰富公司周年庆典演示文稿

本案例将使用各种对象完善公司周年庆演示文稿中的内容，其中主要包括利用表格显示人员安排情况、利用SmartArt体现庆典流程、利用图片展示庆典时间及地点，完成后的部分幻灯片效果如图10-19所示。

图10-19 公司周年庆演示文稿中部分幻灯片的参考效果

（1）打开素材文件“公司周年庆.pptx”演示文稿，选择幻灯片2，单击项目占位符中的“插入表格”按钮，打开“插入表格”对话框，设置列数为“4”、行数为“5”，单击 确定 按钮，如图10-20所示。

（2）此时可看见插入的表格效果，向下拖曳表格下方边框中间的控制点，增加表格高度，如图10-21所示。

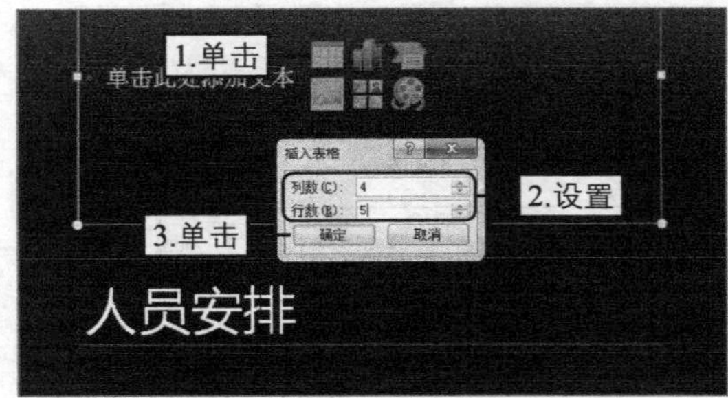

图 10-20 设置表格尺寸

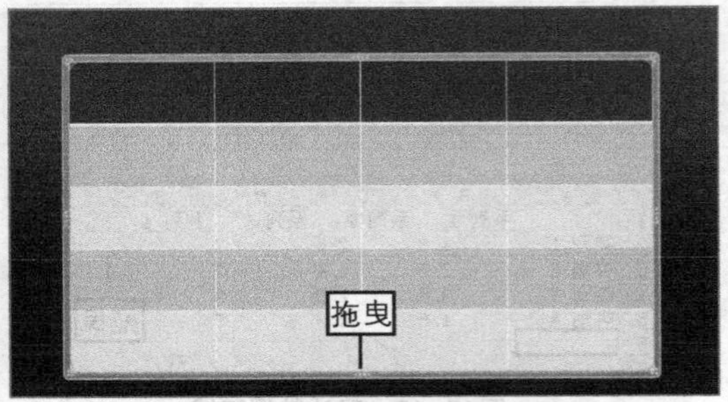

图 10-21 增加表格高度

（3）通过单击鼠标定位插入点的方法，依次在各单元格中输入表格内容，如图10–22所示。

（4）拖曳鼠标选择所有表格内容，在【表格工具 布局】→【对齐方式】组中单击“垂直居中”按钮，调整表格内容的对齐方式，如图10–23所示。

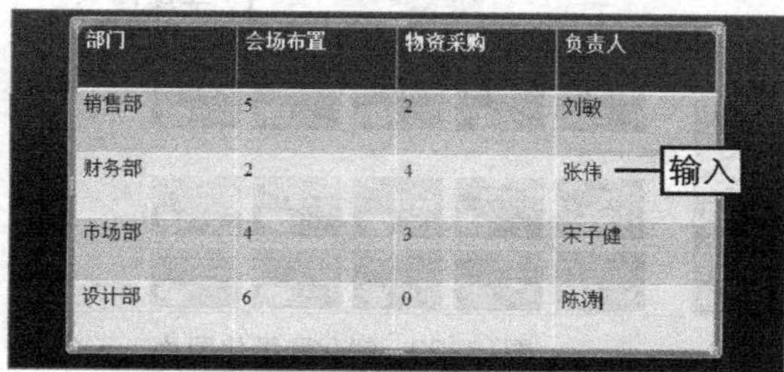

部门	会场布置	物资采购	负责人
销售部	5	2	刘敏
财务部	2	4	张伟
市场部	4	3	宋子健
设计部	6	0	陈渊

图10–22　输入表格内容

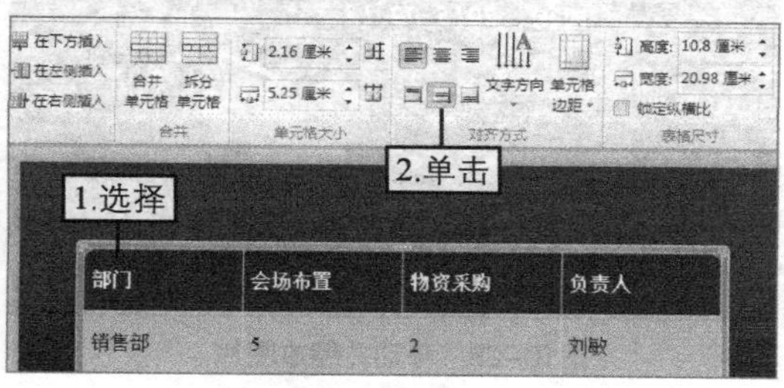

图10–23　设置对齐方式

（5）选择幻灯片3，单击项目占位符中的“插入SmartArt图形”按钮，打开“选择SmartArt图形”对话框，在左侧列表框中选择“流程”选项，在右侧列表框中选择如图10–24所示的类型选项，单击 确定 按钮。

（6）依次在SmartArt各项目中输入对应的文本内容，如图10–25所示。

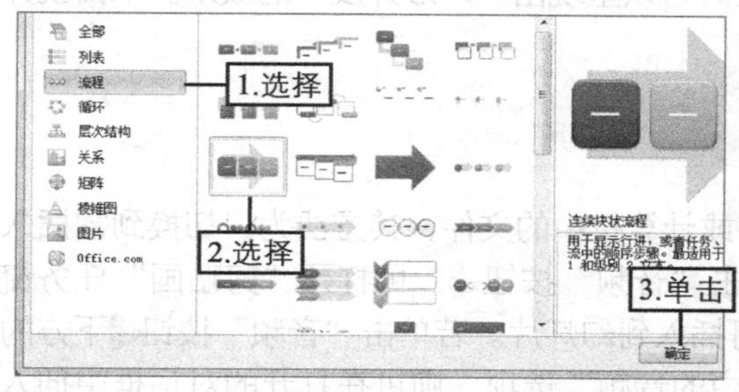

图10–24　选择SmartArt类型

图10–25　输入内容

（7）选择SmartArt，在【SmartArt工具 设计】→【SmartArt样式】组中单击“更改颜色”按钮，在打开的下拉列表中选择如图10–26所示的颜色选项。

（8）选择幻灯片4，单击项目占位符中的“插入来自文件的图片”按钮，在打开的“插入图片”对话框中双击提供的素材图片“xq.jpg”选项，如图10–27所示。插入该图片。

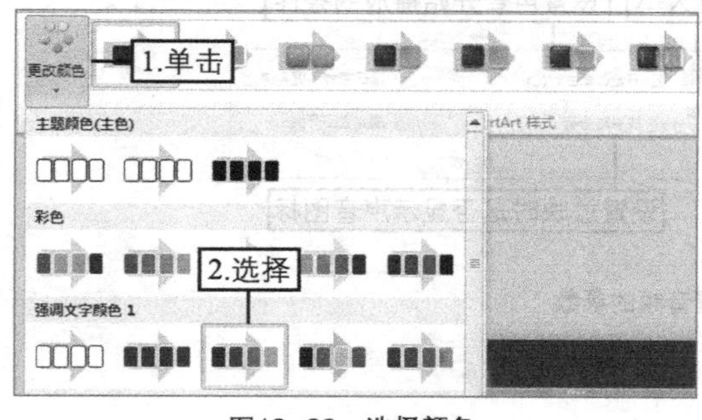

图10–26　选择颜色

图10–27　选择图片

（9）在图片上拖曳鼠标将图片向左上方适当移动，然后拖曳图片右下角的控制点，放大图片尺寸，如图10–28所示。

（10）保持图片的选择状态，在【图片工具 格式】→【调整】组中单击“更正”按钮，在打开的下拉列表中选择如图10–29所示的选项，完成后保存演示文稿。

图10-28 移动并缩放图片

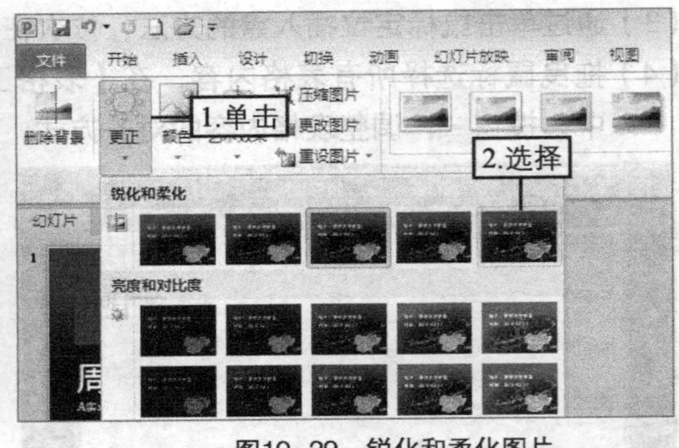

图10-29 锐化和柔化图片

10.3 插入声音和影片

演示文稿的特别之处，就在于它不仅可以显示一般的文本和图形对象，还能插入并播放多媒体对象，如声音和影片等，使得演示文稿放映时可以呈现出“声形并茂”的效果。下面就介绍如何在PowerPoint中应用声音和影片。

10.3.1 插入声音

在PowerPoint中可插入剪贴画中的音频文件或计算机中的文件，其方法为：切换到需插入声音的幻灯片，在【插入】→【媒体】组中单击“音频”按钮，可打开“剪贴画”任务窗格，在其中单击某个音频对象对应的缩略图即可插入到幻灯片。若单击“音频”按钮下方的下拉按钮，在打开的下拉列表中选择“文件中的音频”选项，则可在打开的对话框中插入计算机中保存的音频文件。

音频插入幻灯片后，会出现图标，用户可根据需要移动、缩放图标，也可在“音频工具”的“ 格式”选项卡中对应该图片的格式进行设置。需要重点注意的是，选择该图标后，可在“音频工具”的“播放”选项卡中对插入的声音进行播放控制，如图10-30所示。

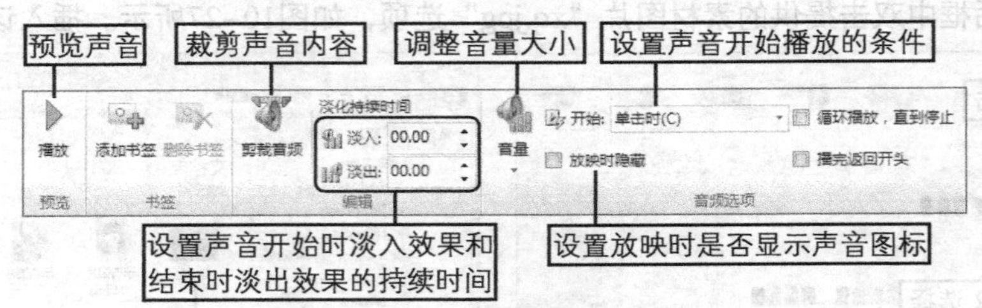

图10-30 设置音频的参数

10.3.2 插入影片

影片是指具有动画性质的图片和视频，前者的代表主要是格式为gif的图片。在PowerPoint中插入影片的方法为：切换到需插入声音的幻灯片，在【插入】→【媒体】组中单击“视频”按钮，打开“插入视频文件”对话框，在其中可选择并插入计算机中保存的视频文件，图10-31即为在幻灯片中插入的计算机中保存的视频文件的效果。若单击“视频”按钮下方的按

钮 ▾，在打开的下拉列表中选择“剪贴画视频”选项，则可在打开的“剪贴画”任务窗格中插入所需的视频对象。

插入视频后，同样可利用“视频工具 播放”选项卡中的参数对视频文件进行播放设置，相关参数的内容和作用与设置音频时的参数大致相同。

图10-31　插入到幻灯片中的视频文件

10.3.3 课堂案例3——制作年终贺卡演示文稿

本例将在年终贺卡演示文稿中插入计算机中保存的音频文件，并对插入后的对象格式和播放参数进行适当设置，完成后的参考效果如图10-32所示。

图10-32　年终贺卡演示文稿的参考效果

（1）打开素材文件“年终贺卡.pptx”，在【插入】→【媒体】组中单击“音频”按钮下方的按钮 ▾，在打开的下拉列表中选择“文件中的音频”选项，如图10-33所示。

（2）打开“插入音频”对话框，双击提供的音频素材“spring.mp3”选项，如图10-34所示。

图10-33　插入文件中的音频

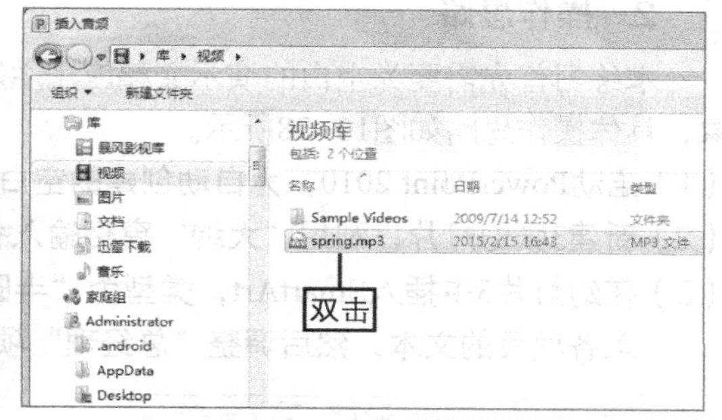

图10-34　选择音频文件

（3）将插入到幻灯片中的音频图标向下拖曳到文本下方，如图10-35所示。

（4）在【音频工具 播放】→【音频选项】组中单击“音量”按钮，在打开的下拉列表中选择“高”选项，在“开始”下拉列表框中选择“自动”选项，依次单击选择“循环播放，直到停止”复选框和“放映时隐藏”复选框，如图10-36所示。完成本例的操作。

图10-35　移动音频图标

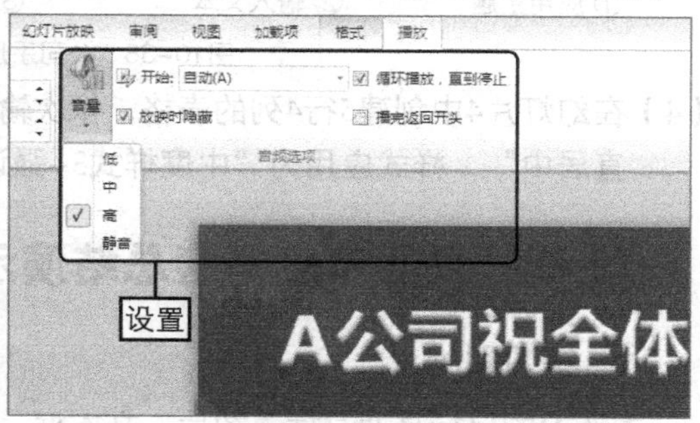

图10-36　设置播放参数

10.4 课堂练习

本次课堂练习将通过创建公司手册演示文稿和设置年度销售总结演示文稿为例，进一步掌握在演示文稿中输入文本和插入各种对象的操作。

10.4.1 创建公司手册演示文稿

1. 练习目标

本练习的目标是在空白演示文稿中应用主题，然后添加幻灯片并输入内容，其中将重点涉及文本的输入以及SmartArt和表格的使用。完成后演示文稿的部分参考效果如图10-37所示。

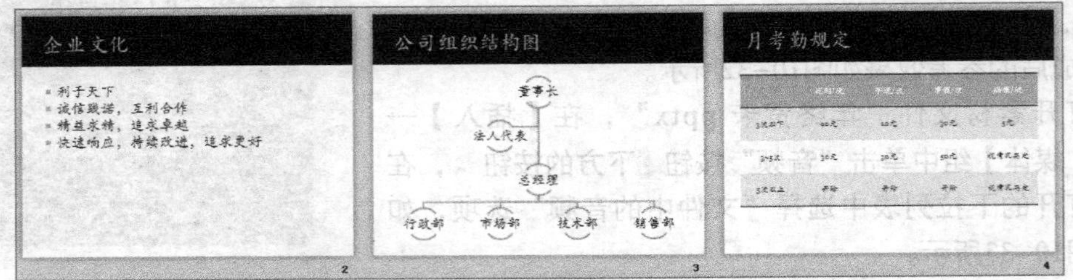

图10-37 公司手册演示文稿中部分幻灯片的参考效果

2. 操作思路

本练习首先需要为空白的演示文稿应用主题样式，然后输入文本并插入SmartArt和表格对象，具体操作思路如图10-38所示。

（1）启动PowerPoint 2010，为自动创建的空白演示文稿应用“模块”主题样式。

（2）新建3张幻灯片，利用“大纲”窗格输入各张幻灯片的标题、副标题和正文内容。

（3）在幻灯片3中插入SmartArt，类型为“半圆组织结构图”，通过文本窗格添加对象，并输入各项目的文本，然后调整“总经理”项目下对象的布局效果为“标准”。

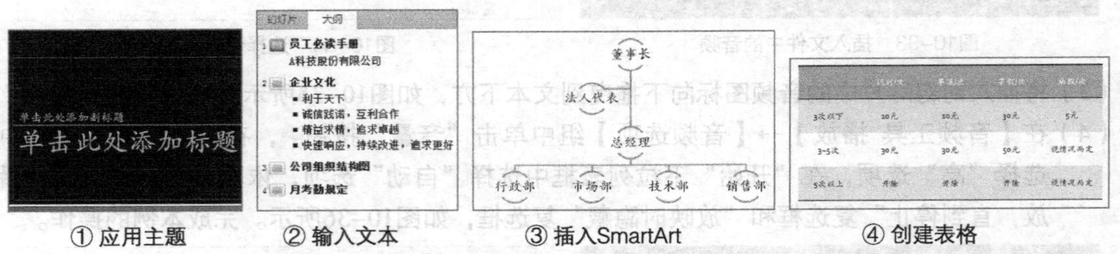

① 应用主题　② 输入文本　③ 插入SmartArt　④ 创建表格

图10-38 公司手册演示文稿的创建思路

（4）在幻灯片4中创建5行4列的表格，依次输入表格内容，将对齐方式设置为“水平居中、垂直居中”，样式应用为“中度样式3-强调1”。

10.4.2 设置年度销售总结演示文稿

1. 练习目标

本练习的目标是通过插入图片、文本框、图表等对象，并适当设置当前演示文稿中的部分

幻灯片，进一步完善演示文稿内容，完成后的部分参考效果如图10-39所示。

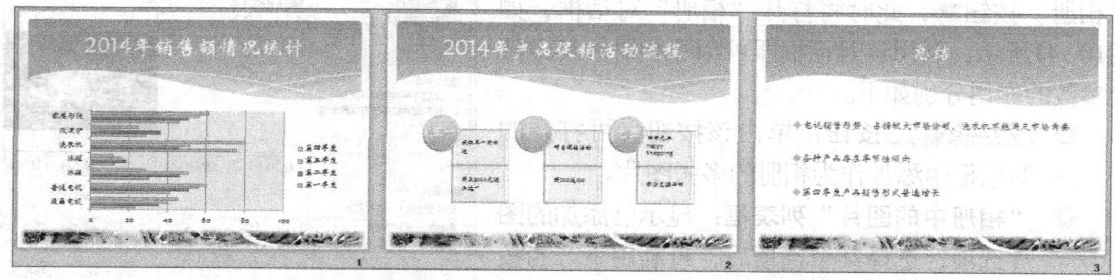

图10-39 年度销售总结演示文稿中部分幻灯片的参考效果

2. 操作思路

本练习首先需要在幻灯片母版状态下插入图片，然后分别在幻灯片2中插入文本框，在幻灯片3中插入图表，最后对幻灯片5的正文内容进行适当设置。具体操作思路如图10-40所示。

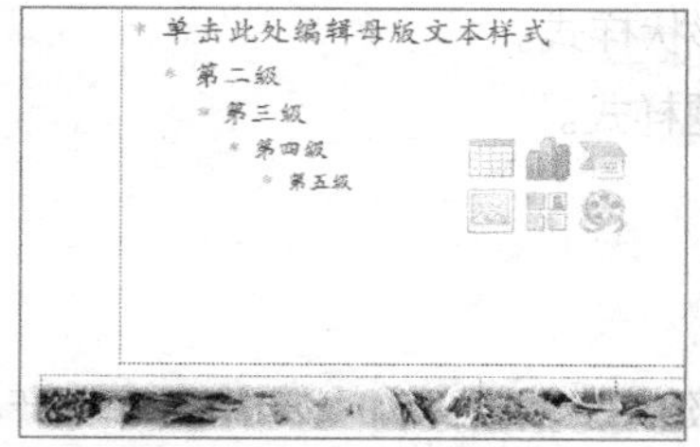

① 设置幻灯片母版

② 插入文本框

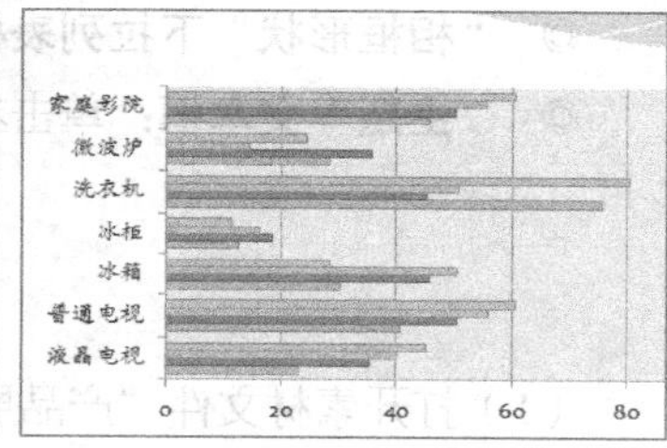

③ 插入图表

图10-40 年度销售总结演示文稿的操作思路

（1）打开素材文件“年度销售总结.pptx”，进入幻灯片母版状态，选择左侧窗格中的第3张幻灯片，插入提供的图片“dt.png”，将其移到幻灯片底端居中，应用“柔化边缘矩形”效果，退出母版编辑状态。

（2）在幻灯片2中创建文本框，输入文本内容“单位：万台”，将格式设置为“宋体、18、加粗、金色-强调文字颜色5”，然后移到标题右侧。

（3）在幻灯片3中插入图表，类型为“簇状条形图”，修改图表数据区域和具体的数据内容，然后为图表应用“样式34”对应的效果。

（4）在幻灯片5中将正文段落的项目符号样式更改为菱形、段落间距更改为“双倍行距”（提示：在【开始】→【段落】组中进行设置）。

职业素养

制作演示文稿应尽量遵循“字不如表、表不如图”的不成文准则，即能用图表达的内容，就用图来展示；能用表格表达的内容，就最好不要用生硬的文字来体现。以便能直观、清晰、简洁地展示内容。

10.5 拓展知识

本章讲解了在PowerPoint中插入多种对象的方法，实际上PowerPoint 2010中还可以快速创建相册型演示文稿，适用于将一组图片快速在演示文稿中使用的情况。在PowerPoint 2010中创建相册的方法为：在【插入】→【图像】组中单击“相册”按钮，此时将打开“相册”对话框，如图10-41所示，利用该对话框即可创建相册。其中部分参数的作用分别如下。

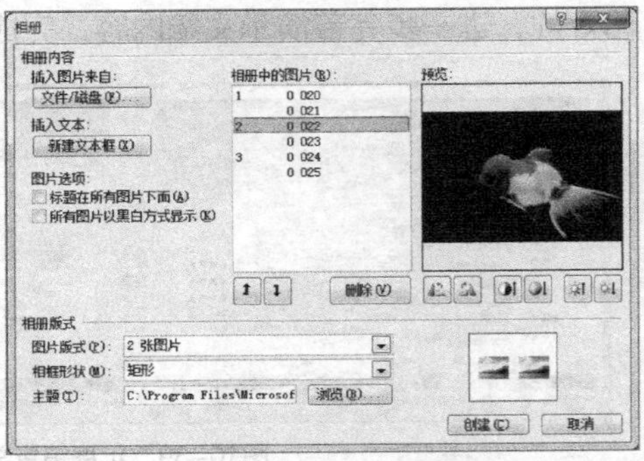

图10-41 “相册”对话框

◎ 文件/磁盘(F)... **按钮**：单击该按钮，可打开的对话框中添加作为相册的多张图片。

◎ **“相册中的图片”列表框**：显示已添加的图片选项，选择某个选项后，可利用下方的按钮调整图片顺序或删除图片。

◎ **“预览”区**：选择列表框中的某个图片选项后，该区域将显示图片内容，同时还可利用下方的多个按钮对图片进行旋转或调整图片对比度和亮度。

◎ **“图片版式”下拉列表框**：在其中可设置一张幻灯片中显示图片的数量。

◎ **“相框形状”下拉列表框**：在其中可设置图片边框的形状样式。

◎ **“主题”文本框**：单击右侧的 按钮可选择相册的主题样式。

10.6 课后习题

（1）打开素材文件“产品展示.pptx”演示文稿，在其中新建幻灯片并添加各产品图片和产品名称。设置后的部分参考效果如图10-42所示。

知识提示

新建的幻灯片版式应用为“空”。首先插入一张图片，应用“旋转，白色”效果，然后创建文本框，输入对应的名称，格式设置为“华文行楷、28、阴影、深黄-强调文字颜色1-深色25%”，适当旋转文本框。通过复制的方法，更改名称和图片，快速创建其他产品内容。

（2）创建成本核算演示文稿，其中幻灯片2使用SmartArt、幻灯片3中使用表格、幻灯片4中使用图表来表现内容。设置后的部分参考效果如图10-43所示。

知识提示

为空白演示文稿应用“迪凯特”主题样式，在“大纲”窗格中输入各幻灯片的标题等内容。SmartArt应用“聚合射线”类型、表格内容居中显示，样式为“浅色样式2-强调1”、图表应用“簇状柱形图”类型。

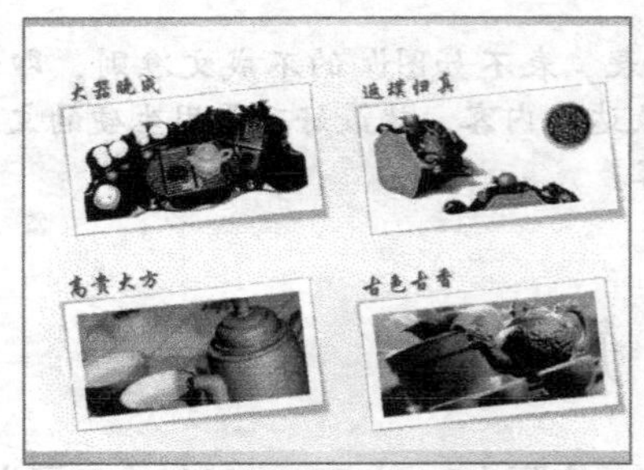

图10-42 产品展示演示文稿的部分参考效果

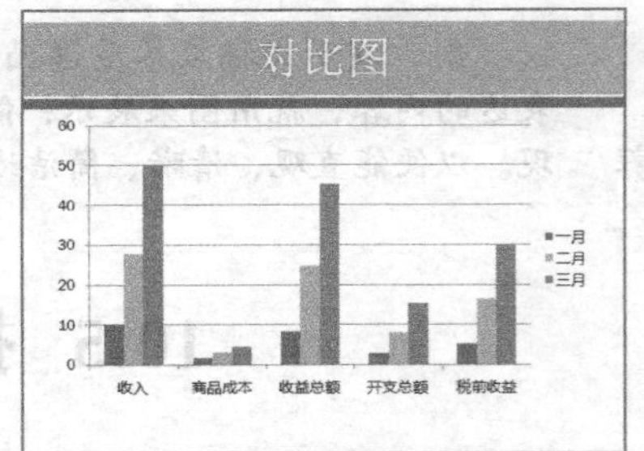

图10-43 成本核算演示文稿的部分参考效果

第11章

设置幻灯片切换方式与动画

幻灯片的切换方式与动画效果使得演示文稿在放映时具有了生动活泼的动态效果，因此这是PowerPoint最具特点的功能之一。本章将详细讲解为幻灯片添加切换方式和动画效果的各种方法，包括添加幻灯片切换方式、计时切换、设置动画效果、高级动画设置、动画计时设置等内容。

学习要点

◎ 设置幻灯片切换方式

◎ 设置幻灯片动画效果

学习目标

◎ 掌握为幻灯片添加与设置切换方式的操作

◎ 熟悉幻灯片计时切换的方法

◎ 了解幻灯片动画的不同类型

◎ 掌握为幻灯片中的对象添加与设置动画效果的操作

◎ 熟悉高级动画的设置方法

◎ 熟悉动画计时设置的操作

11.1 设置幻灯片切换方式

幻灯片切换方式是指在放映演示文稿时，一张幻灯片到下一张幻灯片之间的过渡效果。适当设置幻灯片切换方式，可使放映演示文稿时，幻灯片之间的衔接更加自然、生动有趣，从而提高了演示文稿的观赏性。

11.1.1 设置切换效果

PowerPoint提供了大量的切换效果以供使用，并能根据需要对这些切换效果进行适当调整，下面分别介绍这些方法的实现操作。

1. 添加切换效果

为幻灯片添加切换效果的方法为：选择幻灯片，在【切换】→【切换到此幻灯片】组的"切换效果"下拉列表框中选择某个选项即可。图11-1所示即为幻灯片1添加"溶解"切换效果的过程，幻灯片应用了某种切换效果后，其缩略图上将显示图标。换句话说，凡是缩略图上显示此图标的幻灯片，就表示其应用了某种切换效果。

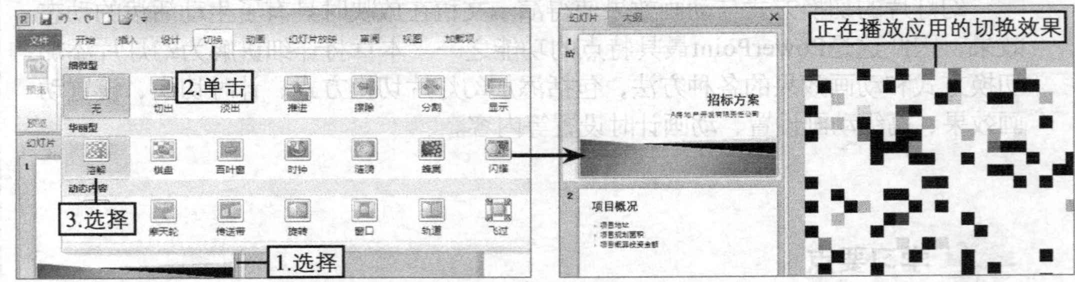

图11-1 为幻灯片添加切换效果

2. 调整切换效果

根据需要，可对幻灯片的切换效果进行适当调整，其方法为：选择添加了切换效果的幻灯片，在"【切换】→【切换到此幻灯片】组中单击"效果选项"按钮，在打开的下拉列表中选择所需的效果选项即可。图11-2所示为将"推进"切换方式从"自底部"调整为"自左侧"的效果。

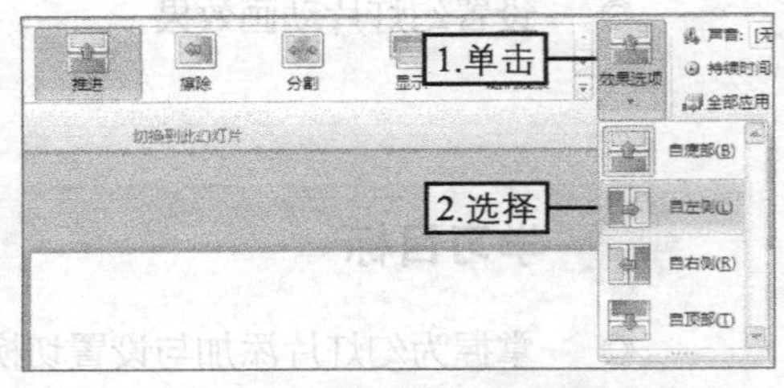

图11-2 调整"推进"切换效果

知识提示

不同的切换效果有不同的调整方式，但操作方法是相同的。另外，有些切换效果不具备调整功能，使用该效果时，"效果选项"按钮呈不可用状态。

11.1.2 计时切换

为幻灯片添加了切换效果后，还可根据需要为该切换效果设置切换时的声音、触发切换效果的操作、切换时的持续时间等参数，其方法为：选择添加了切换效果的幻灯片，在【切换】

→【计时】组中进行设置即可，如图11-3所示。其中各参数的作用分别如下。

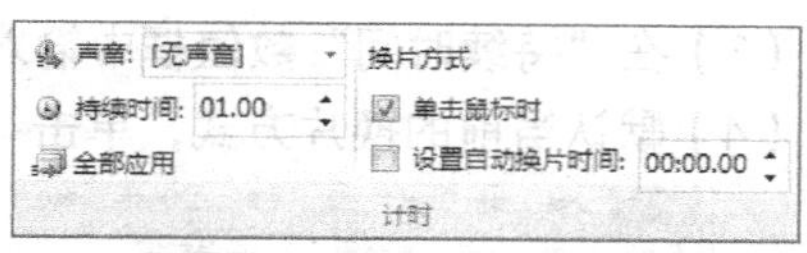

图11-3 设置切换效果的参数

◎ **"声音"下拉列表框**：设置切换时产生的声音效果。

◎ **"持续时间"数值框**：设置切换效果的持续时间，默认为1秒。

◎ 全部应用**按钮**：当为某张幻灯片添加了切换效果，或对切换效果进行设置后，单击该按钮，可快速将设置的效果应用到演示文稿中的所有幻灯片。

◎ **"单击鼠标时"复选框**：单击选择该复选框后，放映演示文稿时需通过单击鼠标才能触发切换操作并显示切换效果。

◎ **"设置自动换片时间"复选框**：单击选择该复选框后，放映演示文稿时将根据右侧数值框中设置的时间来自动触发切换操作并显示切换效果。

知识提示

若同时单击选择"单击鼠标时"复选框和"设置自动换片时间"复选框，则演示文稿放映时会自动切换幻灯片，同时单击鼠标也将触发切换操作。

11.1.3 课堂案例1——为公司介绍演示文稿设置切换效果

为公司介绍演示文稿的所有幻灯片应用"覆盖"切换效果，并设置声音为"风声"、持续时间为"2秒"、换片方式为"单击鼠标时"，完成后按【F5】键放映并通过单击鼠标切换演示文稿。本案例设置后的部分幻灯片效果如图11-4所示。

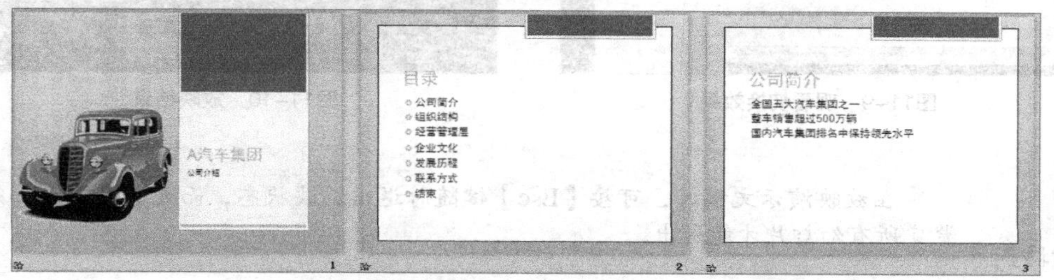

图11-4 公司简介演示文稿中部分幻灯片的参考效果

（1）打开素材文件"公司介绍.pptx"演示文稿演示文稿，在【切换】→【切换到此幻灯片】组的"切换效果"下拉列表框中选择"覆盖"选项，如图11-5所示。

（2）继续在"计时"组中单击"声音"下拉列表框右侧的下拉按钮▾，在打开的下拉列表中选择"风声"选项，如图11-6所示。

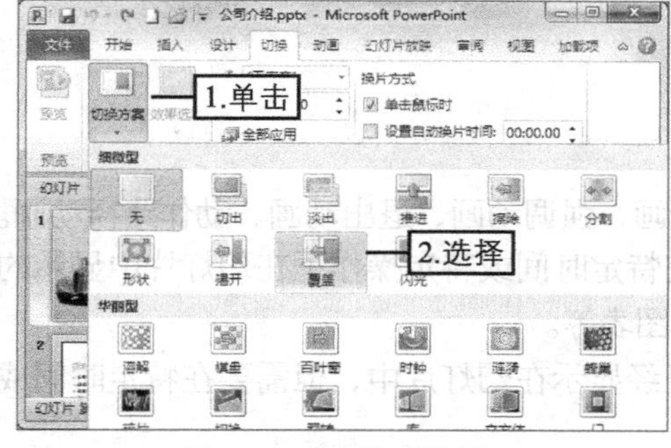

图11-5 选择切换效果

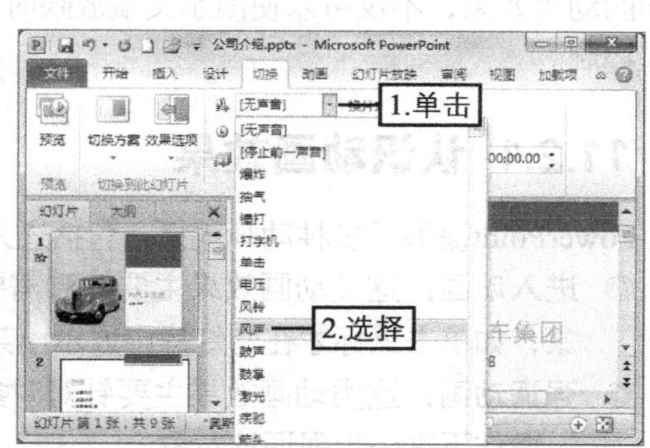

图11-6 设置切换声音

（3）在“持续时间”数值框中输入“2”，设置切换效果的持续时间，如图11-7所示。

（4）默认当前的换片方式，单击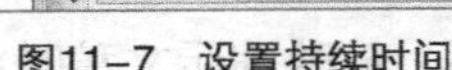按钮，如图11-8所示。

图11-7　设置持续时间

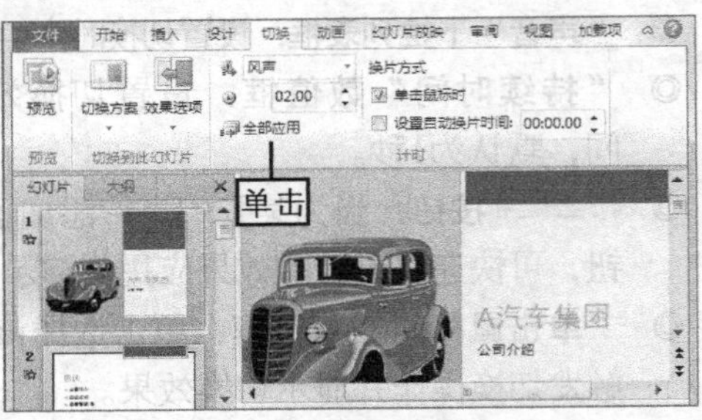

图11-8　应用到全部幻灯片

（5）按【F5】键进入演示文稿放映状态，单击鼠标即可切换幻灯片，如图11-9所示。

（6）继续单击鼠标切换下一张幻灯片，当所有幻灯片放映完成后，单击鼠标退出放映状态，如图11-10所示。

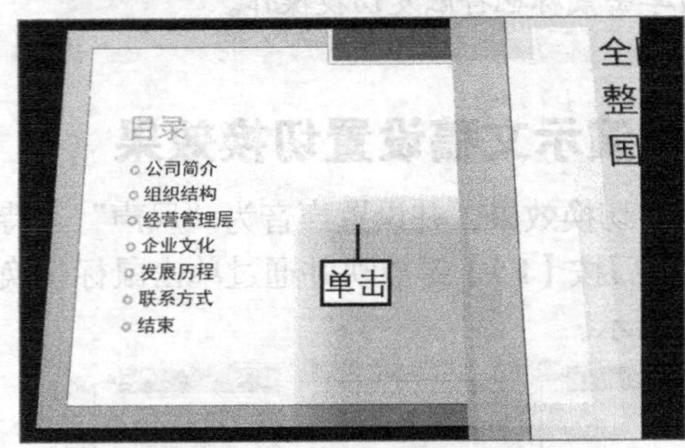

图11-9　观看切换效果

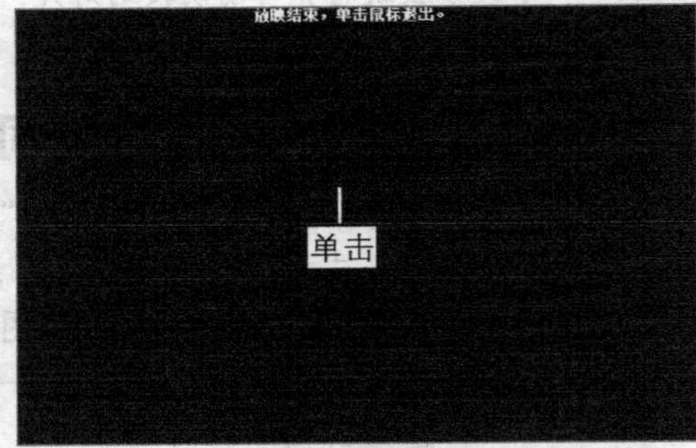

图11-10　放映结束

操作技巧

在放映演示文稿时，可按【Esc】键随时退出放映状态，而无需每次都必须浏览完所有幻灯片才能退出。

11.2　设置幻灯片动画

幻灯片动画并不是针对幻灯片本身，而是针对幻灯片中的每个对象，通过为不同对象设置不同的动画效果，不仅可以使演示文稿放映时更加形象生动，而且也有助于演讲者更好地进行过程控制。

11.2.1　认识动画效果

PowerPoint提供了多种动画效果，包括进入动画、强调动画、退出动画、动作路径动画。

◎ **进入动画**：这类动画效果主要针对需要在特定时间或特定操作下在幻灯片中显示的对象，如单击鼠标才在幻灯片中显示出某个图表等。

◎ **强调动画**：这类动画效果主要针对对象已经显示在幻灯片中，但需要在特定时间或特定操作下进一步强调该对象。

◎ **退出动画**：这类动画效果主要针对对象已经显示在幻灯片中，需要在特定时间或特定操作下使其消失的对象，如单击鼠标将显示在幻灯片中的某个批注形状隐藏。

◎ **动作路径动画**：这类动画效果主要用于控制对象在幻灯片中的移动路径。

11.2.2 设置动画效果

PowerPoint允许为幻灯片中的某个对象或多个对象同时添加动画效果，并可对该效果进行适当调整。

1. 添加动画效果

添加动画效果的方法为：选择幻灯片中的一个对象或多个对象，在【动画】→【动画】组的“动画效果”下拉列表框中选择某个选项即可。如图11-11所示即为标题占位符添加“波浪形”强调动画的效果。

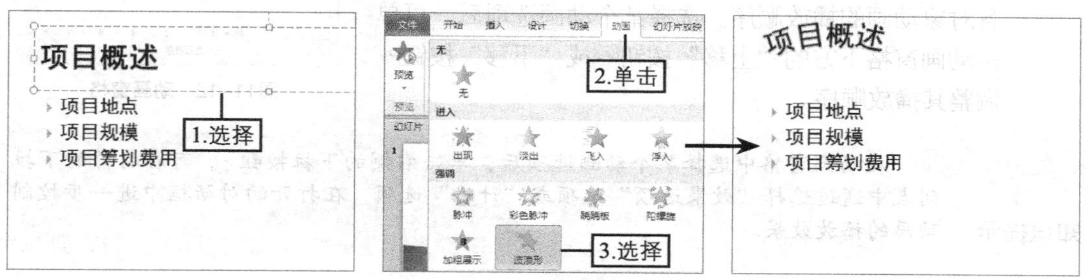

图11-11 为标题占位符添加动画的过程

操作技巧

选择幻灯片中的一个对象或多个对象后，在【动画】→【高级动画】组中单击“添加动画”按钮，在打开的下拉列表中也可添加所需的动画效果。

2. 调整动画效果

与幻灯片切换效果一样，不同的动画效果也可进行不同的调整设置，其方法为：选择添加了动画效果的对象，在【动画】→【动画】组中单击“效果选项”按钮，在打开的下拉列表中选择所需的选项即可。根据调整的内容来看，可归纳为以下几种情况。

◎ **调整动画方向**：针对动画效果的方向进行调整，如将“飞入”进入动画的方向从“自左侧”更改为“自右侧”。

◎ **调整动画形状**：针对动画效果的形状进行调整，如将“形状”进入动画的形状从“圆”更改为“方框”。

◎ **调整序列**：针对多段文本对象进行调整，一般包括“作为一个对象”“整批发送”“按段落”几种选项。“作为一个对象”表示将多段文本看做一个整体来应用动画效果；“整批发送”表示多段文本按段落同时应用动画效果；“按段落”表示多段文本按段落顺序依次应用动画效果。

11.2.3 高级动画设置

为对象添加动画后，可进一步对动画进行管理，从而制作出更加丰富的动画效果。下面分

别介绍使用动画窗格、设置触发动画、使用动画刷等知识。

1. 使用动画窗格管理动画

为幻灯片中的对象添加了动画效果后，可在【动画】→【高级】组中单击动画窗格按钮，打开动画窗格，如图11-12所示，在其中可对已添加的动画进行管理设置。下面介绍几种常用的设置方法。

◎ **预览动画**：在动画窗格中选择某个动画选项（编号对应幻灯片中添加动画后对象左上方显示的编号），单击播放按钮即可预览该对象的动画效果。

◎ **删除动画**：选择某个动画选项，按【Delete】键可将动画效果删除。

◎ **调整动画播放顺序**：动画窗格中的编号代表幻灯片中各对象动画的播放顺序。选择某个动画选项后，可单击动画窗格下方的"上移"按钮或"下移"按钮调整其播放顺序。

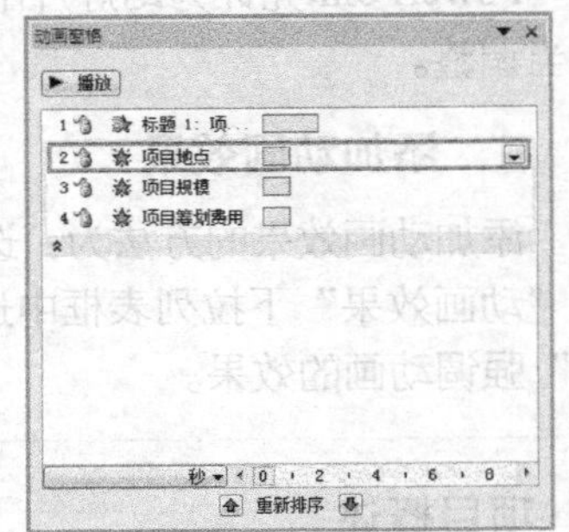

图11-12 动画窗格

知识提示

在动画窗格中选择某个动画选项后，单击右侧的下拉按钮，可在打开的下拉列表中通过选择"效果选项"选项或"计时"选项，在打开的对话框中进一步控制动画的播放效果。

2. 触发动画

触发动画是指设置指定的操作后才能播放对应的动画效果，其设置方法为：在动画窗格中选择某个动画选项，或在幻灯片中选择某个已添加了动画的对象，单击【动画】→【高级动画】组中的触发按钮，在打开的下拉列表中选择"单击"选项，在打开的子列表中选择触发的对象即可，如图11-13所示。

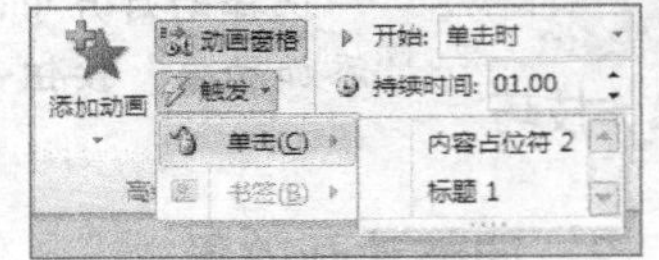

图11-13 设置触发动画

3. 使用动画刷

动画刷可实现快速为不同对象应用相同动画效果的目的，从而提高动画设置的操作效率，其使用方法为：为某个对象添加并设置好动画效果后，选择该对象，然后单击【动画】→【高级动画】组中的动画刷按钮，此时鼠标光标将变为形状，在需要应用动画的对象上单击鼠标即可，如图11-14所示。

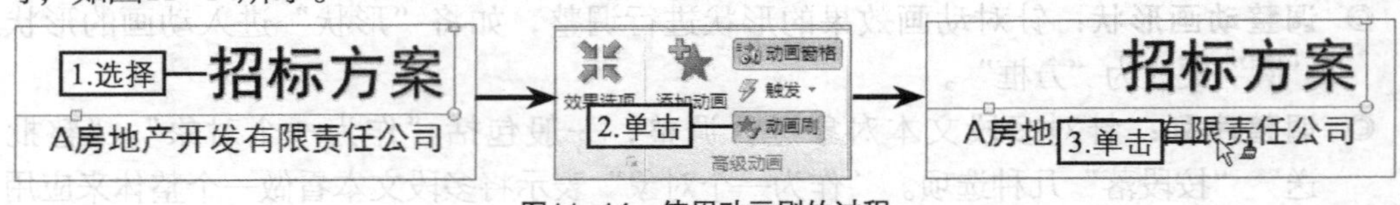

图11-14 使用动画刷的过程

操作技巧

若需要为多个对象应用相同的动画效果，则可双击动画刷按钮，依次单击其他对象即可，当需要退出动画刷状态时，按【Esc】键或再次单击动画刷按钮。

11.2.4 动画计时设置

为幻灯片对象添加了动画效果后，还可根据需要为该动画效果设置持续时间、延迟时间等参数，其方法为：选择添加了动画效果的对象，在【动画】→【计时】组中进行设置即可，如图11-15所示。其中各参数的作用分别如下。

◎ **"开始"下拉列表框**：设置动画效果的开始时间，包括单击时、与上一动画同时、上一动画之后等3种选项。

◎ **"持续时间"数值框**：设置动画效果的持续时间。

◎ **"延迟"数值框**：设置动画效果播放的延迟时间。

◎ **"对动画重新排序"栏**：其中的按钮与动画窗格中的"上移"按钮和"下移"按钮的作用相同。

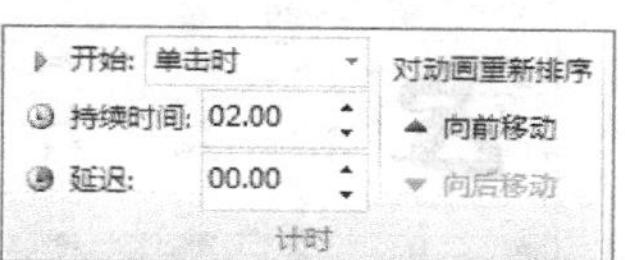

图11-15 设置计时动画

11.2.5 课堂案例2——设置项目可行性报告演示文稿动画

利用添加、设置动画效果，使用动画刷等多种操作，为项目可行性报告演示文稿中幻灯片的对象添加各种类型的动画。本案例设置后的部分幻灯片效果如图11-16所示。

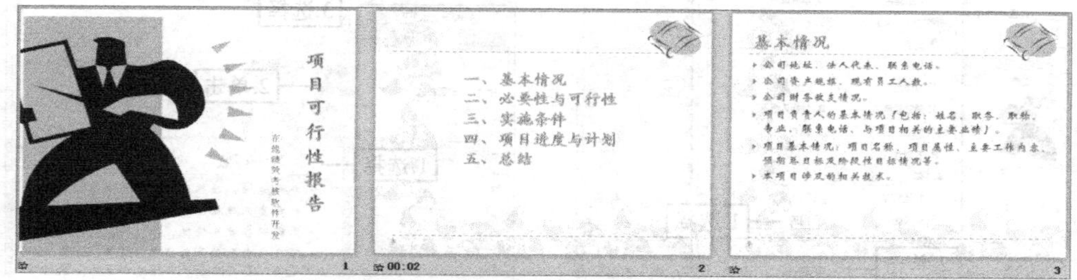

图11-16 项目可行性报告演示文稿中部分幻灯片的参考效果

（1）打开素材文件"项目可行性报告.pptx"演示文稿，选择幻灯片1中的标题占位符，在【动画】→【高级动画】组中单击"添加动画"按钮，在打开的下拉列表中选择"进入"栏下的"形状"选项，如图11-17所示。

（2）在【动画】→【动画】组中单击"效果选项"按钮，在打开的下拉列表中选择"形状"栏下的"菱形"选项，如图11-18所示。

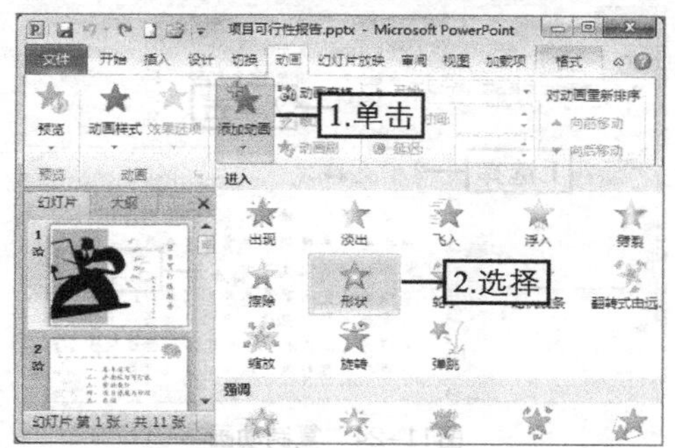

图11-17 添加进入动画

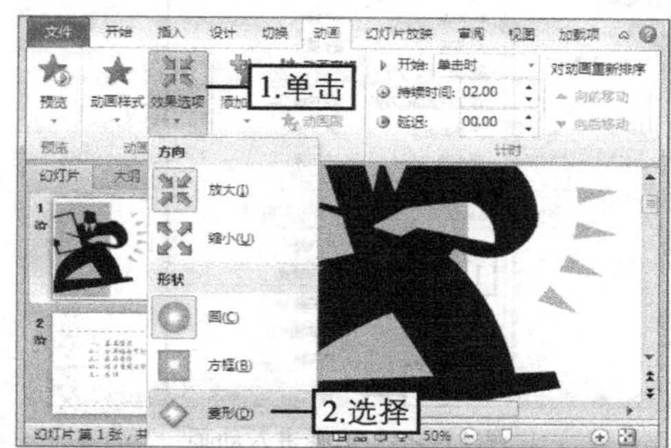

图11-18 设置动画效果选项

（3）用相同的方法为幻灯片1中的副标题占位符添加"飞入"进入动画，如图11-19所示。

（4）选择幻灯片2中的标题占位符，在【动画】→【高级动画】组中单击"添加动画"按钮，

在打开的下拉列表中选择“更多强调效果”选项，如图11-20所示。

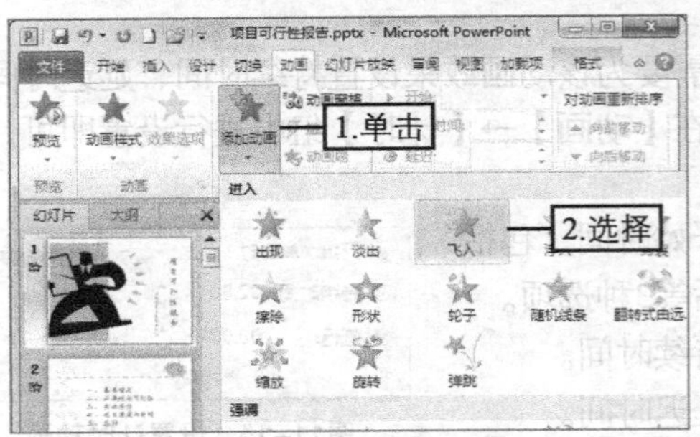

图11-19　添加进入动画

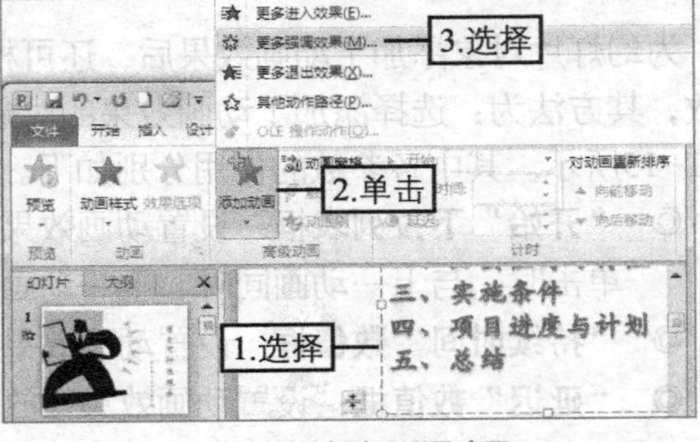

图11-20　添加强调动画

（5）打开“添加强调效果”对话框，在“温和型”栏中选择“闪现”选项，单击 确定 按钮，如图11-21所示。

（6）选择幻灯片3中的标题占位符，在【动画】→【高级动画】组中单击“添加动画”按钮，在打开的下拉列表中选择“更多进入效果”选项，如图11-22所示。

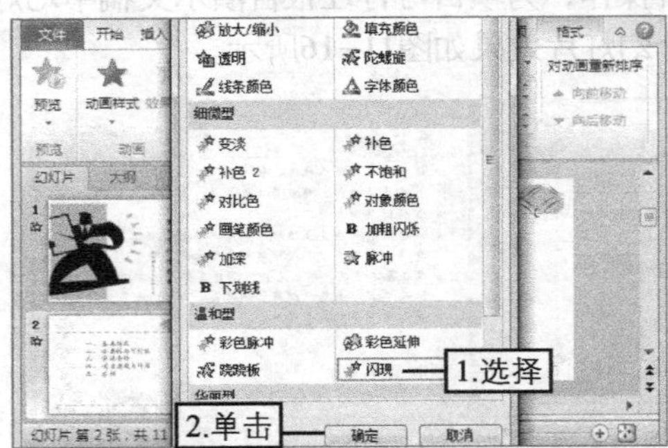

图11-21　选择强调动画

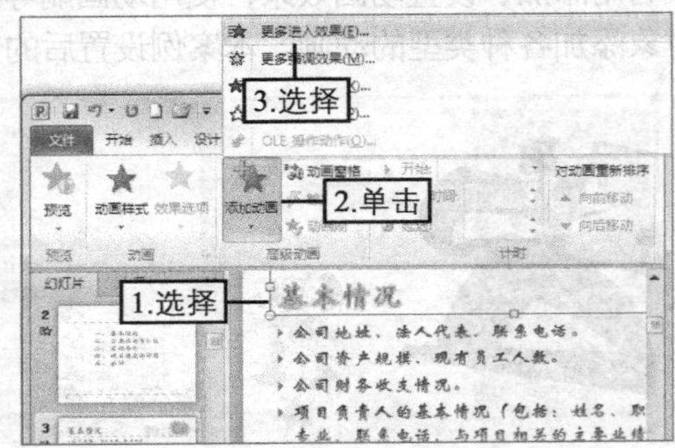

图11-22　添加进入动画

（7）打开“添加进入效果”对话框，在“华丽型”栏下选择“挥鞭式”选项，单击 确定 按钮，如图11-23所示。

（8）选择幻灯片3中的标题占位符，在【动画】→【高级动画】组中单击 动画刷 按钮，当鼠标光标变为形状时，单击幻灯片3的文本占位符复制动画，如图11-24所示。

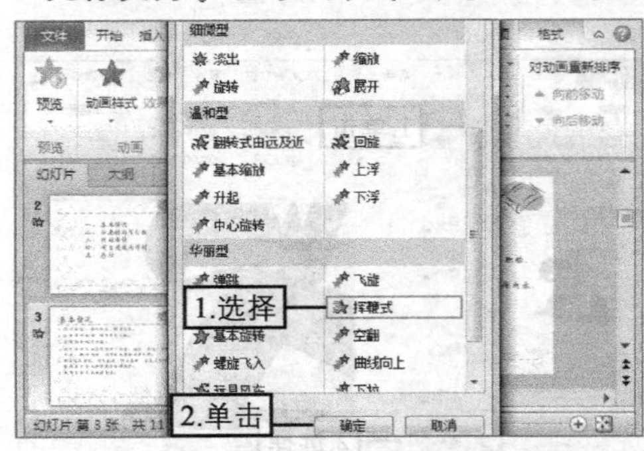

图11-23　选择进入动画

图11-24　复制动画

（9）继续在【动画】→【计时】组的“开始”下拉列表中选择“上一动画之后”选项，在“持续时间”数值框中输入“2”，如图11-25所示。

（10）为幻灯片4的标题占位符设置“弹跳”进入动画，为文本占位符设置“劈裂”进入动画，然后在【动画】→【高级动画】组中单击动画窗格按钮，打开动画窗格，单击其中的“展开”按钮，如图11–26所示。

图11–25 设置动画播放条件和持续时间

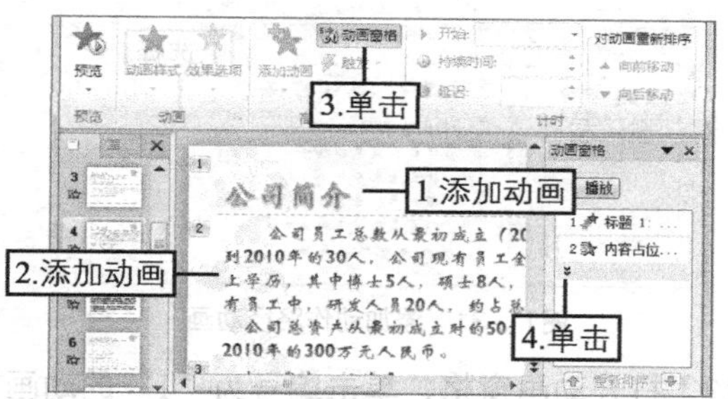

图11–26 添加进入动画并打开动画窗格

（11）选择动画窗格中编号为“3”的动画选项，单击下方的“上移”按钮将其调整到编号为“2”的动画选项上方，然后关闭动画窗格，如图11–27所示。

（12）选择幻灯片5中的表格，在【动画】→【高级动画】组中单击“添加动画”按钮，在打开的下拉列表中选择“更多退出效果”选项，如图11–28所示。

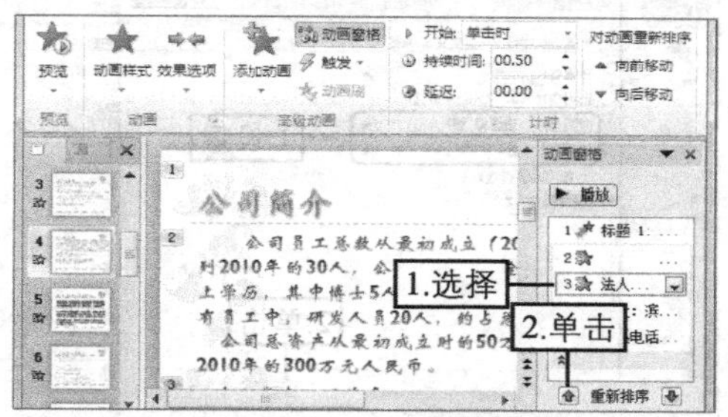

图11–27 调整动画播放顺序

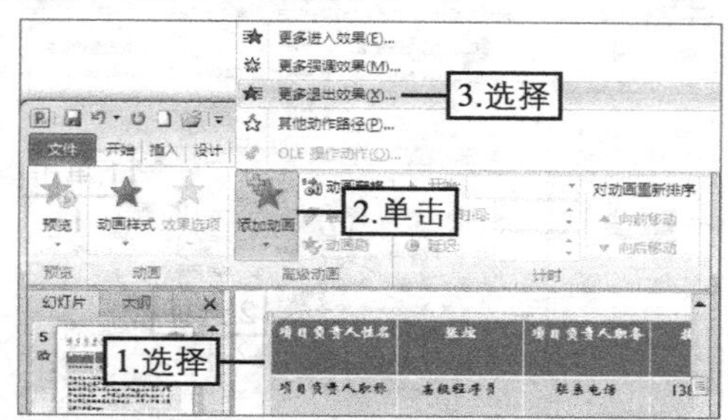

图11–28 添加退出动画

（13）打开“添加退出效果”对话框，在“基本型”栏中选择“十字形扩展”选项，单击确定按钮，如图11–29所示。

（14）用相同方法为幻灯片5中的标题占位符添加“空翻”退出动画，如图11–30所示。

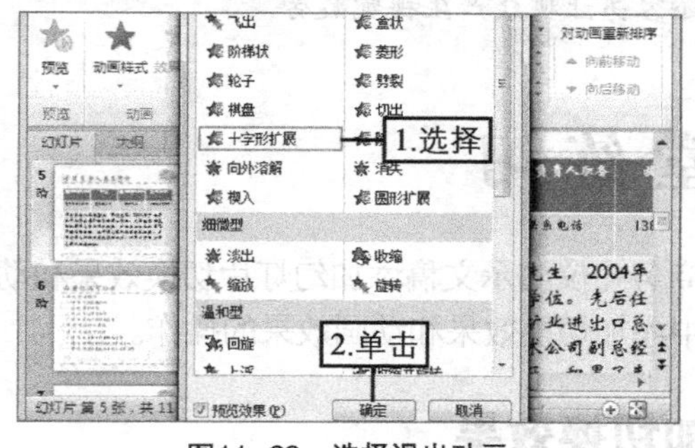

图11–29 选择退出动画

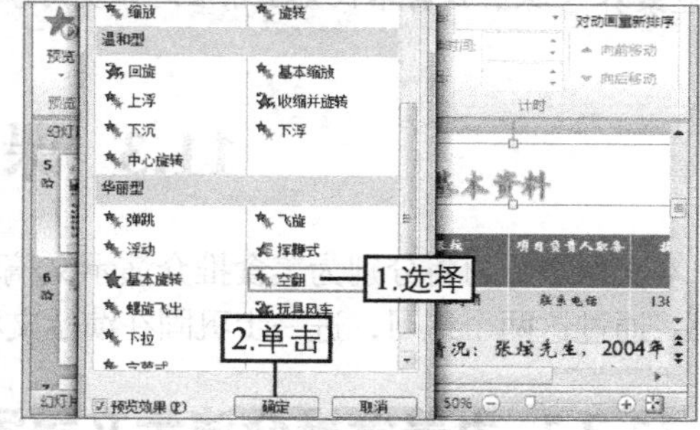

图11–30 选择退出动画

（15）选择幻灯片6中的文本占位符，在【动画】→【高级动画】组中单击“添加动画”按钮，在打开的下拉列表中选择“其他动作路径”选项，如图11–31所示。

（16）打开“添加动作路径”对话框，在“直线和曲线”栏中选择“向上弧线”选项，单击确定按钮，如图11–32所示。

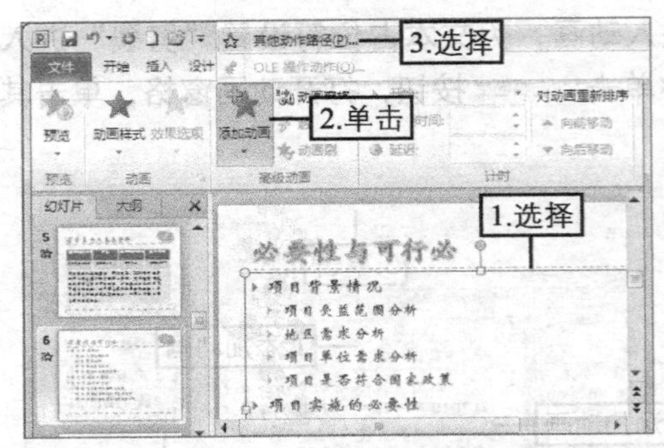

图11-31　添加动作路径动画

图11-32　选择动作路径动画

(17) 打开动画窗格，单击编号为“1”的动画选项右侧的下拉按钮 ▾，在打开的下拉列表中选择“计时”选项，如图11-33所示。

(18) 打开“向上弧线”对话框的“计时”选项卡，在“期间”下拉列表中选择“慢速(3秒)”选项，在“重复”下拉列表中选择“2”选项，单击 确定 按钮完成所有操作，如图11-34所示。

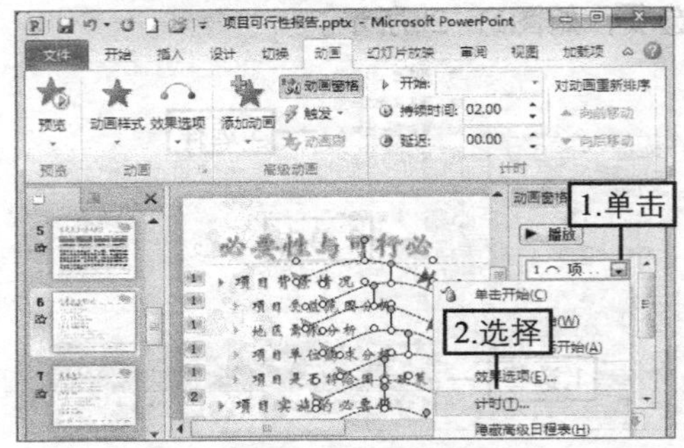

图11-33　设置动画计时

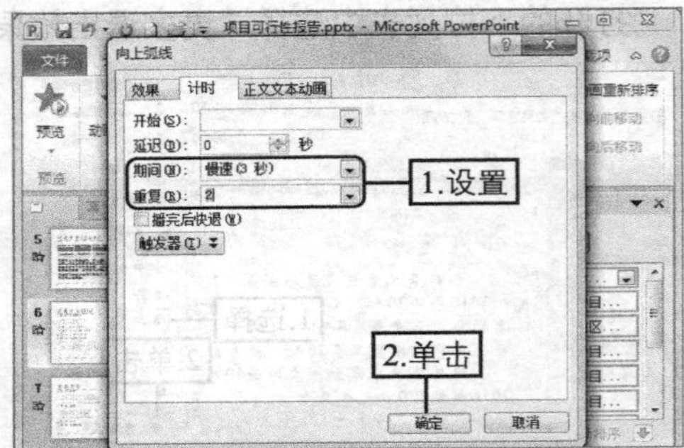

图11-34　设置动画播放时间和重复次数

职业素养　添加幻灯片切换效果或幻灯片中对象的动画效果时，应以如何更好地过渡幻灯片和展示幻灯片内容为前提条件进行设置，而不能盲目地追求各种华而不实的效果，这样不仅无法精准地体现内容，还容易让观众产生视觉疲劳。

11.3 课堂练习

本次课堂练习将分别为美食推介演示文稿和商务礼仪演示文稿添加幻灯片切换效果和动画效果。通过这两个练习，进一步巩固在演示文稿中添加切换效果和动画效果的操作。

11.3.1 为美食推介演示文稿添加切换效果

1. 练习目标

本练习的目标是为美食推介演示文稿中的各张幻灯片添加切换效果，使每张幻灯片在放映时更加形象和生动。完成后的部分幻灯片参考效果如图11-35所示。

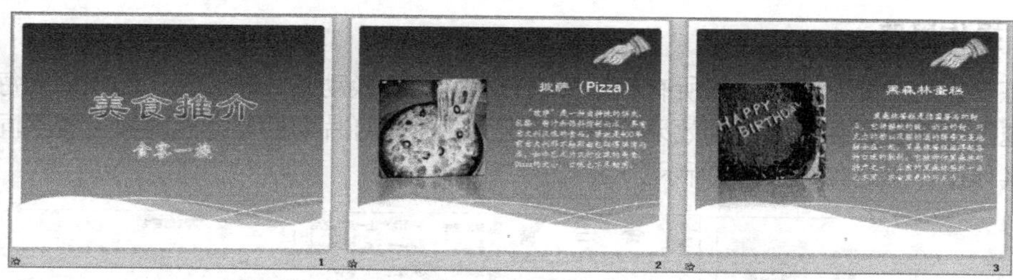

图11-35 美食推介演示文稿中部分幻灯片的参考效果

2. 操作思路

本练习首先为演示文稿中的所有幻灯片设置相同的切换动画、切换声音、切换时间等参数，然后单独为最后一张幻灯片设置不一样的切换效果。具体操作思路如图11-36所示。

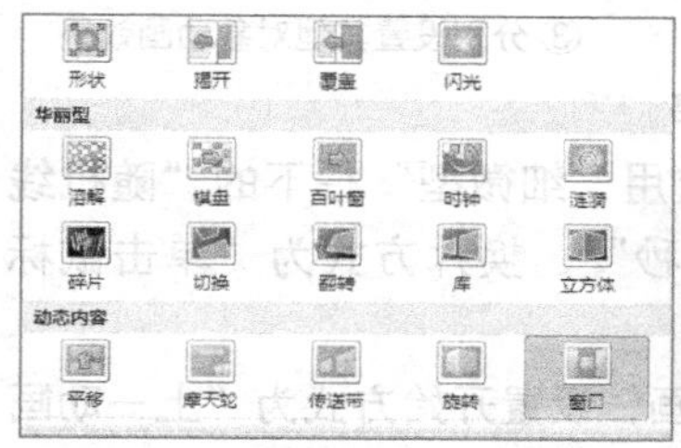

① 为幻灯片应用切换效果

② 设置切换效果

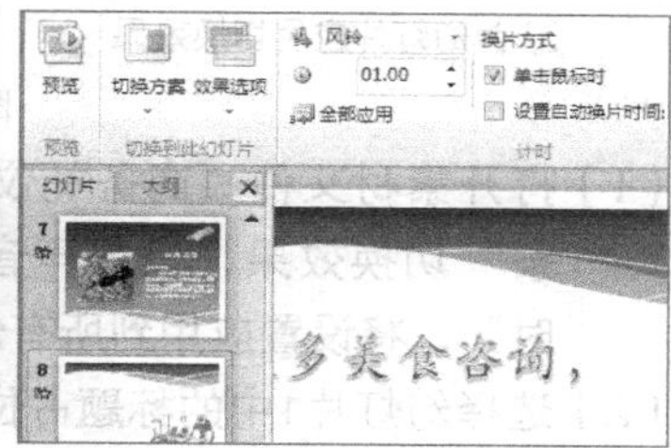

③ 更改最后一张幻灯片切换效果

图11-36 美食推介演示文稿的操作思路

(1) 打开素材文件“美食推介.pptx”演示文稿，为幻灯片应用“动态内容”栏下的“窗口”切换效果。

(2) 设置声音为“收款机”、持续时间为“2秒”、换片方式为“单击鼠标时”，将设置应用到所有幻灯片。

(3) 选择最后一张幻灯片，为其应用“细微型”栏下的“淡出”切换效果。

(4) 设置声音为“风铃”、持续时间为“1秒”。

(5) 按【F5】键放映演示文稿，通过单击鼠标观看每张幻灯片内容，直到退出放映状态。最后保存演示文稿。

11.3.2 为商务礼仪演示文稿添加切换和动画效果

1. 练习目标

本练习的目标是为商务礼仪演示文稿中的各张幻灯片添加切换效果，并为各幻灯片中的每个对象添加动画效果。完成后部分幻灯片的参考效果如图11-37所示。

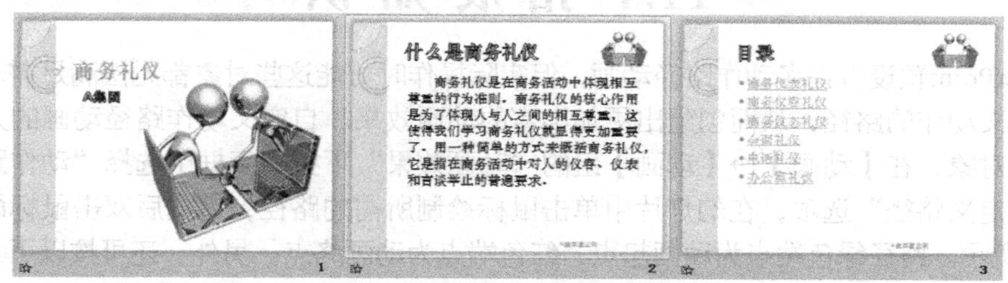

图11-37 商务礼仪演示文稿中部分幻灯片的参考效果

2. 操作思路

本练习首先为演示文稿中的所有幻灯片设置相同的切换动画，然后利用动画刷为每张幻灯片的标题占位符设置相同的动画效果，最后依次为各张幻灯片中的非标题对象设置不同的动画效果。具体操作思路如图11-38所示。

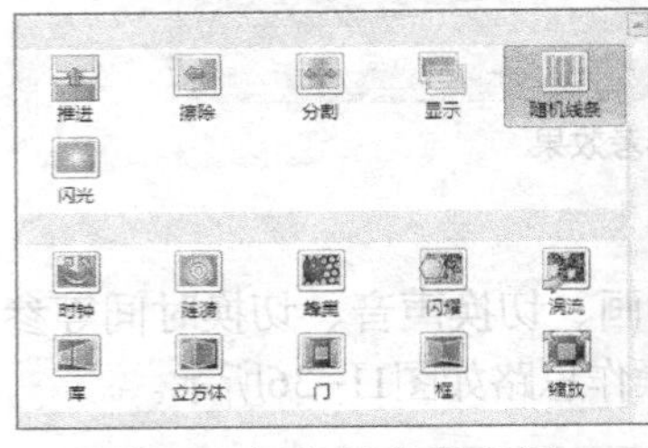

① 为幻灯片应用切换效果

② 利用动画刷设置标题动画

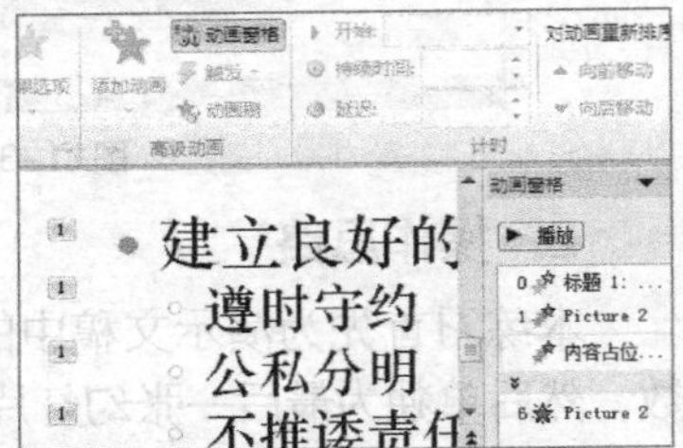

③ 分别设置其他对象动画效果

图11-38　商务礼仪演示文稿的操作思路

（1）打开素材文件“商务礼仪.pptx”演示文稿，为幻灯片应用“细微型”栏下的“随机线条”切换效果，设置声音为“电压”、持续时间为“1秒”、换片方式为“单击鼠标时”，将设置应用到所有幻灯片。

（2）选择幻灯片1中的标题占位符，为其添加“补色”强调动画，设置开始方式为“上一动画之后”、持续时间为“2秒”。

（3）利用动画刷将上一步设置的动画效果应用到其他幻灯片的标题占位符。

（4）为幻灯片1的副标题占位符添加动画效果：“进入–形状–菱形、上一动画之后、2秒”。

（5）为幻灯片2的正文占位符添加动画效果：“进入–旋转”。

（6）为幻灯片3的正文占位符添加动画效果：“进入–缩放–幻灯片中心–整批发送、单击时”。

（7）为幻灯片4的图片对象添加两个动画效果：“进入–弹跳、单击‘标题1’时触发”、“退出–淡出、上一动画之后”。

（8）为幻灯片4的正文占位符添加动画效果：“进入–浮入、上一动画之后”。利用动画窗格将该动画效果调整到倒数第二个播放顺序的位置。

（9）按第（7）步和第（8）步的相同操作，设置幻灯片7~11中的图片对象和正文占位符的动画效果。

（10）为幻灯片5和幻灯片6中的正文占位符添加动画效果：“进入–浮入、上一动画之后”。

（11）按【F5】键放映演示文稿，通过单击鼠标观看每张幻灯片内容，直到退出放映状态。最后保存演示文稿。

11.4 拓展知识

PowerPoint预设有许多动作路径动画，但实际操作时可能这些对象都无法满足需求，此时可自行定义动作的路径，从而创建出更加丰富的动画效果。自定义动作路径动画的方法为：选择某个对象，在【动画】→【动画】组的“动画效果”下拉列表框中选择“动作路径”栏下的“自定义路径”选项，在幻灯片中单击鼠标绘制所需的路径，完成后双击鼠标即可，如图11-39所示。路径绿色端点为动画起点、红色端点为动画终点。另外，还可按以下几种方法对路径进行进一步编辑。

◎ **移动路径**：选择绘制的路径对象，拖曳鼠标或按键盘上的方向键可对路径的位置进行调整。

◎ **编辑路径**：在路径上单击鼠标右键，在打开的快捷菜单中选择"编辑顶点"命令，此时路径上将显示黑色顶点，拖曳顶点可调整顶点位置；在非顶点的路径上单击鼠标右键，在打开的快捷菜单中选择"添加顶点"命令，才可添加顶点。

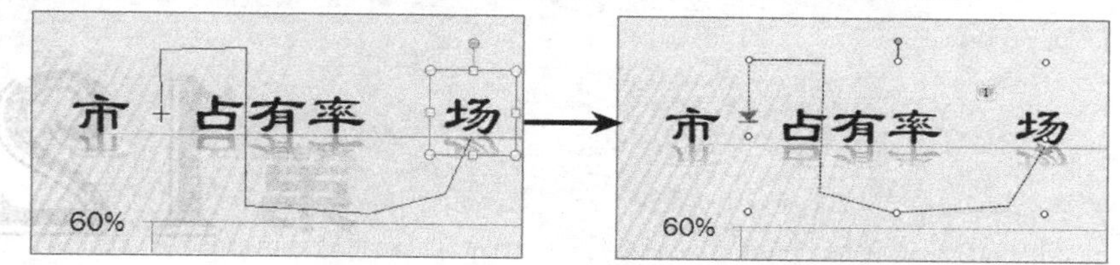

图11-39 设置自定义路径动画的过程

11.5 课后习题

（1）打开素材文件"销售策略.pptx"演示文稿，为其中的幻灯片及幻灯片中的各对象添加切换效果和动画效果，完成后按【F5】键观看设置的效果。本演示文稿的部分幻灯片参考效果如图11-40所示。

知识提示 所有幻灯片的切换效果为"立方体-自底部、照相机、1.5秒"。所有副标题占位符和正文占位符的动画效果设置为"进入-翻转式由远及近-按段落、单击时、1秒"。所有SmartArt对象的动画效果设置为"进入-飞入-自底部-逐个、单击时"。

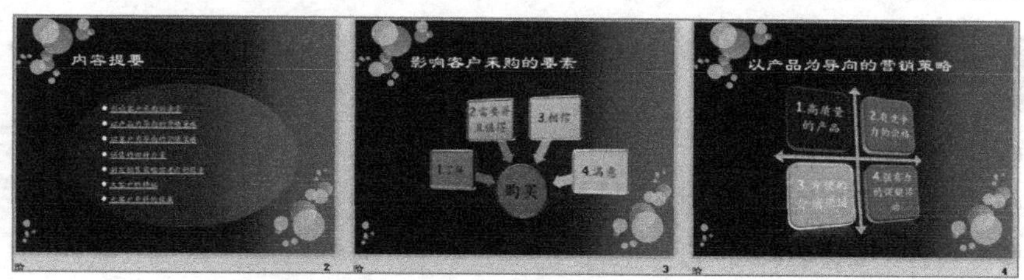

图11-40 销售策略演示文稿中部分幻灯片的参考效果

（2）打开素材文件"项目分析.pptx"演示文稿，通过为"光源"图形对象和标题对象添加动画，设置探照灯动画效果。最终放映出的动画效果如图11-41所示。

知识提示 该幻灯片中重叠放置有两个标题，一个为白色、一个为黑色，白色标题位于最上层，黑色标题位于下一层，"光源"图形对象位于黑色标题下层。为"光源"依次添加"进入-淡出、单击时、0.5秒""动作路径-向右、上一动画之后、6秒（将路径调整为'光源'能完全穿越标题的宽度）""退出-消失、上一动画之后、1秒"3个动画效果。为白色标题添加"进入-淡出、上一动画之后、1秒"动画效果。

图11-41 探照灯动画放映效果

第12章 放映与输出演示文稿

本章将主要讲解放映与控制幻灯片、放映前的设置、打包幻灯片、打印幻灯片等知识。通过相关知识点的学习和若干案例的制作，熟悉并掌握如何设置放映方式、隐藏幻灯片、设置排练计时、设置动作按钮、放映幻灯片、添加标记、打包幻灯片和打印幻灯片的方法。

学习要点

◎ 设置幻灯片放映

◎ 控制幻灯片放映过程

◎ 打印与发送幻灯片

学习目标

◎ 掌握设置放映方式和隐藏幻灯片的方法

◎ 熟悉排练计时的操作

◎ 了解设置动作按钮的方法

◎ 掌握放映幻灯片、控制幻灯片放映，以及添加标记等操作

◎ 熟悉打印与发送幻灯片的各种常见操作

12.1 设置幻灯片放映

在PowerPoint中，放映幻灯片可以由演讲者控制放映，也可根据观众需要自行放映。因此在放映之前，需要进行相应的设置，如设置放映方式、隐藏或显示幻灯片、设置排练计时、设置动作按钮等，从而满足不同场合对放映的不同需求。

12.1.1 设置放映方式

设置幻灯片的放映方式主要包括设置放映类型、放映幻灯片的数量、换片方式和是否循环放映演示文稿等，其具体操作如下。

（1）打开需放映的演示文稿，在【幻灯片放映】→【设置】组中单击“设置幻灯片放映”按钮。

（2）打开“设置放映方式”对话框，如图12-1所示，在其中即可设置放映类型、放映时是否循环、换片方式等参数，单击确定按钮可将所选的放映方式应用到整个文档。

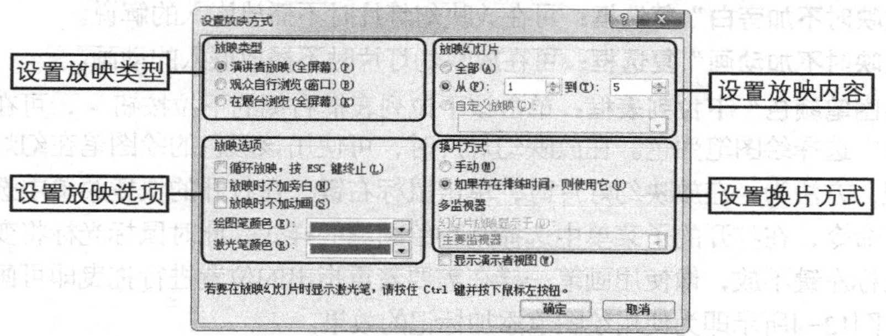

图12-1 设置演示文稿放映方式

1. 设置放映类型

在PowerPoint中有3种放映类型，即演讲者放映方式、观众自行浏览放映方式、在展台浏览放映方式。在“放映类型”栏中单击选择相应的单选项，即可为幻灯片应用对应的放映类型。各类型的作用分别如下。

◎ **演讲者放映：** 该方式是PowerPoint默认的放映类型，放映时幻灯片呈全屏显示，如图12-2所示。在整个放映过程中，演讲者具有全部控制权，可以采用手动或自动的方式切换幻灯片和动画，还可对幻灯片中的内容做标记，甚至可以在放映过程中录制旁白。此方式具有很强的灵活性，因此又被称作手动放映方式。

◎ **观众自行浏览：** 该方式是一种让观众自行观看幻灯片的放映类型。此类型将在标准窗口中显示幻灯片的放映情况，观众可以通过提供的菜单进行翻页、打印、浏览，但不能单击鼠标进行放映，只能自动放映或利用滚动条进行放映，如图12-3所示，因此又被称作交互式放映方式。

◎ **在展台浏览：** 该方式同样以全屏显示幻灯片，与演讲者放映类型下显示的界面相同，但是在放映过程中，除了保留鼠标光标用于选择屏幕对象进行放映外，其他功能将全部失效，终止放映也只能使用【Esc】键。这种类型通常用于展览会场或会议中无人管理幻灯片放映的场合，因此又被称作自动放映方式。

图12-2　演讲者放映方式

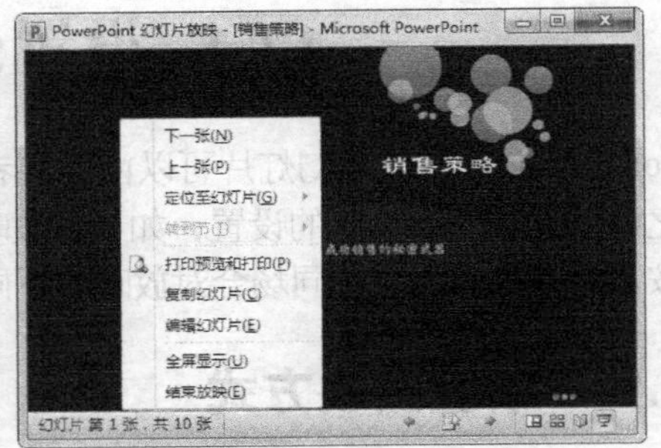

图12-3　观众自行浏览方式

2. 设置放映选项

如果需要进行是否循环放映、是否添加旁白、是否播放动画、设置绘图笔的颜色等设置，则需要在“放映选项”栏中单击选择相应的复选框加以设置，各选项的功能如下。

◎ **“循环放映，按ESC键终止”复选框**：可连续地放映演示文稿中的幻灯片。

◎ **“放映时不加旁白”复选框**：可在放映幻灯片时不播放嵌入的解说。

◎ **“放映时不加动画”复选框**：可在放映幻灯片时不播放嵌入的动画。

◎ **“绘图笔颜色”下拉列表框**：单击该下拉列表框右侧的下拉按钮 ▾，可在打开的下拉列表中选择绘图笔颜色。在放映幻灯片时，可使用该颜色的绘图笔在幻灯片上写字或标记，方法为：在放映幻灯片时，单击鼠标右键，在打开的快捷菜单中选择“指针选项”命令，在打开的子菜单中选择某种绘图笔的样式，此时鼠标光标将变成点状，按住鼠标左键不放，像使用画笔一样在需要着重指出的位置进行拖曳即可画出所需的图形。图12-4所示即为使用绘图笔添加标记的效果。

◎ **“激光笔颜色”下拉列表框**：单击该下拉列表框右侧的下拉按钮 ▾，可在打开的下拉列表中选择激光笔颜色。与绘图笔不同，激光笔不会在幻灯片中添加标记，其作用主要是在不影响幻灯片内容的情况下，让观众的注意力快速集中到需要演讲的位置。放映幻灯片时，按住【Ctrl】键并拖曳鼠标即可显示并控制激光笔。图12-5所示即为绿色激光笔的效果。

图12-4　绘图笔效果

图12-5　激光笔效果

3. 设置放映幻灯片的数量

在“放映幻灯片”栏中可设置需要进行放映的幻灯片数量，其中各参数的作用分别如下。

◎ **放映全部幻灯片**：单击选择“全部”单选项，将依次放映演示文稿中所有的幻灯片。

◎ **放映一组幻灯片**：单击选择“从”单选项，可在其后的数值框中输入放映开始和结束的幻灯片对应编号，此后放映时便将依次放映指定的幻灯片。

◎ **自定义放映**：单击选择“自定义放映”单选项，可在其下方的下拉列表框中设置需放映的幻灯片，并可设置为连续或不连续的状态，其中连续状态使用“-”符号，如“3-7”，不连续状态使用英文状态下的“,”分隔，如“2,4,7-9”。

4. 设置换片方式

在“换片方式”栏中可选择幻灯片的切换方式，主要有如下两种情况。

◎ **手动换片**：单击选择“手动”单选项，在演示过程中将通过单击鼠标等方法切换幻灯片及演示动画效果。

◎ **自动换片**：单击选择“如果存在排练时间，则使用它”单选项，演示文稿将按照幻灯片的排练时间自动切换幻灯片和动画，但是如果没有保存排练计时，即使单击选择该单选项，放映时还是以手动方式控制。

12.1.2 隐藏幻灯片

放映幻灯片时，如果只需要放映其中的几张幻灯片，除了可以通过前面介绍的自定义放映来实现外，还可将不放映的幻灯片隐藏起来，需要放映时再重新将其显示。在“幻灯片”窗格中，被隐藏的幻灯片缩略图呈灰色显示，并且其左上角的编号将被一个斜线框包围，表示该幻灯片已隐藏，如图12-6所示。隐藏幻灯片的方法有如下两种。

◎ 在“大纲/幻灯片”窗格中选择需要隐藏的一张或多张幻灯片，在【幻灯片放映】→【设置】组中单击“隐藏幻灯片”按钮。再次单击该按钮可重新将其显示。

◎ 在“大纲/幻灯片”窗格中选择需要隐藏的一张或多张幻灯片，单击鼠标右键，在打开的快捷菜单中选择“隐藏幻灯片”命令，再次选择该命令可重新将隐藏的幻灯片显示出来。

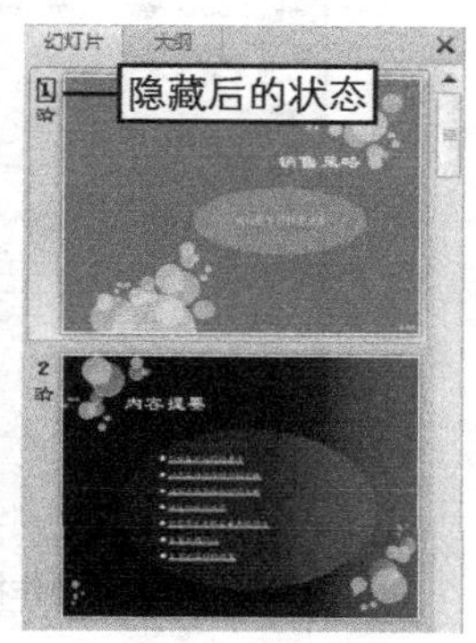

图12-6 隐藏幻灯片后的效果

12.1.3 排练计时

在正式放映幻灯片之前，可预先统计出放映整个演示文稿和放映每张幻灯片所需的大致时间，通过排练计时可以使演示文稿自动按照设置好的时间和顺序进行播放，从而使放映的整个过程不需要人工操作。其方法为：在【幻灯片放映】→【设置】组中单击“排练计时”按钮，进入放映排练状态，放映幻灯片的同时将打开“录制”工具栏，如图12-7所示。幻灯片在人工控制下不断进行切换，同时在“录制”工具栏中进行计时。该工具栏还可进行时间的控制，其中各部分的作用如下。

图12-7 “录制”工具栏

◎ **“下一项”按钮**：单击该按钮可切换到下一个动画或下一张幻灯片。

◎ **“暂停录制”按钮**：单击该按钮将暂时停止排练，并打开提示对话框，单击其中的 继续录制(R) 按钮可继续录制。

◎ 0:00:11 文本框：若要指定幻灯片的排练时间，可直接在该文本框中输入时间。

◎ “重复”按钮：若觉得时间安排得不够充分，可单击该按钮重新开始排练。

◎ “信息”栏：位于“录制”工具栏最右侧，显示排练的总时间。

知识提示

在排练计时过程中按【Esc】键或排练计时完成后，PowerPoint都将打开提示对话框，单击 是(Y) 按钮保存排练计时，单击 否(N) 按钮放弃排练计时。

12.1.4 设置动作按钮

在制作幻灯片的过程中可以在幻灯片中设置动作按钮，放映时只要单击设置的动作按钮，就可以切换到指定的幻灯片或启动其他应用程序，从而方便控制幻灯片的放映过程。PowerPoint中包含了多种动作按钮，在幻灯片中设置动作按钮的具体操作如下。

（1）在【插入】→【插图】组中单击“形状”按钮，在打开的下拉列表中选择“动作按钮”组中的某个按钮选项，如图12-8所示。

（2）在幻灯片中单击鼠标，或拖曳鼠标绘制按钮，在释放鼠标后，都将自动打开“动作设置”对话框，如图12-9所示，在其中设置鼠标单击该按钮或定位到按钮时的动作即可。

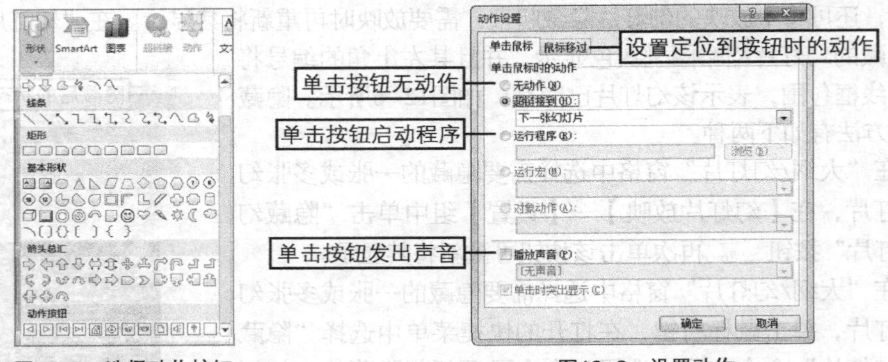

图12-8 选择动作按钮　　图12-9 设置动作

操作技巧

PowerPoint提供的动作按钮大部分具备预设的动作，如“动作按钮：后退或前一项”按钮的动作默认为“上一张幻灯片”，创建时可选择需要的动作按钮，从而可避免重新设置动作的麻烦。

12.1.5 课堂案例1——设置销售策略演示文稿放映方式

综合运用设置演示文稿放映类型、隐藏幻灯片、排练计时、设置动作按钮等操作，设置销售策略演示文稿的放映方式。该演示文稿中部分幻灯片的参考效果如图12-10所示。

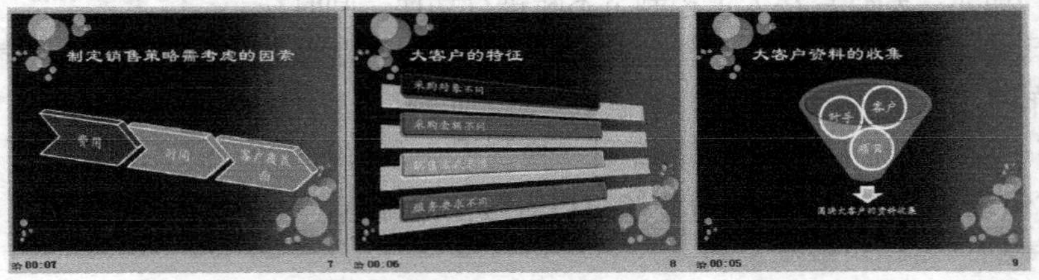

图12-10 销售策略演示文稿中部分幻灯片的参考效果

（1）打开素材文件“销售策略.pptx”演示文稿，在【幻灯片放映】→【设置】组中单击“设置幻灯片放映”按钮，如图12–11所示。

（2）打开“设置放映方式”对话框，在“放映类型”栏中单击选择“在展台浏览（全屏幕）”单选项，在“放映选项”栏中单击选择“放映时不加旁白”复选框和“放映时不加动画”复选框，在“换片方式”栏中单击选择“如果存在排练时间，则使用它”单选项，单击 确定 按钮，如图12–12所示。

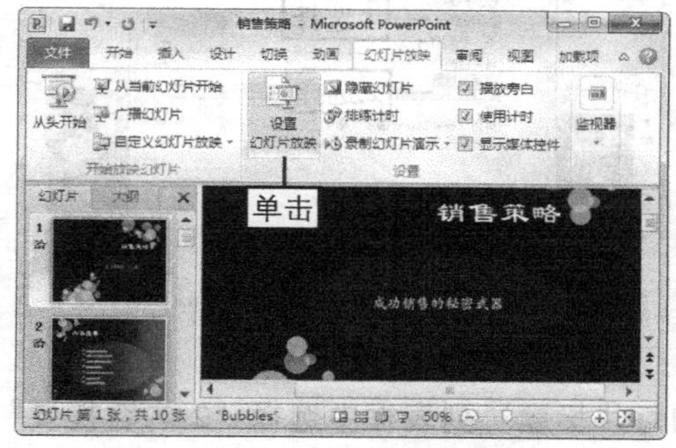

图12–11 设置幻灯片放映方式

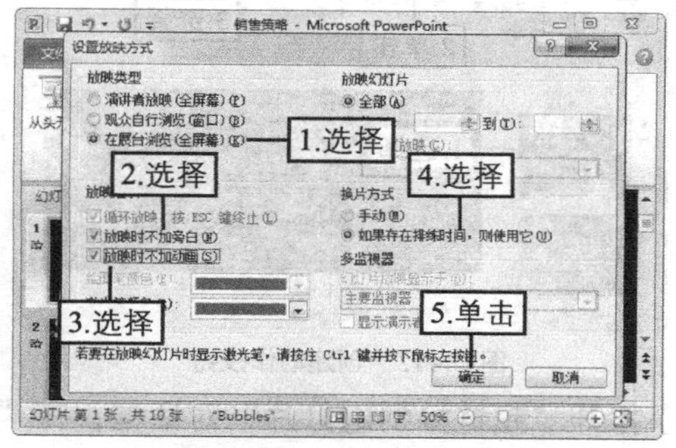

图12–12 设置放映类型、放映选项和换片方式

（3）在“幻灯片”窗格中选择幻灯片10，在【幻灯片放映】→【设置】组中单击“隐藏幻灯片”按钮将其隐藏，继续在该组中单击“排练计时”按钮，如图12–13所示。

（4）进入排练计时状态，确认当前幻灯片排练的时间后，单击“录制”工具栏中的“下一项”按钮，如图12–14所示。

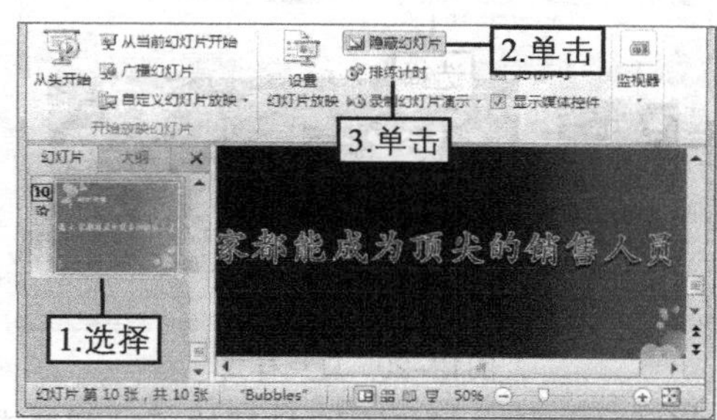

图12–13 隐藏幻灯片

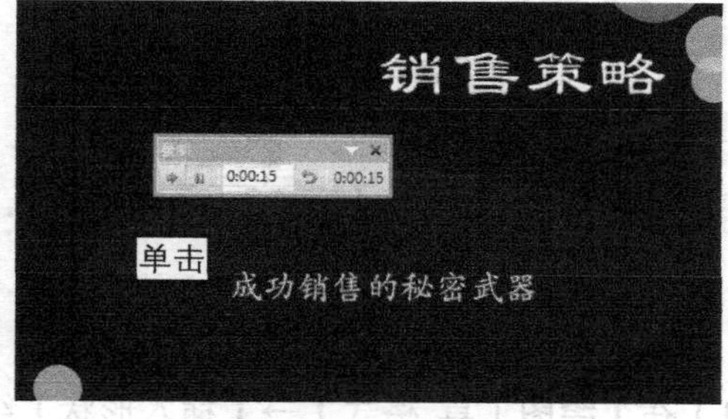

图12–14 排练计时

（5）切换到第2张幻灯片，确认排练时间后，单击“录制”工具栏中的“下一项”按钮，如图12–15所示。

（6）按相同方法继续排练其他幻灯片，当完成第9张幻灯片的排练计时后，按【Esc】键打开提示对话框，单击 是(Y) 按钮，如图12–16所示。

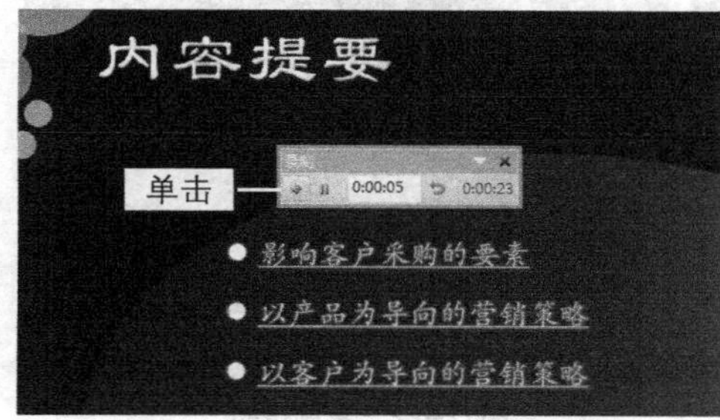

图12–15 排练计时

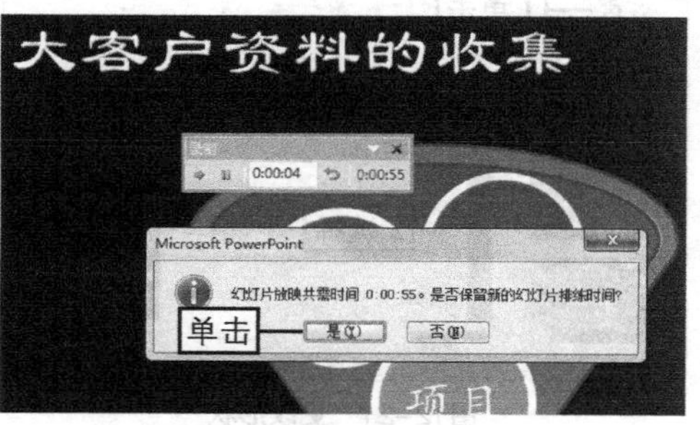

图12–16 保留时间

（7）选择幻灯片1，在【插入】→【插图】组中单击“形状”按钮，在打开的下拉列表中选择“动作按钮”组中的最后一个选项，如图12-17所示。

（8）在幻灯片中单击鼠标，自动打开“动作设置”对话框的“单击鼠标”选项卡，单击选择“超链接到”单选项，在下方的下拉列表框中选择“幻灯片”选项，如图12-18所示。

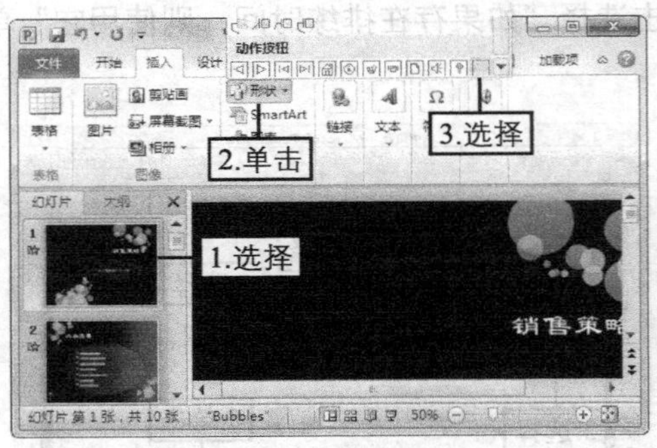

图12-17　创建动作按钮

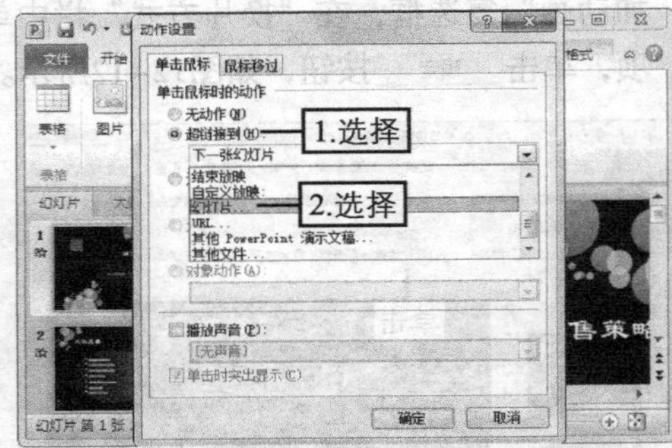

图12-18　设置动作

（9）打开“超链接到幻灯片”对话框，在“幻灯片标题”列表框中选择“2.内容提要”选项，依次单击 确定 按钮，如图12-19所示。

（10）在【绘图工具 格式】→【形状样式】组的“样式”下拉列表框中为动作按钮应用“席位效果–淡紫，强调颜色5”样式，如图12-20所示。

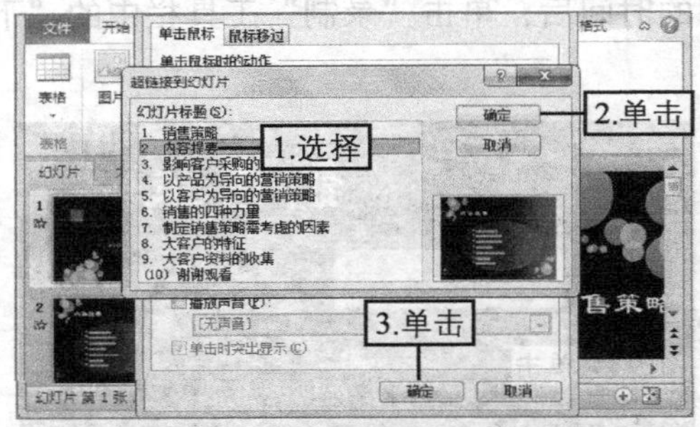

图12-19　选择幻灯片

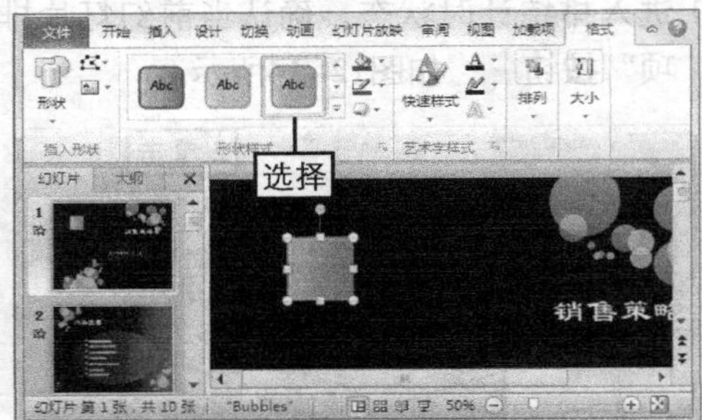

图12-20　应用样式

（11）在【绘图工具 格式】→【插入形状】组中单击 编辑形状 按钮，在打开的下拉列表中选择“更改形状”选项，然后在打开的子列表中选择“笑脸”选项，如图12-21所示。

（12）适当缩小按钮并将其放置到幻灯片右下角，最后将其复制粘贴到幻灯片2~9中即可，如图12-22所示。

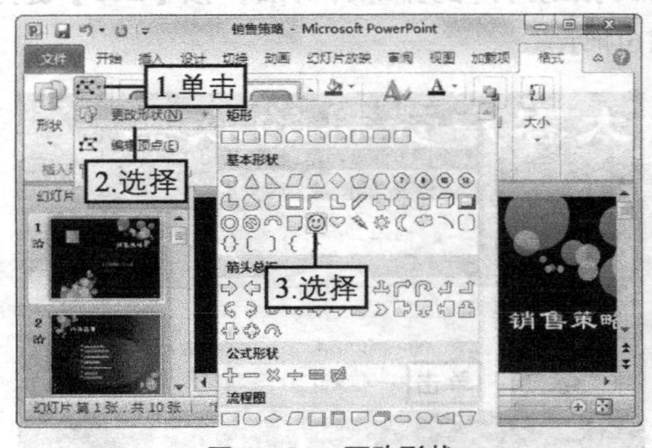

图12-21　更改形状

图12-22　复制按钮

12.2 控制幻灯片放映

控制幻灯片放映过程主要是指如何放映幻灯片，如何控制放映，以及如何在放映时添加标记等内容，本节便对这些内容的实现方法进行讲解。

12.2.1 放映幻灯片

幻灯片的放映也包含几个方面的操作，如开始、切换、结束等。另外，自定义放映也属于放映幻灯片的知识范围，下面依次介绍。

1. 开始放映

常用的开始放映幻灯片的方法有如下几种。

◎ 在【幻灯片放映】→【开始放映幻灯片】组中单击“从头开始”按钮，此时将进入幻灯片放映状态，并从演示文稿中的第一张幻灯片开始放映。

◎ 在【幻灯片放映】→【开始放映幻灯片】组中单击“从当前幻灯片开始”按钮，此时将进入幻灯片放映状态，并从演示文稿中当前所选择的幻灯片开始放映。

◎ 按【F5】键，作用与单击“从头开始”按钮相同。

◎ 按【Shift+F5】组合键，作用与单击“从当前幻灯片开始”按钮相同。

◎ 在状态栏右侧单击“幻灯片放映”按钮，作用与按【Shift+F5】组合键相同。

2. 自定义放映

自定义放映是指根据需要选择演示文稿中的某些幻灯片进行放映，其具体操作如下。

(1) 在【幻灯片放映】→【开始放映幻灯片】组中单击“自定义幻灯片放映”按钮，在打开的下拉列表中选择“自定义放映”选项。

(2) 打开“自定义放映”对话框，单击 新建(N)... 按钮，如图12-23所示。

(3) 打开“定义自定义放映”对话框，在“幻灯片放映名称”文本框中可设置此次自定义放映的名称，选择左侧“在演示文稿中的幻灯片”列表框中的选项，单击 添加(A) >> 按钮将其添加到右侧的“自定义放映中的幻灯片”列表框中，单击 确定 按钮即可，如图12-24所示。

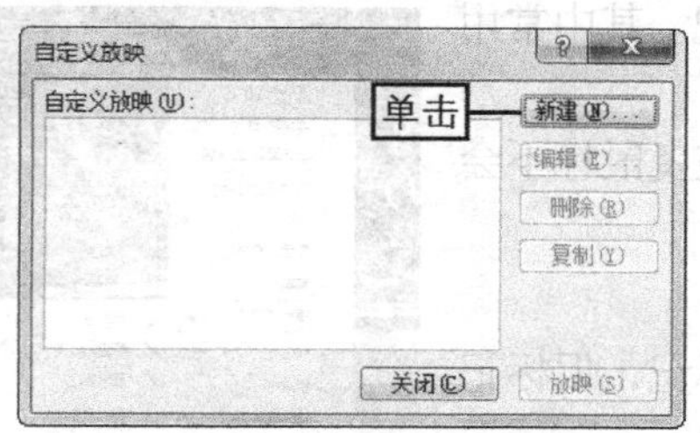

图12-23 新建自定义放映

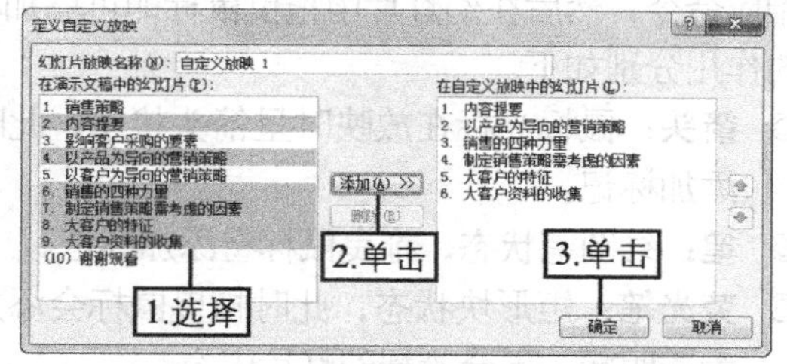

图12-24 设置自定义放映幻灯片

操作技巧

若已经创建了多个自定义放映，则可在“自定义放映”对话框中选择某个自定义放映选项，并利用 编辑(E)... 按钮或 删除(R) 按钮对其进行重新编辑或删除。

12.2.2 控制放映

在放映幻灯片的过程中，可根据需要控制幻灯片放映的过程，这主要体现在放映切换和结束放映两个方面。

1. 放映切换

放映幻灯片的过程中经常会用到切换功能，使用右键菜单或快捷键可轻松控制幻灯片的放映过程。

◎ **使用右键菜单切换**：在放映幻灯片的过程中，单击鼠标右键，可在打开的快捷菜单中选择命令来控制放映。其中，"下一张"命令可切换到下一张幻灯片；"上一张"命令可切换到"上一张"幻灯片；"定位至幻灯片"命令可在打开的子菜单中快速定位到演示文稿中的某张幻灯片，如图12-25所示；选择"自定义放映"命令可在打开的子菜单中选择某个创建的自定义放映方式。

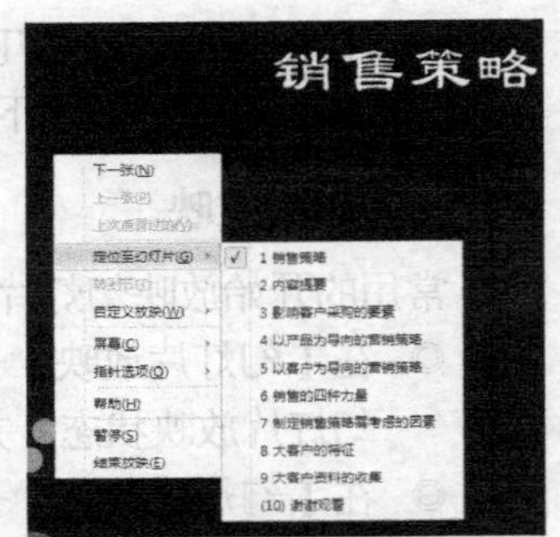

图12-25　定位到某张幻灯片

◎ **使用快捷键切换**：在放映幻灯片的过程中，按【PageUp】键、【↑】键、【←】键、【Backspace】键或【P】键，可切换到上一张幻灯片；按空格键、【Enter】键、【Page Down】键、【→】键、【↓】键、【N】键，或单击鼠标左键可切换到下一张幻灯片。

2. 结束放映

当最后一张幻灯片放映结束后，系统会在屏幕的正上方提示"放映结束，单击鼠标退出。"，此时单击鼠标可结束放映。除此以外，还可使用以下任意一种方法结束放映状态。

◎ 按【Esc】键。

◎ 按【-】键。

◎ 按【Ctrl+PauseBreak】组合键。

12.2.3 放映时添加标记

放映幻灯片时，为强调讲解内容，可对幻灯片添加标记，其方法为：在放映过程中，单击鼠标右键，在打开的快捷菜单中选择"指针选项"命令，如图12-26所示，在打开的子菜单中选择相应命令，然后在幻灯片中拖曳鼠标即可添加标记。其中常用命令的作用分别如下。

◎ **箭头**：鼠标光标在放映时呈箭头状态，此时拖曳鼠标不会添加标记。

◎ **笔**：绘图笔状态，拖曳鼠标将添加标记。

◎ **荧光笔**：矩形块状态，此时拖曳鼠标会添加标记，但标记为透明状，不会遮挡幻灯片内容。

◎ **墨迹颜色**：在打开的子菜单中可选择标记颜色。

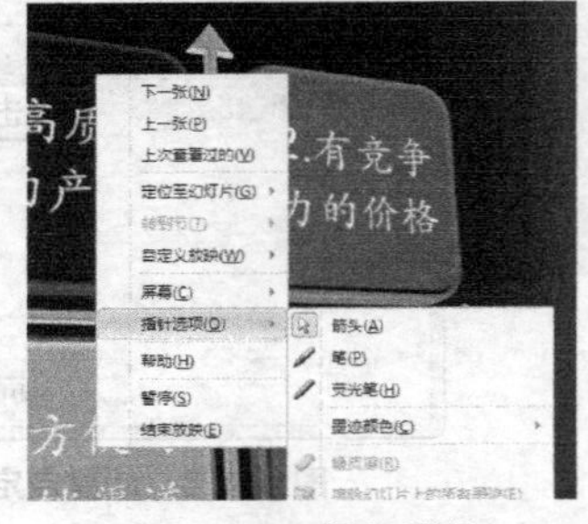

图12-26　添加标记

知识提示

若添加了标记，幻灯片在放映结束后，会打开提示对话框，单击 保留(K) 按钮将保留标记内容；单击 放弃(D) 按钮则撤销标记。

12.2.4 课堂案例2——放映并控制商务礼仪演示文稿

放映演示文稿，使用多种方法控制放映过程，并利用绘图笔和荧光笔添加标记，最后保留墨迹。该演示文稿中部分幻灯片的参考效果如图12-27所示。

图12-27 商务礼仪演示文稿中部分幻灯片的参考效果

（1）打开素材文件“商务礼仪.pptx”演示文稿，在【幻灯片放映】→【设置】组中单击“设置幻灯片放映”按钮，打开“设置放映方式”对话框，在“放映选项”栏中单击选择“循环放映，按ESC键终止”复选框，并在“绘图笔颜色”下拉列表框中选择“蓝色”选项，然后单击 确定 按钮，如图12-28所示。

（2）按【F5】键从头开始放映幻灯片，在第一张幻灯片中单击鼠标右键，在打开的快捷菜单中选择“下一张”命令，如图12-29所示。

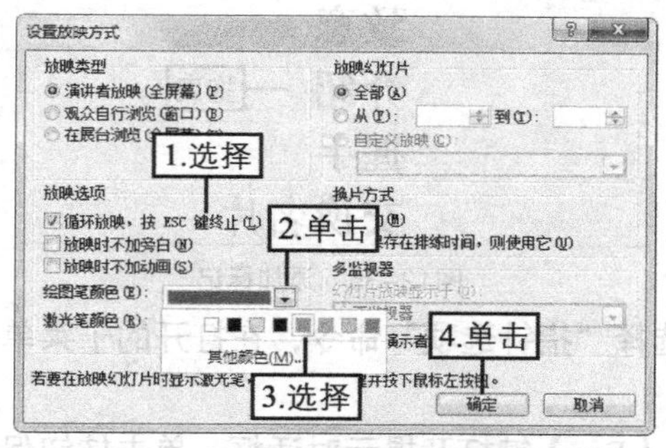

图12-28 设置循环放映和绘图笔颜色

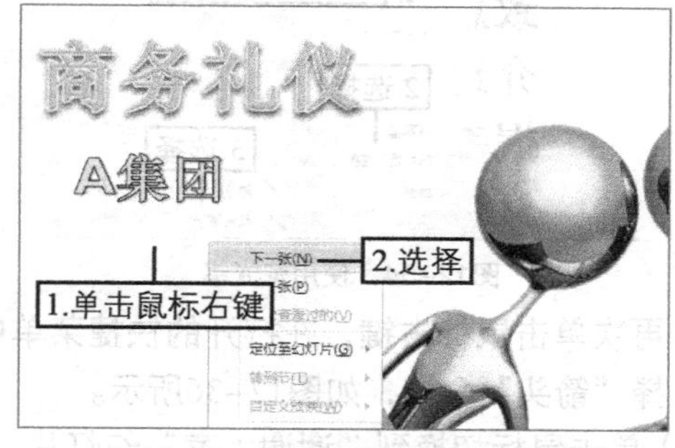

图12-29 利用快捷菜单切换幻灯片

（3）切换到下一张幻灯片后，通过单击鼠标依次观看动画并切换幻灯片，如图12-30所示。

（4）在“男士着装要求”幻灯片上单击鼠标右键，在打开的快捷菜单中选择“定位至幻灯片”命令，在打开的子菜单中选择“9.会面礼仪”命令，如图12-31所示。

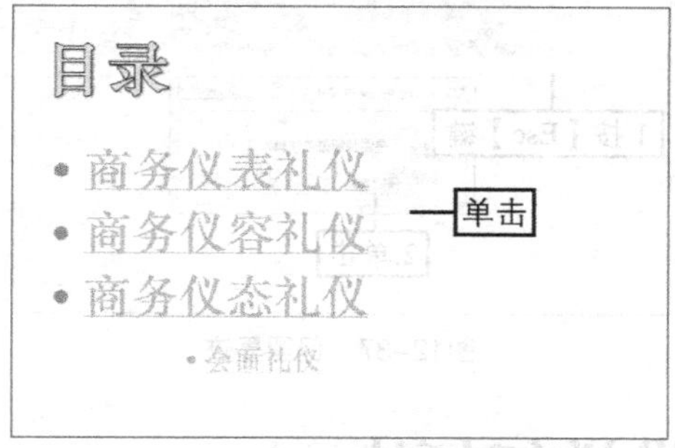

图12-30 单击鼠标切换幻灯片

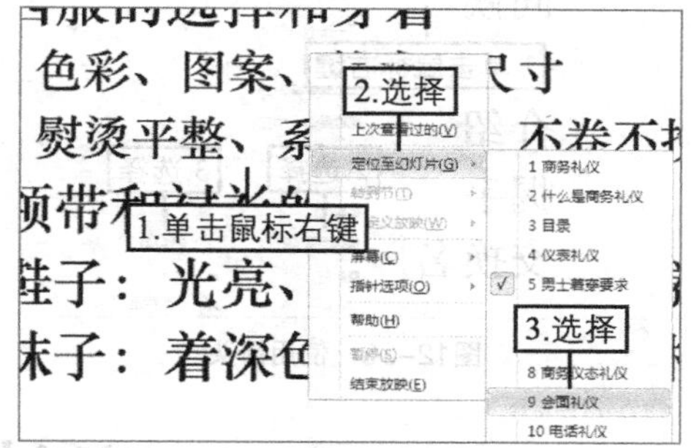

图12-31 快速定位幻灯片

（5）切换到“会面礼仪”幻灯片，单击鼠标显示文本占位符后单击鼠标右键，在打开的快捷菜单中选择“指针选项”命令，在打开的子菜单中选择“笔”命令，如图12-32所示。

（6）拖曳鼠标在“见面程序”文本处添加标记，如图12-33所示。

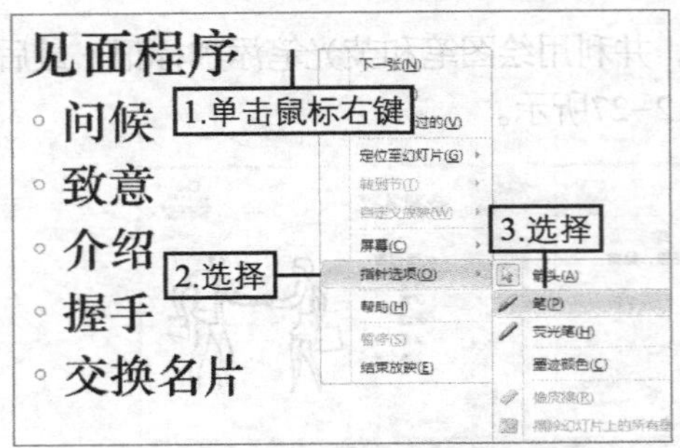

图12-32　使用绘图笔

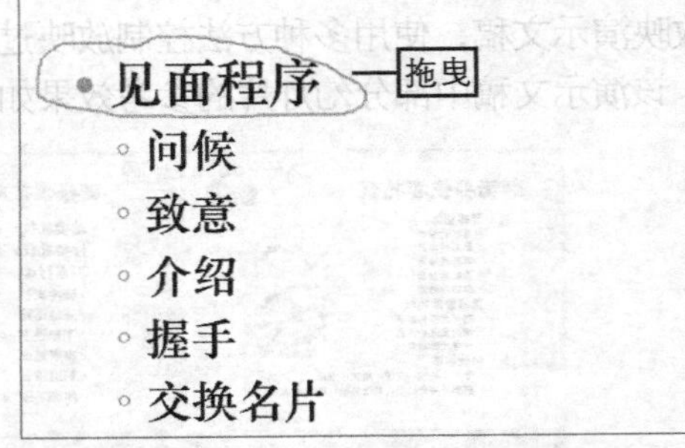

图12-33　添加标记

（7）继续单击鼠标右键，在打开的快捷菜单中选择“指针选项”命令，在打开的子菜单中选择“荧光笔”命令，如图12-34所示。

（8）在“介绍”文本处多次拖曳鼠标添加标记，如图12-35所示。

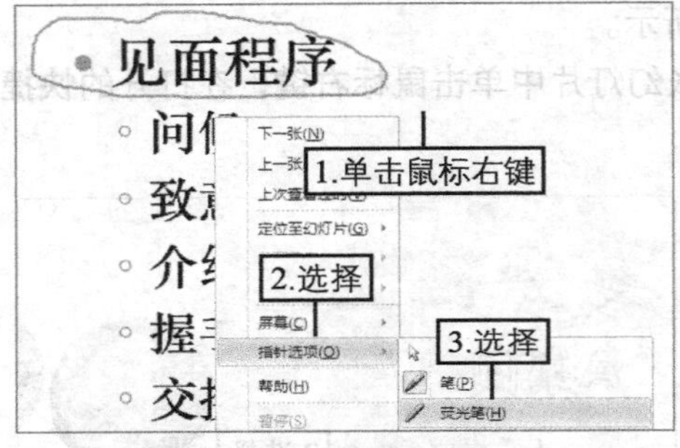

图12-34　使用荧光笔

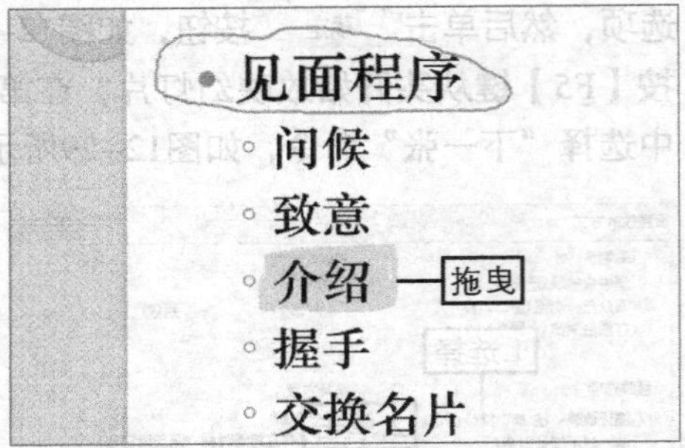

图12-35　添加标记

（9）再次单击鼠标右键，在打开的快捷菜单中选择“指针选项”命令，在打开的子菜单中选择“箭头”命令，如图12-36所示。

（10）单击鼠标切换到“谢谢大家”幻灯片，按【Esc】键打开提示对话框，单击按钮保留墨迹并退出放映状态，如图12-37所示。

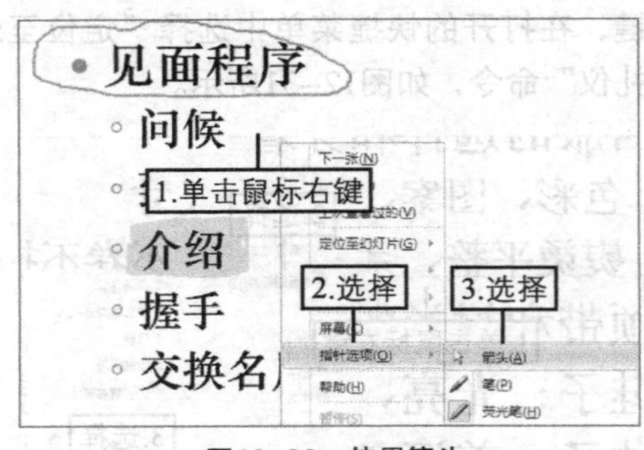

图12-36　使用箭头

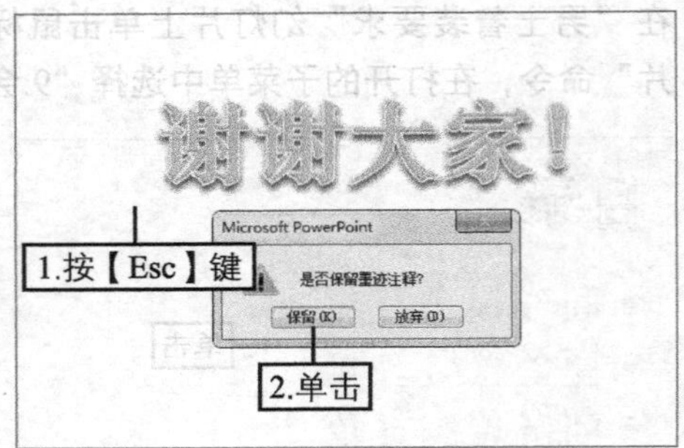

图12-37　保留墨迹

12.3 打印与发送幻灯片

幻灯片制作完成后，可通过计算机进行放映观看，还能根据需要将制作好的幻灯片或其中包含的讲义、备注、大纲打印在纸张上。此外，还可以将幻灯片进行发送、发布、打包等操作，从而使幻灯片的内容更容易进行分享使用。

12.3.1 打印幻灯片

打印幻灯片是指将幻灯片中的内容打印到纸张上，其过程主要包括页面设置、打印设置、打印幻灯片等。

1. 页面设置

对幻灯片页面进行设置主要包括调整幻灯片的大小、设置幻灯片编号起始值、更改打印方向等，使之适合各种类型的纸张。页面设置的方法为：打开需打印的演示文稿，在【设计】→【页面设置】组中单击“页面设置”按钮，打开“页面设置”对话框，如图12-38所示，在其中设置好参数后单击 确定 按钮即可。各参数的作用分别如下。

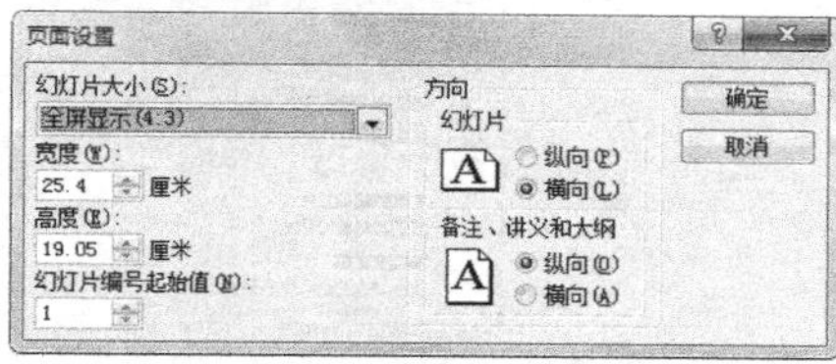

图12-38 页面设置

◎ **“幻灯片大小”下拉列表框**：选择预设的幻灯片大小，具体设置可按实际使用的纸张大小进行选择。

◎ **“宽度”数值框和“高度”数值框**：自行设置幻灯片的大小。

◎ **“幻灯片编号起始值”数值框**：设置幻灯片开始的编号数值，以便打印后根据编号整理纸张。

◎ **“方向”栏**：在“幻灯片”栏中可设置幻灯片的页面方向；在“备注、讲义和大纲”栏中可统一设置备注、讲义、大纲的页面方向。

2. 打印设置与打印幻灯片

打印设置主要是对幻灯片的打印效果进行预览，对打印范围、打印颜色等参数进行设置的操作。单击【文件】→【打印】命令，在当前界面中即可预览、设置、打印幻灯片，如图12-39所示。其中部分参数的作用分别如下。

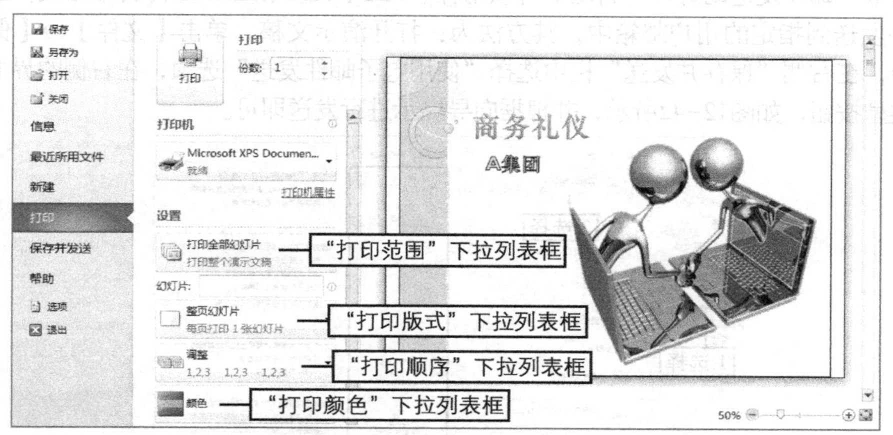

图12-39 预览、设置、打印幻灯片的界面

◎ **“打印”按钮**：当完成打印设置并确认预览效果无误后，可单击此按钮开始打印幻灯片。

◎ **“份数”数值框**：在其中可设置幻灯片的打印份数。

◎ **“打印机”下拉列表框**：在其中可选择需打印的打印机。

◎ **“打印范围”下拉列表框**：设置幻灯片的打印范围，包括全部幻灯片、当前幻灯片、自行指定的幻灯片等。若自定义打印范围，则可在下方的“幻灯片”文本框中输入需要打印的幻灯片编号，如图12-40所示。

◎ **“打印版式”下拉列表框**：在其中可设置幻灯片的打印版式、打印效果等内容，如图12-41所示。

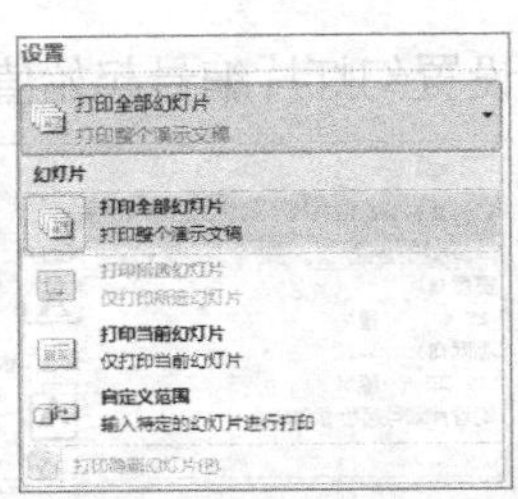

图12-40　打印范围的可选参数

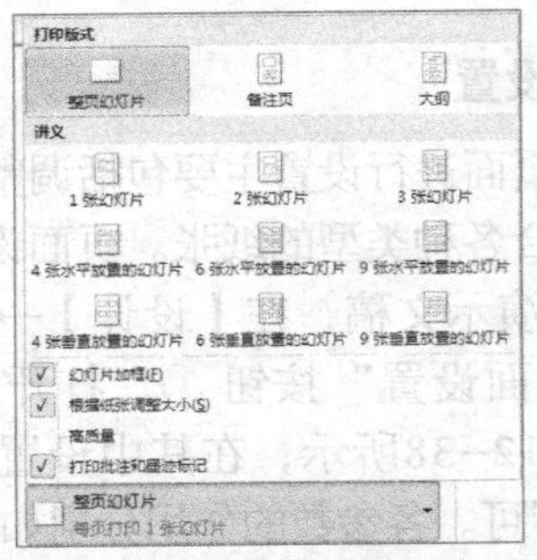

图12-41　打印版式的可选参数

◎ **“打印顺序”下拉列表框**：当打印份数大于一份时，可在该下拉列表框中设置打印顺序，具体作用与Word中的打印设置相同。

◎ **“打印颜色”下拉列表框**：在其中可设置幻灯片的打印颜色，包括颜色、灰度、纯黑白3种选项可供选择。

12.3.2 发送幻灯片

发送幻灯片最常见的操作便是使用电子邮件发送幻灯片和发布幻灯片两种，下面分别介绍实现的方法。

1. 使用电子邮件发送幻灯片

使用电子邮件发送幻灯片可将幻灯片以附件、PDF、XPS、Internet传真等形式，通过电子邮件程序发送到指定的用户邮箱中，其方法为：打开演示文稿，单击【文件】→【保存并发送】命令，在右侧“保存并发送”栏中选择“使用电子邮件发送”选项，在右侧的界面中单击相应的类型按钮，如图12-42所示，并根据向导提示进行发送即可。

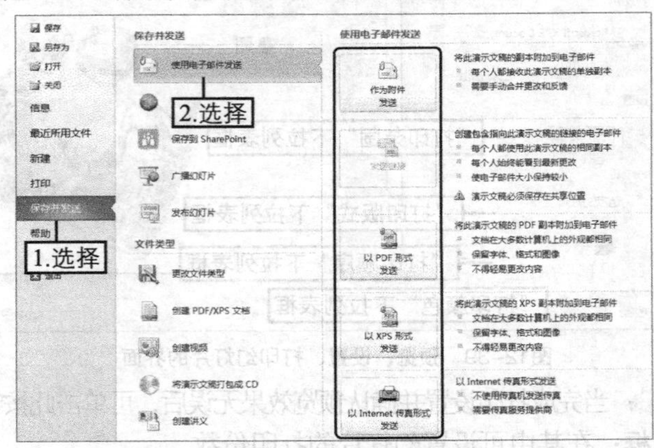

图12-42　将幻灯片以各种类型发送到电子邮箱

2. 发布幻灯片

发布幻灯片可以将演示文稿中指定发布的幻灯片分别生成PowerPoint文件，并保存到指定的位置，以便让他人可以使用幻灯片数据，其具体操作如下。

（1）打开演示文稿，单击【文件】→【保存并发送】命令，然后选择右侧的“发布幻灯片”选项，并单击右侧的“发布幻灯片”按钮。

（2）打开“发布幻灯片”对话框，单击选择需发布的幻灯片对应的复选框，利用 浏览(B)... 按钮指定幻灯片发布的位置，单击 发布(P) 按钮即可，如图12-43所示。

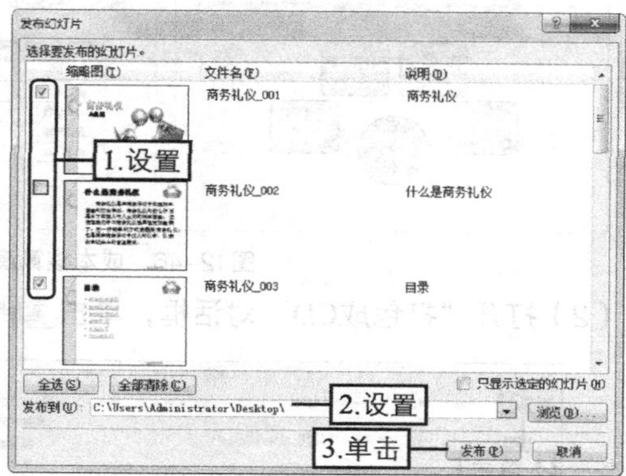

图12-43　发布幻灯片

12.3.3 打包演示文稿

打包演示文稿是指将演示文稿和与之链接的文件复制到指定的文件夹或CD光盘中，但它并不等同于一般的复制操作，复制后的文件夹中还包含PowerPoint Viewer软件，只有应用了该软件，演示文稿才能在其他未安装PowerPoint的计算机中正常放映。打包演示文稿的具体操作如下。

（1）选择【文件】→【保存并发送】命令，然后选择右侧“文件类型”栏中的“将演示文稿打包成CD”选项，并单击右侧的“打包成CD”按钮。

（2）打开“打包成CD”对话框，单击 复制到文件夹(F)... 按钮可将演示文稿打包到指定的文件夹中，单击 复制到CD(C) 按钮则可将演示文稿刻录到CD光盘中，这里单击 复制到文件夹(F)... 按钮，如图12-44所示。

（3）打开“复制到文件夹”对话框，在“文件夹名称”文本框中指定文件夹名称，在“位置”文本框中指定打包位置，单击 确定 按钮即可，如图12-45所示。

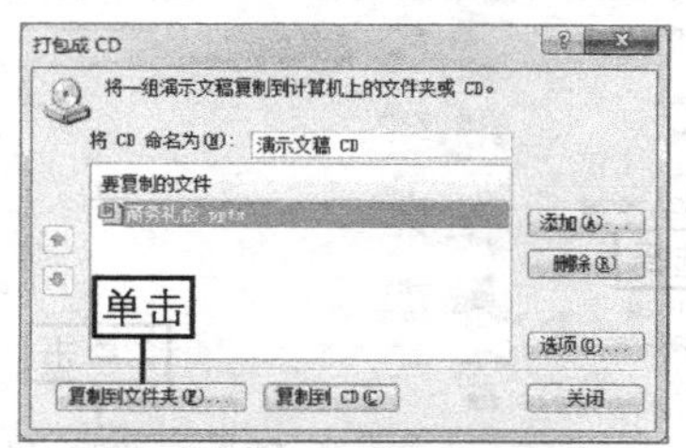

图12-44　复制到文件夹或CD

图12-45　设置打包文件夹名称和位置

12.3.4 课堂案例3——打包并打印成本核算演示文稿

将成本核算演示文稿打包到桌面上的“成本核算演示文稿”文件夹中，然后将其中第2张幻灯片至第4张幻灯片以灰度方式打印3份。幻灯片打印后的参考效果如图12-46所示。

（1）打开素材文件“成本核算.pptx”演示文稿，选择【文件】→【保存并发送】选项，然后选择右侧“文件类型”栏中的“将演示文稿打包成CD”命令，并单击右侧的“打包成CD”按钮，如图12-47所示。

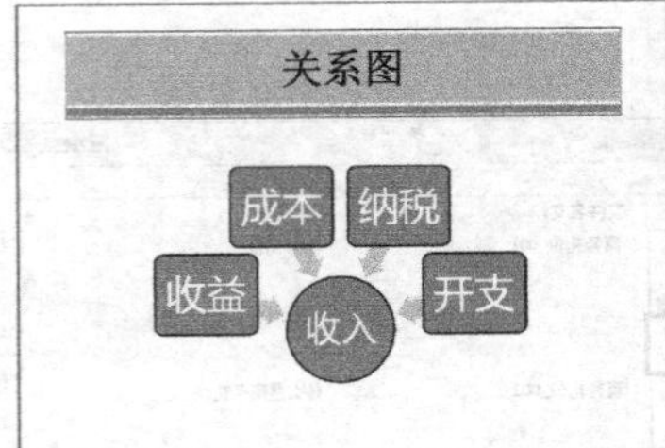

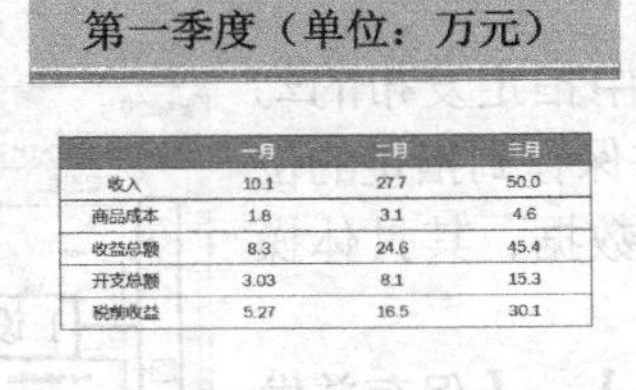

	一月	二月	三月
收入	10.1	27.7	50.0
商品成本	1.8	3.1	4.6
收益总额	8.3	24.6	45.4
开支总额	3.03	8.1	15.3
税前收益	5.27	16.5	30.1

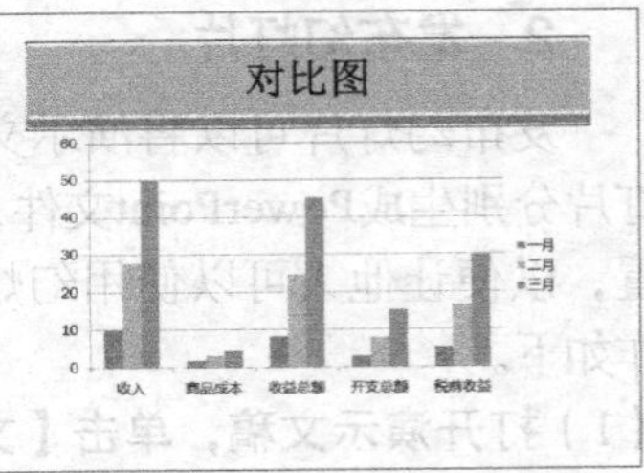

图12-46　成本核算演示文稿中部分幻灯片的打印效果

（2）打开“打包成CD”对话框，单击复制到文件夹(F)...按钮，如图12-48所示。

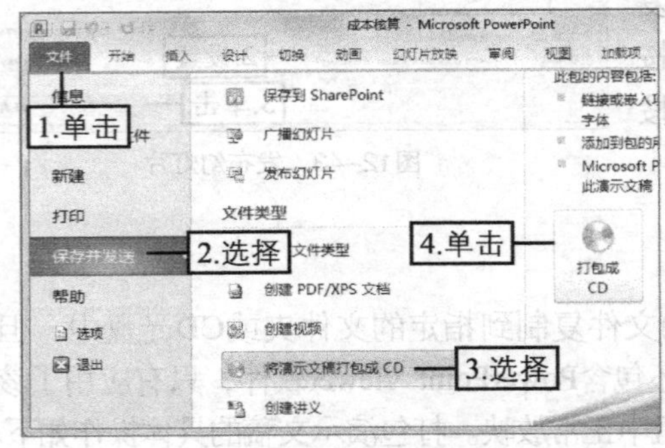

图12-47　打包演示文稿

图12-48　复制到文件夹

（3）打开“复制到文件夹”对话框，在“文件夹名称”文本框中输入“成本核算演示文稿”，单击浏览(B)...按钮，如图12-49所示。

（4）打开“选择位置”对话框，选择左侧列表框中的“桌面”选项，单击选择(E)按钮，如图12-50所示。

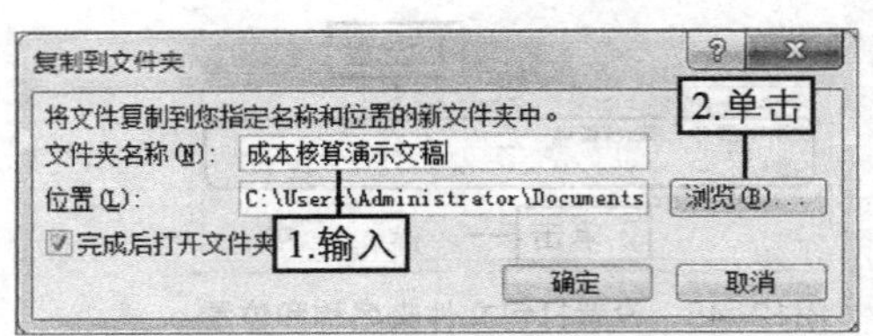

图12-49　设置文件夹名称

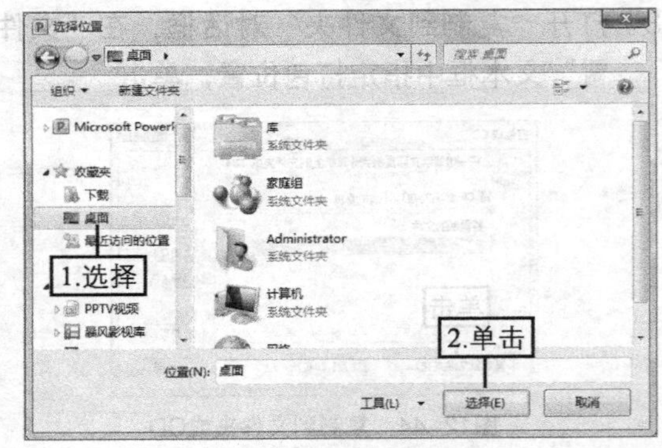

图12-50　指定文件夹位置

（5）返回“复制到文件夹”对话框，单击确定按钮，如图12-51所示。

（6）打开提示对话框，单击是(Y)按钮，如图12-52所示。

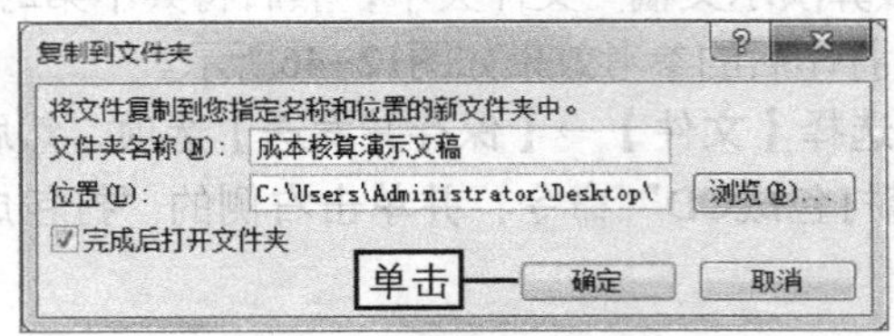

图12-51　确认打包

图12-52　确认打包

（7）返回“打包成CD”对话框，单击 关闭 按钮，如图12-53所示。

（8）选择【文件】→【打印】选项，在“份数”数值框中输入“3”，在“幻灯片”文本框中输入“2-4”，在“打印颜色”下拉列表框中选择“灰度”选项，单击“打印”按钮即可，如图12-54所示。

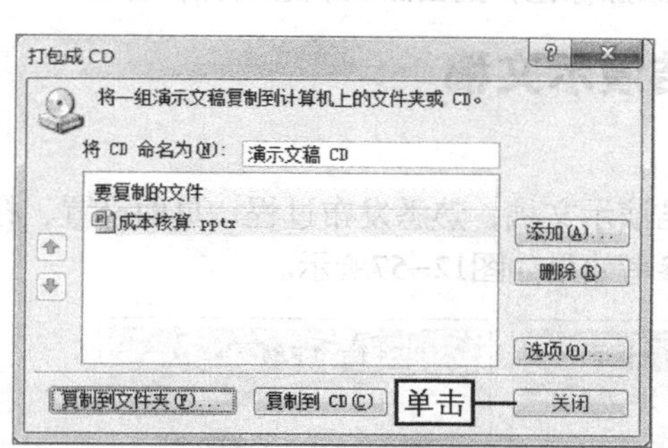

图12-53 完成打包

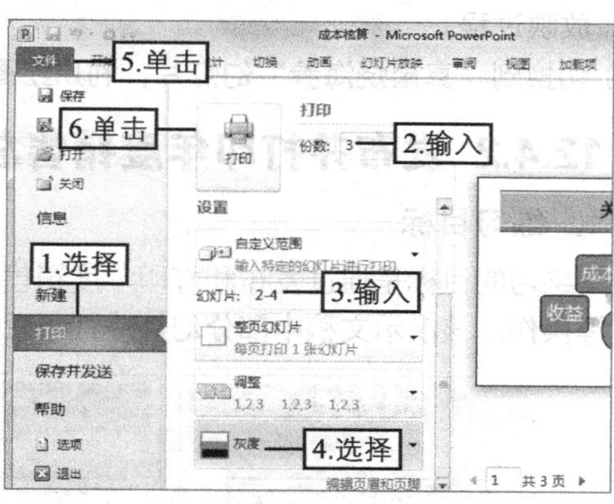

图12-54 打印幻灯片

12.4 课堂练习

本次课堂练习将分别设置并放映美食推介演示文稿和发布并打印年度销售总结演示文稿，通过练习进一步巩固并掌握本章所学的知识点。

12.4.1 设置并放映美食推介演示文稿

1. 练习目标

本练习的目标是通过自定义放映、创建动作按钮等操作来熟练管理并控制放映过程。设置后演示文稿中部分幻灯片的参考效果如图12-55所示。

图12-55 美食推介演示文稿中部分幻灯片的参考效果

2. 操作思路

本练习首先通过自定义放映设置控制放映内容，然后通过创建若干动作按钮来控制放映过程，最后在幻灯片中添加并保留标记。具体操作思路如图12-56所示。

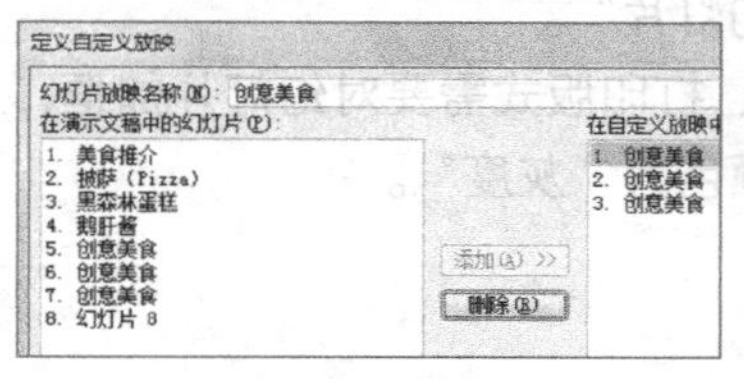

① 自定义放映

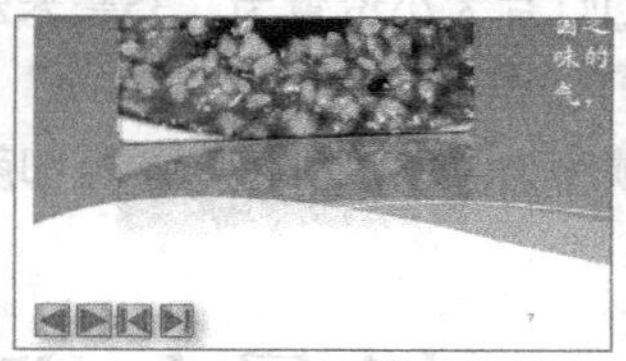

② 创建工作按钮

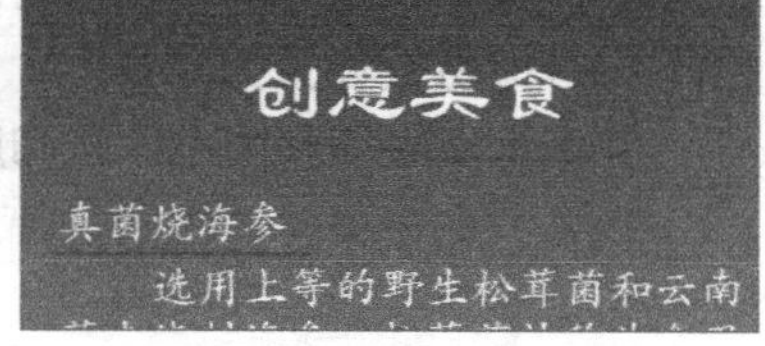

③ 放映并添加标记

图12-56 美食推介演示文稿的操作思路

（1）打开素材文件“美食推介.pptx”演示文稿，创建名称为“创意美食”、内容为“幻灯片5~7”的自定义放映项目。

（2）在幻灯片中创建“上一张”幻灯片、“下一张”幻灯片、“第一张”幻灯片和“最后一张”幻灯片动作按钮，调整大小、位置、样式（细微效果-粉红，强调颜色1），然后复制到每张幻灯片中。

（3）放映演示文稿，利用右键菜单切换到“创意美食”自定义放映项目，利用动作按钮控制放映过程。

（4）切换到“真菌烧海参”幻灯片，利用绘图笔添加标记，退出放映状态，保留标记。

12.4.2 发布并打印年度销售总结演示文稿

1. 练习目标

本练习的目标是通过发布和打印年度销售总结演示文稿，熟悉发布过程、页面设置、打印设置等操作。该演示文稿中部分幻灯片打印后的参考效果如图12-57所示。

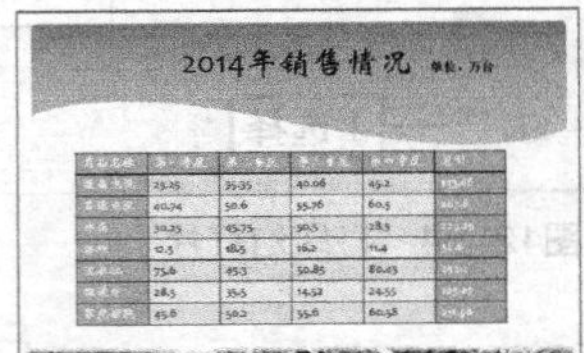

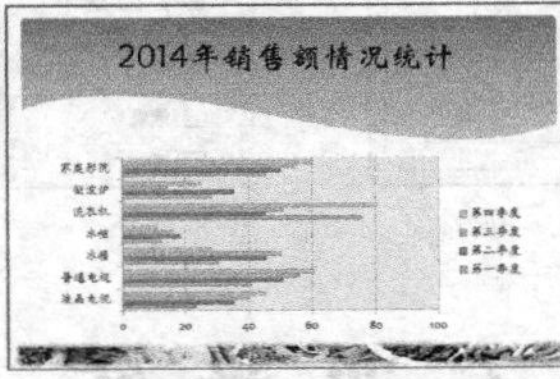

图12-57　年度销售总结演示文稿中部分幻灯片打印后的参考效果

2. 操作思路

本练习首先将幻灯片2～4发布，然后通过页面设置、打印设置等操作完成指定幻灯片的打印。具体操作思路如图12-58所示。

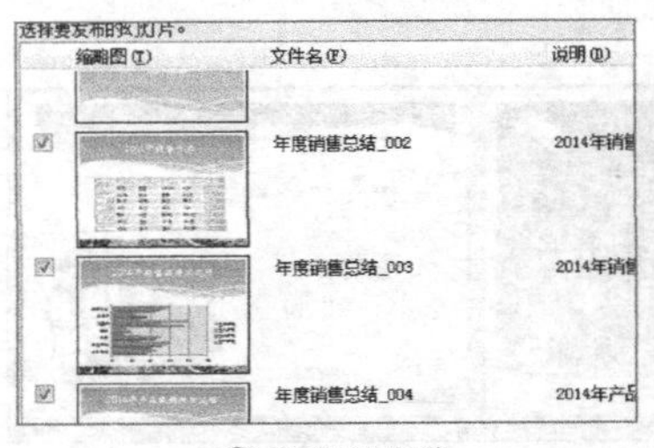

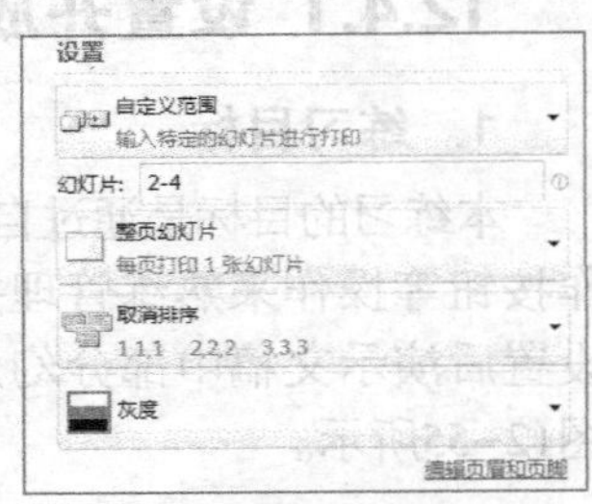

① 发布幻灯片　② 设置幻灯片大小　③ 打印设置

图12-58　年度销售总结演示文稿的操作思路

（1）打开素材文件“年度销售总结.pptx”演示文稿，发布幻灯片2～4至桌面上。

（2）在“页面设置”对话框中将幻灯片大小设置为“35毫米幻灯片”。

（3）将打印份数设置为“10”、打印范围为幻灯片“2～4”、打印版式需要对幻灯片加框，并根据纸张调整大小、打印顺序为“取消排序”、打印颜色为“灰度”。

（4）预览打印效果并打印幻灯片。

12.5 拓展知识

放映幻灯片时，超链接也是一种有效地控制放映过程的工具，单击超链接后，便可跳转到指定的链接目标幻灯片。下面介绍超链接的几种常用操作。

- ◎ **添加超链接**：选择需添加超链接的对象，如标题、文本、图片、图形等，在【插入】→【链接】组中单击“超链接”按钮，或在对象上单击鼠标右键，在打开的快捷菜单【超链接】命令，打开“插入超链接”对话框，选择左侧列表框中的“本文档中的位置”选项，在“请选择文档中的位置”列表框中指定链接的幻灯片，单击 确定 按钮即可，如图12-59所示。

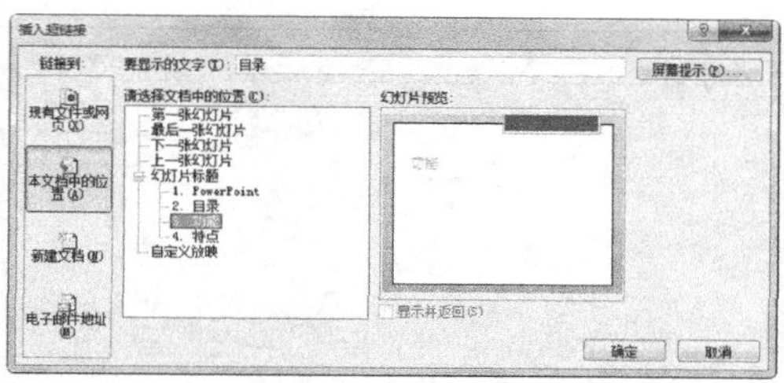

图12-59　指定链接目标

- ◎ **编辑超链接**：在已添加超链接的对象上单击鼠标右键，在打开的快捷菜单中选择“编辑超链接”命令，在打开的对话框中重新指定链接目标即可。
- ◎ **删除超链接**：在已添加超链接的对象上单击鼠标右键，在打开的快捷菜单中选择“取消超链接”命令。

12.6 课后习题

（1）打开素材文件“投标方案.pptx”演示文稿，通过添加超链接和动作按钮来放映演示文稿并控制放映过程。本演示文稿的部分幻灯片参考效果如图12-60所示。

知识提示　在第一张幻灯片后新建“目录”幻灯片，文本内容依次为幻灯片3～6的标题。为相应文本添加对应幻灯片的超链接。通过“设计”选项卡新建主题颜色，将超链接和已访问超链接颜色均设置为“白色”，创建“动作按钮：第一张”按钮对象，将链接的幻灯片指定为“目录”幻灯片，调整大小、位置并应用“细微效果-青绿，强调颜色3”样式，复制到所有幻灯片。

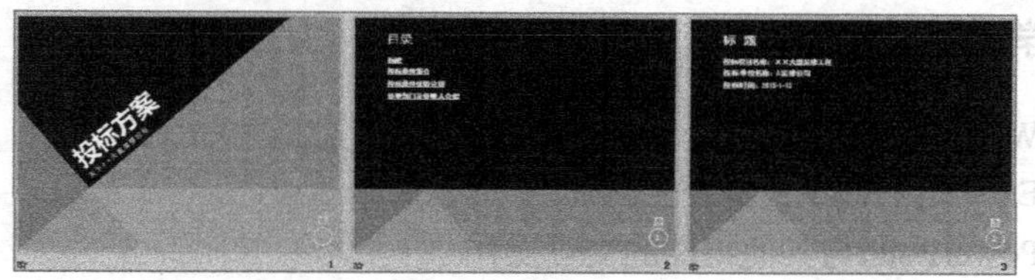

图12-60　投标方案演示文稿中部分幻灯片的参考效果

（2）打开素材文件“公司手册.pptx”演示文稿，通过放映方式的设置和排练计时，自行放映演示文稿内容，完成后将其打包输出。本演示文稿的部分幻灯片参考效果如图12-61所示。

知识提示　设置放映类型为“观众自行浏览”“放映时不加旁白”“如果存在排练时间，则使用它”。为演示文稿进行排练计时，幻灯片1时间为6秒、其余幻灯片时间均为11秒。将演示文稿中的所有幻灯片打包到D盘下的“公司手册演示文稿”文件夹中。

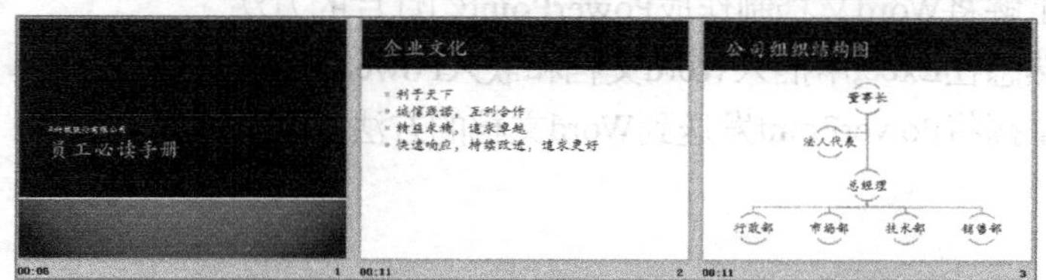

图12-61　公司手册演示文稿中部分幻灯片的参考效果

（3）将上题中的演示文稿打印3份，颜色为“灰度”，采用“幻灯片加框”、“高质量”打印，按“调整”顺序打印所有幻灯片。

第13章 Office组件协同工作

本章将主要讲述Word、Excel、PowerPoint三种Office组件间的交互操作。通过相关知识点的学习和若干案例的操作，可以熟悉并掌握如何在Word中插入Excel图表、表格、PowerPoint幻灯片，在Excel中插入Word文档和PowerPoint幻灯片，以及将PowerPoint幻灯片发送到Word文档等各种操作。

学习要点

- ◎ Word与其他组件的交互操作
- ◎ Excel与其他组件的交互操作
- ◎ PowerPoint与其他组件的交互操作

学习目标

- ◎ 掌握在Word中调用Excel图表和插入Excel表格的方法
- ◎ 熟悉在Word中插入PowerPoint幻灯片的方法
- ◎ 了解将Word文档制作成PowerPoint幻灯片的方法
- ◎ 熟悉在Excel中插入Word文档和嵌入PowerPoint幻灯片的方法
- ◎ 掌握将PowerPoint发送到Word文档的方法

13.1 Word与其他组件的交互操作

在Word中不仅可以通过复制粘贴、嵌入等方式使用Excel表格数据和PowerPoint幻灯片，还能将自身内容快速制作成演示文稿。下面介绍在Word中与Excel和PowerPoint数据进行交互使用的方法。

13.1.1 调用Excel图表

利用Word中的“选择性粘贴”功能可以将Excel中的图表对象嵌入到Word文档中，其具体操作如下。

（1）打开需要使用的Excel工作簿，选择其中的图表，按【Ctrl+C】组合键或使用其他方法将其复制到剪贴板中。

（2）切换到需要使用的Word文档，在【开始】→【剪贴板】组中单击“粘贴”按钮下方的下拉按钮，在打开的下拉列表中选择“选择性粘贴”选项。

（3）打开“选择性粘贴”对话框，在“形式”列表框中选择“Microsoft Excel图表对象”选项，单击 确定 按钮，如图13-1所示。

（4）此时Excel图表将作为一种对象以“嵌入型”的方式插入到Word文档中，如图13-2所示，根据需要可按设置图片的方式调整图表的大小和位置。

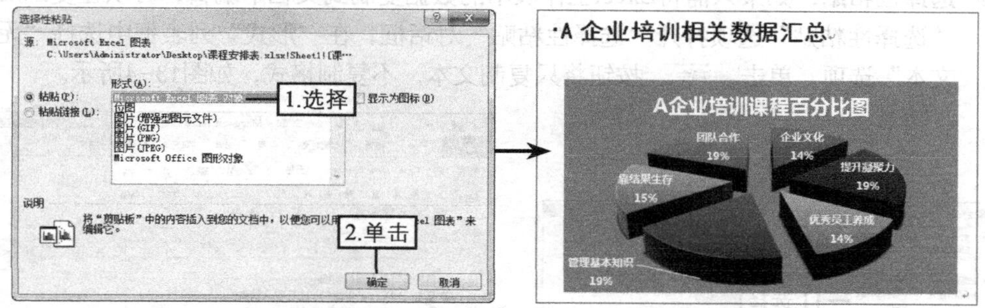

图13-1　选择性粘贴　　　　图13-2　嵌入的Excel图表

操作技巧

嵌入图表后，双击图表可在Word中对图表数据进行编辑，方法与在Excel中编辑图表完全相同。如果在“选择性粘贴”对话框中单击选择“粘贴链接”单选项后再嵌入图表，则双击图表后，会自动切换到Excel中对图表进行编辑，链接的图表会同步更新数据。

13.1.2 插入Excel表格

除Excel图表外，Word也可轻松共享Excel表格数据，这样不仅可以避免重新在文档中制作表格的麻烦，还能凭借Excel强大的表格功能，获取更加准确和详细的数据。

1. 直接插入

直接插入的方式是指将Excel中的表格数据直接复制粘贴到Word文档中，该方式可分为“粘贴”和“选择性粘贴”两种情况。

◎ **粘贴**：在Excel中打开工作簿，选择需要复制的单元格区域，按【Ctrl+C】组合键复制所选数据。切换到Word文档中，按【Ctrl+V】组合键执行粘贴操作，Excel表格即被转换成Word表格的形式粘贴到文档中，如图13-3所示。

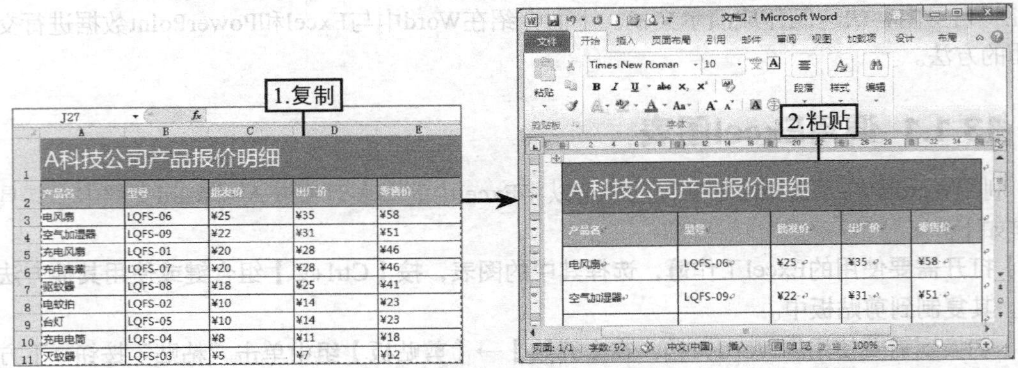

图13-3　在Word中粘贴Excel表格数据

知识提示　Excel表格粘贴到Word文档后，将失去Excel表格特性，而自动转换成Word表格，因此可按在Word中编辑表格的方法对数据进行设置，但不能按Excel表格进行其特有的各种操作处理。

◎ **选择性粘贴**：如果只需将Excel工作表中的数据复制到文档中编辑，可以在复制后利用"选择性粘贴"选项打开"选择性粘贴"对话框，在"形式"列表框中选择"无格式文本"选项，单击 确定 按钮将只复制文本，不复制格式，如图13-4所示。

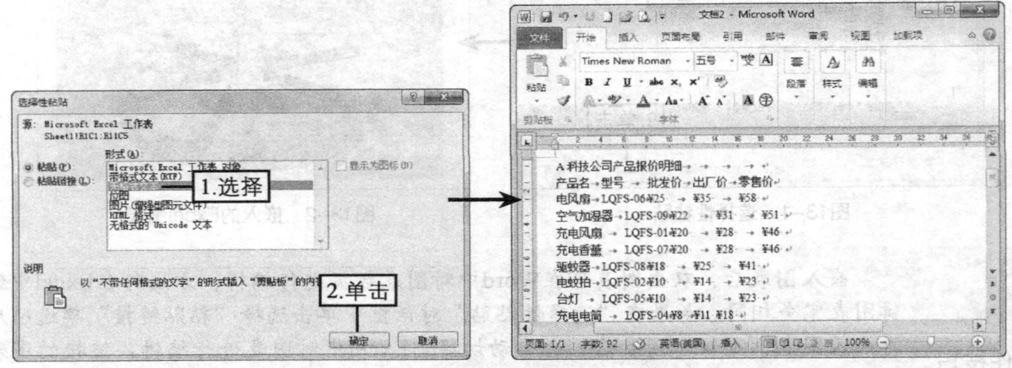

图13-4　在Word中无格式粘贴Excel表格数据

2. 插入超链接

插入超链接的方法是指将整个表格所在的Excel文件以超链接的方式插入到Word文档中，其具体操作如下。

（1）在Word文档中的【插入】→【链接】组中单击"超链接"按钮。

（2）打开"插入超链接"对话框，在"链接到"列表框中选择"现有文件或网页"选项，在"查找范围"下拉列表框中选择Excel文件所在的位置，在下方的列表框中选择需链接的Excel文件，在"要显示的文字"文本框中可设置超链接名称，如"课程安排表"，单击 确定 按钮，如图13-5所示。

（3）此时文档中将显示设置的超链接名称，如图13-6所示，按住【Ctrl】键单击该超链接，即可打开对应的Excel文件进行查看和编辑。

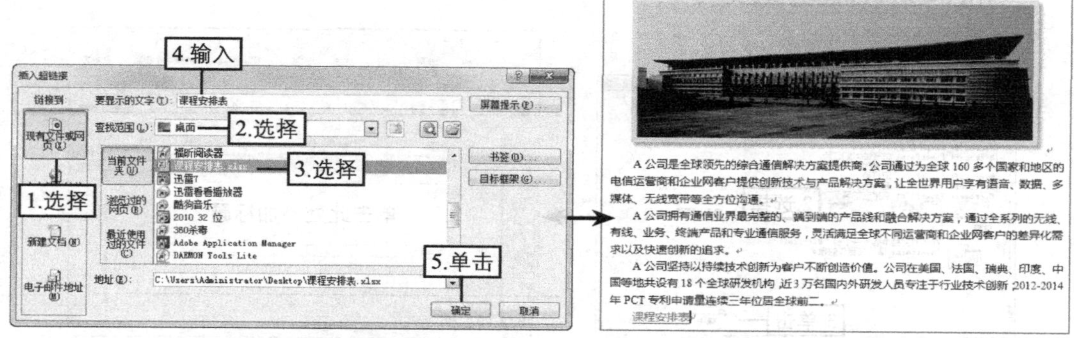

图13-5 指定链接目标　　图13-6 插入的超链接效果

13.1.3 插入PowerPoint幻灯片

在Word文档中插入PowerPoint幻灯片主要有两种方式，一种是插入制作好的PowerPoint幻灯片；另一种是在Word中新建幻灯片，并根据需要进行编辑。这两种方式都可以通过“对象”对话框来实现。

◎ **插入已有幻灯片：** 在Word文档中选择【插入】→【文本】组中单击 对象 按钮。打开“对象”对话框，单击“由文件创建”选项卡，通过 浏览(B)... 按钮选择需插入的幻灯片，单击 确定 按钮即可，如图13-7所示。双击插入到Word中的幻灯片便可放映幻灯片内容。

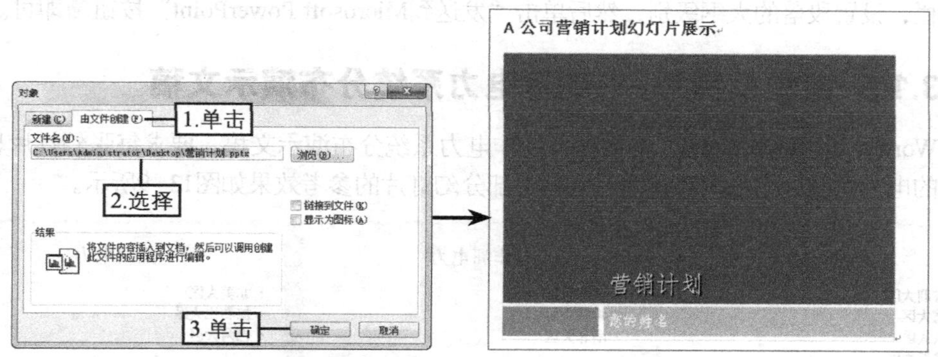

图13-7 插入已有幻灯片的过程

操作技巧

在插入的幻灯片上单击鼠标右键，在打开的快捷菜单中选择“‘演示文稿’对象”选项，在打开的子菜单中选择“编辑”选项，可在Word中编辑演示文稿；选择“打开”选项，则可打开PowerPoint对幻灯片进行编辑。

◎ **新建幻灯片：** 在Word文档中选择【插入】→【文本】组中单击 对象 按钮。打开“对象”对话框，单击“新建”选项卡，在“对象类型”列表框中选择“Microsoft PowerPoint 演示文稿”选项，单击 确定 按钮。此时将在Word文档中将插入空白的演示文稿对象，且Word功能区将变为PowerPoint中的功能区，在其中即可直接编辑幻灯片，如图13-8所示。编辑完成后按【Esc】键或单击幻灯片以外的空白区域即可退出PowerPoint编辑状态。

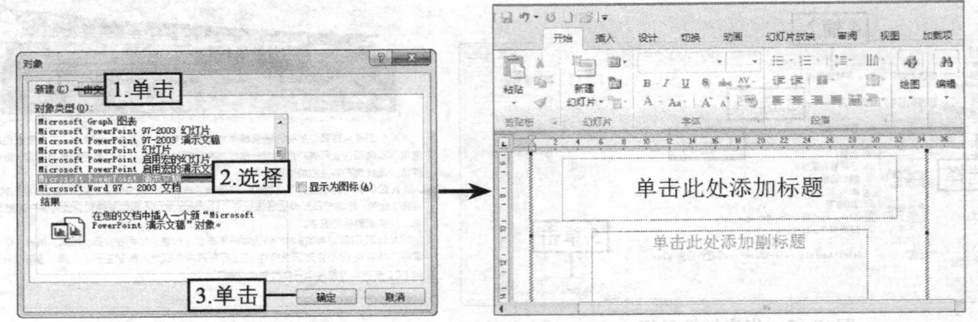

图13-8　新建幻灯片的过程

操作技巧

在“对象”对话框中单击选择“显示为图标”复选框后，插入的对象将以图标的形式显示在文档中。

13.1.4 将Word文档制作成PowerPoint幻灯片

将Word文档制作成PowerPoint幻灯片有一个特定的条件，就是需要先在Word中定义段落的不同大纲级别，这样得到的幻灯片中的标题占位符和正文占位符内容才符合要求。将Word文档制作成PowerPoint幻灯片的方法为：将“发送到Microsoft PowerPoint”按钮添加到快速访问工具栏，设置段落的大纲级别，然后单击“发送到Microsoft PowerPoint”按钮即可。

13.1.5 课堂案例1——创建电力系统分布演示文稿

在Word中利用提供Excel表格数据，制作电力系统分布演示文稿，要求每张幻灯片显示每个大洲的电力系统分布情况。该演示文稿中部分幻灯片的参考效果如图13-9所示。

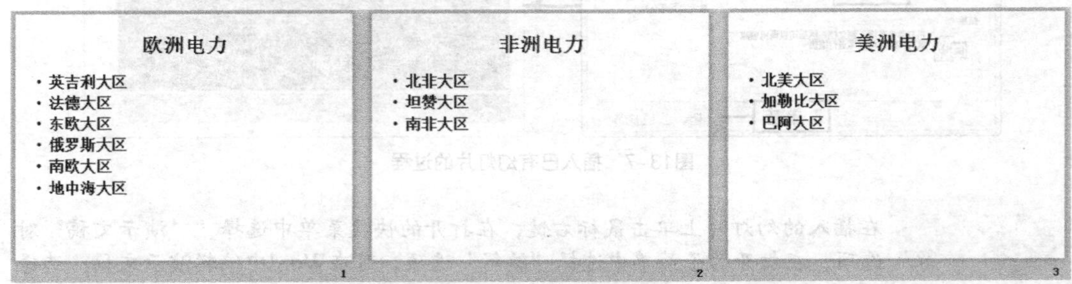

图13-9　电力系统分布演示文稿中部分幻灯片的参考效果

（1）打开素材文件“电力分布表.xlsx”工作簿，拖曳鼠标选择A3:C9单元格区域，在【开始】→【剪贴板】组中单击复制按钮，如图13-10所示。

（2）启动Word 2010，在“开始”选项卡“剪贴板”组中单击“粘贴”按钮下方的下拉按钮，在打开的下拉列表中选择“选择性粘贴”选项，如图13-11所示。

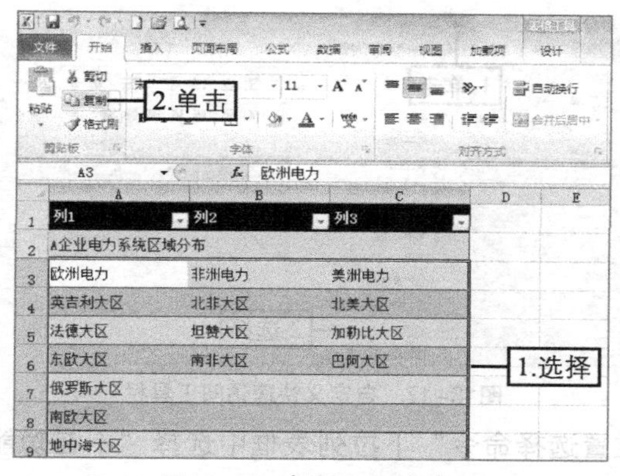

图13-10 复制Excel表格

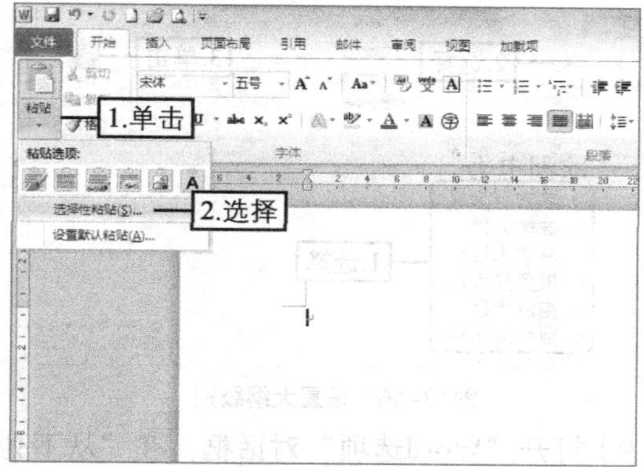

图13-11 选择性粘贴

（3）打开“选择性粘贴”对话框，在“形式”列表框中选择“无格式文本”选项，单击 确定 按钮，如图13-12所示。

（4）此时所选Excel表格数据将以纯文本的形式粘贴到Word文档中，如图13-13所示。

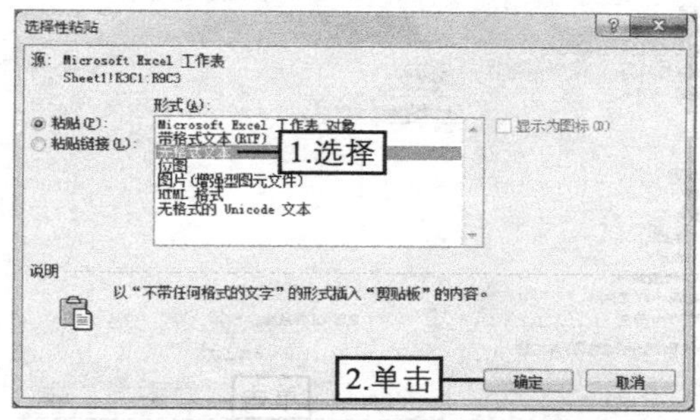

图13-12 以“无格式文本”方式粘贴

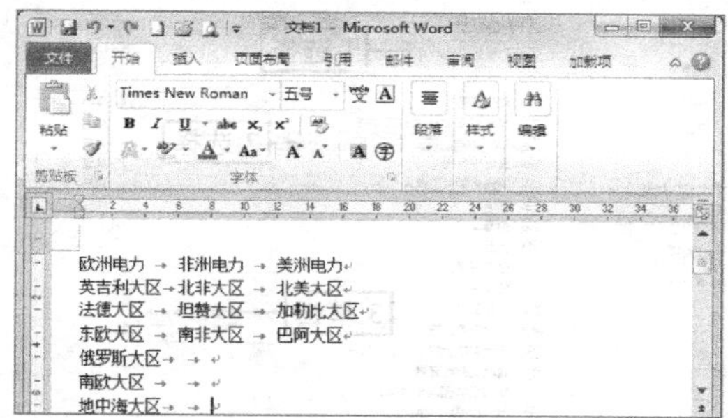
图13-13 粘贴的表格数据效果

（5）利用【Enter】键分段文本，然后拖曳段落调整顺序，效果如图13-14所示。

（6）单击【大纲】→【文档视图】组中的“大纲视图”按钮，将“欧洲电力”“非洲电力”“美洲电力”段落的大纲级别设置为“1级”，如图13-15所示。

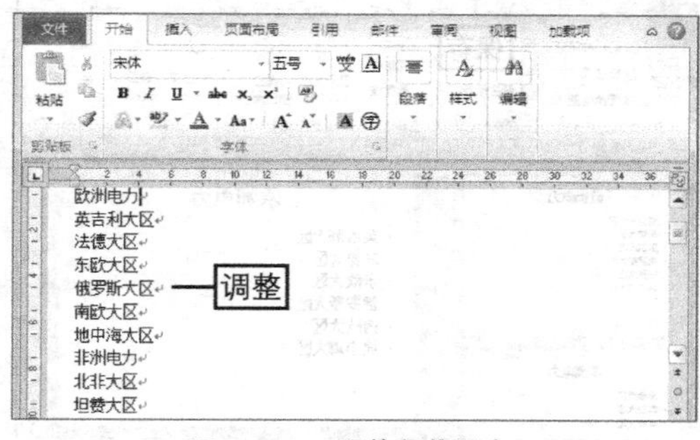

图13-14 调整段落顺序

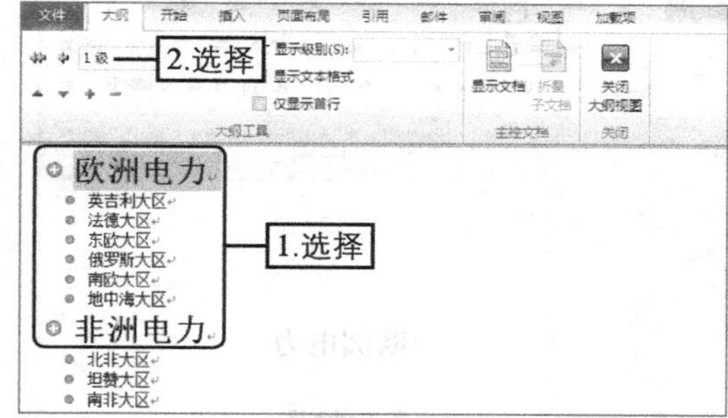

图13-15 设置大纲级别

（7）将各大区段落的大纲级别设置为“2级”，单击“关闭”组中的“关闭大纲视图”按钮退出大纲视图，如图13-16所示。

（8）单击快速访问工具栏中的下拉按钮，在打开的下拉列表中选择“其他命令”选项，如图13-17所示。

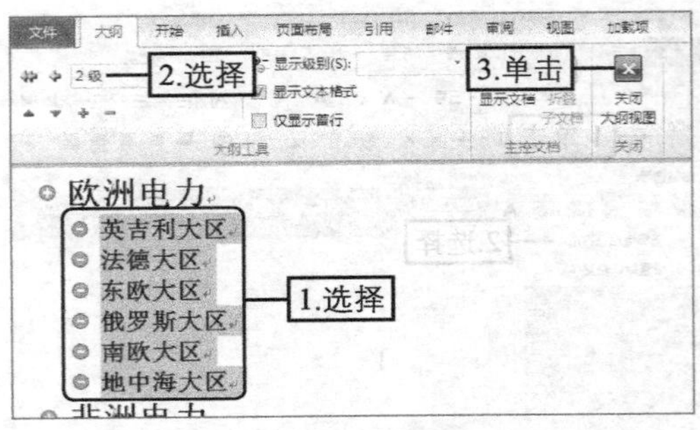

图13-16　设置大纲级别

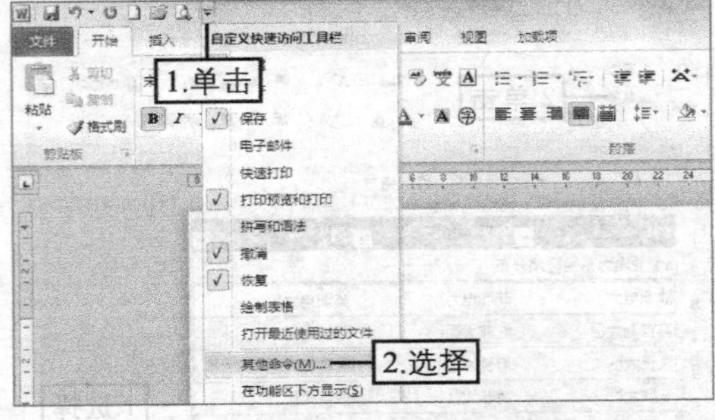

图13-17　自定义快速访问工具栏

（9）打开“Word选项”对话框，在“从下列位置选择命令”下拉列表框中选择“不在功能区中的命令”选项，在下方的列表框中选择“发送到Microsoft PowerPoint”选项，单击 添加(A) >> 按钮，如图13-18所示。

（10）确认将所选按钮添加到右侧的列表框中后，单击 确定 按钮，如图13-19所示。

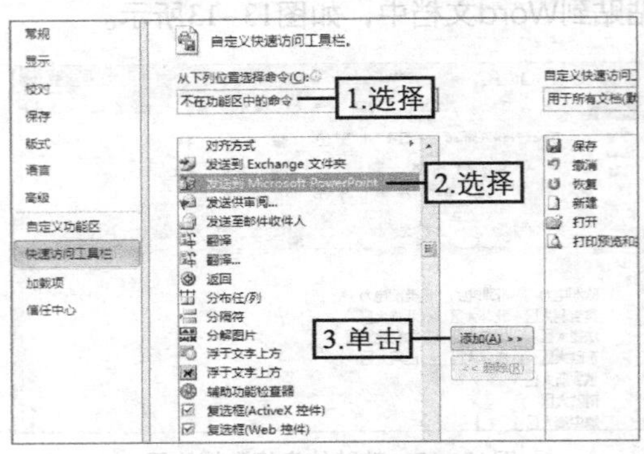

图13-18　添加工具按钮

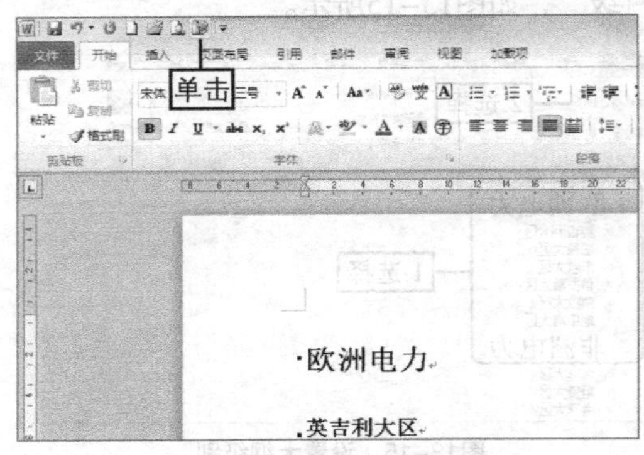

图13-19　确认添加

（11）在快速访问工具栏中单击“发送到Microsoft PowerPoint”按钮，如图13-20所示。

（12）自动创建演示文稿，将其保存为“电力系统分布”即可，如图13-21所示。

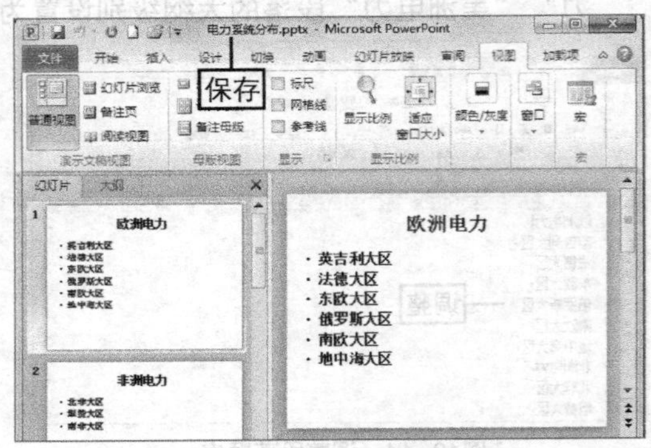

图13-20　发送到PowerPoint

图13-21　保存演示文稿

13.2　Excel与其他组件的交互操作

在Excel中充分使用Word或PowerPoint中的数据，也可提供表格的制作效率，下面介绍在Excel中插入Word文档和嵌入PowerPoint幻灯片的方法。

13.2.1 插入Word文档

在Excel中无论是插入Word文档的普通文本、图形对象，还是表格对象，都可通过复制粘贴的方法快速实现，其具体操作如下。

（1）在Word文档中选择需复制的对象，这里选择表格，按【Ctrl+C】组合键或利用其他方法操作进行复制，如图13-22所示。

（2）打开Excel工作簿，在工作表中选择需粘贴对象所在的起始单元格，按【Ctrl+V】组合键或和用其他方法进行粘贴即可，如图13-23所示。

应聘人员信息汇总表

姓名	性别	出生年月	学历学位	应聘职位	面试成绩	直接录用
陈少华	男	86.03.26	大学专科	文案专员	88	否
田蓉	女	88.06.13	大学本科	行政主管	90	否
喻刚	男	86.03.20	大学专科	行政主管	84	否
汪雪	女	82.09.30	大学专科	总经理助理	85	否
白静	女	86.03.21	大学专科	文案专员	68	是
钱百何	男	83.11.04	大学本科	总经理助理	72	是
杨丽华	女	86.03.24	大学专科	文案专员	88	否
沈圆	女	85.10.29	大学本科	总经理助理	65	是
林杰	男	84.08.25	大学本科	行政主管	85	是
伍林	男	86.03.22	大学本科	行政主管	70	是

图13-22 复制Word表格

	A	B	C	D	E	F	G
1	应聘人员信息汇总表						
2	姓名	性别	出生年月	学历学位	应聘职位	面试成绩	直接录用
3	陈少华	男	86.03.26	大学专科	文案专员	88	否
4	田蓉	女	88.06.13	大学本科	行政主管	90	否
5	喻刚	男	86.03.20	大学专科	行政主管	84	否
6	汪雪	女	82.09.30	大学专科	总经理助理	85	否
7	白静	女	86.03.21	大学专科	文案专员	68	是
8	钱百何	男	83.11.04	大学本科	总经理助理	72	是
9	杨丽华	女	86.03.24	大学专科	文案专员	88	否
10	沈圆	女	85.10.29	大学本科	总经理助理	65	是
11	林杰	男	84.08.25	大学本科	行政主管	85	是
12	伍林	男	86.03.22	大学本科	行政主管	70	是

图13-23 粘贴表格

知识提示

若使用“选择性粘贴”功能，将Word表格以“文本”方式粘贴到Excel中，则数据将丢弃Word中的格式，以纯文本方式插入到Excel的单元格区域中。

13.2.2 嵌入PowerPoint幻灯片

在Excel中可使用“选择性粘贴”功能嵌入PowerPoint幻灯片，其具体操作如下。

（1）打开需使用的PowerPoint演示文稿，在“大纲/幻灯片”窗格中需复制的幻灯片上单击鼠标右键，在打开的快捷菜单中选择“复制”选项，打开Excel工作簿，切换到要嵌入PowerPoint幻灯片的工作表中。

（2）在【开始】→【剪贴板】组中单击“粘贴”按钮下方的下拉按钮，在打开的下拉列表中选择“选择性粘贴”选项，打开“选择性粘贴”对话框，单击选择“粘贴”单选项，在“方式”列表框中选择“Microsoft PowerPoint 幻灯片 对象”选项，单击“确定”按钮，如图13-24所示。

（3）双击嵌入的演示文稿对象或在嵌入的对象上单击鼠标右键，在打开的快捷菜单中选择“幻灯片 对象”选项，在打开的子菜单中选择“编辑”选项，此时Excel窗口中的功能区将变为PowerPoint的功能区，如图13-25所示，以便对幻灯片进行编辑。完成后单击嵌入对象范围之外的任意区域或按【Esc】键即可退出其编辑状态。

知识提示

复制幻灯片后，在“选择性粘贴”对话框的“方式”列表框中选择某种图片类型对应的选项，则可将幻灯片以图片方式插入到Excel中。此时的幻灯片不再具有幻灯片属性，而是图片对象。

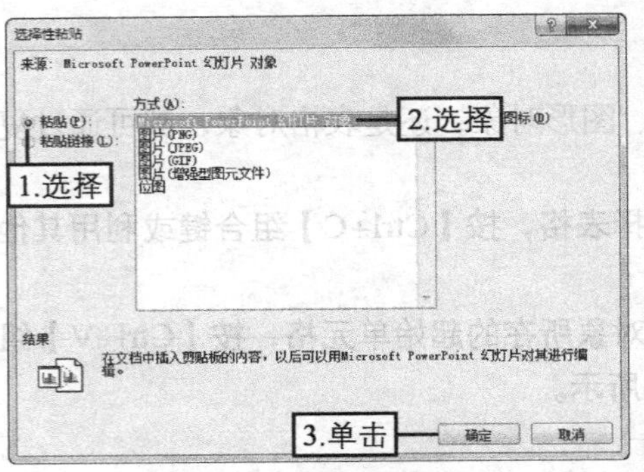

图13-24 选择性粘贴

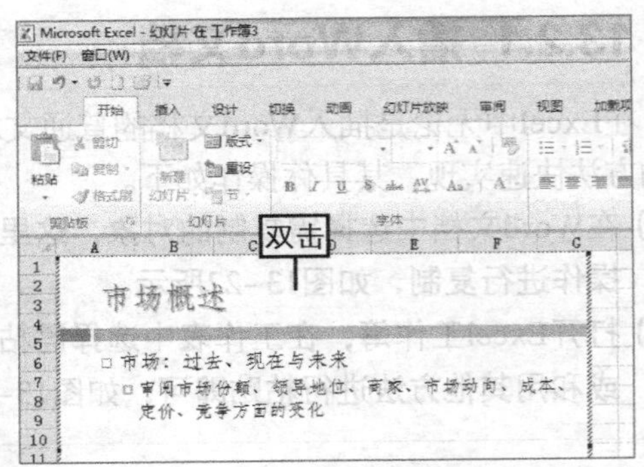

图13-25 在Excel中编辑幻灯片

13.2.3 嵌入对象

嵌入对象是指将Word文档、PowerPoint演示文稿或PowerPoint幻灯片作为对象嵌入到Excel中，其方法为：在Excel表格中选择【插入】→【文本】组中单击"对象"按钮，打开"对象"对话框，执行以下两种操作之一即可嵌入指定的对象。

◎ **新建空白对象**：在"对象"对话框中单击"新建"选项卡，在"对象类型"列表框中选择需嵌入的对象，单击确定按钮，如图13-26所示。

◎ **嵌入已有对象**：在"对象"对话框中单击"由文件创建"选项卡，通过浏览(B)...按钮选择需嵌入的对象，单击确定按钮，如图13-27所示。

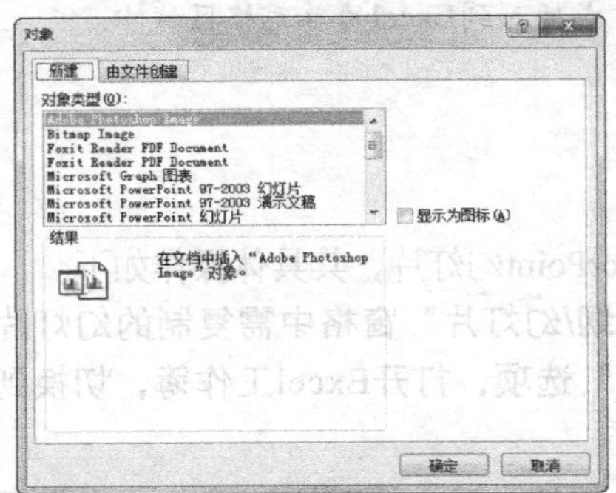
图13-26 手动新建空白对象

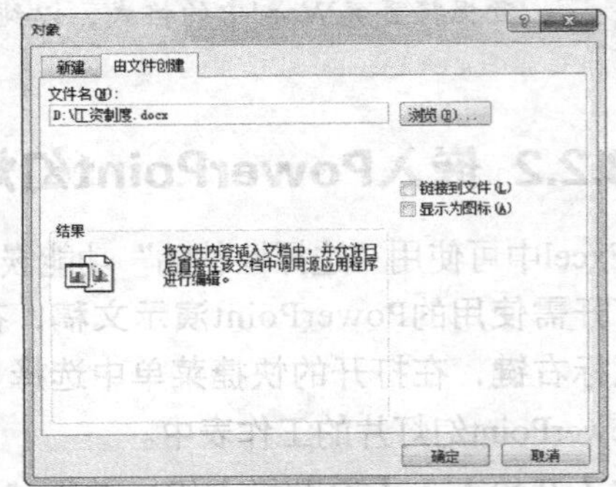
图13-27 直接嵌入已有对象

13.2.4 课堂案例2——创建申领汇总表

本例将在申领汇总表中通过复制Word文档表格和嵌入Word文档对象的方法，完善表格内容。该表格创建前后的参考对比效果如图13-28所示。

（1）打开素材文件"申领汇总表.docx"文档，将鼠标光标移至表格上，单击表格左上角出现的"全选"按钮，然后按【Ctrl+C】组合键复制表格，如图13-29所示。

（2）打开素材文件"申领汇总表.xlsx"工作簿，选择A3单元格，单击【开始】→【剪贴板】组中的"粘贴"按钮，如图13-30所示。

（3）按住【Ctrl】键，依次单击第3行、第4行、第5行、第18行行号，拖曳任意选择的换行，适当增加行高，如图13-31所示。

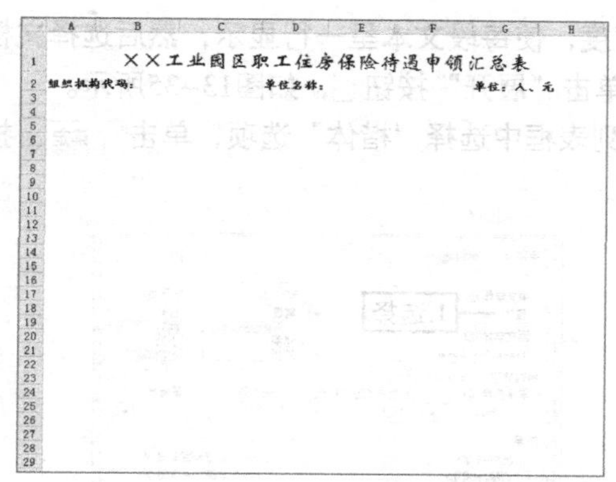

图13-28　申领汇总表创建前后的对比效果

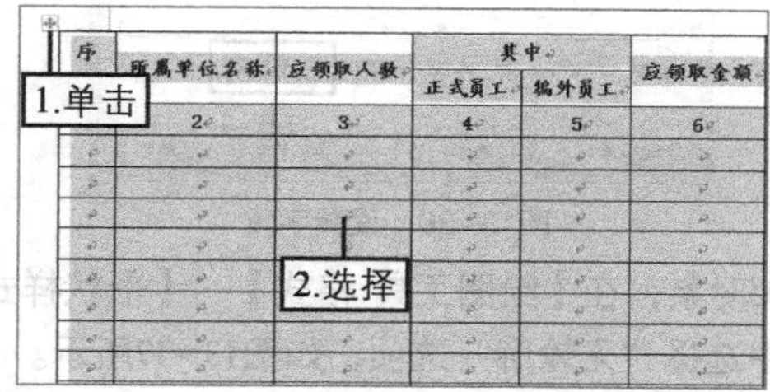

图13-29　复制Word表格

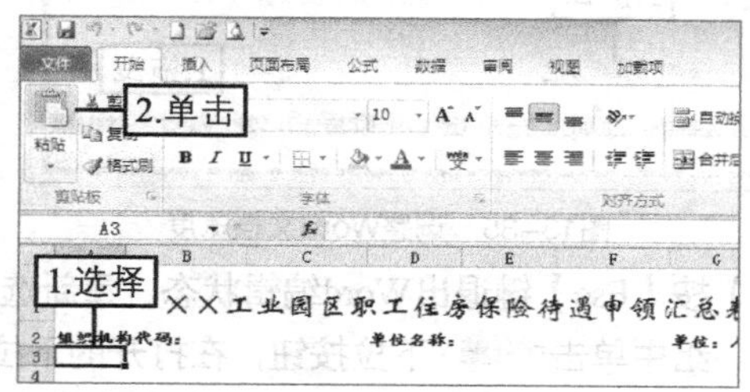

图13-30　粘贴表格

（4）选择A19单元格，在【插入】→【文本】组中单击“对象”按钮，如图13-32所示。

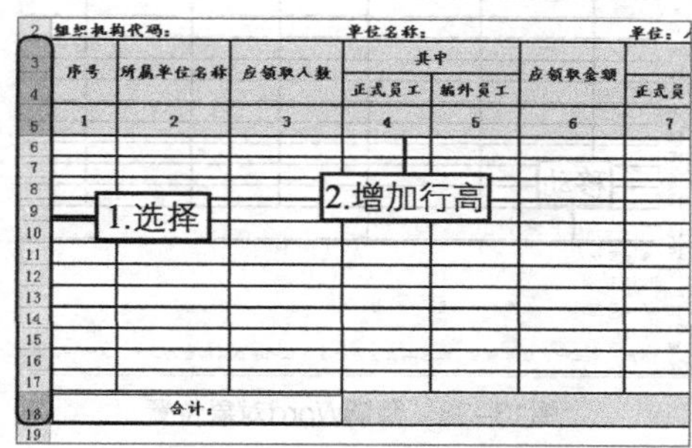

图13-31　调整行高

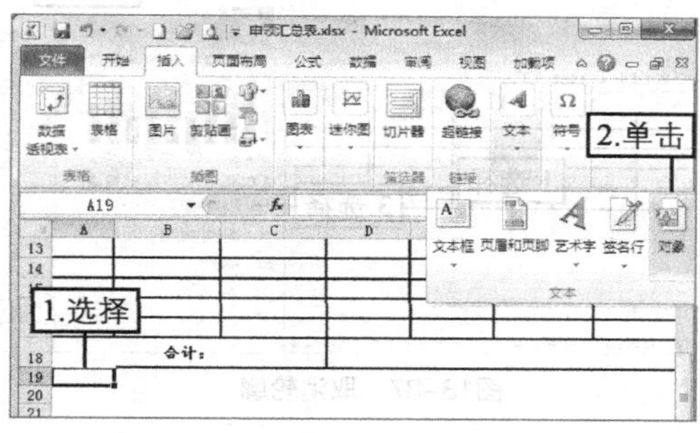

图13-32　插入对象

（5）打开“对象”对话框，单击“新建”选项卡，在“对象类型”列表框中选择“Microsoft Word 文档”选项，单击 确定 按钮，如图13-33所示。

（6）在创建的文档对象中输入所需的文本内容，如图13-34所示。

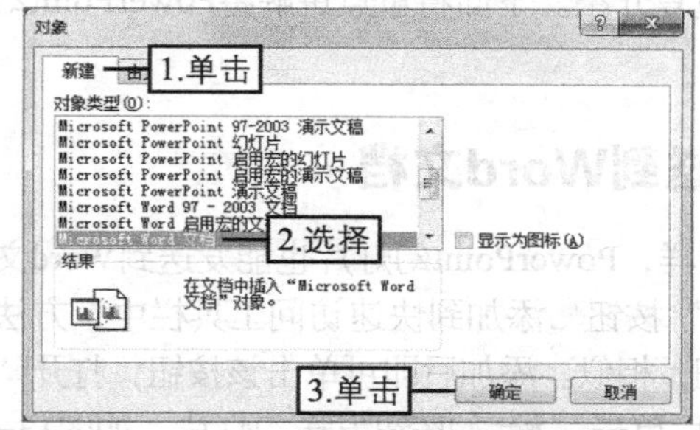

图13-33　新建空白Word文档

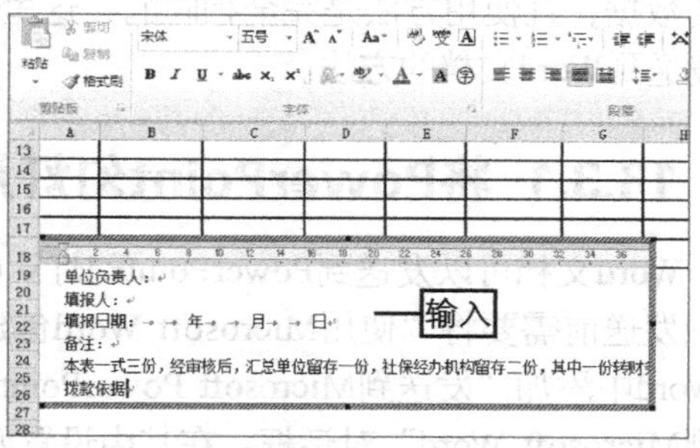

图13-34　输入内容

（7）拖动Word对象右边框中间的控制点，增加宽度，使每段文本呈一行显示，然后选择文档中的所有文本，在【开始】→【字体】组中单击"展开"按钮，如图13-35所示。

（8）打开"字体"对话框，在"中文字体"下拉列表框中选择"楷体"选项，单击确定按钮，如图13-36所示。

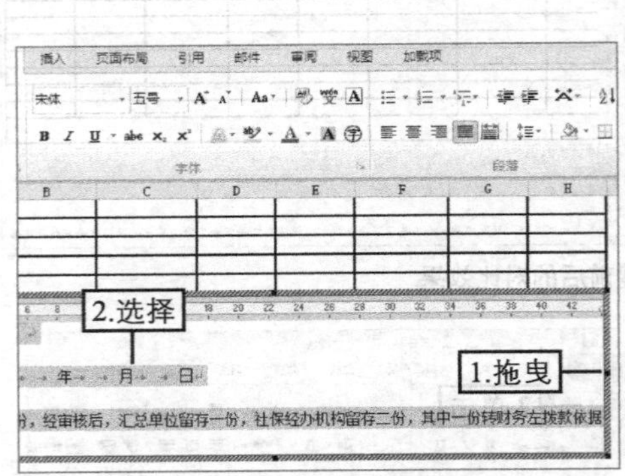

图13-35 调整Word文档宽度

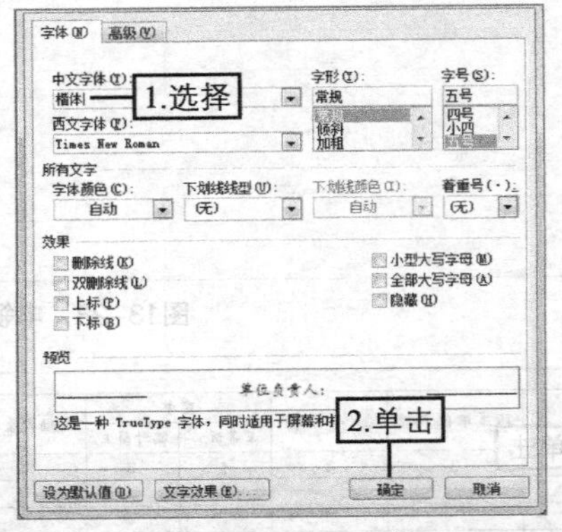

图13-36 设置字体

（9）按【Esc】键退出Word编辑状态，重新选择Word对象，在【绘图工具 格式】→【形状样式】组中单击形状轮廓下拉按钮，在打开的下拉列表中选择"无轮廓"选项，如图13-37所示。

（10）利用方向键适当将Word对象向右和向下移动，保存表格即可，如图13-38所示。

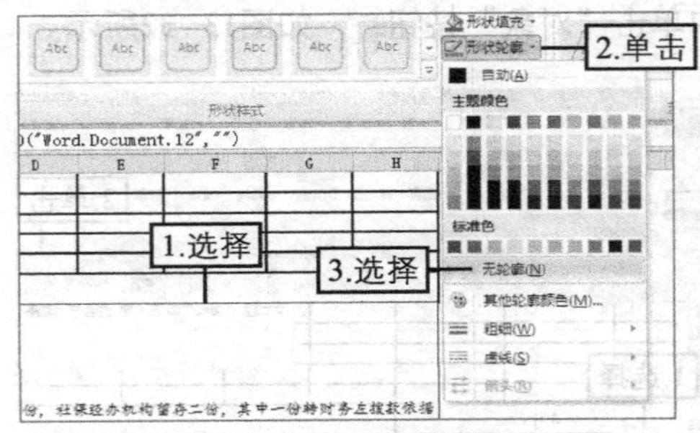

图13-37 取消轮廓

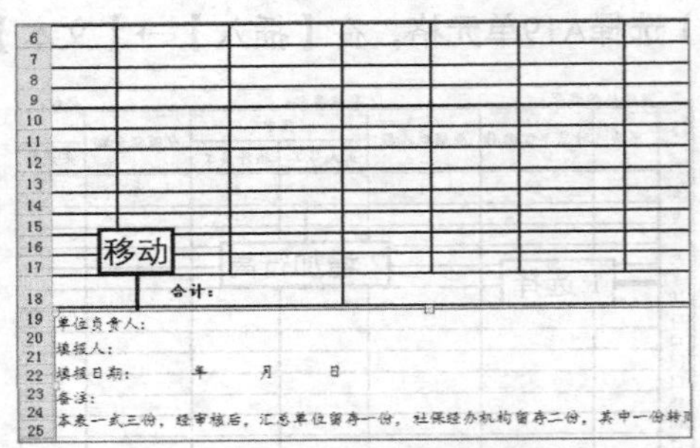

图13-38 微调Word对象位置

13.3 PowerPoint与其他组件的交互操作

在PowerPoint中也可通过复制粘贴的方法或使用"对象"对话框的方法使用Word或Excel中的数据，且使用方法是完全相同的，这里不再重复介绍。下面将重点讲解将PowerPoint幻灯片发送到Word文档的方法。

13.3.1 将PowerPoint幻灯片发送到Word文档

Word文档可以发送到PowerPoint幻灯片中，同样，PowerPoint幻灯片也能发送到Word文档中，发送前需要将"使用Microsoft Word创建讲义"按钮添加到快速访问工具栏中，方法与在Word中添加"发送到Microsoft PowerPoint"按钮相似。添加后即可单击该按钮，打开"发送到Microsoft Word"对话框，在其中设置好版式后单击确定按钮发送幻灯片，如图13-39

所示。其中各版式对应的单选项的作用分别如下。

◎ **“备注在幻灯片旁”单选项**：单击选中该单选按钮，幻灯片发送到Word文档中后，将显示为“左图右备注”的版式，如图13-40所示。

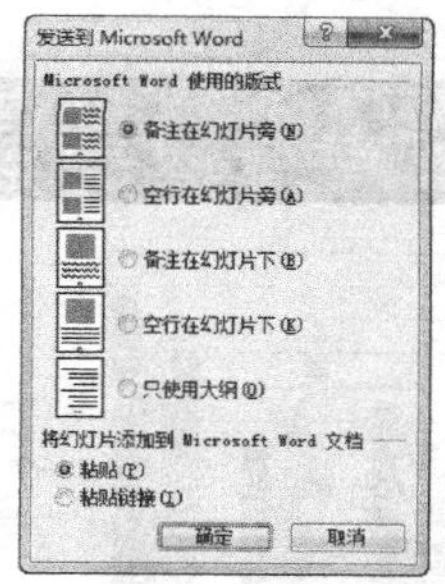

图13-39 设置发送版式

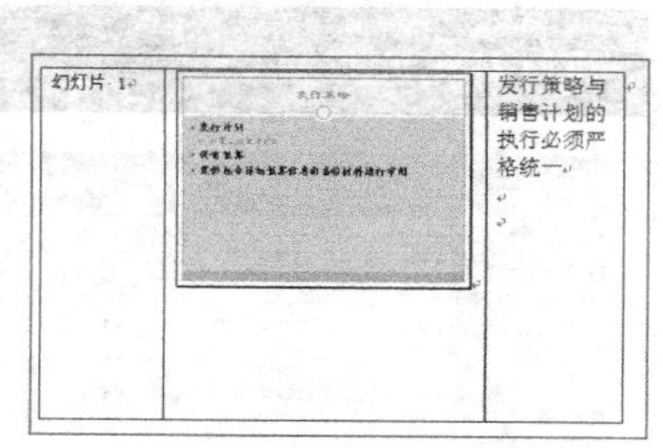

图13-40 左图右备注

◎ **“空行在幻灯片旁”单选项**：单击选中该单选按钮，幻灯片发送到Word文档中后，将显示为“左图右文”的版式，如图13-41所示。

◎ **“备注在幻灯片下”单选项**：单击选中该单选按钮，幻灯片发送到Word文档中后，将显示为“上图下备注”的版式，如图13-42所示。

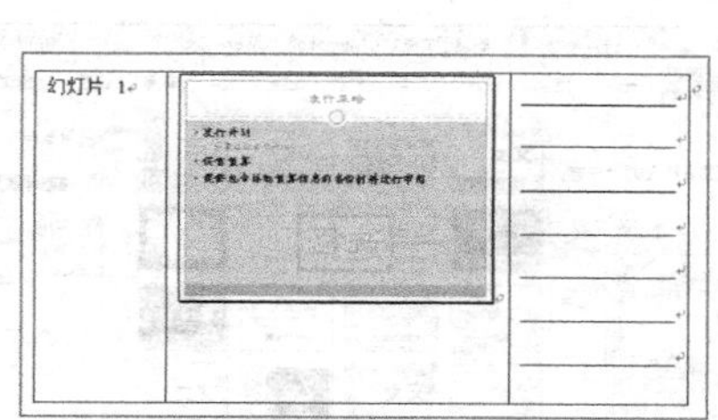

图13-41 左图右文

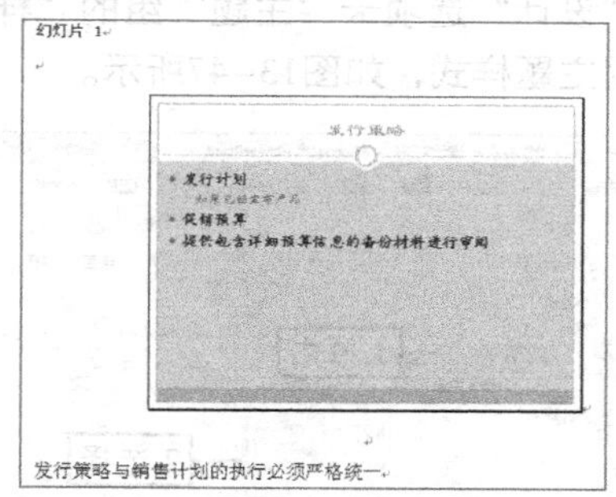

图13-42 上图下备注

◎ **“空行在幻灯片下”单选项**：单击选中该单选按钮，幻灯片发送到Word文档中后，将显示为“上图下文”的版式，如图13-43所示。

◎ **“只使用大纲”单选项**：单击选中该单选按钮，幻灯片发送到Word文档中后，将只显示该幻灯片的文本大纲，如图13-44所示。

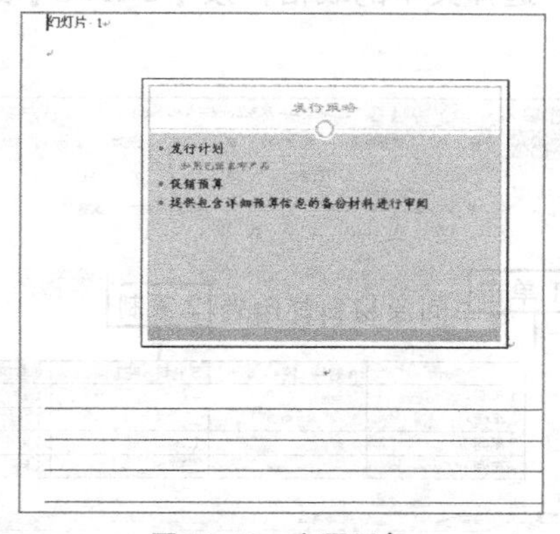

图13-43 上图下文

- 发行策略
- 发行计划
  - 如果已经宣布产品
- 促销预算
- 提供包含详细预算信息的备份材料进行审阅

图13-44 文本大纲

13.3.2 课堂案例3——创建原材料耗用演示文稿

创建原材料耗用演示文稿，利用Word文档中的表格数据创建相关的表格和图表幻灯片。该演示文稿创建后的参考效果如图13-45所示。

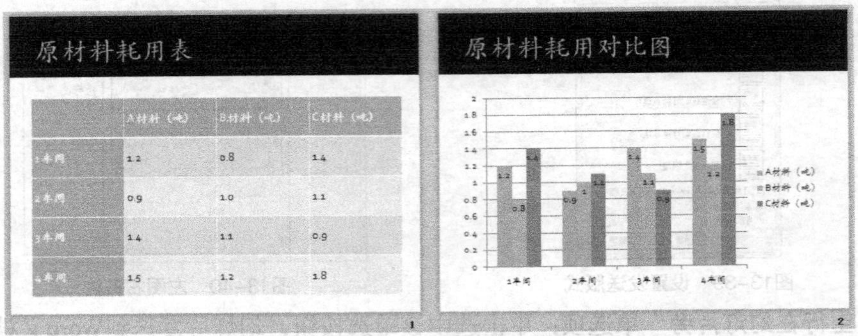

图13-45　原材料耗用演示文稿创建后的效果

（1）启动PowerPoint 2010，在【开始】→【幻灯片】组中单击 版式 下拉按钮，在打开的下拉列表中选择“标题和内容”选项，如图13-46所示。

（2）在“设计”选项卡“主题”组的“样式”下拉列表框中选择“模块”选项，为演示文稿应用主题样式，如图13-47所示。

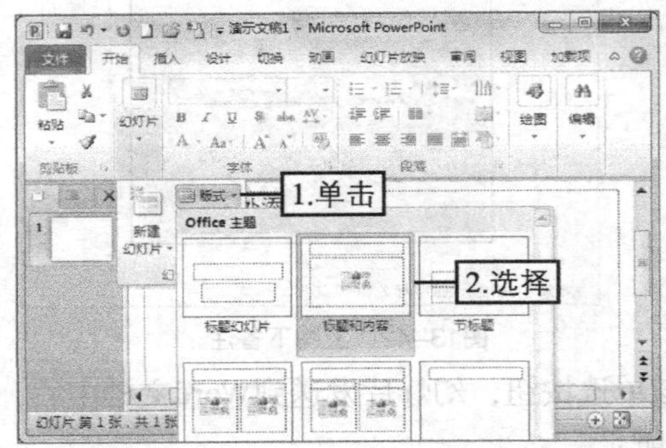

图13-46　设置版式

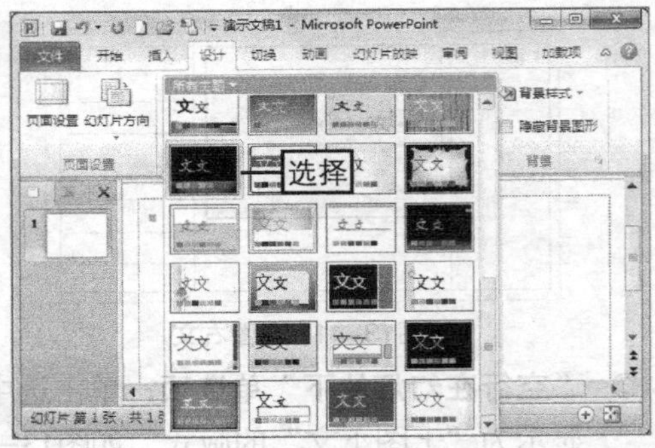

图13-47　应用主题

（3）在幻灯片1的标题占位符中输入“原材料耗用表”，如图13-48所示。

（4）打开素材文件“原材料耗用表.docx”文档，选择其中的表格，按【Ctrl+C】组合键复制，如图13-49所示。

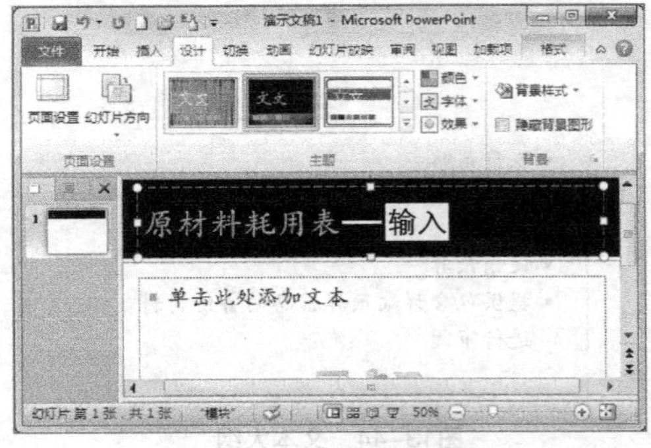

图13-48　输入标题

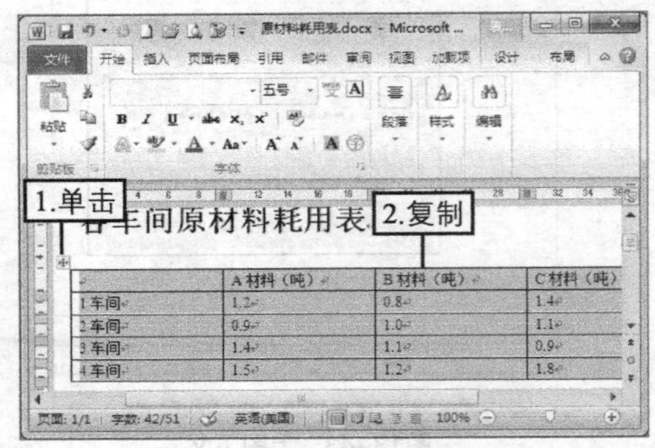

图13-49　复制表格

（5）切换到PowerPoint 2010，将文本插入点定位到文本占位符中，按【Ctrl+V】组合键粘贴表格数据，然后将表格的尺寸放大，如图13-50所示。

（6）选择表格对象，在【表格工具 布局】→【对齐方式】组中单击“垂直居中”按钮，如图13-51所示。

图13-50 粘贴表格

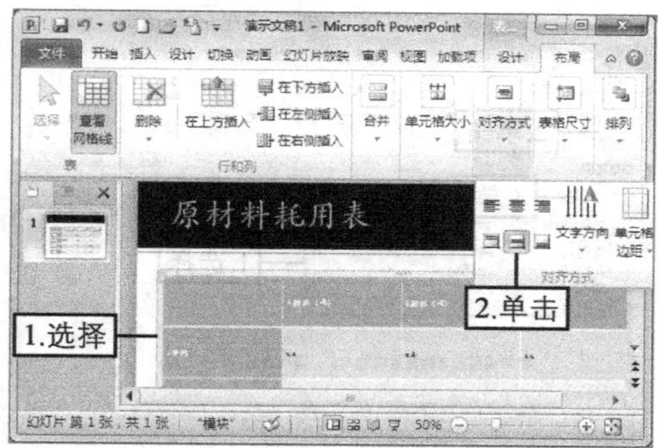

图13-51 设置对齐方式

（7）保持表格的选择状态，在【开始】→【字体】组的“字号”下拉列表框中选择“20”选项，如图13-52所示。

（8）在“幻灯片”窗格中选择幻灯片1缩略图，按【Enter】键新建幻灯片，在标题占位符中输入“原材料耗用对比图”，然后单击项目占位符中的“插入图表”按钮，如图13-53所示。

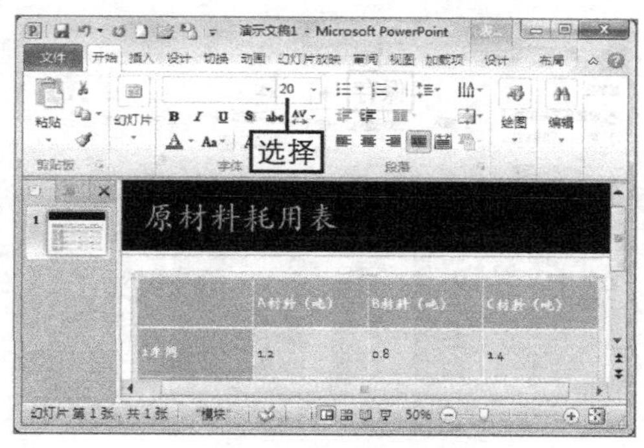

图13-52 设置字号

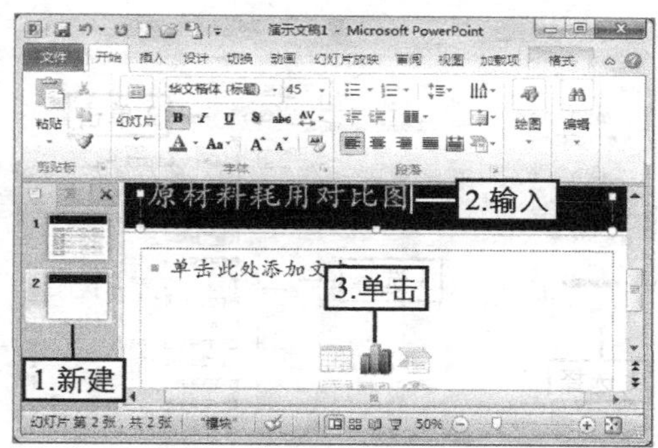

图13-53 新建幻灯片

（9）打开“插入图表”对话框，在左侧列表框中选择“柱形图”选项，在右侧的“柱形图”栏中选择“簇状柱形图”选项，单击 确定 按钮，如图13-54所示。

（10）切换到幻灯片1，选择表格中的所有数据，按【Ctrl+C】组合键复制，如图13-55所示。

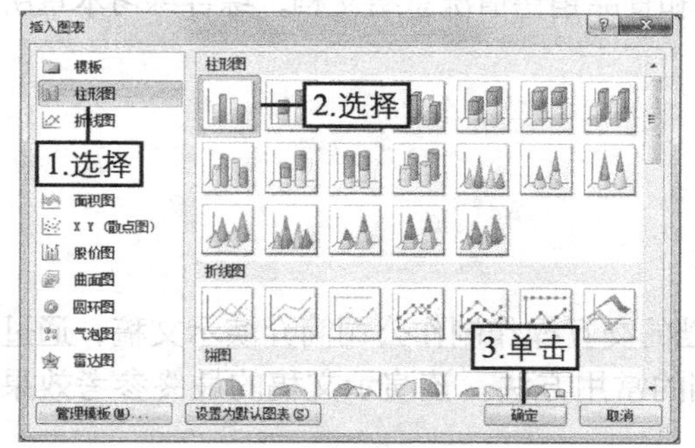

图13-54 选择图表类型

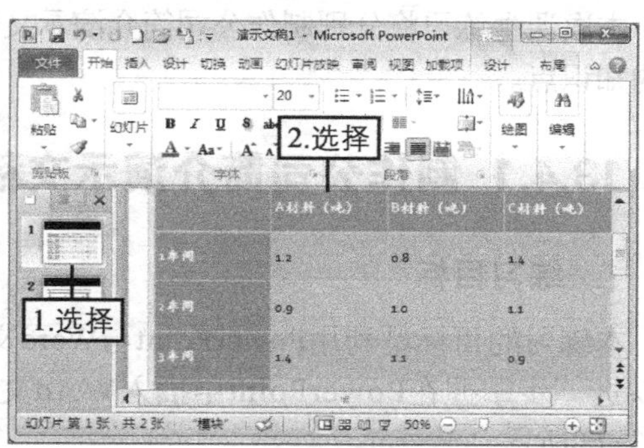

图13-55 复制表格数据

（11）切换到自动打开的Excel 2010中，选择A1:D5单元格区域，选择【开始→【剪贴板】组中"粘贴"按钮下方的下拉按钮，在打开的下拉列表中单击"匹配目标格式"按钮，如图13-56所示。

（12）确认表格数据无误后，关闭Excel 2010，如图13-57所示。

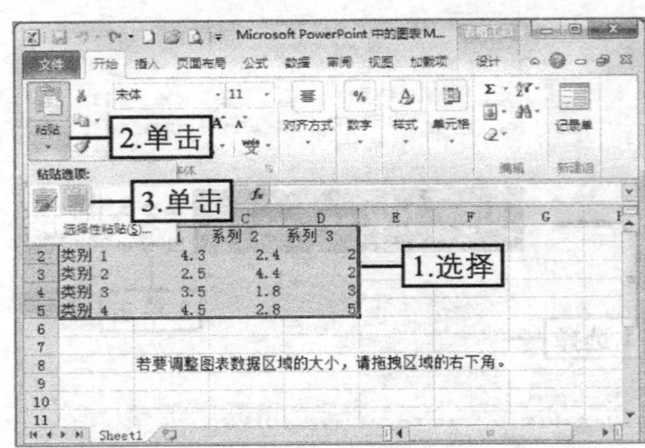

图13-56　粘贴数据

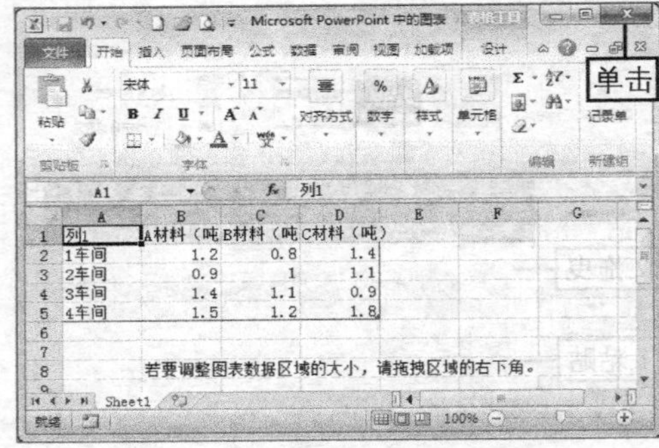

图13-57　关闭Excel

（13）在PowerPoint 2010中切换到幻灯片2，选择其中的图表对象，在【图表工具 布局】→【标签】组中单击"数据标签"按钮，在打开的下拉列表中选择"数据标签内"选项，如图13-58所示。

（14）将演示文稿以"原材料耗用"为名进行保存，完成操作，如图13-59所示。

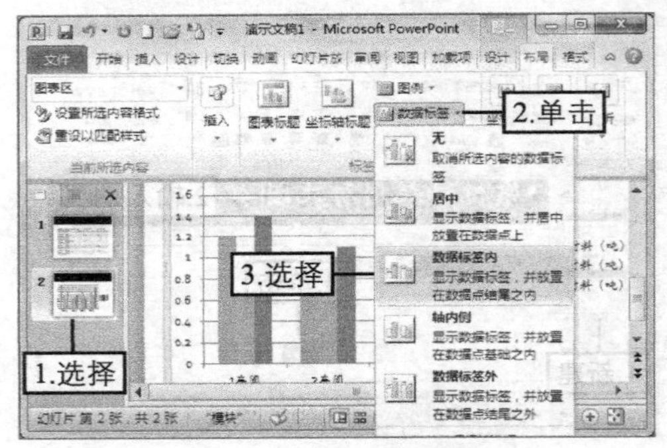

图13-58　显示数据标签

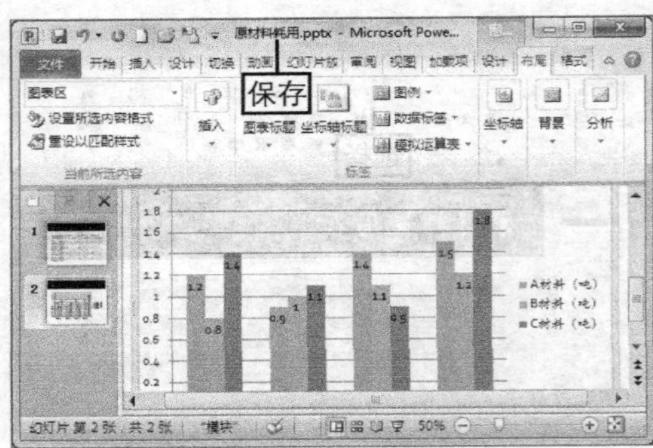

图13-59　保存演示文稿

13.4 课 堂 练 习

本次课堂练习将分别制作公司简介演示文稿和食品销售情况总结文档，综合练习本章所学习的知识点。

13.4.1 制作公司简介演示文稿

1. 练习目标

本练习的目标是利用PowerPoint与Word文档的交互操作制作公司简介演示文稿，通过练习以进一步掌握在PowerPoint中插入Word文档的常用方法。该演示文稿的最终参考效果如图13-60所示。

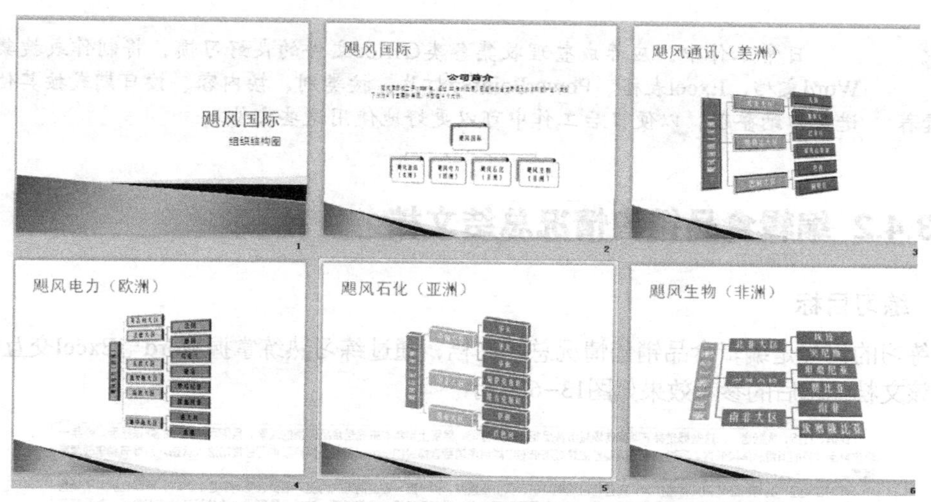

图13-60　公司简介演示文稿中幻灯片的参考效果

2. 操作思路

本练习首先将通过插入对象的方法在幻灯片2~5中插入提供的不同Word文档素材，并对字体格式进行适当设置。然后通过直接复制粘贴的方法将Word文档中的SmartArt对象粘贴到幻灯片6中，并更改字体格式。具体操作思路如图13-61所示。

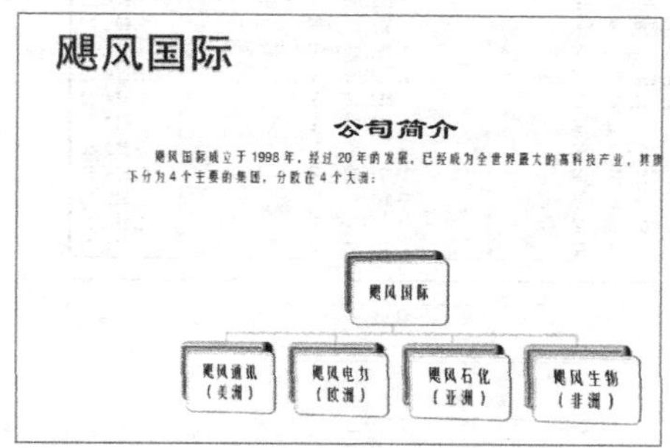

① 通过插入对象的方式使用Word文档

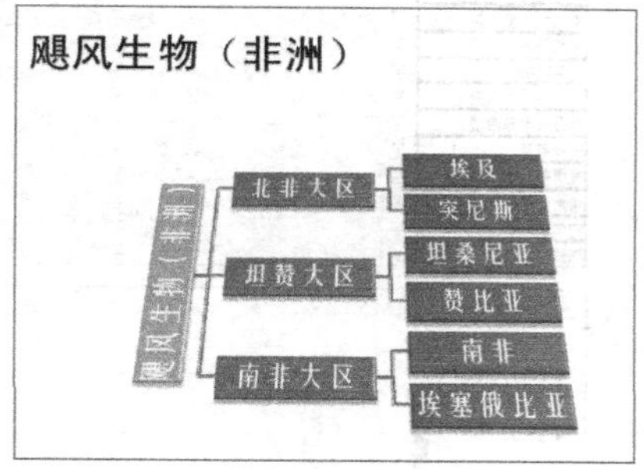

② 通过复制粘贴方式使用Word文档

图13-61　公司简介演示文稿的操作思路

（1）打开“公司简介.pptx”演示文稿，选择幻灯片2，通过“插入对象”对话框插入“公司简介1.doc”文档。

（2）双击插入的Word文档，进入Word文档编辑状态，将正文文本设置为“方正姚体”，将SmartArt的文本字体设置为“方正姚体”，单击幻灯片中除图表外的任意区域，返回PowerPoint幻灯片编辑状态。

（3）按相同方法分别在幻灯片3~5中插入“公司简介2.doc”“公司简介3.doc”“公司简介5.doc”文档，并设置SmartArt的文本字体为“方正姚体”。

（4）打开“公司简介4.doc”文档，选择文档中的组织结构图，单击鼠标右键，在打开的快捷菜单中选择“复制”选项，返回“公司简介.pptx”演示文稿。

（5）选择幻灯片6，单击鼠标右键，在打开的快捷菜单中选择“粘贴”选项，选择SmartArt对象，将其字体格式设置为“方正姚体”。

职业素养

日常工作中，应养成整理收集各类Office文件的良好习惯，将制作或搜集到的Word文档、Excel表格、PowerPoint幻灯片，按类别、按内容、按日期或按其他依据进行归纳整理，以便日后工作中可以更好地使用这些文件。

13.4.2 编辑食品销售情况总结文档

1. 练习目标

本练习的目标是编辑食品销售情况总结文档，通过练习熟练掌握Word与Excel交互的使用方法。该文档编辑后的参考效果如图13-62所示。

促销、打折、大赠送……这些都是春节期间商场超市食品柜台的关键词。尽管上半年本来就是食品消费的淡季，且国家统计局的数据显示，今年一季度食品饮料的消费总体较低迷。不过，春节假期显然是经济低潮中能刺激消费者神经的一个兴奋点，而商家们已经提前进入状态，为春节销售战摩拳擦掌。

近期各大超市的特价品范围又有所扩大，而且特价周期延长，以价格直降、买一赠一等促销方式为主。消费者得到实惠的同时，商家也扩大了销售额。具体到食品方面，目前包括不仅仅是油、盐、酱、醋等必需的常用食品纷纷促销打折，还包括酒、饮料、乳制品、冷饮等其他休闲食品；甚至向来不肯放低身段的进口食品，都纷纷加入优惠促销大军。

在食品销售区域，颜色鲜艳的特价信息条无处不在，有些超市食品类特价商品的品类达到商品总数的 1/3。而以往食品促销往往下浮不多，但近期，以乳品为代表的急需恢复市场信心的产品纷纷给出让利空间，如庆余年、苏仔牛奶等产品的下降幅度甚至达到 25%左右。

下面对今年食品销售情况作一个总结，详见全年销售报表

产品	第 1 季度销售额小计	第 2 季度销售额小计	第 3 季度销售额小计	第 4 季度销售额小计
蒙古大草原绿色羊肉	¥ 2,667.60	¥ 4,013.10	¥ 4,836.00	¥ 6,087.90
大茴香籽调味汁	¥ 544.00	¥ 600.00	¥ 140.00	¥ 440.00
上海大闸蟹	¥ 1,768.41	¥ 1,978.00	¥ 4,412.32	¥ 1,656.00
法国卡门贝干酪	¥ 3,182.40	¥ 4,683.50	¥ 9,579.50	¥ 3,060.00
王大义十三香	¥ 225.28	¥ 2,970.00	¥ 1,337.60	¥ 682.00
秋葵汤	¥ -	¥ -	¥ 288.22	¥ 85.40
混沌皮	¥ 187.60	¥ 742.00	¥ 289.80	¥ 904.75
意大利羊乳干酪	¥ 464.50	¥ 3,639.37	¥ 515.00	¥ 2,681.87
老奶奶波森梅奶油	¥ -	¥ -	¥ 1,750.00	¥ 750.00
怡保咖啡	¥ 1,398.40	¥ 4,496.50	¥ 1,196.00	¥ 3,979.00
新英格兰杰克杂烩	¥ 385.00	¥ 1,325.03	¥ 1,582.60	¥ 1,664.62
德国慕尼黑啤酒	¥ -	¥ 518.00	¥ 350.00	¥ 42.00
长寿豆腐	¥ 488.00	¥ -	¥ -	¥ 512.50
味道美辣椒沙司	¥ 1,347.36	¥ 2,750.69	¥ 1,375.62	¥ 3,899.51
意大利白干酪	¥ 1,390.00	¥ 4,488.20	¥ 3,027.60	¥ 2,697.00
猪肉脆果曼沙司	¥ -	¥ 1,300.00	¥ -	¥ 2,960.00
味鲜美馄饨	¥ 499.20	¥ 282.75	¥ 390.00	¥ 984.75

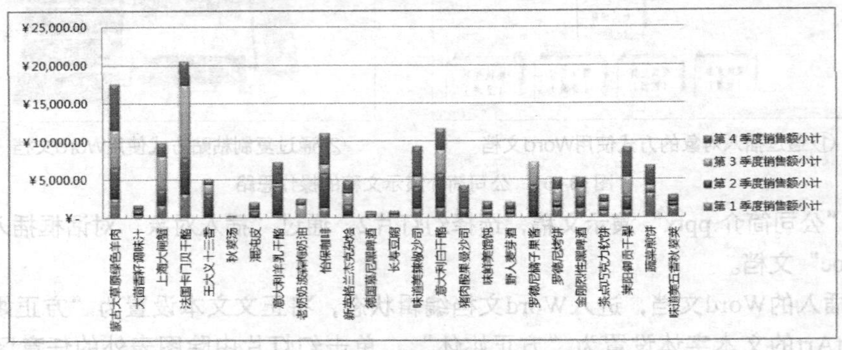

图13-62 食品销售情况总结文档设置后的参考效果

2. 操作思路

本练习需要在Word文档中依次插入Excel工作表对象、Excel图表、超链接。具体操作思路如图13-63所示。

（1）打开“食品销售情况总结.docx”文档和“销售报表.xlsx”工作簿，在“销售报表.xlsx”工作簿中切换到“按产品”工作表，选择A7:E33单元格区域，利用快捷键或其他方法复制选择的表格数据区域。

产品	第 1 季度销售额小计	第 2 季度
蒙古大草原绿色羊肉	¥ 2,667.60	¥
大茴香籽调味汁	¥ 544.00	¥
上海大闸蟹	¥ 1,768.41	¥
法国卡门贝干酪	¥ 3,182.40	¥
王大义十三香	¥ 225.28	¥
秋葵汤	¥ -	¥
[illegible]	¥ 187.60	¥
意大利羊乳干酪	¥ 464.50	¥
老奶奶波森梅奶油	¥ -	¥
怡保咖啡	¥ 1,398.40	¥
新英格兰杰克杂烩	¥ 385.00	¥
德国慕尼黑啤酒	¥ -	¥
长寿豆腐	¥ 488.00	¥
味道美辣椒沙司	¥ 1,347.36	¥
意大利白干酪	¥ 1,390.00	¥
猪肉酸果蔓沙司	¥ -	¥
味鲜美馄饨	¥ 499.20	¥
[illegible]	¥ 551.60	¥

① 插入Excel工作表

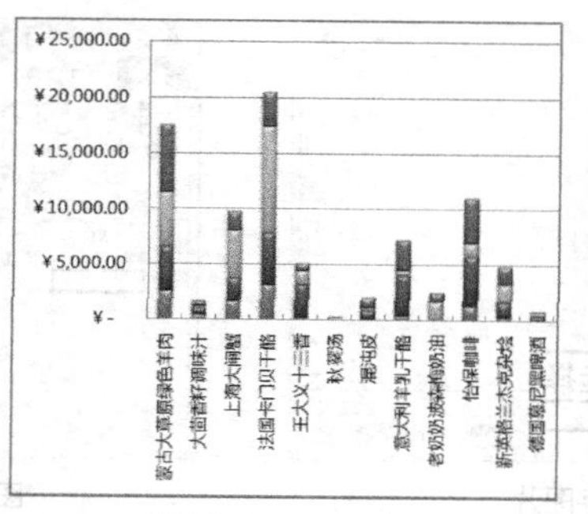

② 插入Excel图表

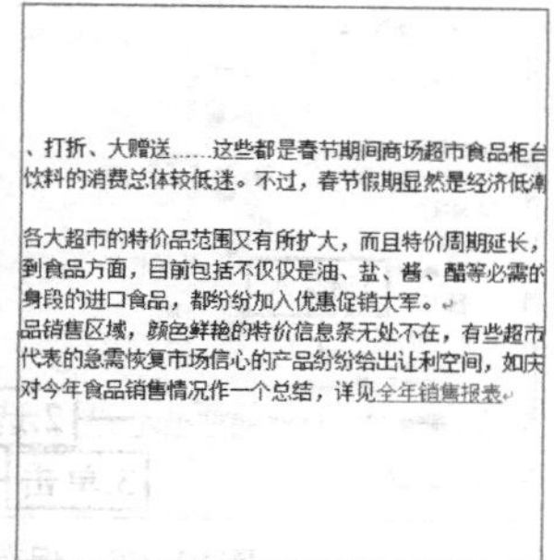

③ 插入超链接

图13-63 食品销售情况总结文档的操作思路

（2）切换至“食品销售情况总结.docx”文档，定位到最后的空白段落，利用“选择性粘贴”功能，将复制的数据以“Microsoft Office Excel工作表 对象”的方式粘贴到文档中。拖曳控制点将对象的宽度调整到与页面宽度相同。

（3）在“销售报表.xlsx”工作簿中切换到“Chart2”工作表，选择其中的图表，然后复制到剪贴板。

（4）切换至“食品销售情况总结.docx”文档，直接粘贴复制的图表，然后调整其宽度。

（5）将文本插入点定位到文档最后一行“详见”文本右侧，插入超链接，链接显示的内容为“全年销售报表”，链接对象为“销售报表.xlsx”工作簿。

13.5 拓展知识

当发现一些幻灯片较为精美适合做背景时，可将其保存为图片并设置为工作表的背景图案，这需要结合PowerPoint、Word、Excel三大组件交互使用来实现，其具体操作如下。

（1）在PowerPoint“幻灯片”窗格中某张幻灯片缩略图上单击鼠标右键，在打开的快捷菜单中选择“复制”选项，如图13-64所示。

（2）切换到Word文档，按【Ctrl+V】组合键粘贴图片，然后在图片上单击鼠标右键，在打开的快捷菜单中选择“另存为图片”选项，如图13-65所示。

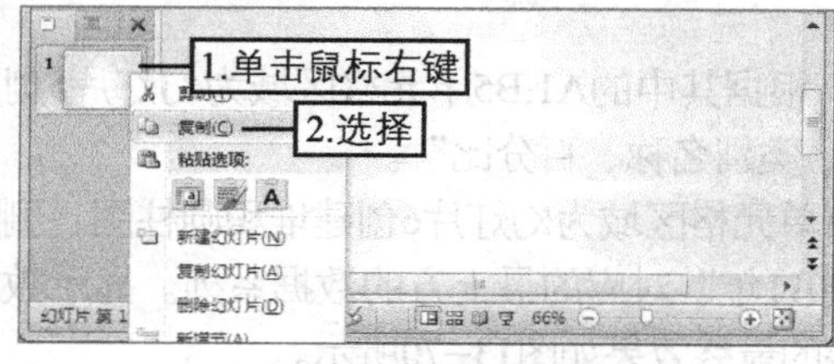

图13-64 复制幻灯片

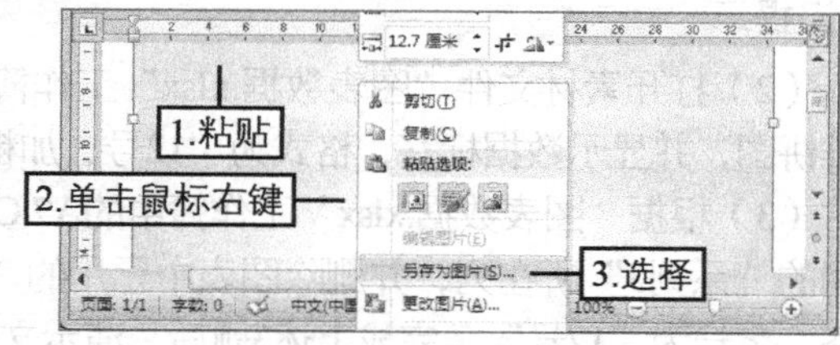

图13-65 粘贴并保存图片

（3）打开“保存文件”对话框，设置图片保存的位置、名称、类型，单击 保存(S) 按钮，如图13-66所示。

（4）切换到Excel工作簿中，在【页面布局】→【页面设置】组中单击“背景”按钮，如图13-67所示。

（5）打开“工作表背景”对话框，选择背景图片后，单击 插入(S) 按钮，如图13-68所示。

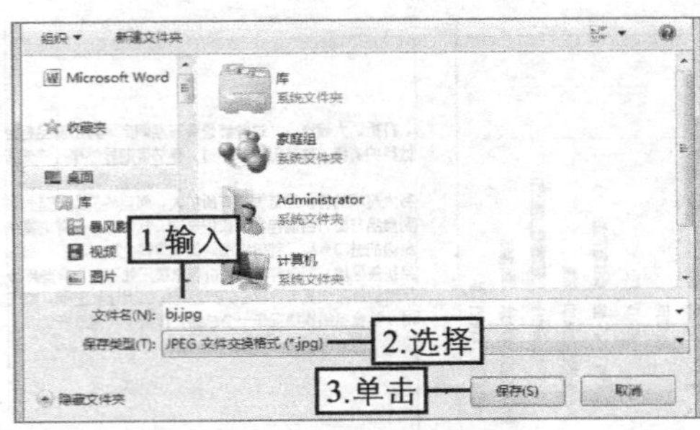

图13-66 保存图片

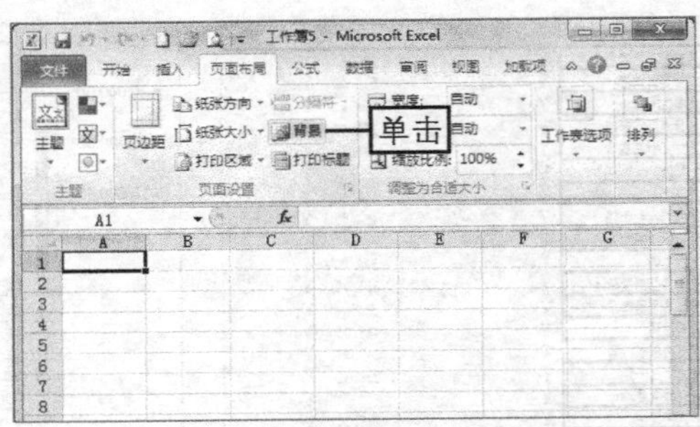

图13-67 设置工作表背景

(6)此时幻灯片便将以图片的形式作为Excel工作表的背景，效果如图13-69所示。

图13-68 选择背景图片

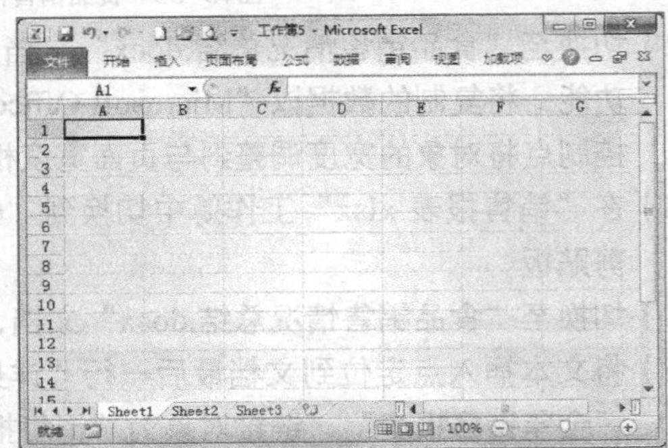
图13-69 背景效果

13.6 课后习题

(1)打开素材文件“文本资料.docx”文档，在大纲视图中设置各段落的大纲级别，然后发送到PowerPoint中，为自动生成的演示文稿应用“时装设计”主题，为幻灯片1应用“标题幻灯片”版式，其余幻灯片应用“标题和内容”版式。

知识提示

设置大纲级别时，参照素材文件中对应的级别数字。

(2)打开素材文件“图表数据.xlsx”工作簿，根据其中的A1:B5单元格区域为幻灯片5创建三维饼图，并显示数据标签，格式为“12号、加粗、类别名称、百分比”。

(3)根据“图表数据.xlsx”工作簿中的A7:C11单元格区域为幻灯片6创建堆积圆柱图，删除无用的“系列3”所在列，并删除图表中无用的“2011年”对应的最上方的数据系列。显示数据标签，字号为“12号”。完成上述3题后，演示文稿的最终效果如图13-70所示。

图13-70 企业营运能力分析演示文稿中部分幻灯片的参考效果

附录A 项目实训与习题

为了培养学生独立完成工作任务的能力，提高专业技能、就业综合素质以及思维能力，加强教学的实践性，本附录结合全国计算机等级考试大纲要求，精心挑选办公领域职场真实情境下的11个综合实训，分别围绕“办公文档制作”“电子表格制作”“演示文稿制作”3个主题展开。通过完成实训与习题，学生可进一步掌握和巩固Office软件在办公领域的实用技能与相关知识。

实训1 制作自由版式“个人简历”文档

【实训目的】

◎ 熟练掌握利用形状及文本框进行文档排版的方法。

◎ 认识并理解不同类型文档编排的方式与方法。

◎ 熟练掌握Word文档艺术字、图片、SmartArt图以及特殊符号的插入与设置方法。

【实训要求】

大学本科三年级学生张静，准备在下个暑期去一家公司实习。为获得这次难得的实习机会，她打算利用Word精心制作一份简洁而醒目的个人简历。她所设计的简历效果见素材文件“简历参考样式.jpg”所示，简历中的文字素材见素材文件“简历文字素材.txt”文本文件中。要求如下：

（1）调整文档版面，要求纸张大小为A4，页边距（上、下）为2.5厘米，页边距（左、右）为3.2厘米。

（2）根据页面布局需要，在适当的位置插入标准色为橙色与白色的两个矩形，其中橙色矩形占满A4幅面，文字环绕方式设为“浮于文字上方”，作为简历的背景。

（3）参照示例文件，插入标准色为橙色的圆角矩形，并添加文字“实习经验”，插入1个短划线的虚线圆角矩形框。

（4）参照示例文件图，插入文本框和文字，并调整文字的字体、字号、位置和颜色。其中“张静”应为标准色橙色的艺术字，“寻求能够……”文本效果应为跟随路径的“上弯弧”。

（5）根据页面布局需要，插入素材文件图片“1.png”，依据样例进行裁剪和调整，并删除图片的剪裁区域；然后根据需要插入图片2.jpg、3.jpg、4.jpg，并调整图片位置。

（6）参照示例文件，在适当的位置使用形状中的标准色橙色箭头（提示：其中横向箭头使用线条类型箭头），插入“SmartArt”图形，并进行适当编辑。

（7）参照示例文件，在“促销活动分析”等4处使用项目符号“对勾”，在“曾任班长”等4处插入符号“五角星”、颜色为标准色红色。调整各部分的位置、大小、形状和颜色，以展现统一、良好的视觉效果。

【实训实施】

注意：项目实训的素材文件、效果文件在教材配套资源目录的“附录A_项目实训”目录中实训文件目录列出。例如：实训1中需要的素材文件“简历参考样式.jpg”的位置：配套资源\附录A_项目实训\实训1\素材文件\简历参考样式.jpg。其他实训所需文件参考此存放位置方式查找。

1. 简历版面布局与设置

（1）新建一个Microsoft Word文档，保存命名为“我的个人简历.DOCX”。单击【页面布局】选项卡，在【页面设置】选项组中单击扩展按钮，弹出【页面设置】对话框，切换到【纸张】选项卡，将【纸张大小】设为“A4”。切换到【页边距】选项卡，将【页边距】的上、下、左、右分别设为2.5厘米、2.5厘米、3.2厘米、3.2厘米。单击确定按钮。

（2）切换到【插入】选项卡，在【插图】选项组中单击【形状】下拉按钮，在其下拉列表中选择【矩形】，并在文档中进行绘制，绘制完成后，可在【格式】选项卡下的【大小】组中，设置形状高度为24.5厘米，宽度为15厘米。适当调整矩形的位置。选中矩形，切换到【绘图工具】下的【格式】选项卡，在【形状样式】选项组中分别将【形状填充】和【形状轮廓】都设为【标准色】下的“橙色”。选中矩形，单击【排列】组中的“自动换行”下拉按钮，选择【浮于文字上方】。

（3）在橙色矩形上方按上面的方法与步骤创建一个白色矩形，并将其【自动换行】设为【浮于文字上方】，【形状填充】设为【主题颜色】下的“白色”，【形状轮廓】设为“无轮廓”。

（4）切换到【插入】选项卡，在【插图】选项组中单击【形状】下拉按钮，在其下拉列表中选择【圆角矩形】，参考示例文件，在合适的位置绘制圆角矩形，将【圆角矩形】的【形状填充】设为【标准色】下的“橙色”，【形状轮廓】设置为“无轮廓”。右键单击所绘制的圆角矩形，选择“添加文字”，在其中输入文字“实习经验”，并选中“实习经验”，单击【开始】选项卡下【字体】组中的“增大字体”按钮，单击加粗按钮。

（5）根据参考样式，再次绘制一个【圆角矩形】，并调整此圆角矩形的大小。选中此圆角矩形，选择【绘图工具】下的【格式】选项卡，在【形状样式】选项组中将【形状填充】设为【无填充颜色】，在【形状轮廓】列表中选择【虚线】下的【短划线】，【颜色】设为“橙色”。选中圆角矩形，单击【排列】组中的“下移一层”按钮。

2. 简历内容的添加与设置

（1）在【格式】选项卡下【插入形状】组中选择“文本框”，参考示例文件，在虚线圆角矩形框中合适的位置从左至右绘制三个文本框，并填入文字。在【开始】选项卡下调整文字的字体、字号、位置和颜色。选中文本框，单击【绘图工具】下的【格式】选项卡，在【形状样式】选项组中将【形状填充】设为【无填充颜色】，在【形状轮廓】列表中选择【无轮

廓】。按照以上步骤绘制其他文本框，并填入文字，设置文本框格式。

（2）单击【插入】选项卡，在【文本】选项组中单击【艺术字】下拉按钮，选择艺术字，并输入文字“张静”，适当调整文字的位置和大小。在【格式】选项卡下的【艺术字样式】组中单击“文本填充”下拉按钮，选择“橙色”，单击“文本轮廓”下拉按钮，选择橙色。插入另一个艺术字“寻求能够不断学习进步，有一定挑战性的工作！”，适当调整艺术字的位置和大小。切换到【绘图工具】下的【格式】选项卡，在【艺术字样式】选项组中选择【文本效果】下拉按钮，在弹出的下拉列表中选择【转换】—【跟随路径】—【上弯弧】。

（3）在【插入】选项卡下的【插图】组中单击“图片”按钮，在弹出的“插入图片”对话框中定位到素材文件“1.png”图片，单击“插入”按钮。在【格式】选项卡下的【排列】组中单击“自动换行”下拉按钮，选择“浮于文字上方”。单击【大小】组中的“裁剪”按钮，拖动四周的轮廓线进行裁剪，调整到合适的图案后再次单击“裁剪”按钮确认裁剪，并将图片拖动到合适位置。单击【调整】组中的“压缩图片”按钮，默认设置，单击确认按钮。以同样的方法插入“2.jpg”“3.jpg”“4.jpg”，无需裁剪。

（4）在【格式】选项卡下【插入形状】组中选择“线条”中的“箭头”，按住shift键，参考示例文件，在合适的位置绘制一个箭头，在【形状轮廓】下拉列表中选择橙色，并设置“粗细”为4.5磅。按照同样的方法，绘制“箭头总汇”中的“上箭头”，设置【形状填充】为【橙色】，【形状轮廓】为【无轮廓】。

（5）切换到【插入】选项卡，在【插图】选项组中单击【SmartArt】按钮，弹出【选择SmartArt图形】对话框，选择【流程】—【步骤上移流程】。单击【SmartArt工具】下的【格式】选项卡，单击“排列”下拉按钮，再单击“自动换行”下拉按钮，选择“浮于文字上方”，并将图形拖动到适当位置，调整图形大小。切换到【SmartArt工具】下的【设计】选项卡，在【创建图形】选项组中单击【添加形状】按钮，在其下拉列表中选择【在后面形状添加】选项，添加第四个形状，依次在四个形状的文本框中输入相应文字，适当设置字体大小。切换到【SmartArt工具】下的【设计】选项卡，在【SmartArt样式】组中，单击【更改颜色】下拉按钮，在其下拉列表中选择【强调文字颜色2】组中的【渐变范围-强调文字颜色2】。

（6）选中“促销活动分析”文本框的文字，单击【开始】选项卡下【段落】组中的“项目符号”下拉按钮，在【项目符号库】中选择【对勾】符号。用同样的方法设置其余2个文本框内文字。

（7）将光标定位到SmartArt图形中第一段文字最前方，单击【插入】选项卡下【符号】组中的“符号”下拉按钮，选择“其他符号”。在弹出的对话框中，单击“子集”下拉按钮，选择“其他符号”，在下面的符号中选择实心五角星，单击插入按钮。选中该五角星，在【开始】选项卡下设置其颜色为红色。按照同样的方法插入其余实心五角星。保存结果文档。

【实训拓展】

在日常办公领域，我们经常需要对会议通知、公文、公司规章制度与报告、招标书、结算单等文档进行编辑与排版操作。所谓排版，就是利用Word中的文字、图形、图片、表格、线条和色块等版面构成要素根据特定要求在有限的版面空间里进行组合排列，从而把构思与形式效果直观地展现在文档版面上。

根据文档操作要求的不同，通常可以将文档分为固定版式文档、自由版式文档和统一版式文档等。而文档的设计制作与编排也应根据文档类型不同而采取不同的策略，应用不同的技巧。

（1）固定版式文档，是指对文档排版布局有格式限制和约束，包括对文档标题、正文、页眉页脚等有标准的格式要求，如公文、法律文件、毕业论文、公司规章制度与报告等。

该类型文档的编排需要根据文档的类型和具体格式要求进行相应的编排操作，基本没有自由设计发挥的空间，对文档各级文字的字体、字号、字形以及每页行数、每行字数等都有严格的要求。

（2）自由版式文档，是指文档的排版布局不受任何格式限制和约束，或受有限的格式限制和约束，如通知、宣传单、电子板报、个人简历等。可以根据个人喜好、审美，将各种对象在页面上自由地编排。

该类型文档的编排则需要有较好的审美和一定的创新能力，能使版面设计新颖，颜色搭配协调。若为严肃类的内容，主题排版形式不宜过于花哨；若为趣味性、娱乐性强的文档，版面则可以设计得形式多样化。

（3）统一版式文档，是指文档的内容框架固定、排版布局完全相同的排版方式，如通过邮件合并功能批量生产的信函、电子邮件、信封、标签等，此操作可以大幅提供日常办公的效率。

该类型文档的编排是在基本版面设计基础上（其主体内容可以固定版式，但通常为自由版式），按照邮件合并的具体操作流程进行设计，可高效、批量地生成文档。

实训2 批量制作员工胸卡

【实训目的】

◎ 熟练掌握利用邮件合并方法批量制作员工胸卡的方法。

◎ 熟练掌握利用表格布局页面，在同一页面实现多份信函内容的方法。

◎ 熟练掌握文档基本编辑操作，文档模板的使用。

【实训要求】

志翔科技公司是一家集研发、生产、销售于一体的民营生产企业。现公司发展规模壮大，需要加强与规范员工管理，特要求办公室助理小王为员工统一设计制作员工胸卡。

要求：公司员工胸卡尺寸为7.69cm×4.48cm。员工胸卡需要包含员工的姓名、部门、职务、编号信息，需插入公司的标志图（以剪贴画替代），如附录图A-1所示。

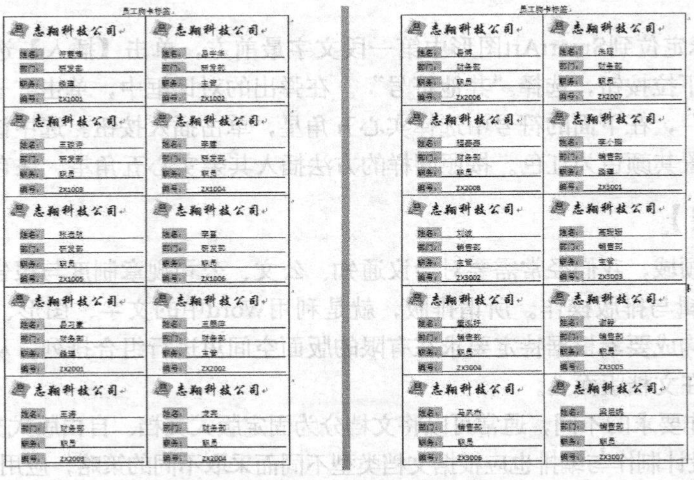

附录图A-1 “员工胸卡”参考效果

【实训实施】

办公室助理小王在接到任务后，考虑公司近百位职员的胸卡制作量多，为了节省办公室纸张及公司成本。思考利用表格布局与邮件合并的方法实现员工胸卡的设计与制作。设计制作的步骤如下。

1. 创建主文档

（1）新建Word文档，将页面设置大小为A4纸张，页边距为上下各2厘米，左右各3厘米。插入一个5行2列的表格，并设置表格单元格行高4.48厘米，列宽7.69厘米。

（2）将文字"志翔科技公司""姓名：""部门：""职务：""编号："分5行输入在表格第一单元格中。将第1行文字"志翔科技公司"设置为华文行楷、二号字，居中显示，间距为1.5倍行距、段前段后0.5行。在该行文字前插入剪贴画并调整合适大小。将其余行文字设置为宋体、小四号字，两端对齐显示，首行缩进1.5字符，间距为1.5倍行距，并为其文字添加适当阴影效果及文字后空白区域的下划线效果。效果如附录图A-2所示。以上设置完成后以"志翔科技公司_主文档.docx"为文件名保存主文档。

2. 将主文档保存为模板

由于员工胸卡以后可能会要做适当修改，为了便于以后使用，不用再重新设计。可以将其保存为模板（在此处我们以"志翔科技公司_主文档.dotx"为文件名另存为模板），以后使用只需打开该模板，在此基础上做适当修改即可。

3. 邮件合并

（1）在文件"志翔科技公司_主文档.docx"主文档中，选择【邮件】选项卡的【开始邮件合并】组，单击"选择收件人"的下拉按钮，选择"使用现有列表"选项，找到素材文件"志翔科技公司员工信息表.xlsx"，确定合并数据源。

（2）在主文档表格第一单元格中相应位置，插入合并域"姓名""部门""职务""编号"。

（3）在主文档表格第一单元格中"«编号»"域后面插入【编写和插入域】功能组中"规则"按钮下的"下一条记录"命令的分隔域，插入后效果即"«编号»«下一记录»"。然后将该单元格内容整体复制，依次粘贴到表格的其他单元格中。至此，完成所有该页面上多份信函内容的设置。效果如附录图A-3所示。思考：合并邮件后跨页就会出现记录遗漏，该如何解决此问题，原因是什么？

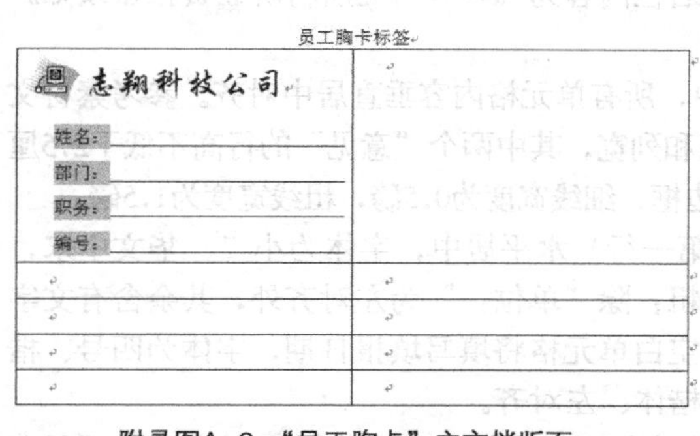

附录图A-2 "员工胸卡"主文档版面

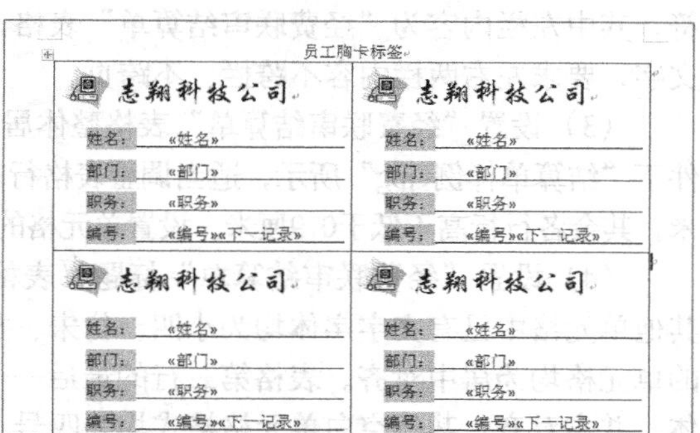

附录图A-3 同一页多条记录数据的分割

（4）生成信函并保存。单击【完成】功能组中"完成并合并"按钮，选择"编辑单个文档"，合并全部记录到新文档。并将其以"志翔科技公司_员工胸卡.docx" 为文件名保存。

【实训拓展】

邮件合并广泛应用于那些具有文档数量多，大批量，文档主体内容相同，仅一些具体的细节数据信息有变动特点的文档处理。在办公领域实际应用中，有很多类似的文档，如请柬、成绩通知单、录取通知书、准考证、考生座位以及资产贴标等。

一般邮件合并是利用邮件合并分步实施，步骤为“选择文档类型”（一般选信函）——“选择开始文档”（一般使用当前文档）——“选择收件人”（一般使用现有列表确定数据源）——“插入合并域”——“完成合并”。这样制作出来的信函，不管内容多少，每个收件人的信件会至少占据一页。

本实训所制作的员工胸卡主体文件如同工资条、座位或资产贴标等一样内容很少，每份文档打印出来单独占用一页，就会造成很大的浪费。

为了可以正确地把多条记录数据源对应到同一页面上，在将第一份信函相关数据域插入到主文档对应位置后，在插入第二份信函的第一项数据域前面（或第一个人的最后一项数据域后面），单击“邮件”选项卡“编写和插入域”功能组中的“规则”按钮，插入一个“下一条记录”命令的分隔域，实现第二份信函内容能与第一份放置在同一页面。同样，同一页面上其他相邻信函也采用插入该分隔域来实现。

实训3 设计制作“经费联审结算单”

【实训目的】

◎ 认识并掌握经费联审结算单以及利用邮件合并进行制作的方法。

◎ 熟练掌握Word文档页面设置、字体段落格式、边框设置及分栏的方法。

◎ 熟练掌握Word文档中SmartArt图和文本框的使用。

【实训要求】

某单位财务处请小张设计《经费联审结算单》模板，以提高日常报账和结算单审核效率。请根据素材文件“Word素材1.docx”和“Word素材2.xlsx”文件完成制作任务，具体要求如下。

（1）将素材文件“Word素材1.docx”另存为“结算单模板.docx”，后续操作均基于此文件。

（2）将页面设置为A4幅面、横向，页边距均为1厘米。设置页面为两栏，栏间距为2字符，其中左栏内容为“经费联审结算单”表格，右栏内容为《××研究所科研经费报账须知》文字，要求左右两栏内容不跨栏、不跨页。

（3）设置“经费联审结算单”表格整体居中，所有单元格内容垂直居中对齐。参考素材文件下“结算单样例.jpg”所示，适当调整表格行高和列宽，其中两个“意见”的行高不低于2.5厘米，其余各行行高不低于0.9厘米。设置单元格的边框，细线宽度为0.5磅，粗线宽度为1.5磅。

（4）设置“经费联审结算单”标题（表格第一行）水平居中，字体为小二、华文中宋，其他单元格中已有文字字体均为小四、仿宋、加粗；除“单位：”为左对齐外，其余含有文字的单元格均为居中对齐。表格第二行的最后一个空白单元格将填写填报日期，字体为四号、楷体，并右对齐；其他空白单元格格式均为四号、楷体、左对齐。

（5）“××研究所科研经费报账须知”以文本框形式实现，其文字的显示方向与“经费联审结算单”相比，逆时针旋转90度。

（6）设置“××研究所科研经费报账须知”的第一行格式为小三、黑体、加粗、居中；

第二行格式为小四、黑体、居中；其余内容为小四、仿宋、两端对齐、首行缩进2字符。

（7）将“科研经费报账基本流程”中的四个步骤改用“垂直流程”SmartArt图形显示，颜色为“强调文字颜色1”，样式为“简单填充”。

（8）“Word素材2.xlsx”文件中包含了报账单据信息，需使用“结算单模板.docx”自动批量生成所有结算单。其中，对于结算金额为5000（含）以下的单据，“经办单位意见”栏填写“同意，送财务审核。”；否则填写“情况属实，拟同意，请所领导审批。”。另外，因结算金额低于500元的单据不再单独审核，需在批量生成结算单据时将这些单据记录自动跳过。生成的批量单据以“批量结算单.docx”命名保存。

【实训实施】

小张在接到单位给的设计制作“经费联审结算单”任务后，根据制作结算单的具体要求开展设计与实现操作。

1. 页面布局与设置

（1）打开素材文件“Word素材1.docx”，单击【文件】选项卡，选择“另存为”。在弹出的对话框中输入文件名“结算单模板.docx”，单击保存按钮。

（2）在【页面布局】选项卡下，单击【页面设置】组的扩展按钮，将上下左右边距均设为1厘米，将纸张方向设置为“横向”。切换到【纸张】选项卡下，单击“纸张大小”下拉按钮，选择“A4”，单击确定按钮。按Ctrl+A组合键全选文档内容，单击【页面设置】组中的“分栏”下拉按钮，选择“更多分栏”。在弹出的对话框中，选择“两栏”，设置栏间距为“2字符”，单击确定按钮。将光标定位到表格下一行，单击“分隔符”下拉按钮，选择“分栏符”。

2. 表格布局与设置

（1）选中整个表格，在【开始】选项卡下单击【段落】组中的“居中”按钮。

（2）在【表格工具】|【布局】选项卡下，单击“单元格大小”组的扩展按钮。在弹出的“表格属性”对话框中，切换到“行”选项卡下，将“指定高度”设置为0.9厘米，“行高值是”设置为“固定值”。取消选中“允许跨页断行”复选框，单击确定按钮。

（3）选中两个“意见”的单元格，在【表格工具】|【布局】选项卡下的【单元格大小】组中，行高输入不低于2.5厘米。

（4）选中表格第1行，单击【表格工具】|【布局】选项卡下【对齐方式】组中的“水平居中”按钮。单击【开始】选项卡，在【字体】组中单击“字体”下拉按钮，选择“华文中宋”；单击“字号”下拉按钮，选择“小二”。

（5）选中“单位：”单元格，设置字体为仿宋、小四、加粗，设置单元格对齐方式为“中部两端对齐”。选中“经办人：”单元格，单击【对齐方式】组中的“水平居中”按钮，设置字体为仿宋、小四、加粗。双击格式刷按钮，单击选中需要设置的单元格，即可设置其格式与“经办人：”单元格相同。设置完成后，再次单击“格式刷”按钮，取消该操作。

（6）选中表格第二行的最后一个空白单元格，设置其字体为楷体、四号，设置单元格对齐方式为“中部右对齐”。选中该单元格左侧的空白单元格，设置单元格对齐方式为“中部两端对齐”，字体为楷体、四号。使用格式刷设置其他空白单元格的格式。可适当手动调整单元格行高。

（7）在【表格工具】|【设计】选项卡下，单击【绘图边框】组中的“绘制表格”按钮，

单击左侧“笔划粗细”下拉按钮，选择1.5磅。按照“结算单样例.jpg”，为表格添加粗线边框。单击“笔样式”下拉按钮，选择“无边框”，按照“结算单样例.jpg”，将部分单元格设置为无边框。绘制完成后，取消选中“绘制表格”按钮。

3. 文本框与SmartArt图的应用

（1）选中右侧第1行文字，设置字体为黑体、小三、加粗、居中。选中第2行文字，设置字体为黑体、小四、居中。选中其余段落，设置字体为仿宋、小四、两端对齐。单击【段落】组中的扩展按钮，在弹出的对话框中单击“特殊格式”下拉按钮，选择“首行缩进”，磅值为“2字符”，单击确定按钮。

（2）选中右侧所有文字，右键单击，选择“剪切”。在【插入】选项卡下，单击【文本】组中的“文本框”下拉按钮，选择“简单文本框”。将文字粘贴到文本框中，粘贴时选择“保留源格式”。

（3）将光标定位在文本框文字最底端，单击【插入】选项卡下【插图】组中的“SmartArt”按钮，在弹出的对话框中选择“流程”中的“垂直流程”，单击确定按钮。在【SmartArt工具】|【设计】选项卡下单击【创建图形】组中的“添加形状”按钮，将“科研经费报账基本流程”中的四个步骤复制粘贴到SmartArt图形的文本框中，并删除多余文字。

（4）选中SmartArt图形中的四个形状，并手动调整大小。选中SmartArt图形，在【SmartArt工具】|【设计】选项卡下单击【SmartArt样式】组中的“更改颜色”下拉按钮，选择“彩色轮廓–强调文字颜色1”，在右侧单击“简单填充”按钮。

（5）选中文本框，单击【绘图工具】|【格式】选项卡下【排列】组中的“旋转”下拉按钮，选择“向左旋转90°”。在【大小】组中设置高度和宽度，并适当调整位置。

4. 邮件合并应用

（1）在【邮件】选项卡下，单击【开始邮件合并】组中的“选择收件人”下拉按钮，选择“使用现有列表”。在弹出的对话框中，选择素材文件“Word素材2.xlsx”，单击“打开”按钮。在弹出的“选择表格”对话框中单击确定按钮。

（2）将光标定位到第2行第2个单元格，单击【编写和插入域】组中的“插入合并域”下拉按钮，选择“单位”。以同样的方式插入其他合并域。

（3）将光标定位在“经办单位意见”右侧的空白单元格中，单击【编写和插入域】组中的“规则”下拉按钮，选择“如果…那么…否则…”，在弹出的对话框中单击“域名”下拉按钮，选择“金额（小写）”。单击“比较条件”下拉按钮，选择“小于等于”，在“比较对象”文本框中输入“5000”。在“则插入此文字”文本框中输入“同意，送财务审核。”，在“否则插入此文字”文本框中输入“情况属实，拟同意，请所领导审批。”，单击确定按钮。

（4）将光标定位在第3行第2个单元格的文字后，单击“规则”下拉按钮，选择“跳过记录条件”。在弹出的对话框中，设置“域名”为“金额（小写）”，“比较条件”为“小于”，“比较对象”为“500”，单击“确定”按钮。

（5）单击【完成】组中的“完成并合并”下拉按钮，选择“编辑单个文档”，在弹出的对话框中选中“全部”单选按钮，单击确定按钮。

（6）单击保存按钮，在弹出的对话框中输入文件名“批量结算单.docx”，单击保存按钮，并关闭文件。单击“结算单模板.docx”的保存按钮，保存结算单主文档文件。

【实训拓展】

1. 文档分栏

文档分栏时，Word文档会在适当的位置自动分栏，且文档内容会先满足左侧栏目的填充，这样就会出现分栏后各栏文档内容不均衡现象。为了实现分栏内容均衡，可以将需分栏的内容选中，不包括文档末尾的段落标记符，再执行分栏。

值得注意的是，即便是按照上述方法分栏，某些情况下，分出的栏长也可能会有少许不均，因为栏长的均衡取决于多个因素，如字数、行数、栏宽、版心大小等等。当条件不满足时就有可能出现栏位不均，遇到这种情况可通过插入分隔符中的分栏符命令，将文字强制放入下一栏解决。

2. 邮件合并

利用Word“邮件合并”可以批量处理和打印邮件，很多情况下邮件很短，只占几行的空间，但是，打印时也要用整页纸，导致打印速度慢，并且浪费纸张。造成这种结果的原因是每个邮件之间都有一个“分节符”，使下一个邮件被指定到另一页。可将邮件合并后的新建文档中的分节符（^b）全部替换成手动换行符（^l）（注意此处是小写英语字母l，不是数字1）来使这些短邮件不独立占据一页。具体做法是利用Word的查找和替换命令，在查找和替换对话框的“查找内容”框内输入“^b”，在“替换为”框内输入“^l”，单击“全部替换”，此后打印就可在一页纸上印出多个邮件来。

另外，有时需要给不同的收件人发去内容大体一致，但是有些地方有区别的邮件。如寄给家长的“学生成绩报告单”，它根据学生总分不同，在不同的报告单中写上不同的内容，总分超过290分的学生，在报告单的最后写上“被评为学习标兵”，而对其他的学生，报告单中则没有这一句。就要用到【编写和插入域】组中的“规则”，在邮件中需出现不同文字的地方插入规则“如果...那么...否则...”来实现。

实训4 长文档“中国互联网络发展状况统计报告”编排

【实训目的】

◎ 熟练掌握办公领域长文档的编排制作的方法。

◎ 熟练掌握Word文档样式、大纲级别、目录设置实现文档结构化的方法。

◎ 熟练掌握Word文档中分隔符、脚注、题注、图表、页眉与页脚及文档部件等的设置与应用。

【实训要求】

某单位的办公室秘书小马接到领导的指示，要求其提供一份最新的中国互联网络发展状况统计情况。小马从网上下载了一份未经整理的原稿，按下列要求帮助他对该文档进行排版操作并按指定的文件名进行保存。

（1）打开素材文件“Word素材.docx”，将其另存为“中国互联网络发展状况统计报告.docx”，后续操作均基于此文件。

（2）按下列要求进行页面设置：纸张大小为A4，对称页边距，上、下边距各2.5厘米，内侧边距2.5厘米、外侧边距2厘米，装订线1厘米，页眉、页脚均距边界1.1厘米。

（3）文稿中包含3个级别的标题，其文字分别用不同的颜色显示。按下述要求对书稿应用样式，并对样式格式进行修改。

文字颜色	样式	格式
红色（章标题）	标题1	小二号字、华文中宋、不加粗，标准深蓝色，段前1.5行、段后1行，行距最小值12磅，居中，与下段同页
蓝色[用一、，二、，三、……标示的段落]	标题2	小三号字、华文中宋、不加粗、标准深蓝色，段前1行、段后0.5行，行距最小值12磅
绿色[用（一），（二），（三），……标示的段落]	标题3	小四号字、宋体、加粗，标准深蓝色，段前12磅、段后6磅，行距最小值12磅
除上述三个级别标题外的所有正文（不含表格、图表及题注）	正文	仿宋体，首行缩进2字符、1.25倍行距、段后6磅、两端对齐

（4）为书稿中用黄色底纹标出的文字“手机上网比例首超传统PC”添加脚注，脚注位于页面底部，编号格式为①、②……内容为“网民最近半年使用过台式机或笔记本或同时使用台式机和笔记本统称为传统PC用户”。

（5）将素材文件pic1.png图片插入到书稿中用浅绿色底纹标出的文字“调查总体细分图示”上方的空行中，在说明文字“调查总体细分图示”左侧添加格式如“图1”“图2”的题注，添加完毕，将样式“题注”的格式修改为楷体、小五号字、居中。在图片上方用浅绿色底纹标出的文字的适当位置引用该题注。

（6）根据第二章中的表1内容生成一张如素材文件chart.png示例图所示的图表，插入到表格后的空行中，并居中显示。要求图表的标题、纵坐标轴和折线图的格式和位置与示例图相同。

（7）参照素材文件cover.png示例图，为文档设计封面、并对前言进行适当的排版。封面和前言必须位于同一节中，且无页眉、页脚和页码。封面上的图片可取自素材文件Logo.jpg，并应进行适当的剪裁。

（8）在前言内容和报告摘要之间插入自动目录，要求包含标题第1～3级及对应页码，目录的页眉、页脚按下列格式设计：页脚居中显示大写罗马数字Ⅰ、Ⅱ格式的页码，起始页码为Ⅰ、且自奇数页码开始；页眉居中插入文档标题属性信息。

（9）自报告摘要开始为正文。为正文设计下述格式的页码：自奇数页码开始，起始页码为1，页码格式为阿拉伯数字1、2、3……偶数页页眉内容依次显示：页码、一个全角空格、文档属性中的作者信息，居左显示。奇数页页眉内容依次显示：章标题、一个全角空格、页码，居右显示，并在页眉内容下添加横线。

（10）将文稿中所有的西文空格删除，然后对目录进行更新。

【实训实施】

1. 页面布局与设置

（1）打开素材文件“Word素材.docx”，单击【文件】选项卡，选择“另存为”。在弹出的对话框中输入文件名为“中国互联网络发展状况统计报告.docx”，单击保存按钮。

（2）在【页面布局】选项卡下单击【页面设置】组中的扩展按钮，弹出“页面设置”对话框。在对话框中的“页边距”选项卡下，单击“多页”下拉按钮，选择“对称页边距”。设置上下边距均为2.5厘米，内侧边距为2.5厘米，外侧边距为2厘米。装订线设置为1厘米。切换至“纸张”选项卡，单击“纸张大小”下拉按钮，选择A4。切换至“版式”选项卡，设置页眉、页脚均距边界1.1厘米，单击确定按钮。

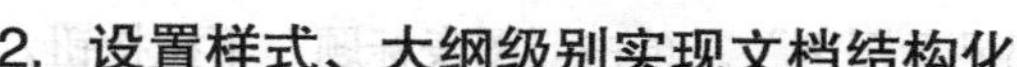

2. 设置样式、大纲级别实现文档结构化

（1）选中“第一章调查介绍”该段，在【开始】选项卡下单击【样式】组中的“其他”下拉按钮，选择“标题1”。右键单击“标题1”，选择“修改”。在弹出的“修改样式”对话框中，单击“字体”下拉按钮，选择“华文中宋”；单击“字号”下拉按钮，选择“小二”；取消选中加粗按钮；单击“字体颜色”下拉按钮，选择标准色中的“深蓝”；单击“居中”按钮。

（2）单击“格式”下拉按钮，选择“段落”。在弹出的“段落”对话框中，设置段前间距为1.5行，段后间距为1行。单击“行距”下拉按钮，选择“最小值”，设置值为“12磅”。切换到“换行和分页”选项卡下，选中“与下段同页”复选框，单击确定按钮。再次单击确定按钮，完成修改。

（3）选中“第二章网民规模与结构特征”该段，在【开始】选项卡下单击【编辑】组中的“选择”下拉按钮，选择“选定所有格式类似的文本”，再单击“标题1”，即可应用该样式。

（4）按照上述同样的方法，设置标题2、标题3和正文的样式。

3. 设置脚注、题注与交叉引用

（1）选中书稿中用黄色底纹标出的文字“手机上网比例首超传统PC”，在【引用】选项卡下，单击【脚注】组中的“插入脚注”按钮，在页面底部输入脚注内容。单击【脚注】组中的扩展按钮，在弹出的“脚注和尾注”对话框中，单击“编号格式”下拉按钮，选择“①,②,③…”，单击“应用”按钮。

（2）将光标定位到“调查总体细分图示”上方的空行位置，在【插入】选项卡下，单击【插图】组中的“图片”按钮，在弹出的对话框中，选择素材文件“pic1.png”图片，单击插入按钮。将光标定位在说明文字“调查总体细分图示”左侧，在【引用】选项卡下单击【题注】组中的“插入题注”按钮。在弹出的对话框中，单击“新建标签”按钮，输入标签名为“图”，单击确定按钮回到题注对话框，再次单击确定按钮。

（3）在【开始】选项卡下，单击【样式】组中的扩展按钮，单击“题注”下拉按钮，选择“修改”。在弹出的“修改样式”对话框中，单击“字体”下拉按钮，选择“楷体”。单击“字号”下拉按钮，选择“小五”。单击“居中”按钮，单击确定按钮。

（4）将光标定位到图片上方“如下”字样后，在【引用】选项卡下单击【题注】组中的“交叉引用”按钮，在弹出的对话框中，单击“引用类型”下拉按钮，选择“图”，单击“引用内容”下拉按钮，选择“只有标签和编号”，单击插入按钮，再单击关闭按钮。

4. 文档中图表的建立与设置

（1）选中第二章中的表1表格，复制表格内容。将光标定位到表格后的空行中，在【插入】选项卡下单击【插图】组中的“图表”按钮，在弹出的对话框中选择“簇状柱形图”，单击确定按钮。在打开的excel文件中调整图表数据区域的大小，并把表格内容粘贴进去。此时单击word文档中【数据】组中的“切换行/列”按钮，关闭excel文件，并设置图表居中。

（2）按照素材文件chart.png示例图，设置图表格式。右键单击互联网普及率条形图（由于此时纵坐标太大，所以该条形图无限贴近横坐标轴），选择“设置数据系列格式”。在弹出的对话框中，选中“系列选项”中的“次坐标轴”单选按钮，并关闭对话框。

（3）右键单击互联网普及率条形图，选择“更改系列图表类型”，在弹出的对话框中，选择“带数据标记的折线图”，并单击确定按钮。右键单击折线图，选择“添加数据标签”。在【图表工具】|【布局】选项卡下，单击【标签】组中的“数据标签”下拉按钮，选择“上

方”。单击“图例”下拉按钮，选择“在底部显示图例”。单击“图表标题”下拉按钮，选择“图表上方”，在标题中输入“中国网民规模和互联网普及率”。选中标题文字，在【开始】选项卡下的【字体】组中设置其字号大小，并拖动到与示例图相同的位置。

（4）右键单击折线图，选择“设置数据系列格式”。在弹出的对话框中选择“数据标记选项”，选中“内置”单选按钮，单击“类型”下拉按钮，选择和示例图相符的数据标记，并适当调整大小。选择“标记线颜色”选项卡，选中“实线”单选按钮，单击“颜色”下拉按钮，选择其他颜色，在“自定义”选项卡下选择与示例图相符的颜色。选择“标记线样式”选项卡，调整标记线宽度，并关闭对话框。

（5）右键单击图表左侧纵坐标轴，选择“设置坐标轴格式”。在对话框中的“坐标轴选项”中，选中最小值的“固定”单选按钮，在文本框中输入0。选中最大值的“固定”单选按钮，在文本框中输入100000。选中主要刻度单位的“固定”单选按钮，在文本框中输入25000。单击关闭按钮。在【图表工具】|【布局】选项卡下，单击【标签】组中的“坐标轴标题”下拉按钮，选择“主要纵坐标轴标题”中的“旋转过的标题”。在坐标轴标题中输入“万人”并调整标题位置。

（6）右键单击右侧纵坐标轴，选择“设置坐标轴格式”。在对话框中的“坐标轴选项”中，选中最小值的“固定”单选按钮。选中最大值的“固定”单选按钮，在文本框中输入0.6。选中主要刻度单位的“固定”单选按钮，在文本框中输入0.1。单击“坐标轴标签”下拉按钮，选择“无”，单击关闭按钮。

5. 长文档中分隔符与目录的设置应用

（1）将光标定位到“报告摘要”字样左侧，在【页面布局】选项卡下，单击【页面设置】组中的“分隔符”下拉按钮，选择“下一页”。将光标定位到“前言”字样左侧，单击“分隔符”下拉按钮，选择“分页符”。按照素材文件cover.png示例图，对封面和前言进行设置。在【开始】选项卡下的【字体】组中，可设置字体属性，在【段落】组中，可设置段落间距和行距等。将光标定位在适当的位置，在【插入】选项卡下，单击【插图】组中的“图片”按钮，在弹出的对话框里选择素材文件“Logo.jpg”图片，单击“插入”按钮。在【绘图工具】|【格式】选项卡下，单击【大小】组中的“裁剪”按钮，对图片进行适当裁剪，再次单击“裁剪”按钮完成操作。

（2）将光标定位到“报告摘要”字样左侧，在【页面布局】选项卡下，单击【页面设置】组中的“分隔符”下拉按钮，选择“下一页”。将光标定位到新页开头，在【引用】选项卡下，单击【目录】组中的“目录”下拉按钮，选择“自动目录1”。将光标定位到目录页，在【页面布局】选项卡下单击【页面设置】组中的扩展按钮，在弹出的对话框中切换到【版式】选项卡下，单击“节的起始位置”下拉按钮，选择“奇数页”，单击“应用于”下拉按钮，选择“整篇文档”，单击确定按钮。

6. 长文档中页眉与页脚及文档部件的设置应用

（1）将光标定位到目录的第1页页脚，双击，在【页眉和页脚工具】|【设计】选项卡下，取消选中“链接到前一条页眉”按钮。单击“页码”下拉按钮，选择“页面底端”中的“普通数字2”。再单击“页码”下拉按钮，选择“设置页码格式”，在弹出的对话框中，单击“编号格式”下拉按钮，选择“I,II,III,...”，选中“起始页码”单选按钮，设置起始页码为Ⅰ。将光标定位到目录的第1页页眉处，在【页眉和页脚工具】|【设计】选项卡下，取消选中“链接到前一条页眉”

按钮，单击【插入】组中的“文档部件”下拉按钮，选择“文档属性”中的“标题”。

（2）光标定位到正文第一页的页脚处，取消选中“链接到前一条页眉”按钮，在【插入】选项卡下单击【页眉和页脚】组中的【页码】下拉按钮，选择“设置页码格式”，在弹出的对话框中，选中“起始页码”单选按钮，设置起始页码为1。将光标定位在正文第一页的页眉处，取消选中“链接到前一条页眉”按钮，单击“页眉”下拉按钮，选择“删除页眉”。选中【奇偶页不同】复选框。单击“文档部件”下拉按钮，选择“域”。在弹出的对话框中，单击“类别”下拉按钮，选择“链接和引用”，在“域名”中选择“StyleRef”，在“样式名”中选择“标题1”，单击确定按钮。将光标定位到刚刚插入的页眉后，输入一个全角空格。单击“页码”下拉按钮，选择“当前位置”下的“普通数字”。选中整个页眉，在【开始】选项卡下单击【段落】组中的“文本右对齐”按钮，并单击【字体】组中的下划线按钮。

（3）将光标定位到正文第2页的页眉处，在【页眉和页脚工具】|【设计】选项卡下，取消选中“链接到前一条页眉”按钮，单击“页码”下拉按钮，选择“当前位置”下的“普通数字”，在页码后输入一个全角空格。单击【插入】组中的“文档部件”下拉按钮，选择“文档属性”中的“作者”。设置页眉居左显示。将光标定位到正文第2页的页脚处，在【页眉和页脚工具】|【设计】选项卡下，取消选中“链接到前一条页眉”按钮，单击“页码”下拉按钮，选择“页面底端”下的“普通数字2”。

（4）将光标定位到目录第2页的页眉处，取消选中“链接到前一条页眉”按钮，单击【插入】组中的“文档部件”下拉按钮，选择“文档属性”中的“标题”。将光标定位在目录第2页的页脚处，取消选中“链接到前一条页眉”按钮，单击“页码”下拉按钮，选择“页面底端”下的“普通数字2”。单击“关闭页眉和页脚”按钮。

7. 查找与替换应用

（1）单击【开始】选项卡下【编辑】组中的“替换”按钮，在“查找内容”对话框中输入一个西文空格（英文状态下的空格），在“替换为”对话框中不输入任何内容，单击“全部替换”按钮。

（2）光标定位到目录页，单击【引用】选项卡下的“更新目录”按钮，在弹出的对话框中选中“更新整个目录”单选按钮，单击确定按钮。单击保存按钮，保存文件。

【实训拓展】

1. 长文档结构化

办公领域，长文档的处理很频繁。然而，有很多人处理长文档的方式还是一种原始、粗放的做法，如，通过手工方式调整长文档中各级标题及段落的格式，定位修改某段落时需通过鼠标翻阅好长一段时间才能找到想要的位置等。要减少这些海量枯燥无用的重复操作，就需要运用样式设置进行长文档结构化处理。

简单的说，样式就是集字体、段落、编号与项目符号格式于一体的格式集合。使用样式编排文档，可使文档的格式随样式同步自动更新，快速高效。应用样式一般可以利用Word提供的预设样式，也可在预设样式不满足要求情况下新建样式或在现有样式基础上修改样式。长文档结构化样式的设置与应用一般可以用以下3种方法。

（1）长文档编写时，已经在各级标题位置处用文字标注（如一级标题、二级标题等），如附录图A-4所给出的某出版社一份财务软件应用方面书稿的各级标题的一部分。可以先通过“样式”栏目进行“标题1”样式的字体、段落及样式名称等的修改以符合出版社书稿要求，如附录图A-5所示。然后，利用“查找和替换”功能实现书稿中“一级标题”文字标注的标题样式应用，如附录图A-6所示。其他各级标题与正文等级别样式的应用方法流程和前面一样。

了解会计电算化与财务软件（一级标题）
什么是会计电算化（二级标题）
会计电算化与手工记账有什么不同（三级标题）
有了财务软件还需要手工账吗（三级标题）
应用财务软件前的准备（三级标题）
你知道哪些财务软件（三级标题）
初识好朋友（二级标题）
版本及功能模块简介（三级标题）
运行环境（三级标题）
安装与卸载（三级标题）
基本操作流程（三级标题）
带着你快速上道（三级标题）
建楼打地基——系统设置（一级标题）
进入系统管理（二级标题）
启动并初始化数据库（三级标题）
以系统管理员身份注册（三级标题）
退出登录（三级标题）
退出系统管理（三级标题）
白手起家创建新账套（二级标题）
添丁进口增加新操作员（二级标题）

附录图A-4　书稿各级标题的一部分

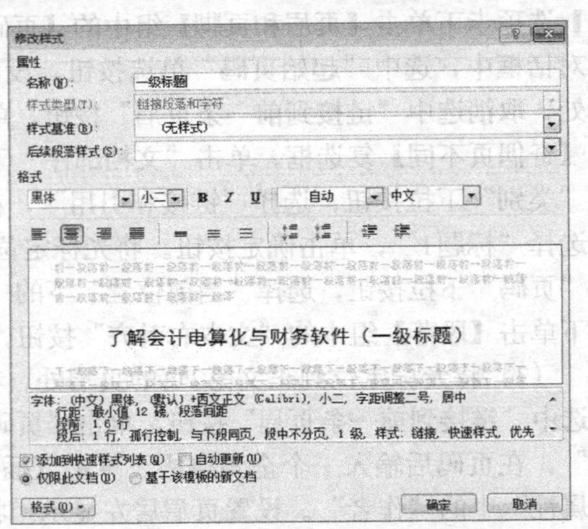

附录图A-5　修改“标题1”样式

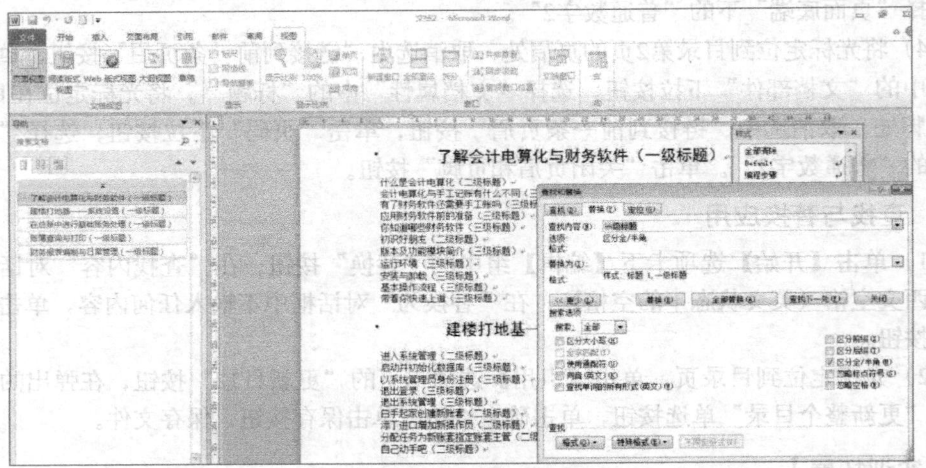

附录图A-6　查找和替换样式

（2）长文档编写时，已经对各级别文字段落进行了相应格式化设置（如以不同的颜色格式标注）。本实训正是这种情况，先对长文档各级标题或正文进行样式修改与设置，然后利用【编辑】组中的“选择”下拉按钮下的“选定所有格式类似的文本”功能选择同样格式的段落进行相应样式的应用。

（3）长文档编写录入时，应尽量对各级文字段落应用相应的格式或做出标注。如果某文档事先已经录入完毕，之后进行编排，则可以使用格式刷或者利用已经设置好的样式快捷键（在“修改样式”对话框中的“格式”下拉按钮中选择“快捷键”打开其对话框设置，如附录图A-7所示）来应用样式。

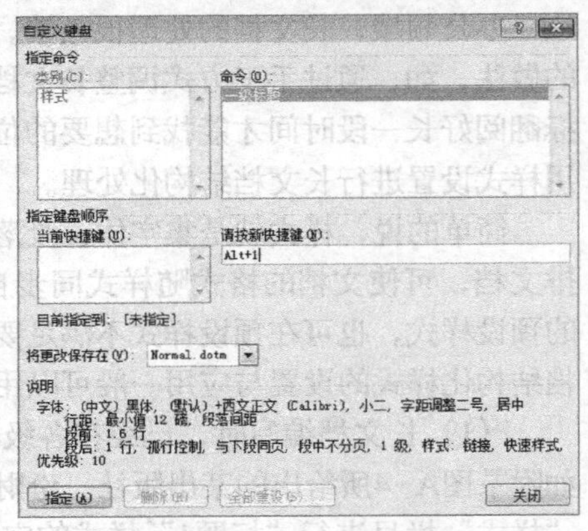

附录图A-7　样式快捷键设置

长文档结构化后，可使文档呈现结构清晰、美化的

效果。当在办公处理过程中，若有标题级别格式的调整可通过样式修改瞬间改掉同级内容（标题或正文）的段落样式。可配合“文档结构图”，轻松实现跳转至你想定位的位置。可利用“大纲视图”，轻松实现调整段落次序。可另存为模板，以同样的格式为基础撰写其他文稿，形成行业办公领域统一的风格。

2. 多级列表

多级列表的应用优势主要体现在在长文档中添加不同级别的编号。采用手工输入方式进行长文档编号，一旦要修改文档中的某个编号，则后面的编号均需同步修改，工作量大且操作麻烦。

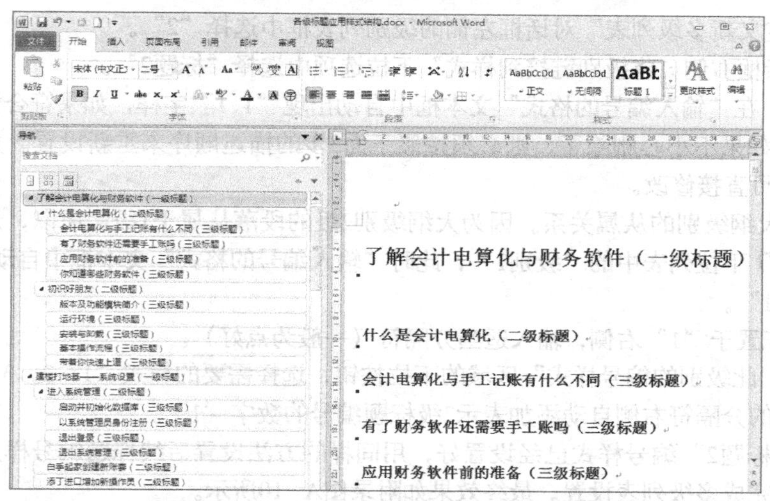

附录图A-8　应用各级标题样式后的文档结构图

下面概括介绍长文档中标题样式与多级列表的关联，可以实现自动多级编号。附录图A-8给出的是长文档应用各级标题样式后的结构图。该长文档各级标题录入并应用样式后，在开始选项卡的段落功能组中单击“多级列表”按钮，在弹出的下拉菜单中选择“定义新的多级列表选项”，如附录图A-9所示。

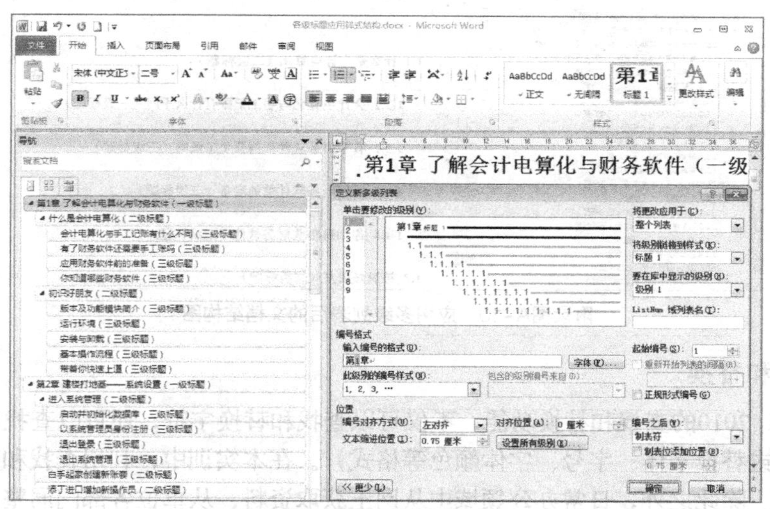

附录图A-9　定义新的多级列表

进行多级列表设置的方法如下。

① "定义新多级列表"对话框左侧的级别列表框中选择"1"。

② 在对话框右侧"将级别链接到样式"下拉选项中选择"标题1"，"要在库中显示级别"下拉选项中选择"级别1"。

③ 将光标定位至"输入编号的格式"文本框中，为了在章标题前显示"第*章"的编号形式，则需要在数字"1"前后分别输入"第"和"章"字样。

此时，大纲级别为1级的标题编号样式已经设置完成，接下来用类似的方法设置2级标题编号样式。

① 在"定义新多级列表"对话框左侧的级别列表框中选择"2"。

② 在对话框右侧"将级别链接到样式"下拉选项中选择"标题2"。

③ 此时，在"输入编号的格式"文本框中自动出现"1.1"字样，如果符合设置要求，即可结束设置。如果不小心删除了，则必须按照下面3步的描述顺序来重新设置。如果要更改章节的分隔符，可直接修改。

④ 设置大纲级别的从属关系。因为大纲级别2级的段落从属于1级，所以，选择"包含的级别编号来自"下拉列表中的"级别1"，此时"输入编号的格式"文本框中自动生成代表1级标题的编号"1"。

⑤ 将光标置于"1"右侧，输入适当分隔符（一般为点好）。

⑥ 单击"此级别的编号样式"区域的下拉按钮，选择需要的样式"1，2，3…"，此时，系统会在输入的分隔符右侧自动添加表示2级标题编号的数字"1"。

这样，"标题2"编号样式已经设置好，用同样的方法设置后续标题编号样式，最后单击"确定"按钮完成多级列表设置。最终效果如附录图A-10所示。

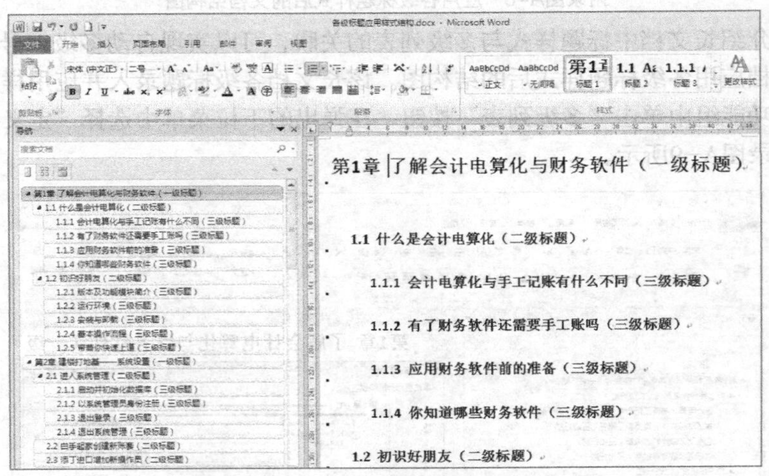

附录图A-10　应用多级列表后的文档结构图

3. 查找和替换

使用Word 2010的查找和替换功能，不仅可以查找和替换字符，还可以查找和替换字符格式（例如查找或替换字体、字号、字体颜色等格式）。在本实训中，利用查找和替换实现了样式的替换应用。除此之外，日常办公领域中从网上获取资料、从单位各部门间整合电子文档资料，常出现原始资料中存在手动换行符（即软回车符）、多段落空行、大量无意义空格问题

的情况。这时，可以利用查找和替换进行快速处理，如附录图A-11所示，在“查找和替换”对话框中，将光标定位在“查找内容：”位置，通过单击“特殊格式”按钮选择两次“段落标记”。再将光标定位在“替换为：”位置，通过单击“特殊格式”按钮选择一次“段落标记”。然后多次单击“全部替换”按钮，让系统自动查找原始文档素材中的多段落空行，进行批量删除。查找和替换功能在文稿处理中功能强大，读者可以结合该实例思考如何灵活运用查找和替换解决类似实际问题，提高文稿处理效率。

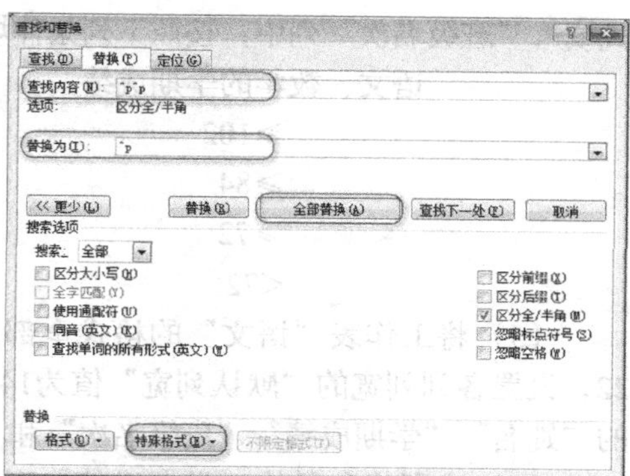

附录图A-11　批量处理多段落空行

实训5　成绩数据清单制作与数据处理

【实训目的】

◎ 了解并认识日常办公领域学生成绩类数据表的统计与分析方法。

◎ 熟练掌握Excel工作表单元格字体格式、行高与列宽、条件格式设置，工作表插入、移动、重命名以及工作表标签颜色设置与操作。

◎ 熟练掌握Excel工作表获取外部数据以及数据分列的操作方法。

◎ 熟练掌握Excel中IF、MOD、MID、TODAY、SUM、RANK、VLOOKUP、AVERAGE等常用函数在本实训案例中的应用。

◎ 熟练掌握Excel工作表打印及页面布局设置。

【实训要求】

期末考试结束了，初三（14）班的班主任助理王老师需要对本班学生的各科考试成绩进行统计分析，并为每个学生制作一份成绩通知单下发给家长。按照下列要求完成该班的成绩统计工作并按原文件名进行保存。

（1）打开素材文件“学生成绩.xlsx”工作簿，在最左侧插入一个空白工作表，重命名为“初三学生档案”，并将该工作表标签颜色设为“紫色（标准色）”。

（2）将以制表符分隔的素材文件“学生档案.txt”文本文件自A1单元格开始导入到工作表“初三学生档案”中，注意不得改变原始数据的排列顺序。将第1列数据从左到右依次分成“学号”和“姓名”两列显示。最后创建一个名为“档案”、包含数据区域A1:G56、包含标题的表，同时删除外部链接。

（3）在工作表“初三学生档案”中，利用公式及函数依次输入每个学生的性别“男”或“女”、出生日期“××××年××月××日”和年龄。其中：身份证号的倒数第2位用于判断性别，奇数为男性，偶数为女性；身份证号的第7～14位代表出生年月日；年龄需要按周岁计算，满1年才计1岁。最后适当调整工作表的行高和列宽、对齐方式等，以方便阅读。

（4）参考工作表“初三学生档案”，在工作表“语文”中输入与学号对应的“姓名”；按照平时、期中、期末成绩各占30%、30%、40%的比例计算每个学生的“学期成绩”并填入相应单元格中；按成绩由高到低的顺序统计每个学生的“学期成绩”排名并按“第*n*名”的形式填入“班级名次”列中；按照下列条件填写“期末总评”：

语文、数学的学期成绩	其他科目的学期成绩	期末总评
⩾102	⩾90	优秀
⩾84	⩾75	良好
⩾72	⩾60	及格
<72	<60	不合格

（5）将工作表“语文”的格式全部应用到其他科目工作表中，统一设置各行行高值为22，设置各列列宽的“默认列宽”值为14。并按上述（4）中的要求依次输入或统计其他科目的“姓名”“学期成绩”“班级名次”和“期末总评”。

（6）分别将各科的“学期成绩”引入到工作表“期末总成绩”的相应列中，在工作表“期末总成绩”中依次引入姓名、计算各科的平均分、每个学生的总分，并按成绩由高到底的顺序统计每个学生的总分排名、并以1、2、3…形式标识名次，最后将所有成绩的数字格式设为数值、保留两位小数。

（7）在工作表“期末总成绩”中分别用红色（标准色）和加粗格式标出各科第一名成绩。同时将前10名的总分成绩用浅蓝色填充。

（8）调整工作表“期末总成绩”的页面布局以便打印：纸张方向为横向，缩减打印输出使得所有列只占一个页面宽（但不得缩小列宽），水平居中打印在纸上。

【实训实施】

1. 数据准备

（1）打开素材文件“学生成绩.xlsx”，单击工作表最右侧的“插入工作表”按钮，然后双击工作表标签，将其重命名为“初三学生档案”。在该工作表标签上单击鼠标右键，在弹出的快捷菜单中选择“工作表标签颜色”，选择标准色中的“紫色”。选中“初三学生档案”工作表标签，拖动其到最左侧。

（2）在“初三学生档案”工作表中，选中A1单元格，单击【数据】选项卡下【获取外部数据】组中的“自文本”按钮，弹出“导入文本文件”对话框，在该对话框中选择素材文件“学生档案.txt”文本文件，然后单击“导入”按钮。在文本导入向导中：第一步：将文件原始格式设置为“Windows（ANSI）”，这样才能识别导入的中文内容，单击“下一步”按钮；第二步：选择分隔符号，只勾选“分隔符”列表中的“Tab键”复选项，然后单击“下一步”按钮；第三步：选择具体字段，并设置合适的数据格式（选中“身份证号码”列，然后点击“文本”单选按钮），单击“完成”按钮，在弹出的对话框中保持默认，再单击“确定”按钮。

（3）首先在A列右侧插入一个新列。选择需要分列的数据列，单击“数据”选项卡，在“数据工具”组中，单击“分列”按钮；在“文本分列向导”中选择合适的分列方法，并按提示进行操作：①选择“固定宽度”，单击“下一步”；②调整分隔线，使分隔线符合大部分数据的分列需要，少部分数据可以在分列完成后进行调整，单击“下一步”；③选择列，并设置两列的数据格式为“文本”，完成设置后，单击“完成”按钮。手动调整A1、A2单元格分别为学号、姓名。

（4）选中A1:G56单元格，单击【开始】选项卡下【样式】组中的“套用表格格式”下拉按钮，选择任意一个表样式，例如：“表样式中等深浅9”。在弹出的对话框中勾选“表包含标题”复选框，单击“确定”按钮，然后再在弹出的对话框中选择“是”按钮。在【设计】选

项卡下【属性】组中将“表名称”设置为档案。

2. 利用公式与函数进行性别、出生日期与年龄列数据计算

（1）选中D2单元格，在编辑栏中输入公式：=IF(MOD(MID(C2,17,1),2)=1,"男","女")，按Enter键完成操作。然后利用自动的填充功能对其他单元格进行填充。

（2）选中E2单元格，在编辑栏中输入公式：=MID(C2,7,4)&"年"&MID(C2,11,2)&"月"&MID(C2,13,2)&"日"，按Enter键完成操作，利用自动填充功能对剩余的单元格进行填充。

（3）选中F2单元格，在编辑栏中输入公式：=INT((TODAY()−E2)/365)，按Enter键，利用自动的填充功能对其他单元格进行填充。

（4）选中A1:G56区域，单击【开始】选项卡下【对齐方式】组中的“居中”按钮。适当调整表格的行高和列宽（行高>13.5）。

3. 利用公式与函数进行姓名、学期成绩、班级名次与期末总评列数据计算

（1）进入“语文”工作表中，选择B2单元格，在编辑栏中输入公式：=VLOOKUP(A2,初三学生档案!$A$2:$B$56,2,0)，按Enter键完成操作。然后利用自动的填充功能对其他单元格进行填充。

（2）选择F2单元格，在编辑栏中输入公式：=C2*30%+D2*30%+E2*40%，按Enter键确认操作。

（3）选择G2单元格，在编辑栏中输入公式：="第"&RANK(F2,$F$2:$F$45)&"名"，然后利用自动填充功能对其他单元格进行填充。

（4）选择H2单元格，在编辑栏中输入公式：=IF(F2>=102,"优秀",IF(F2>=84,"良好",IF(F2>=72,"及格","不及格")))，按Enter键完成操作，然后利用自动填充对其他单元格进行填充。

4. 利用格式刷与公式粘贴快速实现格式设置与数据处理

（1）选择“语文”工作表的全选按钮，双击【开始】选项卡下的“格式刷”按钮。鼠标单击“数学”工作表标签后，按住Shift键的同时鼠标单击“历史”工作表标签，将“数学”至“历史”六个工作表同时选定，再单击A1单元格。实现所有科目成绩工作表的格式相同化。设置完成后单击取消“格式刷”按钮。

（2）将“语文”工作表单元格中的公式粘贴到“数学”“英语”工作表的对应单元格中，然后利用自动填充功能对其他单元格进行填充。进入“英语”工作表，选中H2单元格，在编辑栏内输入公式：=IF(F2>=90,"优秀",IF(F2>=75,"良好",IF(F2>=60,"及格","不合格")))，按Enter键完成操作，然后利用自动填充对其他单元格进行填充。

（3）将“英语”工作表单元格中的公式粘贴到“物理”“化学”“品德”“历史”工作表中的对应单元格中（可以利用上述同时选择工作表的方法进行公式粘贴），然后利用自动填充功能对其他单元格进行填充。

（4）进入到“期末总成绩”工作表中，选择B3单元格，在该单元格内输入公式：=VLOOKUP(A3,初三学生档案!$A$2:$B$56,2,0)，按Enter键完成操作，然后利用自动填充功能将其填充至B46单元格。选择C3单元格，在编辑栏内输入公式：=VLOOKUP(A3,语文!$A$2:$F$45,6,0)，按Enter键完成操作，然后利用自动填充功能将其填充至C46单元格。按照以下公式进行计算，然后利用自动填充功能填充其他单元格。

“数学”列公式（以D3单元格为例）：=VLOOKUP(A3,数学!$A$2:$F$45,6,0)

“英语”列公式（以E3单元格为例）：=VLOOKUP(A3,英语!$A$2:$F$45,6,0)

“物理”列公式（以F3单元格为例）：=VLOOKUP(A3,物理!$A$2:$F$45,6,0)

“化学”列公式（以G3单元格为例）：=VLOOKUP(A3,化学!$A$2:$F$45,6,0)

“品德”列公式（以H3单元格为例）：=VLOOKUP(A3,品德!$A$2:$F$45,6,0)

“历史”列公式（以I3单元格为例）：=VLOOKUP(A3,历史!$A$2:$F$45,6,0)

“平均分”行公式（以C47单元格为例）：=AVERAGE(C3:C46)

“总分”列公式（以J3单元格为例）：=SUM(C3:I3)

“总分排名”列公式（以K3单元格为例）：=RANK(J3,$J$3:$J$46,0)

注意：若遇到许多数据计算处理的公式基本相同，则可以考虑先直接复制公式文本串粘贴到计算单元格位置，再适当修改公式中不同的部分。这样处理数据的效率会更高。

5. 数据查看

（1）选择C3:J47单元格，在选择的单元格内单击鼠标右键，在弹出的快捷菜单中选择“设置单元格格式”选项。在弹出的对话框中选择“数字”选项卡，将“分类”设置为数值，将“小数位数”设置为2，单击“确定”按钮。

（2）选择C3:C46单元格，单击【开始】选项卡下【样式】组中的“条件格式”按钮，在弹出的下拉列表中选择“项目选取规则”中的“其他规则”，在弹出的对话框中将“选择规则类型”设置为“仅对排名靠前或靠后的数值设置格式”，然后将“编辑规则说明”设置为：前，1。单击“格式”按钮，在弹出的对话框中将“字形”设置为加粗，将“颜色”设置为标准色中的“红色”，单击两次“确定”按钮。按同样的操作方式（或者利用格式刷）为其他6科分别用红色和加粗标出各科第一名成绩。

（3）选择J3：J46单元格，单击【开始】选项卡下【样式】组中的“条件格式”按钮，在弹出的下拉列表中选择“项目选取规则”中的“其他规则”，在弹出的对话框中将“选择规则类型”设置为“仅对排名靠前或靠后的数值设置格式”，为以下排名内的值设置为：前，10，单击“格式”按钮，在弹出的对话框中切换到“填充”选项卡下，选择“浅蓝”，单击两次确定按钮。

（4）选中任意单元格，按Ctrl+A键选中整张表的数据，在【页面布局】选项卡下【页面设置】组中单击扩展按钮，在弹出的对话框中切换至“页边距”选项卡，勾选“居中方式”选项组中的“水平”复选框。

（5）切换至“页面”选项卡，将“方向”设置为横向。选择“缩放”选项组下的“调整为”单选按钮，将其设置为1页宽1页高，单击“确定”按钮。单击保存按钮，保存文件。

【实训拓展】

1. 条件格式

在日常办公领域使用Excel中，经常需要对数据表中的文字或者数据进行相关条件的格式标识。

（1）利用“条件格式”中多种默认的规则和格式可以快速设置单元格格式或外观。通常情况下，通过设置条件格式，可以使用单元格格式（数字显示格式、字体、边框、填充）突出显示所关注的单元格或单元格区域的取值情况，强调异常数据；还可以使用数据条、色阶和图

标集等特殊标记直观地显示数据，以便于预测趋势或识别模式。例如附录图A−12显示了带有条件格式的成绩数据，该条件格式使用数据条显示区分成绩大小。

（2）除默认的一些条件格式设置规则外，通过“条件格式”按钮下“新建规则”命令，可以打开“新建格式规则”对话框实现新的条件格式规则及格式设置，如附录图A−13所示。

	A	B	C	D	E	F
1	学号	姓名	平时成绩	期中成绩	期末成绩	学期成绩
2	C121401	宋子丹	85.00	88.00	90.00	87.90
3	C121402	郑菁华	116.00	102.00	117.00	112.20
4	C121403	张雄杰	113.00	99.00	100.00	103.60
5	C121404	江晓勇	99.00	89.00	96.00	94.80
6	C121405	齐小娟	100.00	112.00	113.00	108.80
7	C121406	孙如红	113.00	105.00	99.00	105.00

附录图A−12　使用“数据条”条件格式区分成绩

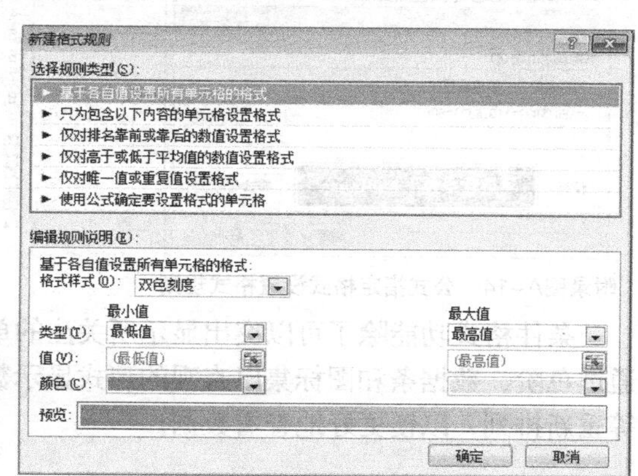

附录图A−13 “新建格式规则”对话框

其中，“选择规则类型”列表框中各规则类型说明如下。

① 基于各自值设置所有单元格的格式：对所选单元格或单元格区域根据各单元格的值设置单元格格式，格式的样式可以为双色刻度、三色刻度、数据条和图标集。

② 只为包含以下内容的单元格设置格式：所选单元格只有满足特定条件的才会被更改格式。这些特定条件可以是：单元格值小于，小于等于，大于，大于等于，等于，不等于某个值，或介于、不介于某个区间；特定文本包含、不包含、始于、止于某些文本字符串；发生日期为昨天、今天、明天、最近7天、上周、本周、下周、上月、本月、下月；单元格为空、不为空、错误、无错误。

③ 仅对排名靠前或靠后的数值设置格式：根据所选择的单元格区域的所有值确定一个排名，只对排名靠前或靠后的数值所在的单元格设置格式。

④ 仅对高于或低于平均值的数值设置格式：根据所选择的单元格区域的所有值确定平均值，只对高于或低于平均值所在的单元格设置格式。

⑤ 仅对唯一值或重复值设置格式：在所选择的单元格区域中，只对具有重复值或唯一值的单元格设置格式。

⑥ 使用公式确定要设置格式的单元格：对所选的单元格使用逻辑公式来指定格式设置条件。例如，对每个偶数行设置填充阴影格式。

（3）使用公式指定格式，将“期末总成绩”工作表中满足“数学成绩在110分以上且总分600分以上的”成绩记录设置“白色加粗文字，蓝色填充单元格”格式效果，则“新建格式规则”对话框设置（新建后可以通过“管理规则”对话框中“编辑规则”进入，再次编辑格式规则），如附录图A−14所示。

（4）使用公式指定格式，实现将某成绩表在新增数据行自动添加边框。首先根据数据区域大小（这里选择A1：C20区域）选择单元格，再通过“条件格式”下的“新建格式规则”对话框设置公式为：=$B1<>" "。通过单击“格式”按钮打开的“设置单元格格式”对话框中边框设置为“外边框”。设置后在该成绩表中输入新的数据行，将自动添加边框。附录图A−15所示为设置条件格式前后效果对比。

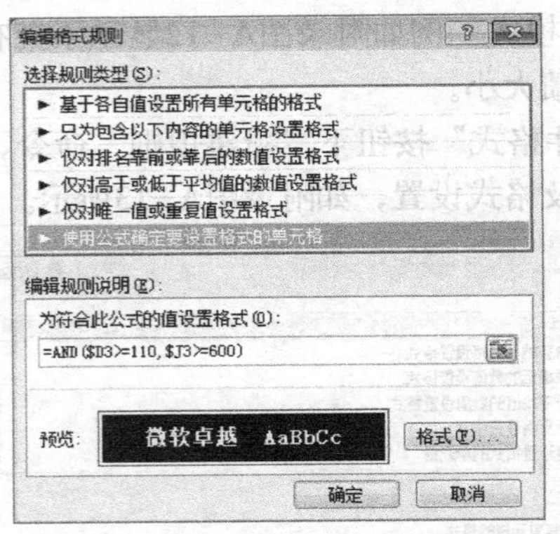

附录图A-14　公式指定格式设置格式规则

	A	B	C	D	E	F	G
1	学号	姓名	学期成绩		学号	姓名	学期成绩
2	C121401	宋子丹	98.7		C121401	宋子丹	98.7
3	C121402	郑菁华	98.3		C121402	郑菁华	98.3
4	C121403	张雄杰	90.4		C121403	张雄杰	90.4
5	C121404	江晓勇	86.4		C121404	江晓勇	86.4
6	C121405	齐小娟	98.7		C121405	齐小娟	98.7
7	C121406	孙如红	91		C121406	孙如红	91
8	C121407	甄士隐	107.9		C121407	甄士隐	107.9
9	C121408	周梦飞	80.8		C121408	周梦飞	80.8
10	C121409	杜春兰	105.7		C121409	杜春兰	105.7
11		张三				张三	
12		李四					
13							
14	设置条件格式后新增行自动加边框				没设置条件格式新增行不自动加边框		

附录图A-15　新增数据行自动添加边框效果对比

条件格式功能除了可以突出显示所关注的单元格或单元格区域，强调异常值之外，还可以通过色阶、数据条和图标集以直观的形式显示数据，随后还可对这些数据按颜色、图标、标记等重新排列，以便更好地查看数据。

2. 拓展学习

本实训中函数IF、MOD、MID、RANK、VLOOKUP等的基本知识可参见本书附录B的阐述与说明进行拓展学习。

实训6 图书销售情况统计与分析

【实训目的】

◎ 了解并认识日常办公领域图书销售类数据表的统计与分析方法。

◎ 熟练掌握Excel工作表中数据的排序方法设置与应用、条件格式设置与应用操作。

◎ 熟练掌握Excel工作表中迷你图、数据透视表的插入方法以及相关应用设置操作，实现数据分析。

◎ 熟练掌握Excel中VLOOKUP、SUMIFS等函数在本实训案例中的应用。

【实训要求】

销售部助理小王需要根据2012年和2013年的图书产品销售情况进行统计分析，以便制订新一年的销售计划和工作任务。现在，请你按照如下需求，在文档“Excel.xlsx”中完成以下工作并保存。

（1）在“销售订单”工作表的“图书编号”列中，使用VLOOKUP函数填充所对应“图书名称”的“图书编号”。“图书名称”和“图书编号”的对照关系请参考“图书编目表”工作表。

（2）将“销售订单”工作表的“订单编号”列按照数值升序方式排序，并将所有重复的订单编号数值标记为紫色（标准色）字体，然后将其排列在销售订单列表区域的顶端。

（3）在“2013年图书销售分析”工作表中，统计2013年各类图书在每月的销售量，并将统计结果填充在所对应的单元格中。为该表添加汇总行，在汇总行单元格中分别计算每月图书的总销量。

（4）在“2013年图书销售分析”工作表中的N4:N11单元格中，插入用于统计销售趋势的迷你折线图，各单元格中迷你图的数据范围为所对应图书的1月～12月销售数据。并为各迷你折线图标记销量的最高点和最低点。

（5）根据“销售订单”工作表的销售列表创建数据透视表，并将创建完成的数据透视表放置在新工作表中，以A1单元格为数据透视表的起点位置。将工作表重命名为“2012年书店销量”。

（6）在“2012年书店销量”工作表的数据透视表中，设置“日期”字段为列标签，“书店名称”字段为行标签，“销量（本）”字段为求和汇总项。并在数据透视表中显示2012年期间各书店每季度的销量情况。

知识提示

为了统计方便，请勿对完成的数据透视表进行额外的排序操作。

【实训实施】

1. 数据查看

（1）打开素材文件“Excel.xlsx”，选中“销售订单”工作表的E3单元格，在编辑栏中输入公式：=VLOOKUP(D3,图书编目表!$A$2:$B$9,2,FALSE)，按“Enter”键完成图书名称的自动填充。

（2）选中A3:A678列单元格，单击【开始】选项卡下【编辑】组中的“排序和筛选”下拉按钮，在下拉列表中选择“自定义”排序，在打开的对话框中将“列”设置为订单编号，“排序依据”设置为数值，“次序”设置为升序，单击“确定”按钮。

（3）选中A3:A678列单元格，单击【开始】选项卡下【样式】组中的“条件格式”下拉按钮，选择“突出显示单元格规则”级联菜单中的“重复值”命令，弹出“重复值”对话框。单击“设置为”右侧的下拉按钮，在下拉列表中选择“自定义格式”即可弹出“设置单元格格式”对话框，单击“颜色”下的按钮选择标准色中的“紫色”，单击“确定”按钮。返回到“重复值”对话框中再次单击“确定”按钮。

（4）单击【开始】选项卡下【编辑】组中的“排序和筛选”下拉按钮，在下拉列表中选择“自定义排序”，在打开的对话框中将“列”设置为“订单编号”；“排序依据”设置为“字体颜色”；“次序”设置为紫色、在顶端。单击“确定”按钮。

2. 数据处理

（1）为了统计2013年各类图书在每月的销售量。先切换至“2013年图书销售分析”工作表中，以“1月”各类图书销售量列公式计算为例，定位到“B4”单元格后，在公式编辑栏中输入以下公式，按Enter键或选择“✓”进行计算。

=SUMIFS(销售订单!$G$3:$G$678,销售订单!$B$3:$B$678,">= 2013-1-1",销售订单!$B$3:$B$678,"<=2013-1-31",销售订单!$D$3:$D$678,A4)

（2）在编辑栏中通过按住鼠标左键拖动选中以上公式，然后在此基础上鼠标右键单击从快捷菜单中选择“复制”命令（建议按Ctrl+C组合键复制），并单击“✓”确认。再依次在C4、D4、E4、F4、G4、H4、I4、J4、K4、L4、M4单元格进行粘贴（建议按Ctrl+V组合键粘贴），以将公式应用到所对应的“2月”至“12月”各类图书销售量列中。再根据各月份的起止日期，进行公式中销售日期范围内的日期条件表达式的修改，如以下修改的“2月”列公式（以C4单元格为例）：

=SUMIFS(销售订单!$G$3:$G$678,销售订单!$B$3:$B$678,">= 2013-2-1",销售订单!$B$3:$B$678,"<=2013-2-28",销售订单!$D$3:$D$678,A4)

参照以上方法修改其他月份的计算公式。

（3）在A12单元格中输入“汇总”字样，然后选中B12单元输入公式：=SUM(B4:B11)，按Enter键确定，将鼠标指针移动至B12单元格的右下角，按住鼠标并拖至M12单元格中，松开鼠标完成填充运算。

3. 数据汇总与分析

（1）根据要求选择“2013年图书销售分析”工作表中的N4单元格，单击【插入】选项卡下【迷你图】组中的“折线图”按钮，在打开的对话框中“数据范围”输入为“B4:M4”，在“位置范围”文本框中输入“$N$4”，单击“确定”按钮。选中“迷你图工具”，勾选“设计”选项卡下“显示”组中的“高点”“低点”复选框。将鼠标指针移动至N4单元格的右下角，按住鼠标并拖动拖至N11单元格中，松开鼠标完成填充。

（2）根据要求切换至“销售订单”工作表中，单击【插入】选项卡下【表格】组中的“数据透视表”下拉按钮，在弹出的下拉列表中选择“数据透视表”，在弹出的“创建数据透视表”对话框中将“表/区域”设置为表1，选择“新工作表”，单击“确定”按钮。单击【选项】选项卡下【操作】组中的“移动数据透视表”按钮，在打开的“移动数据透视表”对话框中选中“现有工作表”，将“位置”设置为“Sheet1!A1”，单击“确定”按钮。在工作表名称上单击鼠标右键，在弹出的快捷菜单中选择“重命名”命令，将工作表重命名为“2012年书店销量”。

（3）在“2012年书店销量”工作表的“数据透视表字段列表”窗格中将“日期”字段拖动至“列标签”，将“书店名称”拖动至“行标签”，将“销量（本）”拖动至“数值”中。在数据透视表中，选中列标签中的任意一个日期，然后切换到“数据透视表工具”的“选项”选项卡中，单击“分组”选项组中的“将字段分组”按钮。

（4）在打开的“分组”对话框的“自动”区域，“起始于”设置为2012/1/1，“终止于”设置为2012/12/31；在“步长”区域，鼠标单击，取消默认选择的“月”，选中“季度”和“年”；单击“确定”按钮，完成设置。保存并关闭文件。

【实训拓展】

数据的排序是指按一定规则对数据进行整理与排列。在Excel 2010中数据的排序方法主要分为快速排序、关键字设置排序、自定义序列排序三类。

（1）快速排序：定位到要排序的数据列任意单元格，利用“数据”选项卡的“排序与筛选”组中标有AZ与向下箭头的“升序”按钮或标有ZA与向上箭头的“降序”按钮实现整个数据表格中记录的排列。

（2）关键字设置排序：工作中对数据的排列往往需要依据多关键字排序、根据排序依据（如数值、单元格颜色、字体颜色等）不同以及选项设置进行较复杂的排序。可通过打开“排序”对话框进行设置，如附录图A-16所示。设置“排序”对话框各选项的功能描述如下。

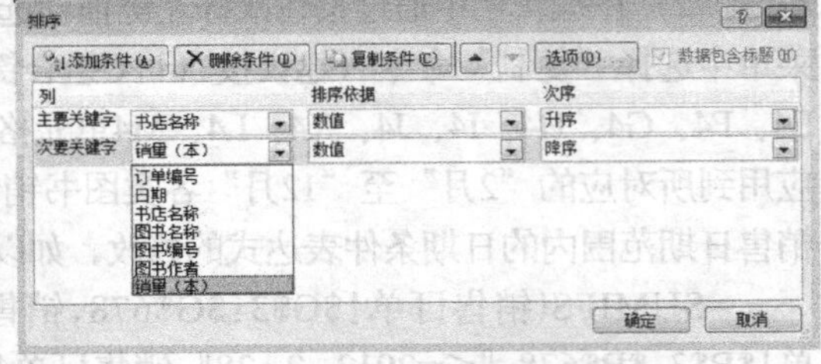

附录图A-16 “排序”对话框

① 列：可设置第一排序条件的“主要关键字”（只有一个）和其他多个排序条件的“次要关键字”（可通过上方的“添加条件”按钮或“复制条件”按钮添加多个，最多可以支持64个关键字）。如果设置了多个条件，Excel将

首先按照“主要关键字”进行排序，如果“主要关键字”相同，则按照第一“次要关键字”排序，如果第一“次要关键字”也相同，则按照第二“次要关键字”排序，以此类推。

② 排序依据：可实现根据数据列中数值、单元格颜色、字体颜色和单元格图标4类进行排序。如果是数据是按文本、数字、日期和时间排序，则直接默认选择“数值”排序依据。

③ 次序：包括升序、降序和自定义排序3项设置。默认为“升序”。

④ 数据包含标题：用于设置是否将数据记录中标题行（所选择数据单元格区域的首行）纳入排序范围。

⑤ 选项：包括设置数据排序是否需要“区分大小写”（默认不区分）；设置数据排序的方向，分“按列排序”与“按行排序”（默认按列）；设置排序的方法是按“字母排序”还是按“笔画排序”（默认按字母，但当遇到如“许”“徐”等拼音字母完全相同的字一起比较，则自动改成按笔画排序）。

在实际工作中，可能存在依据数据本身所具有的特征或趋势排序以方便查看数据。本实训实例中就是按字体颜色来实现数据排序与查看的。附录图A-17显示了1～6月各类图书的销售情况信息，其中1月各类图书销量列应用条件格式创建了图标集（四向箭头）。

以此表格为例，按照图标标记进行排序与查看数据的方法如附录图A-18所示，设置好后单击确定按钮。

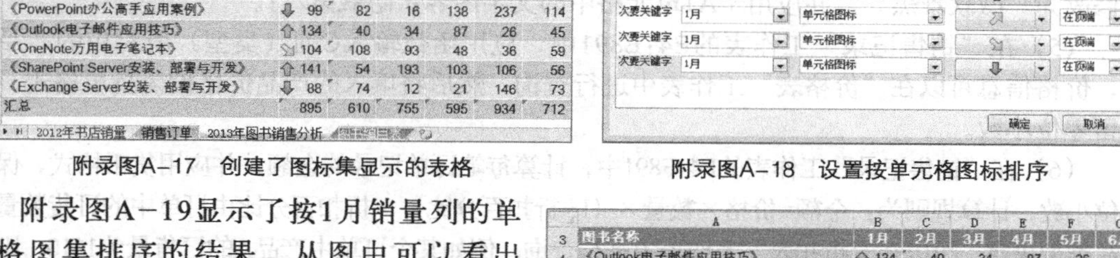

	A	B	C	D	E	F	G
3	图书名称	1月	2月	3月	4月	5月	6月
4	《Office商务办公好帮手》	126	3	33	76	132	41
5	《Word办公高手应用案例》	116	133	285	63	110	154
6	《Excel办公高手应用案例》	87	116	89	59	141	170
7	《PowerPoint办公高手应用案例》	99	82	16	138	237	114
8	《Outlook电子邮件应用技巧》	134	40	34	87	26	45
9	《OneNote万用电子笔记本》	104	108	93	48	36	59
10	《SharePoint Server安装、部署与开发》	141	54	193	103	106	56
11	《Exchange Server安装、部署与开发》	88	74	12	21	146	73
12	汇总	895	610	755	595	934	712

2012年书店销量 销售订单 2013年图书销售分析

附录图A-17 创建了图标集显示的表格　　附录图A-18 设置按单元格图标排序

附录图A-19显示了按1月销量列的单元格图集排序的结果。从图中可以看出《Outlook电子邮件应用技巧》和《SharePoint Server安装、部署与开发》两本书1月销量靠前，其次是《Office商务办公好帮手》及《Word办公高手应用案例》。有3本图书的销量不是很理想，可适当减少这几本书的库存供应量。

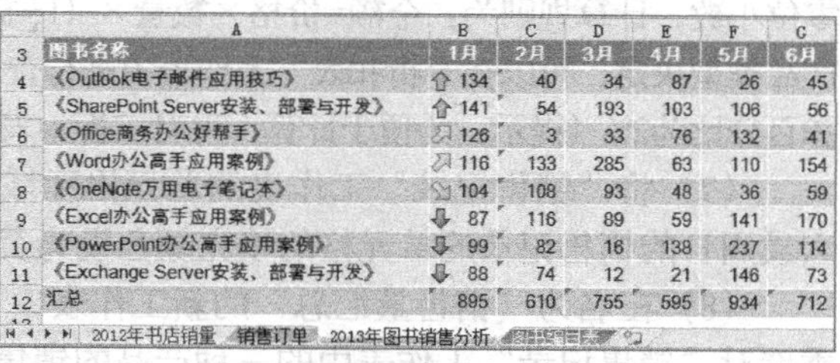

	A	B	C	D	E	F	G
3	图书名称	1月	2月	3月	4月	5月	6月
4	《Outlook电子邮件应用技巧》	134	40	34	87	26	45
5	《SharePoint Server安装、部署与开发》	141	54	193	103	106	56
6	《Office商务办公好帮手》	126	3	33	76	132	41
7	《Word办公高手应用案例》	116	133	285	63	110	154
8	《OneNote万用电子笔记本》	104	108	93	48	36	59
9	《Excel办公高手应用案例》	87	116	89	59	141	170
10	《PowerPoint办公高手应用案例》	99	82	16	138	237	114
11	《Exchange Server安装、部署与开发》	88	74	12	21	146	73
12	汇总	895	610	755	595	934	712

2012年书店销量 销售订单 2013年图书销售分析

附录图A-19 按1月销量的单元格图标集排序结果

（3）自定义序列排序：Excel除了可以实现以上设置的排序之外，还可能存在要根据某些特殊的规律来排序的情况，比如根据销售人员的职位（经理、主管、员工等）排序，则就需要通过“自定义序列”的方法创建一个特殊的顺序原则，再以此特殊顺序次序排序。参见教材第7章的扩展知识内容。

实训7 某家电企业产品销售情况统计与分析

【实训目的】

◎ 了解并认识日常办公领域企业产品销售类数据表的统计与分析基本方法。

◎ 熟练掌握Excel中获取外部数据的方法以及工作表单元格格式设置、格式样式应用操作。

◎ 熟练掌握Excel工作表中数据透视表进行数据分析的相关应用设置操作。

◎ 熟练掌握Excel中WEEKDAY、CHOOSE、LOOKUP、SUMPRODUCT 、VLOOKUP 、MATCH等函数在本实训案例中的应用。

【实训要求】

李东阳是某家用电器企业的战略规划人员，正在参与制订本年度的生产与营销计划。为此，他需要对上一年度不同产品的销售情况进行汇总和分析，从中提炼出有价值的信息。根据下列要求，帮助李东阳运用已有的原始数据完成上述分析工作。

（1）将素材文件“Excel素材.xlsx”另存为“Excel.xlsx”之后按以下操作要求进行处理。

（2）在工作表“Sheet1”中，从B3单元格开始，导入“数据源.txt”中的数据，并将工作表名称修改为“销售记录”。

（3）在“销售记录”工作表的A3单元格中输入文字“序号”，从A4单元格开始，为每笔销售记录插入“001、002、003…”格式的序号；将B列（日期）中数据的数字格式修改为只包含月和日的格式（如，3/14）；在E3和F3单元格中，分别输入文字“价格”和“金额”；对标题行区域A3:F3应用单元格的上框线和下框线，对数据区域的最后一行A891:F891应用单元格的下框线；其他单元格无边框线；不显示工作表的网格线。

（4）在“销售记录”工作表的A1单元格中输入文字“2012年销售数据”，并使其显示在A1:F1单元格区域的正中间（注意：不要合并上述单元格区域）；将“标题”单元格样式的字体修改为“微软雅黑”，并应用于A1单元格中的文字内容；隐藏第2行。

（5）在“销售记录”工作表的E4:E891中，应用函数输入C列（类型）所对应的产品价格，价格信息可以在“价格表”工作表中进行查询；然后将填入的产品价格设为货币格式，并保留零位小数。

（6）在“销售记录”工作表的F4:F891中，计算每笔订单记录的金额，并应用货币格式，保留零位小数，计算规则为：金额=价格×数量×（1–折扣百分比），折扣百分比由订单中的订货数量和产品类型决定，可以在“折扣表”工作表中进行查询，例如某个订单中产品A的订货量为1510，则折扣百分比为2%（提示：为便于计算，可对“折扣表”工作表中表格的结构进行调整）。

（7）将“销售记录”工作表的单元格区域A3:F891中所有记录居中对齐，并将发生在周六或周日的销售记录的单元格的填充颜色设为黄色。

（8）在名为“销售量汇总”的新工作表中自A3单元格开始创建数据透视表，按照月份和季度对“销售记录”工作表中的三种产品的销售数量进行汇总，在数据透视表右侧创建数据透视图，图表类型为“带数据标记的折线图”，并为“产品B”系列添加线性趋势线，显示“公式”和“R2值”（数据透视表和数据透视图的样式可参考素材文件中的“数据透视表和数据透视图.png”示例文件）；将“销售量汇总”工作表移动到“销售记录”工作表的右侧。

（9）在“销售量汇总”工作表右侧创建一个新的工作表，名称为“大额订单”；在这个工作表中使用高级筛选功能，筛选出“销售记录”工作表中产品A数量在1550以上、产品B数量在1900以上以及产品C数量在1500以上的记录（请将条件区域放置在1～4行，筛选结果放置在从A6单元格开始的区域）。

【实训实施】

1. 数据准备与格式设置

（1）打开“Excel素材.xlsx”，将其另存为“Excel.xlsx”。选中“Sheet1”工作表，选中

B3单元格，单击【数据】选项卡下【获取外部数据】组中的“自文本”按钮，弹出“导入文本文件”对话框，在该对话框中选择素材文件“数据源.txt”，然后单击“导入”按钮。在文本导入向导中：第一步选择分隔符号，单击“下一步”按钮；第二步只勾选“分隔符”列表中的“Tab 键”复选项，然后单击“下一步”按钮；第三步单击“完成”按钮，在“导入数据”对话框中直接单击确定按钮。双击Sheet1工作表名，修改为“销售记录”。

（2）选中A3单元格，输入序号。选中A列，在【开始】选项卡下【数字】组中，单击数字格式下拉按钮，选择文本。在A4单元格中输入001，鼠标放在A4单元格右下角，变成十字光标时，双击填充。选中B列，单击【开始】选项卡下【数字】组扩展按钮，在数字选项卡下，分类选择日期，类型选择“3/14”，单击确定按钮。在E3单元格输入价格，F3单元格输入金额。选中A3:F3单元格，单击【开始】选项卡下【字体】组扩展按钮，切换到边框选项卡，在边框中选中上边框和下边框，单击确定按钮。同样方法，将最后一行A891:F891应用单元格的下框线。取消勾选【视图】选项卡下【显示】组中的网格线复选框。

（3）选中A1单元格，输入2012年销售数据。选中A1:F1单元格，单击【开始】选项卡下【对齐方式】组扩展按钮，水平对齐方式选择跨列居中，单击确定按钮。单击【开始】选项卡下【样式】组中单元格样式按钮，右击标题下的标题样式，选择修改，单击格式按钮，在设置单元格格式对话框中设置字体为微软雅黑，单击确定按钮，再单击确定按钮。选中A1单元格，单击【开始】选项卡下【样式】组中单元格样式按钮，单击标题下的标题样式。选中第二行，右键单击鼠标，选择隐藏。

2. 数据处理

（1）在“销售记录”工作表中选择E4单元格，在编辑栏中输入公式：=VLOOKUP(C4,价格表!$B$2:$C$5,2,0)，按Enter键完成操作。然后利用自动的填充功能对其他单元格进行填充。选中E4:E891，单击【开始】选项卡下【数字】组扩展按钮，在数字选项卡下，分类选择货币，小数位置调整为0，单击确定按钮。

（2）选择F4单元格，在编辑栏中输入公式：

=E4*D4*(1-IF(C4=”产品A”,LOOKUP(D4,{1,1000,1500,2000},{0,0.01,0.02,0.03}),IF(C4=”产品B”,LOOKUP(D4,{1,1000,1500,2000},{0,0.02,0.03,0.04}),LOOKUP(D4,{1,1000,1500,2000},{0,0.03,0.04,0.05})))),按Enter键完成操作，然后利用自动填充对其他单元格进行填充。选中F4:F891，单击【开始】选项卡下【数字】组扩展按钮，在数字选项卡下，分类选择货币，小数位置调整为0，单击确定按钮。选中A891:F891单元格，单击【开始】选项卡下【字体】组扩展按钮，切换到边框选项卡，在边框中选中下边框，单击确定按钮。

注意：本题F4单元格中输入的公式也可以为：=D4*E4*(1-HLOOKUP(C4,折扣表!C$2:E$6, 1+IF(D4<=999,1,IF(D4<=1499,2,IF(D4<=1999,3,4))),FALSE))。读者可以思考是否还有其他解决的方法，并理解各函数的功能并灵活应用。

3. 数据查看与数据分析

（1）在“销售记录”工作表选中A3:F891单元格，单击【开始】选项卡下【对齐方式】组居中按钮。选中A3:F891单元格，单击【开始】选项卡下【样式】组“条件格式”下拉按钮，选择新建规则，选择使得公式确定要设置格式的单元格，在编辑规则说明中输入：

=WEEKDAY($B4,2)>5，单击格式按钮，在设置单元格格式中选择填充下的黄色，单击确定按钮，再单击确定按钮。

（2）在“销售记录”工作表选中A3单元格，单击【插入】选项卡下【表格】组中数据透视表，在弹出的对话框中直接单击确定按钮。在所产生的Sheet1工作表中的“数据透视表字段列表”中，将日期拖动到行标签，类型拖动到列标签，数量拖动到数值区域。右键单击A5单元格，选择“创建组”，在步长中选择“月”和“季度”，单击确定按钮。双击Sheet1工作表名，修改为：销售量汇总，然后拖动工作表到销售记录后面。

（3）在“销售量汇总”工作表中选中A6单元格，在【插入】选项卡下【图表】组中单击“折线图”下拉按钮，选择“带数据标记的折线图”。选中产品B系列，右键单击鼠标，在弹出的快捷菜单中选择“添加趋势线”，类型选择“线性”，并勾选“显示公式”和“显示R平方值”复选框，单击“关闭”按钮。在【布局】选项卡下【标签】组中单击“图例”按钮，选择“在底部显示图例”选项。在【布局】选项卡下的【坐标轴】组中单击“网格线”下拉按钮，选择“主要横网格线”中的“无”，取消主要网格线显示。右键单击垂直轴，选择设置坐标轴格式，设置最小值固定为20000.0，最大值固定为50000.0，主要刻度单位固定为10000.0，单击“关闭”按钮。手动调整公式的位置和数据透视图的大小。

（4）右键单击“价格表”工作表标签，选择插入，单击确定按钮，将该工作表命名为“大额订单”。在A1:B4单元格分别输入：类型，数量，产品A，>1550，产品B，>1900，产品C，>1500。选中“大额订单”工作表中A6单元格，在【数据】选项卡下【排序和筛选】组中单击“高级”按钮，在弹出的“高级筛选”对话框中将“方式”设置为：将筛选结果复制到其他位置；将“列表区域”设置为：销售记录!$A$3:$F$891；将“条件区域”设置为：大额订单!$A$1:$B$4；将“复制到”设置为大额订单!$A$6。单击确定按钮，调整金额列列宽以适应数据的显示。保存并关闭文件。

【实训拓展】

（1）多条件求SUMIFS和SUMPRODUCT函数应用。

日常办公领域中，数据处理经常要用到多条件求和，方法有多种。第一类：使用基本功能来实现，主要包括筛选、分类汇总、数据透视表、多条件求和向导。第二类：使用公式来实现，主要包括使用SUM函数编写的数组公式、使用SUMPRODUCT函数、使用SUMIFS函数等。下面结合附录图A-20中数据素材对本实训SUMPRODUCT函数的应用进行小结与拓展。

	A	B	C	D	E	F	G
1	职工号	姓名	性别	职称	基本工资	加班标准	加班时数
2	S1001	符蓉辉	女	中级	3800	15	2
3	S1002	易宇华	男	高级	5500	20	3
4	S1003	王琼诗	男	初级	3200	12	4
5	S1004	李建	男	初级	3200	12	2
6	S1005	张远航	男	初级	3200	12	2
7	S1006	李雪	女	中级	3800	15	3
8	S1007	易习豪	男	高级	5500	20	4
9	S1008	王翠萍	女	高级	5500	20	4
10	S1009	王涛	男	中级	3800	15	2
11	S1010	龙亮	男	高级	5500	20	3
12	S1011	单雨晴	女	高级	5500	20	4

附录图A-20　SUMPRODUCT函数应用素材

① SUMPRODUCT函数基本用法。

SUMPRODUCT(array1,array2,array3…) 函数返回相应的数组或区域的乘积之和。其中Array1，array2，array3…是2 到255个数组，所有数组维数（即引用区域范围）必须一样。

比如，公式=SUMPRODUCT(F2:F12,G2:G12)表示将两个数组区域所有元素对应相乘，然后把乘积相加。即F2*G2+F3*G3+…+F12*G12，结果是员工加班的总费用为561。

② SUMPRODUCT函数用于多条件计数。

SUMPRODUCT((条件1)* (条件2)* (条件3)*…*(条件n)) 函数返回同时满足条件1、条件2到条件n的记录数。要求各条件参数的维数必须一样。

比如，公式=SUMPRODUCT((C2:C12="女")*(D2:D12="高级"))表示统计女性高级职员工人数。其计算结果为2。该统计处理也可以用公式=COUNTIFS(C2:C12,"女",D2:D12,"高级")来替代实现。

③ SUMPRODUCT函数用于多条件求和。

SUMPRODUCT((条件1)* (条件2)* (条件3)*…*(条件n) *(汇总区域)) 函数返回同时满足条件1、条件2到条件n的指定区域的数据之和。要求各参数的维数必须一样。

比如，公式：=SUMPRODUCT((C2:C12="男")*(D2:D12="初级")*(E2:E12))，表示统计男性初级职称员工的基本工资总和，其计算结果为9600。该统计处理也可以用公式：=SUMIFS(E2:E12,C2:C12,"男",D2:D12,"初级")来替代实现。

若公式修改成=SUMPRODUCT((C2:C12="男")*(D2:D12={"初级","中级"})*(E2:E12)),则表示的是男性初级或中级职称员工的基本工资总和。该统计处理也可以用公式：=SUM(SUMIFS(E2:E12,C2:C12,"男",D2:D12,{"初级","中级"}))来替代实现。

（2）本实训中函数WEEKDAY、CHOOSE、LOOKUP、SUMPRODUCT、VLOOKUP 、MATCH等的基本知识可参见本书附录B的阐述与说明进行拓展学习。

实训8 某公司产品销售情况统计与分析

【实训目的】

◎ 了解并认识日常办公领域公司产品销售类数据表的统计与分析方法。

◎ 熟练掌握运用SUM、RANK、COUNTIFS、LARGE、MAX等公式与函数实现销售业绩的数据计算处理。

◎ 熟练掌握运用图表、数据透视表进行销售数据的数据分析工作，并掌握图表与数据透视表的设置方法与操作。

【实训要求】

销售部助理小王需要针对公司上半年产品销售情况进行统计分析，并根据全年销售计划执行情况进行评估。按照如下要求完成该项工作。

（1）打开素材文件“Excel素材.xlsx”，将其另存为“Excel.xlsx” （“.xlsx”为扩展名），之后所有的操作均基于此文件展开。

（2）在“销售业绩表”工作表的“个人销售总计”列中，通过公式计算每名销售人员1月～6月的销售总和。

（3）依据“个人销售总计”列的统计数据，在“销售业绩表”工作表的“销售排名”列中通过公式计算每人销售业绩并进行排行，个人销售总计排名第一的，显示“第1名”；个人销售总计排名第二的，显示“第2名”；依此类推。

（4）在“按月统计”工作表中，利用公式计算1月～6月的销售达标率，即销售额大于60000元的人数所占比例，并填写在“销售达标率”行中。要求以百分比格式显示数据，并保留2位小数。

（5）在“按月统计”工作表中，分别通过公式计算各月排名第1、第2和第3的销售业绩，

并填写在“销售第一名业绩”“销售第二名业绩”和“销售第三名业绩”所对应的单元格中。要求使用人民币会计专用数据格式，并保留2位小数。

(6) 依据“销售业绩表”中的数据明细，在“按部门统计”工作表中创建一个数据透视表，并将其放置于A1单元格。要求可以统计出各部门的人员数量，以及各部门的销售额占销售总额的比例。数据透视表效果可参考“按部门统计”工作表中的样例。

(7) 在“销售评估”工作表中创建一标题为“销售评估”的图表，借助此图表可以清晰反映每月“A类产品销售额”和“B类产品销售额”之和，与“计划销售额”的对比情况。图表效果可参考“销售评估”工作表中的样例。

【实训实施】

1. 数据处理

(1) 打开素材文件“Excel素材.xlsx”，单击【文件】选项卡，选择“另存为”。在弹出的对话框里输入文件名“Excel.xlsx”，单击“保存”按钮。进入“销售业绩表”工作表，选中J3单元格，在编辑栏中输入公式：=SUM(D3:I3)，按Enter键进行计算，向下拖动自动填充柄，填充至J46单元格。

(2) 在“销售业绩表”工作表选中K3单元格，在编辑栏中输入公式：=RANK(J3, $J$3:$J$46,0)，按Enter键进行计算，选中K3单元格，单击【开始】选项卡下【数字】组中的扩展按钮，在“分类”中选择“自定义”，设置类型为："第"G/通用格式"名"，单击“确定”按钮（或者直接在K3单元格输入公式：="第"&RANK([@六月份],[六月份],0)&"名"，直接实现个人销售总计排名的数据处理效果）。向下拖动自动填充柄，填充至K46单元格。

(3) 进入“按月统计”工作表，选中B3单元格，在编辑栏中输入公式：=COUNTIFS(销售业绩表!D$3:D$46,">60000")/COUNT(销售业绩表!D$3:D$46)，按Enter键进行计算，选中B3单元格，单击【开始】选项卡下【数字】组中的扩展按钮，在“分类”中选择“百分比”，小数位数为2，单击“确定”按钮。向右拖动自动填充柄，填充至G3单元格。

(4) 选中B4单元格，在编辑栏中输入公式：=MAX(销售业绩表!D$3:D$46)，按Enter键进行计算。选中B5单元格，在编辑栏中输入公式：=LARGE(销售业绩表!D$3:D$46,2)，按Enter键进行计算。选中B6单元格，在编辑栏中输入公式：=LARGE(销售业绩表!D$3:D$46,3)，按Enter键进行计算。选中B4:B6单元格，单击【数字】组中的扩展按钮，在“分类”中选择“会计专用”，设置小数位数为2，货币符号设置为￥，单击确定按钮。保持B4:B6单元格被选中的状态，向右拖动自动填充柄，填充到G6单元格。

2. 数据分析

(1) 在“销售业绩表”工作表中，选中A2单元格，单击【插入】选项卡下【表格】组中的“数据透视表”按钮，在“选择放置数据透视表的位置”选中“现有工作表”，位置设置为按部门统计!$A$1，单击“确定”按钮。

(2) 将“销售团队”字段拖动到行标签，“销售排名”拖动到数值，再拖动“个人销售总计”到数值（注意先后顺序）。选中A1单元格，在编辑栏修改为部门，按Enter键。

(3) 在“数据透视表字段列表”对话框的“数值”区域，选中“销售排名”字段，选择“值字段设置”，在弹出的对话框中，计算类型选择“计数”，修改自定义名称为“销售团队人数”，单击“确定”按钮。在“数值”区域，选中“个人销售总计”字段，选择“值字段设

置”，在弹出的对话框中，修改自定义名称为“各部门所占销售比例”，切换到【值显示方式】选项卡，单击“值显示方式”下拉列表按钮，选择“列汇总的百分比”，单击“确定”按钮。

（4）在“销售评估”工作表中，选中A2:G5数据区域，单击【插入】选项卡下【图表】组中的“柱形图”下拉按钮，选择“堆积柱形图”。选中“计划销售额”系列数据，右键单击鼠标，选择“设置数据系列格式”，在“系列选项”中，设置“系列绘制在”次坐标轴，分类间距设置为50%。切换到【填充】选项卡，选择“无填充”，切换到【边框颜色】选项卡，设置为实线、红色，切换到【边框样式】选项卡，设置宽度为2磅，单击关闭按钮，手动调整图表大小和位置。

（5）单击【图表工具】选项卡下【布局】中【坐标轴】组中的“坐标轴”下拉按钮，选择“次要纵坐标轴”，选择“无”。单击【图表工具】选项卡下【布局】中【标签】组中“图例”下拉按钮，选择“在底部显示图例”。单击“图表标题”下拉按钮，选择“图表上方”，输入标题：销售评估。

（6）右键单击主要纵坐标轴区域，选择“设置坐标轴格式”。在弹出的“设置坐标轴格式”对话框中，选中“主要刻度单位”右侧的“固定”单选按钮，在文本框中输入“500000.00”，单击“关闭”按钮。单击“保存”按钮，保存文件。

【实训拓展】

在日常工作中，用Excel根据现有数据制作图表后，原始数据区域会随着时间推移，实际数据不断在持续增加，数据增加后需要手动更新图表的数据源。我们需要了解如何利用Excel自身的功能实现图表与原始数据联动的动态图表，以便提高图表分析应用的效率。

以公司员工销售额数据为例，制作公司员工销售额情况动态图表，一般方法如下。

（1）在员工销售额清单工作表中选择数据区域A1:A12，单击【插入】选项卡下【图表】组中的“柱形图”下拉按钮，选择“簇状柱形图”，如附录图A-21所示。在当前工作表中就会出现员工的销售情况柱形图，蓝色的系列柱子为“数量”，横轴为“姓名”。此时，在已有数据后增加新的记录数据，柱形图不会同步更新变化。

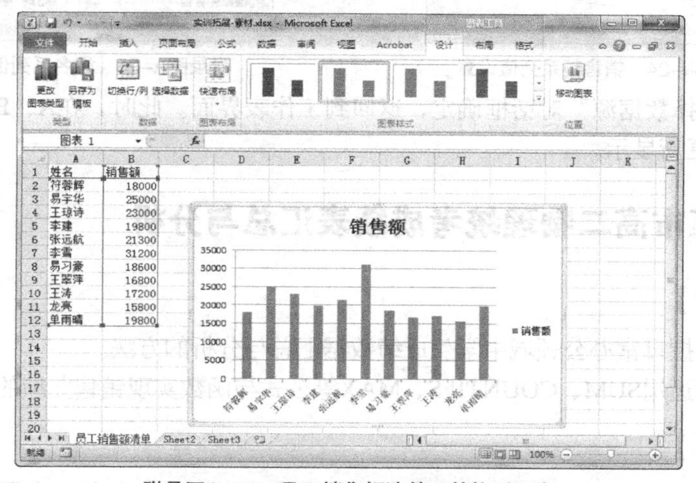

附录图A-21 员工销售额清单及其柱形图表

（2）动态图表设置，首先需要对数据区域引用定义名称。单击【公式】选项卡下【定义的名称】组中的“定义名称”按钮，在弹出的“新建名称”对话框中定义一个名称为

“姓名”的引用区域，其引用位置公式为：=OFFSET(销售图表!$A$2,,,COUNTA(销售图表!$A:$A)−1,1)，如附录图A−22所示。同样的方法，定义一个名称为“销售额”引用区域，其引用公式为：=OFFSET(销售图表!$B$2,,,COUNTA(销售图表!$A:$A)−1,1)。

注意：该引用位置公式是利用OFFSET函数定义一个引用区域，从A2开始的A列中所有有数据的区域。函数中“销售图表!$A$2”参数代表引用区域起始单元格位置，“COUNTA(销售图表!$A:$A)−1”参数是利用统计函数COUNTA计算获得A列中有数据的单元格个数（除A1列标题外）。

（3）在图表上用鼠标右键单击，选择“选择数据”项，弹出“选择数据源”对话框，如附录图A−23所示。依次按照图示中的序号进入到销售额图例项与姓名水平轴标签设置相应数据系列。

（4）先选中“销售额”系列，单击“编辑”，将系列值改成如附录图A−24所示的“=销售图表!销售额”，并单击“确定”按钮。再单击右侧水平轴标签对应的“编辑”，将系列值改成如附录图A−25所示的“=销售图表!姓名”，并单击“确定”按钮。

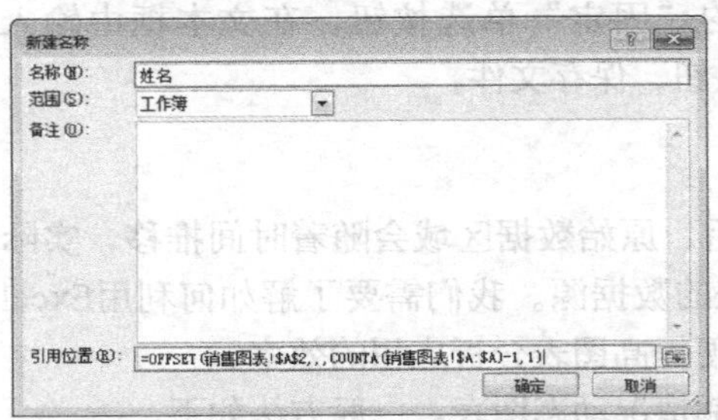

附录图A−22　定义图表引用数据的区域名称

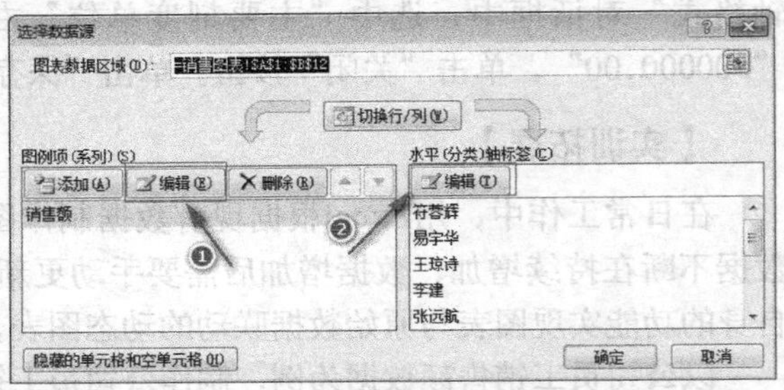

附录图A−23　图表“选择数据源”对话框设置

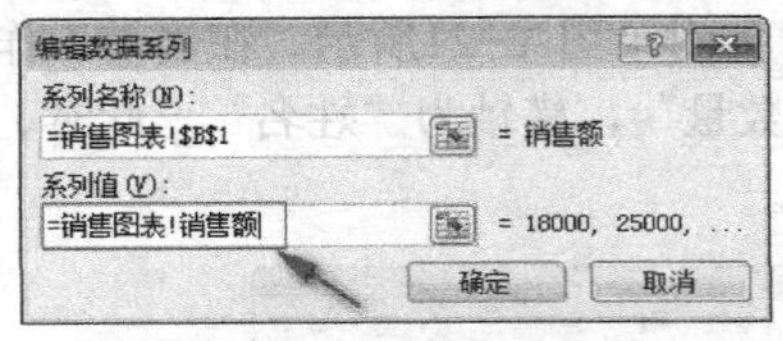

附录图A−24　销售额系列值设置

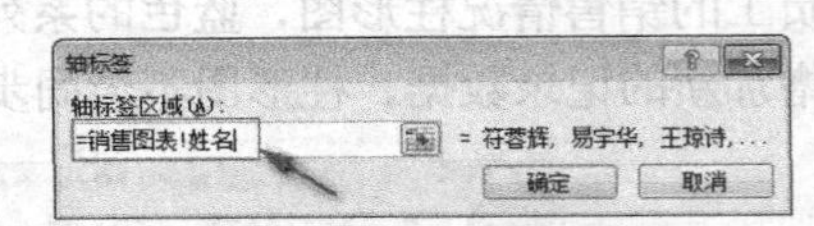

附录图A−25　姓名系列值设置

（5）将“选择数据源”对话框确定，返回到工作表界面。此时，在A、B列后添加一行数据，则图表自动更新显示。

实训9　某市高二物理统考成绩表汇总与分析

【实训目的】

◎ 了解并掌握日常办公领域中学生成绩数据汇总与分析的方法。

◎ 熟练掌握运用SUM、COUNTIFS、MAX等公式与函数实现销售业绩的数据计算处理。

【实训要求】

滨海市对重点中学组织了一次物理统考，并生成了所有考生和每一个题目的得分。市教委要求小罗老师根据已有数据，统计分析各学校及班级的考试情况。请根据素材文件“素材.xlsx”中的数据，帮助小罗完成此项工作。具体要求如下。

（1）将“素材.xlsx”另存为“滨海市2015年春高二物理统考情况分析.xlsx”文件，后续操作均基于此文件。

（2）利用“成绩单”“小分统计”和“分值表”工作表中的数据，完成“按班级汇总”和“按学校汇总”工作表中相应空白列的数值计算。具体提示如下。

① “考试学生数”列必须利用公式计算，“平均分”列由“成绩单”工作表数据计算得出。

② “分值表”工作表中给出了本次考试各题的类型及分值（备注：本次考试一共50道小题，其中1～40为客观题，41～50为主观题）。

③ “小分统计”工作表中包含了各班级每一道小题的平均得分，通过其可计算出各班级的“客观题平均分”和“主观题平均分”（备注：由于系统生成每题平均得分时已经进行了四舍五入操作，因此通过其计算“客观题平均分”和“主观题平均分”之和时，可能与根据“成绩单”工作表的计算结果存在一定误差）。

④ 利用公式计算“按学校汇总”工作表中的“客观题平均分”和“主观题平均分”，计算方法为：每个学校的所有班级相应平均分乘以对应班级人数，相加后再除以该校的总考生数。

⑤ 计算“按学校汇总”工作表中的每题得分率，即：每个学校所有学生在该题上的得分之和除以该校总考生数，再除以该题的分值。

⑥ 所有工作表中“考试学生数”“最高分”“最低分”显示为整数；各类平均分显示为数值格式，并保留2位小数；各题得分率显示为百分比数据格式，并保留2位小数。

（3）新建“按学校汇总2”工作表，将“按学校汇总”工作表中所有单元格数值转置复制到新工作表中。

（4）将“按学校汇总2”工作表中的内容套用表格样式为“表样式中等深浅12”；将得分率低于80%的单元格标记为“浅红填充色深红色文本”格式，将介于80%和90%之间的单元格标记为“黄填充色深黄色文本”格式。

【实训实施】

1. 数据处理与分析

（1）打开素材文件“素材.xlsx”，单击【文件】选项卡，选择“另存为”。在弹出的对话框里输入文件名“滨海市2015年春高二物理统考情况分析.xlsx”，单击“保存”按钮。

（2）进入“按班级汇总”工作表，灵活运用数组公式进行“考试学生数”“最高分”“最低分”及“平均分”数据的计算处理。

① 选中C2单元格，利用条件计次数函数COOUNTIFS进行计算处理，在编辑栏中输入公式：=COUNTIFS(成绩单!$A$2:$A$950,A2,成绩单!$B$2:$B$950,B2)，按Enter键进行计算，向下拖动自动填充柄，填充至C33单元格（或鼠标快速双击填充柄自动填充）。

② 选中D2单元格，通过MAX和IF函数运用数组公式进行计算，在编辑栏中输入公式：=MAX(IF((成绩单!$A$2:$A$950=A2)*(成绩单!$B$2:$B$950=B2),(成绩单!$D$2:$D$950)))，该公式为数组公式，按Ctrl+Shift+Enter组合键进行计算。向下拖动自动填充柄，填充至D33单元格。

③ 选中E2单元格，通过MIN和IF函数运用数组公式进行计算，在编辑栏中输入公式：=MIN(IF((成绩单!$A$2:$A$950=A2)*(成绩单!$B$2:$B$950=B2),(成绩单!$D$2:$D$950)))，按Ctrl+Shift+Enter组合键进行计算。向下拖动自动填充柄，填充至E33单元格。

④ 选中F2单元格，通过AVERAGE和IF函数运用数组公式进行计算，在编辑栏中输

入公式：=AVERAGE(IF((成绩单!$A$2:$A$950=A2)*(成绩单!$B$2:$B$950=B2),(成绩单!$D$2:$D$950)))，按Ctrl+Shift+Enter组合键进行计算。向下拖动自动填充柄，填充至F33单元格。

（3）选中G2单元格，在编辑栏中输入公式：=SUM(小分统计!C2:AP2)，按Enter键进行计算。向下拖动自动填充柄，填充至G33单元格。选中H2单元格，在编辑栏中输入公式：=SUM(小分统计!AQ2:AZ2)，按Enter键进行计算。向下拖动自动填充柄，填充至H33单元格。选中F2:H33单元格，单击【开始】选项卡下【数字】组中的扩展按钮，在“分类”中选择数值，设置小数位数为2，单击“确定”按钮。

（4）进入“按学校汇总”工作表，结合SUMIFS、SUM、MAX、MIN、AVERAGE、IF函数灵活运用数组公式进行“考试学生数”“最高分”“最低分”“平均分”“客观题平均分”及“主观题平均分”数据的计算处理。

① 选中B2单元格，在编辑栏中输入公式：=SUMIFS(按班级汇总!$C$2:$C$33,按班级汇总!$A$2:$A$33,A2)，按Enter键进行计算。向下拖动自动填充柄，填充至B5单元格。

② 选中C2单元格，在编辑栏中输入公式：=MAX(IF((按班级汇总!$A$2:$A$33=A2),(按班级汇总!$D$2:$D$33)))，按Ctrl+Shift+Enter组合键进行计算。向下拖动自动填充柄，填充至C5单元格。

③ 选中D2单元格，在编辑栏中输入公式：=MIN(IF((按班级汇总!$A$2:$A$33=A2),(按班级汇总!$E$2:$E$33)))，按Ctrl+Shift+Enter组合键进行计算。向下拖动自动填充柄，填充至D5单元格。

④ 选中E2单元格，在编辑栏中输入公式：=AVERAGE (IF ((按班级汇总!$A$2:$A$33=A2),(按班级汇总!$F$2:$F$33)))，按Ctrl+Shift+Enter组合键进行计算，或者输入公式：=AVERAGEIFS(成绩单!$D$2:$D$950,成绩单!$A$2:$A$950,A2)进行计算。向下拖动自动填充柄，填充至E5单元格。

⑤ 选中F2单元格，在编辑栏中输入公式：=SUM((按班级汇总!$A$2:$A$33=A2)*(按班级汇总!$C$2:$C$33)*(按班级汇总!$G$2:$G$33))/B2，按Ctrl+Shift+Enter组合键进行计算。向下拖动自动填充柄，填充至F5单元格。

⑥ 选中G2单元格，在编辑栏中输入公式：=SUM((按班级汇总!$A$2:$A$33=A2)*(按班级汇总!$C$2:$C$33)*(按班级汇总!$H$2:$H$33))/B2，按Ctrl+Shift+Enter组合键进行计算。向下拖动自动填充柄，填充至G5单元格。选中E2:G5单元格，单击【开始】选项卡下【数字】组中的扩展按钮，在“分类”中选择数值，设置小数位数为2，单击“确定”按钮。

（5）在“按学校汇总”工作表中，灵活运用数组公式并结合SUM函数实现符合要求区域的数据统计求和，计算处理各题得分率。

① 选中H2单元格，在编辑栏中输入公式：=SUM((按班级汇总!$A$2:$A$33=$A$2)*(小分统计!C$2:C$33)*(按班级汇总!$C$2:$C$33))/($B$2*分值表!B$3)，按Ctrl+Shift+Enter组合键进行计算。

② 选中H3单元格，在编辑栏中输入公式：=SUM((按班级汇总!$A$2:$A$33=$A$3)*(小分统计!C$2:C$33)*(按班级汇总!$C$2:$C$33))/($B$3*分值表!B$3)，按Ctrl+Shift+Enter组合键进行计算。

③ 选中H4单元格，在编辑栏中输入公式：=SUM((按班级汇总!$A$2:$A$33=$A$4)*(小分统计!C$2:C$33)*(按班级汇总!$C$2:$C$33))/($B$4*分值表!B$3)，按Ctrl+Shift+Enter组合键进行计算。

④ 选中H5单元格，在编辑栏中输入公式：=SUM((按班级汇总!$A$2:$A$33=$A$5)*(小分统计!C$2:C$33)*(按班级汇总!$C$2:$C$33))/($B$5*分值表!B$3)，按Ctrl+Shift+Enter组合键进行计算。

注意：H2～H5 单元格中公式是实现各中学第1题得分率的统计计算，公式引用区域与计算方法基本相同，可以在列出H2计算公式后，通过编辑栏复制公式文本，粘贴到H3～H5单元格后在编辑栏修改公式实现，以便更加快速实现相似数据的处理计算。

⑤ 选中H2:H5单元格，单击【数字】组中的扩展按钮，在“分类”中选择“百分比”，设置小数位数为2，单击“确定”按钮。

⑥ 保持H2:H5单元格被选中的状态，向右拖动自动填充柄，填充其余单元格。

2. 数据汇总与查看

（1）在“按学校汇总”工作表中，选中A1:BE5单元格（可光标定位于数据区域后按Ctrl+A全选），右键单击选中的数据，选择复制。单击工作表标签最右侧的“插入工作表”，右键单击A1单元格，在“粘贴选项”中选择“选择性粘贴”。

（2）在弹出的对话框中，选中“格式”单选按钮的同时勾选“转置”复选框，单击确定按钮。再次右键单击A1单元格，在“粘贴选项”中选择“选择性粘贴”。在弹出的对话框中，选中“数值”单选按钮的同时勾选“转置”复选框，单击确定按钮。双击Sheet1工作表标签，输入“按学校汇总2”。

（3）在“按学校汇总2”工作表中选中A1:E57单元格，单击【开始】选项卡下【样式】组中的“套用表格格式”下拉按钮，选择“表样式中等深浅12”，在弹出的对话框中单击确定按钮。

（4）选中B8:E57单元格，单击【样式】组中的“条件格式”下拉按钮，选择“突出显示单元格规则”中的“小于”。弹出“小于”对话框，在文本框中输入“80.00%”，单击“设置为”下拉按钮，选择“浅红填充色深红色文本”，单击确定按钮。再次单击【样式】组中的“条件格式”下拉按钮，选择“突出显示单元格规则”中的“介于”。弹出“介于”对话框，在文本框中分别输入“80.00%”和“90.00%”，单击“设置为”下拉按钮，选择“黄填充色深黄色文本”，单击“确定”按钮。单击保存按钮，保存文件。

【实训拓展】

用Excel进行数据处理除了应用基本的函数、公式外，也常用到数组公式。数组公式，一般是指对一组或多组值执行多重计算，并返回一个或多个结果。直观的来看，引用了数组（可以是一个或多个数值，或是一组或多组数值），并在编辑栏可以看到以“{ }”括起来的公式就是数组公式。而数组公式的作用就是对一组（单个数据可以看成是一组）、多组数据进行处理，然后得到想要的结果。

1. 如何输入数组公式

在Excel中要输入数组公式，必须以特定的方法来输入。在某个单元格输入数组公式的方法如下：①在编辑栏输入完整的公式，并使编辑栏仍处在编辑状态；②按下Ctrl+Shift+Enter快捷键。经过以上两步操作以后，编辑栏会自动脱离编辑状态，并且选中单元格后，在编辑栏可以看到公式的两端有“{}”符号标记，如附录图A-26所示，而双击进入公式的编辑状态时，你会发现“{}”符号是不存在的。B5单元格中利用数组公式实现了三类产品的总销售额计算。

2. 数组公式的作用

以附录图A−26中的内容为例，假设某公司销售三类产品，其各产品的销售数量与价格如附录图A−26中所示，现在要计算总销售额。一般情况下应如何处理？在B4输入“=B2*B3”，然后填充至D4单元格，这样B4、C4、D4就分别是每类产品的销售额，然后在B5单元格再输入“=SUM(B4:D4)”，这样总销售额就计算好了。该常规处理方式肯定正确无误，然而，当实际工作中公司销售产品有很多，数据量大时，该方法的工作量就会显得繁琐。此时利用数据公式进行处理效率会更高。

本例中数组公式 “{=SUM(B2:D2*B3:D3}”，其作用就是计算B2*B3、C2*C3以及D2*D3的和。而B2:D2*B3:D3便是一个数组，其中包含三个元素，各元素的值就分别是各项的乘积。为了更好地理解数组，我们分别在B4、C4、D4单元格中分别输入=B2*B3、=C2*C3、=D2*D3，B7、C7、D7单元格中全部输入=B2:D2*B3:D3，结果如附录图A−27所示。从图中可以看到，第4行和第7行的计算结果是一样的，这就是数组的效果，数组会根据当前单元格所在位置自动取数组中对应序列的数值，如果将“=B2:D2*B3:D3”算式输入到其他的列中（非B、C、D列），这时会看到“#VALUE!”的错误数值结果，因为在其他列时，Excel无法判断该取数组中的哪一个数值。

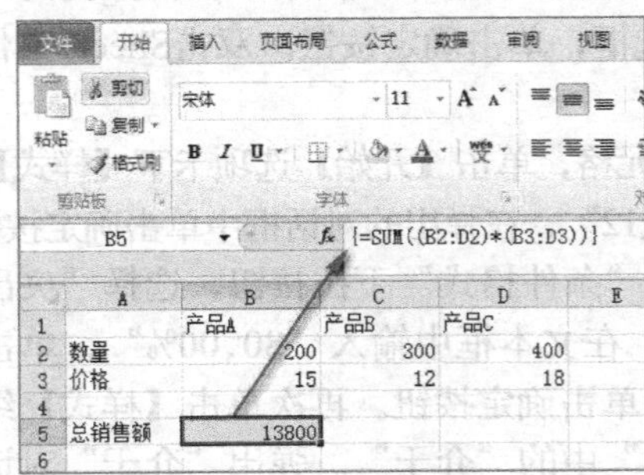

附录图A−26　在B5单元格中输入数组公式

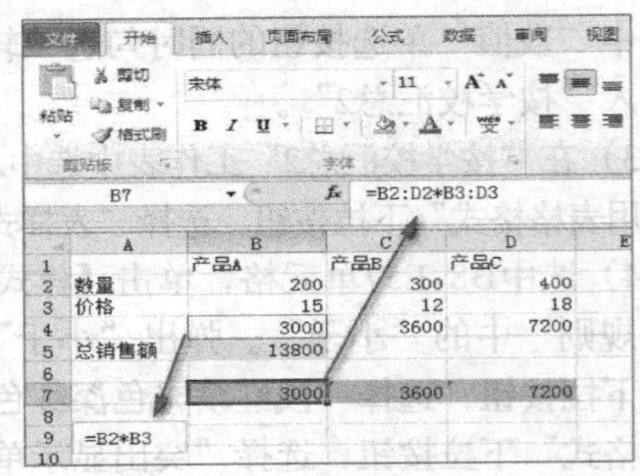

附录图A−27　数组公式分析

实训10　制作介绍日月潭旅游的演示文稿

【实训目的】

◎ 了解并认识宣传演示文稿制作的基本方法与流程。

◎ 熟练掌握幻灯片版式、主题的应用及设置。

◎ 熟练掌握演示文稿的图片、SmartArt图形、表格、艺术字等插入和编辑方法。

◎ 熟练掌握幻灯片切换效果、演示文稿放映方式及编号等设置方法。

【实训要求】

文小雨加入了学校的旅游社团组织，正在参与组织暑期到中国台湾地区日月潭的夏令营活动，现在需要制作一份关于日月潭的演示文稿。根据以下要求，并参考“参考图片.docx”文件中的样例效果，完成演示文稿的制作。

（1）新建一个空白演示文稿，保存时命名为“PPT.pptx”（“.pptx”为扩展名），此后的操作均基于此文件。

（2）演示文稿包含8张幻灯片，第1张版式为“标题幻灯片”，第2、第3、第5和第6张为

“标题和内容版式”，第4张为“两栏内容”版式，第7张为“仅标题”版式，第8张为“空白”版式；每张幻灯片中的文字内容，可以从素材文件“PPT_素材.docx”文件中找到，并参考样例效果将其置于适当的位置；对所有幻灯片应用名称为“流畅”的内置主题；将所有文字的字体统一设置为“幼圆”。

（3）在第1张幻灯片中，参考样例将素材文件“图片1.png”插入到适合的位置，并应用恰当的图片效果。

（4）将第2张幻灯片中标题下的文字转换为SmartArt图形，布局为“垂直曲型列表”，并应用“白色轮廓”的样式，字体为幼圆。

（5）将第3张幻灯片中标题下的文字转换为表格，表格的内容参考样例文件，取消表格的标题行和镶边行样式，并应用镶边列样式；表格单元格中的文本水平和垂直方向都居中对齐，中文设为“幼圆”字体，英文设为“Arial”字体。

（6）在第4张幻灯片的右侧，插入素材文件“图片2.png”的图片，并应用“圆形对角，白色”的图片样式。

（7）参考样例文件效果，调整第5和第6张幻灯片标题下文本的段落间距，并添加或取消相应的项目符号。

（8）在第5张幻灯片中，插入素材文件“图片3.png”和“图片4.png”，参考样例文件，将他们置于幻灯片中适合的位置；将“图片4.png”置于底层，并对“图片3.png”（游艇）应用“飞入”的进入动画效果，以便在播放到此张幻灯片时，游艇能够自动从左下方进入幻灯片页面；在游艇图片上方插入“椭圆形标注”，使用短划线轮廓，并在其中输入文本“开船喽！”，然后为其应用一种适合的进入动画效果，并使其在游艇飞入页面后能自动出现。

（9）在第6张幻灯片的右上角，插入素材文件“图片5.gif”，并将其到幻灯片上侧边缘的距离设为0厘米。

（10）在第7张幻灯片中，插入素材文件“图片6.png”“图片7.png”和“图片8.png”，参考样例文件，为其添加适当的图片效果并进行排列，将他们顶端对齐，图片之间的水平间距相等，左右两张图片到幻灯片两侧边缘的距离相等；在幻灯片右上角插入素材文件“图片9.gif”，并将其顺时针旋转300度。

（11）在第8张幻灯片中，将素材文件“图片10.png”设为幻灯片背景，并将幻灯片中的文本应用一种艺术字样式，文本居中对齐，字体为“幼圆”；为文本框添加白色填充色和透明效果。

（12）为演示文稿第2～8张幻灯片添加“涟漪”的切换效果，首张幻灯片无切换效果；为所有幻灯片设置自动换片，换片时间为5秒；为除首张幻灯片之外的所有幻灯片添加编号，编号从“1”开始。

【实训实施】

1. 演示文稿全局设计

（1）新建一个Microsoft PowerPoint 2010文档，并以“PPT.pptx”为名称进行保存。

（2）单击【开始】选项卡下【幻灯片】组中“新建幻灯片”下拉按钮，选择“标题幻灯片”。按同样方法根据实训制作要求新建第2～第8张幻灯片，使得第2、第3、第5和第6张为“标题和内容”版式，第4张为“两栏内容”版式，第7张为“仅标题”版式，第8张为“空白”版式。

（3）在【设计】选项卡下的【主题】组中，单击下拉按钮，选择主题样式为“流畅”。

（4）按照素材文件“参考图片.docx”中的样例，将“PPT_素材.docx”中的内容复制到相应幻灯片中，删除多余的空格，适当调整位置。

（5）选择【大纲】选项卡，将光标定位到大纲视图下，按Ctrl+A全选文字，在【开始】选项卡【字体】组中设置字体为幼圆，切换到幻灯片选项卡下。

2. 演示文稿内容设计

（1）选中第1张幻灯片，单击【插入】选项卡下【图像】组中的“图片”按钮，弹出“插入图片”对话框，选择素材文件“图片1.png”，单击“插入”按钮。将图片移动到合适位置。单击【图片工具|格式】选项卡下【图片样式】组中“图片效果”下拉按钮，将鼠标移动到“柔化边缘”选项，在右侧选择50磅。

（2）单击第2张幻灯片，选中标题下的文字，右键单击，选择“转换为SmartArt”中的“其他SmartArt图形”。弹出“选择SmartArt图形”对话框，选择“列表”中的“垂直曲型列表”。单击【SmartArt工具】|【设计】选项卡下【SmartArt样式】组中的“白色轮廓”。选中整个SmartArt图形，单击【开始】选项卡下【字体】组中的“字体”下拉按钮，选择“幼圆”。

（3）选中第3张幻灯片，将内容文本框内的文字删除，单击内容文本框内“插入表格”按钮，在弹出的对话框中，输入列数为4，行数为4，单击“确定”按钮。单击【表格工具】|【设计】选项卡下表格样式组中的“其他”下拉按钮，选择“浅色样式3−强调1”。按照“参考图片.docx”中的样例，输入表格内容，在【表格样式选项】组中取消“标题行”和“镶边行”的勾选，勾选“镶边列”。选中表格，单击【表格工具】|【布局】选项卡，单击【对齐方式】组中“居中”和“垂直居中”按钮。单击【开始】选项卡下【字体】组中的扩展按钮，弹出“字体”对话框，西文字体设为“Arial”，中文字体为“幼圆”，单击“确定”按钮。

（4）选中第4张幻灯片右侧内容区，单击【插入】选项卡下【图像】组中的“图片”按钮，弹出“插入图片”对话框，选择素材文件“图片2.png”，单击“插入”按钮。单击【绘图工具】|【格式】选项卡下【图片样式】组中的“其他”扩展按钮，选择“圆形对角，白色”的图片样式。

（5）选中第5张幻灯片文本区第一段文字，单击【开始】选项卡【段落】组的扩展按钮，设置段后间距24磅，单击“确定”按钮。单击【开始】选项卡【段落】组中的“项目符号”按钮，取消相应的项目符号，同样的方法设置第6张幻灯片文本区中第一段文字段后间距和项目符号。

（6）选中第5张幻灯片，单击【插入】选项卡下【图像】组中的“图片”按钮，弹出“插入图片”对话框，选择素材文件“图片3.png”，单击“插入”按钮。同样方法插入“图片4.png”。移动“图片3.png”和“图片4.png”到适合的位置。选中“图片4.png”，单击鼠标右键，选择“置于底层”。选中“图片3.png”，单击【动画】组中的“飞入”动画效果，单击“效果选项”的下拉按钮，选择“自左下部”。

（7）单击【插入】选项卡下【插图】组中“形状”下拉按钮，选择“标注”中的“椭圆形标注”，此时鼠标变为“十字形”，在适当位置移动鼠标，插入标注。参考样例文件效果，在【绘图工具】|【格式】选项卡下【形状样式】组中，选择合适的样式。单击“形状轮廓”下拉按钮，鼠标移动到“虚线”选项，在右侧选择“短划线”，在【排列】组中单击旋转按钮，选择水平翻转。选中标注，单击鼠标右键，选择“编辑文字”并输入“开船啰！”，调整标注大小，并且适当调整文字的字体和颜色。选中标注，在【动画】选项卡下【动画】组中选择“浮

入”动画效果，单击【计时】组中“开始”输入框的下拉按钮，选择“上一动画之后”。

(8) 选中第6张幻灯片，单击【插入】选项卡下【图像】组中的“图片”按钮，弹出“插入图片”对话框，选择素材文件“图片5.gif”，单击“插入”按钮，手动调整图片大小，移动图片到幻灯片的右上角。

(9) 选中第7张幻灯片，单击【插入】选项卡下【图像】组中的“图片”按钮，弹出“插入图片”对话框，选择素材文件“图片6.png”，单击“插入”按钮。同样方法插入“图片7.png”和“图片8.png”，并将图片移动到适合的位置。选中“图片6.png”，单击【绘图工具】|【格式】选项卡下【图片样式】组中的“图片效果”下拉按钮，鼠标移动到映像，在右侧选择“紧密映像，4pt偏移量”，用同样的方法设置“图片7.png”和“图片8.png”。

(10) 选中这3张图片，单击【绘图工具】|【格式】选项卡下，【排列】组中的“对齐”下拉按钮，单击“顶端对齐”，再单击【排列】组中的“对齐”下拉按钮，单击“横向分布”。单击【绘图工具】|【格式】选项卡下，【排列】组中的“组合”下拉按钮，选择“组合”，此时3张图片组合成一个对象，单击“对齐”下拉按钮，选择“左右居中”。单击“组合”下拉按钮，选择“取消组合”。

(11) 单击【插入】选项卡下【图像】组中的“图片”按钮，弹出“插入图片”对话框，选择素材文件“图片9.gif”，单击“插入”按钮。移动图片到适合的位置。单击【绘图工具】|【格式】选项卡下，【段落】组中的“旋转”下拉按钮，选择“其他旋转选项”。在弹出的对话框中单击左侧“大小”按钮，在“旋转”输入框内输入“300”。单击“关闭”按钮。

(12) 选中第8张幻灯片，删除文字内容，单击【设计】选项卡下【背景】组中的“设置背景格式”扩展按钮，在弹出的对话框中单击左侧“填充”按钮，在“填充”选项卡下，单击“图片或纹理填充”，单击“插入自”下方的“文件”按钮，选择素材文件“图片10.png”，单击“插入”按钮，单击“关闭”按钮。单击【插入】选项卡下【文本】组中的“艺术字”下拉按钮，选择适合的样式，参考样例文件效果，在艺术字的输入框内输入适合的内容。选中输入的文字，单击【开始】选项卡下【段落】组中的“居中”按钮，在【字体】组中设置字体为“幼圆”。选中该文本框，在【绘图工具】|【格式】选项卡下【形状样式】组中，单击“设置形状格式”扩展按钮，在“填充”选项卡下，选择纯色填充，设置填充颜色为白色，透明度为50%。

3. 演示文稿放映设计

(1) 选中第2～8张幻灯片，在【切换】选项卡下的【切换到此幻灯片】组中，单击“其他”下三角按钮，选择“涟漪”切换效果。选中一张幻灯片，在【切换】选项卡下【计时】组中取消勾选“单击鼠标时”复选框，勾选“设置自动换片时间”复选框，并在文本框中输入00:05:00。按照同样的方法为其他幻灯片设置自动放映时间。

(2) 选中第1张幻灯片，在【插入】选项卡下【文本】组中单击“幻灯片编号”按钮，勾选“幻灯片编号”和“标题幻灯片中不显示”复选框，单击“全部应用”按钮。

(3) 单击【设计】选项卡下【页面设置】组中的“页面设置”按钮，在弹出的对话框中，设置幻灯片编号起始值为0，单击“确定”按钮，保存并关闭文件。

【实训拓展】

演示文稿制作中，除了内容要简练精彩之外，幻灯片布局设置也很重要，下面简要概括5种方法以提高幻灯片版面设计与制作效率。

1. 使用网格对齐对象

通过网格，PowerPoint可以快速对齐页面中的图像、图形、文字块等元素，使得版面整齐好看。方法是：在幻灯片屏幕空白处右键单击鼠标，在弹出的快捷菜单中选择“网格和参考线”命令。在打开的对话框中，选中“对象与网格线对齐”及“屏幕上显示网格”选项，单击“确定”按钮后屏幕上将显示网格线。将要对齐排列的对象拖到网格附近，它们就会自动吸附到网格线上并对齐。也可以通过选中“对象与其他对象对齐”选项实现对象在移动到另一对象同一水平或垂直位置提示对齐。

2. 快速微调对象位置

在幻灯片中，用鼠标或键盘上的方向键来调整图形等对象的位置，至少按照10个像素为单位进行调节，有时显得不太精确。我们可以先选定要调整位置的对象，按下Ctrl键不放，再连续按键盘上的方向键，就可以1个像素为单位对对象的位置进行微调。

3. 快速对齐图形等对象

除了借助网格线，还有另外一个快速对齐对象的方法。在幻灯片中，按住Shift键或Ctrl键不放，然后点选所有要对齐的对象。在【格式】选项卡下的【排列】组中，单击“对齐”按钮，会出现“左对齐”“顶端对齐”等多个命令，根据需要选择相应的命令即可。

4. 快速均匀排列图形等对象

在【格式】选项卡下的【排列】组“对齐”按钮下的命令中，还有“横向分布”和“纵向分布”两个命令，按Ctrl键选中多个对象后，再执行其中的某个命令，可以让所选对象横向或纵向自动均匀排列，非常实用。

5. 隐藏对象

幻灯片中经常插入很多图片、文本框等对象，在编辑的时候将不可避免地重叠在一起，不便于对其进行排版布局设置，此时可根据需要将它们显示与隐藏呢。方法是：单击【开始】选项卡下【编辑】组中的“选择”按钮，展开“选择”选项后再单击“选择窗格”。此时，在工作区域的右侧会出现“选择和可见性”窗格。在此窗格中，列出了所有当前幻灯片上的“形状”，并且每个“形状”右侧都有一个“眼睛”图标，单击“眼睛”图标，就可以把挡住视线的“形状”隐藏起来。注意：被隐藏的对象在播放幻灯片时也不会出现。因此，编辑完成后别忘记取消对象的隐藏。

实训11 制作有关审计业务档案管理的培训课件

【实训目的】

◎ 了解并掌握利用现存的大纲文本素材创建演示文稿的方法。

◎ 熟练掌握演示文稿中动画的应用与设置。

◎ 熟练掌握在演示文稿中插入剪贴画、Excel文档、SmartArt图形、超链接等的方法。

◎ 熟练掌握幻灯片拆分、幻灯片编号设置以及应用节实现演示文稿管理的方法。

【实训要求】

某注册会计师协会培训部的魏老师正在准备有关审计业务档案管理的培训课件，她的助手

已搜集并整理了一份相关资料存放在Word文档“PPT_素材.docx”中。按下列要求帮助魏老师完成对PPT课件的整合制作。

（1）创建一个名为“PPT.pptx”（“.pptx”为扩展名）的新演示文稿，后续操作均基于此文件。该演示文稿需要包含Word文档“PPT_素材.docx”中的所有内容，Word素材文档中的红色文字、绿色文字、篮色文字分别对应演示文稿中每页幻灯片的标题文字、第一级文本内容、第二级文本内容。

（2）将第1张幻灯片的版式设为“标题幻灯片”，在该幻灯片的右下角插入任意一幅剪贴画，依次为标题、副标题和新插入的图片设置不同的动画效果、其中副标题作为一个对象发送，并且指定动画出现顺序为图片、副标题、标题。

（3）将第3张幻灯片的版式设为“两栏内容”，在右侧的文本框中插入素材文件“业务报告签发稿纸.xlsx”中的模板表格，并保证该表格内容随Excel文档的改变而自动变化。

（4）将第4张幻灯片“业务档案管理流程图”中的文本转换为Word素材中示例图所示的SmartArt图形、并适当更改其颜色和样式。为本张幻灯片的标题和SmartArt图形添加不同的动画效果，并令SmartArt图形伴随着“风铃”声逐个级别顺序飞入。为SmartArt图形中“建立业务档案”下的文字“案卷封面、备考表”添加链接到素材文件 “封面备考表模板.docx”的超链接。

（5）将标题为“七、业务档案的保管”所属的幻灯片拆分为3张，其中（一）～（三）为1张、（四）及下属内容为1张，（五）及下属内容为1张，标题均为“七、业务档案的保管”。为“（四）业务档案保管的基本方法和要求”所在的幻灯片添加备注“业务档案保管需要做好的八防工作：防火、防水、防潮、防霉、防虫、防光、防尘、防盗”。

（6）在每张幻灯片的左上角添加协会的标志图片Logo1.png，设置其位于最底层以免遮挡标题文字。除标题幻灯片外，其他幻灯片均包含幻灯片编号、自动更新的日期（日期格式为××××年××月××日）。

（7）将演示文稿按下列要求分为3节，分别为每节应用不同的设计主题和幻灯片切换方式。每节包含的幻灯片如下所示。

① 档案管理概述为1～4页。

② 归档和整理为5～8页。

③ 档案保管和销毁为9～13页。

【实训实施】

1. 演示文稿全局设计

（1）打开素材文件“PPT_素材.docx”，选中文档中红色文字“审计业务档案管理实务培训”后，单击【开始】选项卡下【编辑】组中的“选择”下拉按钮，选择“选定所有格式类似的文本”。再单击【开始】选项卡下【样式】组中的“标题1”列表选项，将所有红色文字应用“标题1”样式。按照同样的方法，将素材文档中绿色文字和蓝色文字分别应用“标题2”和“标题3”样式。将“PPT_素材.docx”另存为“PPT_素材_修改.docx”文件。

（2）启动Microsoft PowerPoint 2010演示文稿，点击“文件”菜单下“打开”命令，弹出“打开”对话框。将打开文件类型选择为“所有文件”，并定位到刚修改保存的素材文档“PPT_素材_修改.docx”后打开，则PowerPoint会自动将word文档素材中对应内容转换到新建立的演示文稿中。接着，设置第1张幻灯片为标题幻灯片，第3张为“两栏内容”，其余幻灯片

为“标题和内容”。保存文件为“PPT.pptx”

2. 演示文稿内容设计

（1）选择第1张幻灯片，单击【插入】选项卡【图像】组中的“剪贴画”按钮，弹出“剪贴画”窗格，然后在“搜索文字”下的文本框中输入文字“通信”，结果类型选择所有媒体文件类型，单击“搜索”按钮，然后选择剪贴画，适当调整剪贴画的位置和大小。

（2）选择标题文本框，在【动画】选项卡中的【动画】组中选择一个动画效果。选择副标题文本框，在【动画】选项卡中的【动画】组中选择一个不同的动画效果。单击“效果选项”按钮，选择“作为一个对象”发送。选择剪贴画，在【动画】选项卡中的【动画】组中选择一个不同的动画效果。选中图片，单击【计时】组中“向前移动”按钮两下，选中副标题文本框，单击【计时】组中“向前移动”按钮。

（3）选择第3张幻灯片，选中幻灯片右侧文本框，单击【插入】选项卡下【文本】组中的“对象”按钮。在弹出的对话框中，选择“由文件创建”，单击“浏览”按钮，找到素材文件“业务报告签发稿纸.xlsx”，单击“确定”按钮，在“插入对象”对话框内勾选“链接”选项，单击“确定”按钮，即可插入Excel文档，表格内容随Excel文档的改变而自动变化。

（4）选择第4张幻灯片，删除内容文本框中的所有文字，单击内容文本框中的“插入SmartArt图形”按钮，在弹出的对话框中选择“流程”选项中的“分阶段流程”，单击确定按钮。单击SmartArt图形左侧的扩展按钮，弹出文本窗格，将“PPT_素材.docx”中“业务档案管理流程图”部分的所有黄色底纹标注的文字复制后以“只保留文本”形式粘贴到文本窗格中，删除多余的文本行。选中文本窗格中“建立客户”直至“填报业务台账”文本行，按“Tab”进行降级操作，再选中文本窗格中“建立客户自业务部门接收检查”直至最后“向上级主管部门报备”文本行，按“Tab”进行降级操作。

（5）选中标题文本框，在【动画】选项卡中的【动画】组中选择“浮入”。选中SmartArt图形，在【动画】选项卡中的【动画】组中选择“飞入”，单击【动画】组中右下角的扩展按钮，弹出对话框，单击“效果”选项卡下“声音”下拉按钮，选择“风铃”，切换到“SmartArt动画”选项卡，单击“组合图形”下拉按钮，选择“逐个按级别”，单击“确定”按钮。选中SmartArt图形，在【SmartArt工具】|【设计】选项卡【SmartArt样式】组中选择合适的样式。然后单击“更改颜色”下拉按钮，选择“彩色–强调文字颜色”。

（6）选中SmartArt图形，单击左侧扩展按钮，在弹出的文本窗格中，选中“案卷封面、备考表”文字，单击【插入】选项卡下【链接】组中的“超链接”按钮，弹出“超链接”对话框，选择左侧“现有文件和网页”，单击“当前文件夹”，选择素材文件“封面备考表模板.docx”文件，单击“确定”按钮。

3. 演示文稿结构设置与管理

（1）在幻灯片视图中，选中编号为9的幻灯片，单击“大纲”按钮，切换至大纲视图。将光标定位到大纲视图中“业务档案的保管期限”文字的后面，按Enter键，单击【开始】选项卡下【段落】组中的“降低列表级别”按钮，即可在“大纲”视图中出现新的幻灯片。将第7张幻灯片中的标题，复制到新的幻灯片的标题文本框中。按同样的方法将（五）及下属内容拆分为1张幻灯片，在这里需要单击两次“降低列表级别”按钮。

（2）选中第10张幻灯片，在幻灯片的下方“单击此处添加备注”处，输入“业务档案保管需要做好的八防工作：防火、防水、防潮、防霉、防虫、防光、防尘、防盗”。

（3）选中第1张幻灯片，单击【视图】选项卡下【母版视图】组中的“幻灯片母版”按钮。选择第1张幻灯片，单击【插入】选项卡下【图像】组中的“图片”按钮，弹出“插入图片”对话框，选择素材文件“Logol.png”，单击“插入”按钮。移动图片到左上角，单击鼠标右键，选择“置于底层”。单击【插入】选项卡下【文本】组中的“幻灯片编号”按钮，单击“幻灯片”选项卡，勾选“日期和时间”，选中“自动更新”单选按钮，单击日期格式的下拉按钮，选择“××××年××月××日”日期格式。勾选“幻灯片编号”和“标题幻灯片中不显示”选项，单击“全部应用”。单击【幻灯片母版】选项卡下【关闭】组中“关闭母版视图”按钮。

（4）在幻灯片视图中，将光标置入第1张幻灯片的上部，单击鼠标右键，选择“新增节”选项。然后选中“无标题节”文字，单击鼠标右键，选择“重命名节”选项，在弹出的对话框中将“节名称”设置为“档案管理概述”，单击“重命名”按钮。将光标置入第4张与第5张幻灯片之间，使用前面介绍的方法新建节，并将节的名称设置为“归档和整理”。使用同样的方法将余下的幻灯片进行分节。

（5）选中“档案管理概述”节，在【设计】选项卡下【主题】组中选择一个主题。使用同样的方法为不同的节设置不同的主题，并对幻灯片内容的位置及大小进行适当的调整。选中“档案管理概述”节，然后选择【切换】选项卡下【切换到此幻灯片】组中的一个切换效果。使用同样的方法为不同的节设置不同的切换方式，保存并关闭文件。

【实训拓展】

日常工作中，在课件、会议及报告演示文稿等的制作前，我们常常会先用Word编辑准备好文字素材，然后再复制其中的要点文字到PPT中。但逐一复制Word中的文字非常繁琐，如何快速将Word文档整理成PowerPoint文档呢，除了本项目实训中所采取的处理方法之外，下面介绍一种快速处理的方法，以便提高日常办公演示文稿制作的效率。

首先，将需要转换成幻灯片的文字素材复制到“记事本”中进行整理，这样可以去除文字原有的格式。将文字素材根据内容呈现的需要整理成“标题+正文”的形式，中间用回车分隔。以某校召开迎接专家的教学检查会议准备制作演示文稿为例，文字素材如附录图A-28所示。

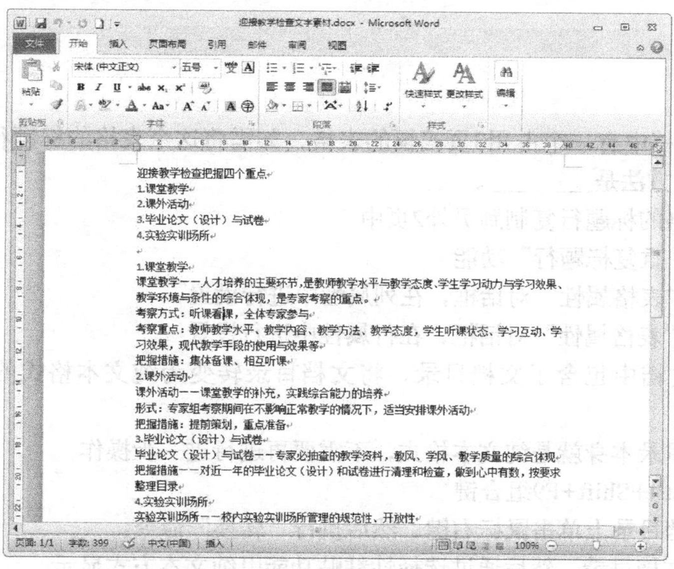

附录图A-28 演示文稿的文字素材

接着，新建一个演示文稿，切换到大纲视图，将所有文字素材复制粘贴到大纲视图中。此时所有的文字都成了幻灯片中第一页的标题。

然后，在正文所有段落的结尾处（附录图A–29中①标注的箭头指示处）敲回车键，将幻灯片分成若干页，并删除多余的空行。再在每页中标题结尾处（附录图A–29中②标注处）先敲回车键再按Tab键，将文字进行降级，即把标题降级为正文，反之可按Shift+Tab组合键来升级。同样删除多余的空行。

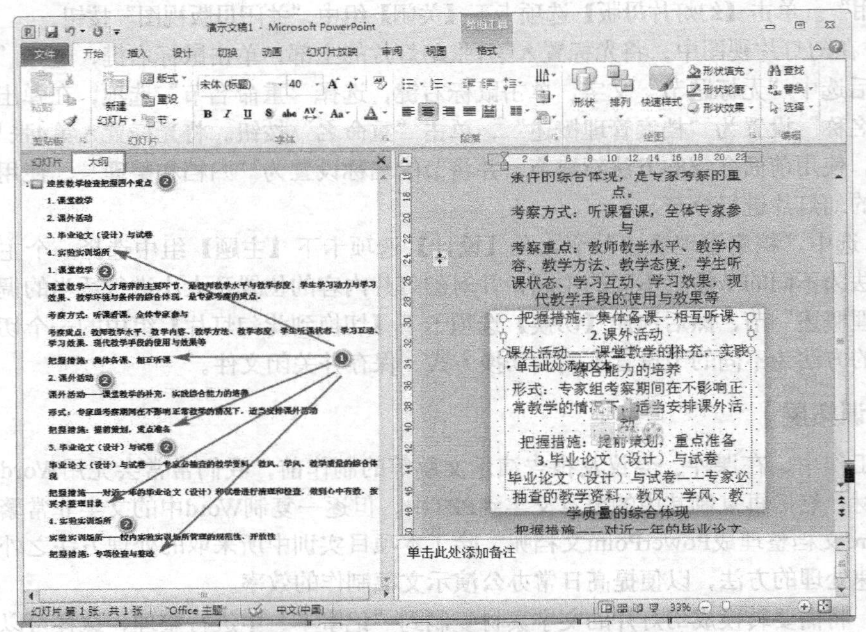

附录图A–29　利用大纲视图布局幻灯片文字内容

至此，PPT中的文字便整理完成，最后只需要套用一个模板，一个简洁工整的PPT便基本制作完成。

习　　题

1．在Word文档中有一个占用3页篇幅的表格，如需将这个表格的标题行都出现在各页面首行，最优的操作方法是________。

A．将表格的标题行复制到另外2页中

B．利用“重复标题行”功能

C．打开“表格属性”对话框，在列属性中进行设置

D．打开“表格属性”对话框，在行属性中进行设置

2．在Word文档中包含了文档目录，将文档目录转变为纯文本格式的最优操作方法是________。

A．文档目录本身就是纯文本格式，不需要再进行进一步操作

B．使用Ctrl+Shift+F9组合键

C．在文档目录上单击鼠标右键，然后执行“转换”命令

D．复制文档目录，然后通过选择性粘贴功能以纯文本方式显示

3．小张完成了毕业论文，现需要在正文前添加论文目录以便检索和阅读，最优的操作方法是________。

A．利用Word提供的“手动目录”功能创建目录

B．直接输入作为目录的标题文字和相对应的页码创建目录

C．将文档的各级标题设置为内置标题样式，然后基于内置标题样式自动插入目录

D．不使用内置标题样式，而是直接基于自定义样式创建目录

4．小张的毕业论文设置为两栏页面布局，现需在分栏之上插入一横跨两栏内容的论文标题，最优的操作方法是________。

A．在两栏内容之前空出几行，打印出来后手动写上标题

B．在两栏内容之上插入一个分节符，然后设置论文标题位置

C．在两栏内容之上插入一个文本框，输入标题，并设置文本框的环绕方式

D．在两栏内容之上插入一个艺术字标题

5．小王计划邀请30家客户参加答谢会，并为客户发送邀请函。快速制作30份邀请函的最优操作方法是________。

A．发动同事帮忙制作邀请函，每个人写几份

B．利用Word的邮件合并功能自动生成

C．先制作好一份邀请函，然后复印30份，在每份上添加客户名称

D．先在Word中制作一份邀请函，通过复制、粘贴功能生成30份，然后分别添加客户名称

6．在Word文档中，选择从某一段落开始位置到文档末尾的全部内容，最优的操作方法是________。

A．将指针移动到该段落的开始位置，按Ctrl+A组合键

B．将指针移动到该段落的开始位置，按住Shift键，单击文档的结束位置

C．将指针移动到该段落的开始位置，按Ctrl+Shift+End组合键

D．将指针移动到该段落的开始位置，按Alt+Ctrl+Shift+PageDown 组合键

7．小明需要将Word文档内容以稿纸格式输出，最优的操作方法是________。

A．适当调整文档内容的字号，然后将其直接打印到稿纸上

B．利用Word中“稿纸设置”功能即可

C．利用Word中“表格”功能绘制稿纸，然后将文字内容复制到表格中

D．利用Word中“文档网格”功能即可

8．在Word中，邮件合并功能支持的数据源不包括________。

A．Word数据源　B．Excel工作表　C．PowerPoint演示文稿　D．HTML文件

9．将Word文档中的大写英文字母转换为小写，最优的操作方法是________。

A．执行“开始”选项卡“字体”组中的“更改大小写”命令

B．执行“审阅”选项卡“格式”组中的“更改大小写”命令

C．执行“引用”选项卡“格式”组中的“更改大小写”命令

D．单击鼠标右键，执行右键菜单中的“更改大小写”命令

10．在Word文档中，学生“张小民”的名字被多次错误地输入为“张晓明”“张晓敏”“张晓民”“张晓名”，纠正该错误的最优操作方法是________。

A．从前往后逐个查找错误的名字，并更正

B．利用Word“查找”功能搜索文本“张晓”，并逐一更正

C．利用Word“查找和替换”功能搜索文本“张晓*”，并将其全部替换为“张小民”

D．利用Word“查找和替换”功能搜索文本“张晓？”，并将其全部替换为“张小民”

11．小王利用Word撰写专业学术论文时，需要在论文结尾处罗列出所有参考文献或书目，最优的操作方法是________。

A．直接在论文结尾处输入所参考文献的相关信息

B．把所有参考文献信息保存在一个单独表格中，然后复制到论文结尾处

C．利用Word中“管理源”和“插入书目”功能，在论文结尾处插入参考文献或书目列表

D．利用Word中“插入尾注”功能，在论文结尾处插入参考文献或书目列表

12．小王需要在Word文档中将应用了“标题1”样式的所有段落格式调整为“段前、段后各12磅，单倍行距”，最优的操作方法是________。

A．将每个段落逐一设置为“段前、段后各12磅，单倍行距”

B．将其中一个段落设置为“段前、段后各12磅，单倍行距”，然后利用格式刷功能将格式复制到其他段落

C．修改“标题1”样式，将其段落格式设置为“段前、段后各12磅，单倍行距”

D．利用查找替换功能，将“样式：标题1”替换为“行距：单倍行距，段落间距段前：12磅，段后：12磅”

13．在Word文档编辑过程中，如需将特定的计算机应用程序窗口画面作为文档的插图，最优的操作方法是________。

A．使所需画面窗口处于活动状态，按下“PrintScreen”键，再粘贴到Word文档指定位置

B．使所需画面窗口处于活动状态，按下“Alt+PrintScreen”组合键，再粘贴到Word文档指定位置

C．利用Word插入“屏幕截图”功能，直接将所需窗口画面插入到Word文档指定位置

D．在计算机系统中安装截屏工具软件，利用该软件实现屏幕画面的截取

14．张经理在对Word文档格式的工作报告修改过程中，希望在原始文档显示其修改的内容和状态，最优的操作方法是________。

A．利用“审阅”选项卡的批注功能，为文档中每一处需要修改的地方添加批注，将自己的意见写到批注框里

B．利用“插入”选项卡的文本功能，为文档中的每一处需要修改的地方添加文档部件，将自己的意见写到文档部件中

C．利用“审阅”选项卡的修订功能，选择带“显示标记”的文档修订查看方式后按下“修订”按钮，然后在文档中直接修改内容

D．利用“插入”选项卡的修订标记功能，为文档中每一处需要修改的地方插入修订符号，然后在文档中直接修改内容

15．如果希望为一个多页的Word文档添加页面图片背景，最优的操作方法是________。

A．在每一页中分别插入图片，并设置图片的环绕方式为衬于文字下方

B．利用水印功能，将图片设置为文档水印

C．利用页面填充效果功能，将图片设置为页面背景

D．执行“插入”选项卡中的“页面背景”命令，将图片设置为页面背景

16．小华利用Word编辑一份书稿，出版社要求目录和正文的页码分别采用不同的格式，且均从第1页开始，最优的操作方法是________。

A．将目录和正文分别存在两个文档中，分别设置页码

B．在目录与正文之间插入分节符，在不同的节中设置不同的页码

C．在目录与正文之间插入分页符，在分页符前后设置不同的页码

D．在Word中不设置页码，将其转换为PDF格式时再增加页码

17．小明的毕业论文分别请两位老师进行了审阅。每位老师分别通过Word的修订功能对该论文进行了修改。现在，小明需要将两份经过修订的文档合并为一份，最优的操作方法是________。

A．小明可以在一份修订较多的文档中，将另一份修订较少的文档修改内容手动对照补充进去

B．请一位老师在另一位老师修订后的文档中再进行一次修订

C．利用Word比较功能，将两位老师的修订合并到一个文档中

D．将修订较少的那部分舍弃，只保留修订较多的那份论文做为终稿

18．Word文档的结构层次为“章–节–小节”，如章“1”为一级标题、节“1．1”为二级标题、小节“1．1．1”为三级标题，采用多级列表的方式已经完成了对第一章中章、节、小节的设置，如需完成剩余几章内容的多级列表设置，最优的操作方法是________。

A．复制第一章中的“章、节、小节”段落，分别粘贴到其他章节对应位置，然后替换标题内容

B．将第一章中的“章、节、小节”格式保存为标题样式，并将其应用到其他章节对应段落

C．利用格式刷功能，分别复制第一章中的“章、节、小节”格式，并应用到其他章节对应段落

D．逐个对其他章节对应的“章、节、小节”标题应用“多级列表”格式，并调整段落结构层次

19．小刘用Excel 2010制作了一份员工档案表，但经理的计算机中只安装了Office2003，能让经理正常打开员工档案表的最优操作方法是________。

A．将文档另存为Excel 97–2003文档格式

B．将文档另存为PDF格式

C．建议经理安装Office 2010

D．小刘自行安装Office 2003，并重新制作一份员工档案表

20．初二年级各班的成绩单分别保存在独立的Excel工作簿文件中，李老师需要将这些成绩单合并到一个工作簿文件中进行管理，最优的操作方法是________。

A．将各班成绩单中的数据分别通过复制、粘贴的命令整合到一个工作簿中

B．通过移动或复制工作表功能，将各班成绩单整合到一个工作簿中

C．打开一个班的成绩单，将其他班级的数据录入到同一个工作簿的不同工作表中

D．通过插入对象功能，将各班成绩单整合到一个工作簿中

21．在Excel工作表多个不相邻的单元格中输入相同的数据，最优的操作方法是________。

A．在其中一个位置输入数据，然后逐次将其复制到其他单元格

B．在输入区域最左上方的单元格中输入数据，双击填充柄，将其填充到其他单元格

C．在其中一个位置输入数据，将其复制后，利用Ctrl键选择其他全部输入区域，再粘贴内容

D．同时选中所有不相邻单元格，在活动单元格中输入数据，然后按Ctrl+Enter键

22．小李在Excel中整理职工档案，希望“性别”一列只能从“男”“女”两个值中进行选择，否则系统提示错误信息，最优的操作方法是________。

A．通过If函数进行判断，控制“性别”列的输入内容

B．请同事帮忙进行检查，错误内容用红色标记

C．设置条件格式，标记不符合要求的数据

D．设置数据有效性，控制“性别”列的输入内容

23．在Excel工作表中，编码与分类信息以“编码|分类”的格式显示在了一个数据列内，若将编码与分类分为两列显示，最优的操作方法是________。

A．重新在两列中分别输入编码列和分类列，将原来的编码与分类列删除

B．将编码与分类列在相邻位置复制一列，将一列中的编码删除，另一列中的分类删除

C．使用文本函数将编码与分类信息分开

D．在编码与分类列右侧插入一个空列，然后利用Excel的分列功能将其分开

24．某公司需要统计各类商品的全年销量冠军。在Excel中，最优的操作方法是________。

A．在销量表中直接找到每类商品的销量冠军，并用特殊的颜色标记

B．分别对每类商品的销量进行排序，将销量冠军用特殊的颜色标记

C．通过自动筛选功能，分别找出每类商品的销量冠军，并用特殊的颜色标记

D．通过设置条件格式，分别标出每类商品的销量冠军

25．以下Excel公式形式错误的是________。

A．=SUM(B3：E3)*$F$3　　B．=SUM(B3：3E)*F3

C．=SUM(B3：$E3)*F3　　D．=SUM(B3：E3)*F$3

26．将Excel工作表A1单元格中的公式SUM(B$2：C$4)复制到B18单元格后，原公式将变为________。

A．SUM(C$19：D$19)　　B．SUM(C$2：D$4)

C．SUM(B$19：C$19)　　D．SUM(B$2：C$4)

27．小谢在Excel工作表中计算每个员工的工作年限，每满一年计一年工作年限，最优的操作方法是________。

A．根据员工的入职时间计算工作年限，然后手动录入到工作表中

B．直接用当前日期减去入职日期，然后除以365，并向下取整

C．使用TODAY函数返回值减去入职日期，然后除以365，并向下取整

D．使用YEAR函数和TODAY函数获取当前年份，然后减去入职年份

28．Excel工作表B列保存了11位手机号码信息，为了保护个人隐私，需将手机号码的后4位均用“*”表示，以B2单元格为例，最优的操作方法是________。

A．=REPLACE(B2,7,4,"****")　　B．=REPLACE(B2,8,4,"****")

C．=MID(B2,7,4,"****")　　D．=MID(B2,8,4,"****")

29．Excel工作表D列保存了18位身份证号码信息，为了保护个人隐私，需将身份证信息的第3、4位和第9、10位用“*”表示，以D2单元格为例，最优的操作方法是________。

A．=REPLACE(D2,9,2,"**")+REPLACE(D2,3,2,"**")

B．=REPLACE(D2,3,2,"**",9,2,"**")

C．=REPLACE(REPLACE(D2,9,2,"**"),3,2,"**")

D．=MID(D2,3,2,"**",9,2,"**")

30．在Excel中，要显示公式与单元格之间的关系，可通过以下方式实现________。

A．“公式”选项卡的“函数库”组中有关功能

B．“公式”选项卡的“公式审核”组中有关功能

C．“审阅”选项卡的“校对”组中有关功能

D．“审阅”选项卡的“更改”组中有关功能

31．在Excel工作表A1单元格里存放了18位二代身份证号码，在A2单元格中利用公式计算该人的年龄，最优的操作方法是________。

A．=YEAR(TODAY())−MID(A1,6,8)　B．=YEAR(TODAY())−MID(A1,6,4)

C．=YEAR(TODAY())−MID(A1,7,8)　D．=YEAR(TODAY())−MID(A1,7,4)

32．在Excel工作表中存放了第一中学和第二中学所有班级总计300个学生的考试成绩，A列到D列分别对应“学校”“班级”“学号”“成绩”，利用公式计算第一中学3班的平均分，最优的操作方法是________。

A．=SUMIFS(D2:D301,A2:A301,"第一中学",B2:B301,"3班")/COUNTIFS(A2:A301,"第一中学",B2:B301,"3班")

B．=SUMIFS(D2:D301,B2:B301,"3班")/C0UNTIFS(B2:B301,"3班")

C．=AVERAGEIFS(D2:D301,A2:A301,"第一中学",B2:B301,"3班")

D．=AVERAGEIF(D2:D301,A2:A301,"第一中学",B2:B301,"3班")

33．如果Excel单元格值大于0，则在本单元格中显示“已完成”；单元格值小于0，则在本单元格中显示“还未开始”；单元格值等于0，则在本单元格中显示“正在进行中”，最优的操作方法是________。

A．使用IF函数

B．通过自定义单元格格式，设置数据的显示方式

C．使用条件格式命令

D．使用自定义函数

34．小胡利用Excel对销售人员的销售额进行统计，销售工作表中已包含每位销售人员对应的产品销量，且产品销售单价为308元，计算每位销售人员销售额的最优操作方法是________。

A．直接通过公式“=销量×308”计算销售额

B．将单价308定义名称为“单价”，然后在计算销售额的公式中引用该名称

C．将单价308输入到某个单元格中，然后在计算销售额的公式中绝对引用该单元格

D．将单价308输入到某个单元格中，然后在计算销售额的公式中相对引用该单元格

35．小金从网站上查到了最近一次全国人口普查的数据表格，他准备将这份表格中的数据引用到Excel中以便进一步分析，最优的操作方法是________。

A．对照网页上的表格，直接将数据输入到Excel工作表中

B．通过复制、粘贴功能，将网页上的表格复制到Excel工作表中

C．通过Excel中的“自网站获取外部数据”功能，直接将网页上的表格导入到Excel工作表中

D．先将包含表格的网页保存为.htm或.mht格式文件，然后在Excel中直接打开该文件

36．在Excel某列单元格中，快速填充2011年～2013年每月最后一天日期的最优操作方法是________。

A．在第一个单元格中输入“2011-1-31”，然后使用MONTH函数填充其余35个单元格

B．在第一个单元格中输入“2011-1-31”，拖动填充柄，然后使用智能标记自动填充其余35个单元格

C．在第一个单元格中输入“2011-1-31”，然后使用格式刷直接填充其余35个单元格

D．在第一个单元格中输入“2011-1-31”，然后执行“开始”选项卡中的“填充”命令

37．将一个PowerPoint演示文稿保存为放映文件，最优的操作方法是________。

A．在“文件”后台视图中选择“保存并发送”，将演示文稿打包成可自动放映的CD

B．将演示文稿另存为.PPSX文件格式

C．将演示文稿另存为.POTX文件格式

D．将演示文稿另存为.PPTX文件格式

38．可以在PowerPoint同一窗口显示多张幻灯片，并在幻灯片下方显示编号的视图是________。

A．普通视图　B．幻灯片浏览视图　C．备注页视图　D．阅读视图

39．可以在PowerPoint内置主题中设置内容的是________。

A．字体、颜色和表格　　B．效果、背景和图片

C．字体、颜色和效果　　D．效果、图片和表格

40．在PowerPoint演示文稿中通过分节组织幻灯片，如果要求一节内的所有幻灯片切换方式一致，最优的操作方法是________。

A．分别选中该节的每一张幻灯片，逐个设置其切换方式

B．选中该节的一张幻灯片，然后按住Ctrl键，逐个选中该节的其他幻灯片，再设置切换方式

C．选中该节的第一张幻灯片，然后按住Shift键，单击该节的最后一张幻灯片，再设置切换方式

D．单击节标题，再设置切换方式

41．小江在制作公司产品介绍的PowerPoint演示文稿时，希望每类产品可以通过不同的演示主题进行展示，最优的操作方法是________。

A．为每类产品分别制作演示文稿，每份演示文稿均应用不同的主题

B．为每类产品分别制作演示文稿，每份演示文稿均应用不同的主题，然后将这些演示文稿合并为一

C．在演示文稿中选中每类产品所包含的所有幻灯片，分别为其应用不同的主题

D．通过PowerPoint中“主题分布”功能，直接应用不同的主题

42．设置PowerPoint演示文稿中的SmartArt图形动画，要求一个分支形状展示完成后再展示下一分支形状内容，最优的操作方法是________。

A．将SmartArt动画效果设置为“整批发送”

B．将SmartArt动画效果设置为“一次按级别”

C．将SmartArt动画效果设置为“逐个按分支”

D．将SmartArt动画效果设置为“逐个按级别”

43．在PowerPoint中，幻灯片浏览视图主要用于________。

A．对所有幻灯片进行整理编排或次序调整

B．对幻灯片的内容进行编辑修改及格式调整

C．对幻灯片的内容进行动画设计

D．观看幻灯片的播放效果

44．小刘正在整理公司各产品线介绍的PowerPoint演示文稿，因幻灯片内容较多，不易于对各产品线演示内容进行管理。快速分类和管理幻灯片的最优操作方法是________。

A．将演示文稿拆分成多个文档，按每个产品线生成一份独立的演示文稿

B．为不同的产品线幻灯片分别指定不同的设计主题，以便浏览

C．利用自定义幻灯片放映功能，将每个产品线定义为独立的放映单元

D．利用节功能，将不同的产品线幻灯片分别定义为独立节

45．PowerPoint演示文稿包含了20张幻灯片，需要放映奇数页幻灯片，最优的操作方法是________。

A．将演示文稿的偶数页幻灯片删除后再放映

B．将演示文稿的偶数页幻灯片设置为隐藏后再放映

C．将演示文稿的所有奇数页幻灯片添加到自定义放映方案中，然后再放映

D．设置演示文稿的偶数页幻灯片的换片持续时间为0.01秒，自动换片时间为0秒，然后再放映

46．小梅需将PowerPoint演示文稿内容制作成一份Word版本讲义，以便后续可以灵活编辑及打印，最优的操作方法是________。

A．将演示文稿另存为“大纲/RTF文件”格式，然后在Word中打开

B．在PowerPoint中利用“创建讲义”功能，直接创建Word讲义

C．将演示文稿中的幻灯片以粘贴对象的方式一张张复制到Word文档中

D．切换到演示文稿的“大纲”视图，将大纲内容直接复制到Word文档中

47．在一次校园活动中拍摄了很多数码照片，现需将这些照片整理到一个PowerPoint演示文稿中，快速制作的最优操作方法是________。

A．创建一个PowerPoint相册文件

B．创建一个PowerPoint演示文稿，然后批量插入图片

C．创建一个PowerPoint演示文稿，然后在每页幻灯片中插入图片

D．在文件夹中选中所有照片，然后单击鼠标右键直接发送到PowerPoint演示文稿中

48．若需在PowerPoint演示文稿的每张幻灯片中添加包含单位名称的水印效果，最优的操作方法是________。

A．制作一个带单位名称的水印背景图片，然后将其设置为幻灯片背景

B．添加包含单位名称的文本框，并置于每张幻灯片的底层

C．在幻灯片母版的特定位置放置包含单位名称的文本框

D．利用PowerPoint插入“水印”功能实现

49．小李利用PowerPoint制作产品宣传方案，并希望在演示时能够满足不同对象的需要，处理该演示文稿的最优操作方法是________。

A．制作一份包含适合所有人群的全部内容的演示文稿，每次放映时按需要进行删减

B．制作一份包含适合所有人群的全部内容的演示文稿，放映前隐藏不需要的幻灯片

C．制作一份包含适合所有人群的全部内容的演示文稿，然后利用自定义幻灯片放映功能创建不同的演示方案

D．针对不同的人群，分别制作不同的演示文稿

50．小姚负责新员工的入职培训。在培训演示文稿中需要制作公司的组织结构图。在PowerPoint中最优的操作方法是________。

A．通过插入SmartArt图形制作组织结构图

B．直接在幻灯片的适当位置通过绘图工具绘制出组织结构图

C．通过插入图片或对象的方式，插入在其他程序中制作好的组织结构图

D．先在幻灯片中分级输入组织结构图的文字内容，然后将文字转换为SmartArt组织结构图

51．李老师在用PowerPoint制作课件，她希望将学校的徽标图片放在除标题页之外的所有幻灯片右下角，并为其指定一个动画效果。最优的操作方法是________。

A．先在一张幻灯片上插入徽标图片，并设置动画，然后将该徽标图片复制到其他幻灯片上

B．分别在每一张幻灯片上插入徽标图片，并分别设置动画

C．先制作一张幻灯片并插入徽标图片，为其设置动画，然后多次复制该张幻灯片

D．在幻灯片母版中插入徽标图片，并为其设置动画

52．李老师制作完成了一个带有动画效果的PowerPoint教案，她希望在课堂上可以按照自己讲课的节奏自动播放，最优的操作方法是________。

A．为每张幻灯片设置特定的切换持续时间，并将演示文稿设置为自动播放

B．在练习过程中，利用“排练计时”功能记录适合的幻灯片切换时间，然后播放即可

C．根据讲课节奏，设置幻灯片中每一个对象的动画时间，以及每张幻灯片的自动换片时间

D．将PowerPoint教案另存为视频文件

附录B 常用函数解析

Excel函数就是应用程序开发者为用户编写好的一些用于数学计算、数据统计分析等领域的常用公式程序，它内置于Excel中，用户只要理解会用即可。常用函数包括：数学函数、逻辑函数、统计函数、文本函数、日期与时间函数、查找与引用函数等。

注意：本附录对函数解析中参数的说明如下。

① 函数的参数中没有带中括号[ ]的参数为必需的参数。

② 带有中括号[ ]的参数为可选的参数，即表示可以没有，或没有的话系统会有默认值。

③ …表示和前面的参数作用一致，可以根据需要添加参数。

1. 数学函数

（1）ABS

用途：返回数字的绝对值，绝对值没有符号。

语法：ABS(number)。

参数：number为要计算其绝对值的实数。

例如：如果A1=−12 则公式“=ABS（A1）”返回12。

（2）INT

用途：将数字向下舍入到最接近的整数。

语法：INT(number)。

参数：number 为要进行向下舍入取整的实数。

例如：如果A1=−8.9、A2=8.9 ，则公式“=INT(A1)”返回−9，而公式“=INT(A2)” 返回8。

（3）MOD

用途：返回两数相除的余数，结果的正负号与除数相同。

语法：MOD(number，divisor)。

参数：number为被除数，divisor为除数（divisor不能为零）。如果divisor为零，函数MOD返回＃DIV/0!

例如：如果A1=33，则公式“=MOD(A1,5)”返回3，公式=“MOD(A1，−5)”返回−2。

注意：在VB中，定义为被除数和除数先四舍五入再相除求余数。

（4）PRODUCT

用途：将所有数字形式给出的参数相乘，然后返回乘积值。

语法：PRODUCT(number1，[number2]...)。

参数：number1，number2…为需要相乘的数字参数。

例如：如果单元格A1=2，A2=3，A3=4，则公式“=PRODUCT(A1:A3)”返回24，公式“=PRODUCT(A1,A2,2)”返回12，公式“=PRODUCT(10,11,12)”返回1320。

（5）RAND

用途：返回一个大于等于0小于1的随机数，每次重新计算工作表（按F9键），都将返回一个新的数值。

语法：RAND( )。

参数：空。

例如：如果在某个单元格中应用公式“=RAND()”，将会产生一个[0,1]之间的随机数。然后在编辑状态下按F9键，将会产生一个变化的随机数。如果要生成[a,b)之间的随机实数，可以使用公式“=RAND()*(b−a)+a”。比如想要产生[1,10)之间的一个随机实数，则输入公式“=RAND()*9+1”。

（6）RANDTWEEN

用途：返回位于指定的两个数之间的一个随机整数。每次计算工作表时都将返回一个新的随机整数。

语法：RANDBETWEEN(bottom，top)。

参数：bottom 是 RANDBETWEEN 函数将返回的最小整数，top是RANDBETWEEN函数将返回的最大整数。

例如：公式“=RANDBETWEEN(1， 100)”产生介于1～100（包括1和100）之间的一个随机整数（按F9将产生一个变化的随机数）。

（7）ROUND

用途：按指定位数对数值进行四舍五入。

语法：ROUND(number，num_digits)。

参数：number为需要四舍五入的数字；num_digits为指定的位数，number按此位数进行处理。

注意：如果 num_digits 大于0（零），则将数字四舍五入到指定的小数位。 如果 num_digits 等于 0，则将数字四舍五入到最接近的整数。 如果 num_digits小于0，则在小数点左侧进行四舍五入。

例如：如果A1=101.123，则公式“=ROUND(A1,1)”返回101.1，公式“=ROUND(A1,0)”返回101，公式“=ROUND(A1,−1)”返回100。

2. 逻辑函数

（1）AND

用途：所有参数的计算结果为 TRUE 时，返回 TRUE；只要有一个参数的计算结果为 FALSE，则返回 FALSE。

语法：AND(logical1，[logical2]...)。

参数：logical1，logical2…为待验证的1～255个逻辑表达式，它们的结论或为TRUE（真）

或为FALSE（假）。参数必须是逻辑值或者包含逻辑值的数组或引用，如果数组或引用中含有文字或空白单元格，则忽略它的值。如果指定的单元格区域内容包括非逻辑值，AND将返回错误值#value!。

例如：如果A1=2，A2=6，那么公式“=AND(A1>1,A2>1)”返回TRUE，公式“=AND(A1>1,A2>8)”返回FALSE。

（2）OR

用途：所有参数中的任意一个逻辑值为真时即返回TRUE（真）。

语法：OR(logical1，[logical2]...)。

参数：logical1，logical2…为待验证的1～255个逻辑表达式，它们的结论或为TRUE或为FALSE。如果数组或引用中含有文字、数字或空白单元格，则忽略它的值。如果指定的单元格区域内容包括非逻辑值，OR函数将返回错误值#value!。

例如：如果A1=2，A2=6，那么公式“=OR(A1>A2,A2>1)”返回TRUE，公式“=OR(A1>A2,A2>8)”返回FALSE。

（3）NOT

用途：求出一个逻辑值或逻辑表达式的相反值。如果要确保一个逻辑值等于其相反值，就应该使用NOT函数。

语法：NOT(logical)。

参数：logical表示一个结果为 TRUE 或 FALSE 的值或表达式。

例如：如果A1=1，A2=2，那么公式“=NOT(A1>A2)”的返回结果为TRUE。

（4）IF

用途：执行逻辑判断，它可以根据逻辑表达式的真假，返回不同的结果，从而执行数值或公式的条件检测任务。

语法：IF(logical_test，[value_if_true]，[value_if_false])。

参数：logical_test，计算结果为TRUE或FALSE的任何数值或表达式。value_if_true是logical_test为TRUE时函数的返回值，如果logical_test 为TRUE并且省略了value_if_true，则返回TRUE。而且value_if_true 可以是表达式。value_if_false是logical_test为FALSE时函数的返回值。如果logical_test为FALSE并且省略value_if_false，则返回FALSE。value_if_false也可以是一个表达式。

例如，根据分数划分成绩等级，规则是：90分及以上是优，80～89分是良，70～79分是中，60～69分是及格，60分以下为不及格，如附录图B-1所示，单元格B2的计算公式是一个IF函数的嵌套，从第二个IF函数开始每个IF都是前一个IF函数的一个参数。

B2　=IF(A2>89,"优",IF(A2>79,"良", IF(A2>69,"中",IF(A2>59,"及格","不及格"))))

	A	B	C	D	E	F	G	H	I	J
1	分数	备注								
2	45	不及格								
3	90									
4	78									
5										

附录图B-1　计算结果

3. 统计函数

（1）SUM

用途：将指定为参数（为操作、事件、方法、属性、函数或过程提供信息的值）的所有数字相加。

语法：SUM(number1,[number2]...])。

参数：number1,number2…为1～255个数值参数。

例如：附录图B−2所示为在工资表的F17中输入公式“=SUM(F3:F16)”可以算出所有教师的工资总和，返回¥98,500。

	A	B	C	D	E	F
1	某高校教师工资报表					
2	编号	学院	职称	基本工资	绩效考核	工资合计
3	N0001	计算机学院	讲师	¥2,500	¥3,500	¥6,000
4	N0002	计算机学院	副教授	¥3,400	¥4,300	¥7,700
5	N0003	计算机学院	教授	¥5,000	¥4,700	¥9,700
6	N0004	计算机学院	讲师	¥2,500	¥3,500	¥6,000
7	N0010	工商管理学院	副教授	¥3,400	¥4,000	¥7,400
8	N0011	工商管理学院	教授	¥5,000	¥5,000	¥10,000
9	N0012	工商管理学院	讲师	¥2,500	¥3,800	¥6,300
10	N0013	工商管理学院	讲师	¥2,500	¥3,000	¥5,500
11	N0014	工商管理学院	副教授	¥3,400	¥4,800	¥8,200
12	N0015	工商管理学院	讲师	¥2,500	¥3,200	¥5,700
13	N0016	外语学院	讲师	¥2,500	¥3,100	¥5,600
14	N0017	外语学院	讲师	¥2,500	¥4,000	¥6,500
15	N0018	外语学院	副教授	¥3,400	¥4,500	¥7,900
16	N0019	外语学院	讲师	¥2,500	¥3,500	¥6,000
17					工资总计	

附录图B−2　工资报表原始数据

（2）SUMIFS

用途：对区域中满足多个条件的若干单元格、区域或引用求和。

语法：SUMIFS(sum_range，criteria_range1，criteria1，[criteria_range2，criteria2]...)。

参数：sum_range 为对一个或多个单元格求和，包括数字或包含数字的名称、区域或单元格引用，忽略空白和文本值；criteria_range1表示其中计算关联条件的第一个区域。criteria1为具体的条件。条件的形式为数字、表达式、单元格引用或文本，可用来定义将对criteria_range1参数中的哪些单元格求和。例如，条件可以表示为 32、">32"、B4、"苹果" 或 "32"。criteria_range2，criteria2…可选，为附加的区域及其关联条件。最多允许 127 个区域/条件对。

例如：附录图B−3所示，其中原始数据来源见附录图B−2。我们需要根据指定的条件对不同学院和职称的老师统计工资总额。在J3中输入“=SUMIFS(F3:F16,B3:B16,H3,C3:C16,I3)”返回￥12,000，如果公式想要复制，需要注意参数中个别引用的绝对化。绝对化后的公式为“=SUMIFS($F$3:$F$16,$B$3:$B$16,$H$3,$C$3:$C$16,I3)”。

说明：SUMIFS函数可以替代SUMIF函数完成带条件的数据求和。

（3）SUMPRODUCT

用途：在给定的几组数组中，将数组间对应的元素相乘，并返回乘积之和。

语法：SUMPRODUCT(array1，[array2]，[array3]...)。

参数：array1 为相应元素需要进行相乘并求和的第一个数组参数。array2，array3…表示2～255 个数组参数，其相应元素需要进行相乘并求和。

例如：附录图B−4所示为计算A、B、C、D这4列对应数据乘积之和。

单元格区域A2:B4与C2:D4分别是两个数组，将两个数组所有元素对应相乘，然后把乘积相加，输入公式“=SUMPRODUCT(A2:B4,C2:D4)”，返回结果119，和公式“=A2*C2+B2*D2+A3*C3+B3*D3+A4*C4+B4*D4”的结果一致。

（4）COUNT

用途：该函数计算包含数字的单元格以及参数列表中数字的个数。

语法：COUNT(value1，[value2]...)。

参数：value1表示要计算数字的个数的第一个项、单元格引用或区域。value2…表示要计算数字的个数的其他项、单元格引用或区域，最多可包含 255 个。

例如：①A1=10，A2=12，A3=TRUE，A4="张三"，则公式“=COUNT(A1:A4,80)”，返回结果3。因为A3和A4单元格中的值都不是数字。

② 附录图B−5所示为要计算实考人数，在C13中输入公式“=COUNT(D3:D10)”，可以计算所选区域中数字单元格的个数。返回结果6。

学院	职称	工资总额
计算机学院	讲师	
	副教授	
	教授	

附录图B-3　求和的条件

	A	B	C	D
1	数组1		数组2	
2	1	2	9	8
3	3	4	7	6
4	5	6	5	4

附录图B-4　案例数据

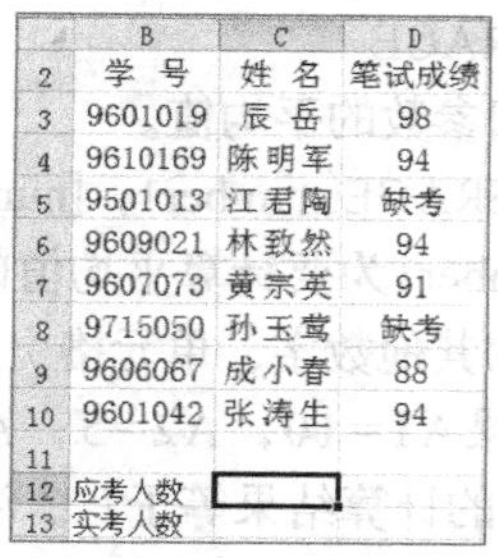

	B	C	D
2	学 号	姓 名	笔试成绩
3	9601019	辰 岳	98
4	9610169	陈明军	94
5	9501013	江君陶	缺考
6	9609021	林致然	94
7	9607073	黄宗英	91
8	9715050	孙玉寓	缺考
9	9606067	成小春	88
10	9601042	张涛生	94
11			
12	应考人数		
13	实考人数		

附录图B-5　案例数据

（5）COUNTA

用途：计算区域中不为空的单元格的个数。

语法：COUNTA(value1，[value2]...)。

参数：value1表示要计数的值的第一个参数。value2…表示要计数的值的其他参数，最多可包含 255 个参数。

例如：附录图B-5所示为要计算应考人数，在C12中输入公式“=COUNTA(D3:D10)”，可以计算所选区域中非空单元格的个数，返回结果8。

（6）COUNTBLANK

用途：计算指定单元格区域中空白单元格的个数。

语法：COUNTBLANK(range)。

参数：range为需要计算其中空白单元格个数的区域。

例如：如果A1=10，A2="张三"，A3=TRUE，A4="30"，其余单元格为空，则公式“=COUNTBLANK(A1:A7)”的计算结果等于3 。

（7）COUNTIFS

用途：计算多个区域内符合指定条件的单元格数量。

语法：COUNTIFS(criteria_range1，criteria1，[criteria_range2，criteria2]...)。

参数：criteria_range1为需要计算其中满足条件1的单元格数目的单元格区域。criteria1为表示条件1的具体条件所在的单元格区域，其形式可以为数字、表达式或文本。criteria_range2，criteria2可选，为附加的区域及其关联条件，最多允许 127 个区域/条件对。

例如：附录图B-6所示为在K3单元格中输入公式

“=COUNTIFS(B3:B21,I3,C3:C21,J3)”，可以得到计算机学院讲师的人数，返回结果为4。

	A	B	C	D	E	F
1	某高校教师工资报表					
2	编号	学院	职称	基本工资	绩效考核	工资合计
3	N0001	计算机学院	讲师	¥2,500	¥3,500	¥6,000
4	N0002	计算机学院	副教授	¥3,400	¥4,300	¥7,700
5	N0003	计算机学院	教授	¥5,000	¥4,700	¥9,700
6	N0004	计算机学院	讲师	¥2,500	¥3,500	¥6,000
7	N0005	计算机学院	讲师	¥2,500	¥3,500	¥6,000
8	N0006	计算机学院	讲师	¥2,500	¥3,500	¥6,000
9	N0007	计算机学院	副教授	¥3,400	¥4,500	¥7,900
10	N0008	工商管理学院	讲师	¥2,500	¥3,500	¥6,000
11	N0009	工商管理学院	教授	¥5,000	¥4,700	¥9,700
12	N0010	工商管理学院	副教授	¥3,400	¥4,000	¥7,400
13	N0011	工商管理学院	教授	¥5,000	¥5,000	¥10,000
14	N0012	工商管理学院	讲师	¥2,500	¥3,800	¥6,300
15	N0013	工商管理学院	讲师	¥2,500	¥3,000	¥5,500
16	N0014	工商管理学院	副教授	¥3,400	¥4,800	¥8,200
17	N0015	工商管理学院	讲师	¥2,500	¥3,200	¥5,700
18	N0016	外语学院	讲师	¥2,500	¥3,100	¥5,600
19	N0017	外语学院	讲师	¥2,500	¥4,000	¥6,500
20	N0018	外语学院	副教授	¥3,400	¥4,500	¥7,900
21	N0019	外语学院	讲师	¥2,500	¥3,500	¥6,000

	I	J	K
2	学院	职称	人数
3	计算机学院	讲师	
4	工商管理学院	副教授	

附录图B-6　案例数据

（8）AVERAGE

用途：返回参数的平均值。

语法：AVERAGE(number1，[number2]...)。

参数：number1为要计算平均值的第一个数字、单元格引用或单元格区域。Number2…为要计算平均值的其他数字、单元格引用或单元格区域，最多可包含 255 个。

例如：如果A1=10，A2=5，A3=6，A4=空，其余单元格为空，则公式“=AVERAGE(A1:A4)”的计算结果等于7 。注意：空单元格忽略。

（9）FREQUENCY

用途：以一列垂直数组返回某个区域中数据的频率分布。它可以计算出给定的值域和接收区间内，每个区间包含的数据个数。

语法：FREQUENCY(data_array，bins_array)。

参数：data_array 是用来计算频率的一个数组或对数组单元格区域的引用。bins_array 是数据接收区间，为一个区间数组或对区间的引用，该区间用于对 data_array 进行频率计算的分段点。注意，分段点为每个分段区间的最大值。一般来说，数据接收区域也是结果区域，大于等于分段点区域，用来输入公式，公式输入完毕后，按Ctrl+Shift+Enter组合键，表明计算结果为一个数组。

例如：附录图B-7所示为需要计算工资金额在不同区段的出现频率。我们先要确定分段点，分段点一般为每个区域的最大值。然后选中J3:J6，输入公式“=FREQUENCY(F3:F21，L3:L5)”，然后按Ctrl+Shift+Enter，就会返回数组结果。

某高校教师工资报表

编号	学院	职称	基本工资	绩效考核	工资合计
N0001	计算机学院	讲师	¥2,500	¥3,500	¥6,000
N0002	计算机学院	副教授	¥3,400	¥4,300	¥7,700
N0003	计算机学院	教授	¥5,000	¥4,700	¥9,700
N0004	计算机学院	讲师	¥2,500	¥3,500	¥6,000
N0005	计算机学院	讲师	¥2,500	¥3,500	¥6,000
N0006	计算机学院	讲师	¥2,500	¥3,500	¥6,000
N0007	计算机学院	副教授	¥3,400	¥4,500	¥7,900
N0008	工商管理学院	讲师	¥2,500	¥3,500	¥6,000
N0009	工商管理学院	教授	¥5,000	¥4,700	¥9,700
N0010	工商管理学院	副教授	¥3,400	¥4,000	¥7,400
N0011	工商管理学院	教授	¥5,000	¥5,000	¥10,000
N0012	工商管理学院	讲师	¥2,500	¥3,800	¥6,300
N0013	工商管理学院	讲师	¥2,500	¥3,000	¥5,500
N0014	工商管理学院	副教授	¥3,400	¥4,800	¥8,200
N0015	工商管理学院	讲师	¥2,500	¥3,200	¥5,700
N0016	外语学院	讲师	¥2,500	¥3,100	¥5,600
N0017	外语学院	讲师	¥2,500	¥4,000	¥6,500
N0018	外语学院	副教授	¥3,400	¥4,500	¥7,900
N0019	外语学院	讲师	¥2,500	¥3,500	¥6,000

工资金额分段	工资金额出现频率
<7000	
7000-7999	
8000-8999	
>=9000	

分段点
6999
7999
8999

附录图B-7 案例数据

（10）MEDIAN

用途：返回给定数值的中值。中值是在一组数值中居于中间的数值。

语法：MEDIAN(number1，[number2]，...)。

参数：number1，number2…number1 是必需的，后续数值是可选的。这些是要计算中值的 1~255 个数字。

例如：公式“=MEDIAN(1,3,5,7,9)”返回5，公式“=MEDIAN(1,2,3,4,5,6)”返回3.5，即3与4的平均值。

（11）RANK

用途：返回一个数值在一组数值中的排位（如果数据清单已经排过序了，则数值的排位就是它当前的位置）。

语法：RANK(number,ref,[order])。

参数：number为需要计算其排位的一个数字。ref 表示number是在什么范围内排序，它包含

一个数字的数组或对数字列表的引用。ref 中的非数值型值将被忽略。order 为一数字，指明数字排位的方式。如果order为0或省略，则按降序排列。如果order不为零，则按升序排列。

例如：附录图B-8所示为要统计销售额的排名，且按降序排名。在M3单元格中输入公式"=RANK(G3,G3:G9,0)"，如果公式想要复制到M4:M9，那么公式需要改成"=RANK(G3，$G$3:$G$9,0)"。

某公司销售情况表							
销售部门	产品名称	产品型号	折扣	销售单价	销售数量	销售额	销售额排名
A部	彩电	SM-5EGT	95%	￥2,180.50	￥158.00	￥327,293.05	
B部	彩电	HR-OKK1-5	98%	￥2,298.00	￥175.00	￥394,107.00	
C部	彩电	SM-5EGT	98%	￥2,180.00	￥225.00	￥480,690.00	
D部	空调	HV-1100S1.(	97%	￥1,680.50	￥136.00	￥221,691.56	
E部	空调	HV-1100S1.(	95%	￥1,680.50	￥248.00	￥476,520.00	
F部	冰箱	HR-OKK1-5	98%	￥2,300.00	￥234.00	￥527,436.00	
G部	冰箱	SM-5EGT	95%	￥2,200.00	￥228.00	￥476,520.00	

附录图B-8　案例数据

（12）LARGE

用途：返回数据集中第 k 个最大值。使用此函数可以根据相对标准来选择数值。

语法：LARGE(array，k)。

参数：array表示需要确定第 k 个最大值的数组或数据区域。k表示返回值在数组或数据单元格区域中的位置（从大到小排）。

例如：A1=3，A2=4，A3=8，A4=7，A5=5。则公式"LARGE(A1:A5,2)"返回A1:A5中第二大的单元格中的值，结果为7。

4. 文本函数

（1）FIND

用途：用于查找在within_text中，find_text首次出现的位置编号。

语法：FIND(find_text，within_text，[start_num])。

参数：find_text是待查找的目标文本；within_text是包含待查找文本的原文本，start_num指定在within_text中查找的开始位置。如果忽略start_num，则假设其为1。

例如：如果A1="中国传媒大学"，则公式"=FIND("传媒",A1,1)"返回3。

（2）MID

用途：返回文本字符串中从指定位置开始的特定数目的字符，该数目由用户指定。

语法：MID(text，start_num，num_chars)。

参数：text包含要提取字符的文本字符串，start_num 表示文本中要提取的第一个字符的位置。文本中第一个字符的 start_num 为 1，依此类推。num_chars 指定希望 MID 从文本中返回字符的个数。

例如：如果A1="中国传媒大学"，则公式"=MID(A1,5,2)"返回"大学"。

（3）MIDB

用途：根据指定的字节数，返回文本字符串中从指定位置开始的特定数目的字符。

语法：MIDB(text，start_num，num_bytes)。

参数：text包含要提取字符的文本字符串。start_num 表示文本中要提取的第一个字符的位置。文本中第一个字符的 start_num 为 1，依此类推。num_bytes 指定希望 MIDB 从文本中返回字节的个数。

例如：如果A1="中国传媒大学"，则公式"=MIDB(A1,5,2)"返回"传"。

（4）LEN

用途：返回文本字符串中的字符数。

语法：LEN(text)。

参数：text为要查找其字符数的文本。空格将作为字符进行计数。

例如：A1="SM−5EGT彩电"，公式"=LEN(A1)"返回9。表示A1的字符数为9。

（5）LENB

用途：返回文本字符串中用于代表字符的字节数。

语法：LENB(text)。

参数：text为要查找其字节数的文本。空格将作为字符进行计数。

例如：A1=“SM−5EGT彩电”，公式“=LENB(A1)”返回11。表示A1的字节数为11。因为汉字占两个字节。如果我们用公式“=LENB(A1)− LEN(A1)”就可以计算出A1中汉子的个数。

（6）TRIM

用途：除了单词之间的单个空格外，清除文本中所有的空格。如果从其他应用程序中获得了带有不规则空格的文本，可以使用TRIM函数清除这些空格。

语法：TRIM(text)。

参数：text是需要清除其中空格的文本。

例如：如果A1=“□□Hello□World!□□□”（这里□表示空格），则公式“=TRIM(A1)”将清除公式文本中前后的空格，返回“Hello□World!”。

（7）TEXT

用途：将数值转换为按指定数字格式表示的文本。

语法：TEXT(value，format_text)。

参数：value是数值、计算结果为数值的公式或对包含数值的单元格的引用。format_text使用双引号括起来作为文本字符串的数字格式，例如，”m/d/yyyy” 或 “#，##0.00”。

例如：如果A1=12345.6789，则公式=“TEXT(A1，"#，##0.00")”返回文本“12,345.68”。

注意：此公式函数参数数字格式码“#，##0.00”中所出现的“#”“0”以及“，”表示数字格式占位符及千位分隔符。其中“#”数字占位符表示只显示有意义的零而不显示无意义的零，小数点后数字个数如果大于“#”的个数，则按“#”的位数四舍五入。比如，格式码“###.##”中数值13.1显示为13.10，而13.1263则显示为13.13。“0”数字占位符应用时，如果单元格的内容大于“0”占位符个数，则显示实际数字，如果小于“0”占位符个数，则用数字0补足。比如，格式码“00000”中数值123456显示为123456，而123显示为00123。比如，格式码“00.000”中数值100.13显示为100.130，而1.3显示为01.300。

（8）VALUE

用途：将表示数字的文本串转换成数字。

语法：VALUE(text)。

参数：text为带引号的文本，或对包含要转换文本的单元格的引用。

例如：如果A1=“0001”，则公式“=VALUE(A1)”返回数字结果1。

（9）N

用途：将不是数值形式的值转化为数值形式。

语法：N(value)。

参数：value表示要转换的值。如果value为日期（Microsoft Excel 的一种内部日期格式）那么N(value)结果为该日期的序列号；如果value为数字，结果为数字本身，如果value为TRUE，结果为1；如果value为False，结果为0；如果value为文本或其他，结果为0。

例如：如果A1=7，A2=TRUE，A3=“1”，那么公式“=N(A1)”返回7；公式“=N(A2)”返回1；公式“=N(A3)”返回0 。

5. 日期时间函数

（1）DATE

用途：返回代表特定日期的序列值。

语法：DATE(year,month,day)。

参数：year包含1～4位数字，将根据使用的日期系统来解释该参数。默认情况下Windows将使用1900日期系统，而Macintosh下使用1904日期系统。month代表每年中月份的数字，如果所输入的月份大于12，将从指定年份的1月份开始执行加法运算。day代表在该月份中第几天的数字。如果day大于该月份的最大天数，将从指定月份的第一天开始往上累加。

例如：如果采用1900日期系统（Excel默认），则公式“=DATE(2016,10,18)”返回42661。

（2）DAY

用途：返回以序列号表示的某日期的天数，用整数1～31表示。

语法：DAY(serial_number)。

参数：serial_number为要查找的那一天的日期。它有多种输入方式：带引号的文本串（如"2016/10/18"）、序列号（如1900日期系统42661表示2016年10月18日），以及其他公式或函数的结果（如DATEVALUE("2016/10/18")）。

例如：公式“=DAY("2016/10/18")返回18，公式“=DAY(42661)”返回18。

（3）MONTH

用途：返回以序列号表示的日期中的月份。月份是介于 1（1月）～ 12（12月）的整数。

语法：MONTH(serial_number)。

参数：serial_number为要查找的那一天的日期。它有多种输入方式：带引号的文本串（如"2016/10/18"）、序列号（如1900日期系统42661表示2016年10月18日），以及其他公式或函数的结果（如DATEVALUE("2016/10/18")）。

例如：公式“=MONTH("2016/10/18")返回10。

（4）HOUR

用途：返回时间值的小时数。即一个介于 0 (12:00 A.M.) 到 23 (11:00 P.M.) 之间的整数。

语法：HOUR(serial_number)。

参数：serial_number表示一个时间值，其中包含要查找的小时。时间有多种输入方式：带引号的文本字符串（例如 "6:45 PM"）、十进制数（例如 0.78125 表示 6:45 PM）或其他公式或函数的结果（例如 TIMEVALUE("6:45 PM")）。

例如：公式“=HOUR("3:30:30 PM")”返回15，公式“=HOUR(0.5)”返回12即12:00:00AM，公式“=HOUR(29747.7)”返回16。因为29747是日期1981年6月10日的数字表示形式，0.7是时间4:48:00 PM的数字表示形式。

（5）MINUTE

用途：返回时间值中的分钟，为一个0～59中的整数。

语法：MINUTE(serial_number)。

参数：serial_number 表示一个时间值，其中包含要查找的分钟。时间有多种输入方式：带引号的文本字符串（例如 "6:45 PM"）、十进制数（例如 0.78125 表示 6:45 PM）或其他公式或函数的结果（例如 TIMEVALUE("6:45 PM")）。

例如：公式“=MINUTE("15:30:00")”返回30，公式“=MINUTE(0.06)”返回26，因为0.06是时间1:26:24的数字表示形式。

（6）NETWORKDAYS

用途：返回参数 start_date 和 end_date 之间完整的工作日（工作日不包括周末和专门指定的假期）数值。

语法：NETWORKDAYS(start_date，end_date，[holidays])。

参数：start_date为开始日期，snd_date为终止日期，holidays表示不在工作日历中的一个或多个日期所构成的可选区域，法定假日以及其他非法定假日。

例如：项目开始日期为2007-5-6，项目终止日期为2008-11-1，其中假日为2007-10-1，则公式“=NETWORKDAYS("2007-5-6","2008-11-1")”表示项目开始日期和终止日期之间工作日的数值，返回结果为390。公式“=NETWORKDAYS("2007-5-6","2008-11-1"，"2007-10-1")”表示项目开始日期和终止日期之间工作日的数值但不包括2007-10-1这天，返回结果为389。

（7）WEEKDAY

用途：返回某日期为星期几。默认情况下，其值为 1～7的整数。其中1表示星期天，7表示星期六。

语法：WEEKDAY(serial_number,[return_type])。

参数：serial_number表示尝试要查找的那一天的日期。应使用 DATE 函数输入日期，或者将日期作为其他公式或函数的结果输入。例如，使用函数 DATE(2008,5,23) 输入2008年5月23日。如果日期以文本形式输入，则会出现问题。return_type 可选，用于确定返回值类型的数字。默认为数字1，其表示如果serial_number代表的日期为星期天则函数返回数字1，类推如果为星期六则返回数字7。关于return_type参数，可以参考Excel帮助文档获得更详细的介绍。

例如：公式“=WEEKDAY(DATE(2016,11,3))”返回 2016-11-3这个日期是星期几。返回结果为5，表示2016-11-3是星期四。

6. 查找和引用函数

（1）INDEX

用途：返回表格或区域中的值或值的引用。函数 INDEX 有两种形式：数组和引用形式。数组形式通常返回数值或数值数组，引用形式通常返回引用。

语法：

① INDEX(array，row_num，[column_num])

返回数组中指定的单元格或单元格数组的数值。

② INDEX(reference，row_num，[column_num]，[area_num])

返回引用中指定单元格或单元格区域的引用。

参数：array为单元格区域或数组常数。row_num为数组中某行的行序号，函数从该行返回数值。如果省略row_num，则必须有column_num。column_num是数组中某列的列序号，函数从该列返回数值。如果省略column_num，则必须有row_num。reference是对一个或多个单元格区域的引用，如果为引用输入一个不连续的选定区域，则必须用括号括起来。area_num是选择引用中的一个区域，并返回该区域中row_num和column_num的交叉区域。选中或输入的第一个区域序号为1，第二个为2，其余类推。如果省略area_num，则INDEX函数使用区域1。

例如：如果A1=1，A2=2，A3=3，B1=4，B2=5，B3=6，则公式“=INDEX(A1:A3,1,1)”返回1，公式“=INDEX(A1:A3,B1:B3),1,1,2)”返回4。

（2）MATCH

用途：可在单元格区域中搜索指定项，然后返回该项在单元格区域中的相对位置。

语法：MATCH(lookup_value，lookup_array，[match_type])。

参数：lookup_value为需要在数据表中查找的数值，它可以是数值、文本或逻辑值的单元格引用。lookup_array是可能包含所要查找的数值的连续单元格区域，lookup_array可以是数组或数值的引用。match_type为数字-1、0、1，它说明Excel如何在lookup_array中查找lookup_value。如果match_type为1，则函数MATCH查找小于或等于lookup_value的最大数值。如果match_type为0，则函数MATCH查找等于lookup_value的第一个数值。如果match_type为-1，则函数MATCH查找大于或等于lookup_value的最小数值。

注意：MATCH返回lookup_array中目标值的位置，而不是数值本身。

例如：如果A1=68，A2=76，A3=85，A4=90，则公式"=MATCH(90,A1:A4,0)"返回4。

（3）OFFSET

用途：以指定的引用为参照系，通过给定偏移量得到新的引用。返回的引用可以为一个单元格或单元格区域。并可以指定返回的行数或列数。

语法：OFFSET(reference，rows，cols，[height]，[width])。

参数：reference是作为偏移量参照系的引用区域。它必须为对单元格或相连单元格区域的引用。rows是相对于偏移量参照系的左上角单元格，上（下）偏移的行数。如果使用5作为参数rows，则说明目标引用区域的左上角单元格比 reference 低5行。行数可为正数（代表在起始引用的下方）或负数（代表在起始引用的上方）。cols是相对于偏移量参照系的左上角单元格，左（右）偏移的列数。如果使用5作为参数 cols，则说明目标引用区域的左上角的单元格比 reference 靠右5列。列数可为正数（代表在起始引用的右边）或负数（代表在起始引用的左边）。height是返回的引用区域的行数。height 必须为正数，width是返回的引用区域的列数，width必须为正数。

例如：如果A1=68，A2=76，A3=85，A4=90，则公式"=SUM(OFFSET(A1:A2,2,0,2,1))"返回175。

（4）LOOKUP

用途：返回向量（单行区域或单列区域）或数组中的数值。该函数有两种语法形式：向量和数组。其向量形式在单行区域或单列区域（向量）中查找数值，然后返回第二个单行区域或单列区域中相同位置的数值；其数组形式在数组的第一行或第一列查找指定的数值，然后返回数组的最后一行或最后一列中相同位置的数值。

语法1（向量形式）：LOOKUP(lookup_value，lookup_vector，[result_vector])。

语法2（数组形式）：LOOKUP(lookup_value，array)。

参数1（向量形式）：lookup_value为函数LOOKUP 在第一个向量中搜索的值。lookup_value 可以是数字、文本、逻辑值、名称或对值的引用。lookup_vector为只包含一行或一列的区域。lookup_vector 中的值可以是文本、数字或逻辑值。如果LOOKUP 找不到 lookup_value 的值，它会使用lookup_vector中小于或等于lookup_value的最大值。result_vector为最终要返回的结果所在的一行或一列的区域。result_vector 参数必须与 lookup_vector 大小相同。如果result_vector 参数省略，LOOKUP函数返回lookup_vector中小于或等于lookup_value的最大值。

参数2（数组形式）：lookup_value 为函数LOOKUP 在数组中所要查找的值。lookup_value 参数可以是数字、文本、逻辑值、名称或对值的引用。如果 LOOKUP 找不到 lookup_value 的值，它会使用数组中小于或等于 lookup_value 的最大值。array为包含要与lookup_value 进行比较的文本、数字或逻辑值的单元格区域。

例如：如果A1=68，A2=76，A3=85，A4=90，则公式"=LOOKUP(80,A1:A4)"返回

76。公式“=LOOKUP("C"，{"a"，"b"，"c"，"d"；1，2，3，4})”在数组的第一行中查找"C"，查找小于或等于它的最大值（"c"），然后返回最后一行中同一列内的值。返回值为3。

（5）VLOOKUP

用途：在表格或数值数组的首列查找指定的数值，并且返回表格或数组当前行中指定列处的数值。当比较值位于数据首列时，可以使用函数VLOOKUP代替函数HLOOKUP。

语法：VLOOKUP(lookup_value，table_array，col_index_num，[range_lookup])。

参数：lookup_value 为需要在表格或区域的第一列中搜索的值，它可以是数值、引用或文字串。table_array 为需要在其中查找数据的数据表，可以使用对区域或区域名称的引用。col_index_num为table_array 中带返回的匹配值的列号。col_index_num参数为1 时，返回table_array第一列中的值，col_index_num为2时，返回 table_array 第二列中的值，依此类推。range_lookup为一个逻辑值，指明 VLOOKUP 查找精确匹配值还是近似匹配值。如果为TRUE或者省略，则返回近似匹配值，也就是说，如果找不到精确匹配值，则返回小于lookup_value的最大值。如果为FALSE，函数VLOOKUP将返回精确匹配值，如果找不到，则返回错误值#N/A。

例如：附录图B-9所示为要求根据D18中输入的学号，得到学生的数学成绩。在F18中输入公式“=VLOOKUP(D18，A2:I15，4，FALSE)”，如果D18中输入的学号为980102，那么F18中公式的返回结果为78。

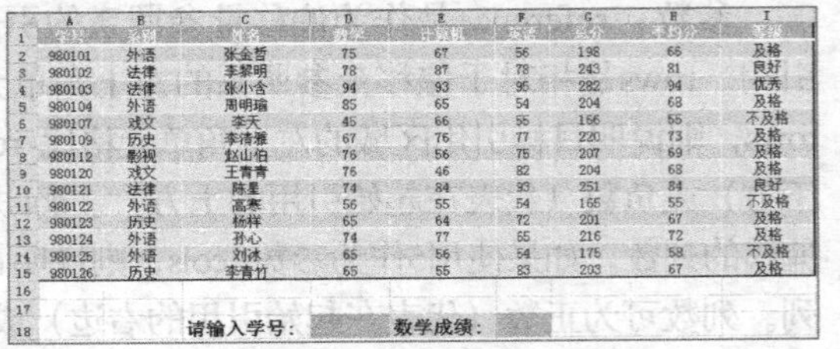

	A	B	C	D	E	F	G	H	I
1	[illegible]	[illegible]	[illegible]	[illegible]	[illegible]	[illegible]	[illegible]	[illegible]	[illegible]
2	980101	外语	张金哲	75	67	56	198	66	及格
3	980102	法律	李黎明	78	87	78	243	81	良好
4	980103	法律	张小含	94	93	95	282	94	优秀
5	980104	外语	周明瑞	85	65	54	204	68	及格
6	980107	戏文	李天	45	66	55	166	55	不及格
7	980109	历史	李清雅	67	76	77	220	73	及格
8	980112	影视	赵山伯	76	56	75	207	69	及格
9	980120	戏文	王青青	76	46	82	204	68	及格
10	980121	法律	陈星	74	84	93	251	84	良好
11	980122	外语	高寒	56	55	54	165	55	不及格
12	980123	历史	杨梓	65	64	72	201	67	及格
13	980124	外语	孙心	74	77	65	216	72	及格
14	980125	外语	刘冰	65	56	54	175	58	不及格
15	980126	历史	李青竹	65	55	83	203	67	及格
16									
17									
18			请输入学号：		数学成绩：				

附录图B-9 原始数据

（6）CHOOSE

用途：使用 index_num 返回数值参数列表中的数值。

语法：CHOOSE(index_num，value1，[value2]...)。

参数：index_num为指定所选定的值参数。该参数的值不能超过待选取的参数个数。也不能小于1，否则返回错误值。value1，value2…是待选取的值参数，这些值参数的个数介于1~254，函数CHOOSE基于 index_num 从这些值参数中选择一个数值或一项要执行的操作。参数可以为数字、单元格引用、已定义名称、公式、函数或文本。

例如：如果A1=68，A2=76，A3=85，A4=90，则公式“=CHOOSE(2,A1，A2,A3,A4)”返回76。公式“=CHOOSE(3.5,A1,A2,A3,A4)”，返回85，因为index_num参数有小数的时候，截尾取整。所以函数中参数3.5被当成3处理。

（7）ROW

用途：返回给定引用的行号。

语法：ROW([reference])。

参数：reference为需要得到其行号的单元格或单元格区域。如果reference省略，ROW函数返回当前单元格所在的行号。

例如：公式“=ROW(A6)”返回6，如果在单元格C5中输入公式“=ROW（）”，则其计算结果为5。

（8）ROWS

用途：返回引用或数组的行号。

语法：ROWS(array)。

参数：array为需要得到其行数的数组、数组公式或单元格区域的引用。

例如：公式“=ROWS(A1:A9)”返回9，公式“=ROWS({1,2,3;4,5,6;1,2,3})”返回3。